Catalogue des Invertébrés marins de l'estuaire et du golfe du Saint-Laurent

Catalogue of the Marine Invertebrates of the Estuary and Gulf of Saint Lawrence

Programme de monographies du CNRC

Renseignements : Programme de monographies du CNRC, Conseil national de recherches du Canada, Ottawa (Ontario) K1A 0R6, Canada

Photographie en couverture : Daniel Gauthier

Citation exacte de la publication : Brunel, P., Bossé, L. et Lamarche, G. 1998. *Catalogue des Invertébrés marins de l'estuaire et du golfe du Saint-Laurent*. Publ. spéc. can. sci. halieut. aquat. 126. 405 p.

NRC Monograph Publishing Program

Inquiries: Monograph Publishing Program, NRC Research Press, National Research Council of Canada, Ottawa, Ontario K1A 0R6, Canada

Cover photograph: Daniel Gauthier

Correct citation for this publication: Brunel, P., Bossé, L., and Lamarche, G. 1998. *Catalogue of the Marine Invertebrates of the Estuary and Gulf of Saint Lawrence*. Can. Spec. Publ. Fish. Aquat. Sci. 126. 405 p.

Publication spéciale canadienne des sciences halieutiques et aquatiques 126

Catalogue des Invertébrés marins de l'estuaire et du golfe du Saint-Laurent

par

Pierre Brunel

Département de Sciences biologiques
Université de Montréal
C.P. 6128, Succursale Centre-Ville
Montréal (Québec) H3C 3J7

Luci Bossé

Institut Maurice-Lamontagne
Pêches et Océans Canada
C.P. 1000,
Mont-Joli (Québec) G5H 3Z4

Gabriel Lamarche

Biologiste conseil
5467 de l'Esplanade
Montréal (Québec) H2T 2Z8

Avec l'appui financier du

Programme Saint-Laurent Vision 2000,
Institut Maurice-Lamontagne

et la collaboration de

Line Pelletier, Yves Morin et Andréanne Bazin

Contribution aux programmes du GIROQ (Groupe interuniversitaire de recherches océanographique du Québec)

Canadian Special Publication of Fisheries and Aquatic Sciences 126

Catalogue of the Marine Invertebrates of the Estuary and Gulf of Saint Lawrence

by

Pierre Brunel

Département de Sciences biologiques
Université de Montréal
C.P. 6128, Succursale Centre-Ville
Montréal (Québec) H3C 3J7

Luci Bossé

Maurice-Lamontagne Institute
Fisheries and Oceans Canada
P.O. Box 1000,
Mont-Joli (Québec) G5H 3Z4

Gabriel Lamarche

Consulting Biologist
5467 de l'Esplanade
Montréal (Québec) H2T 2Z8

with financial support from

St. Lawrence Vision 2000,
Maurice-Lamontagne Institute

and the collaboration of

Line Pelletier, Yves Morin, and Andréanne Bazin

Contribution to the programs of GIROQ (Groupe interuniversitaire de recherches océanographique du Québec)

Pêches et Océans | Fisheries and Oceans

CNRC·NRC

Les presses scientifiques du CNRC | NRC Research Press
Conseil national de recherches du Canada | National Research Council of Canada

Ottawa 1998

ISBN 0-660-60366-7
ISSN 0706-6481
N° du CNRC 41393

ISBN 0-660-60366-7
ISSN 0706-6481
NRC No. 41393

Données de catalogage avant publication (Canada)

Brunel, Pierre, 1931–

Catalogue des Invertébrés marins de l'estuaire et du golfe du Saint-Laurent = Catalogue of the marine invertebrates of the Estuary and Gulf of Saint Lawrence. (Publication spéciale des sciences halieutiques et aquatiques = Canadian Special Publication of Fisheries and Aquatic Sciences, ISSN 0706-6481; 126)

Comprend des références bibliographiques et un index.
Texte français et en anglais.
Pulb. par Conseil national de recherches du Canada.
ISBN 0-660-60366-7
N° de cat. Fs 41-31/126F

1. Invertébrés marins — Québec (Province) — Saint-Laurent, Estuaire du — Identification.
2. Invertébrés marins — Québec (Province) — Saint-Laurent, Estuaire du — Nomenclature.
3. Invertébrés marins — Québec (Province) — Saint-Laurent, Estuaire du — Bibliographie.
4. Invertébrés marins — Québec (Province) — Saint-Laurent, Golfe du — Identification.
5. Invertébrés marins — Québec (Province) — Saint-Laurent, Golfe du — Nomenclature.
6. Invertébrés marins — Québec (Province) — Saint-Laurent, Golfe du — Bibliographie.
I. Lamarche, Gabriel. II. Bossé, Luci. III. Conseil national de recherches du Canada. IV. Titre.
V. Titre: Catalogue critique des invertébrés marins de l'estuaire et du Golge du Saint-Laurent.
VI. Collection: Publication spéciale canadienne des sciences halieutiques et aquatiques; 126).

QL128.B78 1998 592'.0916344 C98-900066-4F

Canadian Cataloguing in Publication Data

Brunel, Pierre, 1931–

Catalogue des Invertébrés marins de l'estuaire et du golfe du Saint-Laurent = Catalogue of the marine invertebrates of the Estuary and Gulf of Saint Lawrence. (Publication spéciale des sciences halieutiques et aquatiques = Canadian Special Publication of Fisheries and Aquatic Sciences, ISSN 0706-6481; 126)

Includes bibliographical references and index.
Text in French and English.
Issued by National Research Council of Canada.
ISBN 0-660-60366-7
Cat. No. Fs 41-31/126E

1. Marine invertebrates — Quebec (Province) — Saint Lawrence River Estuary — Identification.
2. Marine invertebrates — Quebec (Province) — Saint Lawrence River Estuary — Nomenclature.
3. Marine invertebrates — Quebec (Province) — Saint Lawrence River Estuary — Bibliography.
4. Marine invertebrates — Quebec (Province) — Saint Lawrence, Gulf of — Identification.
5. Marine invertebrates — Quebec (Province) — Saint Lawrence, Gulf of — Nomenclature.
6. Marine invertebrates — Quebec (Province) — Saint Lawrence, Gulf of — Bibliography.
I. Lamarche, Gabriel. II. Bossé, Luci. III. National Research Council of Canada. IV. Title. V; Title: Critical catalogue of the marine invertebrates of the Estuary and Gulf of Saint Lawrence.
VI. Series: Canadian Special Publication of Fisheries and Aquatic Sciences; 126).

QL128.B78 1998 592'.0916344 C98-900066-4E

Table des matières

Table of Contents

Liste des tableaux

List of Tables

Liste des figures

List of Figures

Résumé

Ce catalogue présente un inventaire assez complet de 2214 espèces, sous-espèces et variétés, nommées à l'espèce ou non, d'Invertébrés Métazoaires connus de l'estuaire et du golfe du Saint-Laurent (sal. 0,5 à 33 ‰) et du fjord du Saguenay. Les espèces benthiques, planctoniques, nectoniques et parasites sont recensées, ainsi que certaines espèces dulcicoles tolérantes au sel. Les données, parfois nouvelles, proviennent (a) de la documentation à diffusion étendue (depuis 1841) ou restreinte (e.g. thèses, rapports polycopiés et documents inédits), et (b) de trois collections québécoises de recherche contenant des mentions encore inédites; toutes les sources faunistiques de chaque espèce sont documentées avec précision. Pour chaque espèce, nous citons, par codes, (1) sa répartition géographique dans 20 zones assez naturelles du Golfe, (2) sa présence (nuancée par des estimations de ses préférences) dans différents étages bathymétriques ou habitats benthiques, pélagiques, parasitaires, estuariens ou dulcicoles, et (3) au moins une, et généralement plusieurs références taxonomiques aussi récentes, complètes, bien illustrées et pourvues de clefs que possible, facilitant son identification ou justifiant sa synonymie.

Grâce aux conseils de 66 taxonomistes, nous mettons à jour la nomenclature de chaque espèce et corrigeons, autant que possible, les identifications passées erronées ou mal orthographiées. Un volumineux index alphabétique présente les noms de taxons supérieurs, de genres, d'espèces, d'anciens synonymes ou d'identifications incorrectes rapportés pour l'Estuaire et le Golfe. Un système de codes et de doutes à quatre degrés, et de fréquentes remarques taxonomiques ou nomenclaturales nous permet d'accepter ou de rejeter des noms de la liste des espèces valides, conformément au caractère critique voulu pour le catalogue. Une bibliographie numérotée intégrant 1910 titres de références ou autres sources (e.g. collections) faunistiques et taxonomiques facilite les citations.

Abstract

This catalogue presents a fairly complete inventory of 2214 species, subspecies and varieties, most of them named to the species level, of metazoan invertebrates recorded from the Gulf of St. Lawrence, the St. Lawrence Estuary (salinity 0.5 to 33‰) and the Saguenay Fjord. Benthic, planktonic, nektonic, and parasitic species are covered, as are some salt-tolerant freshwater species. The data, sometimes new, are taken from (a) broadly disseminated literature (since 1841) or 'grey' literature (e.g., theses, manuscripts, and unpublished reports), and from (b) three Quebec-based research collections containing as yet unpublished records. All faunistic records for each species have been accurately documented. For every species, codes are used to denote (1) the species' geographic distribution in 20 fairly natural zones in the Gulf, (2) its occurrence (and its estimated preferences) in different depth zones, or in benthic, pelagic, parasitic, estuarine, or freshwater habitats, and (3) at least one, but usually several taxonomic references. The most recent, complete, well-illustrated and key-supplied references available have been provided, in order to facilitate identification and back up the synonymy.

Thanks to the information provided by 66 taxonomists, we have updated the nomenclature of each species and corrected, whenever possible, wrong or incorrectly spelled identifications from the past. In a voluminous alphabetical index, the nomenclature is cross-referenced to all the names of higher taxa, genera, species, and old synonyms and misidentifications reported for the Estuary and the Gulf. A system of codes and four-degree doubts, along with numerous remarks on taxonomic and nomenclatural matters, has been used to accept or reject names from the list of valid Gulf species, in keeping with our goal of ensuring the critical nature of this catalogue. A numbered bibliography containing 1910 titles of references and other faunistic (e.g., collections) or taxonomic sources is provided to support the many citations.

Préface

On assiste actuellement à un paradoxe. Alors que la vogue de la biodiversité, depuis la Conférence de Rio en 1992, est en voie de rivaliser avec celle de l'écologie et de l'environnement, et que ce nouveau slogan à la mode se répand dans les colloques, dans les médias, et jusque dans les hautes instances gouvernementales, de moins en moins de scientifiques peuvent se payer le « luxe » d'investir l'énorme quantité de temps et de méticulosité que requièrent les inventaires faunistiques, bases des connaissances sur la biodiversité. Le financement de ce type de recherche très fondamentale, pourtant préalable à toute compréhension sérieuse du fonctionnement des écosystèmes, est constamment sacrifié aux impératifs des autres types de recherche. Les musées, certaines universités et quelques autres institutions qui possèdent de bonnes collections de recherche, sources traditionnelles d'ouvrages comme le nôtre, éprouvent des difficultés croissantes à mettre ainsi en valeur leur patrimoine de diversité biotique naturelle. Et ces difficultés en viennent à menacer l'existence même de ces collections.

Au Ministère des Pêches et des Océans, la Direction des sciences et son prédécesseur, l'Office de recherche sur les pêches du Canada, a maintenu jusqu'à récemment une longue tradition d'appui à la recherche fondamentale en taxonomie et en faunistique qui remonte à A.G. Huntsman. Le même type de tradition existe encore au Département de sciences biologiques de l'Université de Montréal, depuis l'époque de Marie-Victorin et de Georges Préfontaine, leaders respectifs à l'Institut botanique et à l'Institut de zoologie. La rencontre entre ces deux traditions, sources du terreau dans lequel a germé notre projet, n'est donc pas le fruit d'un heureux hasard. Mais dans le contexte paradoxal actuel évoqué plus haut, il a fallu l'appui concret de quelques scientifiques et gestionnaires éclairés prêts à défendre financièrement et patiemment un tel projet, comme ce fut le cas à l'Institut Maurice-Lamontagne (Pêches et Océans Canada). L'appui indispensable de nos autorités respectives, non seulement par des crédits pour le projet lui-même, mais aussi par le maintien des collections de spécimens qui nous étaient nécessaires, nous a réconfortés dans notre ferme conviction d'oeuvrer pour « l'utilité durable ». Tout cela explique la fierté que nous ressentons en offrant ce catalogue à la communauté scientifique et aux milieux environnementaux et muséologiques.

Preface

We are currently faced with a paradox. Although biodiversity has become a global watchword since the Rio Summit of 1992 and it is now competing with ecology and the environment in this regard owing to all the attention it has garnered at conferences, in the media, and even the upper echelons of government, the fact is that fewer and fewer scientists can afford to make the enormous investment in time and effort that is required to conduct the faunistic surveys which are so fundamental to knowledge of biodiversity. Funding for this basic research, which is required to support any serious efforts to understand the functioning of ecosystems, is constantly being diverted to serve the imperatives of other kinds of research. Museums, universities, and other institutions that have good research collections, which are a traditional source of information for works like this catalogue, are finding it increasingly difficult to build and even maintain their holdings on natural biotic diversity. Indeed, the situation has become so serious that the very existence of such collections is now threatened.

Until recently, the Department of Fisheries and Oceans through its Science Branch and its predecessor, the Fisheries Research Board of Canada, has supported basic taxonomy and faunistic research as part of a longstanding tradition dating back to A.G. Huntsman. This same tradition has been maintained in the Department of Biological Sciences at the University of Montreal since the time of Marie-Victorin and Georges Préfontaine, who provided leadership at the botanical institute and the zoological institute respectively. The meeting of these two research traditions, from which our project sprang, was not merely a fortuitous occurrence. For us to be able to undertake the work represented by this catalogue in the paradoxical context described above, it was essential to secure the concrete support of some enlightened scientists and managers who would be willing and persevering enough to defend the financial investment involved. It was our good fortune to find these supporters at the Maurice Lamontagne Institute. The indispensable support that our respective authorities provided, not only by funding the project itself, but also by maintaining the collections of specimens we needed, has strengthened our resolve to work toward "sustainable utility." For all these reasons, we are proud to make this catalogue available to the scientific community and to environmental and museological organizations.

Remerciements

Un grand nombre de personnes et d'organismes publics, que nous ne pouvons pas nommer tous, ont contribué à divers titres et depuis plus ou moins longtemps au rassemblement des données de base, à la préparation et à la mise en forme finale du présent ouvrage.

Nous voulons d'abord exprimer notre gratitude envers les autorités de l'Institut Maurice-Lamontagne (Pêches et Océans) — notamment à Jean Boulva et à Jean Piuze — et envers celles du programme « Saint-Laurent Vision 2000 », qui nous ont constamment consenti leur appui et de généreux crédits, et sans lesquelles les efforts considérables de toutes natures qu'il a fallu déployer depuis 1989 n'auraient pas suffi à mener ce projet à terme.

Nous reconnaissons aussi les efforts, plus diffus dans le passé et donc moins visibles, mais non moins importants des nombreux étudiants et étudiantes de maîtrise et de doctorat (nommés à l'appendice 1), de ceux du premier cycle embauchés surtout l'été, de contractuels et de quelques techniciennes de laboratoire (Lucie McDuff, Luce Prévost et Louise Lefebvre, notamment) qui ont contribué indirectement à notre catalogue par leur participation au développement de nos collections et de nos banques de données.

L'aide durable au premier auteur du GIROQ, ses subventions du Conseil de recherches en sciences naturelles et en génie du Canada (CRSNG) et celles du Fonds FCAR (ancien FCAC) du Gouvernement du Québec au GIROQ ont toutes concouru aussi pendant plusieurs années (1970–1988) à la graduelle édification du présent catalogue.

Nous avons soumis à 139 taxonomistes en majorité étrangers des listes de noms d'espèces du golfe du Saint-Laurent dans les taxons de leur expertise. Nous voulons remercier vivement ici ceux qui se sont donné la peine d'annoter nos listes : on trouvera leurs noms dans les tableaux 8 à 12, et leurs adresses à l'appendice 2. D'autres chercheurs nous ont aidés de diverses autres façons (manuscrits encore inédits, références utiles, renseignements particuliers divers) et nous les remercions aussi : J. Richard Arthur, Geoffrey A. Boxshall, Anita Brickmann-Voss, Patricia Cook, Hans U. Dahms, Kristian Fauchald, Daphne G. Fautin, Jean-Marc Gagnon, feu Leo Margolis, André Martel, Nathan W. Riser, Bernard Sainte-Marie, Kenneth P. Sebens, Ole Tendal et Donna D. Turgeon.

Acknowledgments

A large number of people and public organizations, which cannot all be named here, assisted in various ways and for varying time periods in documenting, preparing, and putting the finishing touches to the present work.

We wish first to express our gratitude to the officials of the Maurice Lamontagne Institute (Fisheries and Oceans Canada) — particularly Jean Boulva and Jean Piuze — and of the "Saint Lawrence Vision 2000" program, who consistently supported our work and also provided generous funding without which the considerable efforts devoted to this undertaking since 1989 would have been in vain.

We also acknowledge the help provided by many M.Sc. and Ph.D. students (named in Appendix 1) through various projects over the years that, although less visible, made an important contribution. As well, we thank the undergraduates employed chiefly during the summer and a few laboratory technicians (notably Lucie McDuff, Luce Prévost, and Louise Lefebvre) for assisting with the catalogue by helping to develop our collections and data banks.

As well, the preparation of this catalogue during the period 1970–1988 was supported through ongoing assistance from GIROQ (interuniversity group for oceanographic research in Quebec) to the lead author, grants from the Natural Sciences and Engineering Research Council of Canada (NSERC), and contributions awarded to GIROQ from the Quebec government fund FCAR (formerly FCAC).

We submitted to 139 mostly foreign taxonomists lists of names of species from the Gulf of St. Lawrence, in the taxa corresponding to their respective areas of expertise. We extend heartfelt thanks to all those taxonomists who helped us by annotating our lists: their names are given in Tables 8 to 12 and their addresses in Appendix 2. Other researchers lent a helping hand in various ways (unpublished manuscripts, useful references, specific details of many types) and we thank them also: J. Richard Arthur, Geoffrey A. Boxshall, Anita Brinckmann-Voss, Patricia Cook, Hans U. Dahms, Kristian Fauchald, Daphne G. Fautin, Jean-Marc Gagnon, the late Leo Margolis, André Martel, Nathan W. Riser, Bernard Sainte-Marie, Kenneth P. Sebens, Ole Tendal, and Donna D. Turgeon.

Aux professeurs de l'Université Laval et membres du GIROQ, estimés collègues du premier auteur, Edwin Bourget, John H. Himmelman et Guy Lacroix, nous sommes redevables de plusieurs documents inédits, voire de quelques spécimens et renseignements utiles, qui ont enrichi nos sources faunistiques pour ce catalogue.

Thanks go also to Laval University professors Edwin Bourget, John H. Himmelman and Guy Lacroix, who are members of GIROQ and esteemed colleagues of the lead author; they assisted us by providing a number of unpublished documents, along with some useful specimens and information, thereby enriching the faunistic sources for this catalogue.

Des remerciements doivent être également adressés à François Grégoire pour la réalisation de la figure 1 ainsi qu'à Ève Brillant et Daniel Lepage pour leur contribution technique.

We are also grateful to François Grégoire for preparing Figure 1 and to Eve Brillant and Daniel Lepage for their technical assistance.

Une épouse discrètement efficace et patiente aide toujours son mari à toucher au fil d'arrivée: merci, ma chère Monique! (P.B.).

A quietly efficient and patient wife always helps her husband reach the finish line. Thank you, dear Monique! (P.B.).

Introduction

Travaux antérieurs

Il y a presqu'un siècle, Whiteaves (1901) publiait son catalogue des Invertébrés marins des côtes canadiennes de l'Atlantique, ouvrage avec lequel se compare le plus directement le catalogue que nous présentons ici. Dans son travail, l'auteur recense 1030 espèces surtout benthiques rapportées, dans la documentation du demi-siècle précédent, de la baie de Fundy à la baie d'Hudson; peu d'espèces, toutefois, sont recensées au nord du golfe du Saint-Laurent. Le catalogue de Whiteaves (1901) paraissait alors que venaient de s'amorcer les recherches de la première station canadienne de biologie marine, qui devait se fixer à St. Andrews, Nouveau-Brunswick. Ce noyau scientifique devait mener plus tard à l'Office canadien de recherches sur les pêches, ancêtre de l'actuelle Direction des Sciences du Ministère des Pêches et des Océans du Canada. Whiteaves était un paléontologiste, à l'emploi de la Commission géologique du Canada, éditrice de son catalogue et maître d'œuvre de la plupart des explorations faunistiques canadiennes importantes du siècle dernier. Un bon nombre des spécimens de Whiteaves sont conservés au Musée canadien de la nature, à Aylmer (Québec), héritier de la composante néontologique de la Commission.

Comme nous, Whiteaves (1901) met l'accent sur le golfe et l'estuaire du Saint-Laurent, d'où proviennent 695 des 1030 espèces de Métazoaires de son catalogue (tableaux 1–5), qu'il a draguées en grande partie lui-même dans le Golfe de 1870 à 1872. Comme nous, il met la nomenclature à jour, fournit quelques synonymes choisis, de même que des données sur les lieux et profondeurs de prélèvement des espèces. Par contre, ses autres sources faunistiques manquent de précision, et son catalogue ne contient ni table des matières, ni index alphabétique. Certaines de ces lacunes, vu la grande utilité de son catalogue, furent comblées quelques années plus tard, avec des mises à jour faunistiques, par Kindle et Whittaker (1918).

Ce n'est qu'après environ un demi-siècle, et seulement pour une partie des espèces du Golfe, que certains autres besoins laissés insatisfaits par la compilation de Whiteaves (1901) commencèrent à être comblés : c'étaient notamment ceux de sources

Introduction

Previous Work

Almost a century ago, Whiteaves (1901) published his catalogue of marine invertebrates of the Canadian Atlantic coast. This is the work with which the present catalogue can be most directly compared. In his book, Whiteaves lists 1030 primarily benthic species reported in literature from the previous half century for the region from the Bay of Fundy to Hudson Bay; however, few species were recorded north of the Gulf of St. Lawrence. Whiteaves' catalogue (1901) was published just after the first Canadian marine biological station began its initial investigations. This station, which was eventually established at St. Andrews, New Brunswick, provided the scientific core that would later form the Fisheries Research Board of Canada, forerunner of the present Research Branch of the federal Department of Fisheries and Oceans. Whiteaves was a palaeontologist in the employ of the Geological Survey of Canada; the Survey published his catalogue and led most of the major Canadian faunistic investigations of the last century. A fair number of Whiteaves'specimens are preserved at the Canadian Museum of Nature in Aylmer, Quebec, which inherited the Geological Survey's neontological component.

Like us, Whiteaves focused on the Estuary and Gulf of St. Lawrence, where 695 of the 1030 metazoan species featured in his catalogue were taken (Tables 1–5), most of them dredged by the author himself in the Gulf between 1870 and 1872. Like us, he updated the nomenclature and provided selected synonyms and some data on the localities and depths where species were taken. However, his faunistic references lack accuracy, and neither a table of contents nor an alphabetical index were provided. Since his catalogue was so useful in other respects, some of these deficiencies were remedied a few years later by Kindle and Whittaker (1918) who also updated its faunistic records.

Not until a half century later were some of the other shortcomings of Whiteaves' compilation gradually addressed, albeit for only some Gulf species. These included more accurate bibliographic and museum-based faunistic records, more

faunistiques bibliographiques ou muséologiques plus précises, et des renseignements plus rigoureusement comparables sur les régions de capture des espèces, et surtout les références bibliographiques nécessaires à l'identification de chaque espèce. Six catalogues parus entre 1962 et 1995 sont venus combler l'une ou l'autre de ces lacunes, en plus d'ajouter à la faune du Golfe des espèces que les prospections faunistiques d'un demi-siècle additionnel et plus avaient rapportées. Tous ces catalogues tentent naturellement de mettre toute la nomenclature et la classification à jour, citent certains synonymes récents, et les cinq plus récents présentent chacun un ou deux index alphabétiques des noms scientifiques de genres et d'espèces.

Préfontaine et Brunel (1962) présentent une première liste de 272 espèces presque toutes benthiques (19 sont pélagiques) d'Invertébrés prélevés de 1929 à 1934 dans l'estuaire maritime du Saint-Laurent par la Station biologique du Saint-Laurent à Trois-Pistoles (Université Laval, Québec), sous la supervision du Dr Georges Préfontaine, de l'Université de Montréal. Des précisions sont fournies sur la provenance géographique et bathymétrique des espèces. Peu après, Brunel (1970b) publie un catalogue de 670 espèces benthiques d'Invertébrés Métazoaires (plus 4 Protozoaires) recueillies dans le golfe du Saint-Laurent et identifiées en grande partie dans le cadre de ses recherches antérieures (1952–1966) dans les eaux gaspésiennes. Ce catalogue est le seul jusqu'à aujourd'hui qui fournisse une liste de références bibliographiques nécessaires ou utiles pour l'identification de chaque espèce. Il renseigne en plus sur les régions et les étages bathymétriques des captures. Ces deux catalogues ne présentent aucun dépouillement des documents faunistiques antérieurs, sauf ceux de leurs auteurs, puisqu'ils ne recensent que les espèces de leurs propres prospections, surtout benthiques. La présence dans le Golfe de chaque espèce (63% de celles de 1962 sont aussi recensées en 1970) est presque toujours étayée par au moins un échantillon en collection. Ensemble, les deux catalogues rapportent 836 espèces d'Invertébrés Métazoaires (tableaux 1–5 et 14) : plusieurs avaient déjà été signalées dans le Golfe par Whiteaves (1901) ou d'autres auteurs subséquents, mais beaucoup d'autres sont des mentions nouvelles pour le golfe du Saint-Laurent.

rigorously comparable data on the regions where species were caught, and above all the references needed for the identification of all species. Between 1962 and 1995, six catalogues were published, correcting one or more of these deficiencies, and adding new species to the Gulf fauna from the records of faunistic surveys conducted during this additional half century. All of these catalogues naturally sought to update the whole nomenclature and classification, while also citing some recent synonyms; the five most recent works each contain one or two alphabetical indexes of the generic and specific scientific names.

First, Préfontaine and Brunel (1962) presented a list of 272 mostly benthic (19 were pelagic) species of invertebrates that were caught from 1929 to 1934 in the Lower St. Lawrence Estuary by the "Station biologique station du Saint-Laurent à Trois-Pistoles" (Laval University, Quebec City), under the supervision of Dr. Georges Préfontaine of the University of Montreal. Data were provided on the geographic region and the depth zones in which the species were caught. Not long afterwards, Brunel (1970b) published a catalogue of 670 benthic species of metazoan invertebrates (plus four protozoans) collected in the Gulf of St. Lawrence and largely identified through his earlier (1952–1966) investigations in Gaspé waters. This was the only catalogue until now that provided a list of bibliographic references necessary or useful for identifying every species. It also gives geographic region and bathymetric data on captures. Neither of these two catalogues extracted records from previous faunistic papers, except from the authors' own papers, since they included only those species caught during their own, mainly benthic, surveys. The occurrence of every species in the Gulf (63% of those of 1962 are also recorded in 1970) is almost always backed by at least one specimen in their collections. Together, the two catalogues list 836 metazoan invertebrate species (Tables 1–5 and 14): many of these had already been reported in the Gulf by Whiteaves (1901) or by other authors later on, but many represented new records for the Gulf of St. Lawrence.

Shih (1971) publie ensuite un répertoire de 418 espèces planctoniques d'Invertébrés Métazoaires (plus 66 espèces de Poissons surtout larvaires) des eaux côtières néritiques de l'Atlantique, du golfe du Maine jusqu'au nord du Labrador. À la différence des deux catalogues précédents, il s'agit ici d'une compilation fondée seulement sur les documents faunistiques antérieurs, qui sont cités avec une excellente précision bibliographique et géographique qui permet d'extraire facilement les 234 espèces rapportées pour le golfe du Saint-Laurent (tableaux 1–5 et 14). De ce nombre, toutefois, il faut soustraire 79 espèces qui ne sont pas véritablement planctoniques : 2 espèces de Stauroméduses, épibenthiques, 9 espèces de Polychètes Syllidae et 68 espèces de Crustacés, suprabenthiques (nageuses mais tributaires du fond ou de sa faune et de sa flore). Shih (1971) recense donc 136 espèces vraiment planctoniques dans le golfe du Saint-Laurent : 89 sont holoplanctoniques, 46 sont des stades méroplanctoniques (larves ou méduses) d'espèces benthiques, et une (la crevette *Pasiphaea*) doit être qualifiée de nectonique au stade adulte. Ce catalogue ne fournit des références taxonomiques pour l'identification des espèces que par leur pertinence faunistique régionale, et les données bathymétriques sont ici presque nulles.

Margolis et Arthur (1979) présentent un peu plus tard une compilation, bibliographique comme la précédente, des espèces de Protistes et d'Invertébrés Métazoaires parasites des poissons marins et d'eaux douces du Canada. Leur catalogue incorpore les espèces rapportées par Whiteaves (1901) et Préfontaine et Brunel (1962), mais ignore celles de Brunel (1970b). Ce catalogue ne distingue la provenance géographique qu'entre l'Atlantique et le Pacifique, pour les espèces marines. Il faut donc dépouiller les références faunistiques pour en extraire les mentions pour le golfe du Saint-Laurent : 95 espèces répertoriées sur des poissons marins capturés dans le Golfe ou sur des poissons anadromes ou catadromes des rivières et des estuaires qui se déversent dans le Golfe.

En 1989, Margolis et Arai publient un catalogue des parasites des Mammifères marins du Canada, qui recense 72 espèces d'Invertébrés Métazoaires, dont 37 proviennent de l'Atlantique. Notre dépouillement des références bibliographiques pertinentes révèle 8 espèces capturées sur des

Shih (1971) then published an inventory of 418 species of planktonic metazoan invertebrates (plus 66 species of mostly larval fishes) occurring in the coastal neritic waters of the Atlantic, from the Gulf of Maine to northern Labrador. This compilation differs from the previous two by its exclusive use of past faunistic literature, which is cited with excellent bibliographic and geographic details that make it easy to identify the 234 species recorded for the Gulf of St. Lawrence (Tables 1–5 and 14). However, 79 of these species are not truly planktonic and so must be subtracted from the total: two species of epibenthic Stauromedusae, nine species of syllid polychaete worms and 68 species of suprabenthic Crustacea (swimmers that depend on the bottom or on its fauna and flora). Shih (1971) therefore lists 136 truly planktonic species from the Gulf of St. Lawrence: 89 are holoplanktonic, 46 are meroplanktonic stages (larvae or medusae) of benthic species, and one (the prawn *Pasiphaea*) must be described as a nektonic adult. This catalogue provides taxonomic references for species identification only where they are pertinent to the regional fauna, but almost no depth data are given.

A few years later, Margolis and Arthur (1979) published a similarly bibliographic compilation of protist and metazoan invertebrate species that are parasites of Canadian marine and freshwater fishes. Their catalogue included species recorded by Whiteaves (1901) and Préfontaine and Brunel (1962), but not those of Brunel (1970b). For marine species, this work does not specify geographic origin beyond differentiating Pacific and Atlantic records. Faunistic references must therefore be analyzed individually to extract records for the Gulf of St. Lawrence: 95 species are listed from catches of marine fishes in the Gulf, or anadromous or catadromous fishes from rivers and estuaries that empty into the Gulf.

In 1989, Margolis and Arai published a catalogue of parasites of the marine mammals of Canada: it comprises 72 species of metazoan invertebrates, 37 of them from the Atlantic. From an analysis of relevant bibliographic references, we identified 8 species caught on marine mammals in the Gulf

mammifères marins dans le golfe du Saint-Laurent. Enfin, McDonald et Margolis (1995) ont récemment augmenté le catalogue de Margolis et Arthur (1979) des espèces de parasites de poissons que les recherches des 25 années subséquentes ont ajoutées à nos connaissances pour le Canada. Sur les 248 espèces répertoriées pour l'Atlantique, 93 sont maintenant connues du golfe du Saint-Laurent.

On a tenté à quelques reprises depuis une vingtaine d'années de préparer des synthèses biogéographiques du golfe ou de l'estuaire du Saint-Laurent (Cardinal et Breton-Provancher 1978; Dunbar *et al.* 1980, Ghanimé *et al.* 1990). Toutes ces tentatives se sont butées aux carences des catalogues ou listes faunistiques disponibles sur les Invertébrés benthiques, source pourtant la plus utile à ce type d'analyse, qui constituent 83,7 % de la biodiversité maintenant connue pour les Invertébrés dans le Golfe (voir le tableau 15). Les chercheurs ont donc dû se fonder surtout sur les Poissons, le plancton, la végétation et les Oiseaux littoraux, ou sur les quelques espèces d'Invertébrés benthiques à valeur marchande. Les quelques travaux plus approfondis qu'on a réalisés se sont concentrés sur certains groupes taxonomiques (Brunel 1956) ou écologiques (Fradette et Bourget 1980, 1981), sur des écosystèmes particuliers comme le fjord du Saguenay (Bossé *et al.* 1996), ou sur des combinaisons de ces aspects particuliers (Drainville 1970).

Objectifs

Notre catalogue vise à procurer aux écologistes, aux taxonomistes et aux autres naturalistes qui étudient la biodiversité du golfe du Saint-Laurent, et aussi celle des eaux côtières canadiennes extérieures, un outil dont la rigueur et la précision ne devraient pas être moins grandes que celles d'un dictionnaire. Nous fournissons donc les balises nécessaires pour guider l'identification en laboratoire, et détourner les écologistes et les environnementalistes trop pressés des monographies ou clés plus ou moins appropriées à leur faune. Nous espérons ainsi que ce catalogue contribuera à réduire à l'avenir le nombre d'identifications « téméraires » incorrectes : les écologistes et les environnementalistes sont invités à le consulter afin de vérifier si leurs identifications sont

of St. Lawrence. Finally, McDonald and Margolis (1995) recently expanded the catalogue produced by Margolis and Arthur (1979) by adding all the species of fish parasites identified in Canadian coastal waters during the 25 years after 1979. Of the 248 species recorded for the Atlantic, 93 are now known to occur in the Gulf of St. Lawrence.

Over the past 20 years or so, a number of attempts have been made to prepare biogeographic overviews for the Estuary and Gulf of St. Lawrence (Cardinal and Breton-Provancher 1978; Dunbar *et al.* 1980; Ghanimé *et al.* 1990). All of these attempts ran up against the shortcomings of the available catalogues and lists of benthic invertebrates, which happen to be the most useful source for this type of analysis and which comprise 83.7% of the invertebrate species biodiversity currently known to exist in the Gulf (see Table 15). The investigators have therefore had to rely mostly on fishes, plankton, plants, and shore birds or on the few commercial species of benthic invertebrates. A few more thorough biogeographic analyses have focused on particular taxonomic (Brunel 1956) or ecological (Fradette and Bourget 1980, 1981) groups, on specific ecosystems like the Saguenay Fjord (Bossé *et al.* 1996), or on combinations of these particular aspects (Drainville 1970).

Objectives

The present catalogue is designed to be a rigorous and accurate tool, equivalent to a dictionary, for ecologists, taxonomists, and other naturalists studying the biodiversity of the Gulf of St. Lawrence and of Canadian coastal waters beyond the Gulf. We therefore provide indications that will guide field and laboratory identifications and also keep ecologists and environmentalists who are pressed for time from relying on monographs and keys that are not necessarily suitable for the fauna concerned. We therefore hope that the catalogue will help to cut down on the number of overly hasty and incorrect identifications made in the future: ecologists and environmentalists are invited to consult this reference work to check the plausibility of their identifications. Another

vraisemblables. Un autre objectif est dirigé vers les taxonomistes spécialisés : il serait utile de rechercher dans les musées les spécimens dont nous signalons les vieux noms oubliés depuis trop longtemps, de les réidentifier et d'en clarifier la probable synonymie régionale.

Nous avons voulu combler dans notre catalogue les différentes lacunes de tous les catalogues précédents en rassemblant dans un seul répertoire la liste de toutes les espèces d'Invertébrés marins et estuariens (à l'exclusion des Protistes) qui ont été signalées jusque vers 1994 dans le golfe et l'estuaire du Saint-Laurent, incluant le fjord du Saguenay. Le choix du Golfe, mer bordière importante des côtes canadiennes de l'Atlantique, nous est apparu plus naturel et plus facile à délimiter que celui des côtes politiques du Canada atlantique, largement ouvertes au large sur l'océan, au sud-ouest sur le golfe du Maine et au nord vers le Groenland. Lorsque nous utilisons l'expression « le Golfe » ou « le golfe du Saint-Laurent » dans l'Introduction, nous incluons dans ces expressions les trois entités du golfe du Saint-Laurent proprement dit, de l'estuaire du Saint-Laurent et du fjord du Saguenay.

Au vu des difficultés des synthèses biogéographiques et écologiques sur le Golfe qui ont été évoquées plus haut, nous espérons que le catalogue que nous présentons ici ouvrira de nouvelles avenues à ces synthèses que souhaitent les scientifiques et les organismes voués à l'environnement marin.

Répertoire des espèces

Le Répertoire des espèces, qui constitue la partie principale du catalogue, innove de trois façons. D'abord, nos sources faunistiques, soit bibliographiques, soit muséologiques (collections de recherche), sont toutes citées avec précision pour les espèces benthiques (83,7 % des Invertébrés), en plus des espèces planctoniques et parasites, qui seules avaient bénéficié de cette précision dans des catalogues précédents. Ensuite, tous les anciens noms scientifiques — synonymes juniors, mauvaises identifications ou erreurs orthographiques — sous lesquels les espèces ont été rapportées sont compilés dans un index alphabétique des noms de genres et d'espèces qui renvoient au binôme valide le plus récent. Enfin, nous exprimons

of our aims relates to taxonomists with specialized knowledge: it would be a useful goal to conduct research in museums on specimens for which we list old and long forgotten names and to re-identify them and shed light on the regional synonymy.

With this catalogue we set out to correct the various deficiencies of all previous catalogues by grouping in a single inventory the list of all species of marine and estuarine invertebrates (except protists) that had been recorded until about 1994 for the Gulf and Estuary of the St. Lawrence, including the Saguenay Fjord. The Gulf, an extensive marginal sea of the Canadian Atlantic coast, seemed a more natural choice, and also easier to delimit, than the political coast of Atlantic Canada, which opens too broadly onto the ocean offshore, the Gulf of Maine to the southwest, and Greenland waters to the north. When we refer to "the Gulf" or "the Gulf of St. Lawrence" in the Introduction, this includes the Gulf of St. Lawrence proper, the St. Lawrence Estuary, and the Saguenay Fjord.

In light of the difficulties encountered in compiling biogeographic and ecological syntheses on the Gulf, as described above, we truly hope that the present catalogue will pave the way for such syntheses, which scientists and organizations dedicated to the marine environment would be so pleased to have.

Inventory of Species

The Inventory of Species, which is the main part of the catalogue, innovates in three different ways. First, our faunistic sources, whether drawn from the literature or from research collections, are all cited in detail for benthic species (83.7% of invertebrates), in addition to planktonic and parasitic species, which had already received this accurate treatment in previous catalogues. Second, all the old scientific names — junior synonyms, misidentifications, and spelling errors — used in the past to report species are compiled in an alphabetical index of generic and specific species names that are cross-referenced to the most recent valid binomen. Third, we give a documented critical opinion on the validity of

une opinion critique documentée sur la valeur de certaines mentions douteuses plus ou moins largement diffusées dans la documentation.

D'autre part, nous avons cherché à compléter ou à raffiner les informations fournies dans les catalogues antérieurs, tout en mettant à jour, bien entendu, les masses de données qui les sous-tendent. Nos listes intègrent dans une seule et même classification zoologique les espèces benthiques, planctoniques et parasites. Elles renseignent sur la présence de chaque espèce dans 20 zones ou régions biogéographiques ou écologiques (écosystèmes) assez naturelles du Golfe. Elles fournissent pour chaque espèce des précisions sur les étages bathymétriques et les habitats — benthiques, planctoniques, nectoniques et parasitaires — qu'elle préfère.

La portion centrale du catalogue présente, pour chacune des 2216 espèces dont nous admettons la présence dans le golfe, l'estuaire du Saint-Laurent et le fjord du Saguenay, le même bloc de renseignements détaillés sous les rubriques suivantes :

1. **Nom scientifique** flanqué du nom de l'auteur et de l'année de sa description (ces derniers entre parenthèses si l'espèce était originalement placée sous un autre nom de genre. Un ou deux points d'interrogation peuvent suivre le binôme lorsque nous avons des doutes sur la valitidé de l'identification (voir le tableau 13).
2. **Régions** : Présence codée de l'espèce dans chacune des 20 subdivisions régionales que nous avons adoptées pour le Golfe (voir la section des « Zones biogéographiques et écologiques », la figure 1 et les codes du tableau 6).
3. **Étages/habitats** : Présence codée de l'espèce dans chacun des étages ou habitats expliqués dans la section des « Étages bathymétriques et habitats » (définis dans le tableau 7); des parenthèses identifient les étages occupés marginalement ou localement.
4. **Réf. faunist.** : Numéros des sources faunistiques traitées dans la section suivante et citées en ordre alphabétique dans la bibliographie.

some doubtful records disseminated to varying degrees in the literature.

In addition, we have sought to round out or refine the information provided in previous catalogues; this naturally involved updating the masses of data underlying them. Our lists combine all benthic, planktonic and parasitic species in a single zoological classification. They give information on the presence of every species in 20 fairly natural biogeographic or ecological regions (ecosystems) of the Gulf. Details are furnished on the depth zones and the habitats — benthic, planktonic, nektonic, and parasitic — preferred by each species.

In the main part of the catalogue, for each of the 2216 species that we recognize as occurring in the Gulf, the Estuary, and the Saguenay Fjord, the same block of detailed information is presented using the following headings:

1. **Scientific name** with the author's name and the year of description (the latter are placed in parentheses if the species was originally identified under a different generic name). One or two question marks may follow the binomen if any doubts exist regarding the identification (see Table 13).
2. **Régions**: Code denoting presence of the species in each of 20 regional subdivisions that we adopted for the Gulf (see under "Biogeographical and Ecological Zones," Figure 1 and the codes in Table 6).
3. **Étages / habitats**: (= Depth zones/habitats): Code indicating the presence of the species in each of the depth zones and habitats explained under "Depth Zones and Habitats" (defined in Table 7); parentheses indicate depth zones that are occupied only marginally or locally.
4. **Réf. faunist.**: Reference numbers of the faunistic sources discussed in the following section and listed in alphabetical order in the bibliography.

5. **Réf. taxon.** : Numéros des références taxonomiques traitées plus bas dans la section des « Références taxonomiques » et citées dans la même bibliographie; un + juxtaposé à un numéro signifie que cette référence décrit et illustre des stades larvaires de l'espèce.

6. **Remarques** : Le cas échéant, renseignements exposant certains problèmes d'interprétation des sources faunistiques ou, plus souvent, taxonomiques, ou précisant le ou les hôtes des espèces parasites, lorsqu'elles n'en infestent qu'un ou deux.

La classification adoptée dans le Répertoire des espèces est la même que celle qu'on trouvera dans les tableaux 1–5. Au niveau des embranchements, des classes et des sous-classes, elle est à peu près conforme aux consensus actuels sur la phylogénie, dans la mesure où ces consensus existent, mais elle est un peu plus inégalement artificielle aux niveaux des ordres et des sous-ordres. Le Zoological Record accepte maintenant l'embranchement des Céphalorhynques, qui contient quatre classes d'Aschelminthes, les Priapuliens, les Kinorhynches, les Acanthocéphales et les Loricifères, mais nous préférons attendre que le consensus soit plus complet et durable.

La numérotation des taxons à tous ces niveaux moyens et élevés de la classification zoologique en est une de pure commodité qui, héritée de celle de la Station de Biologie marine de Grande-Rivière, a été utilisée dans le catalogue de Brunel (1970b), et l'est encore avec quelques modifications dans la collection privée de ce dernier (réf. 337) et dans celle de l'Institut Maurice-Lamontagne (réf. 332). Sous chaque taxon numéroté, les espèces sont placées dans l'ordre alphabétique des genres valides actuels que nous reconnaissons. On trouvera sous leur ancien nom de genre les binômes que nous n'avons pas réussi à retrouver ailleurs que dans la référence faunistique originale au cours de nos recherches bibliographiques. Ils représentent probablement en majorité des espèces insuffisamment décrites ou mal identifiées que personne n'a retrouvées par la suite, mais qui demeurent des mentions « vraisemblables » pour le Golfe (voir la section des « Synonymes régionaux » plus bas).

5. **Réf. taxon.**: Reference numbers of the taxonomic references discussed below under the heading "Taxonomic References" and that are also cited in the bibliography; a + beside a reference number means that the paper describes and illustrates larval stages of the species.

6. **Remarques**: Information is provided as needed on certain problems relating to the interpretation of faunistic, or more often, taxonomic, references, or naming one or two hosts of parasitic species where they are not more numerous than that.

The classification used in the Inventory of Species is the same as that found in Tables 1–5. At the phylum, class, and subclass levels, it is approximately consistent with the current consensus on phylogeny where a consensus exists, but it is more unevenly artificial at the order and suborder levels. The Zoological Record now accepts the phylum Cephalorhyncha, which includes four classes of Aschelminthes, Priapula, Kinorhyncha, Acanthocephala, and Loricifera, but we prefer to wait for a more complete and lasting consensus.

The numbering of taxa at all these middle and upper levels of zoological classification is based on pure convenience; it derives from the system used for the collections of the "Station de Biologie marine de Grande-Rivière." It was used in the catalogue of Brunel (1970b) and is still used, with some modifications, for his private collection (ref. 337) and for that of the Maurice Lamontagne Institute (ref. 332). Under each numbered taxon, species are listed in the alphabetical order of the current valid generic names that we recognize. Binomial names that we were unable to find anywhere but in the original faunistic reference in the course of our literature searches have been placed under their former generic name. Most of them probably represent insufficiently described or misidentified species that no one found again later, but that remain "likely" records for the Gulf (see under "Regional Synonyms" below).

Nos listes incluent plusieurs noms de genres privés de nom d'espèce, désignés « sp. », de même que quelques rares noms de famille. Dans nombre de ces cas, ces noms représentent seulement des identifications incomplètes qui seraient rapportées sous des noms d'espèces voisines du même genre si ces identifications avaient été complétées. Nous n'avons pas compté ces noms incomplets dans les recensements des tableaux 1 à 5 et 14. Nous les avons cependant comptés comme des espèces (sans nom) lorsque nous avions de bonnes raisons de croire qu'il s'agit bien d'espèces distinctes. Nous avons également recensé toutes les sous-espèces et variétés, compte tenu de la tendance actuelle montrant, grâce à la génétique moderne, que ces entités sont souvent des espèces cryptiques ou variables.

Our lists include several generic names without a species name, designated as "sp.", and a few family names. In a number of these cases, the names merely represent incomplete identifications that would have been reported under names of related species of the same genus if the identifications had been completed. We did not include these incomplete names in the counts given in Tables 1 to 5 and 14; however, we did list them as species (without a name) whenever we had good reason to believe that they did represent separate species. We also listed all the subspecies and varieties, in view of the current tendency, backed by modern genetic methods, indicating that these entities often constitute sibling or variable species.

Sources faunistiques

Les sources faunistiques exploitées dans notre travail sont de deux ordres, **bibliographiques** et **muséologiques** (collections). Les premières incluent d'abord les monographies et articles arbitrés à large diffusion, mais comprennent aussi les thèses et les mémoires inédits, ainsi que les rapports gouvernementaux ou privés à diffusion plus restreinte, notamment des études d'impacts environnementaux réalisées par des chercheurs, des groupes universitaires ou des firmes de biologistes-conseil. Les secondes sources sont principalement les trois collections de recherche suivantes : (1) celles du premier auteur (réf. 337); (2) celles de l'Institut Maurice-Lamontagne (réf. 332); (3) celles des professeurs Edwin Bourget et John Himmelman (réf. 333), du Département de Biologie de l'Université Laval. C'est donc dire que notre catalogue diffuse largement pour la première fois un bon nombre de mentions faunistiques nouvelles jusqu'à maintenant cachées dans des thèses, des rapports polycopiés ou des collections.

Nous avons voulu nous assurer, en citant chacune de nos sources par un numéro apparaissant dans la bibliographie, que la présence de chaque espèce citée dans notre catalogue soit documentée précisément, soit par au moins une référence bibliographique, soit par au moins un échantillon (parfois d'un seul spécimen) dans l'une des trois collections québécoises mentionnées plus haut. L'ampleur de notre tâche nous interdisait d'exploiter d'autres collections, notamment celle du Musée

Faunistic Sources

Two types of faunistic sources have been used in the catalogue: **literature-based** and **collections-based sources**. The former include chiefly monographs and broadly disseminated refereed papers, but also unpublished theses and government or private-sector reports with a limited distribution, particularly environmental impact studies completed by researchers, academic groups, and consulting firms. The second type of faunistic source encompasses three research collections: (1) that of the first author (ref. 337); (2) that of the Maurice Lamontagne Institute (ref. 332); and (3) those of professors Edwin Bourget and John Himmelman (ref. 333) of the Biology Department at Laval University. This means that our catalogue is publishing for the first time a large number of faunistic records that up until now had remained buried in theses, unpublished reports, or collections.

We have sought to ensure, by using a number to cross-reference every source to the bibliography, that every species listed in the catalogue is supported by at least one bibliographic reference or at least one specimen in one of the three Quebec-based collections mentioned above. The sheer magnitude of our task precluded the use of other collections, in particular that of the Canadian Museum of Nature (located in Aylmer, Quebec), which contains a fair number of Whiteaves'

canadien de la nature (situé à Aylmer, Québec), qui contient un bon nombre des spécimens de Whiteaves et d'autres collectionneurs anciens ou récents qui ont prospecté la faune du Golfe, ou celle du Centre Hunstman des sciences de la mer, à St Andrews, Nouveau-Brunswick. Les quelques références à d'autres collections (réf. 331, 334, 335 et 336) que les collections québécoises constituent donc des exceptions.

specimens and the specimens of other long-ago or recent collectors who studied the Gulf fauna, and the collection of the Huntsman Marine Science Centre at St. Andrews, New Brunswick. The few references to collections (refs. 331, 334, 335, and 336) other than the Quebec-based ones therefore stand as exceptions.

C'est en 1952, au début d'une carrière toute entière tournée vers la biodiversité et l'écologie de l'estuaire et du golfe du Saint-Laurent, que l'un de nous a commencé à rassembler (1) les références faunistiques, (2) les références taxonomiques et (3) les spécimens témoignant de ses explorations, ou les documentant. Déjà, lors de la publication de son premier catalogue (Brunel 1970b), la deuxième banque de données, celle des 235 références taxonomiques ayant servi à l'identification des 674 espèces de ce catalogue, était rendue publique. La première banque ne l'était pas encore. Par la suite, dans le cadre du Groupe interuniversitaire de recherches océanographiques du Québec (GIROQ), le premier auteur ayant accepté en 1966 un poste à l'Université de Montréal, sa prospection faunistique des Invertébrés marins du golfe du Saint-Laurent s'est alors déplacée des eaux gaspésiennes vers l'estuaire du Saint-Laurent et le fjord du Saguenay.

It was in 1952, at the beginning of a career wholly devoted to the biodiversity and ecology of the Estuary and Gulf of St. Lawrence, that the first author started to gather (1) faunistic references, (2) taxonomic references, and (3) specimens from his own surveys or supporting them. When his first catalogue was published (Brunel 1970b), the second data bank, that containing the 235 taxonomic references used to identify the 674 species, became available to the public. At that time, the first data bank had not yet been published. From 1969 onwards, when the first author became involved with GIROQ (Groupe interuniversitaire de recherches océanographiques du Québec), after accepting a position at the University of Montreal, the focus of his faunistic surveys of the Gulf marine invertebrates shifted from the Gaspé area to the St. Lawrence Estuary and the Saguenay Fjord.

Cette exploration, qui s'est poursuivie de 1969 à 1982, se faisait au moyen de recherches à objectifs écologiques, en très grande partie réalisées par des étudiants et étudiantes inscrits à la Maîtrise, généralement à l'Université de Montréal, mais aussi à l'Université Dalhousie (Halifax) et à l'Université McGill (Montréal). On trouvera dans l'appendice 1 la liste de ces précieux collaborateurs, qui ont tous contribué puissamment des milliers d'heures de travail en mer et en laboratoire, à trier et à identifier de nombreux taxons autres que ceux de leur propre recherche. Tout ce travail a enrichi les collections et les données de base régionales et bathymétriques qui ont alimenté notre catalogue de très nombreux détails originaux. D'autre part, des recherches écologiques fondées sur la biodiversité des Invertébrés ont été dirigées, pendant ces mêmes années du GIROQ et dans le même cadre, par les professeurs Edwin Bourget et John Himmelman, de l'Université Laval. Leurs travaux et collections (réf. 333), que nous utilisons aussi

These faunistic surveys, which continued from 1969 to 1982, were conducted as part of ecological research projects, largely realized by M.Sc. students at the University of Montreal, but also at Dalhousie University (Halifax) and at McGill University (Montreal). Appendix 1 lists all of these collaborators, all of whom devoted thousands of hours, both at sea and in the laboratory, to sorting and identifying numerous taxa over and beyond those arising from their own research. All of this work has enriched the collections and the geographic and bathymetric databanks, furnishing a large number of new details for this catalogue. In addition, during the same period, ecological studies based on the biodiversity of invertebrates were carried out under the direction of professors Edwin Bourget and John Himmelman of Laval University, within the framework of GIROQ. This work and the associated collections (ref. 333), which are also incorporated in this catalogue, emphasize rocky

dans notre catalogue, sont centrés sur les étages médio- et infralittoral de substrats durs de l'Estuaire et du Golfe.

D'autre part, la seconde auteure occupait depuis quinze ans un poste de responsabilité à l'égard de la taxonomie et des collections de recherche de l'Institut Maurice-Lamontagne et des laboratoires qui l'ont précédé. Elle s'occupait à ce titre de développer ces collections, constamment enrichies d'Invertébrés et de Poissons par les recherches des scientifiques du Ministère des Pêches et des Océans dans l'estuaire et le golfe du Saint-Laurent. Ces collections contiennent une partie des collections de l'ancienne Station de Biologie marine de Grande-Rivière (Ministère de l'Agriculture, des Pêcheries et de l'Alimentation du Québec), et d'une très petite partie de celles de l'ancienne Station de Biologie arctique de Sainte-Anne-de-Bellevue. Des études faunistiques nouvelles, entreprises dans l'Estuaire (e.g. station pilote dans le chenal Laurentien) et dans le fjord du Saguenay (e.g. Bossé *et al.* 1996), sont venues également les enrichir. Ces collections, dont sans nul doute les polychètes sont la principale richesse, en sont venues à constituer, avec les titres bibliographiques croissants requis pour mettre de telles collections en valeur, une banque de données importante. Un volume croissant de demandes de renseignements en provenance de l'intérieur et de l'extérieur de l'Institut, ainsi que les difficultés persistantes pour répondre à ces demandes en l'absence de listes régionales complètes des espèces et de l'usage de guides taxonomiques trop souvent étrangers au Golfe (inadéquats pour des néophytes), lui ont inspiré de proposer au premier auteur la réalisation conjointe du présent catalogue. On comprendra sans peine l'association immédiate qui en résulta.

Les trois collections de recherche que nous avons exploitées dans ce catalogue sont les garantes de la valeur des identifications — sujettes à vérification par quiconque — d'une bonne partie des espèces que nous y rapportons. L'avenir de ces trois collections est donc important pour certains usagers de notre catalogue. Cet avenir est encore incertain, en l'absence d'un musée provincial d'histoire naturelle à vocation de recherche. Le caractère privé de deux de ces collections, et l'élimination récente des recherches taxonomiques dans les laboratoires

bottoms of the intertidal and subtidal zones in the Estuary and Gulf.

When work on the catalogue began, the second author had been employed for 15 years at the Maurice Lamontagne Institute and previous Fisheries and Oceans Quebec laboratories, where she was responsible for taxonomy and the research collections. She was in charge of developing the collections, which were constantly being enriched with species of invertebrates and fish from research conducted by scientists with the Department of Fisheries and Oceans in the Estuary and Gulf of St. Lawrence. The Institute's collections contain part of the collections from the former "Station de biologie marine de Grande-Rivière" (Quebec Department of Agriculture, Fisheries and Food), and a very small part of those from the former Arctic Biological Station in Ste Anne-de-Bellevue. New faunistic studies, undertaken in the Estuary (e.g., monitoring station in the Laurentian Channel) and the Saguenay Fjord (e.g., Bossé *et al.* 1996), have also helped to build up the collections. These collections, in which polychaetes represent the richest part, have grown into an important data bank, with a growing number of bibliographic titles needed to increase the value of the collections. The ever greater number of queries from within and outside the Institute, and the difficulty of responding to them without having any complete regional lists of species for this purpose and therefore using taxonomic guides that for the most part do not cover the Gulf (and are inadequate for neophytes), prompted the second author to propose to the first author that they work together on the present catalogue. A quick agreement to team up for this purpose came from the latter.

The three research collections used in this catalogue vouch for the validity of the identifications — which anyone is welcome to verify — of a good number of the recorded species. The maintenance of those collections in the future is important for some users of the catalogue; however, their future is still uncertain, given the absence of a provincial natural history museum with a research mandate. The private status of two of the collections, and the recent decision of the Department of Fisheries and Oceans to cut all

du Ministère canadien des Pêches et des Océans, expliquent la précarité de ce patrimoine scientifique. Un timide espoir réside peut-être dans la création récente du Réseau québécois sur la biodiversité. Si les pouvoirs publics au Québec maintiennent leur traditionnelle indifférence envers ce type de patrimoine collectif, on peut s'attendre à ce que ces collections soient éventuellement offertes au Musée canadien de la nature.

La première tâche de notre projet a consisté à saisir sur support informatique, par le troisième auteur, le maximum de contenu faunistique des références bibliographiques accumulées depuis 37 ans et 15 ans, respectivement, par les deux premiers auteurs. Par la suite, commençait à Mont-Joli l'interrogation automatisée des banques internationales, nationales et locales informatisées de références bibliographiques (BIOSIS, AQAREF, DIALOG, Aquatic Sciences and Fisheries Abstracts, Life Sciences Collections, Current Contents, Georef, Dissertations Abstracts). Le travail s'est poursuivi, d'abord de façon intensive et ensuite de façon décroissante jusqu'à récemment, selon l'importance relative des références decelées.

La plus ancienne de nos références faunistiques, apparemment inconnue de Whiteaves, remonte à 1841 : elle est due au célèbre Charles Lyell, géologue de renommée darwinienne, qui y rapporte la présence de coquillages prélevés dans le Golfe par le capitaine Bayfield.

Nous avons choisi les références faunistiques en fonction du potentiel de leur contenu, tel que révélé par le titre et par ses mots-clefs révélateurs pour les recherches informatisées, d'apporter ou d'ajouter des données pertinentes pour notre catalogue. Ces données sont d'abord la présence de l'espèce dans le fjord du Saguenay, l'estuaire ou le golfe du Saint-Laurent, ensuite sa fréquence dans les 20 régions, dans les quatre étages bathymétriques ou dans des habitats particuliers (e.g. lagunes estuariennes, hôtes de parasites), et en général sa distribution horizontale et verticale. Nous avons naturellement préféré les travaux qui renseignent sur plusieurs espèces, ou sur un ou des taxons de haut niveau (ordres, classes ou phylums), à ceux qui ne le font que sur une seule espèce ou sur quelques-unes, de bas niveau systématique. Et nous avons généralement ignoré les références de type expérimental (en laboratoire, le plus souvent).

taxonomic research at its laboratories, together underscore the precarious situation of this scientific heritage. The recent creation of the Quebec Biodiversity Network nevertheless offers some hope for the future. However, if public officials in Quebec maintain their traditional indifference toward this type of collective heritage, the collections may eventually be offered to the Canadian Museum of Nature.

The first task in the present project, handled by the third author, consisted of loading on computer a maximum of faunistic details from the bibliographic references that the first two authors had collected over 37 and 15 years respectively. Then, automated computer searches were undertaken of international, national, and local computerized literature databanks (BIOSIS, AQUAREF, DIALOG, Aquatic Sciences and Fisheries Abstracts, Life Sciences Collections, Current Contents, Georef, Dissertation Abstracts). This work was carried out intensively at first, and then on an ever-decreasing scale until recently, according to the relative importance of the references found.

The oldest of our faunistic references, apparently unknown to Whiteaves, dates back to 1841 and comes from the hand of the renowned geologist Charles Lyell, of Darwinian fame, who reported the presence in the Gulf of some shellfish collected by Captain Bayfield.

Faunistic references were selected based on their potential as determined from their titles and the keywords used in the computer searches, in order to obtain relevant data for the catalogue. These data consisted chiefly of the occurrence of the species in the Gulf as a whole, or in any of its 20 selected regions (see below), in the three depth zones or in particular habitats (e.g., estuarine lagoons and hosts in the case of parasites), as well as the species' horizontal and vertical distribution in general. Papers containing data on several species or one or more high-level taxa (orders, classes, or phyla) were obviously selected over those focusing on only one or a few species at lower systematic levels. We generally passed over papers on experimental research, most of which involved laboratory studies.

Les sources faunistiques les plus difficiles à déceler dans nos recherches bibliographiques sont les références, la plupart publiées à l'étranger par des taxonomistes étrangers, dont le titre n'indique nullement que l'auteur y a examiné ou réexaminé et parfois réidentifié quelques spécimens du golfe du Saint-Laurent conservés dans des musées étrangers ou canadiens. Les premiers explorateurs de la faune du Golfe (Dawson, Packard, Whiteaves, notamment), lorsqu'ils n'étaient pas étrangers eux-mêmes, expédiaient beaucoup de leurs spécimens à des taxonomistes américains (A.E. Verrill, S.I. Smith, par exemple) ou britanniques (Brady, Hincks, Norman, Jeffreys, Carpenter, etc.), qui les identifiaient et les conservaient dans leur musée. Ils les rapportaient ensuite incidemment et souvent négligemment dans leurs articles faunistiques ou taxonomiques sur la faune de l'Atlantique nord ou des mers arctiques et subarctiques. D'autres taxonomistes étrangers ont simplement emprunté plus récemment aux grands musées de ces spécimens anciens du Golfe. Citons en exemples quelques-uns de ces titres bien peu révélateurs, parfois anciens comme Norman (1894, 1903a, 1903b, 1905), parfois bien plus récents (Hayward 1978; Kluge 1962; Maturo et Schopf 1968), choisis chez les Bryozoaires, groupe particulièrement difficile étudié dans le Golfe depuis 1859. Il est évident que nous n'avons pu trouver qu'une petite partie des références faunistiques de cette nature spécialisée.

The most difficult papers to retrieve in literature searches were those published mostly abroad by foreign taxonomists under titles that do not indicate that they contain examinations, re-examinations and sometimes new identifications of a few specimens from the Gulf of St. Lawrence preserved in foreign or Canadian museums. The early investigators of the Gulf fauna (Dawson, Packard and Whiteaves, in particular), if not foreigners themselves, sent many of their specimens to American (A.E. Verrill, S.I. Smith, for example) or British (Brady, Hincks, Norman, Jeffreys, Carpenter, etc.) taxonomists who identified the specimens and kept them in their local museums. Afterwards they often recorded these determinations in a casual and careless fashion in faunistic or taxonomic papers on the fauna of the North Atlantic or arctic and subarctic seas. More recently, other foreign taxonomists have simply borrowed some of those old Gulf specimens from the great museums. Examples of such nondescriptive titles include some older ones, from Norman (1894, 1903a, 1903b, 1905), and some more recent ones (Hayward 1978; Kluge 1962; Maturo and Schopf 1968), dealing with the Bryozoa, a particularly complex group that has been studied in the Gulf since 1859. Obviously we were able to track down only a small number of the specialized faunistic papers of this sort.

Puisque nous avons choisi la précision de toutes nos sources faunistiques et une recherche du plus grand nombre possible de ces sources, il importe de distinguer, parmi les références bibliographiques que nous citons, entre les références d'origine et les références compilatrices. Les meilleurs exemples de ces dernières sont les catalogues comme ceux de Shih (1971), de Margolis et Arthur (1979) et de McDonald et Margolis (1995), qui sont des compilations bibliographiques des références d'origine antérieures. D'autres références compilatrices sont des monographies (e.g. Fraser 1944; Kluge 1962), des clefs d'identification (e.g. Ryland et Hayward 1991) ou des travaux faunistiques (e.g. Powell 1968a) qui citent nommément le golfe du Saint-Laurent, ou même une région du Golfe, dans la revue de la distribution de chaque espèce. Lorsque l'auteur décrivait une distribution s'étendant, par exemple, « de l'océan Arctique à

Since our aim was to find as many faunistic sources as possible and to accurately cite them, it was important to differentiate the primary and secondary references within our corpus of literature. The best examples of the secondary sources are catalogues such as those by Shih (1971), Margolis and Arthur (1979), and McDonald and Margolis (1995), which consist of bibliographic compilations of earlier primary papers. Other types of secondary references include monographs (e.g., Fraser 1944; Kluge 1962), identification keys (e.g., Ryland and Hayward 1991) and faunistic papers (e.g., Powell 1968a) that specifically name the Gulf of St. Lawrence, or even a region within it, in discussing the distribution of species. Whenever an author describes a distribution extending, for instance, "from the Arctic Ocean to Boston", or cites "Newfoundland", "Nova Scotia", etc. without naming the Gulf, we

Boston », ou citait « Terre-Neuve », « Nouvelle-Ecosse », etc. sans citer nommément le Golfe, nous avons exclu son article de nos références faunistiques. Dans d'autres cas, surtout au siècle dernier, alors que les éditeurs surveillaient moins leur exclusivité, c'est un auteur qui cite les mêmes mentions faunistiques dans des articles supposément d'origine qu'il publie successivement dans différentes revues en variant parfois le contenu sans trop de rigueur. Citons ici les principaux auteurs d'articles qui répètent ainsi les mêmes mentions : Dawson (1859b, c, 1872a, b), Packard (1863, 1867, 1891), Whiteaves (1872a vs 1872b, 1874a vs 1874b, 1872b vs 1875, 1869b à 1875 vs 1901), Stafford (1912a et b vs 1912c). Le lecteur doit savoir que nous citons généralement, pour chaque espèce, à la fois les références d'origine et les références compilatrices.

have omitted his paper from our faunistic references. In other cases, mostly in the last century, when editors were less concerned about exclusivity, authors listed the same faunistic records in purportedly primary papers that were published successively in different journals; the data sometimes changed with time in a less than rigorous way. The main authors who used the same records over again were Dawson (1859b, c, 1872a, b), Packard (1863, 1867, 1891), Whiteaves (1872a vs. 1872b, 1874a vs. 1874b, 1872b vs. 1875, 1869b to 1875 vs. 1901), and Stafford (1912a and b vs. 1912c). The reader should know that for every species we generally cite both primary and secondary references.

Une conséquence de notre compilation méthodique des sources faunistiques, c'est qu'on obtient une estimation très grossière de la fréquence relative de chaque espèce dans le Golfe par simple inspection du nombre de codes de régions et de numéros de références faunistiques dont elle est pourvue dans le Répertoire des espèces; ce sont les références faunistiques redondantes expliquées dans le paragraphe précédent qui faussent le plus cette estimation.

One result of this methodical compilation of faunistic sources is that a very rough estimate of the relative frequency of each species in the Gulf can be obtained by simply checking the number of region codes and faunistic reference numbers given for it in the Inventory of Species. The main factor biasing this kind of estimate is the redundant records described in the previous paragraph.

Zones biogéographiques ou écologiques

Nous avons subdivisé le golfe et l'estuaire (à l'exclusion de l'estuaire fluvial, caractérisé par des marées d'eau douce) du Saint-Laurent en 20 zones ou régions marines. On en trouvera les frontières tracées sur la carte géographique de la figure 1, et au tableau 6 la désignation des codes alphabétiques utilisés dans la rubrique « Régions » du Répertoire des espèces.

Les frontières entre le Golfe et les eaux adjacentes sont très simples à préciser, par trois détroits et un fleuve : le détroit de Cabot, qui ouvre sur l'Atlantique, est défini ici par une ligne partant du cap Nord, dans l'île du Cap-Breton (Nouvelle-Écosse), passant à l'est de l'île Saint-Paul et aboutissant au cap Ray, à Terre-Neuve; le détroit de Canso, entre la presqu'île de Nouvelle-Écosse et l'île du Cap-Breton, est maintenant balisé pour nous par une jetée routière; au nord-est, nous incluons le détroit de Belle-Isle dans le Golfe et le délimitons

Biogeographical and Ecological Zones

We have divided the Gulf and Estuary of the St. Lawrence into 20 marine zones or regions, excluding the Upper Estuary, which is characterized by freshwater tides. The boundaries of these zones are indicated on the map in Figure 1, and Table 6 gives the alphabetical codes used under the heading "Regions" for species data in the Inventory of Species.

The boundaries between the Gulf and adjacent waters can be described accurately with reference to three straits and a large river: Cabot Strait, which opens onto the Atlantic, is defined here by a line starting at Cape North, on Cape Breton Island (Nova Scotia), then running to the east of St. Paul Island and ending at Cape Ray, Newfoundland; Canso Strait, between continental Nova Scotia and Cape Breton Island, is now delimited for us by a road jetty; the Strait of Belle Isle, situated farther to the northeast, is included in the

arbitrairement par le 56e méridien, un peu avant son élargissement vers l'Atlantique. En amont, nous faisons coïncider l'extrême limite de l'estuaire moyen du Saint-Laurent avec les eaux à peine saumâtres (salinité de 0,5 ‰) qu'on rencontre en aval de l'île d'Orléans.

Gulf and defined here by the arbitrary boundary of the 56th meridian, just before it widens in the direction of the Atlantic. Upstream toward the St. Lawrence, the boundary of the Middle St. Lawrence Estuary is defined by the slightly brackish (0.5‰ salinity) water that occurs downstream from Orléans Island.

Nous avons effectué le découpage des régions à l'intérieur du Golfe et de l'Estuaire en fonction de critères physiographiques (contours des côtes), océanographiques, biogéographiques et bathymétriques, critères qui sont en fait reliés entre eux. Nous croyons nos subdivisions plus proches de la réalité complexe du Golfe que celles qu'ont utilisées les essais précédents sur la biogéographie écologique du golfe et de l'estuaire du Saint-Laurent (Cardinal et Breton-Provancher 1978; Dunbar *et al.* 1980; Ghanimé *et al.*, 1990). On trouvera dans deux ouvrages collectifs récents les informations et les références les plus récentes sur l'océanographie de l'estuaire (El-Sabh et Silverberg, éd., 1990) et du golfe du Saint-Laurent (Therriault, éd., 1991). Trites (1972), dans une courte synthèse encore fort valable, résume bien les principales caractéristiques du Golfe et de son grand estuaire.

The regions within the Gulf and Estuary were divided on the basis of physiographic (coastal contours), oceanographic, biogeographic and bathymetric criteria, all of which are actually interrelated. We believe that our subdivisions are closer to the complex reality of the Gulf than those put forward in previous papers on the ecological biogeography of the Estuary and Gulf of St. Lawrence (Cardinal and Breton-Provencher 1978; Dunbar *et al.* 1980; Ghanimé *et al.* 1990). Two recent collective works present the most up-to-date information and references on the oceanography of the Estuary (El-Sabh and Silverberg, ed., 1990) and the Gulf (Therriault, ed., 1991). In an older document that is still very useful, Trites (1972) summarizes the key features of the Gulf and its large estuary.

La topographie sous-marine du golfe du Saint-Laurent tout entier est profondément marquée par le chenal Laurentien, vallée profonde (voir la rubrique sur les étages) qui entaille le rebord continental à l'ouest du Grand Banc de Terre-Neuve, divise le Golfe en deux, remonte jusqu'à l'embouchure du fjord du Saguenay (région S), et envoie une branche — le chenal d'Esquiman — vers le détroit de Belle-Isle et une autre au nord-est de l'île d'Anticosti, vers le détroit de Jacques-Cartier (fig. 1). Puisque 83,7 % des espèces de notre catalogue sont benthiques, nous avons délimité tous ces habitats bathyaux profonds par l'isobathe de 200 m, dont nous expliquons plus complètement le caractère arbitraire à la rubrique suivante. Ce découpage ne correspond pas nécessairement avec celui des masses d'eau superficielles habitées par les espèces planctoniques ou les parasites des poissons pélagiques. En pratique, toutefois, nos zones sont assez nombreuses et les courants superficiels sont assez variables pour que la forme de ces zones soit assez peu importante. Bien que nos frontières benthiques n'aient pas d'équivalence en

The bottom topography of the Gulf of St. Lawrence as a whole is dominated by the Laurentian Channel, a deep valley (see under the heading "Depth Zones and Habitats") that cuts into the continental slope to the west of the Newfoundland Grand Banks, divides the Gulf in two, and extends upstream to the mouth of the Saguenay Fjord (region S). The Channel branches out to form the Esquiman Channel, which runs toward the Strait of Belle Isle, and Jacques Cartier Strait, which lies northeast of Anticosti Island (Fig. 1). Since 83.7% of the species in this catalogue are benthic, we have used the 200-m isobath as the limit for these deep bathyal habitats, an arbitrary decision that is explained below. This subdivision of the Gulf does not necessarily correspond to that of the surface water masses that are inhabited by planktonic species and parasites of pelagic fishes. In practice, however, we have used enough zones and the surface currents vary sufficiently that the shape of these zones is of little importance. Although our benthic boundaries do not have

surface, nous avons pu attribuer sans trop de difficultés les espèces planctoniques à ces zones trop arbitraires pour elles. On remarquera toutefois que la succession géographique des zones, de l'estuaire moyen jusqu'à l'océan, correspond à un gradient de salinité croissante et de turbidité décroissante (Trites 1972) qui affecte autant les espèces pélagiques que les espèces benthiques, du moins à l'échelle grossière de notre travail.

corresponding limits at the water surface, we experienced few difficulties in assigning planktonic species to these zones, which were actually too arbitrary for them. It should be noted, however, that the geographic sequence of zones moving from the Upper Estuary toward the sea coincides with a gradient of increasing salinity and decreasing turbidity (Trites 1972), which has as much influence on pelagic species as on benthic ones, at the rough scale of the selected regions at least.

Le découpage de l'estuaire du Saint-Laurent est celui que Brunel (1970a) justifie plus longuement que nous le faisons ici. Les progrès récents dans nos connaissances océanographiques sur l'Estuaire moyen (Runge et Simard 1990; Laprise et Dodson 1994) permettraient de le découper en quatre assemblages pélagiques. En attendant que soit comblé le retard des connaissances sur le benthos de cette zone, nous avons divisé l'Estuaire moyen en deux : une portion amont (EAM) d'eaux très chargées de sédiments en suspension (Secchi <1 m), de salinité (0,5 à 22 ‰) et de température (14 à 22°C) très variables en été, est séparée de la portion aval (EAV), nettement plus profonde (tableau 6) et plus froide (±6 à 14°C de juin à août en surface) par un front de turbidité dont la position fluctue avec la marée. Notre limite correspond à la position de ce front au maximum du reflux (marée baissante). On sait maintenant que les propriétés océanographiques et la faune de l'estuaire moyen inférieur (région EAV) sont bien plus semblables à celles de l'Estuaire maritime (région EM) qu'à celles de l'Estuaire moyen supérieur (région EAM). Le fjord du Saguenay (région S) est le seul écosystème de ce type au Québec : Drainville (1968) en présente une bonne description préliminaire. Nous n'avons pas cru utile de subdiviser l'Estuaire maritime (région EM) en zone bathyale du chenal Laurentien et en deux zones littorales moins profondes que 200 m, même si nous savons que ces deux zones sont un peu différentes quant à leur topographie et à leur benthos (Massad et Brunel 1979; Robert 1979). La distinction entre le chenal Laurentien et les zones littorales s'y fera par les étages bathymétriques (section suivante).

The subdivision of the St. Lawrence Estuary employed in the present catalogue is one that Brunel (1970a) has justified to a greater extent than is possible here. Recent advances in oceanographic knowledge of the Middle Estuary (Runge and Simard 1990; Laprise and Dodson 1994) would support an approach dividing it into four pelagic assemblages. Until our knowledge of the benthos improves sufficiently, we will be using a system that divides the Middle Estuary into two zones: an upstream zone (EAM) containing water that is heavily loaded with suspended sediments (Secchi <1 m), with highly variable salinity (0.5 to 22‰) and temperature (14 to 22°C) in summer; it is separated from the downstream zone (EAV), which is markedly deeper (Table 6) and colder (±6 to 14°C from June to August at the surface), by a turbidity front whose position varies with the tides. The boundary between the two zones is defined as the position of this front at maximum ebb tide. It is now known that the oceanographic properties and the fauna of the downstream part of the Middle Estuary (region EAV) are much more like those of the Lower Estuary (region EM) than those of the upstream sector of the Middle Estuary (region EAM). The Saguenay Fjord (region S) is the only ecosystem of its kind in Quebec: Drainville (1968) gives a good preliminary description of it. It was not deemed useful to subdivide the Lower Estuary (region EM) into a bathyal zone in the Laurentian Channel and two littoral zones less than 200 m deep, although it is known that the bottom topography and benthos of these two zones differ somewhat (Massad and Brunel 1979; Robert 1979). The Laurentian Channel and the neritic zones in this region are differentiated on the basis of depth zones (next section).

Dans les autres secteurs néritiques du Golfe, nous avons utilisé des critères biogéographiques, dont

In the other neritic zones of the Gulf, we have used biogeographic criteria, including water

le facteur thermique (température estivale des eaux de surface) et les déterminants historiques sont bien expliqués par Bousfield et Thomas (1975). Ainsi, la région IPE correspond à peu près à l'enclave biogéographique tempérée chaude (« virginienne ») occupée par l'Huître d'Amérique où les températures estivales dépassent généralement 18°C, du moins près des côtes. Dans les zones tempérées froides (EGS et IM), ainsi que dans l'enclave du sud-ouest de Terre-Neuve (TNS), les températures estivales varient entre 15 et 18°C, tandis qu'elles varient entre 12 et 15°C en surface dans les zones AS, CLH, CLI, CLE et TNO. La portion amont de l'estuaire moyen du Saint-Laurent (EAM), qui n'a été que récemment l'objet de quelques recherches sérieuses sur sa faune (Lacroix et Therriault 1973; Bousfield *et al.* 1975; Vincent 1979; Laprise et Dodson 1994), semble constituer une enclave biogéographique saumâtre qui peut atteindre en été des températures supérieures à 18°C, mais dont on ignore presque tout de la composition de sa faune benthique. Toutes les autres zones du Golfe, depuis la portion aval de l'Estuaire moyen (EAV) et l'Estuaire maritime (EM) jusqu'au détroit de Belle-Isle (BCN), en passant par la Haute (HCN) et la Moyenne Côte-Nord (MCN), peuvent être considérées comme faisant partie de la zone hydroclimatique subarctique, où les températures estivales sont généralement inférieures à 12°C. C'est la région BCN qui est la plus froide : elle est caractérisée dans le Golfe par la présence en été d'icebergs qui, charriés par le courant du Labrador, ont pénétré dans le Golfe par le détroit de Belle-Isle.

On trouvera dans un article récent (Chevrier *et al.* 1991) un résumé de plusieurs travaux antérieurs qui mettent en lumière l'importance des régimes différents de production primaire et du couplage pélagos-benthos dans les régions EM et EGS. Ce couplage semble affecter la structure de leurs communautés benthiques circalittorales et le succès ou l'insuccès, voire l'absence totale dans l'Estuaire maritime, de plusieurs de leurs espèces : les différences entre ces deux régions sont telles qu'on doit y voir deux écosytèmes différents.

temperature. Bousfield and Thomas (1975) give a good overview of the temperature differences (summer temperatures in the surface layer) and historical determinants of these regions. For example, the Prince Edward Island (IPE) region basically corresponds to the warm-temperate ("Virginian") enclave occupied by the American oyster: temperatures generally exceed 18°C, at least near the coast. In cold-temperate zones (EGS and IM), and in the Southwest Newfoundland enclave (TNS), summer temperatures range from 15 to 18°C, whereas they vary between 12 and 15°C at the surface in areas AS, CLH, CLI, CLE, and TNO. The upstream part of the Middle Estuary (EAM), whose fauna has not been investigated seriously until quite recently (Lacroix and Therriault 1973; Bousfield et al. 1975; Vincent 1979; Laprise and Dodson 1994), appears to constitute a brackish biogeographic enclave where the temperature can exceed 18°C in summer; however, almost nothing is known about the benthic assemblages. All the other Gulf zones, from the downstream part of the Middle Estuary (EAV) and the Lower Estuary (EM) to the Strait of Belle Isle (BCN), including the Middle (MCN) and Lower North Shore (BCN) areas, can be considered as part of the subarctic hydroclimatic zone, in which summer temperatures are generally below 12°C. The Lower North Shore region (BCN) is the coldest area of the Gulf; in summer icebergs carried by the Labrador Current drift into the Gulf through Belle Isle Strait.

A recent article (Chevrier *et al.* 1991) summarizes several earlier papers highlighting the importance of the different regimes of primary production and pelagic-benthic coupling in areas EM and EGS. This coupling appears to affect the structure of the benthic communities in their neritic zones, even determining the success or failure and even the total absence of a number of their species in the Lower Estuary. The two regions are so different that they must be viewed as two different ecosystems.

Étages et habitats

Les renseignements écologiques que nous fournissons pour chaque espèce dans notre catalogue sont

Depth Zones and Habitats

The ecological information provided for each species in the present catalogue rounds out and

un prolongement et une mise à jour de ceux que présentait Brunel (1970b). L'addition des espèces planctoniques, nectoniques et parasites aux espèces benthiques nous oblige à distinguer dans chaque cas ces quatre catégories écologiques. En raison de la prédominance toujours majeure des espèces benthiques (83,7 % des Invertébrés), les profondeurs qu'elles préfèrent constituent toujours les données les plus fondamentales sur leur habitat. Ces préférences bathymétriques sont en partie régies par les préférences ou tolérances thermiques de ces espèces prisonnières du fond, qui s'expriment par leur distribution bathymétrique dans les trois couches d'eau superposées qui caractérisent le golfe du Saint-Laurent en été (fig. 2 et Therriault, éd., 1991). Dans les paragraphes suivants, nous faisons la distinction entre ces **trois couches** d'eau et les **quatre « étages »** qui en résultent à cause de l'existence d'une épaisse et variable couche de transition entre la deuxième et la troisième couche d'eau.

Les quatre étages qu'occupent ainsi toutes nos espèces — elles peuvent en occuper un, deux, ou trois, selon leur degré d'eurythermie ou de sténothermie — constituent ce que Brunel (1956) et Drainville (1970) décrivent comme la troisième dimension de la biogéographie écologique du Golfe. L'importance de cette troisième dimension provient d'abord du chenal Laurentien, dont la profondeur passe de quelque 500 m dans le détroit de Cabot jusqu'à quelque 350 m en amont de l'Estuaire maritime (fig. 2). Le fond du Chenal est envahi par « l'eau des pentes » produite hors du golfe par le mélange entre les eaux du Gulf Stream et celles du courant du Labrador : c'est la **couche profonde, quatrième étage** dont la température varie peu selon les saisons (fig. 2) et qui est habitée par une faune de fond (benthique) dite **bathyale** et une faune de pleine eau dite **mésopélagique supérieure**, toutes deux plutôt sténothermes boréales (« sténoboréales »).

En hiver, il n'y a au-dessus de la couche profonde qu'une seule masse d'eau, glaciale en raison de la rigueur du climat et de la grande force des vents d'automne et d'hiver; ceux-ci propagent ce refroidissement jusqu'à des profondeurs approximatives de 200 m qui varient selon les années. Ce mélange variable entre des eaux glaciales venues de la surface et les eaux toujours plus tièdes

updates that furnished by Brunel (1970b). Since planktonic, nektonic, and parasitic species are covered in addition to benthic species, we had to distinguish between these four ecological categories in every case. On account of the clear-cut dominance of benthic species — 83.7% of the invertebrates — their preferred depths still represent the most fundamental data on their habitat. These depth preferences are partly governed by the temperature preference or tolerance of these bottom dwellers, which are reflected in their depth distribution in the three-layer structure characterizing the water column of the Gulf in summer (Fig. 2 and Therriault, ed., 1991). In the paragraphs below, we differentiate between these **three layers** of water and the **four depth zones** that they produce on account of a thick and variable transition layer between the second and the third water layer.

Gulf species may inhabit one, two, or three of the depth zones, depending on the extent to which they are eurythermic or stenothermic. The four depth zones constitute what Brunel (1956) and Drainville (1970) called the third dimension of the ecological biogeography of the Gulf. The significance of this third dimension stems first from the Laurentian Channel, whose depth ranges from some 500 m in Cabot Strait to about 350 m at the upstream end of the Lower Estuary (Fig. 2). The bottom of the Channel is invaded by "Continental Slope Water" that originates outside the Gulf as a result of mixing between the Labrador Current and the Gulf Stream. This is the **deep layer**, the **fourth depth zone**, whose temperature hardly fluctuates over the seasons (Fig. 2) and which is inhabited by a **bathyal** bottom dwelling (benthic) fauna and an open-water, **upper mesopelagic** fauna, both of which are essentially boreal stenotherms ("stenoboreal").

In winter, the deep layer is overlain by a single water mass; it is ice-cold because of the extremely cold air temperatures and the strong autumn and winter storms that cause mixing, allowing cooling to spread to a depth of around 200 m, which may vary from year to year. This variable mixing between the glacial surface water that sinks and the inflowing but warmer (up to

(jusqu'à 8°C dans le détroit de Cabot) de la couche profonde crée une **couche de transition** où la température varie de 2 à 5°C, située entre quelque 200 à 300 m pendant les « années froides » et entre quelque 100 et 200 m pendant les « années chaudes » (Lauzier et Trites 1958) : ce serait un **troisième étage**.

Pendant l'été, cette masse d'eau glaciale hivernale se réchauffe beaucoup en surface, surtout près des côtes, comme nous l'expliquons dans la section précédente. Ce réchauffement est propagé en profondeur par des vents plus faibles qui n'arrivent pas à entamer la partie profonde de ces eaux glaciales. Il se crée donc une thermocline, parfois très accentuée en août, qui dépasse rarement 20 m de profondeur (Lauzier *et al.* 1957). Deux couches (ou étages) sont ainsi formées, une **couche superficielle** chaude (6 à >20°C) et de salinité très variable (0,5 à 32 ‰) selon les régions et la profondeur de la thermocline qu'on choisit pour définir ce **premier étage**, et une **couche intermédiaire glaciale** d'épaisseur variable selon les années et selon la définition qu'on en donne (Gilbert et Pettigrew 1997), qui constitue le **deuxième étage** (fig. 2).

Aux fins de ce catalogue, nous avons choisi de limiter à **trois** les **étages bathymétriques** occupés par nos espèces. C'est que les conséquences biologiques de la stratification thermique exposée plus haut, soit l'étagement de la faune dans les deux couches de surface, que Brunel (1956) et Drainville (1970) ont observées respectivement chez les Amphipodes Gammaridiens des eaux gaspésiennes et chez les Poissons du Saguenay, sont encore très mal connues en profondeur. La forte discontinuité thermique que constitue la thermocline a des effets beaucoup plus marqués sur l'étagement de la faune que le réchauffement très graduel et très faible qu'on observe entre la couche intermédiaire glaciale et la couche profonde. En raison de sa grande variabilité d'une année à l'autre et de sa faible amplitude thermique (Lauzier et Trites 1958), la couche de transition occupe tantôt la strate (ou l'étage) de 100–200 m, tantôt celle de 200–300 m, et nous étudions encore actuellement (Prieto et Brunel, en prép.) ses effets sur l'étagement des Amphipodes Gammaridiens. C'est pourquoi nous avons choisi de définir arbitrairement la couche profonde et l'**étage bathyal** du Golfe et de

8°C in Cabot Strait) water of the deep layer creates a **transition layer** in which the temperature ranges from 2 to 5°C and that is located at a depth between about 200 and 300 m during "cold years" and between about 100 and 200 m during "warm years" (Lauzier and Trites 1958). This is what we refer to as the **third depth zone**.

During the summer, the glacial water mass that forms in winter warms up considerably at the surface, especially close to shore, as explained above. The weaker winds do not stir up the water enough to cause the warming process to reach the lower strata of the glacial water mass. Consequently, a thermocline is created that is sometimes very pronounced in August but is seldom deeper than 20 m (Lauzier et al. 1957). Two layers (or depth zones) are thus formed: the **surface layer** is warm (6 to >20°C) and has a salinity range (0.5 to 32‰) that varies greatly with the region and the depth of the thermocline used to define that **first depth zone**; a **cold intermediate layer,** whose depth range varies from year to year and depends on the definition used (Gilbert and Pettigrew 1997), constitutes the **second depth zone** (Fig. 2).

For the purposes of this catalogue, we decided to limit the **depth zones** occupied by Gulf species to **three zones**. This is because very little is known about the biological effects of the thermal stratification described above on the deeper water fauna. The impact in terms of the distribution of fauna in the two upper layers is better known, as Brunel (1956) described this stratification of fauna with reference to the gammaridean Amphipoda of Baie des Chaleurs and Drainville (1970) described it for the fishes of the Saguenay Fjord. The sharp temperature gradient in the thermocline has much more pronounced effects on faunal stratification than the very gradual and slight warming observed between the cold intermediate layer and the deep layer. Because it varies so greatly from year to year and because of its small temperature gradient (Lauzier and Trites 1958), the transition layer sometimes lies at the 100–200 m level and sometimes at the 200–300 m level. The related biological impact on the stratification of gammaridean amphipods is currently under study (Prieto and Brunel, in prep.). That is why we

l'Estuaire par les profondeurs supérieures à 200 m (voir aussi plus haut la section des Zones biogéographiques et écologiques).

decided to arbitrarily define the deep layer and the **bathyal depth zone** of the Gulf and Estuary as being deeper than 200 m (see also "Biogeographical and Ecological Zones").

On trouvera donc au tableau 7 la liste des étages bathymétriques que nous avons adoptés, avec les codes alphabétiques correspondants que nous utilisons pour chaque espèce. On voit que les symboles retenus permettent de distinguer entre les espèces benthiques, planctoniques, nectoniques et parasites, de même qu'entre trois étages fondamentaux : (1) à la couche superficielle correspondent les étages **épipélagique superficiel** (0–40 m incluant la thermocline) et **infralittoral** (0–20 m, défini par la zone des laminaires, donc excluant généralement la thermocline); (2) à la couche glaciale intermédiaire et à la couche de transition des « années froides » de Lauzier et Trites (1958) correspondent les étages **épipélagique glacial** (40–200 m) et **circalittoral** (20–200 m); (3) à la couche de transition des « années chaudes » additionnée de la couche profonde correspondent les étages **mésopélagique supérieur** et **bathyal** (200–500 m).

Table 7 lists the depth zones that have been adopted and the corresponding alphabetical codes that are used for the different species. The symbols employed permit differentiation among benthic, planktonic, nektonic, and parasitic species and among the three main depth zones: (1) the **upper epipelagic zone** (0–40 m, including the thermocline) and the **infralittoral zone** (0–20 m, defined by the presence of kelp forests and thus generally excluding the thermocline) correspond to the surface layer; (2) the **glacial epipelagic zone** (40–200 m) and the **circalittoral zone** (20–200 m) correspond to the cold intermediate layer and to the transition layer that occurs during "cold years" of Lauzier and Trites (1958); (3) the **upper mesopelagic zone** and the **bathyal zone** (200–500 m) correspond to the transition layer that occurs during "warm years" plus the deep layer.

Le fjord du Saguenay présente en été une stratification thermique en **deux couches** au lieu de trois (Drainville 1968). La couche superficielle (**étages épipélagique** et **infralittoral**), mince (0–10 m, en moyenne), est plutôt chaude (11 à 16°C) et saumâtre (0,5 à 10 ‰). Une intense thermo-halocline (10 à 20 m) la sépare de la volumineuse (93 % de la masse d'eau du Fjord) nappe glaciale profonde qui remplit le fjord jusqu'à sa profondeur maximale de quelque 280 m. Cette masse d'eau bien oxygénée possède les mêmes propriétés que celles de la nappe glaciale intermédiaire de l'Estuaire maritime qui l'alimente via un seuil de 20 m de profondeur : température de 0,5 à 2°C et de salinité d'environ 26 à 31 ‰. La faune de la nappe profonde (Bossé *et al.* 1996; Drainville *et al.* 1963; Drainville 1970) contient un mélange d'espèces de la nappe glaciale intermédiaire (e.g. *Chionoecetes opilio* et Morue arctique, *Gadus ogac*) et de la nappe profonde (e.g. *Pandalus borealis* et Poisson rouge, *Sebastes* sp.) de l'Estuaire. Compte tenu aussi qu'il est pratiquement impossible encore de trouver dans le fjord du Saguenay des discontinuités bathymétriques naturelles qui sépareraient une faune circalittorale d'une faune bathyale, et que la

In summer, the thermal stratification of the Saguenay Fjord consists of **two layers** instead of three (Drainville 1968). The surface layer (**epipelagic and infralittoral zones**) is thin (0–10 m on average), rather warm (11 to 16°C), and brackish (0.5 to 10‰). A very sharp thermohalocline (10 to 20 m) separates it from the voluminous (93% of the fjord water volume) deep cold layer that fills the fjord down to its maximum depth of some 280 m. This well-oxygenated water mass has the same properties as the cold intermediate layer of the Lower Estuary, from which it receives an inflow of water over a 20-m-high sill: the water temperature ranges from 0.5 to 2°C and salinity from 26 to 31‰. The fauna of this deep layer (Bossé *et al.* 1996; Drainville *et al.* 1963; Drainville 1970) consists of species from both the cold intermediate layer (e.g., *Chionoecetes opilio* and Arctic cod, *Gadus ogac*) and the deep layer (e.g., *Pandalus borealis* and redfish, *Sebastes* sp.) of the Estuary. Since it is still virtually impossible to find natural bathymetric discontinuities in the fjord that would separate circalittoral fauna from bathyal fauna, and since the maximum depth of the fjord,

profondeur maximale du fjord est plus proche de notre limite inférieure de 200 m que des plus grandes profondeurs (500 m) du chenal Laurentien, nous avons choisi (tableau 7) de traiter arbitrairement toute sa couche profonde comme **circalittorale** (10–280 m) et **épipélagique glaciale** (10–280 m).

En général, les étages que nous codons pour chaque espèce sont ceux qu'elle occupe seulement dans le golfe du Saint-Laurent, d'après les sources faunistiques dont nous disposons. Lorsqu'aucune de ces sources ne donne d'indice valable quant aux profondeurs auxquelles on a prélevé l'espèce, un point d'interrogation traduit cette ignorance factuelle, même si l'étage qu'elle préfère hors du Golfe est connu. Dans le cas des espèces pélagiques, cependant, les prélèvements n'ont été que très rarement méthodiquement étagés (e.g. Lacroix 1968a), ou lorsqu'ils l'ont été, les étages des prélèvements ont trop fluctué ou ne sont pas présentés pour chaque espèce (e.g. Rainville 1988). Et surtout, la plupart des espèces, qui sont représentées dans le plancton par de très grands nombres d'individus, occupent plusieurs étages en proportions variables, notamment en fonction des migrations verticales journalières et des différents stades de développement. Pour ces espèces planctoniques, par conséquent, nous avons nuancé les renseignements sur les étages par un système de parenthèses : l'étage ou les **étages** occupés **marginalement**, autant que nous pouvions en juger, sont inscrits **entre parenthèses**. Le même type de nuance est appliqué aux étages benthiques. La nuance s'impose notamment dans certaines zones où des remontées (« upwellings ») d'eaux glaciales intermédiaires sont fréquentes, comme en amont de l'Estuaire maritime (zone EM), zone qui semble alimenter la portion aval de l'Estuaire moyen (EAV) en eaux de surface particulièrement froides même en plein été. C'est ainsi que l'un de nous (P.B.) a recensé à marée basse dans la baie des Rochers (Charlevoix), pendant plusieurs années, des espèces inféodées plutôt aux eaux glaciales intermédiaires partout ailleurs dans le Golfe. Le même phénomène se produit sans doute dans la Basse-Côte-Nord (zone BCN), sous l'influence de mécanismes hydrographiques différents. Ces anomalies locales nous font donc placer entre parenthèses le code de l'étage aberrant selon l'ensemble de nos données.

at 280 m, is closer to our lower limit of 200 m for the circalittoral zone than to the greater depths (500 m) of the Laurentian Channel, we arbitrarily decided (Table 7) to treat the whole deep layer of the fjord as a **circalittoral** (10–280 m) and **glacial epipelagic zone** (10–280 m).

In general, the depth zones coded for individual species are those in which they occur in the Gulf of St. Lawrence, according to the available faunistic references. Where none of these sources provides useful indication of the depths at which the species has been caught, a question mark is used to denote the absence of this information, even if the species' preferred depth zone outside the Gulf is known. For pelagic species, however, the depths at which plankton hauls were made were rarely specified (e.g., Lacroix 1968a); where they have been, the fishing levels varied too much or were not clearly indicated for each species (e.g., Rainville 1988). Above all, most of the planktonic species, each of which consists of very large numbers of individuals, occur in several depth zones in proportions that vary in particular depending on their daily vertical migrations and their different life stages. For these planktonic species, we have used codes enclosed in parentheses to give supplementary information on depth zones: where a given **zone** is **marginally occupied**, as far as we could tell, this is indicated **in parentheses**. The same system has been applied to benthic depth zones, as for example in certain areas of upwelling where water from the cold intermediate level is brought to the surface. This happens at the upstream end of the Laurentian Channel (area EM): the water that rises to the surface there appears to generate a flow of surface water toward the downstream part of the Middle Estuary (area EAV), which is very cold even in the middle of summer. That is why for many years the lead author has found at low tide in Baie des Rochers (Charlevoix) species that normally inhabit the cold intermediate layer elsewhere in the Gulf. The same phenomenon probably occurs in the Lower North Shore area (BCN), but different hydrographic mechanisms are involved. Local anomalies of this type are indicated by parentheses, that is, the code for any depth zone that is aberrant according to our data is shown in parentheses.

Aux trois étages de base du tableau 7, il faut adjoindre des catégories secondaires et des **habitats** plus **marginaux**, de même que des catégories moins précises (pélagique ou épipélagique) que nous utilisons lorsque les sources faunistiques ne fournissent pas suffisamment les renseignements désirés. Parmi ces habitats marginaux, occupés par des faunes très spécialisées souvent pauvres en espèces mais riches en individus, on reconnaîtra, dans le domaine pélagique, le sous-étage neustonique et, dans le domaine benthique, les sous-étages supralittoral et médiolittoral. D'autres types d'habitats particuliers, définis à la fin du tableau 7, sont indépendants des étages : nous les avons indiqués, dans la rubrique « Étages/habitats » consacrée à chaque espèce, après les codes d'étages et séparés de ceux-ci par un trait oblique.

Secondary categories and more **marginal habitats** are included with the three basic depth zones in Table 7. In addition, some less precise categories (pelagic or epipelagic) are also used when the faunistic sources do not supply enough of the desired information. Among these marginal habitats, which are usually occupied by a small number of highly specialized and abundant species, a thin neustonic subzone can be identified in the pelagic province and supralittoral and intertidal subzones in the benthic province. Other kinds of special habitats listed at the end of Table 7 are independent of the depth zones: they are indicated for each species in the heading "Etages/Habitats" after the depth zone codes, from which they are separated by a slash.

Le golfe du Saint-Laurent contient des habitats **estuariens** de deux ordres de grandeur très différents. Nous avons traité dans la section précédente du très vaste milieu estuarien que constitue la portion supérieure de l'Estuaire moyen (région EAM). Les très nombreuses rivières qui se déversent un peu partout dans l'Estuaire et le Golfe créent des habitats estuariens bien plus petits et moins profonds, notamment des estuaires de type lagunaire protégés de la mer par des barres de sable (« barachois ») (Burton *et al.* 1978; Mousseau *et al.* 1978). On trouve dans ces habitats marginaux deux types d'espèces, très peu ou pas représentées ailleurs dans le Golfe et l'Estuaire, dont nous avons voulu souligner les caractéristiques écologiques particulières. D'une part, les espèces typiquement estuariennes, très tolérantes aux grandes fluctuations de salinité, de température et d'autres variables écologiques, sont marquées du code E. D'autre part, on a trouvé dans ces habitats plusieurs espèces (notamment des Insectes) habitant normalement les eaux douces mais reconnues, selon certaines sources limnologiques documentaires que nous avons consultées, pour leur tolérance à l'eau salée : le code D les identifie. Nous avons toutefois exclu de notre catalogue plusieurs espèces franchement dulcicoles qu'on a recensées dans ces habitats marginaux.

The Gulf of St. Lawrence contains **estuarine** habitats of two very different orders of magnitude. The extensive estuarine ecosystem of the upstream part of the Middle Estuary (area EAM) was described in the preceding section. Much smaller and shallower estuarine habitats, notably the lagoons protected from the sea by sand bars ("barachois") (Burton *et al.* 1978; Mousseau *et al.* 1978), are created by the many rivers that empty into the Gulf and Estuary. These marginal habitats are home to two types of species that are either not present or are rare elsewhere in the Gulf and Estuary: we wanted to highlight their unusual ecological characteristics. First, typical estuarine species, which are very tolerant to large fluctuations in salinity, temperature, and other ecological factors, are identified by the code E. Second, several freshwater species that are known to tolerate brackish water, as reported in the limnological literature that we consulted, also occur in these habitats: they are denoted by the code D. However, we have excluded from this catalogue several truly freshwater species recorded from these marginal habitats.

Malgré certaines objections valables de parasitologistes qui nous ont conseillés, nous avons retenu la distinction un peu arbitraire entre les **parasites** externes (ec), généralement agrippés ou fixés à

Despite valid objections from some of the parasitologists who gave us advice, we retained the somewhat arbitrary distinction between external **parasites** (ec), which generally attach themselves

l'extérieur du corps de leur hôte, et les parasites internes (en), qu'on trouve dans les organes internes, voire parfois dans le coelome, de leur hôte. Nous savons bien que presque tous les parasites ont des larves libres, plus ou moins « externes » à un stade ou à un autre du cycle de développement de l'espèce; en pratique, toutefois, nous ne savons presque rien encore de ces stades larvaires microscopiques, rares, fugitifs ou très spécialisés. D'autre part, nous incluons dans le terme « parasite » tous les cas de commensalisme ou d'épizoïsme plus ou moins obligatoire dont on ne sait le plus souvent pas grand chose de leur dépendance à l'égard de l'hôte. Lorsque le parasite ou le commensal est spécifique à une ou deux espèces d'hôtes, nous le précisons sous la rubrique « Remarques »; nous ne le faisons pas pour les parasites d'hôtes multiples.

Références taxonomiques

Nous nommons ici « références taxonomiques » d'abord et avant tout les publications qui permettent de réaliser, ou de vérifier à l'aide de dessins ou de photos, de descriptions et de préférence à l'aide de clefs d'identification, l'identité des espèces présentes dans le golfe du Saint-Laurent, indépendamment de leur nom scientifique valide. Mais nous incluons aussi dans ce terme des références qui fournissent les synonymes antérieurs au nom actuellement valide de l'espèce, et qui peuvent guider le lecteur vers les monographies ou articles spécialisés dans lesquels ces changements de nomenclature ont été proposés. Lorsque nous n'avons pu repérer de monographie appropriée assez récente, pourvue de clefs d'identification dans la mesure du possible, nous nous sommes appliqués à lui substituer des travaux à portée plus restreinte, sur les genres ou les familles, par exemple. On comprendra que ces travaux partiels, moins pratiques pour les débutants, soient plus récents et fassent souvent appel à des critères d'identification plus modernes (e.g. microscopie électronique à balayage). Pour un certain nombre d'espèces qui n'étaient traitées dans aucune clef ou monographie assez récente, nous avons cité un article qui présente une clef mondiale des espèces, parfois seulement des genres. Enfin, pour un certain nombre encore plus restreint d'espèces, la seule référence taxonomique que nous avons pu

to their host's body, and internal parasites (en), which are found in the internal organs of the host, sometimes even in their coelom. We are well aware that almost all parasites have free larval stages, which live outside the host at some point during the species' life cycle. In practice, however, almost nothing is known about these microscopic and rare, elusive or highly specialized larval stages. We have also classified as parasites all cases of more or less obligatory commensalism and epizoic life styles. In most cases, very little is known about their dependence on the host. When the parasite or commensal appears to be specific to one or two host species according to Gulf records, we specify this in the "Remarks" column; this is not done for parasites for which multiple hosts are reported.

Taxonomic References

The term "taxonomic references" as it is used here denotes first and foremost the publications used to check, through descriptions, drawings, and photographs, and preferably with the help of identification keys, the identity of species occurring in the Gulf of St. Lawrence, without reference to their valid scientific names. However, the term also includes references that provide former synonyms of the currently valid binomial name of the species or that can direct readers to monographs or specialized papers in which these nomenclatural changes were proposed. Where no relevant and sufficiently recent monograph could be found, which preferably comprised identification keys, we have endeavoured to provide references of more limited scope dealing for instance with genera or families. It is important to understand that these partial revisions, although of less practical value to beginners, are more recent and often use more modern identification criteria (e.g., scanning electron microscopy), since they complement the latest and most useful world or regional monograph, which may not be very recent. For some species not treated in any recent key or monograph, we cite a paper that provides a key to the species of the world and sometimes to the genera. Lastly, for an even smaller number of species whose name could not be found anywhere, the only taxonomic reference that could

fournir est celle qui contient sa description originale.

be provided is that containing its original description.

Nos recherches de références taxonomiques appropriées à la faune du Golfe ont d'abord puisé dans les fichiers et bibliothèques des deux premiers auteurs. Nous avons ensuite mis en marche un long processus de recherche et de sélection des publications repérées dans les banques bibliographiques internationales. Puisque la plus importante de ces dernières, celle du Zoological Record, ne nous était pas accessible par recherches automatisées, nous avons dû y rechercher, dans la plupart des taxons, par les laborieux moyens traditionnels et en dépit des obstacles de la synonymie, les renseignements que nous désirions sur les espèces du Golfe. Après avoir remonté la filière annuelle jusque vers les années quatre-vingt, nous avons eu recours au chassé-croisé habituel des citations bibliographiques prometteuses et des catalogues taxonomiques les plus récents (tableaux 8 à 12). Nous avons également reçu quelques suggestions utiles des nombreux taxonomistes que nous avions consultés (voir plus bas) pour vérifier nos listes.

The search for taxonomic references relevant to the Gulf fauna began with the files and libraries of the first two authors. This was followed by a lengthy process of computer searches and then the selection of publications retrieved from international data banks. Since we did not have access to the on-line version of the most important data bank, the Zoological Record, the old and laborious method of searching had to be used, despite the synonymy problems, to obtain the desired information on Gulf species from the journal, for almost every taxon. After going back to the 1980s in our search, the usual back-and-forth checks on promising literature cited were used, along with the most recent taxonomic catalogues (Tables 8–12). We also received some useful tips from the taxonomists whom we had asked to check our lists (see below).

Pour reconnaître les embranchements, les classes et les ordres d'Invertébrés, il y a bien peu de clefs d'identification largement diffusées encore. Nous connaissons celles de Gosner (1971) et de Crothers (1994), et l'un de nous en a récemment produit une en français pour ses étudiants et étudiantes (Brunel 1996). La plupart des chercheurs et étudiants utilisent soit de bons manuels de zoologie des Invertébrés, soit l'un ou l'autre des guides populaires ou semi-populaires, généralement dépourvus de clefs. Il peut être utile ici de passer brièvement en revue quelques guides, petits ou gros, généraux ou locaux, qui mettent généralement l'accent sur les espèces macroscopiques les plus communes, qui sont toujours illustrés, et que nous avons trouvés utiles et de bonne qualité à un titre ou à un autre. Nous citons treize guides portant sur la faune (et parfois aussi la flore) de l'Atlantique nord-américain, deux qui couvrent celle de l'Atlantique européen et de l'océan arctique, un guide du zooplancton californien, et trois guides nord-américains d'Invertébrés d'eau douce. Dans notre Répertoire des espèces, nous ne citons pas systématiquement ces guides comme références

At present, there are few widely disseminated identification keys that can be used to identify phyla, classes and orders of invertebrates. We are familiar with the keys developed by Gosner (1971) and Crothers (1994), and the lead author (Brunel 1996) recently produced a key in French for his students. Most researchers and students either use good handbooks of invertebrate zoology or one of the popular or semi-popular guides, which generally do not include keys. It might be worthwhile to take a brief look here at some of the small and large identification guides with a broad or local geographic coverage. We have found these guides, which generally emphasize the most common macroscopic species and are always illustrated, useful and of good quality in at least some respect. We will review thirteen guides to the fauna (and sometimes also the flora) of the Atlantic coast of North America, two guides to the fauna of the Atlantic coast of Europe and to the Arctic Ocean, one guide to California zooplankton, and three guides to the freshwater invertebrates of North America. In our Inventory of species, these guides are not

taxonomiques pour les espèces du Golfe dont ils traitent.

Aucun guide général d'identification n'existe encore pour déterminer toutes les espèces d'Invertébrés du golfe du Saint-Laurent. L'un des buts du présent catalogue est justement de rassembler les données de base pour un projet aussi colossal, ou du moins de servir de balise aux travaux taxonomiques. Aucun guide général n'existe non plus qui traiterait seulement des espèces les plus communes rencontrées à toutes les profondeurs. Il existe toutefois quelques guides récents qui permettent d'identifier les espèces les plus communes du zooplancton (Lacroix 1981) et celles du macrobenthos médio- et infralittoral accessible aux plongeurs et aux « coureuses de grèves » (Fontaine et La Salle 1992; Bourget 1997). Le guide de Lacroix présente environ 70 espèces et quelques clefs, mais il n'est malheureusement disponible qu'en diffusion restreinte, et la qualité des illustrations en noir et blanc est inégale. Celui de Fontaine et La Salle se distingue par la superbe qualité des 132 photos en couleurs, dont celles de 102 espèces d'Invertébrés benthiques et planctoniques; les moyens diagnostiques d'identification fournis, autres que l'apparence générale, sont malheureusement limités. Le récent guide de Bourget, qui présente 111 espèces macrobenthiques, vient combler ces lacunes techniques : sa valeur tient davantage à plusieurs clefs d'identification originales qu'à ses dessins en noir et blanc, de taxons dont certains sont ignorés par plusieurs autres guides.

Parmi les treize guides de l'Atlantique nord-américain, le plus complet est celui de Gosner (1971), qui a tenté d'abord de compiler une liste de toutes les espèces médio-, infra- et circalittorales d'Invertébrés des côtes est-américaines du cap Hatteras à la baie de Fundy. En excluant tous les parasites, en limitant les espèces de trop petite taille (tous les Nématodes, Rotifères, Gastrotriches et Oligochètes) ou en les restreignant aux genres ou aux familles, Gosner recense 2097 espèces (plus 61 genres et 36 familles) dans ces eaux, comparables aux nôtres surtout au nord du cap Cod. Il fournit des clefs pour la majorité des espèces, mais ses dessins sont petits et un peu schématiques. Dans un guide de poche subséquent (Gosner 1979), l'auteur améliore l'illustration, en réduisant le nombre d'espèces. Gosner (1971),

systematically cited as taxonomic references for the Gulf species that they describe.

As yet, there is no general identification guide that can be used to identify all species of invertebrates from the Gulf of St. Lawrence. One of the aims of the present catalogue was to gather the basic data for a huge project of this type or, at least, to lay the groundwork for future taxonomic studies in this regard. No general guide exists that covers only the most common species occurring in all the depth zones. However, there are some recent guides that permit identification of the most common zooplankton species (Lacroix 1981) and the intertidal and subtidal macrobenthic species accessible to scuba divers and beachcombers (Fontaine and La Salle 1992; Bourget 1997). Lacroix's guide covers about 70 species, with some keys, but its distribution is limited, and the black and white drawings are of uneven quality. The guide by Fontaine and La Salle stands out for the superb quality of its 132 colour photographs, including the pictures of the 102 benthic and planktonic invertebrate species, but the identification characters, other than those for general appearance, are unfortunately limited. The recent guide by Bourget, which covers 111 macrobenthic species, largely makes up for these technical shortcomings: its value lies more in the original identification keys that are provided than in its black and white drawings of species, both of which cover some taxa overlooked by several other guides.

Among the 13 North American guides to the Atlantic, the most complete is that of Gosner (1971), who first tried to compile a list of all intertidal, subtidal, and shelf species of invertebrates that inhabit the eastern Atlantic seaboard from Cape Hatteras to the Bay of Fundy. This guide lists 2097 species (plus 61 genera and 36 families) from these waters, which north of Cape Cod compare with those of the Gulf. This guide excludes all parasites and provides limited coverage of very small species (all nematodes, rotifers, gastrotrichs, and oligochaetes) or restricts this coverage to genera or families. Gosner provides keys to the majority of species, but his drawings are small and somewhat schematic. In a subsequent field guide, Gosner (1979) improved the illustrations but reduced the number

avec Miner (1950) et Gaevskaya (1948) dont les dessins sont meilleurs, sont les seuls guides qui traitent d'**espèces bathyales** qu'on trouve dans le golfe du Saint-Laurent. Pour cette faune profonde, la meilleure série de monographies taxonomiques (57 en tout) demeure celle de la « Danish Ingolf-Expedition » dans l'Atlantique nord, parue en six volumes de 1898 à 1950 à Copenhague : nous les citons presque toutes dans notre bibliographie. Par ailleurs, aucun des treize guides est-américains ne décrit autant d'**espèces arctiques et subarctiques** du golfe du Saint-Laurent, absentes ou rares plus au sud, que celui de Gaevskaya (1948) pour les mers septentrionales de l'URSS; et les dessins de ce guide russe sont d'excellente qualité.

Quant aux autres guides est-américains, ils décrivent et illustrent plusieurs des espèces arctiques-boréales, boréales (zone tempérée froide jusqu'au cap Cod) et virginienne (zone tempérée chaude du cap Cod au cap Hatteras) qu'on trouve dans le golfe du Saint-Laurent, les dernières en faibles profondeurs, généralement dans la région IPE. Trois guides pourvus de clefs décrivent la faune de régions très restreintes dans la zone tempérée froide, avec un bon complément d'espèces : ce sont ceux de Smith (1964) pour la région du cap Cod, qui traite de 523 espèces (sur 826 dans ses listes), de Brinkhurst *et al.* (1976) pour la baie de Passamaquoddy (baie de Fundy), qui décrivent 283 espèces, et de Bromley et Bleakney (1985) pour le Bassin des Mines (baie de Fundy), qui donnent la diagnose de 351 espèces d'Invertébrés.

D'autre part, les quatre guides retenus qui couvrent des aires géogaphiques plus vastes ont généralement dû restreindre la proportion traitée de la faune totale en ne traitant que les espèces les plus communes. Miner (1950), qui décrit et illustre 1354 espèces du Labrador au cap Hatteras, est encore, malgré sa nomenclature souvent désuète, le plus complet et utile pour le golfe du Saint-Laurent, non seulement à cause de sa couverture géographique et bathymétrique plus appropriée, mais aussi par la qualité de ses dessins, notamment dans les taxons suivants, moins bien servis dans les guides plus récents : Porifera, Cnidaria, Rotifera, Turbellaria, Bryozoa, Echinodermata, Ascidiacea. Amos et Amos (1985) décrivent 282

of species. The guides of Gosner (1971), Miner (1950), and Gaevskaya (1948) (the latter's drawings are better) are the only guides that cover the **bathyal species** present in the Gulf of St. Lawrence. For this deep-water fauna, the best series of taxonomic monographs (57 of them) is still that generated by the "Danish Ingolf-Expedition" in the North Atlantic; they were published in six volumes in Copenhagen from 1898 to 1950, and almost all of them are cited in our bibliography. None of the 13 guides to eastern North America describes as many **arctic and subarctic species** in the Gulf of St. Lawrence (absent or rare farther south) as does Gaevskaya's guide (1948) for the northern seas of the USSR. Moreover, the drawings in this Russian guide are of excellent quality.

As for the other eastern North American guides, they describe and illustrate several of the arctic-boreal, boreal (cold-temperate zone down to Cape Cod), and Virginian (warm-temperate zone between Cape Cod and Cape Hatteras) species found in the Gulf of St. Lawrence, the latter in shallow water, mostly in the IPE zone. Three key-supplied guides describe the fauna of very restricted areas in the cold-temperate zone and cover a sizeable number of species: Smith's guide (1964) for the Cape Cod (Massachusetts) area, which deals with 523 species (from a list of 826), the one by Brinkhurst *et al.* (1976) for Passamaquoddy Bay (Bay of Fundy), which describes 283 species, and the one by Bromley and Bleakney (1985) for Minas Basin (Bay of Fundy), which gives diagnoses of 351 species.

The four guides selected that cover broader geographic areas have generally limited the overall proportion of species covered by focusing on only the most common ones. Despite the often obsolete nomenclature used, Miner's guide (1950) describes and illustrates 1354 species occurring from Labrador to Cape Hatteras and is still the most complete and useful guide for the Gulf of St. Lawrence, not only because of its more relevant geographic and bathymetric coverage but also because of the quality of the drawings, particularly the illustrations for the following taxa, which are better than in the more recent guides: Porifera, Cnidaria, Rotifera, Turbellaria, Bryozoa, Echinodermata, Ascidiacea. In Amos and

espèces d'Invertébrés du Saint-Laurent au golfe du Mexique, dont 198 connues du golfe du Saint-Laurent : les 618 superbes photos en couleurs sont un atout important. Du même éditeur, et malgré sa couverture géographique très vaste (Atlantique et Pacifique nord-américains, tempéré et tropical), on trouve les mêmes qualités dans le guide de Meinkoth (1981) : ses 690 photos en couleur illustrent 666 espèces dont 198 du Golfe. Nous avons enfin conservé, malgré son âge et la même vaste couverture géographique, le guide miniature de Zim et Ingle (1955), à cause de la qualité de ses 458 dessins en couleurs et la simplicité de son initiation aux Invertébrés.

Amos (1985), 282 species of invertebrates are described that range from the Gulf of St. Lawrence to the Gulf of Mexico, with 115 of them present in the Gulf: the 618 superb colour photographs are an important asset. The Meinkoth guide (1981), issued by the same publisher, possesses the same qualities despite its extensive coverage (temperate and tropical waters of the Atlantic and Pacific coasts of North America); its 690 colour photos illustrate 666 species, including 198 from the Gulf. Lastly, despite its age and equally extensive geographic coverage, we like the tiny guide by Zim and Ingle (1955) because of the quality of its 458 colour drawings and the simple introduction it provides to invertebrates.

La faune marine du nord-ouest de l'Europe vient d'être servie de façon magistrale par les deux volumes de Hayward et Ryland (1991a, b), puissamment assistés par une équipe rédactrice d'experts. Ces volumes, illustrés de façon minutieuse et pourvus de clefs, nous seraient plus utiles, hélas, si la proportion d'espèces est-atlantiques présentes dans le golfe du Saint-Laurent y était plus grande.

The marine fauna of northwestern Europe receives masterful coverage in the two works by Hayward and Ryland (1991a, b), who were assisted by a team of expert co-authors. These books, which are meticulously illustrated and include keys, would be more useful for Gulf naturalists if they covered a larger proportion of the eastern Atlantic species that occur in the Gulf of St. Lawrence.

Pour identifier le zooplancton, en plus du guide de Lacroix (1981) et du guide californien de D.L. Smith (1977), utile pour reconnaître les principaux groupes généraux d'adultes et de larves, le meilleur nous semble celui de Newell et Newell (1977) pour l'Atlantique nord-européen.

For use in identifying zooplankton, apart from Lacroix's guide (1981), and the California guide by D.L. Smith (1977), which are helpful for recognizing the main general groups of adults and larvae, the best work appears to be that by Newell and Newell (1977) for the Atlantic coast of northern Europe.

Pour les espèces estuariennes et dulcicoles tolérantes à l'eau salée, trois guides récents et très bien illustrés sur la faune des eaux douces d'Amérique du Nord nous ont bien servis : Pennak (1989), Peckarsky *et al.* (1990) et Thorp et Covich (1991).

For estuarine species and salt-tolerant freshwater species, three recent and well-illustrated guides to the freshwater fauna of North America proved to be very useful: Pennak (1989), Peckarsky *et al.* (1990), and Thorp and Covich (1991).

Le manuel de Higgins et Thiel (1988) dirige le lecteur vers les moyens d'identification des espèces méiobenthiques, une recherche qui ne fait que commencer dans le Golfe et l'Estuaire (Serge Parent, en prép.; Tita *et al.* 1997a, b).

Higgins and Thiel's (1988) handbook helpfully leads to means of identifying meiobenthic species, an undertaking that began only recently in the Gulf and Estuary (Serge Parent, in prep.; Tita *et al.* 1997a, b).

Nous voulons signaler enfin l'existence et la grande utilité de **séries monographiques** de guides d'identification dont on trouvera à profusion, dans notre bibliographie, les titres cités sous les noms de leurs auteurs. La plus ancienne est celle des « Fiches d'Identification du Zooplancton »,

Finally, we wish to point out that some **monographic series** of identification guides are highly useful; many of these are listed in our bibliography under the authors' names. The oldest series is called "Zooplankton sheets," thin specialized leaflets published since 1939 by the International

minces feuillets volants spécialisés publiés depuis 1939 par le Conseil international pour l'Exploration de la Mer, maintenant à Copenhague. La série « Marine Invertebrates of Scandinavia » paraît depuis 1966, publiée par la Scandinavian Universities Press, Oslo. Les nombreux « Synopses of the British Fauna (New Series) », publiés depuis 1970 par différents éditeurs (actuellement le Field Studies Council, Shrewsbury, Angleterre) sont des modèles alliant la commodité et la rigueur scientifique. Plus proches de nous et souvent plus immédiatement utiles à cause des espèces en commun, la série « Marine Flora and Fauna of the Northeastern United States », intégrée dans les NOAA Technical Reports NMFS, sont publiés par la National Oceanic and Atmospheric Administration (NOAA), Seattle, Washington. Au Canada, des parasitologistes, sous la double direction rédactionnelle de feu Leo Margolis et de Zbigniew Kabata, ont rédigé depuis 1984 des « Guides to the parasites of fishes of Canada » dans la série des « Canadian Special Publications of Fisheries and Aquatic Sciences », publiée par le Ministère des Pêches et des Océans (maintenant les Presses du CNRC), Ottawa. Enfin, sept « Taxonomic guides to arctic zooplankton » ont été réalisés, sous la direction de John L. Mohr, et diffusés en 1970–1971 par le Department of Biological Sciences, University of Southern California, Los Angeles, CA.

Council for the Exploration of the Sea, now based in Copenhagen. The series "Marine Invertebrates of Scandinavia" has been published since 1966 by the Scandinavian Universities Press in Oslo. The numerous "Synopses of the British Fauna (New Series)," which have been issued since 1970 by different publishers and by the Field Studies Council in Shrewsbury, England, have the double advantage of being easy to use and scientifically rigorous. For coverage that is closer to home and of more practical interest because of shared species, readers can consult the series "Marine Flora and Fauna of the Northeastern United States," which are published in the NOAA Technical Reports (NMFS) by the National Oceanic and Atmospheric Administration (NOAA) in Seattle, Washington. In Canada, under the co-editors Leo Margolis and Zbigniew Kabata, parasitologists have published four "Guides to the Parasites of Fishes of Canada" since 1984 in the "Canadian Special Publications of Fisheries and Aquatic Sciences" series, which was initially published by Fisheries and Oceans Canada and is now issued by the National Research Council Research Press in Ottawa. Finally, seven "Taxonomic Guides to Arctic Zooplankton" were prepared under the direction of John L. Mohr and distributed in 1970–1971 by the Department of Biological Sciences at the University of Southern California in Los Angeles.

Synonymes régionaux

Aux fins de notre catalogue, nous nommons « synonyme régional » tout binôme utilisé dans une référence faunistique pour rapporter une espèce dont on a capturé un ou plusieurs individus dans le golfe ou l'estuaire du Saint-Laurent, binôme qu'on a subséquemment remplacé par un autre pour désigner la même espèce. Dans la très grande majorité des cas, nos « synonymes régionaux » reflètent les changements de nomenclature ou de classification que l'espèce a subis à l'échelle mondiale : ce sont alors des synonymes juniors ordinaires. Dans un bien moins grand nombre de cas, ces « synonymes régionaux » ne sont que d' anciennes identifications incorrectes de spécimens correctement identifiés plus tard. Dans les deux cas, cependant, il est utile de connaître à la fois la référence faunistique qui a rapporté l'espèce sous

Regional Synonyms

For the purposes of this catalogue, the term "regional synonym" means any binomial name used in a faunistic publication for a species that was recorded from the Estuary and Gulf of St. Lawrence, but which was later replaced by a different binomial name. In the great majority of cases, our "regional synonyms" reflect nomenclatural or classificatory changes adopted for the species on a world-wide scale, in which case they are just junior synonyms. In considerably fewer cases, these "regional synonyms" are merely old misidentifications of specimens that were correctly identified later on. In both cases, it is useful to know both the faunistic references in which the species was originally recorded under the old name and the primary or secondary taxonomic reference in which it was renamed. Our data bank

ce nom, et la référence taxonomique qui l'a nommée autrement. Nous possédons généralement dans notre banque de données ce type de renseignements, que nous fournissons dans l'index alphabétique (voir plus bas) pour les taxons ou les espèces dont la synonymie nous est apparue particulièrement embrouillée. On trouvera dans l'index du catalogue, renvoyant à son nom valide actuel, presque tous les synonymes régionaux sous lesquels l'espèce a été rapportée dans le Golfe.

Synonymie et expertise

La recherche des noms valides les plus récemment admis pour ces 2216 espèces que tant d'auteurs anciens et récents ont rapportées pour le golfe du Saint-laurent a probablement représenté la tâche la plus difficile dans la préparation de ce catalogue. La plupart du temps, c'est là un travail de taxonomiste spécialisé dans un groupe particulier. C'est pourquoi nous nous sommes d'abord adressés à 139 spécialistes à qui nous avons soumis nos premières listes d'espèces non épurées; nous étions conscients qu'il y avait là un mélange de synonymes anciens ou récents et d'identifications mauvaises ou douteuses. Nous avons eu la bonne fortune de recevoir nos listes annotées, parfois généreusement, par 64 de ces taxonomistes: on trouvera leurs noms dans les tableaux 8 à 12 vis-à-vis leur spécialité taxonomique, et leurs adresses complètes dans l'appendice 2.

Plusieurs de ces taxonomistes, notamment dans les cas de taxons très riches en espèces, nous ont avoué peu connaître la faune nord-américaine ou subarctique qu'on trouve dans le Golfe, ou ne pas disposer du temps considérable requis pour épurer nos listes convenablement. Nous avons donc dû exploiter, au meilleur de nos connaissances, les ressources bibliographiques majeures disponibles. Les grands taxons auxquels nous avons consacré le plus de temps sont les Spongiaires, les Hydrozoaires, les vers parasites, les Bryozoaires et les Polychètes. Les Amphipodes Gammaridiens étaient bien connus du premier auteur, qui en a fait une spécialité. Les Gastropodes Prosobranches, très riches en espèces et en synonymes, nous ont causé bien des difficultés, car aucun taxonomiste n'a pu nous conseiller convenablement et il n'y a pas de monographies récentes adaptées à notre faune et à ses espèces les plus rares. Dans les tableaux 8 à 12, nous citons les monographies et

generally contains this information, and so it is listed in the alphabetical index (see below) for those taxa and species for which there appeared to be considerable confusion regarding the synonymy. Nearly all the regional synonyms used in reporting a species' presence in the Gulf are listed in the index and cross-referenced to its present valid name.

Synonymy and Expert Opinion

The quest for the most recently accepted valid names for the 2216 species that so many past and recent authors have reported for the Gulf of St. Lawrence was probably the most difficult task involved in preparing this catalogue. For the most part, this is the king of work that is handled by taxonomists specializing in a particular group. We initially submitted our "raw" lists of names to 139 specialists for assistance: we realized that they comprised both old and newer synonyms combined with incorrect or doubtful identifications. We were fortunate in that 64 of these taxonomists returned the lists duly annotated, some of them in great detail; their names are listed in Tables 8 to 12 with their taxonomic specialities, and their full addresses are given in Appendix 2.

Several of these taxonomists, especially those reviewing species-rich taxa, admitted that they lacked extensive knowledge about the North American or subarctic fauna present in the Gulf, or that they did not have enough time for the laborious work of checking our lists. We therefore had to do this ourselves by reviewing the main bibliographic resources to the best of our ability. The major taxa to which we devoted the most time were the Porifera, Hydrozoa, parasitic worms, Bryozoa, and Polychaeta. The lead author is very familiar with gammaridean Amphipoda, as this is his area of specialization. Prosobranch gastropods, which comprise a rich diversity of species and synonyms, posed the greatest difficulty for us, since there were no taxonomists who could provide useful advice and no recent monographs covering the Gulf fauna and its rarest species. In Tables 8 to 12, we cite the most important monographs and international

catalogues mondiaux ou régionaux les plus importants, ceux qui nous ont été les plus utiles pour mettre à jour la nomenclature d'un grand nombre de synonymes régionaux. Lorsque l'information sur la distribution géographique et bathymétrique des espèces y était fournie, elle nous mettait en plus sur la piste de certaines identifications douteuses que nous cherchions ensuite à confirmer dans d'autres publications.

Valeur des identifications

Dans une liste de plus de 2200 espèces comme la nôtre, il était inévitable de découvrir des mentions faunistiques erronées, voire invraisemblables. Conformément au caractère critique que nous avons tenté de donner à notre catalogue, nous avons exercé notre jugement quant à la valeur d'un certain nombre d'identifications douteuses. Dans l'immense majorité des cas, les identifications que nous avons rencontrées sont « vraisemblables », ce qui ne signifie pas qu'elles soient correctes. C'est seulement par un nouvel examen des spécimens identifiés qu'on peut vraiment vérifier la valeur des identifications douteuses. Et puisque de tels doutes peuvent surgir même à l'égard d'espèces qu'on croyait bien connues et bien nommées, ou à l'égard de laboratoires ou de chercheurs méticuleux, on ne surestimera jamais l'importance de conserver des échantillons-témoins représentatifs des identifications du passé. Malheureusement, la négligence continue de prévaloir à ce sujet, malgré l'importance de bien connaître le passé des écosystèmes, de leur faune et de leur flore pour mieux connaître leur présent et leur avenir, en même temps que le nôtre.

Pour contourner ces carences dans la conservation en collection des « spécimens-témoins », et devant l'impossibilité pour nous de réexaminer les collections disponibles dans autant de taxons que nous connaissons peu ou pas, nous avons dû utiliser le critère de la « vraisemblance » pour évaluer les identification douteuses. Telle espèce rapportée pour le Golfe dans une publication faunistique donnée est-elle connue ailleurs dans la même zone hydroclimatique, dans la même province biogéographique ou dans des provinces adjacentes, ou à des profondeurs comparables? C'est là le type de questions qui oriente souvent le biologiste pressé vers l'identification de l'une ou l'autre de plusieurs espèces difficiles à distinguer par leur

and regional catalogues, that is, the ones that we found most useful for updating the nomenclature of numerous regional synonyms. In cases where geographic and depth distribution data were given for a species, this provided a lead for detecting some doubtful identifications that we then sought to confirm through other papers.

Value of the Identifications

In a list like ours containing over 2200 species, it was inevitable that we would come across some unlikely faunistic records. In keeping with the critical character that we sought for this catalogue, we had to use our judgment in assessing the value of some doubtful identifications. In the vast majority of cases, the identifications were "likely," which does not mean that they are correct. The only way to check the value of doubtful identifications is by re-examining the identified specimens. And since doubts of this kind can arise even about species believed to be well known and correctly named or about meticulous laboratories and researchers, the importance of keeping voucher specimens from past identifications cannot be overemphasized. Unfortunately, carelessness remains a problem in this regard, despite recognition that knowing the history of ecosystems and of their fauna and flora helps us to better understand their present and future situation, not to mention that of humankind.

To get around the problem of missing voucher specimens, and given that we could not re-examine available collections in so many taxa that we knew little or nothing about, the criterion of "likelihood" had to be applied in evaluating doubtful identifications. The questions that we considered included whether a given species recorded in a faunistic paper was known to occur elsewhere in the same hydroclimatic zone, in the same or in an adjacent biogeographic province, or in similar depth zones. This type of question often prompts impatient biologists to choose between possible identifications for several morphologically similar species. The other "likelihood" criterion that we endeavoured to apply

morphologie. L'autre critère de « vraisemblance » que nous avons tenté d'appliquer, c'est celui de la proportion d'identifications douteuses contenues dans une référence faunistique qui les rapporte et qui est parfois l'unique mention de ces espèces dans le Golfe. Les références récentes 266, 476 et 926, pour ne citer que ces trois exemples, contiennent beaucoup d'identifications douteuses, et manquent donc de crédibilité. Dans ces cas, un réexamen des spécimens s'impose.

relates to the proportion of doubtful identifications cited in a given faunistic reference, which sometimes represents the only existing record of the species' presence in the Gulf. The recent references 266, 476, and 925, to give only a few examples, contain many doubtful identifications and therefore lack credibility. In these cases, a re-examination of the specimens is in order.

D'autres références, celles-là beaucoup plus anciennes, contiennent aussi plusieurs identifications erronées qui sont dues davantage à l'état des connaissances taxonomiques de leur époque qu'à la négligence de leurs auteurs. Une source fréquente de telles « erreurs d'époque » au siècle dernier était la ressemblance superficielle entre certaines espèces européennes et des espèces nord-américaines voisines, appartenant souvent au même genre. La même confusion existait, à un moindre degré, avec des espèces du Pacifique nord. L'absence de monographies nord-américaines expliquait cette confusion : la découverte de nouveaux caractères diagnostiques et l'examen plus minutieux de spécimens en sont venus plus tard, soit à séparer l'espèce nord-américaine de sa vicariante, soit à confirmer leur identité commune.

Other, much older, references also contain some erroneous identifications, but these are due more to the state of taxonomic knowledge that existed in those days than to the author's carelessness. Errors of this type were often made in the last century because of the superficial similarity between certain European species and their North American vicariant, which often belong to the same genus. The same confusion existed but to a lesser extent for species from the northern Pacific. This confusion can be attributed to the absence of North American monographs at that time: new identification characters eventually came into use and specimens were scrutinized more carefully, allowing the North American species to be distinguished from its vicariant or confirming their common identity.

L'une des difficultés que nous avons rencontrées dans l'évaluation des identifications passées, en particulier pour les identifications très anciennes, touche les prospections faunistiques nombreuses et pionnières de Whiteaves dans le Golfe et l'Estuaire. Cet auteur a diffusé, dans plusieurs compte-rendus de ses explorations parus de 1869 à 1875, un grand nombre des identifications préliminaires de ses captures. Pendant les 26 années subséquentes, Whiteaves et d'autres taxonomistes à qui il avait soumis ses spécimens ont réexaminé et parfois réidentifié certaines de ces espèces, dont les noms ont disparu de son catalogue de 1901. En l'absence des indications précises nécessaires, mais rarement fournies, notamment celles des caractéristiques des prélèvements originaux, on ne sait pas sous quel nouveau nom est rapportée l'espèce ainsi réidentifiée dans son catalogue. Nous avons donc dû présumer de cette réidentification, plutôt que d'un simple oubli de Whiteaves (1901) et, comme l'avait fait ce dernier en 1901, nous

One of the difficulties encountered in evaluating past identifications, especially old ones, relates to the many pioneering investigations conducted by Whiteaves in the Gulf and Estuary. In several reports on his expeditions, published between 1869 and 1875, this author recorded a large number of preliminary identifications of his catches. Over the ensuing 26 years, Whiteaves and other taxonomists to whom he submitted his specimens re-examined and sometimes re-identified species whose names he removed from his 1901 catalogue. Without having the necessary but rarely available details, particularly from the original catch data, we could not determine under which new name the re-identified species was reported in his catalogue. It was therefore assumed that such a re-identification had actually occurred, and that the author had not inadvertently omitted the species, and so, as the latter himself did in 1901, we excluded the old name from the Inventory of Species but included it in the index.

avons exclu l'ancien binôme du répertoire de nos espèces, en le conservant toutefois dans l'index alphabétique. Dans ces cas, on trouvera entre crochets la mention « non 1661 » qui signifie « disparition du catalogue de Whiteaves 1901, réf. 1661 ».

In such cases, the notation "non 1661" is used (in brackets) to indicate "the name disappeared from Whiteaves' 1901 catalogue, ref. 1661".

Nos évaluations d'identifications douteuses, souvent assistées par les commentaires ou les doutes des taxonomistes qui nous ont conseillés, nous ont conduits soit à conserver le binôme dans le Répertoire des espèces, soit à l'en exclure pour le reléguer uniquement dans l'index alphabétique. Les **noms retenus** sont alors accompagnés de deux, d'un ou d'aucun point d'interrogation (tableau 13) et peuvent faire l'objet d'une remarque dans les cas difficiles (e.g. divergences de vues entre deux des taxonomistes qui nous ont conseillés, divergences entre l'un de ces taxonomistes et une publication pertinente qu'ils semblaient avoir négligée ou oubliée, divergences entre différentes références taxonomiques aussi récentes l'une que l'autre, etc.). Les **noms rejetés** du Répertoire des espèces, mais conservés dans l'index, renvoient à trois ou à quatre points d'interrogation, exprimant les doutes plus forts que nous avions, selon les critères exposés au tableau 13. Lorsque nous avons acquis la conviction que l'espèce désignée par un « synonyme régional » donné est absente du Golfe, nous renvoyons le lecteur au code approprié (tableau 13) qui en explique les raisons.

Our assessments of doubtful identifications, often made with the help of comments or doubts from the taxonomists who provided advice, resulted in the binomen either being kept in the Inventory of Species or being placed only in the alphabetical index. Either two, one, or no question mark is placed beside the **names retained** (Table 13), and in complex cases a remark may be provided, such as when taxonomists who helped to annotate our lists did not agree on an identification, when a discrepancy arose between what a taxonomist told us and a recent relevant article that he or she appeared to have ignored or overlooked, or when discrepancies were found between different but equally recent taxonomic papers. The **rejected names**, which were excluded from the Inventory of Species but included in the index, lead to three or four question marks, expressing the strongest doubts as per the criteria shown in Table 13. Where we were convinced that a species designated by a given "regional synonym" is absent from the Gulf, we have used a code (Table 13) to explain why.

Bibliographie

Notre bibliographie désigne chaque référence par un numéro. Ce système, un peu irritant pour l'usager qui connaît bien « ses auteurs » ou qui aime à distinguer entre les références anciennes et les récentes, a l'immense avantage de réduire considérablement le volume et le coût de notre catalogue. C'est pour capitaliser encore plus sur cet avantage que nous avons fusionné dans une seule bibliographie les références faunistiques et les références taxonomiques. Bien que ces deux types de références soient très souvent de nature et de qualité différentes, un trop grand nombre d'entre elles sont à la fois faunistiques et taxonomiques pour ce qui est du golfe et de l'estuaire du Saint-Laurent : il fallait éviter de les citer deux fois.

Bibliography

Each reference in our bibliography is identified by a number. This system may be somewhat irritating for users who are very familiar with "their authors» or who like to distinguish between old references and recent ones; however, it offers the great advantage of considerably reducing the size and cost of the catalogue. To further capitalize on this benefit, we have combined the faunistic and taxonomic references in a single bibliography. Although these two types of works often differ in their nature and quality, an overly large number of them contained both faunistic and taxonomic references for the Gulf and Estuary, so it was important to avoid citing them twice.

On constatera aussi que notre numérotation fait souvent appel à des numéros affectés des lettres a, b, c, etc. Ces « numéros hybrides » compliquent seulement le décompte total de nos références (2060) mais ne nuisent nullement aux renvois bibliographiques auxquels ils sont destinés. Ils découlent des contraintes logistiques et temporelles et des impératifs de la laborieuse progression de notre ouvrage sur plusieurs « fronts » à la fois.

Nous avons déployé beaucoup d'efforts à vérifier aux sources originales nos références bibliographiques, afin de leur assurer la plus grande précision possible. Nous avons toutefois uniformisé notre façon de citer les numéros des volumes des périodiques : ils sont toujours écrits en chiffres arabes, même s'ils étaient imprimés en chiffres romains dans le périodique original. Dans les cas des numéros de livraisons, des figures et des planches, nous avons cherché à respecter la lettre de l'original. En outre, pour guider le lecteur vers les articles ou les monographies bien pourvus d'illustrations, toujours fort utiles pour les identifications, nous citons les numéros des figures et des planches dans la plupart des cas.

Index alphabétique

Notre volumineux index alphabétique a pour unique but de faciliter, en l'accélérant, la recherche de tout nom scientifique utilisé dans le passé et le présent pour désigner toute espèce qui a déjà été recensée dans le golfe et l'estuaire du Saint-Laurent. L'objectif de réduire le volume de notre ouvrage est ici entièrement subordonné à l'objectif précédent de commodité.

On trouvera donc dans l'index alphabétique, avec renvoi à la page correspondante,

1. tous les **noms de genres** cités dans le Répertoire des espèces, suivis des noms de toutes leurs espèces connues du Golfe
2. tous les **noms d'espèces** admis dans le Répertoire des espèces, suivis de tous les noms de genres qui les y précèdent, quel que soit le taxon
3. tous les noms de **taxons** des niveaux hiérarchiques **supérieurs** de la classification zoologique adoptée, présentée dans les tableaux 1–5.

As readers will note, our numbering system frequently makes use of the letters a, b, c, etc. These "hybrid numbers" represent a drawback only as far as the aggregate number (2060) of references is concerned; however, they do not interfere with the system of bibliographic citations for which they were intended. They had to be used owing to certain logistical and time constraints and needs related to the laborious work being carried out simultaneously on several fronts.

A great deal of effort was put into checking the bibliographic references against the original sources, to ensure the utmost accuracy. However, we standardized the method used for citing volume numbers of periodicals: they are always written in Arabic numerals, even if originally written in Roman numerals in the journal itself. With regard to the numbering of issues, figures, and plates, we endeavoured to fully comply with the system employed in the source documents. In addition, to help the reader find papers and monographs with good illustrations, which are always very helpful for identifications, the numbers of the figures and plates are indicated in most cases.

Alphabetical Index

Our voluminous alphabetical index is aimed solely at facilitating and accelerating searches for any scientific name used in the past and at present to designate species recorded from the Estuary and Gulf of St. Lawrence. The goal of making our book more compact was secondary to that of ensuring ease of use.

The following indications are therefore provided in the index, cross-referenced to the corresponding page:

1. all **generic names** listed in the Inventory of Species, followed by the names of all known species in the Gulf belonging to the genus
2. all **species names** included in the Inventory, followed by all the corresponding generic names, regardless of the taxa
3. all the **names of higher taxa** used in the adopted zoological classification, which is outlined below in Tables 1–5

De plus, notre index contient les « synonymes régionaux » (voir plus haut), qui renvoient soit au nom valide adopté dans le Répertoire des espèces, soit à un code qui explique pourquoi (tableau 13) nous avons éliminé ce binôme de la faune du Golfe. On notera ici que nous avons inclus dans ces « synonymes régionaux » les binômes orthographiés incorrectement : l'expression « sic » suit généralement le mot, ou le binôme, mal orthographié. Dans quelques rares cas, nous avons rencontré des binômes qui, introuvables dans toutes les publications consultées, « miment » le sens d'un binôme semblable du même genre : le code ER identifie ces erreurs mnémoniques de transcription distraite, et l'index renvoie aux binômes corrects auxquels nous croyons qu'elles étaient destinées.

Avancement et état des connaissances

Le recensement assez approfondi de la biodiversité des Invertébrés du golfe et de l'estuaire du Saint-Laurent que contient notre catalogue nous fournit l'occasion de le comparer avec les recensements précédents (voir la section « Travaux antérieurs »). Nous avons donc dépouillé les sept catalogues canadiens antérieurs en y dénombrant les espèces de chaque taxon rapportées pour le Golfe. Les résultats de ces dépouillements sont présentés dans les tableaux 1 à 5. Nous avons ensuite résumé ces rencensements détaillés dans deux tableaux synthétiques : Le tableau 14 présente les nombres d'espèces recensées dans les 16 embranchements (phylums), plus quatre classes ou sous-groupes d'Arthropodes, représentés dans le Golfe; le tableau 15 présente pour notre seul catalogue les mêmes données regroupées en fonction des principaux habitats occupés par les adultes et les larves de tous les taxons. Dans ces deux tableaux, la colonne de droite exprime l'importance relative, en pourcentage de la richesse en espèces d'Invertébrés actuellement connues du Golfe, des principales catégories taxonomiques et écologiques de la faune des Invertébrés Métazoaires du Golfe.

À la lumière de ce que nous savons sur l'histoire de la prospection faunistique du golfe et de l'estuaire du Saint-Laurent, il est possible d'interpréter les chiffres des tableaux 14 et 15 pour analyser l'état actuel des connaissances sur cette faune. Il est aussi possible maintenant, et intéressant de suivre d'abord l'avancement de ces connaissances,

The index also contains "regional synonyms" (see above), cross-referenced either to the valid name used in the Inventory of Species, or to a code explaining why (Table 13) the binomen has been eliminated from the Gulf fauna. Incorrectly spelled words or binomial names are included in the regional synonyms and are usually followed by the term "sic." In some rare instances, we have come across incorrect binomial names that could not be found in any of the publications consulted and that "mimicked" the meaning of similar binomens in the same genus: the code ER is used to identify these transcription errors, and they are cross-referenced in the index to what we believe are the correct names.

Advancement and Current State of Knowledge

The comprehensive survey of invertebrate biodiversity in the Estuary and Gulf of St. Lawrence represented by this catalogue can be compared with earlier inventories (see under "Previous Work"). We analyzed the seven previous Canadian catalogues by counting the number of species in each taxon recorded for the Gulf, and the results are presented in Tables 1 to 5. After that, we summarized the findings in two tables: Table 14 gives the number of species found for the 16 phyla, along with four classes or subgroups of Arthropoda, represented in the Gulf; Table 15 shows the same data from our own catalogue grouped according to the main habitats occupied by the adults and larvae of all taxa. In these two tables, the right-hand column shows the relative importance of the top taxonomic and ecological categories of metazoan invertebrates found in the Gulf, expressed as a percentage of overall invertebrate species richness.

In light of what is known about the history of faunistic surveys in the Estuary and Gulf of St. Lawrence, the figures in Tables 14 and 15 can be analyzed to assess the present state of knowledge of this fauna. It is also possible now and interesting to trace the advances that have occurred in this knowledge, along with the main

avec ses principaux acteurs, en observant qu'elle peut être divisée assez naturellement en quatre périodes qui se chevauchent inévitablement : (1) 1841–1918, (2) 1919–1971, (3) 1972–1995 et (4) 1996 à maintenant. Passons brièvement en revue les principales caractéristiques et les grandes prospections faunistiques de ces périodes.

La **première période**, celle de **1841–1918**, est caractérisée par les dragages et les listes faunistiques brutes des pionniers : Bell, Dawson, Packard, Whiteaves, Stafford, Kindle, etc. La plupart de ces chercheurs avaient des intérêts scientifiques paléontologiques et géologiques : leurs listes faunistiques peu documentées étaient dominées par les taxons fossilisables, soit du gros macrobenthos et du mégabenthos (Mollusques à coquilles, Échinodermes à squelette, Éponges à spicules), soit des taxons calcifiés ou cornés requérant l'examen microscopique (Bryozoaires et Ostracodes, notamment). On notera dans les tableaux 1 à 5 que l'augmentation du nombre d'espèces de ces cinq taxons, de Whiteaves (1901) à aujourd'hui, est relativement faible (27 à 43 % du total de 1998). La contribution institutionnelle de la « Natural History Society of Montreal » et de la Commission géologique du Canada à tous ces travaux d'exploration a été déterminante. Les techniques de prélèvements en mer, essentiellement la drague biologique, ne facilitaient pas l'étude des espèces de petite taille du plancton et des parasites, notamment. Cette période a toutefois vu l'émergence des préoccupations biologiques et halieutiques (e.g. Stafford 1912a, b, c), avec la création au tournant du siècle de la première station de biologie marine canadienne, à St. Andrews, Nouveau-Brunswick, noyau et embryon de l'actuelle Direction des Sciences du Ministère canadien des Pêches et des Océans. Cette première période, du point de vue faunistique qui est le nôtre, peut être close avec la publication de l'index bathymétrique et alphabétique du catalogue de Whiteaves (1901) par les géologues Kindle et Whittaker (1918).

La **deuxième période (1919–1971)** avait été amorcée en 1914–1915 par l'Expédition halieutique canadienne (« Canadian Fisheries Expedition »), dirigée par le renommé biologiste norvégien Johan Hjort, au cours de laquelle deux navires océanographiques prospectèrent méthodiquement le golfe du Saint-Laurent et le plateau

investigations involved; they fall into four overlapping periods: (1) 1841–1918, (2) 1919–1971, (3) 1972– 1995, and (4) 1996 to the present. Let us briefly review the main features and the major faunistic investigations of those periods.

The **first period**, from **1841 to 1918**, is characterized by the dredging operations and raw faunistic lists drawn up by the pioneers in this field, Bell, Dawson, Packard, Whiteaves, Stafford, Kindle, and so on. Most of these investigators had a scientific interest in palaeontology and geology: their scantily documented faunistic lists were dominated by easily fossilized taxa, either large macrobenthos or megabenthos (shelled molluscs, skeletonized echinoderms, spiculated sponges), and calcified or horny taxa requiring microscopic examination (bryozoans and ostracods, in particular). Tables 1–5 show that the number of species of these five taxa increased relatively little, from the time of Whiteaves (1901) to the present: 27 to 43% of the 1998 total. The Natural History Society of Montreal and the Geological Survey of Canada played a leading role in all these investigations. The collection methods used at sea, depending on the use of a biological dredge, were not conducive to studying small species, in particular plankton and parasites. During this period, nonetheless, interest in biology and fisheries questions grew (e.g., Stafford 1912a, b, c) with the advent of the first Canadian marine biological station, which was established in St. Andrews, New Brunswick, at the turn of the century; this endeavour eventually became the present Research Branch of the federal Department of Fisheries and Oceans. From the standpoint of faunistic surveys, this early period culminated with the publication of the bathymetric and alphabetic index for Whiteaves' catalogue (1901) by the geologists Kindle and Whittaker (1918).

The **second period (1919–1971)** began in 1914–1915 with the Canadian Fisheries Expedition, led by the renowned Norwegian biologist Johan Hjort, during which two oceanographic vessels systematically surveyed the Gulf of St. Lawrence and the Scotian Shelf, focusing on plankton, physical oceanography, and commercial

continental néo-écossais en mettant l'accent sur le plancton, l'océanographie physique et les poissons commerciaux. Dans le rapport de cette expédition, paru en 1919, on trouve deux contributions, l'une de Willey (1919) sur les Copépodes et l'autre de Huntsman (1919) sur les Chétognathes, qui seront suivies plus tard par d'autres études zooplanctoniques par ce dernier auteur (1921, 1954) ou par d'autres (Bousfield 1950, 1951; Pinhey 1926, 1927; Udvardy 1954, etc.), fondées sur les pêches de l'expédition de 1914–1915 et sur d'autres qui furent dirigées plus tard par A.G. Huntsman, devenu directeur à St. Andrews et leader de recherches faunistiques à l'Office de Recherches sur les Pêcheries du Canada. Cette deuxième période d'exploration fut donc marquée d'abord par l'expansion des inventaires zooplanctoniques, mais aussi par celle des prospections benthiques (chaluts, bennes, etc.) sur le plateau madelinot (e.g. Shoemaker 1930a) et dans l'estuaire du Saint-Laurent (Préfontaine 1932–1936; Willey 1932; Tremblay 1943; Fiset 1934, etc.) où l'Université Laval avait établi la Station biologique du Saint-Laurent à Trois-Pistoles. Les prospections s'orientèrent en 1937 vers les eaux gaspésiennes, où l'on avait déménagé la Station, devenue en 1950 la Station de Biologie marine de Grande-Rivière (Gaspé-sud), passée sous la responsabilité du Département des Pêcheries du Québec. Les prospections faunistiques se développèrent beaucoup à cette station, autant dans le milieu planctonique (e.g. Lacroix 1960a à 1968b; Lacroix *et al.* 1963–1973) que dans le milieu benthique (Brunel 1956–1970). Quelques recherches faunistiques sur les parasites des poissons (Ronald 1957a-1963; Myers 1959) et des Mammifères marins (Montreuil 1954–1958) vinrent s'ajouter à celles que d'autres parasitologistes de l'est canadien avaient entreprises auparavant.

fish species. In the 1919 report on this expedition, two noteworthy contributions were made, one on copepods by Willey (1919) and the other on chaetognaths by Huntsman (1919); further zooplanktonic studies followed by the latter author (1921, 1954) and by others (Bousfield 1950, 1951; Pinhey 1926, 1927; Udvardy 1954, etc.), based on catches made during the 1914–1915 expedition or during subsequent expeditions headed up by A.G. Huntsman, who had become director of the St. Andrews station and also led other faunistic studies by the Fisheries Research Board of Canada. This second period of exploration was thus marked at first by an increase in zooplanktonic surveys, but also by benthic trawling and dredging surveys on the Magdalen Shallows (e.g., Shoemaker 1930a) and in the Lower St. Lawrence Estuary (Préfontaine 1932–1936; Willey 1932; Tremblay 1943; Fiset 1934, etc.), where the "Station biologique du Saint-Laurent à Trois-Pistoles" (Université Laval) had been established. In 1937, the surveys shifted toward Gaspé waters where the University's station was moved; in 1950 this station became the "Station biologique de Grande-Rivière," placed under the direction of the Quebec Department of Fisheries. Faunistic surveys were stepped up considerably there, both in planktonic (e.g., Lacroix 1960a to 1968b; Lacroix et al. 1963–1973) and benthic habitats (Brunel 1956–1970). A few faunistic investigations were carried out on parasites of fishes (Ronald 1957a-63; Myers 1959) and marine mammals (Montreuil 1954–1958), adding to those already completed by parasitologists in eastern Canada.

Les additions à la faune du Golfe faites pendant cette deuxième période se distinguent par le fait qu'elles portent davantage sur des espèces non fossilisables de plus petite taille : ce sont en majorité des Crustacés zooplanctoniques (Copépodes, Cladocères, Euphausides), bien catalogués par Shih (1971), et macrobenthiques (Malacostracés), catalogués par Préfontaine et Brunel (1962) et Brunel (1970b). On peut observer dans les tableaux 4 et 14 les augmentations substantielles du nombre d'espèces dans ces taxons de 1901 à

Additions to the benthic fauna of the Gulf during this second period stand out in that they focused on smaller species that are unlikely to be fossilized: they consisted mostly of zooplanktonic crustaceans (Copepoda, Cladocera, Euphausiacea), well catalogued by Shih (1971), and macrobenthic crustaceans (Malacostraca), catalogued by Préfontaine and Brunel (1962) and Brunel (1970b). Tables 4 and 14 illustrate the substantial expansion that occurred in the number of species in these taxa from 1901 to

1962–1971 : 50 à 100 % du total de 1971; on notera également une augmentation significative des Annélides Polychètes (46 %). Les augmentations dans ces deux derniers taxons proviennent essentiellement des intérêts taxonomiques spécialisés de Brunel (1956) pour les Amphipodes Gammaridiens et de Pettibone (1963a) pour les Polychètes; cette dernière avait consacré deux étés à Grande-Rivière pour y étudier les collections de la Station. Il faut signaler enfin deux études d'avant-garde réalisées pendant cette deuxième période : celle des Copépodes, méiobenthiques et autres, du littoral de l'estuaire maritime du Saint-Laurent, par Nicholls (1939a, b), et celle de Sullivan (1948) sur les larves de Mollusques Bivalves des parages de l'île du Prince-Édouard.

Nous faisons commencer la **troisième période**, celle de **1972–1995**, peu après la création en 1970 du GIROQ autour d'un noyau d'anciens chercheurs de Grande-Rivière, et les recherches de 1969–1972 dans le Golfe d'une équipe dirigée par M.J. Dunbar et D.E. Steven, du Marine Sciences Centre de l'Université McGill, dans le cadre du Programme biologique international, à laquelle s'était jointe celle du GIROQ. L'exploration faunistique du benthos et du plancton, dans un cadre de recherches toujours écologiques, s'est d'abord déplacée vers l'estuaire du Saint-Laurent et le fjord du Saguenay, dans le cas du GIROQ, tandis que l'équipe de McGill concentrait ses efforts dans le reste du Golfe. L'inventaire d'autres taxons de Crustacés, tant benthiques que planctoniques, de Polychètes et de Mollusques benthiques fut poursuivi pendant ces 23 années grâce aux recherches de groupes croissants de jeunes chercheurs (voir par exemple l'appendice 1) et les résultats furent l'objet de diffusion restreinte, souvent partielle, dans de nombreux mémoires de 2e et 3e cycles déposés aux trois universités membres du GIROQ (l'Université Laval, l'Université de Montréal et l'Université McGill) et à l'Université Dalhousie (Halifax, Nouvelle-Écosse). Une partie de ces résultats, portant généralement sur les espèces les plus abondantes ou les plus fréquentes, a été diffusée dans les nombreuses publications arbitrées qu'on a tirées de ces thèses. L'autre partie, celle des espèces moins communes, est restée cachée soit dans ces mémoires de 2e et 3e cycles, soit dans les collections conservées dans ces trois

1962–1971: 50 to 100% of the 1971 total; a significant increase can be seen in the polychaetous annelids (46%) as well. The expansion in these two taxa resulted primarily from the specialized taxonomic work done by Brunel (1956) on gammaridean Amphipoda and by Pettibone (1963a) on Polychaeta; the latter author devoted two summers to studying the collections at the biological station in Grande-Rivière. Two investigations that were ahead of their time were completed during this second period: Nicholls' study (1939a, b) on meiobenthic and other copepods from the littoral zone of the Lower St. Lawrence Estuary and Sullivan's work (1948) on the larvae of bivalve molluscs from the Prince Edward Island area.

The **third period, 1972–1995,** may begin shortly after the founding in 1970 of the GIROQ, formed by a core group of research scientists formerly with the Grande-Rivière station, and after the 1969–72 investigations conducted by a team headed by M.J. Dunbar and D.E. Steven of the Marine Sciences Centre at McGill University, under the International Biological Program (IBP). The GIROQ teamed up with the McGill group for these surveys. Faunistic surveys of benthos and plankton undertaken by the GIROQ, still within an ecological framework, shifted initially to the St. Lawrence Estuary and the Saguenay Fjord, while the McGill team focused its efforts on the rest of the Gulf. The faunistic survey work on other crustacean taxa, both benthic and planktonic, and on benthic polychaetes and molluscs continued during this 23-year period, thanks to studies conducted by a growing number of young researchers (see Appendix 1), and the results were disseminated on a limited basis, sometimes only partially, in the many M.Sc. and Ph.D. theses submitted to the three member universities of the GIROQ (Laval, Montreal, and McGill universities) and to Dalhousie University (Halifax, Nova Scotia). Some of the findings, chiefly those related to the most abundant or common species, were disseminated in the many refereed papers that arose from the theses. The rest of the findings, mainly concerning less common species, have remained buried either in these M.Sc. and Ph.D. theses or in the collections of the three universities: the major

universités : nous diffusons ici pour la première fois la plus grande partie de ces données faunistiques encore inédites.

Parallèlement à ces recherches intensives en réseaux et en équipes, quatre développements distincts se produisaient graduellement de 1972 à 1995 : (1) L'Université du Québec à Rimouski développait son expertise en biologie marine, l'amenant à contribuer de façon croissante depuis les années 80 aux connaissances sur la biodiversité du Golfe par des thèses, études d'impacts environnementaux ou synthèses (Ciupka-Luzzi 1981; Desrosiers et Brêthes 1984; Desrosiers *et al.* 1984; Elouard *et al.* 1983; Ouellet 1982; Vincent 1990, etc.). (2) Le Ministère canadien des Pêches et des Océans implantait à Québec en 1976, puis à Rimouski et enfin à Mont-Joli (Institut Maurice-Lamontagne) des laboratoires modernes et des équipes de recherche qui contribuèrent aux mêmes études (Bossé *et al.* 1996; Runge et Simard 1990, etc.). (3) Des équipes de recherche de l'Université de Montréal (Centre de Recherches écologiques de Montréal) plutôt spécialisées en limnologie réalisèrent d'intéressantes études d'impacts environnementaux dans les eaux littorales des îles de la Madeleine (Burton *et al.* 1977, Méthot *et al.* 1987) et des lagunes estuariennes de Gaspésie (Mousseau *et al.* 1978; Burton *et al.* 1978). (4) Des parasitologistes de l'ouest canadien produisirent, depuis 1979, des catalogues et des monographies fort complets et utiles de la faune des parasites des Poissons et des Mammifères marins des côtes atlantiques canadiennes : Margolis et Arthur (1979), Margolis et Kabata, éd., 1984 à 1996 (Arai 1989; Beverley-Burton 1984; Gibson 1996; Kabata 1988), Margolis et Arai (1989), McDonald et Margolis (1995). Les recensements des espèces dans ces importantes compilations, qui ne spécifient jamais précisément les localités (donc jamais le Golfe et l'Estuaire), sont forcément restreints à un petit nombre de taxons de niveau élevé (surtout concentrés dans les tableaux 2 et 4).

La **quatrième période**, celle que nous faisons commencer en **1996** (après le catalogue de McDonald et Margolis (1995), coïncide bien avec le recensement de notre catalogue, le plus complet jusqu'à aujourd'hui : cette période contemporaine nous permet donc de faire le point sur l'état actuel

part of these still unpublished faunistic data are being disseminated for the first time in the present catalogue.

In parallel with these intensive investigations undertaken by networks and teams of scientists, developments gradually took place between 1972 and 1995: (1) The Université du Québec à Rimouski has developed a growing expertise in marine biology, allowing it to play an increasing role since the 1980s in advancing knowledge of the Gulf's biodiversity, through theses, environmental impact studies, and reviews (Ciupka-Luzzi 1981; Desrosiers and Brêthes 1984; Desrosiers *et al.* 1984; Elouard *et al.* 1983; Ouellet 1982; Vincent 1990, etc.). (2) The federal Department of Fisheries and Oceans set up modern laboratories and research teams, first in Quebec City in 1976, then at Rimouski and finally at Mont Joli (Maurice Lamontagne Institute), all of which have contributed to the research in this field (Bossé et al. 1996; Runge and Simard 1990, etc.) (3) Research teams from the Université de Montréal (Centre de Recherches écologiques de Montréal), specializing above all in limnology, have carried out interesting environmental impact studies in the littoral waters of the Magdalen Islands (Burton *et al.* 1977; Méthot *et al.* 1987) and in estuarine lagoons of the Gaspé (Mousseau *et al.* 1978; Burton *et al.* 1978). (4) Since 1979, parasitologists from Western Canada have produced some very thorough and useful catalogues and monographs of the parasites of fishes and marine mammals of the Canadian Atlantic coast: Margolis and Arthur (1979), Margolis and Kabata, ed., 1984–1996 (Arai 1989; Beverley-Burton 1984; Gibson 1996; Kabata 1988), Margolis and Arai (1989), McDonald and Margolis (1995). The surveys of species included in these major compilations, which do not accurately describe the locality (never the Gulf or Estuary, therefore), are naturally limited to a few high-level taxa (most of these are shown in Tables 2 and 4).

The **fourth period**, beginning in **1996** (after the catalogue of McDonald and Margolis (1995)), coincides well with the census of our catalogue, which is the most complete census of its kind produced so far. It seems fitting here to briefly review the present state of our knowledge: To

de nos connaissances. Dans quelle mesure nos recensements reflètent-ils la biodiversité spécifique réelle du golfe et de l'estuaire du Saint-Laurent? À cette question il faut d'abord affirmer l'évidence que la réponse dépend beaucoup des taxons en cause. La connaissance qu'on en a est fonction des aléas des régions et étages explorés dans le Golfe, des intérêts taxonomiques de quelques chercheurs, des obstacles techniques à l'étude de certains taxons, et du niveau actuel des connaissances taxonomiques mondiales sur ces mêmes taxons. Si l'on connaît si mal certains taxons, c'est qu'il y a peu d'incitatifs pécuniaires aux spécialités taxonomiques exigeantes du point de vue technique.

Pour cinq des plus grands taxons macrobenthiques dans le tableau 14, nos recensements s'approchent probablement en mode asymptotique de leur richesse spécifique réelle dans le Golfe, à la lumière des connaissances que nous ont procurées nos recherches bibliographiques sur la faune des mers nordiques. Ce sont, par ordre décroissant d'importance relative, les Crustacés Malacostracés (bien étudiés dans les laboratoires de P. Brunel, M.J. Dunbar et H.J. Squires), les Annélides Polychètes (bien étudiés dans celui de P. Brunel par Pettibone et Massad, et dans celui de L. Bossé par J. Fournier), les Mollusques (bien inventoriés par les explorateurs du siècle dernier et réétudiés par plusieurs chercheurs épars, dont Robert dans le laboratoire de Brunel) et les Hydraires (objets des études nombreuses et approfondies du taxonomiste C. McL. Fraser depuis le début du siècle jusqu'à son importante monographie en 1944). Le groupe difficile des Bryozoaires, même s'il a été bien inventorié jusqu'à Whiteaves (1901), réserve sans doute encore bien des surprises en raison des progrès de la microscopie électronique à balayage, devenue essentielle pour raffiner la distinction entre les espèces, et de l'absence virtuelle de recherches taxonomiques sur les Bryozoaires de l'Atlantique est-américain depuis Powell (1968a, b) et Powell et Crowell (1967). Les collections existantes et un taxonomiste intéressé devraient suffire à bien s'approcher de la diversité réelle de ce taxon. On constatera ici que les Polychètes et les Hydraires ont subi une augmentation très forte de leur richesse spécifique connue, que ce soit depuis 1901 à aujourd'hui, ou de la deuxième période à aujourd'hui.

what extent does our inventory accurately reflect the species biodiversity of the Estuary and Gulf of St. Lawrence? It seems quite clear that the answer depends largely on the taxa in question. The extent of our knowledge depends on the uneven geographic and bathymetric coverage of investigations carried out in the Gulf, on the taxonomic interests of a few scientists, on the technical barriers to studying certain taxa, and on the present taxonomic knowledge base that exists worldwide on these taxa. If little is known about some taxa, it is because few taxonomic experts are willing to tackle the technically exacting work involved in these taxonomic specialities, given the financial constraints and lack of incentives.

For five of the large macrobenthic taxa covered in Table 14, our counts probably approach asymptotically their actual species richness in the Gulf, judging from the information obtained during our literature searches on the fauna of northern seas. They are, in decreasing order of importance, malacostracan Crustacea (thoroughly studied in the laboratories of P. Brunel, M.J. Dunbar, and H.J. Squires), Polychaeta (thoroughly studied in the laboratory of P. Brunel by Pettibone and Massad, in the laboratory of L. Bossé by J. Fournier), molluscs (surveyed extensively by the explorers of the last century and studied further since then by a handful of investigators, including Robert in Brunel's laboratory), and hydroids (covered in a number of detailed studies by the taxonomist C. McL. Fraser from the beginning of the century until his important 1944 monograph). The complex group of Bryozoa, although well surveyed until Whiteaves (1901), will undoubtedly yield many surprises as a result of advances in scanning electron microscopy, which has become an essential method for differentiating species more effectively, and the virtual absence of taxonomic investigations on the Bryozoa of the Atlantic coast of North America since Powell (1968a, b) and Powell and Crowell (1967). A taxonomist interested in this taxon could evaluate its real diversity by studying the existing collections. For polychaetes and hydroids, the known species richess has increased considerably whether from 1901 up to date, or from the second period until now.

Sept taxons ou groupes de taxons, de richesse spécifique moyenne, n'ont pas subi d'augmentation très importante de leur nombre d'espèces recensées dans les mêmes périodes, mais l'interprétation des tendances diffère de l'un à l'autre. De ces 7 taxons, les Échinodermes sont probablement le seul dont la richesse dans notre catalogue s'approche de la réalité du Golfe. Parmi les six autres, deux attendent surtout qu'un spécialiste étudie les collections existantes, toutes deux macrobenthiques : ce sont les Spongiaires et les Ascidies (tableaux 1, 5 et 14). Dans trois taxons, ou groupes de taxons, notre recensement sous-estime certainement la richesse spécifique : ce sont les Ostracodes, les Copépodes Harpacticoïdes et peut-être les Copépodes Calanoïdes (tableau 4). Dans ces trois cas, des prélèvements additionnels nombreux dans des habitats et étages bien différenciés s'imposent, ainsi que l'application des techniques modernes de microscopie. Michel Clément a commencé récemment l'étude des Harpacticoïdes de l'Estuaire. Le dernier groupe est celui des Copépodes parasites : l'étude très aléatoire des rares individus est fortement tributaire de l'examen de très grands nombres de poissons, de mammifères marins et d'invertébrés. On ne peut donc rien affirmer quant à la représentativité de nos recensements (tableau 14).

Plusieurs petits taxons aux individus macroscopiques dont la faible richesse spécifique a peu augmenté depuis 1901 apparaissent dans nos tableaux. Nous n'énumérons pas ici ceux dont la richesse plafonne et ceux dont elle peut encore augmenter. Nous croyons qu'elle pourrait augmenter un peu avec l'intensification des prospections et de l'étude taxonomique, mais nous n'en savons en réalité pas grand chose.

Par contre, il est possible de signaler les groupes, riches ou pauvres en espèces, qui constituent des champs d'étude largement ouverts à de nombreuses additions à la richesse spécifique du Golfe, voire à plusieurs espèces nouvelles pour la science. Deux catégories distinctes se présentent : le méiobenthos et les parasites.

Ce sont d'abord les taxons dont la majorité des individus sont de taille microscopique (50 µm à 1 mm) et habitent les espaces interstitiels, infiltrés d'eau par capillarité, entre les grains de sable. C'est la catégorie écologique nommée

For seven taxa or groups of taxa that exhibit average species richness, the number of species recorded during the three periods did not increase very much, although the interpretation of trends differs from one taxon to the next. Echinoderms are probably the only taxon whose species richness as described in this catalogue is close to the actual situation in the Gulf. Of the other six, two macrobenthic taxa need to be studied by a specialist on the basis of existing collections: they are the Porifera and the Ascidiacea (Tables 1 and 5). In three taxa or groups of taxa, our survey undoubtedly underestimates species richness: Ostracoda, harpacticoid Copepoda, and possibly calanoid Copepoda (Table 10). In these three cases, numerous additional samples from well-differentiated habitats and depth zones are required, in conjunction with the use of modern microscopy. Michel Clément recently began research on harpacticoids in the Estuary. The last group consists of parasitic copepods. In view of the difficulty involved in studying this group usually characterized by scarce individuals, very large numbers of fishes, marine mammals, and invertebrates need to be examined. Hence, for this group we cannot give any indication about the accuracy of our survey figures (Table 10).

In our tables, information is given on several small taxa containing macroscopic individuals with a low species richness that has increased little since 1901. We do not specify the taxa in which species richness could or should not increase, since we feel it may increase somewhat following additional surveys and taxonomic research. However, we have little evidence in this regard.

We can, however, point out the species-rich and species-poor groups representing broad fields of study that could lead to numerous increments to their known species richness in the Gulf or even to the discovery of several new species. Two distinct categories stand out in this regard: meiobenthos and parasites.

The first category comprises taxa with a majority of individuals that are microscopic in size (50 µm to 1 mm) and inhabit the interstices between sand grains that are characterized by capillary flow of water. This ecological group is named

méiobenthos (ou « mésopsammon »). L'embranchement des Gnathostomulides et six classes d'Aschelminthes y sont particulièrement bien représentés : les Priapuliens larvaires, les Nématodes libres, les Gastrotriches, les Rotifères, les Kinorhynques et les Loricifères; les Copépodes Harpacticoïdes y prédominent souvent avec les Nématodes, et les Tardigrades, les Annélides Oligochètes et certaines familles de Polychètes Errantes y sont bien représentés également. Les recherches sur cet habitat spécialisé ne font que commencer dans le Golfe, avec Serge Parent, Michel Clément (Copépodes Harpacticoïdes) et Guglielmo Tita (Nématodes libres et quelques autres taxons).

meiobenthos (or "mesopsammon"). The phylum Gnathostomulida and six classes of Aschelminthes are particularly well represented: larval Priapula, free-living Nematoda, Gastrotricha, Rotifera, Kinorhyncha, and Loricifera; harpacticoid Copepoda and Nematoda are often dominant, with Tardigrada, oligochaete worms, and some polychaete families also being well represented. Investigations of this specialized habitat have just begun in the Gulf with studies by Serge Parent, Michel Clément (harpacticoid copepods), and Guglielmo Tita (free-living nematodes and a few other taxa).

La deuxième catégorie d'organismes à diversité sous-estimée est composée de tous les **parasites**, externes et internes, recensés ou décrits dans les monographies et catalogues cités dans un paragraphe ci-dessus. Comme pour les Copépodes et autres Crustacés parasites mentionnés plus haut et dans le tableau 4, l'inventaire de tous ces parasites est fortement tributaire de l'examen de très nombreux individus de poissons, de mammifères marins et d'invertébrés. À l'Institut Maurice-Lamontagne, on avait réuni la plus forte équipe de parasitologistes depuis l'époque Cameron à l'Institut de Parasitologie du Collège Macdonald (Université McGill), à Ste-Anne-de-Bellevue, en banlieue de Montréal. Leurs recherches avaient commencé à porter fruit (Arthur et Albert 1994; Arthur *et al.* 1995; Marcogliese 1996; Measures 1992; Measures et Bossé 1993; Measures *et al.* 1995) lorsque le Ministère des Pêches et des Océans, en éliminant récemment la taxonomie de ses activités, a dispersé cette équipe. Les parasites d'Invertébrés, surtout des espèces-hôtes sans valeur marchande, sont probablement les plus pauvres de ces « parents pauvres » de la biodiversité, et les plus dépendants des recherches fondamentales sur les Invertébrés : c'est généralement des recherches intensives de nos étudiants sur des milliers d'invertébrés que proviennent nos mentions de ces parasites rares.

The second category of organisms whose diversity is underestimated comprises all of the external and internal **parasites** listed or described in the monographs and catalogues cited above. As for copepods and other parasitic Crustacea mentioned above and in Table 4, determining their numbers requires examining a very large number of fishes, marine mammals, and invertebrates. At the Maurice Lamontagne Institute, the most advanced team of parasitologists since Cameron's time at the Institute of Parasitology of Macdonald College (McGill University), in Ste Anne-de-Bellevue (a suburb of Montreal), was established some years ago. Just as this group's research was beginning to bear fruit (Arthur and Albert 1994; Arthur *et al.* 1995; Marcogliese 1996; Measures 1992; Measures and Bossé 1993; Measures *et al.* 1995), it was disbanded because the Department of Fisheries and Oceans cut all of its taxonomy operations. Parasites of invertebrates, especially of host species that have no commercial value, are probably the "poorest of the poor" in terms of biodiversity and the most dependent on fundamental research on invertebrates. Most of our records of these rare parasites generally stem from intensive research projects carried out on thousands of invertebrates by students working under our direction.

Les **larves et méduses méroplanctoniques** d'Invertébrés benthiques sont une catégorie d'organismes dont la richesse spécifique est sous-estimée dans le plancton. Les difficultés ici résident dans les très nombreux prélèvements requis

Larvae and meroplanktonic medusae of benthic invertebrates are another group of organisms for which species richness is underestimated in the plankton. This results from the very large number of samples that have to be taken to

pour capturer ces larves à répartition généralement éphémère et très localisée, dans leur extrême fragilité, et dans la grande ignorance qui prévaut encore quant à leurs caractères diagnostiques à l'échelle mondiale. En eau froide, en outre, leur rareté est aggravée par l'adoption du développement direct par de nombreuses espèces. On aura un aperçu des taxons en cause par la compilation grossière du tableau 15, qui tient compte de ces « écophases ». Dans notre catalogue, nous avons signalé par un + à côté des numéros de références taxonomiques celles qui décrivent et illustrent les stades larvaires des espèces du Golfe.

En conclusion de ce tour d'horizon, nous avons tenté de grouper selon leurs principaux modes de vie (tableau 15) les adultes et les larves (ou les embryons) de tous les taxons connus actuellement dans le golfe et l'estuaire du Saint-Laurent. En l'absence de données factuelles précises sur le mode de développement — d'ailleurs souvent variable selon l'environnement — de la plupart des espèces du Golfe, notre classement des différents taxons en fonction de leurs modes de vie adulte et embryonnaire ne pouvait qu'être une simplification très approximative. Ainsi, nous avons considéré plusieurs taxons benthiques (e.g. Mollusques Gastropodes et Pélécypodes, Polychètes, etc.) comme « caractérisés » par un développement larvaire planctonique parce que plusieurs de leurs espèces sont pourvues de larves. Or, nous savons que beaucoup d'autres espèces de ces taxons, parfois même la majorité en eaux très froides, ont un développement direct, sans larves, comme l'a bien montré Thorson (1936). Par contre, d'autres taxons benthiques (Crustacés Amphipodes, Cumacés et autres Péracarides) que nous caractérisons par leur développemnt direct des embryons et des stades juvéniles dans le même habitat que les adultes, n'ont **jamais** de larves ou « d'écophases » occupant d'autres habitats. En outre, l'un des avantages de notre classement, c'est qu'il remet dans leur véritable milieu, le benthos, plusieurs espèces de Crustacés Malacostracés (en majorité des Amphipodes Gammaridiens) et de Polychètes nageurs (dits « suprabenthiques » ou « hyperbenthiques ») qui sont occasionnellement capturés dans les filets à plancton qui s'approchent trop du fond. Ces mentions épisodiques grossissent artificiellement, à notre avis, les effectifs des espèces planctoniques répertoriées par Shih (1971). Brunel

capture these larvae, because of their ephemeral or very localized distribution, their extreme fragility, and the major gaps in knowledge of identification characters for them world-wide. Furthermore, in cold water, their scarcity is accentuated by direct development of many species. An overview of these taxa is provided through the rough compilation in Table 15, which takes these "ecophases" into account. In our catalogue, where a plus sign (+) appears beside a taxonomic reference number, this indicates that the reference contains a description and illustrations of larval stages of Gulf species.

In conclusion, in Table 15, we have sought to group together adults and larvae (or embryos) from all the taxa currently known to exist in the Estuary and Gulf of St. Lawrence according to their main life styles. Since precise factual data on their mode of development, which often varies with habitat, is lacking for most Gulf species, any effort to classify different taxa according to their adult and embryonic life history could only result in a highly approximate simplification. We have thus considered several benthic taxa (e.g., gastropod and pelecypod molluscs, polychaetes) as being "characterized" by a planktonic larval stage, because a number of their species include a larval phase. Yet, we know that many other species in these taxa, the majority in very cold water, go through direct development without larval stages, as demonstrated by Thorson (1936). Besides, other benthic taxa (amphipod, cumacean, and other peracarid Crustacea) that we have characterized as having a direct development **never** have larvae or "ecophases" that live in other habitats. Moreover, one of the advantages of our classification is that it puts a number of swimming malacostracan Crustacea (mostly gammaridean Amphipoda) and Polychaeta (referred to as "suprabenthic" or "hyperbenthic") back where they belong, in the benthos. These organisms are occasionally caught in plankton nets towed too close to the sea bottom. In our view, these episodic records tend to artificially inflate the numbers of "planktonic" species, such as those listed by Shih (1971). Brunel (1968), Brunel *et al.* (1980 and 1990), and Sainte-Marie and Brunel (1985) highlight the importance of this mainly nocturnal migratory activity in species that are essentially bottom dwellers. The

(1968), Brunel *et al.* (1980 et 1990) et Sainte-Marie et Brunel (1985) montrent l'importance de cette activité migratoire surtout nocturne chez des espèces fondamentalement liées au fond. La conclusion majeure à tirer du tableau 15, c'est celle de l'importance considérable des espèces benthiques (83,7 %), comparable à celle qu'elles ont dans d'autres mers du monde, de la faible contribution des espèces planctoniques et des espèces parasites (sans doute sous-estimée dans ce dernier cas), et de l'insignifiance des cinq ou six espèces nectoniques (la crevette *Pasiphaea*, les calmars *Illex*, *Gonatus* et *Architheutis* et peut-être la crevette pénéide *Plesiopenaeus*) dans la faune des Invertébrés du golfe et de l'estuaire du Saint-Laurent.

main conclusion that can be drawn from Table 15 is that, with regard to the invertebrate fauna of the Estuary and Gulf of St. Lawrence, the proportion of benthic species is very large (83.7%) and comparable to that existing in other seas around the world, whereas that of planktonic and parasitic species (the latter are undoubtedly underestimated) is negligible, and that of the five or six nektonic species (the squids *Illex*, *Gonatus* and *Architheutis*, the glass shrimp *Pasiphaea* and possibly the penaeid prawn *Plesiopenaeus*) are insignificant.

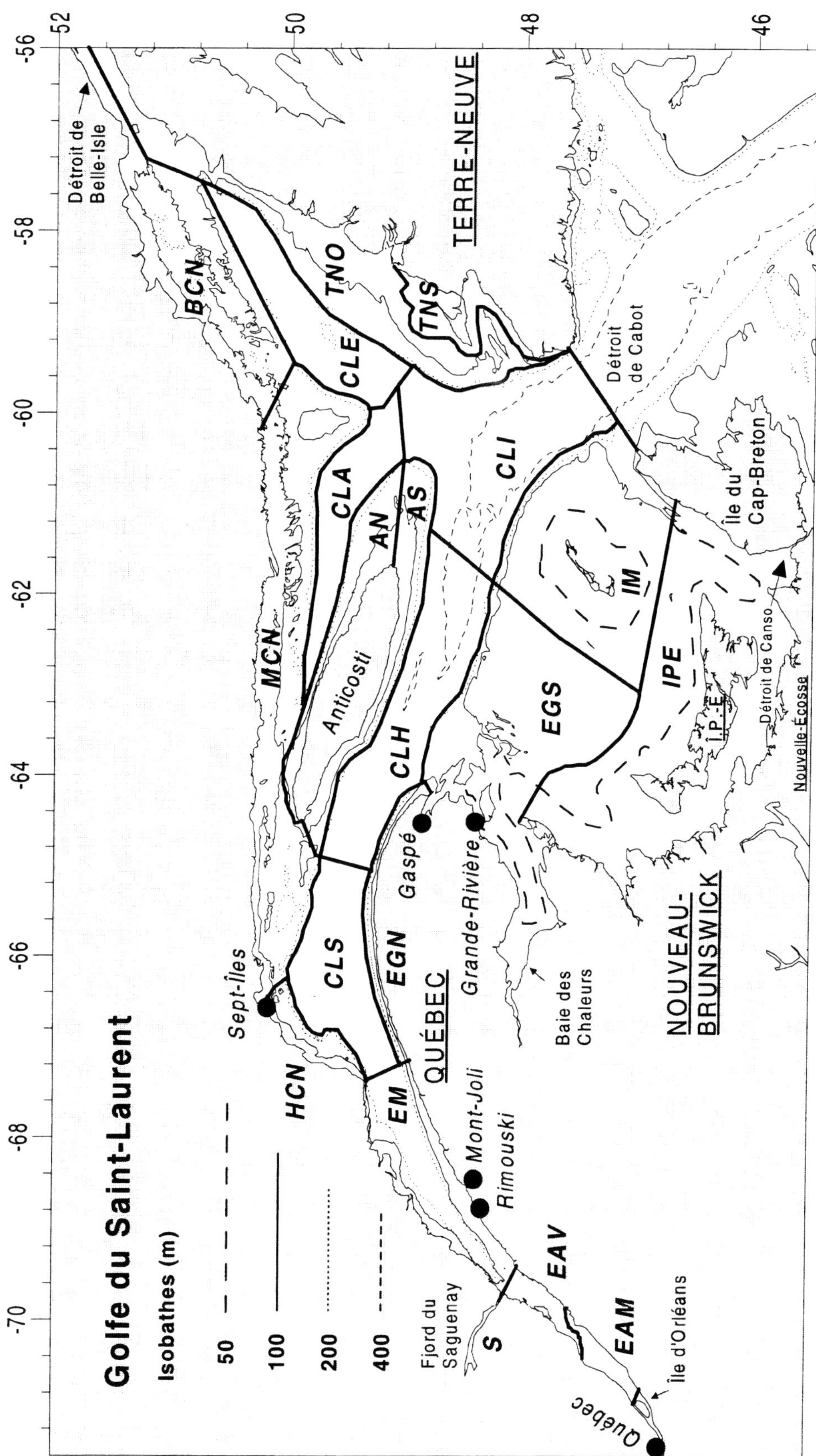

Figure 1. Régions biogéographiques de l'estuaire et du golfe du Saint-Laurent
Figure 1. Biogeographical regions of the Estuary and Gulf of St. Lawrence

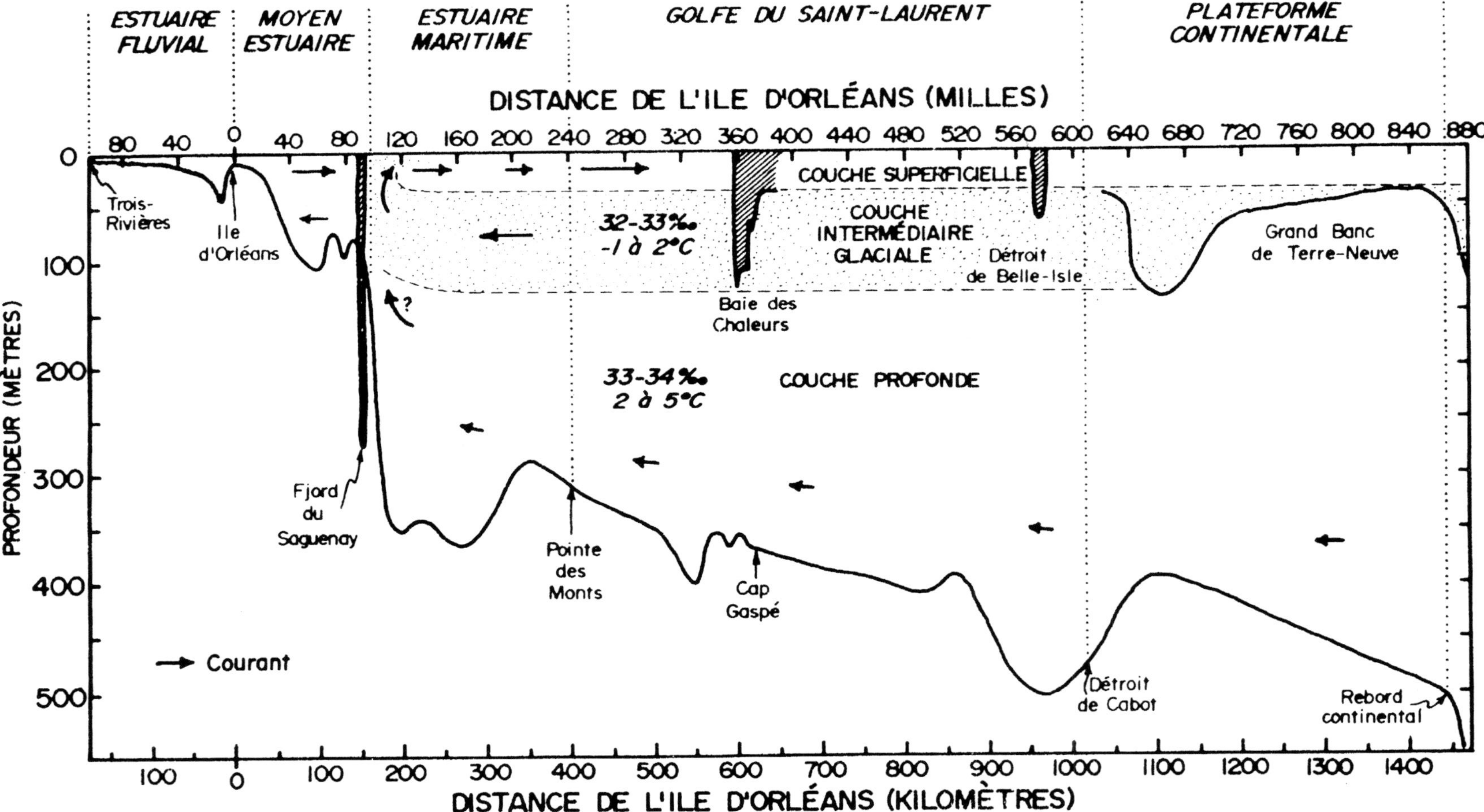

Figure 2. Profil bathymétrique axial de l'estuaire du Saint-Laurent et du chenal laurentien (golfe du Saint-Laurent) passant par sa profondeur maximale, montrant la stratification des principales masses d'eau; des profils de repères topographiques sous-marins adjacents sont ajoutés pour fins de comparaison. (ex. P. Brunel 1970a; réf. 241a)

Figure 2. Bathymetric axial profile of the St. Lawrence Estuary and of the Laurentian Channel in the Gulf of St. Lawrence. This profile has been drawn through maximum St. Lawrence depth and shows how the major water masses are stratified. For comparison purposes, profiles of contiguous topographic guiding-marks have been added. (e.g., P. Brunel 1970a; ref. 241a)

Tableau 1. Recensements des espèces et sous-espéces de Parazoaires et de Radiaires dans le golfe du Saint-Laurent depuis 1901
Table 1. Species and subspecies inventories of Parazoa and Radiata in the Gulf of St. Lawrence since 1901

Auteurs	Whiteaves 1901		Brunel et Préfontaine 1962, 1970		Shih 1971		Margolis et Arthur 1979		Margolis *et al.* 1989, 1995		Présent travail	
Réf. nos.	1661		242 et 1250		1407		985b		985a et 1008		—	
Habitats	Surtout benthos		Surtout benthos		Plancton		Parasites de Poissons		Parasites de Poissons et/ou Mammifères marins		Tous les habitats	
10. Porifera	31		3		—		—		—		43	
10A. Calcarea		6		0		—		—		—		9
10B. Hexactinellida		0		0		—		—		—		0
10C. Demospongiae		25		3		—		—		—		34
11–24B. CNIDARIA	51		53		23		0		0		162	
11–16C. HYDROZOA	(35)		(31)		(17)		(0)		(0)		(126)	
11. Hydroida		35		29		—		0		0		102[a]
12. Hydromedusae		0		1		13		—		—		17[a]
13. Milleporina		0		0		—		—		—		0
14. Stylasterina		0		0		—		—		—		0
15A. Trachymedusae		0		1		1		—		—		2
15B. Narcomedusae		0		0		1		—		—		2
16A. Siphonophora		0		0		2		—		—		3
16B. Chondrophora		0		0		0		—		—		0
16C. Actinulida		—		0		—		—		—		0
17–18. SCYPHOZOA	(4)		(6)		(6)		(—)		(—)		(10)	
17. Scyphomedusae		2		2		4[b]		—		—		5
18. Stauromedusae		2		4		2[c]		—		—		5
18A. CUBOZOA	(0)		(0)		(0)		(—)		(—)		(0)	
19–24B. ANTHOZOA	(12)		(15)		(—)		(—)		(—)		(26)	
19. OCTOCORALLIA	(4)		(4)		(—)		(—)		(—)		(8)	
19A. Alcyonacea		2		1		—		—		—		3
19B. Pennatulacea		2		3		—		—		—		4
19C. Gorgonacea		0		0		—		—		—		0
19D. Telestacea		0		0		—		—		—		0
19E. Helioporacea		0		0		—		—		—		0
19F. Stolonifera		0		0		—		—		—		1
20–23. HEXACORALLIA	(8)		(12)		(—)		(—)		(—)		(18)	
20. Scleractinia		1		0		—		—		—		1
21. Actiniaria		6		11		—		—		—		14
22. Zoanthidea		1		1		—		—		—		2
23. Corallimorpharia		0		0		—		—		—		0
24. CERIANTIPATHARIA	(0)		(0)		(—)		(—)		(—)		(1)	
24A. Antipatharia		0		0		—		—		—		0
24B. Ceriantharia		0		0		—		—		—		1
25. CTENOPHORA	(4)		0		4		(—)		(—)		4	

— Taxon inconnu à cette époque ou dans cet habitat
[a]Dont 3 espèces représentées dans le Golfe par leur stade polype (Hydroida) et par leur stade méduse (Hydromedusae) dans chacun de ces deux taxons artificiels (réf. 270)
[b]Stades polypes épibenthiques encore inconnus dans le Golfe, à notre connaissance
[c]Espèces épibenthiques durant toute leur vie

Tableau 2. Recensements des espèces et sous-espéces d'Invertébrés Protostomiens inférieurs dans le golfe du Saint-Laurent depuis 1901
Table 2. Species and subspecies inventories of lower Protostomia in the Gulf of St. Lawrence since 1901

Auteurs	Whiteaves 1901	Brunel et Préfontaine 1962, 1970	Shih 1971	Margolis et Arthur 1979	Margolis *et al.* 1989, 1995	Présent travail
Réf. nos.	1661	242 et 1250	1407	985b	985a et 1008	—
Habitats	Surtout benthos	Surtout benthos	Plancton	Parasites de Poissons	Parasites de Poissons et/ou Mammifères marins	Tous les habitats
26–28. PLATYHELMINTHES	1	0	0(L)	57	47	107
26. Turbellaria	1	0	0(L)	0	1	16
27A. Monogenea	0	0	0(L)	5	14	17
27B. Trematoda (Digenea)	0	0	0(L)	31	27	48
28. Cestoda	0	0	0(L)	21	6	26
29. NEMERTEA	4	4	0(L)	—	—	14
30. GNATHOSTOMULIDA	—	—	—	—	—	0
31. ASCHELMINTHES	2	1	0	16	25	147
31A. Priapula	2	1	—	—	—	1
31B. Nematoda (libres)	0	0	—	—	—	99
31B. Nematoda (parasites)	0	0	—	10	15	21
31D. Acanthocephala	0	0	—	6	10	17
31F. Nematomorpha Nectonematoidea	0	0	0	0	0	0
31G. Gastrotricha	0	0	—	—	—	1
31H. Rotifera	0	0	0	—	—	4
31I. Kinorhyncha	0	0	—	—	—	4
31J. Loricifera	—	—	—	—	—	0
31K. Cycliophora	—	—	—	—	—	0
32. ENTOPROCTA	3	0	—	—	—	2
33–35. LOPHOPHORATA	112	13	0(L)	—	—	173
33. Phoronida	0	1	0(L)	—	—	1
34. Bryozoa	109	8	0(L)	—	—	168
35. Brachiopoda	3	4	0(L)	—	—	4
36. SIPUNCULA	3	2	0(L)	—	—	5
37. POGONOPHORA	—	0	—	—	—	**0**

— Taxon inconnu à cette époque ou dans cet habitat
(L) Stade larvaire méroplanctonique

Tableau 3. Recensements des espèces et sous-espèces de Mollusques et d'Annélides dans le golfe du Saint-Laurent depuis 1901
Table 3. Species and subspecies inventories of Mollusca and Annelida in the Gulf of St. Lawrence since 1901

Auteurs	Whiteaves 1901	Brunel et Préfontaine 1962, 1970	Shih 1971	Margolis et Arthur 1979	Margolis *et al.* 1989, 1995	Présent travail
Réf. nos.	1661	242 et 1250	1407	985b	985a et 1008	—
Habitats	Surtout benthos	Surtout benthos	Plancton	Parasites de Poissons	Parasites de Poissons et/ou Mammifères marins	Tous les habitats
38–50. MOLLUSCA	203	150	25	—	—	311
38. MONOPLACOPHORA	—	0	—	—	—	0
39. APLACOPHORA	0	1	0(L)	—	—	1
40. POLYPLACOPHORA	4	6	0(L)	—	—	6
41–47. GASTROPODA	117	68	0(L)	—	—	178
41. Prosobranchiata	(103)	(58)	0(L)	—	—	(135)
42–44. Opisthobranchia	(13)	(8)	3	—	—	(41)
42A. Cephalaspidea	9	4		—	—	11
42B. Aplysiomorpha	0	0	0(L)	—	—	0
42C. Acochlidioidea	0	0	0(L)	—	—	0
43. Nudibranchiata	3	4	0(L)	—	—	24
43A. Sacoglossa	0	0	0(L)	—	—	3
43B. Notaspidea	0	0	0(L)	—	—	0
44A. Gymnosomata	1	0	1	—	—	1
44B. Thecosomata	0	0	2	—	—	2
45. Pulmonata	(1)	(0)	0(L)	—	—	(2)
48. PELECYPODA	79	72	22(L)	—	—	114
49. CEPHALOPODA	1	3	0	—	—	9
50. SCAPHOPODA	2	2	0(L)	—	—	3
51–55. ANNELIDA	69	127	28*	0	2	322
51. Aphanoneura	0	0	0	—	—	0
52. Polychaeta	69	125	28*	—	—	304
53. Oligochaeta	0	0	—	—	—	8
54. Hirudinea	0	1	—	0	2	7
55. Echiura	0	1	0(L)	—	—	3

— Taxon inconnu à cette époque ou dans cet habitat
(L) Stade larvaire méroplanctonique
* Deux espèces holoplanctoniques, 9 espèces suprabenthiques (Syllidae) et 17 espèces de larves méroplanctoniques

Tableau 4. Recensements des espèces et sous-espèces d'Arthropodes dans le golfe du Saint-Laurent depuis 1901
Table 4. Species and subspecies inventories of Arthropoda in the Gulf of St. Lawrence since 1901

Auteurs	Whiteaves 1901	Brunel et Préfontaine 1962, 1970	Shih 1971	Margolis et Arthur 1979	Margolis *et al.* 1989, 1995	Présent travail
Réf. nos.	1661	242 et 1250	1407	985b	985a et 1008	—
Habitats	Surtout benthos	Surtout benthos	Plancton	Parasites de Poissons	Parasites de Poissons et/ou Mammifères marins	Tous les habitats
56–80. CRUSTACEA	148	414	136	22	17	776
56. CEPHALOCARIDA	—	0	—	—	—	0
57D. CLADOCERA	0	0	8	—	—	10
58. OSTRACODA	39	5	3	—	—	55
59A. REMIPEDIA	—	—	—	—	—	0
59B. MYSTACOCARIDA	—	0	—	—	—	0
59C. TANTULOCARIDA (p, P)	—	—	—	—	—	0
60. COPEPODA	(2)	(37)	(60)	(19)	(15)	(217)
60A. Calanoida	2	6	36	—	—	49
60B. Harpacticoida	0	7	15(S)	—	—	104
60C. Cyclopoida	0	5	7	0	0	15[a]
60D. Poecilostomatoida (p)	0	3	0	4	3	14[b]
60E. Monstrilloida (p)	0	0	2	—	—	4
60F. Siphonostomatoida (P)	0	16	0	15	12	31
60G. Misophrioida	—	—	—	—	—	0
62. BRANCHIURA	(1)	(2)	(1)	(3)	(2)	(3)
63. CIRRIPEDIA	(6)	(8)	4(L)	(—)	(—)	(14)
63A. Thoracica	5	6	4(L)	—	—	10
63B. Rhizocephala (P)	1	1	0	—	—	1
63C. Ascothoracida (P)	0	1	0	—	—	2
63D. Acrothoracica	0	0	0	—	—	1
64–80. MALACOSTRACA	100	362	53(S) 6(L) 1(N)	0	0	477
64. Nebaliacea	1	1	—	—	—	2
65B. Bathynellacea	—	—	—	—	—	0
67A. Mictacea	—	—	—	—	—	0
68. Mysidacea	4	10	7(S)	—	—	25
69. Cumacea	10	10	3(S)	—	—	40
70. Tanaidacea	1	2	—	—	—	6
71. Isopoda	13	24	4(S)	0	0	46[c]
72. Amphipoda	(47)	(274)	32(S)	(—)	(1)	(304)
72A. Gammaridea	43	267	—	—	—	287
72B. Caprellidea	1	5	—	—	1	9
72C. Hyperiidea	3	2	8	—	—	8
72D. Ingolfiellidea	—	0	—	—	—	0
73. Euphausiacea	2	4	4	—	—	5
74. Decapoda Penaeidea	0	1	0(S,L)	—	—	1
75. Decapoda Caridea	13	26	11[d]	—	—	28[d]
76. Decapoda Stenopodidea	0	0	0	—	—	0
77. Decapoda Astacidea	1	1	1(L)	—	—	1
77B. Decapoda Thalassinidea	1	0	0(L)	—	—	2
78. Decapoda Anomura	3	5	0(L)	—	—	6
79. Decapoda Brachyura	4	4	1(L)	—	—	11
80. Stomatopoda	0	0	0(L)	—	—	0

Tableau 4. Suite / Table 4. Continued

Auteurs	Whiteaves 1901	Brunel et Préfontaine 1962, 1970	Shih 1971	Margolis et Arthur 1979	Margolis *et al.* 1989, 1995	Présent travail
Réf. nos.	1661	242 et 1250	1407	985b	985a et 1008	—
Habitats	Surtout benthos	Surtout benthos	Plancton	Parasites de Poissons	Parasites de Poissons et/ou Mammifères marins	Tous les habitats
82–83. CHELICERATA	0	9	0	—	—	18
82. MEROSTOMATA	0	0	0(L)	—	—	0
82A. Xiphosurida	0	0	0(L)	—	—	0
82C–P. ARACHNIDA	0	0	0(S)	—	0	3
82P. Hydracarina	0	0	—	—	—	3
83. PYCNOGONIDA	7	9	0(S)	—	—	15
84–85. UNIRAMIA	—	—	—	—	1	26
84. INSECTA	0	0	—	—	1	25
85F. TARDIGRADA	0	0	—	—	—	1

—Taxon inconnu à cette époque ou dans cet habitat
(L) Stade larvaire méroplanctonique
(N) Adulte ou juvénile nectonique
(p) Larve parasite
(P) Adulte parasite
(S) Adulte ou juvénile suprabenthique
[a]Dont 3 espèces planctoniques
[b]Dont 4 espèces commensales adultes d'ascidies
[c]Dont 8 espèces ectoparasites
[d]Dont 4 espèces de larves méroplanctoniques, 7 espèces d'adultes suprabenthiques et une nectonique (*Pasiphaea*)

Tableau 5. Recensements des espèces et sous-espèces d'Invertébrés Deutérostomiens dans le golfe du Saint-Laurent depuis 1901
Table 5. Species and subspecies of inventories of invertebrate Deuterostomia in the Gulf of St. Lawrence since 1901

Auteurs	Whiteaves 1901	Brunel et Préfontaine 1962, 1970	Shih 1971	Margolis et Arthur 1979	Margolis *et al.* 1989, 1995	Présent travail
Réf. nos.	1661	242 et 1250	1407	985b	985a et 1008	—
Habitats	Surtout benthos	Surtout benthos	Plancton	Parasites de Poissons	Parasites de Poissons et/ou Mammifères marins	Tous les habitats
86. CHAETOGNATHA	0	1	3	—	—	5
87. HEMICHORDATA	0	1	0(L)	—	—	2
87A. Pterobranchia	0	0	0(L)	—	—	0
87C. Enteropneusta	0	1	0(L)	—	—	2
87D. Lophenteropneusta	—	—	—	—	—	0
87E. Planctosphaeroidea	—	0	0(L)	—	—	0
90–94. ECHINODERMATA	36	35	0(L)	—	—	58
90. Crinoidea	0	1	0(L)	—	—	1
91. Holothuroidea	11	7	0(L)	—	—	14
92. Asteroidea	9	14	0(L)	—	—	21
93. Echinoidea	3	4	0(L)	—	—	4
94. Ophiuroidea	13	9	0(L)	—	—	18
95–97A. UROCHORDATA	21	23	3	—	—	41
95. Larvacea	0	0	3	—	—	4
96. Ascidiacea	21	23	0(L)	—	—	36
97. Thaliacea	0	0	0	—	—	1
97B. CEPHALOCHORDATA	0	0	—	—	—	0

—Taxon inconnu à cette époque ou dans cet habitat
(L) Stade larvaire méroplanctonique

Tableau 6. Codes alphabétiques des zones biogéographiques et bathymétriques benthiques dans le golfe et l'estuaire du Saint-Laurent
Table 6. Alphabetical codes of benthic biogeographic and bathymetric zones in the Estuary and Gulf of St. Lawrence

Code	Nom de la zone / Name of zone	Amplitude bathymérique / Depth interval[a] (m)
AN	Accore nord de l'île d'Anticosti / North slope of Anticosti Island	0–200
AS	Accore sud de l'île d'Anticosti / South slope of Anticosti Island	0–200
BCN	Basse Côte-nord / Lower North Shore	0–240
CLA	Chenal Laurentien (étage bathyal) au nord-est de l'île d'Anticosti (= détroit de Jacques-Cartier) / Laurentian Channel (bathyal zone) to the northeast of Anticosti Island (= Jacques Cartier Strait)	200–300
CLE	Chenal Laurentien (étage bathyal) (= chenal d'Esquiman) / Laurentian Channel (bathyal zone) (= Esquiman Channel)	200–329
CLH	Chenal Laurentien (étage bathyal) (= détroit d'Honguedo) / Laurentian Channel (bathyal zone) (= Honguedo Strait)	200–441
CLI	Chenal Laurentien inférieur (étage bathyal jusqu'au détroit de Cabot : cap Nord, N.-E., île Saint-Paul jusqu'au cap Ray, T-N) / Lower Laurentian Channel (bathyal zone as far as Cabot Strait: Cape North, N.S., St. Paul Island to Cape Ray, Nfld.)	200–535
CLS	Chenal Laurentien supérieur (étage bathyal) au large de Sept-Iles / Upper Laurentian Channel (bathyal zone off Sept-Iles)	200–365
EGN	Eaux gaspésiennes du nord / Northern Gaspé waters	0–200
EGS	Eaux gaspésiennes du sud (baie des Chaleurs, baie de Gaspé jusqu'aux bancs des Américains, de l'Orphelin et de Bradelle; limite orientale : vallée orientale de Bradelle / Southern Gaspé waters (Baie des Chaleurs, Gaspé Bay to American, Orphan and Bradelle banks; eastern boundary: eastern Bradelle valley)	0–200
EAM	Portion amont de l'estuaire moyen du Saint-Laurent / Upstream part of Middle St. Lawrence Estuary	0–60
EAV	Portion aval de l'estuaire moyen du Saint-Laurent / Downstream part of Middle St. Lawrence Estuary	0–160
EM	Estuaire maritime du Saint-Laurent / Lower St. Lawrence Estuary	0–384
G	Golfe du Saint-Laurent : région indéterminée / Gulf of St. Lawrence: unspecified region	0–535
HCN	Haute Côte-nord (entre Sept-Îles et la pointe des Monts) / Upper North Shore (between Sept-Iles and Pointe des Monts)	0–200
IM	Îles-de-la-Madeleine (de la vallée orientale de Bradelle à l'ouest jusqu'au cap Nord, et incluant le chenal du cap Breton / Magdalen Islands (from the eastern Bradelle valley to the west, as far as Cape North, including the Cape Breton Channel)	0–200
IPE	Île-du-Prince-Edouard (de la pointe nord de l'île Miscou, N.-B. à l'île du cap Breton au sud de Chéticamp, incluant le détroit de Northumberland et la baie St. George jusqu'au détroit de Canso (jetée automobile)) / Prince Edward Island (from the northern tip of Miscou Island, N.B. to Cape Breton Island south of Cheticamp, including Northumberland Strait and St. George Bay to the Canso Strait causeway)	0–100
MCN	Moyenne Côte-nord (de Sept-Îles au cap Whittle, incluant la Minganie) / Middle North Shore (from Sept-Iles to Cape Whittle, including the Mingan Islands)	0–231
S	Fjord du Saguenay / Saguenay Fjord	0–274
TNO	Accore ouest de Terre-Neuve, incluant le sud du détroit de Belle-Isle mais excluant les 50 m supérieurs du sud-ouest de Terre-Neuve / Western slope of Newfoundland, including the southern part of the Strait of Belle Isle but excluding the upper 50 m in the area southwest of Newfoundland	0–200
TNS	Accore sud-ouest de Terre-Neuve / Southwestern slope of Newfoundland	0–50

[a]Les frontières géographiques et bathymétriques entre les régions ont été tracées à l'aide de la carte bathymétrique 811-A ("Gulf of St. Lawrence") du Service hydrographique canadien (Ottawa, 1973) (échelle métrique). / The geographic and bathymetric boundaries between the regions and depth zones were identified using bathymetric chart 811-A ("Gulf of St. Lawrence") of the Canadian Hydrographic Service (Ottawa, 1973) (metric scale).

Tableau 7. Codes alphabétiques des étages et des habitats dans le golfe et l'estuaire du Saint-Laurent
Table 7. Alphabetical codes of depth zones and habitats recorded for each species in the present catalogue

	Code	Nom de l'étage ou de l'habitat	Profondeurs
Étages pélagiques	p	Pélagique	Non précisées, inconnues
	ép	Épipélagique	0–200 m
	éps	Épipélagique superficiel : Golfe et Estuaire	0–40 m
		Épipélagique superficiel : Fjord du Saguenay	0–10 m
	épsn	Épipélagique neustonique : partout	0–1 m
	épg	Épipélagique glacial : Golfe et Estuaire	40–200 m
		Épipélagique glacial : Fjord du Saguenay	10–280 m
	mp	Mésopélagique supérieur : Golfe et Estuaire	200–500 m
Étages benthiques	S	Supralittoral	Au-dessus des marées hautes de vive eau moyennes
	M	Médiolittoral (= zone intertidale)	Entre marées hautes de vive eau moyennes et marées basses de vive eau moyennes
	I	Infralittoral (zone des laminaires) : Golfe et Estuaire	0–20 m
		Infralittoral (zone des laminaires) : Fjord du Saguenay	0–10 m
	C	Circalittoral : Golfe et Estuaire	Ca. 20–200 m
	CB	Circalittoral : Fjord du Saguenay	Ca. 10–280 m
	B	Bathyal : Golfe et Estuaire	Ca. 200–500 m
Habitats[a]	ecPI	Ectoparasite d'invertébrés	Selon les hôtes
	ecPM	Ectoparasite de mammifères marins	Selon les hôtes
	ecPP	Ectoparasite de poissons	Selon les hôtes
	enPI	Endo parasites d'invertébrés	Selon les hôtes
	enPM	Endoparasites de mammifères marins	Selon les hôtes
	enPP	Endoparasites de poissons	Selon les hôtes
	D	Normalement dulcicole (eaux douces) mais tolérant l'eau saumâtre	—
	E	Estuarien (eaux saumâtres)	—
	m	Méiobenthique	Selon étages benthiques
	N	Nectonique	Selon étages pélagiques
	s	Suprabenthique (surtout benthique mais migrateur actif au-dessus du fond)	Jusqu'à 10 m au-dessus du fond

[a]L'habitat planctonique des espèces pélagiques est indiqué par leur seul code alphabétique d'étage, l'addition du code N y spécifiant l'habitat nectonique, et celle d'un code de parasite, l'habitat sur un hôte pélagique; deux codes différents de parasite indiquent les habitats adultes et larvaires.

Tableau 8. Sources significatives de renseignements sur la nomenclature (synonymie) récente ou la valeur de certaines identifications douteuses dans les Spongiaires, Radiaires et Protostomiens inférieurs
Table 8. Significant data sources on recent nomenclature (synonymy) or validity of certain doubtful identifications among the Porifera, Radiata, and lower Protostomia

Taxon	Monographies ou catalogues importants consultés	Réf. no	Taxonomistes qui nous ont conseillés
10. PORIFERA	de Laubenfels, 1949	431	Ole Tendal
10A PORIFERA, Calcarea	Burton, 1963	257	Claude Lévi, Nicole Boury-Esnault
10C. PORIFERA, Demospongiae	—	—	Claude Lévi, Nicole Boury-Esnault
11–24B. CNIDARIA			
11. HYDROIDA	Fraser 1944	535	Dale R. Calder, Jean Bouillon
	Cairns *et al.* 1991	270	
12. HYDROMEDUSAE	Cairns *et al.* 1991	270	Jean Bouillon, Anita Brinckman-Voss
15. TRACHYLINA	—	—	Dale R. Calder
16. SIPHONOPHORA	Kirkpatrick et Pugh 1984	827	P.R. Pugh
17–18. SCYPHOZOA	Cairns *et al.* 1991	270	
19. OCTOCORALLIA	Cairns *et al.* 1991	270	Marie-Josée d'Hondt, Frederick M. Bayer, Manfred Grasshoff
21–24B. HEXACORALLIA	Cairns *et al.* 1991	270	Karin Riemann-Zürneck
25. CTENOPHORA	—	—	Richard Harbison, Claudia Mills
26–28. PLATYHELMINTHES			
26. TURBELLARIA	Sluys 1989	1431	Ronald Sluys, David J. Marcogliese
	Cannon 1986	276	
27A–28. Classes parasites	Margolis et Arthur 1979	985b	—
	Margolis et Arai 1989	985a	—
	McDonald et Margolis 1995	1008	—
27A. MONOGENEA	Beverley-Burton 1984	121	Graham Kearn, David I. Gibson, Mary Beverly-Burton, David J. Marcogliese
27B. TREMATODA (DIGENEA)	Gibson 1996	578b	David J. Marcogliese
	Schell 1985	1385	
28. CESTODA	Khalil *et al.* 1994	819	—
	Schmidt 1986	1387a	
29. NEMERTEA	Gibson 1995	581	Ray Gibson
31. ASCHELMINTHES			
31B. NEMATODA (libres)	Gerlach et Riemann 1973[a]	573	W. Duane Hope, Winfrida Decraemer, Richard Warwick, Guglielmo Tita
31C. NEMATODA (parasites)	Margolis et Arthur 1979	985b	—
	Margolis et Arai 1989	985a	—
	McDonald et Margolis 1995	1008	—
31D. ACANTHOCEPHALA	Arai 1989	31	
	Amin 1985	17c	
32. ENTOPROCTA	—	—	P. Emschermann, Claus Nielsen

[a]Nous n'avons pas eu accès à la seconde partie de ce catalogue (Gerlach et Riemann 1974, réf. 574).

Tableau 9. Sources significatives de renseignements sur la nomenclature (synonymie) récente ou la valeur de certaines identifications douteuses dans les Lophophoriens, Sipunculiens, Mollusques et Annélides
Table 9. Significant data sources on recent nomenclature (synonymy) or validity of certain doubtful identifications among the Lophophorata, Sipuncula, Mollusca, and Annelida

Taxon	Monographies ou catalogues importants consultés	Réf. no	Taxonomistes qui nous ont conseillés
33–35. LOPHOPHORATA			
33. PHORONIDA	Emig 1979	478	—
34. BRYOZOA	Kluge 1962	830	Jean-Loup d'Hondt
	Ryland et Hayward 1977, 1991	1346, 1347	
	Hayward et Ryland 1979	661	
	Hayward 1985	660	
	Hayward et Ryland 1985	662	
35. BRACHIOPODA	Brunton & Curry 1979	245	—
36. SIPUNCULA	Cutler 1994	376	Edward B. Cutler
38–50. MOLLUSCA	Turgeon *et al.* 1988	1561	—
	Abbott 1974	2	
	Turgeon *et al.* (sous presse)	1561a	—
40. POLYPLACOPHORA	Kaas et Van Belle 1985a–1994	797 à 801	Richard A. Van Belle, Piet Kaas
41. GASTROPODA PROSOBRANCHIATA	Bogdanov 1990	145	—
	Fretter et Graham 1976–1986b	545–553	
	Høisaeter 1986	716	
42–44.GASTROPODA OPISTHOBRANCHIATA	Thompson 1988	1540	Malcolm Edmunds
	Thompson et Brown 1976, 1984	1541, 1542	Heike Wägele
48. PELECYPODA	Bernard 1979, 1983	107, 108	John E. Allen
	Lubinsky 1980	944	
49. CEPHALOPODA	Roper *et al.* 1984	1316	Bent J. Muus, Clyde F.E. Roper
	Vecchione *et al.* 1989	1583	
	Nesis 1987	1109	
50. SCAPHOPODA	Jones et Baxter 1987	783	—
	Abbott 1991	3	
52–55. ANNELIDA			
52. POLYCHAETA	Hartman 1959, 1965b	644, 646	Danny Eibye-Jacobsen, Torleif Holthe
	Pocklington 1982	1222	
	Fauchald 1977	497	
	Holthe 1992, 1986	725, 724	
	Pettibone 1963	1192	
53. OLIGOCHAETA	Brinkhurst et Jamieson 1971	219	—
	Cook et Brinkhurst 1973	345	
54. HIRUDINEA	Madill 1985	968	David J. Marcogliese
55. ECHIURA	Stephen et Edmonds 1972	1493	—

Tableau 10. Sources significatives de renseignements sur la nomenclature (synonymie) récente ou la valeur de certaines identifications douteuses dans les Crustacés inférieurs
Table 10. Significant data sources on recent nomenclature (synonymy) or validity of certain doubtful identifications among the lower Crustacea

Taxon	Monographies ou catalogues importants consultés	Réf. no	Taxonomistes qui nous ont conseillés
57D. CLADOCERA	Chengalath 1987	303	—
58. OSTRACODA	Kempf 1986a–1988	813–816	Martin, V. Angel,
	Athersuch *et al.* 1989	44	Louis S. Kornicker
60. COPEPODA			
60A. CALANOIDA et	Razouls 1982, 1991 et	1278, 1279,	Kuni Hulsemann
60C. CYCLOPOIDA	Tremblay et Anderson 1984	1560	—
60B. HARPACTICOIDA	Bodin 1988	144	Michel Clément
	Philippe Bodin, Rony Huys		
	Huys *et al.* 1996	752a	
60C, D, F. PARASITES	Dudley et Illg 1991	458	Arthur Humes, Vivian Gotto,
	Ho 1977, 1978	708, 709	Zbigniew Kabata, Ju-Shey Ho
	Gotto 1993	594	
	Kabata 1979, 1988	805, 806	
	Margolis et Arthur 1979	985b	
	McDonald et Margolis 1995	1008	
60E. MONSTRILLOIDA	Grygier 1995	609	—
62. BRANCHIURA	Kabata 1988	806	David J. Marcogliese
63. CIRRIPEDIA	Newman et Ross 1976	1112	—
	Nilsson-Cantell 1978	1123	
	Zullo 1979	1717	

Tableau 11. Sources significatives de renseignements sur la nomenclature (synonymie) récente ou la valeur de certaines identifications douteuses dans les Crustacés Malacostracés, Chélicérates et Insectes
Table 11. Significant data sources on recent nomenclature (synonymy) or validity of certain doubtful identifications among the Crustacea Malacostraca, Chelicerata, and Insecta

Taxon	Monographies ou catalogues importants consultés	Réf. no	Taxonomistes qui nous ont conseillés
68–79. CRUSTACEA MALACOSTRACA			
68. MYSIDACEA	Laubitz 1986	909	John Mauchline
	Mauchline et Murano 1977	1002	
	Mauchline 1980	1000	
69. CUMACEA	Bacescu 1988, 1992	46, 47	Norman S. Jones
	Rafi 1986	1267	Les Watling
70. TANAIDACEA	Sieg 1983	1422	Jürgen Sieg
	Rafi 1985	1266	
71. ISOPODA	Rafi 1985	1266	J.W. Wägele, Angelika Brandt
			Thomas E. Bowman
72. AMPHIPODA			
72A. GAMMARIDEA	Bousfield 1973	183	Pierre Brunel
	Barnard et Karaman 1991	69	
	Barnard et Barnard 1983b	67	
72B. CAPRELLIDEA	Laubitz 1972	906	Diana Laubitz
	Mc Cain 1968	1005	
72C. HYPERIIDEA	Vinogradov *et al.* 1982	1604	Thomas E. Bowman,
	Bowman et Gruner 1973	199	Pierre Brunel
73 EUPHAUSIACEA	Laubitz 1986	909	—
74–79 DECAPODA	Squires 1990, 1993	1463, 1464	—
	Williams 1984	1671	
	Williams *et al.* 1988	1672a	
82–83. CHELICERATA			
82. HYDRACARINA	Green et MacQuitty 1987	603	Ilse Bartsch
83. PYCNOGONIDA	McCloskey 1973	1006	C. Alan Child
84. INSECTA	Merritt et Cummins, éd., 1996	1044a	Louise Cloutier
	McAlpine *et al.* 1981	1004a	

Tableau 12. Sources significatives de renseignements sur la nomenclature (synonymie) récente ou la valeur de certaines identifications douteuses dans les Chétognathes, Échinodermes et Urocordés
Table 12. Significant data sources on recent nomenclature (synonymy) or validity of certain doubtful identifications among the Chaetognatha, Echinodermata, and Urochordata

Taxon	Monographies ou catalogues importants consultés	Réf. no	Taxonomistes qui nous ont conseillés
86. CHAETOGNATHA	Bieri 1991	123a	—
	Pierrot-Bults & Chidgey 1988	1202	
91–94. ECHINODERMATA			
91. HOLOTHUROIDEA	Pawson 1977a	1166	J. Douglas McKenzie, Claude Massin, David L. Pawson
92. ASTEROIDEA	Clark et Downey 1992	320	Ailsa M. Clark, Michel Jangoux
93. ECHINOIDEA	Serafy et Fell 1985	1401	—
94. OPHIUROIDEA	Paterson 1985	1164	Gordon L. J. Paterson, Ilse Bartsch
95–97. UROCHORDATA			
95. LARVACEA	Buizer 1983	250	—
96. ASCIDIACEA	Plough 1978	1221	Claude Monniot
	Millar 1970	1054	

Tableau 13. Liste des codes de l'index alphabétique et du répertoire des espèces
Table 13. List of codes in the alphabetical index and inventory of species

Code	Description
ABC	**Absence certaine** de l'espèce dans le Golfe parce que ce binôme s'applique **seulement** à une **espèce exotique**, selon l'un de nous, qui n'a toutefois examiné aucun des spécimens rapportés pour le Golfe / **Definite absence** of the species in the Gulf because the binomial name applies **solely to an exotic species**, based on the opinion of one of the authors, who did not however examine any of the specimens reported for the Gulf . . . . Index
ABD	**Absence** de l'espèce dans le Golfe vérifiée par l'auteur ou les auteurs du **document** cité entre crochets / **Absence** of the species in the Gulf as verified by the author or authors of the **document** indicated in brackets . . . . Index
ABS	**Absence** de l'espèce dans le Golfe vérifiée par un nouvel examen de nos **spécimens** par l'un de nous ou par un spécialiste dont le nom est cité entre crochets / **Absence** of the species in the Gulf as evidenced by a re-examination of **specimens** by one of us or by a specialist whose name is shown in brackets . . . . .Index
ESS	Binôme toujours valide mais maintenant diagnostiqué dans un sens plus restreint (*Sensu stricto*) ou maintenant reconnu pour inclure deux espèces dans le Golfe / Binomial name still valid but now used in a more restricted sense (*Sensu stricto*) or known to include two different species in the Gulf . . . . . . Répertoire des espèces / Inventory of species
ER	Binôme sans doute erroné (erreur de transcription ou de citation?), selon nous, que nous n'avous trouvé dans aucune des sources taxonomiques importantes citées entre crochets / Binomial name undoubtedly incorrect (transcription or citation error?), in our opinion; we did not find it in any of the major taxonomic publications shown in brackets . . . . Index
IR	Nom d'une espèce qui a été **réidentifiée** autrement, seulement **pour le Golfe**, mais dont nous n'avons pu retrouver la source bibliographique précise. / Name of a species which was **re-identified**, only **for the Gulf**, but for which we were unable to find the precise bibliographic source. . . . . Index
is	Nom, généralement ancien, au statut incertain (*incertae sedis*) **invéfifié** ou **invérifiable**, selon la source citée entre crochets / Name, generally old, with an uncertain status (*incertae sedis*), **unverified** or **unverifiable**, according to the source shown in brackets . . . . Index
sNN	*Nomen nudum* utilisé dans des rapports polycopiés ou autres documents officieux à distribution très restreinte / *Nomen nudum* used in unpublished reports or other unofficial documents with a very limited distribution . . . . Index
[?]	Présence de l'espèce dans le Golfe **plausible** et **vérifiable**, mais **incertaine**, selon nous ou selon des spécialistes consultés, et **invérifiée** pour différentes raisons : identification trop laborieuse, spécimens difficiles à retrouver, délai trop long d'examen par les spécialistes ou par nous, taxonomie du taxon trop embrouillée, nécessité de réévaluer toutes les mentions passées avec les nouveaux caractères utilisés récemment, échéances trop courtes, etc. Ces identifications douteuses sont souvent accompagnées de remarques. / Presence of the species in the Gulf **plausible** and **verifiable**, but **uncertain**, according to us or a specialist, and **unverified** for various reasons: overly laborious identification, specimens hard to find, too long turnaround time for examination by specialists or by us, taxonomy of taxon too confusing, need to re-evaluate all past records with new characters recently adopted, deadlines too tight, etc. These doubtful identifications are often accompanied by remarks. . . . . .Répertoire des espèces / Inventory of species
[??]	Présence de l'espèce dans le Golfe **plausible**, mais **incertaine**, selon nous ou selon des spécialises consultés, et probablement **invérifiable**, pour différentes raisons : spécimens non conservés, identificateur ou identificatrice inconnus ou trop anciens, toutes traces des sources d'identification perdues, etc. Ces identifications douteuses sont souvent accompagnées de remarques / Presence of species in the Gulf **plausible**, but **uncertain**, according to us or specialists consulted, and probably **unverifiable** for various reasons: specimens not kept, identifier unknown or too ancient, source of identification lost, etc. These doubtful identifications are often accompanied by remarks. . . . . Répertoire des espèces / Inventory of species
[???]	Présence de l'espèce dans le Golfe **très peu probable** (parce que sa «présence» dans le Golfe est trop différente de ce qu'on sait de sa distribution géographique ou de l'étage bathymétrique qu'elle préfère, doutes sur l'expertise ou même l'expérience des personnes qui l'ont identifiée, etc.), **vérifiable** mais **invérifiée**, faute de temps, selon la ou les sources (numéro de document ou nom de taxonomiste) citées entre crochets / Presence of the species in the Gulf **very unlikely** (because its «presence» there differs too much from what is known about its geographic distribution or preferred depth zone, doubts about the expertise or even the experience of the persons who identified it, etc.), **verifiable**, but **unverified** due to insufficient time, according to the sources (document number or name of taxonomist) cited in brackets . . . . .Index
[????]	Présence de l'espèce dans le Golfe **très peu probable** (raisons fournies ci-dessus), mais **invérifiable**, pour différentes raisons : spécimens non conservés ou introuvables, identificateur ou identificatrice inconnus ou trop anciens, renseignements faunistiques ou taxonomiques originaux trop incomplets, etc. Les sources taxonomiques (numéro de document ou nom de taxonomiste) sont citées entre crochets / Presence of the species in the Gulf **very unlikely** (reasons given above), but **unverifiable** for various reasons: specimens not kept or cannot be found, identifier unknown or too ancient, original faunistic or taxonomic information too incomplete, etc. The taxonomic sources (document number or name of taxonomist) are cited in brackets . . . . Index

Tableau 14. Recensements depuis 1901 de la richesse spécifique des embranchements d'Invertébrés marins et estuariens du golfe du Saint-Laurent
Table 14. Species richness inventories since 1901 of marine and estuarine invertebrate phyla in the Gulf of St. Lawrence

EMBRANCHEMENTS[a] (Phylums) (+ « classes » d'Arthropodes)	Whiteaves (1901)	Brunel et Préfontaine (1962, 1970)	Shih (1971)	Margolis et Arthur (1979)	Margolis et al. 1989, 1995	Brunel, Bossé et Lamarche (1998)	% significatifs en 1998
PORIFERA	31	3	—	—	—	43	1,9
CNIDARIA (Hydroida : 102)	51	53	23[b]	0	0	162	7,3
CTENOPHORA	4	—	4	—	—	4	0,2
PLATYHELMINTHES	1	0	0	57	47	107	4,8
NEMERTEA	4	4	0	—	—	14	0,6
ASCHELMINTHES (Nematoda:120)	2	1	—	16	25	147	6,6
ENTOPROCTA	3	0	0	—	—	2	0,1
LOPHOPHORATA (Bryozoa : 168)	112	13	0	—	—	173	7,8
SIPUNCULA	3	2	0	—	—	5	0,2
MOLLUSCA	203	150	25[c]	—	—	311	14,0
ANNELIDA (Polychaeta : 304)	69	127	28[d]	0	2	322	14,6
ARTHROPODA :						(817)	(36,9)
CRUSTACEA (inférieurs) (Copepoda : 217)	48	52	74	22	17	299	13,5
CRUSTACEA MALACOSTRACA (Amphipoda : 304)	100	360	60[e]	0	1	477	21,5
ARACHNIDA : Acarina	0	0	—	—	0	3	0,1
PYCNOGONIDA	7	9	—	—	—	15	0,7
INSECTA	0	0	0	—	1	23	1,0
TARDIGRADA	0	0	0	—	—	1	0,05
CHAETOGNATHA	0	1	3	—	—	5	0,2
HEMICHORDATA	0	1	0	—	—	2	0,1
ECHINODERMANTA	36	36	1	—	—	58	2,6
UROCHORDATA (Ascidiacea : 34)	21	23	3	—	—	41	1,8
TOTAL	695	836	234	95	93	2214	100,0

[a]La richesse spécifique en 1988 de certains taxons inférieurs dominants est indiquée entre parenthèses.
[b]Surtout des méduses
[c]Surtout des larves de Pélécypodes
[d]Surtout des adultes nageurs de Polychètes errantes
[e]Surtout des adultes suprabenthiques d'Amphipodes Gammaridiens et de crevettes

Tableau 15. Richesse en espèces d'Invertébrés recensées en 1998 dans l'estuaire et le golfe du Saint-Laurent en fonction des principaux modes de vie adulte et larvaire
Table 15. Species richness of invertebrates recorded in 1998 in the Estuary and the Gulf of St. Lawrence in terms of their main adult and larval life forms

	Écophase adulte	Écophase larvaire ou juvénile		Total	%
Zoobenthos	Hors de la mer[a]	Macrobenthos	22	22	1,0
	Macrobenthos	Macrobenthos	447	1852	83,7
	Méiobenthos	Méiobenthos	24		
	Macrobenthos	Suprabenthos	199		
	Suprabenthos	Sur femelle	161		
	Macrobenthos	Plancton	919		
	Plancton	Benthos	102		
Ectoparasites	mobile	Sur femelle	3	201	9,0
		Plancton	20		
		Benthos	8		
Endoparasites	peu ou pas mobile	Plancton	51		
	Mobile	Endoparasite	4		
	Peu ou pas mobile	Plancton	77		
		Endoparasite	38		
Zooplancton	Plancton	Benthos	22	135	6,0
	Plancton	Plancton	113		
Necton	Necton	Plancton	6	6	0,3
Total des espèces recensées dans Brunel, Bossé et Lamarche 1998			2216	2216	100

[a]Essentiellement les Insectes adultes, à respiration aérienne (trachées)

Répertoire des espèces / Inventory of Species

Références taxonomiques générales sur tous les invertébrés :
Faune macroscopique marine : 17c, 142b, 164a, 222, 225, 369a, 518, 559, 592, 593, 663, 664, 1040, 1062, 1436, 1712
Faune méiobenthique marine : 699a
Faune planctonique marine : 874, 1110, 1432
Faune dulcicole et estuarienne : 1172a, 1176a, 1542a

10 : PORIFERA

Références taxonomiques générales : 430, 431, 432, 559, 839a, 840, 885, 886, 946, 947, 947a, 1062, 1551

10A : Calcarea

Clathrina coriacea (Montagu, 1818)
Régions : TNO
Étages/habitats : ?
Réf. faunist. : 726
Réf. taxon. : 5, 257, 592, 663, 842

Grantessa thompsoni Lambe, 1900
Régions : BCN
Étages/habitats : C
Réf. faunist. : 886, 1661
Réf. taxon. : 257, 886

Grantia canadensis Lambe, 1896
Régions : EGS, EM, IPE, TNO
Étages/habitats : I, C
Réf. faunist. : 726, 885, 1467, 1661
Réf. taxon. : 257, 431, 885

Heteropia rodgeri Lambe, 1900
Régions : BCN
Étages/habitats : C
Réf. faunist. : 886, 1661
Réf. taxon. : 257, 886

Leucosolenia cancellata Verrill, 1873
Régions : EGS, BCN, TNO
Étages/habitats : I, C
Réf. faunist. : 726, 885, 886, 1467, 1661
Réf. taxon. : 257, 431, 432, 885

Leucosolenia thamnoides Haeckel, 1870
Régions : EGS
Étages/habitats : I, C
Réf. faunist. : 1467, 1658
Réf. taxon. : 34, 256, 257
Remarque : *L. fragilis* (Haeckel, 1872) selon Boury-Esnault (comm. pers.), mais Tendal (comm. pers.) préfère le statu quo à la confusion.

Sycon lambei Dendy et Row, 1913
Régions : EGS
Étages/habitats : C
Réf. faunist. : 885, 1661
Réf. taxon. : 257, 431, 885
Remarque : Synonyme de *Sycon coronata* Ellis & Solander, 1786 selon de Laubenfels (1949, réf. 431), mais Tendal (comm. pers.) préfère le statu quo à la confusion.

Sycon lingua (Haeckel, 1872)
Régions : EGS, IPE, HCN, TNO
Étages/habitats : I, C
Réf. faunist. : 266, 726, 1655, 1658, 1659
Réf. taxon. : 257, 431, 432, 842

Sycon protectum Lambe, 1896
Régions : EGS, BCN
Étages/habitats : C
Réf. faunist. : 885, 886, 1661
Réf. taxon. : 257, 431, 885

10C : Demospongiae

Asbestopluma pennatula (Schmidt, 1875)
Régions : CLH
Étages/habitats : B
Réf. faunist. : 885, 1661
Réf. taxon. : 226, 431, 885, 947

Biemna variantia (Bowerbank, 1866)
Régions : CLH
Étages/habitats : B
Réf. faunist. : 885, 1661
Réf. taxon. : 255, 431, 663, 885, 946

Cladorhiza abyssicola M. Sars, 1872
Régions : G, CLH
Étages/habitats : B
Réf. faunist. : 885, 1658, 1659, 1661
Réf. taxon. : 885, 946

Clathria prolifera (Ellis et Solander, 1786)
Régions : IPE
Étages/habitats : I, C
Réf. faunist. : 266, 885, 1466, 1614, 1618, 1661
Réf. taxon. : 225, 431, 432, 592, 649, 1428
Remarque : C'est la combinaison binomiale que nous suggère Tendal (comm. pers., 1977).

Cliona celata (Grant, 1826)
Régions : EGS, IPE, TNO
Étages/habitats : I, C

Réf. faunist. : 266, 726, 885, 1146, 1466, 1467, 1613, 1614, 1615, 1616, 1617, 1618, 1661
Réf. taxon. : 225, 431, 432, 592, 649, 663, 1146

Cliona lobata (Hancock, 1849)
Régions : IPE
Étages/habitats : ?
Réf. faunist. : 1616, 1617
Réf. taxon. : 592, 649, 663, 1146, 1617

Cliona vastifica (Hancock, 1849)
Régions : IPE, TNO
Étages/habitats : ?
Réf. faunist. : 726, 1617, 1618
Réf. taxon. : 432, 592, 649, 663, 840, 1146

Eumastia sitiens Schmidt, 1870
Régions : G, EAM, EGS, EM, IPE, MCN
Étages/habitats : C
Réf. faunist. : 518, 701, 885, 1661
Réf. taxon. : 431, 518, 885, 946
Remarque : Le synonyme *Pellina sitiens*, introduit par de Laubenfels (1949, réf. 431) et utilisé par Fontaine et LaSalle (1992, réf. 518), Himmelman (1991, réf. 701) et Boury-Esnault (comm. pers.), est invalide selon Tendal (comm. pers.).

Gellius laurentinus Lambe, 1900 [?]
Régions : BCN, CLI
Étages/habitats : C, B
Réf. faunist. : 886, 1661
Réf. taxon. : 886
Remarque : Weerdt et Soest (1987, réf. 1636) ont réduit à deux ou trois les huit espèces d'*Hemigellius* de l'Atlantique oriental. Ils redéfinissent l'ancien *Gellius arcoferus* (= *Hemigellius a.*) et l'ancien *G. flagellifer* (= *Hemigellius f.*), mais ignorent *G. laurentinus* de l'Atlantique occidental. Est-ce aussi un *Hemigellius*? Est-il synonyme d'une des espèces européennes? L'examen de spécimens s'impose (Tendal, comm. pers.).

Halichondria panicea (Pallas, 1766)
Régions : G, EGN, EAM, EGS, EAV, EM, IPE, TNO
Étages/habitats : (M), I
Réf. faunist. : 168a, 333, 337, 518, 726, 885, 1466, 1467, 1614, 1658, 1659a, 1661
Réf. taxon. : 5, 71, 225, 431, 432, 518, 592, 663, 946

Haliclona oculata (Pallas, 1766)
Régions : G, EGN, EGS, IM, EM, IPE, TNO
Étages/habitats : I, C
Réf. faunist. : 169, 236, 242, 266, 280, 518, 726, 885, 1659a, 1661
Réf. taxon. : 225, 431, 432, 518, 592, 649, 663, 885, 1062, 1634, 1635

Haliclona permollis (Bowerbank, 1866) [?]
Régions : BCN, EGN, EGS, TNO, EM
Étages/habitats : I
Réf. faunist. : 518, 726, 885, 1661
Réf. taxon. : 431, 518, 884a, 884b
Remarque : deLaubenfels (1949, réf. 431, p. 38) pense que les deux *Reniera* du Pacifique, *R. rufescens* Lambe, 1893 (réf. 884a) et *R. mollis* Lambe, 1894 (réf. 884b), rapportés par Whiteaves (1901, réf. 1661) pour le golfe du Saint-Laurent, sont en fait des *Haliclona permollis*. L'excellente photo en couleurs de Fontaine et LaSalle (1992, réf. 518) semblerait confirmer sa présence dans le Golfe, mais Tendal (comm. pers.) est convaincu qu'il s'agit d'une autre espèce, peut-être *H. rosae* (Bowerbank, 1866).

Haliclona sp.
Régions : EAV
Étages/habitats : I
Réf. faunist. : 168a
Réf. taxon. : 431, 531

Haliclona urceolus (Rathke et Vahl, 1806) [??]
Régions : G, EM
Étages/habitats : I
Réf. faunist. : 518
Réf. taxon. : 518, 431
Remarque : « Identification » sans examen microscopique ni conservation de spécimens, que Tendal (comm. pers.) croit néanmoins correcte.

Halisarca dujardinii Johnston, 1842
Régions : EGS,TNO
Étages/habitats : I
Réf. faunist. : 726, 1467
Réf. taxon. : 663, 930, 1571, 1640

Hemigellius arcoferus (Vosmaer, 1885)
Régions : CLH
Étages/habitats : C
Réf. faunist. : 885, 1661
Réf. taxon. : 885, 946, 1636

Hemigellius flagellifer (Ridley et Dendy, 1886) [?]
Régions : EGS, CLH
Étages/habitats : C
Réf. faunist. : 885, 1661
Réf. taxon. : 885, 946, 1636

Iophon piceus Vosmaer, 1882 [?]
Régions : EGS, CLI
Étages/habitats : B
Réf. faunist. : 885, 886, 886a, 1661
Réf. taxon. : 431, 884b, 947

Remarque : deLaubenfels (1949, réf. 431, p. 39) croit que l'*Iophon chelifer* Ridley et Dendy, 1886 rapporté par Lambe (1896, réf. 885) est un *I. nigricans* (Bowerbank, 1863), tandis que Lévi (comm. pers.) suggère *I. piceus*. Tendal (comm. pers.) met toute cette synonymie en doute.

Isodictya deichmanni (de Laubenfels, 1949) [?]
Régions : IPE
Étages/habitats : I
Réf. faunist. : 266
Réf. taxon. : 618

Isodictya palmata (Ellis et Solander, 1786) [?]
Régions : TNO
Étages/habitats : ?
Réf. faunist. : 726, 885
Réf. taxon. : 431, 618, 885

Mycale lingua (Bowerbank, 1866)
Régions : EGS, IPE, CLH
Étages/habitats : I, C
Réf. faunist. : 266, 885, 1661
Réf. taxon. : 453, 592, 885, 947

Mycale ovulum (Schmidt, 1870)
Régions : IPE, TNO, EGN
Étages/habitats : I, C
Réf. faunist. : 266, 726, 885, 1661
Réf. taxon. : 453, 884c, 885, 947

Myxilla incrustans (Johnston, 1842)
Régions : EGS, IPE, TNO
Étages/habitats : I, C
Réf. faunist. : 266, 726, 885, 1661
Réf. taxon. : 592, 663, 885, 947

Phakellia sp.
Régions : G, S, EGN, EAM, EGS, EAV, IM, EM, TNO
Étages/habitats : I, C
Réf. faunist. : 242, 280, 332, 333, 431, 456, 518, 726, 885, 1661
Réf. taxon. : 16, 431, 518, 1062
Remarque : Selon Tendal (comm. pers., 1977), un réexamen des collections s'impose, car toutes les mentions de *Phakellia ventilabrum* (Johnston, 1842) pour l'Atlantique nord-américain appartiennent probablement à une autre espèce nordique.

Polymastia grimaldi (Topsent, 1913)
Régions : IPE, CLH, CLA, TNO
Étages/habitats : I, C, B
Réf. faunist. : 266, 431, 726, 885, 1661
Réf. taxon. : 431, 840, 885, 1551
Remarque : deLaubenfels (1949, réf. 431) a redécrit sous le nom de *P. andrica* n. sp. le « *Polymastia mamillaris* (Müller, 1806) » qu'avait décrit Lambe (1896, réf. 885), en utilisant ses spécimens bathyaux du golfe du St-Laurent. Mais Tendal (comm. pers., 1997) croit que cette espèce est identique au *P. grimaldi* de Topsent (1913, réf. 1551). Koltun (1966, réf. 840) relègue *P. grimaldi* au rang de sous-espèce de *P. mamillaris*.

Polymastia hispida (Bowerbank, 1864)
Régions : CLH, TNO
Étages/habitats : B
Réf. faunist. : 431, 726, 885, 1661
Réf. taxon. : 431, 679, 885

Polymastia mammillaris (O.F. Müller, 1806)
Régions : G, TNO, IPE
Étages/habitats : I, C
Réf. faunist. : 255, 266, 726, 885
Réf. taxon. : 559, 840, 895
Remarque: Ces mentions, parce qu'elles proviennent de profondeurs nettement plus faibles que celle de *P. grimaldi*, sont peut-être celles de cette espèce européenne distincte. Ces rapports manuscrits étant sujets à caution, les spécimens doivent être réexaminés.

Polymastia robusta Bowerbank, 1861
Régions : IPE, TNO
Étages/habitats : I, C
Réf. faunist. : 169, 266, 726, 885, 1661
Réf. taxon. : 170, 171, 225, 592, 840

Stylocordyla borealis (Lovén, 1868)
Régions : CLH
Étages/habitats : B
Réf. faunist. : 242, 885, 925, 1658, 1661
Réf. taxon. : 431, 840, 1062, 1359

Suberites ficus (Esper, 1794)
Régions : EGS
Étages/habitats : ?
Réf. faunist. : 431, 1467
Réf. taxon. : 34, 840, 884c, 885

Tentorium semisuberites Schmidt, 1870
Régions : G, EGS, EGN, EGS, MCN, TNO
Étages/habitats : C
Réf. faunist. : 726, 885, 1658, 1660, 1661
Réf. taxon. : 431, 592, 840, 885

Thenea muricata Bowerbank, 1858
Régions : CLH
Étages : B
Réf. faunist. : 885, 1659, 1661
Réf. taxon. : 431, 840, 885, 928, 1491

Trichostemma hemisphaericum M. Sars, 1872
Régions : IPE, CLH, CLA
Étages/habitats : I, C, B

Réf. faunist. : 266, 431, 885, 1658, 1661
Réf. taxon. : 840, 885, 1551

CNIDARIA (11-24B) :

11 : Hydroida

Références taxonomiques générales : 159, 270, 271, 272, 273, 353, 354, 530, 531, 535, 851, 1103, 1181, 1330

* Espèce recensée aussi sous sa forme méduse (taxon 12 : Hydromedusae)

Abietinaria abietina (Linné, 1758)
Régions : G, EGN, EGS, IM, IPE, MCN, CLH, TNO
Étages/habitats : I, C
Réf. faunist. : 32, 266, 529, 533, 535, 726, 925, 1159, 1161, 1467, 1468, 1657, 1660, 1661
Réf. taxon. : 225, 271, 530, 531, 534, 535, 663

Abietinaria filicula (Ellis and Solander, 1786)
Régions : G, EGN, BCN
Étages/habitats : ?
Réf. faunist. : 88, 535, 1657, 1660
Réf. taxon. : 530, 531, 534, 535, 663

Abietinaria thuiarioides (Clark, 1876)
Régions : IM, IPE
Étages/habitats : I, C
Réf. faunist. : 533, 535
Réf. taxon. : 534, 535

Abietinaria turgida (Clark, 1876)
Régions : EGN, EAV, EM
Étages/habitats : M, I
Réf. faunist. : 333, 701a
Réf. taxon. : 271, 534, 535

Acaulis primarius Stimpson, 1853
Régions : TNO
Étages/habitats : C
Réf. faunist. : 726
Réf. taxon. : 225, 273, 530, 531, 535, 1181

Bimeria cerulea (Clarke, 1882)
Régions : IPE
Étages/habitats : I
Réf. faunist. : 338, 532, 535
Réf. taxon. : 535

Bougainvillia carolinensis (McCrady, 1859)
Régions : IPE, MCN
Étages/habitats : M, I
Réf. faunist. : 529, 535, 1468, 1538
Réf. taxon. : 530, 531, 535

Bougainvillia sp.
Régions : EAM, EAV
Étages/habitats : ?
Réf. faunist. : 32
Réf. taxon. : 530, 531, 535

Calycella syringa (Linné, 1767)
Régions : EGN, EGS, EAV, BCN, IM, EM, IPE, HCN, CLI, MCN
Étages/habitats : I, C, B
Réf. faunist. : 32, 333, 338, 529, 533, 535, 1467, 1468, 1159, 1161
Réf. taxon. : 225, 271, 272, 273, 530, 531, 534, 535, 663, 1003a
Remarque : Packard (1867, réf. 1159) rapporte cette espèce ("dredged at a depth of 8 fathoms") sous le nom de la méduse *Oceania languida* A. Agass., et confirme qu'il avait bien dragué des polypes et non des méduses en citant comme synonyme l'Hydraire *Campanularia syringa* de Stimpson, maintenant désigné *Calycella syringa.* Calder (comm. pers.) confirme cette synonymie, mais soupçonne ce binôme de synonymie junior avec *Clytia hemisphaerica.*

Campanularia crenata Allman, 1876
Régions : EGS, MCN
Étages/habitats : ?
Réf. faunist. : 467, 529, 535, 1467, 1468
Réf. taxon. : 530, 531, 534, 535

Campanularia groenlandica Levinsen, 1893
Régions : IM, IPE, TNO
Étages/habitats : C
Réf. faunist. : 266, 533, 535, 726
Réf. taxon. : 271, 530, 531, 534, 535

Campanularia hincksi Alder, 1856
Régions : IPE
Étages/habitats : I, C
Réf. faunist. : 532, 535
Réf. taxon. : 530, 531, 534, 535, 663

Campanularia neglecta Alder, 1856
Régions : IM, IPE, MCN
Étages/habitats : I, C
Réf. faunist. : 529, 532, 533, 535, 1468
Réf. taxon. : 530, 531, 535

Campanularia volubilis (Linné, 1758)
Régions : G, EGS, IM, IPE, MCN
Étages/habitats : I, C, B
Réf. faunist. : 529, 532, 533, 535, 1467, 1468, 1657, 1661
Réf. taxon. : 271, 530, 531, 534, 535, 663, 1041
Remarque : Synonyme de *Calycella syringa* selon Bouillon (comm. pers.), qui place toutefois le *C. volubilis* Hincks et autres auteurs en synonymie de *Clytia hemisphaerica.*

Candelabrum phrygium (Fabricius, 1780)
Régions : EM
Étages/habitats : I
Réf. faunist. : 902
Réf. taxon. : 272, 530, 531, 535, 663, 902, 1103, 1181

Clava multicornis (Forsskål, 1775)
Régions : IM, EM, MCN, BCN, TNO
Étages/habitats : M, I, C
Réf. faunist. : 337, 529, 532, 533, 535, 726, 1158, 1159, 1161, 1468, 1661
Réf. taxon. : 530, 531, 534, 535, 663

Clytia edwardsi (Nutting, 1901)
Régions : IPE
Étages/habitats : I
Réf. faunist. : 532, 535
Réf. taxon. : 530, 531, 534, 535

Clytia hemisphaerica (Linné, 1767)
Régions : EGS, IPE, HCN, MCN, BCN, TNO
Étages/habitats : M, I, C, B
Réf. faunist. : 32, 529, 532, 535, 726, 1159, 1161, 1658, 1661
Réf. taxon. : 273, 530, 531, 534, 535, 663

Clytia sp.
Régions : EAM
Étages/habitats : I
Réf. faunist. : 523
Réf. taxon. : 530, 531, 534, 535, 663

Cordylophora caspia (Pallas, 1771)
Régions : EGS, IPE, MCN, TNO
Étages/habitats : I
Réf. faunist. : 529, 535, 726, 1468, 1538
Réf. taxon. : 530, 531, 535, 663

Corymorpha pendula L. Agassiz, 1862
Régions : G, EAM, EGS, EAV, EM, IM, IPE
Étages/habitats : I, C
Réf. faunist. : 242, 337, 529, 533, 535, 1661
Réf. taxon. : 225, 273, 518, 530, 531, 535, 1181

Coryne hincksi Bonnevie, 1898
Régions : BCN
Étages/habitats : C
Réf. faunist. : 272
Réf. taxon. : 272

Coryne pusilla Gaertner, 1774
Régions : G, EAV
Étages/habitats : M, I
Réf. faunist. : 333
Réf. taxon. : 272, 663, 1181
Remarque : Whiteaves (1873 et 1875, réf. 1657 et 1660) rapporte ce nom, exclu plus tard (1901, réf. 1661) de son catalogue.

Cuspidella costata Hincks, 1868
Régions : EGS
Étages/habitats : ?
Réf. faunist. : 529, 535, 1467, 1468
Réf. taxon. : 225, 530, 531, 535
Remarque : Peut-être synonyme de *Laodicea undulata* (Forbes et Goodsir, 1851), selon Bouillon (comm. pers.).

* *Cosmetira pilosella* Forbes, 1848 [?]
Régions : EGS
Étages/habitats : C
Réf. faunist. : 529, 535, 1661
Réf. taxon. : 225, 530, 531, 534, 535, 1330

Dicoryne conferta (Alder, 1856)
Régions : IPE
Étages/habitats : I
Réf. faunist. : 532, 535
Réf. taxon. : 530, 531, 535, 663

Diphasia fallax (Johnston, 1847)
Régions : IPE, TNO
Étages/habitats : I
Réf. faunist. : 266, 726
Réf. taxon. : 225, 530, 531, 535, 663

Diphasia kincaidi Nutting, 1901
Régions : EGS, IPE
Étages/habitats : I
Réf. faunist. : 532, 535
Réf. taxon. : 534, 535

Diphasia pulchra Nutting, 1904
Régions : EGN, EM, IPE
Étages/habitats : M, I, C
Réf. faunist. : 333, 532, 535
Réf. taxon. : 271, 534, 535

Diphasia rosacea (Linné, 1758)
Régions : G, MCN, BCN
Étages/habitats : I, C
Réf. faunist. : 529, 535, 1158, 1159, 1161, 1661
Réf. taxon. : 225, 530, 531, 535, 663

Diphasia sp.
Régions : EGS
Étages/habitats : C
Réf. faunist. : 242
Réf. taxon. : 530, 531, 534, 535

Dynamena pumila (Linné, 1758)
Régions : G, IM, EGS, EM, IPE, MCN, BCN, TNO
Étages/habitats : M, I
Réf. faunist. : 164, 167, 333, 337, 529, 533, 535, 726, 1158, 1159, 1161, 1247, 1468, 1660, 1661
Réf. taxon. : 225, 271, 273, 530, 531, 534, 535

Ectopleura crocea (L. Agassiz, 1862)
Régions : G, IPE
Étages/habitats : I
Réf. faunist. : 518, 532, 535, 1658
Réf. taxon. : 518, 1181
Remarque : Selon Petersen (1990, réf. 1181), la confusion avec *E. larynx* rend toutes ces mentions suspectes.

Ectopleura larynx (Ellis et Solander, 1786)
Régions : EGN, EGS, EM, IPE, HCN, MCN, BCN, TNO
Étages/habitats : I, C
Réf. faunist. : 32, 242, 412, 413, 523, 524, 529, 532, 535, 726, 1538, 1657, 1661
Réf. taxon. : 273, 1103, 1181
Remarque : Selon Petersen (1990, réf. 1180), la confusion avec *E. crocea* rend toutes ces mentions suspectes.

Eudendrium album Nutting, 1898
Régions : G, IM, IPE
Étages/habitats : I, C
Réf. faunist. : 532, 533, 535
Réf. taxon. : 530, 531, 535, 663

Eudendrium annulatum Norman, 1864
Régions : EGN, EGS, TNO
Étages/habitats : M, I
Réf. faunist. : 242, 333, 535, 726
Réf. taxon. : 530, 531, 535

Eudendrium capillare Alder, 1856
Régions : TNO
Étages/habitats : I
Réf. faunist. : 726
Réf. taxon. : 225, 272, 530, 531, 534, 535, 663

Eudendrium dispar L. Agassiz, 1862
Régions : MCN
Étages/habitats : I, C
Réf. faunist. : 535, 1467, 1468
Réf. taxon. : 530, 531, 535

Eudendrium rameum (Pallas, 1766)
Régions : S, TNO
Étages/habitats : I, C
Réf. faunist. : 242, 456, 726
Réf. taxon. : 225, 272, 530, 531, 534, 535, 663

Eudendrium ramosum (Linné, 1758)
Régions : S, EGS, EAV, EM, IPE, MCN
Étages/habitats : I, C, B
Réf. faunist. : 242, 413, 456, 529, 535, 1467, 1468, 1538, 1658, 1661
Réf. taxon. : 225, 530, 531, 534, 535, 663

Filellum serpens (Hassall, 1848)
Régions : IM, IPE
Étages/habitats : I, C
Réf. faunist. : 532, 533, 535
Réf. taxon. : 271, 353, 530, 531, 534, 535, 663

Garveia brevis (Fraser, 1918)
Régions : IM, TNO
Étages/habitats : (M), I, C
Réf. faunist. : 533, 726
Réf. taxon. : 530, 531

Gonothyraea loveni (Allman, 1859)
Régions : EGS, IM, EM, IPE, MCN
Étages/habitats : I, C
Réf. faunist. : 529, 532, 533, 535, 1247, 1467, 1468, 1538
Réf. taxon. : 271, 273, 530, 531, 535, 663

Gonothyraea sp.
Régions : IPE
Étages/habitats : ?
Réf. faunist. : 1468
Réf. taxon. : 531, 535

Grammaria abietina (M. Sars, 1851)
Régions : EGS, IM, IPE, HCN, MCN, BCN, TNO
Étages/habitats : I, C
Réf. faunist. : 529, 532, 533, 535, 726, 1306, 1467, 1468, 1657, 1660, 1661
Réf. taxon. : 271, 353, 530, 531, 534, 535, 663

Grammaria gracilis Stimpson, 1854
Régions : IPE
Étages/habitats : I, C
Réf. faunist. : 532, 535
Réf. taxon. : 530, 531, 535

Grammaria immersa immersa Nutting, 1901
Régions : TNO
Étages/habitats : I ?
Réf. faunist. : 726
Réf. taxon. : 271, 1103

Halecium articulosum Clark, 1875
Régions : IM
Étages/habitats : I, C
Réf. faunist. : 533, 535
Réf. taxon. : 530, 531, 534, 535

Halecium beanii (Johnston, 1838)
Régions : IM, MCN
Étages/habitats : C
Réf. faunist. : 529, 533, 535, 1468
Réf. taxon. : 223, 225, 271, 353, 530, 531, 534, 535, 663
Remarque : Confusion possible avec *H. scutum.*

Halecium curvicaule Lorenz, 1886
Régions : IM
Étages/habitats : C
Réf. faunist. : 533, 535
Réf. taxon. : 271, 530, 531, 535

Halecium halecinum (Linné, 1758)
Régions : G, EGS, IM, IPE, MCN, BCN, TNO
Étages/habitats : I, C
Réf. faunist. : 529, 532, 533, 535, 726, 1159, 1161, 1468, 1657, 1661
Réf. taxon. : 223, 225, 270, 353, 530, 531, 534, 535, 663, 1041

Halecium labrosum Alder, 1859
Régions : IM
Étages/habitats : C
Réf. faunist. : 533, 535
Réf. taxon. : 271, 353, 534, 535, 663

Halecium minutum Broch, 1903
Régions : S, EAV, TNO
Étages/habitats : I, C, B
Réf. faunist. : 242, 333, 456, 529, 535
Réf. taxon. : 271, 530, 531, 535

Halecium muricatum (Ellis and Solander, 1786)
Régions : G, EGS, EAV, EM, IPE, BCN
Étages/habitats : M, I, C
Réf. faunist. : 242, 333, 529, 532, 535, 1158, 1159, 1161, 1468, 1657, 1661
Réf. taxon. : 223, 271, 273, 353, 530, 531, 534, 535, 663

Halecium scutum Clark, 1876
Régions : EGN, EM
Étages/habitats : M, I
Réf. faunist. : 333
Réf. taxon. : 223, 271, 534
Remarque : Mention nouvelle pour l'Atlantique canadien ... à confirmer

Halecium sessile Norman, 1866
Régions : G, AS
Étages/habitats : C, B
Réf. faunist. : 529, 535, 1661
Réf. taxon. : 353, 530, 531, 535, 663

Halecium tenellum Hincks, 1861
Régions : S, EGS, IPE, MCN, TNO
Étages/habitats : I, C
Réf. faunist. : 242, 456, 529, 532, 535, 1467, 1468
Réf. taxon. : 223, 353, 530, 531, 534, 535, 663

Halecium sp.
Régions : HCN
Étages/habitats : ?
Réf. faunist. : 32
Réf. taxon. : 271, 530

Hartlaubella gelatinosa (Pallas, 1766)
Régions : EGN, IM, EM, IPE, BCN
Étages/habitats : I, C
Réf. faunist. : 333, 413, 529, 532, 533, 535, 1661
Réf. taxon. : 530, 531, 534, 535, 663

Hydractinia carica Bergh, 1887
Régions : IM
Étages/habitats : I
Réf. faunist. : 533, 535
Réf. taxon. : 272, 535, 1103

Hydractinia carnea (M. Sars, 1846) [?]
Régions : TNO
Étages/habitats : M, I, C
Réf. faunist. : 726
Réf. taxon. : 225, 1103, 1276

Hydractinia monocarpa Allman, 1874
Régions : BCN
Étages/habitats : C
Réf. faunist. : 272
Réf. taxon. : 272, 1103

Hydractinia polyclina (Agassiz, 1862)
Régions : G, EGS, IM, EM, IPE, MCN, BCN, AN, TNO
Étages/habitats : (M), I, (C)
Réf. faunist. : 338, 370, 529, 532, 533, 535, 726, 1158, 1159, 1161, 1250, 1467, 1468, 1658, 1661
Réf. taxon. : 225, 260, 273, 370, 530, 531, 535, 663, 1103

Hydractinia sp.
Régions : EGS, EM, BCN
Étages/habitats : I, C, B
Réf. faunist. : 242, 337
Réf. taxon. : 225, 530, 531, 534, 535

Hydrallmania falcata (Linné, 1758)
Régions : G, EGN, EGS, IM, EM, IPE, MCN, AN, TNO
Étages/habitats : M, I, C
Réf. faunist. : 32, 266, 337, 412, 413, 529, 532, 533, 535, 726, 738, 739, 1158, 1159, 1161, 1247, 1466, 1467, 1468, 1658, 1660, 1661
Réf. taxon. : 225, 273, 530, 531, 535, 663

Keratosum maximum (Levinsen, 1893)
Régions : IM, IPE
Étages/habitats : I, C
Réf. faunist. : 532, 533, 535
Réf. taxon. : 535

Lafoea dumosa (Fleming, 1828)
Régions : G, EGN, EGS, IM, IPE, MCN, CLH, TNO
Étages/habitats : M, I, C, B
Réf. faunist. : 242, 266, 333, 529, 533, 535, 726, 1467, 1468, 1657, 1658, 1660, 1661
Réf. taxon. : 353, 530, 531, 534, 535, 663

Lafoea fruticosa M. Sars, 1851
Régions : S, EGS, IM, IPE, MCN, TNO
Étages/habitats : I, C

Réf. faunist. : 242, 266, 456, 529, 532, 533, 535, 726, 1467, 1468, 1657, 1660
Réf. taxon. : 530, 531, 534, 535
Remarque : Bouillon (comm. pers.) ramène cette espèce à *Lafoea dumosa.*

Lafoea symmetrica Bonnevie, 1899
Régions : S
Étages/habitats : I, C
Réf. faunist. : 242, 456
Réf. taxon. : 530, 531, 535
Remarque : Bouillon (comm. pers.) ramène cette espèce à *Lafoea fructicosa.*

Laomedea amphora L. Agassiz, 1862 [??]
Régions : EGS
Étages/habitats : ?
Réf. faunist. : 242
Réf. taxon. : 530, 531, 535

Laomedea flexuosa Alder, 1857
Régions : G, EGN, EGS, EAV, EM, MCN
Étages/habitats : M, I
Réf. faunist. : 333, 529, 535, 1467, 1468, 1661
Réf. taxon. : 530, 531, 535, 663, 1041

Laomedea sp.
Régions : EM
Étages/habitats : I
Réf. faunist. : 32
Réf. taxon. : 530, 531, 535

* *Leuckartiara octona* (Fleming, 1823)
Régions : IPE
Étages/habitats : I
Réf. faunist. : 532, 535
Réf. taxon. : 225, 535, 1331, 1548

Lytocarpia myriophyllum (Linné, 1758)
Régions : EGS, MCN
Étages/habitats : C
Réf. faunist. : 529, 535, 1661
Réf. taxon. : 270, 530, 531, 535, 663

Monobrachium parasitum Mereschkowsky, 1877
Régions : EGS, IM
Étages/habitats : C
Réf. faunist. : 242, 529, 533, 535, 1467, 1468
Réf. taxon. : 530, 531, 534, 535

Obelia dichotoma (Linné, 1758)
Régions : EGN, EAM, EGS, EAV, IM, EM, IPE, HCN, MCN
Étages/habitats : M, I
Réf. faunist. : 32, 176, 242, 413, 529, 533, 535, 1247, 1467, 1468, 1538, 1661
Réf. taxon. : 273, 353a, 530, 531, 534, 535, 663
Remarque : Voir *Obelia longissima.*

Obelia geniculata (Linné, 1758)
Régions : G, EGN, EGS, IM, EM, IPE, HCN, MCN, BCN, AS, TNO
Étages/habitats : M, I, C
Réf. faunist. : 32, 413, 523, 524, 529, 532, 533, 535, 726, 1247, 1467, 1468, 1658, 1661
Réf. taxon. : 271, 273, 353a, 530, 531, 534, 535, 663

Obelia longissima (Pallas, 1766)
Régions : EGN, EAM, EGS, EAV, IM, EM, IPE, HCN, MCN, BCN, AS, TNO
Étages/habitats : M, I, C
Réf. faunist. : 32, 33, 164, 167, 210a, 271, 333, 338, 523, 524, 529, 532, 533, 535, 701a, 726, 1247, 1468, 1538
Réf. taxon. : 271, 273, 530, 534, 535, 663, 1548
Remarque : *O. flabellata* (Hincks), synonyme junior d'*O. longissima* selon Calder (comm. pers.), mais serait valide selon Bouillon (comm. pers.); *O. articulata* A. Agassiz, 1865 serait synonyme d'*O. longissima* selon Calder (comm. pers.) mais d'*O. dichotoma* selon Bouillon (comm. pers.).

* *Obelia* sp.
Régions : BCN, CLE, CLI, EGS, IPE, TNO
Étages/habitats : eps
Réf. faunist. : 312a, 867, 872, 1210, 1211
Réf. taxon. : 1330, 1334, 1405, 1548

Opercularella lacerata (Johnston, 1847)
Régions : EGN, EAM, EGS, EAV, IPE, HCN, MCN
Étages/habitats : I
Réf. faunist. : 32, 532, 535
Réf. taxon. : 271, 530, 531, 535, 534, 663

Opercularella pumila Clark, 1875
Régions : EGN
Étages/habitats : I
Réf. faunist. : 333
Réf. taxon. : 530, 531, 535

Orthopyxis integra (Macgillivray, 1842)
Régions : EGN, EAM, EAV, IM, EM, MCN, BCN, TNO
Étages/habitats : M, I, C
Réf. faunist. : 32, 333, 524, 529, 533, 535, 726, 1467, 1468, 1661
Réf. taxon. : 530, 531, 534, 535, 663

Rhizocaulus verticillatus (Linné, 1758)
Régions : G, EGN, EGS, IM, EM, IPE, MCN, BCN
Étages/habitats : M, I, C

Réf. faunist. : 32, 333, 337, 529, 532, 533, 535, 726, 1158, 1159, 1161, 1306, 1467, 1468, 1657, 1660, 1661
Réf. taxon. : 530, 531, 534, 535, 663

Rhizorhagium roseum M. Sars, 1874
Régions : TNO
Étages/habitats : C
Réf. faunist. : 529, 535
Réf. taxon. : 270, 531, 535, 1103

Salacia articulata (Pallas, 1766)
Régions : G, EGN, IM, IPE, TNO
Étages/habitats : I, C
Réf. faunist. : 333, 529, 532, 533, 535, 726, 1657, 1660, 1661
Réf. taxon. : 271, 354, 530, 531, 534, 535

Salacia carica (Levinsen, 1893)
Régions : EM, IPE
Étages/habitats : I, C
Réf. faunist. : 333, 532, 535
Réf. taxon. : 271, 534, 535

Salacia laxa (Allman, 1874)
Régions : IM, IPE, MCN
Étages/habitats : I, C
Réf. faunist. : 529, 532, 533, 535, 1468
Réf. taxon. : 271, 530, 531, 535

* *Sarsia tubulosa* (M. Sars, 1835)
Régions : IM, IPE, MCN, BCN
Étages/habitats : I, C
Réf. faunist. : 529, 532, 533, 535, 726, 1159, 1161, 1468, 1661
Réf. taxon. : 272, 273, 530, 531, 534, 535, 663, 1181, 1328

Selaginopsis alternitheca (Levinsen, 1893)
Régions : IM
Étages/habitats : C
Réf. faunist. : 533, 535
Réf. taxon. : 271, 534, 535

Selaginopsis mirabilis (Verrill, 1872)
Régions : G, EGN, EGS, IM, IPE, MCN, TNO
Étages/habitats : I, C
Réf. faunist. : 266, 271, 333, 337, 529, 532, 533, 535, 726, 1467, 1468
Réf. taxon. : 530, 531, 534, 535

Sertularella gaudichaudi (Lamouroux, 1824)
Régions : IPE, CLH
Étages/habitats : B
Réf. faunist. : 266, 529, 535, 1661
Réf. taxon. : 530, 531, 534, 535, 663

Sertularella geniculata Hincks, 1874
Régions : BCN
Étages/habitats : ?
Réf. faunist. : 1468
Réf. taxon. : 270, 535

Sertularella polyzonias (Linné, 1758)
Régions : EGN, EGS, IM, EM, IPE, MCN, BCN, TNO
Étages/habitats : M, I, C
Réf. faunist. : 88, 242, 333, 529, 532, 533, 535, 726, 1158, 1159, 1161, 1247, 1306, 1467, 1468, 1657, 1661
Réf. taxon. : 271, 273, 530, 531, 534, 535, 663

Sertularella rugosa (Linné, 1758)
Régions : G, EGN, IM, MCN
Étages/habitats : M, I, C
Réf. faunist. : 333, 529, 533, 535, 1468, 1657, 1660, 1661
Réf. taxon. : 225, 530, 531, 534, 535, 663

Sertularella tenella (Alder, 1857)
Régions : IM
Étages/habitats : C
Réf. faunist. : 533, 535
Réf. taxon. : 271, 534, 535, 663

Sertularia argentea (Linné, 1758)
Régions : EGN, EGS, IM, IPE, MCN, BCN, TNO
Étages/habitats : I, C
Réf. faunist. : 88, 412, 413, 529, 532, 533, 535, 1158, 1159, 1161, 1467, 1468, 1657, 1659, 1660, 1661
Réf. taxon. : 273, 354, 530, 531, 535
Remarque : Calder (comm. pers.) maintient l'identité de cette espèce, que Cairns *et al.* (1991, réf. 270) et Bouillon (comm. pers.) traitent comme synonyme de *S. cupressina.*

Sertularia cupressina (Linné, 1758)
Régions : EGN, EGS, IM, IPE, MCN, BCN, TNO
Étages/habitats : I, C
Réf. faunist. : 32, 88, 266, 337, 412, 413, 529, 532, 533, 535, 726, 1158a, 1159, 1160, 1161, 1467, 1468, 1657, 1658, 1659, 1661
Réf. taxon. : 223, 225, 271, 273, 530, 531, 535, 663

Sertularia fabricii Levinsen, 1893
Régions : EGS, IM, IPE, MCN
Étages/habitats : I, C
Réf. faunist. : 529, 532, 533, 535, 902, 1467, 1468
Réf. taxon. : 223, 271, 530, 531, 534, 535, 902
Remarque : Synonyme de *S. robusta* selon Bouillon (comm. pers.).

Sertularia latiuscula Stimpson, 1854
Régions : EGN, EGS, EM, IPE, MCN
Étages/habitats : I, C

Réf. faunist. : 242, 333, 338, 413, 529, 535, 1467, 1468
Réf. taxon. : 273, 530, 531, 535

Sertularia robusta (Clark, 1876)
Régions : EGS, MCN
Étages/habitats : C ?
Réf. faunist. : 529, 535, 1467, 1468
Réf. taxon. : 271, 530, 531, 534, 535
Remarque : Cairns et al. (1991, réf. 270) ne recensent pas cette espèce pour l'Amérique du Nord.

Sertularia schmidti Kudelin, 1914
Régions : G
Étages/habitats : C
Réf. faunist. : 271
Réf. taxon. : 271, 1103

Sertularia similis Clark, 1876
Régions : EGS, IM, IPE, MCN
Étages/habitats : I, C
Réf. faunist. : 529, 532, 533, 535, 1467, 1468
Réf. taxon. : 271, 530, 531, 534, 535

Sertularia tenera G.O. Sars, 1874
Régions : EGS, MCN, TNO
Étages/habitats : C ?
Réf. faunist. : 529, 535, 726, 1467, 1468
Réf. taxon. : 223, 271, 530, 531, 534, 535

Stegopoma plicatile (M. Sars, 1863)
Régions : S, CLH, TNO
Étages/habitats : C, B
Réf. faunist. : 242, 271, 456, 529, 535, 925
Réf. taxon. : 530, 531, 534, 535

Symplectoscyphus tricuspidatus (Alder, 1856)
Régions : EGN, EGS, IM, EM, IPE, MCN, BCN
Étages/habitats : I, C
Réf. faunist. : 333, 337, 529, 530, 532, 533, 535, 1158, 1159, 1161, 1247, 1467, 1658, 1660, 1661
Réf. taxon. : 44, 270, 271, 273, 530, 531, 534, 535

Tetrapoma quadridentatum (Hincks, 1874)
Régions : EGS
Étages/habitats : ?
Réf. faunist. : 271, 529, 535, 1467
Réf. taxon. : 271, 530, 531

Thuiaria thuja (Linné, 1758)
Régions : EGN, EM, MCN, CLH, BCN, TNO
Étages/habitats : I, C
Réf. faunist. : 337, 529, 535, 726, 925, 1158, 1159, 1161, 1306, 1468, 1657, 1660, 1661
Réf. taxon. : 271, 530, 531, 534, 535, 663

Tubularia indivisa Linné, 1758
Régions : G, EGS, IM, IPE, TNO
Étages/habitats : I, C
Réf. faunist. : 532, 533, 535, 726, 1657, 1660
Réf. taxon. : 225, 530, 534, 535, 663, 1181

Tubularia regalis Boeck, 1860
Régions : EM
Étages/habitats : C
Réf. faunist. : 337, 902
Réf. taxon. : 272, 1181
Remarque : La photo identifiée *Hybocodon pendula* dans Fontaine et La Salle (1991, réf. 518) est probablement celle de *Tubularia regalis*.

Zanclea costata Gegenbaur, 1856
Régions : TNO
Étages/habitats : I
Réf. faunist. : 726
Réf. taxon. : 535, 1103, 1181, 1330

12 : Hydromedusae

Références taxonomiques générales : 31a, 159, 160, 270, 354, 850, 851, 1003a, 1181, 1337, 1405, 1408a

* Espèce recensée aussi sous sa forme polype (taxon 11. Hydroida)

Aequorea sp.
Régions : G
Étages/habitats : p
Réf. faunist. : 1405
Réf. taxon. : 31a, 354, 850, 851, 1330, 1335, 1335a, 1405
Remarque : *Aequorea vitrina* Gosse, espèce européenne (Russell, 1970b, réf. 1335a; Cornelius *et al.* réf. 354), rapportée sans source par Shih (1977, réf. 1405), n'apparaît pas dans le répertoire de Cairns *et al.* (réf. 270). Elle a probablement été placée en synonymie récemment.

Bougainvillia superciliaris (L. Agassiz, 1849)
Régions : TNO
Étages/habitats : éps
Réf. faunist. : 312a, 726, 1211, 1407
Réf. taxon. : 31a, 850, 851, 1329, 1330, 1405

* *Cosmetira pilosella* Forbes, 1848 [?]
Régions : IM
Étages/habitats : éps ?
Réf. faunist. : 5b, 1407
Réf. taxon. : 354, 850, 851, 1330, 1333, 1405
Remarque : Selon Kramp (1959, réf. 850; 1961, réf. 851), il n'y aurait dans l'Atlantique nord qu'une seule espèce de ce genre, fréquent au nord-est mais rapporté une seule fois

(*Cosmetira* sp.) au nord-ouest (aux îles de la Madeleine) par Agassiz (1865; réf. 5b); cette vieille mention requiert confirmation.

Euphysa aurata Forbes, 1848
Régions : EGS, IPE
Étages/habitats : éps
Réf. faunist. : 312a, 867, 870, 872, 879, 1407
Réf. taxon. : 848, 850, 851, 1181, 1327, 1330, 1405

Euphysa tentaculata Linko, 1905
Régions : EGS, CLS
Étages/habitats : éps
Réf. faunist. : 869, 870, 872, 1407
Réf. taxon. : 31a, 848, 850, 851, 1327, 1330, 1405

Hybocodon pendulus (L. Agassiz, 1862)
Régions : EM ?
Étages/habitats : p
Réf. faunist. : 1003a, 1407
Réf. taxon. : 850, 851, 1405

* *Leuckartiara octona* (Fleming, 1823)
Régions : EM, EGS
Étages/habitats : éps
Réf. faunist. : 870, 872, 902, 1407
Réf. taxon. : 225, 848, 850, 851, 1330, 1331, 1405, 1548

Nemopsis bachei L. Agassiz, 1849
Régions : IPE
Étages/habitats : éps
Réf. faunist. : 312, 312a
Réf. taxon. : 225, 354, 850, 851, 1329, 1405

Obelia sp.
Régions : G, EM, IPE
Étages/habitats : M
Réf. faunist. : 337, 1405, 1538
Réf. taxon. : 31a, 1334, 1405, 1548

Plotocnide borealis Wagner, 1885
Régions : TNO
Étages/habitats : ép
Réf. faunist. : , 1405
Réf. taxon. : 31a, 850, 851, 1103, 1181, 1405, 1408a
Remarque : Échantillon dans collection du Musée canadien de la Nature, Aylmer, QC (J.-M. Gagnon, comm. pers.)

Ptychogena lactea A. Agassiz, 1865
Régions : EM, EAV
Étages/habitats : (éps), épg
Réf. faunist. : 337, 902, 1250, 1407
Réf. taxon. : 31a, 518, 847, 850, 851, 1332, 1003a, 1405
Remarque : La photo en couleurs de cette espèce publiée par Fontaine et La Salle (1992, réf. 518) reproduit malheureusement l'identification erronnée ("*Staurophora mertensi*") de l'un de nous (P.B.).

Rathkea octopunctata (M. Sars, 1835)
Régions : EGS, IPE, MCN, BCN, TNO
Étages/habitats : éps (épg)
Réf. faunist. : 312, 312a, 869, 870, 872, 1210, 1407
Réf. taxon. : 31a, 850, 851, 1329, 1330, 1405

Sarsia princeps (Haeckel, 1879)
Régions : EGS
Étages/habitats : éps, épg
Réf. faunist. : 867, 872, 1407
Réf. taxon. : 31a, 848, 850, 851, 1181, 1328, 1405

Sarsia sp.
Régions : TNO
Étages/habitats : éps ?
Réf. faunist. : 726
Réf. taxon. : 850, 851, 1405

* *Sarsia tubulosa* (M. Sars, 1835)
Régions : G, EGS, IPE
Étages/habitats : éps
Réf. faunist. : 312a, 869, 870, 872, 1407
Réf. taxon. : 31a, 663, 848, 850, 851, 1328, 1330, 1405, 1548

Staurophora mertensi Brandt, 1838
Régions : EGS, EM, IPE
Étages/habitats : éps, épg ?
Réf. faunist. : 236, 312a, 869, 872, 1407
Réf. taxon. : 31a, 847, 902, 1003a, 1330, 1332, 1405

Tiaropsis multicirrata (M. Sars, 1835)
Régions : EGS, BCN, TNO
Étages/habitats : éps
Réf. faunist. : 726, 870, 872, 1210, 1407
Réf. taxon. : 31a, 847, 850, 851, 1330, 1405

Tima formosa L. Agassiz, 1862
Régions : IPE
Étages/habitats : éps
Réf. faunist. : 1405
Réf. taxon. : 850, 851, 1405
Remarque : Spécimen dans collection du Musée Canadien de la Nature (J.-M. Gagnon, comm. pers.)

15 : Trachylina

Références taxonomiques générales : 270, 850, 851, 1003a, 1405, 1408a

Aeginopsis laurentii Brandt, 1838
Régions : EGS, TNO, IPE
Étages/habitats : éps, épg?

Réf. faunist. : 726, 867, 872, 1407
Réf. taxon. : 850, 851, 1341, 1405, 1408a

Aglantha digitalis (O. F. Müller, 1776)
Régions : EGN, EGS, EM, IPE, CLS, CLH, BCN, CLE, TNO, TNS
Étages/habitats : éps, épg
Réf. faunist. : 238, 312, 312a, 337, 461, 726, 867, 870, 872, 875, 879, 902, 1210, 1211, 1250, 1407, 1473a
Réf. taxon. : 31a, 850, 851, 1330, 1340, 1405, 1408a, 1548

Ptychogastria polaris Allman, 1878
Régions : TNO
Étages/habitats : C /s
Réf. faunist. : 726
Réf. taxon. : 849, 850, 851, 1339, 1405

Solmissus incisus (Fewkes, 1886)
Régions : EAV, EM
Étages/habitats : (éps) épg
Réf. faunist. : 337, 902
Réf. taxon. : 31a, 518, 850, 851, 1330, 1341
Remarque : Espèce normalement mésopélagique affleurant apparemment en surface localement; photo-couverture de réf. 518 malheureusement non identifiée.

16 : Siphonophora

Références taxonomiques générales : 270, 827, 929b, 1405, 1552

Dimophyes arctica (Chun, 1987)
Régions : EM
Étages/habitats : (éps), épg, mp
Réf. faunist. : 737, 902
Réf. taxon. : 559, 827, 1405, 1522, 1553
Remarque : Une seule observation (éps) en plongée (réf. 902), et nombreux spécimens dans prélèvements suprabenthiques à 120–340 m de profondeur (réf. 737).

Nanomia cara A. Agassiz, 1865
Régions : EGS, EM, CLS, CLH, IPE
Étages/habitats : éps, épg
Réf. faunist. : 312a, 461, 867, 872, 1407
Réf. taxon. : 827, 1405, 1552, 1553

Physophora hydrostatica Forskal, 1775
Régions : EGS, IPE
Étages/habitats :
Réf. faunist. : 236, 312a, 1407
Réf. taxon. : 827, 1405, 1552, 1553
Remarque : Toutes les mentions de *Physophora* sp. pour l'Atlantique nord s'appliquent à *P. hydrostatica,* seule espèce du genre pour l'Atlantique nord (Totton, 1965, réf. 1552).

17 : Scyphozoa (libres)

Références taxonomiques générales : 270, 851, 901, 1003a, 1335a, 1405

Aurelia aurita (Linné, 1758)
Régions : EGS, IPE, MCN, BCN, AN, TNO
Étages/habitats : éps
Réf. faunist. : 5b, 50, 236, 312a, 337, 412, 726, 872, 902, 1158, 1159, 1161, 1405, 1407, 1466, 1467
Réf. taxon. : 901, 1041, 1335a, 1338, 1405

Aurelia limbata (Brandt, 1838)
Régions : G, MCN
Étages/habitats : éps
Réf. faunist. : 902, 1405, 1407
Réf. taxon. : 848a, 902, 1405
Remarque : Shih (1971, réf. 1407) range toutes les anciennes mentions d'*Aurelia flavidula* Péron et LeSueur, 1809 (réf. 412, 1158, 1159, 1161, 1466, 1467, 1661) pour les côtes canadiennes de l'Atlantique (régions EGS, IPE, BCN) dans la synonymie d'*A. limbata*; mais Kramp (1961, réf. 851), après avoir comparé de nombreux spécimens d'*A. limbata* et d'*A. aurita* (Kramp, 1942, réf. 848a), place ces anciennes "*flavidula*" sous *aurita*, sauf celles du Groenland occidental (où *limbata* domine), mais il ignore toutes les mentions du Golfe. Cette confusion entre *A. limbata*, espèce nordique, et *A. aurita*, plus boréale, ne pourra donc être dissipée qu'en examinant de nombreux spécimens du Golfe.

Cyanea capillata (Linné, 1758)
Régions : EGS, EM, IM, IPE, BCN, AN, CLS, TNO
Étages/habitats : éps
Réf. faunist. : 5b, 50, 266, 312, 312a, 337, 412, 518, 726, 872, 1158, 1159, 1161, 1407, 1466, 1467, 1661
Réf. taxon. : 518, 901, Russel, 1970b, 1338, 1405

Periphylla periphylla (Péron and Lesueur, 1809)
Régions : EGS, IPE, EM, BCN, IPE
Étages/habitats : éps, épg, mp?
Réf. faunist. : 236, 312a, 337, 557a, 1407
Réf. taxon. : 901, 1335a, 1336, 1405

Phacellophora camtschatica Brandt, 1835
Régions : EM
Étages/habitats : éps
Réf. faunist. : 902
Réf. taxon. : 901, 902, 1405
Remarque : Espèce d'eaux glaciales affleurant probablement en surface localement.

18 : Stauromedusae

Références taxonomiques générales : 270, 851, 901, 1003a

Craterolophus convolvulus (Johnston, 1835)
Régions : G, EAV
Étages/habitats : M, I
Réf. faunist. : 333, 518
Réf. taxon. : 518, 663, 851, 901, 1003a

Haliclystus octoradiatus (Lamarck, 1816)
Régions : G, EGS, EAV, EM, IPE, AS, TNO
Étages/habitats : (M), I
Réf. faunist. : 242, 333, 337, 726, 1158, 1159, 1247, 1407, 1468, 1661
Réf. taxon. : 663, 851, 901, 1062

Haliclystus salpinx Clark, 1863
Régions : G, TNO
Étages/habitats : I
Réf. faunist. : 726, 1407
Réf. taxon. : 112, 663, 851, 901, 1003a

Lucernaria quadricornis O.F. Müller, 1776
Régions : EGS, MCN, CLH, BCN, TNO
Étages/habitats : I, B
Réf. faunist. : 242, 337, 518, 701, 726, 1159, 1161, 1468, 1661
Réf. taxon. : 112, 518, 663, 851, 901, 1003a, 1062

Manania atlantica (Berrill, 1962)
Régions : G, EGS, TNO
Étages/habitats : I
Réf. faunist. : 242, 518, 726
Réf. taxon. : 112, 518, 851, 901

19A : Alcyonacea

Références taxonomiques générales : 83a, 270, 423, 980, 1062, 1570, 1595, 1596

Duva florida (Rathke, 1806) [?]
Régions : S, IPE
Étages/habitats : I, C
Réf. faunist. : 266, 456
Réf. taxon. : 83a, 423, 1570, 1596
Remarque : L'identification de ces spécimens devrait être revue, à notre avis, compte tenu de l'absence de monographies ou de révisions récentes des Alcyonaires, et des incertitudes affectant certaines identifications des sources faunistiques qui rapportent cette espèce, sous le nom de *Duva multiflora*.

Gersemia clavata (Danielssen, 1887)
Régions : G
Étages/habitats : I?
Réf. faunist. : 1596
Réf. taxon. : 1570
Remarque : Deichmann (1936, réf. 423) croyait cette espèce identique à *G. rubiformis*, opinion acceptée par Cairns *et al.* (1991, réf. 270). Mais F. M. Bayer (comm pers., via Cairns, 1998) croit que l'opinion d'Utinomi (1961, réf. 1570) qui la conserve, endossée par M.-J. d'Hondt (comm. pers., 1995), justifie qu'on la maintienne jusqu'au réexamen des spécimens-type.

Gersemia rubiformis (Ehrenberg, 1834)
Régions : G, EGN, EGS, EAV, IM, EM, IPE, MCN, TNO
Étages/habitats : I, C
Réf. faunist. : 266, 333, 518, 701, 726, 910, 923, 924, 1248, 1467, 1595, 1596, 1657, 1658, 1659, 1659a, 1661
Réf. taxon. : 83a, 423, 518, 1570, 1595, 1597

Gersemia sp.
Régions : EGS, TNO
Étages/habitats : I
Réf. faunist. : 242, 337, 726
Réf. taxon. : 83a, 1570, 1595, 1596

19B : Pennatulacea

Références taxonomiques générales : 270, 423, 791, 980, 1062, 1674

Halipteris finmarchica (M. Sars, 1851)
Régions : EGS, EM, CLS, CLH, CLI
Étages/habitats : B
Réf. faunist. : 236, 242, 337, 923, 925, 1046
Réf. taxon. : 791, 854, 1062, 1591b, 1674

Pennatula aculeata Danielssen, 1860
Régions : G, EM, CLH
Étages/habitats : C, B
Réf. faunist. : 242, 337, 735, 925, 1156, 1248, 1596, 1658, 1659, 1659a, 1661
Réf. taxon. : 791, 854, 980, 1062, 1591, 1596, 1674

Pennatula grandis Ehrenberg, 1834
Régions : EGN, CLH
Étages/habitats : (C), B
Réf. faunist. : 242, 337, 925, 1046
Réf. taxon. : 791, 1062, 1547,1591b, 1674
Remarque : Verrill (1922b, réf. 1596) avait défendu l'opinion que *P. borealis* M. Sars, 1846 a priorité synonymique sur *P. grandis*, opinion endossée par Cairns *et al.* (1991, réf. 270), mais M.-J. d'Hondt (comm. pers., 1995) et G. C. Williams (comm. pers., 1998) adoptent maintenant *P. grandis*.

Virgularia mirabilis (O.F. Müller, 1776)
Régions : G, CLH

Étages/habitats : B
Réf. faunist. : 1658, 1661
Réf. taxon. : 423, 663, 854, 980, 1546, 1674

19F : Stolonifera

Références taxonomiques générales : 83a

Clavularia modesta (Verrill, 1874)
Régions : CLI
Étages/habitats : B
Réf. faunist. : 1596, 1658, 1659, 1661
Réf. taxon. : 83a, 423, 980, 1596

20 : Scleractinia

Références taxonomiques générales : 269, 980, 1062, 1711

Flabellum (ulocyathus) alabastrum (Moseley, 1873)
Régions : CLH, CLI
Étages/habitats : B
Réf. faunist. : 337, 1661
Réf. taxon. : 268, 270, 1591, 1591b, 1710, 1711

21 : Actiniaria

Références taxonomiques générales : 270, 283, 285, 286, 979, 980, 1062, 1397, 1597

Actinauge cristata Riemann-Zürneck, 1986
Régions : G, S, EGS, EM, CLS, CLH, BCN, CLA, CLI
Étages/habitats : I, C, B
Réf. faunist. : 152, 242, 284, 332, 337, 456, 1046, 1250, 1273, 1597, 1658, 1661
Réf. taxon. : 285, 286, 1062, 1291, 1597
Remarque : Ancienne *A. verrilli* McMurrich, 1893, confinée à l'océan Antarctique selon Riemann-Zürneck (1986, réf. 1291).

Actinostola callosa (Verrill, 1882)
Régions : EM
Étages/habitats : B
Réf. faunist. : 284, 1250
Réf. taxon. : 283, 1397, 1663

Aulactinia stella (Verrill, 1864)
Régions : G, EGS, EM, IPE, TNO
Étages/habitats : M, I,
Réf. faunist. : 242, 266, 283, 337, 518, 726, 1248
Réf. taxon. : 286, 462, 518, 980, 1031, 1062, 1397, 1597

Bolocera tuediae (Johnston, 1832)
Régions : CLH, CLA, TNO
Étages/habitats : B
Réf. faunist. : 242, 337, 726, 925
Réf. taxon. : 286, 663, 1397, 1597, 1663

Edwardsia sipunculoides (Stimpson, 1853)
Régions : EGS, IPE, BCN
Étages/habitats : I
Réf. faunist. : 337, 1159, 1161, 1597, 1661
Réf. taxon. : 1397, 1597, 1675a

Edwardsia sp.
Régions : EGS, EM, TNO
Étages/habitats : C, B
Réf. faunist. : 242, 332, 726
Réf. taxon. : 283, 1062, 1397, 1597, 1675a

Halcampa duodecimcirrata (M. Sars, 1851)
Régions : EAV, EM
Étages/habitats : (M), I, C, B
Réf. faunist. : 333, 337, 735
Réf. taxon. : 283, 1062, 1292, 1397, 1597, 1663

Hormathia nodosa (O.Fabricius, 1780)
Régions : G, EAV, EM
Étages/habitats : (I), C, B
Réf. faunist. : 284, 333, 337, 518, 702a, 1597
Réf. taxon. : 285, 518, 1292, 1397, 1591b, 1597, 1663

Liponema multicorne (Verrill, 1879)
Régions : EM
Étages/habitats : B
Réf. faunist. : 284, 1250
Réf. taxon. : 1397, 1597

Metridium senile (Linné, 1761)
Régions : G, EGN, EAM, EGS, EAV, IM, EM, IPE, MCN, AS, TNO
Étages/habitats : (M), I, C
Réf. faunist. : 50, 168a, 176, 242, 266, 333, 337, 347, 412, 413, 518, 701, 701a, 702a, 726, 738, 739, 788, 910, 923, 924, 1158, 1466, 1467, 1597, 1652, 1654a, 1655, 1657, 1658, 1659, 1661
Réf. taxon. : 285, 286, 518, 663, 980, 1031, 1041, 1062, 1397, 1545+, 1597, 1712

Peachia parasitica (L. Agassiz, 1859)
Régions : TNO
Étages/habitats : éps /ecPI
Réf. faunist. : 726
Réf. taxon. : 1397, 1597, 1663
Remarque : Larves parasites sur *Cyanea capillata*

Stephanauge nexilis (Verrill, 1883)
Régions : CLH
Étages/habitats : C, B
Réf. faunist. : 242, 337
Réf. taxon. : 1062, 1397, 1591b, 1597, 1663

Stomphia coccinea (O.F. Müller, 1776)
Régions : G, S, EGN, EGS, EM, IPE, CLH, BCN, TNO
Étages/habitats : I, C, B

Réf. faunist. : 152, 242, 266, 285, 332, 337, 456, 518, 726, 923, 924, 925, 1159, 1467, 1597, 1661
Réf. taxon. : 283, 286, 518, 980, 1031, 1062, 1397, 1597, 1663

Urticina crassicornis (O. F. Müller, 1776)
Régions : G, EGN, EAV, EM, MCN
Étages/habitats : M, I, C, B
Réf. faunist. : 168a, 242, 266, 270, 701, 726, 910
Réf. taxon. : 270, 980, 1031, 1397, 1597, 1663
Remarque : *U. felina* (=*Tealia f.*) est parfois scindée en 4 variétés ou espèces, dont *U. crassicornis* (= *T. c.*), selon Riemann-Zürneck (comm. pers.).

Urticina felina (Linné, 1767)
Régions : G, EGS, EM, IPE, MCN, TNO
Étages/habitats : I, C
Réf. faunist. : 333, 518, 1654a, 1655, 1657, 1658, 1661
Réf. taxon. : 270, 286, 518, 663, 980, 1062, 1545+, 1597
Remarque : *U. felina* (=*Tealia f.*) est parfois scindée en 4 variétés ou espèces, dont *U. crassicornis* (= *T. c.*), selon Riemann-Zürneck (comm. pers.).

22 : Zoanthidea

Références taxonomiques générales : 270, 282, 980, 1397

Epizoanthus erdmanni (Danielssen, 1890)
Régions : CLH
Étages/habitats : B
Réf. faunist. : 242, 337, 925
Réf. taxon. : 282

Epizoanthus incrustatus (Duben and Koren, 1847)
Régions : G, EGS, AS
Étages/habitats : C, B
Réf. faunist. : 1658, 1661
Réf. taxon. : 282, 663, 980, 1397, 1663

24B : Ceriantharia

Références taxonomiques générales : 980, 1397, 1663

Cerianthus borealis Verrill, 1873
Régions : G, EM, CLH
Étages/habitats : B
Réf. faunist. : 337, 1597, 1658, 1661
Réf. taxon. : 1397, 1597, 1597+, 1663

Cerianthus sp.
Régions : EM, TNO
Étages/habitats : I, C, B
Réf. faunist. : 332, 726
Réf. taxon. : 1397, 1663

25 : CTENOPHORA

Références taxonomiques générales : 604, 929c, 1004, 1082

Beroe cucumis Fabricius, 1780
Régions : EGS, BCN, AN, AS, TNO
Étages/habitats :
Réf. faunist. : 726, 748a, 902, 1158, 1159, 1161, 1210, 1211, 1407, 1467, 1661
Réf. taxon. : 604, 929c, 1004, 1548

Beroe sp.
Régions : G, EM, EAV
Étages/habitats : éps
Réf. faunist. : 337, 518
Réf. taxon. : 518, 604, 1004
Remarque : Fontaine et LaSalle (1992, réf. 518) nomment *Bolinopsis infundibulum* leur photo de ce genre.

Bolinopsis infundibulum (O. F. Müller, 1776)
Régions : EGS, AN, IPE, TNO
Étages/habitats : éps
Réf. faunist. : 239, 518, 726, 872, 902, 1158, 1159, 1407, 1466, 1467, 1661
Réf. taxon. : 518, 604, 1004, 1467, 1548
Remarque : Fontaine et LaSalle (1992, réf. 518) nomment *Beroe* sp. leur photo de cette espèce.

Mertensia ovum (Fabricius, 1780)
Régions : EM, MCN, BCN, TNO
Étages/habitats : p
Réf. faunist. : 461, 726, 748a, 902, 1159, 1161, 1210, 1211, 1407, 1661
Réf. taxon. : 518, 604, 929c, 1004, 1082

Pleurobrachia pileus (O.F. Müller, 1776)
Régions : EGS, EM, IPE, BCN, AN, AS, CLH, TNO
Étages/habitats : éps, épg
Réf. faunist. : 50, 337, 461, 726, 867, 872, 902, 1158, 1159, 1473a, 1161, 1407, 1467, 1661
Réf. taxon. : 518, 604, 929c, 1004, 1082, 1548

PLATYHELMINTHES (26–28) :

26 : Turbellaria

Références taxonomiques générales : 56, 121, 259, 276, 492, 493, 754, 755, 808a, 1170, 1257, 1258, 1431

Acoela
Régions : EAV
Étages/habitats : I
Réf. faunist. : voir remarque

Réf. taxon. : 259, 808a, 1592
Remarque : Représentants méiobenthiques (les seuls de cet ordre rapportés pour le Golfe, à notre connaissance) observés vivants dans l'infralittoral supérieur de la baie des Rochers, 29–30 août 1996 (Rapport de stage, S. Cousineau et J. Trépanier, Univ. de Montréal); aucun spécimen n'a pu être conservé en collection.

Ectocotyla hirudo (Levinsen, 1879)
Régions : EGS, IM
Étages/habitats : I, C /ecPI
Réf. faunist. : 210, 514, 516
Réf. taxon. : 514, 516, 596
Remarque : Commensal sur *Chionoecetes opilio* et *Hyas araneus.*

Ectocotyla multitesticulata Fleming et Burt 1978
Régions : S, EGS, IM
Étages/habitats : I, C /ecPI
Réf. faunist. : 152, 210, 332, 514, 516
Réf. taxon. : 514, 516
Remarque : Commensal sur *Chionoecetes opilio* et *Hyas araneus.*

Euplana gracilis (Girard, 1850)
Régions : IPE
Étages/habitats : I
Réf. faunist. : 754, 1171
Réf. taxon. : 492, 753, 754, 1258, 1592

Fecampiidae
Régions : EGS
Étages/habitats : C /enPI
Réf. faunist. : 737
Réf. taxon. : 308, 596
Remarque : Dans *Mysis mixta.*

Foviella affinis (Oersted, 1843)
Régions : TNS
Étages/habitats : M
Réf. faunist. : 55
Réf. taxon. : 55, 56, 142, 755, 1431, 1592

Monocelis sp.
Régions : EGN
Étages/habitats : M
Réf. faunist. : 1549
Réf. taxon. : 222, 276, 596, 756a, 808a
Remarque : Commensal sur *Crassostrea virginica* et *Mytilus edulis.*

Paravortex gemellipara (Linton, 1910)
Régions : IPE
Étages/habitats : I /ecPI
Réf. faunist. : 516
Réf. taxon. : 516, 936
Remarque : Commensal sur *Crassostrea virginica* et *Mytilus edulis.*

Peraclistus oofagus (Friedman, 1924)
Régions : EGS
Étages/habitats : C /ecPI
Réf. faunist. : 516
Réf. taxon. : 515, 516, 1569c
Remarque : Commensal sur *Chionoecetes opilio* et *Hyas araneus.*

Plagiostomum sp.
Régions : IPE
Étages/habitats : I
Réf. faunist. : 338
Réf. taxon. : 596, 808a
Remarque : Sur *Cancer irroratus.*

Pleioplana atomata (O.F. Müller, 1776)
Régions : G, EGS, EAV, EM
Étages/habitats : M, I
Réf. faunist. : 333, 337, 1592, 1467, 1661
Réf. taxon. : 492, 753, 754, 756, 1170, 1257, 1258

Procerodes littoralis (Ström, 1768)
Régions : EGN, TNO
Étages/habitats : M
Réf. faunist. : 1431, 1549
Réf. taxon. : 56, 755, 808a, 1431, 1592

Sabussowia wilhelmii Ball, 1973
Régions : IPE
Étages/habitats : I /E
Réf. faunist. : 54, 1431
Réf. taxon. : 54, 276, 1431

Stylochopsis ellipticus (Girard, 1850)
Régions : IPE
Étages/habitats : M, I
Réf. faunist. : 754, 1171
Réf. taxon. : 492, 753, 754, 1170, 1592

Urastoma cyprinae (Graff, 1882) Graff, 1903
Régions : IPE
Étages/habitats : I /ecPI
Réf. faunist. : 516
Réf. taxon. : 276, 516, 596
Remarque : Commensal sur *Crassostrea virginica* et *Mytilus edulis.*

Uteriporus vulgaris Bergendal, 1890
Régions : EGN
Étages/habitats : M
Réf. faunist. : 1431, 1549
Réf. taxon. : 55, 56, 516, 1431, 1549

27A : Monogenea

Références taxonomiques générales : 121, 678, 1064, 1320, 1703a

Diclidophora denticulata (Olsson, 1876) Price, 1943
Régions : TNO
Étages/habitats : B /ecPP
Réf. faunist. : 1320
Réf. taxon. : 121, 1320
Remarque : Sur branchies de la Goberge (*Pollachius virens*).

Diclidophoroides maccallumi Price, 1939
Régions : TNO
Étages/habitats : B /ecPP
Réf. faunist. : 1318
Réf. taxon. : 121, 678, 1318, 1320, 1453
Remarque : Sur branchies de Merluche à longues nageoires (*Urophycis chesteri*).

Discocotyle sagittata (Leuckart, 1842) Diesina, 1850
Régions : IPE
Étages/habitats : éps /ecPP, D
Réf. faunist. : 6366, 1212a
Réf. taxon. : 121
Remarque : Sur le Saumon atlantique (*Salmo salar*) en milieu estuarien.

Entobdella hippoglossi (O.F. Müller, 1776)
Régions : IM, BCN, CLA, AN, AS
Étages/habitats : /ecPP
Réf. faunist. : 36, 1311, 1313
Réf. taxon. : 121, 678, 828, 1311, 1320
Remarque : Sur Flétan atlantique (*Hippoglossus hippoglossus*) et Flétan du Groenland (*Reinhardtius hippoglossoides*).

Gyrodactyloides andriaschewi Bykhovsky et Polyansky, 1953
Régions : G, EGS, EM, MCN, BCN
Étages/habitats : éps, épg /ecPP
Réf. faunist. : 37, 1009
Réf. taxon. : 121, 262, 1162
Remarque : Sur Capelan (*Mallotus villosus*).

Gyrodactyloides petruschewskii Bykhovsky, 1947
Régions : EGS, EM, MCN, BCN
Étages/habitats : éps, épg /ecPP
Réf. faunist. : 37
Réf. taxon. : 121, 261, 262, 1162
Remarque : Sur Capelan (*Mallotus villosus*).

Gyrodactylus avalonia Hanek et Threlfall, 1969
Régions : MCN
Étages/habitats : /ecPP, E
Réf. faunist. : 622a
Réf. taxon. : 121, 340a, 622b
Remarque : Sur Épinoche à trois épines (*Gasterosteus aculeatus*) et Épinoche à neuf épines (*Pungitius pungitius*).

Gyrodactylus callariatus Malmberg, 1957
Régions : IPE
Étages/habitats : éps /ecPP
Réf. faunist. : 555
Réf. taxon. : 973
Remarque : Sur Omble de fontaine (*Salvelinus fontinalis*) estuarienne.

Gyrodactylus canadensis Hanek et Threlfall, 1969
Régions : MCN
Étages/habitats : /ecPP, E
Réf. faunist. : 622a
Réf. taxon. : 121, 340a, 622b
Remarque : Sur Épinoche à trois épines (*Gasterosteus aculeatus*) et Épinoche à neuf épines (*Pungitius pungitius*).

Gyrodactylus harengi Malmberg, 1957
Régions : G
Étages/habitats : éps, épg /ecPP
Réf. faunist. : 1009
Réf. taxon. : 121, 973
Remarque : Sur Hareng atlantique (*Clupea harengus*).

Gyrodactylus perlucidus Bykhovsky et Polyansky, 1953
Régions : IPE
Étages/habitats : éps /ecPP, E
Réf. faunist. : 555
Réf. taxon. : 262
Remarque : Sur Omble de fontaine (*Salvelinus fontinalis*) estuarienne.

Kuhnia scombri (Kuhn, 1829) Sproston, 1945 [?]
Régions : G
Étages/habitats : éps /ecPP
Réf. faunist. : 965a
Réf. taxon. : 121
Remarque : Sur des maquereaux (*Scomber scombrus*) migrateurs de l'extérieur à l'intérieur du golfe du St-Laurent, mais de provenance non précisée, parmi 863 individus de l'Atlantique du nord-ouest, dont 60 provenaient du Golfe; la présence de l'espèce dans le Golfe est donc très probable, mais requiert confirmation.

Laminiscus gussevi (Bykhovsky et Polyansky, 1953)
Régions : EGS, EM, MCN, BCN
Étages/habitats : éps, épg /ecPP
Réf. faunist. : 37
Réf. taxon. : 121, 262, 1162
Remarque : Sur Capelan (*Mallotus villosus*).

Macrocraeoides sp.
Régions : IPE
Étages/habitats : éps /enPP, E
Réf. faunist. : 892a
Réf. taxon. : 121
Remarque : Sur l'Alose d'été (*Alosa aestivalis*) et le Gaspareau (*Alosa pseudoharengus*) anadromes.

Macrouridophora nezumiae (Munroe, Campbell et Zwerner, 1981)
Régions : TNO
Étages/habitats : B /ecPP
Réf. faunist. : 1319
Réf. taxon. : 1319, 1320
Remarque : Sur Grenadier de Baird (*Nezumia bairdi*).

Nasicola hogansi Wheeler et Beverley-Burton, 1987
Régions : IPE
Étages/habitats : éps /ecPP
Réf. faunist. : 1651a
Réf. taxon. : 1651a
Remarque : Sur le Thon rouge (*Thunnus thynnus*).

Udonella caligorum Johnston, 1835
Régions : AS
Étages/habitats : /ecPI
Réf. faunist. : 1312, 1313
Réf. taxon. : 121, 678, 1320, 1453
Remarque : Hyperparasite de Copépodes (*Lepeophtheirus hippoglossi, Caligus elongatus*) parasites du Flétan (*Hippoglossus hippoglossus*) et de la Morue franche (*Gadus morhua*).

27B : Trematoda

Références taxonomiques générales : 411, 452, 578b, 985a, 1385, 1702a

Anomalotrema koiae Gibson et Bray, 1984
Régions : G
Étages/habitats : B /enPP
Réf. faunist. : 1073
Réf. taxon. : 578c, 579
Remarque : Dans Sébastes (*Sebastes mentella* et *S. fasciatus*).

Aporocotyle simplex Odhner, 1900
Régions : EGS
Étages/habitats : /enPP
Réf. faunist. : 1313a
Réf. taxon. : 411, 578c, 1385
Remarque : Dans l'intestin de la Plie canadienne (*Hippoglossoides platessoides*).

Azygia longa (Leidy, 1851) Manter, 1926
Régions : IPE
Étages/habitats : éps /enPP, D
Réf. faunist. : 555, 1212a
Réf. taxon. : 578c, 1384, 1385
Remarque : Dans l'Omble de fontaine (*Salvelinus fontinalis*) anadrome.

Brachyphallus crenatus (Rudolphi, 1802)
Régions : G, EGS, S, EM, MCN, CLA, CLE, HCN, IPE, TNS
Étages/habitats : /enPP
Réf. faunist. : 36, 37, 538c, 555, 674, 892a, 1073, 1212a, 1313a, 1357a, 1538c
Réf. taxon. : 411, 578c, 579a, 838i, 838i+, 1143, 1384, 1385, 1429

Cercaria myae Uzmann, 1952 [?]
Régions : EGS
Étages/habitats : M /enPI
Réf. faunist. : 1467
Réf. taxon. : 1570a
Remarque : Larves cercaires bourrant les viscères de la Mye (*Mya arenaria*).

Crepidostomum cooperi Hopkins, 1931
Régions : MCN
Étages/habitats : éps /enPP, D
Réf. faunist. : 126b, 622a
Réf. taxon. : 578c, 1384, 1385

Crepidostomum farionis (O.F. Müller, 1780)
Régions : IPE
Étages/habitats : éps /enPP, D
Réf. faunist. : 555, 636b, 1212a
Réf. taxon. : 578c, 1384, 1385
Remarque : Dans Saumon atlantique (*Salmo salar*) et Omble de fontaine (*Salvelinus fontinalis*).

Crepidostomum sp.
Régions : G
Étages/habitats : B /enPP, D
Réf. faunist. : 1073
Réf. taxon. : 578c, 1384, 1385
Remarque : Dans Sébaste (*Sebastes mentella*).

Cryptocotyle lingua (Creplin, 1825) Fischoeder, 1903
Régions : G, EGS, IPE, TNO
Étages/habitats : éps, épg /enPP
Réf. faunist. : 555, 1009, 1398b
Réf. taxon. : 411, 452, 578c, 838c, 838c+, 1384, 1385, 1429

Derogenes varicus (Müller, 1784) Looss, 1901
Régions : G, CLA, CLE, S, EGS, EM, IM, IPE, MCN, TNS
Étages/habitats : /enPP, enPI
Réf. faunist. : 28, 36, 37, 555, 674, 892a, 1009, 1073, 1212a, 1313a, 1357a, 1394d, 1394e, 1394f, 1394g, 1394h, 1636a

Réf. taxon. : 114, 411, 452, 578c, 838d, 838d+, 1143, 1385, 1569b+, 1569c+, 1636a
Remarque : Larves cercaires dans le copépode *Calanus finmarchicus* et le chétognathe *Parasagitta elegans*, adultes dans plusieurs espèces de poissons.

Diplostomum spathaceum (Rudolphi, 1819) Olsson, 1876 [?]
Régions : IPE
Étages/habitats : éps /enPP, D
Réf. faunist. : 636b, 892a, 1212a
Réf. taxon. : 578c, 1384, 1385
Remarque : Larves métacercaires dans les yeux de trois espèces de poissons anadromes en milieux estuariens.

Genolinea laticauda Manter, 1925
Régions : AS, CLA, EM, EGS ou IM
Étages/habitats : C, B /enPP
Réf. faunist. : 36, 1313a, 1394f, 1394h
Réf. taxon. : 578c, 1385

Gonocerca phycidis Manter, 1925
Régions : EGS, EM, CLS
Étages/habitats : /enPP
Réf. faunist. : 28, 36, 1313a
Réf. taxon. : 578c, 1385
Remarque : Sur Morue franche (*Gadus morhua*) et Flétan du Groenland (*Reinhardtius hippoglossoides*); le « *Gonocerca crassa* » rapporté par Ronald (1960b, réf. 1313a) sur *Pleuronectes ferruginea* serait un *G. phycidis* selon Gibson (1996, réf. 578b), qui souhaite une révision générale du genre.

Gonocerca sp.
Régions : G
Étages/habitats : B /enPP
Réf. faunist. : 1073
Réf. taxon. : 578c, 1384, 1385, 1429

Hadwenius seymouri Price, 1932
Régions : EM
Étages/habitats : éps, épg /enPM
Réf. faunist. : 1034
Réf. taxon. : 411, 1385
Remarque : Dans Béluga (*Delphinapterus leucas*).

Hemiurus levinseni Odhner, 1905
Régions : G, CLE, EGS, IM, IPE
Étages/habitats : /enPP, enPI
Réf. faunist. : 36, 37, 674, 1009, 1073, 1098, 1212a, 1313a, 1394f, 1636a
Réf. taxon. : 411, 452, 578c, 579a, 1143, 1385, 1636a
Remarque : Larves cercaires dans le Chétognathe *Parasagitta elegans*, adultes dans plusieurs espèces de poissons; les mentions ouest-atlantique d'*H. appendiculatus* (Ronald, 1960b, réf. 1313a; Scott, 1975c, réf. 1394f et Scott, 1982, réf. 1394h), *H. communis* (Ronald, 1960b, réf. 1313a) et *H.* sp. (Ronald, 1960b, réf. 1313a) sont référées à *H. levinseni* par Gibson (1996, réf. 578b), qui ne reconnaît qu'une espèce ouest-atlantique de ce genre.

Homalometron pallidum Stafford, 1904
Régions : IPE
Étages/habitats : /enPP, D
Réf. faunist. : 714b
Réf. taxon. : 578c, 1385, 1429, 1384
Remarque : Dans un échantillon estuarien de Bars rayés (*Morone saxatilis*).

Lampritrema miescheri (Zschokke, 1890) Margolis, 1962
Régions : IPE
Étages/habitats : /enPP
Réf. faunist. : 1212a
Réf. taxon. : 578b
Remarque : Dans Saumon atlantique (*Salmo salar*).

Lecithaster confusus Odhner, 1905
Régions : EGS, IPE
Étages/habitats : /enPP
Réf. faunist. : 674, 892a
Réf. taxon. : 578c, 579a, 1385
Remarque : Dans trois espèces de poissons anadromes.

Lecithaster gibbosus (Rudolphi, 1802) Lühe, 1901
Régions : G, EM, IM, IPE, MCN, BCN, CLA, CLE, CLS, IM ou IPE, TNS
Étages/habitats : /enPP
Réf. faunist. : 36, 37, 555, 1009, 1073, 1212a, 1394d, 1394e, 1394g, 1394h
Réf. taxon. : 411, 578c, 838h, 838h+, 1143, 1384, 1385

Lecithophyllum botryophorum (Olsson, 1868) Odhner, 1905
Régions : G, CLS, EM
Étages/habitats : B /enPP
Réf. faunist. : 36, 1073
Réf. taxon. : 578c, 1143, 1385
Remarque : Dans deux espèces de Sébaste (*Sebastes* spp.) et le Flétan du Groenland (*Reinhardtius hippoglossoides*).

Lepidapedon elongatum (Lebour, 1908) Nicoll, 1910 sensu latus
Régions : EGS, IM, IPE
Étages/habitats : /enPP
Réf. faunist. : 28
Réf. taxon. : 411, 452, 578c, 838g, 838g+, 1385
Remarque : Dans Morue franche (*Gadus morhua*)

Lepidapedon rachion (Cobbold, 1858) Stafford, 1904
Régions : EGS, IM, IPE
Étages/habitats : /enPP
Réf. faunist. : 28, 1313a
Réf. taxon. : 411, 452, 578c, 1385
Remarque : Dans la Morue franche (*Gadus morhua*) et le Turbot de sable (*Scophthalmus aquosus*).

Lepidophyllum appyi Bray et Gibson, 1986
Régions: EGS
Étages/habitats: C /enPP
Réf. faunist. : 210b
Réf. taxon. : 578d
Remarque: Dans les Zoarcidae *Lycodes vahli* et *Macrozoarces americanus*; le troisième hôte signalé « Gulf of St. Lawrence » par Bray et Gibson (1986, réf. 210b) est évidemment au large du Labrador, par ses coordonnées géographiques.

Lepocreadium setiferoides (Miller et Northup, 1926) Martin, 1938 [?]
Régions : IPE
Étages/habitats : /enPP
Réf. faunist. : 714b
Réf. taxon. : 578c, 1384, 1385
Remarque : Dans un échantillon estuarien de Bars rayés (*Morone saxatilis*) anadromes.

Macvicaria soleae (Dujardin, 1845) Gibson et Bray, 1982
Régions : EGS, IM
Étages/habitats : /enPP
Réf. faunist. : 1313a
Réf. taxon. : 411, 578c, 578d, 1385

Neophasis burti Bray et Gibson, 1991
Régions : IM
Étages/habitats : C /enPP
Réf. faunist. : 28, 210c
Réf. taxon. : 210c, 578c
Remarque : Dans la Morue franche (*Gadus morhua*).

Neophasis sp.
Régions : S
Étages/habitats : C /enPP
Réf. faunist. : 36
Réf. taxon. : 578c, 1385
Remarque : Dans Flétan du Groenland (*Reinhardtius hippoglossoides*).

Opecoelidae
Régions : G
Étages/habitats : B /enPP
Réf. faunist. : 1073
Réf. taxon. : 578c, 1384, 1385
Remarque : Dans les Sébastes *Sebastes mentella* et *S. fasciatus*; selon Arthur (comm. pers.), il pourrait s'agir de *Podocotyle reflexa*.

Otodistomum cestoides (van Beneden, 1871) Odhner, 1911
Régions : EGS, IM
Étages/habitats : C /enPP
Réf. faunist. : 674, 1098
Réf. taxon. : 578c, 1385
Remarque : Dans l'intestin de la Raie (*Raja radiata*).

Otodistomum sp.
Régions : CLA, CLE, CLS, EM, EGS, MCN
Étages/habitats : C, B /enPP
Réf. faunist. : 35, 36, 1313a, 1394f, 1394h
Réf. taxon. : 578c, 1384, 1385
Remarque : On ne peut identifier à l'espèce ces larves métacercaires (Gibson, 1996, réf. 578b) parasitant trois espèces de poissons plats (Pleuronectiformes).

Otodistomum veliporum(Creplin, 1837) Stafford, 1904
Régions : IM
Étages/habitats : /enPP
Réf. faunist. : 1098
Réf. taxon. : 411, 578c, 1385
Remarque : Dans l'Aiguillat commun (*Squalus acanthias*).

Peracreadium commune (Olsson, 1867)
Régions : EGS
Étages/habitats : C /enPP
Réf. faunist. : 1313a
Réf. taxon. : 578d
Remarque : Cette espèce, qu'on croyait devoir placer dans le genre *Cainocreadium* (Margolis et Arthur, 1979, réf. 925b), doit demeurer dans le *Peracreadium*, selon Gibson et Bray (1982, réf. 578d). La mention de Ronald (1960b, réf. 1313a) dans la Limande (*Pseudopleuronectes ferruginea*), unique pour l'Atlantique occidental, semble avoir échappé à Gibson (1996, réf. 578c).

Podocotyle angulata Dujardin, 1845
Régions : IPE
Étages/habitats : /enPP, E
Réf. faunist. : 555
Réf. taxon. : 578c, 1384, 1385
Remarque : Dans échantillons estuariens d'Ombles de fontaine (*Salvelinus fontinalis*) anadromes.

Podocotyle atomon (Rudolphi, 1802) Odhner, 1905
Régions : G, EGS, IM, MCN

Étages/habitats : /enPP
Réf. faunist. : 28, 622a, 1098, 1313a, 1394e, 1394g, 1394h
Réf. taxon. : 411, 452, 578c, 578d, 674, 838f+, 1143, 1385, 1596b+, 1569c+

Podocotyle reflexa (Creplin, 1825) Odhner, 1905
Régions : EGS, IM, IPE
Étages/habitats : /enPP
Réf. faunist. : 28, 674, 1073, 1313a
Réf. taxon. : 452, 578c, 578d, 838f, 838f+, 1143, 1385, 1569b, 1569c+

Podocotyle spp.
Régions : CLE, S
Étages/habitats : B /enPP
Réf. faunist. : 36
Réf. taxon. : 578c, 1384, 1385
Remarque : Dans Flétan du Groenland (*Reinhardtius hippoglossoides*).

Progonus muelleri (Levinsen, 1881) Looss, 1876
Régions : EM
Étages/habitats : B /enPP
Réf. faunist. : 36
Réf. taxon. : 578c
Remarque : Dans Flétan du Groenland (*Reinhardtius hippoglossoides*).

Prosorhynchus squamatus Odhner, 1905
Régions : AS, EGS, IM, IPE, S
Étages/habitats : /enPP
Réf. faunist. : 28, 36, 1098, 1313a
Réf. taxon. : 411, 578c, 1143, 1385

Pseudozoogonoides subaequiporus (Odhner, 1911) Bray et Gibson, 1986
Régions : EGS ou IM
Étages/habitats : C /enPP
Réf. faunist. : 1394h
Réf. taxon. : 210b, 578c
Remarque : Les « *Zoogonoides viviparus* » rapportés par J.S. Scott (1975a, réf. 1394d) pour la Plie canadienne (*Hippoglossoides platessoides*) étaient mal identifiés : c'étaient des *P. subaequiporus* (J.S. Scott, 1982, réf. 1394h; McDonald et Margolis, 1995, réf. 1008; Gibson, 1996, réf. 578b).

Steganoderma formosum Stafford, 1904
Régions : AS, EGS, IM
Étages/habitats : /enPP
Réf. faunist. : 1098, 1313a, 1394e, 1394g, 1394h
Réf. taxon. : 578c, 1385

Stenakron vetustum Stafford, 1904
Régions : CLA, CLS, S, EGS, IM, IPE
Étages/habitats : C/enPP
Réf. faunist. : 28, 36, 1313a, 1394d, 1394e, 1394f, 1394g, 1394h
Réf. taxon. : 411, 578c, 1385

Stephanostomum baccatum (Nicoll, 1907)
Régions : EGS, IPE, CLE, CLI
Étages/habitats : /enPP
Réf. faunist. : 36, 1313a, 1699
Réf. taxon. : 411, 578c, 1384, 1385, 1699a+, 1699b

Stephanostomum tenue (Linton, 1898) Linton, 1934
Régions : IPE
Étages/habitats : /enPP
Réf. faunist. : 714b, 1009a, 1555
Réf. taxon. : 578c, 1384, 1385
Remarque : Dans échantillons estuariens de Bars rayés (*Morone saxatilis*) et d'Ombles de fontaine (*Salvelinus fontinalis*) anadromes.

Steringophorus furciger (Olsson, 1868) Odhner, 1905
Régions : G, CLE, S, EGS, IM, IPE
Étages/habitats : C /enPP
Réf. faunist. : 36, 674, 1313a, 1394a, 1394e, 1394f, 1394g, 1394h
Réf. taxon. : 411, 578c, 838e, 838e+, 1385
Remarque : Dans la Plie canadienne (*Hippoglossoides platessoides*).

Steringophorus sp.
Régions : CLS, EM
Étages/habitats : B /enPP
Réf. faunist. : 36
Réf. taxon. : 578c, 1385
Remarque : Dans Flétan du Groenland (*Reinhardtius hippoglossoides*).

Steringotrema ovacutum (Lebour, 1908) Yamaguti, 1953
Régions : IM, IPE
Étages/habitats : C /enPP
Réf. faunist. : 1313a, 1394d, 1394h
Réf. taxon. : 411, 578c, 1385
Remarque : Dans la Plie canadienne (*Hippoglossoides platessoides*).

Steringotrema pagelli (van Beneden, 1871) Odhner, 1911
Régions : EGS
Étages/habitats : /enPP
Réf. faunist. : 1313a
Réf. taxon. : 411, 578c, 1385
Remarque : Dans le tube digestif du Flétan atlantique (*Hippoglossus hippoglossus*).

Zoogonoides viviparus (Olsson, 1868) Odhner, 1902
Régions : IM, IPE
Étages/habitats : /ecPP
Réf. faunist. : 1313a, 1394a
Réf. taxon. : 411, 578a

Remarque : Dans Plie canadienne (*Hippoglossoides platessoides*).

Zoogonus lasius (Leidy, 1891) Stunkard, 1940
Régions : IPE
Étages/habitats : /enPP, E
Réf. faunist. : 555
Réf. taxon. : 578c, 1384, 1385
Remarque : Dans échantillons estuariens d'Ombles de fontaine (*Salvelinus fontinalis*) anadromes.

28 : Cestoda

Références taxonomiques générales : 788a, 819, 985a, 1387, 1387a, 1620b, 1702b

Abothrium gadi van Beneden, 1871
Régions : EGS, IM
Étages/habitats : /enPP
Réf. faunist. : 674, 775a
Réf. taxon. : 345a, 788a, 819, 1387, 1620a
Remarque : Dans la Morue franche (*Gadus morhua*) et la Tanche-Tautogue (*Tautogolabrum adspersus*).

Acanthobothrium coronatum (Rudolphi, 1819) van Beneden, 1849
Régions : IM
Étages/habitats : /enPP
Réf. faunist. : 1098
Réf. taxon. : 590a, 788a, 819, 1292a, 1620a
Remarque : Dans 3 espèces de raies (*Raja* spp.)

Anthobothrium variabile (Linton, 1889)
Régions : IM
Étages/habitats : /enPP
Réf. faunist. : 1098
Réf. taxon. : 788a, 819, 1292a, 1387, 1387a, 1620a
Remarque : Dans les raies *Raja radiata* et *R. ocellata*.

Bothrimonus sturionis Duvernoy, 1842
Régions : EGS, MCN
Étages/habitats : /enPP
Réf. faunist. : 37, 674, 1312a
Réf. taxon. : 253a, 345a, 788a, 819, 1387, 1620a
Remarque : Wardle *et al.* (1974, réf. 1620b) préfèrent conserver le nom *Diplocotyle s.* pour les espèces parasitant les Salmonidae.

Bothriocephalus claviceps (Goeze, 1782) Rudolphi, 1810
Régions : EGS
Étages/habitats : /enPP
Réf. faunist. : 1312a
Réf. taxon. : 345a, 788a, 819, 1620, 1620a
Remarque : Dans la plie (*Pseudopleuronectes americanus*).

Bothriocephalus scorpii (O.F. Müller, 1776) Rudolphi, 1808
Régions : EGS, IM
Étages/habitats : ? /enPP
Réf. faunist. : 1312a
Réf. taxon. : 345a, 452, 788a, 819, 1620, 1620a
Remarque : Dans 3 espèces de Pleuronectiformes.

Bothriocephalus sp.
Régions : G, S
Étages/habitats : C /enPP
Réf. faunist. : 36, 1073
Réf. taxon. : 788a, 819, 1387, 1620, 1620a, 1620b
Remarque : Dans Sébaste (*Sebastes fasciatus*) et Flétan du Groenland (*Reinhardtius hippoglossoides*).

Clestobothrium crassiceps (Rudolphi, 1819) Lühe 1899
Régions : AS
Étages/habitats : /enPP
Réf. faunist. : 1312a
Réf. taxon. : 345a, 788a, 819, 1620, 1620a
Remarque : Dans le Flétan (*Hippoglossus hippoglossus*).

Dinobothrium sp.
Régions : IM
Étages/habitats : /enPP
Réf. faunist. : 1098
Réf. taxon. : 788a, 819, 1292a, 1620a
Remarque : Dans le Requin (*Lamna nasus*).

Diphyllobothrium dendriticum (Nitzch, 1824) Lühe, 1910
Régions : EAM, EAV, EM
Étages/habitats : éps /enPP
Réf. faunist. : 540
Réf. taxon. : 788a, 819, 1620a
Remarque : Dans l'Éperlan (*Osmerus mordax*).

Diphyllobothrium sp.
Régions : EM
Étages/habitats : éps, épg /enPM
Réf. faunist. : 1034
Réf. taxon. : 788a, 819, 1620, 1620a, 1620b
Remarque : Dans Béluga (*Delphinapterus leucas*).

Echeneibothrium variabile van Beneden, 1850
Régions : IM
Étages/habitats : /enPP
Réf. faunist. : 1098
Réf. taxon. : 788a, 819, 1292a, 1620, 1620a, 1620b
Remarque : *Rhinobothrium v.* selon Wardle *et al.* (1974, réf. 1620b). Dans les raies *Raja radiata* et *R. ocellata*.

Echinobothrium raji Heller, 1949
Régions : EGS

Étages/habitats : /enPP
Réf. faunist. : 674
Réf. taxon. : 674, 819, 1620, 1620a
Remarque : Dans la raie *Raja radiata.*

Eubothrium crassum (Bloch, 1779) Nybelin, 1922
Régions : EGS, IPE, TNS
Étages/habitats : /enPP, D, E
Réf. faunist. : 555, 853b, 674, 1212a, 1357a
Réf. taxon. : 18a, 345, 788a, 819, 1620, 1620a
Remarque : Dans Saumon atlantique (*Salmo salar*).

Eubothrium parvum Nybelin, 1922
Régions : CLE, EGS, EM, MCN, BCN
Étages/habitats : ép, B /enPP
Réf. faunist. : 36, 37, 1161b
Réf. taxon. : 18a, 788a, 819, 1387, 1398a, 1620, 1620a
Remarque : Dans Capelan (*Mallotus villosus*) et Flétan du Groenland (*Reinhardtius hippoglossoides*).

Grillotia erinaceus (van Beneden, 1858) Guiart, 1927
Régions : CLA, CLE, CLS, EM, IM, IPE
Étages/habitats : B, C /enPP
Réf. faunist. : 28, 36, 1098
Réf. taxon. : 788a, 819, 1620, 1620a

Grillotia sp.
Régions : EGS
Étages/habitats : /enPP
Réf. faunist. : 674
Réf. taxon. : 788a, 819, 1620, 1620a
Remarque : Dans la raie (*Raja radiata*).

Hepatoxylon squali (Martinière, 1797) Bosc 1811
Régions : EGS, IPE
Étages/habitats : éps /enPP
Réf. faunist. : 1212a
Réf. taxon. : 452, 819, 1620a
Remarque : Dans le Saumon atlantique (*Salmo salar*).

Pelichnibothrium sp.
Régions : IPE
Étages/habitats : /enPP
Réf. faunist. : 1212a
Réf. taxon. : 819, 1357a, 1620
Remarque : Dans le Saumon atlantique (*Salmo salar*).

Phyllobothrium dagnalium Southwell, 1927
Régions : IM, EGS
Étages/habitats : /enPP
Réf. faunist. : 674, 1098
Réf. taxon. : 788a, 819, 1292a, 1620, 1620a, 1674a
Remarque : Dans 3 espèces d'Élasmobranches.

Phyllobothrium sp.
Régions : EGS, IM
Étages/habitats : /enPP
Réf. faunist. : 1098, 1312a
Réf. taxon. : 788a, 819, 1292a, 1620, 1620a, 1674a
Remarque : Larves plérocercoides dans la Limande (*Limanda ferruginea*) et adultes dans des poissons Élasmobranches.

Proteocephalus sp.
Régions : S
Étages/habitats : C /enPP
Réf. faunist. : 36
Réf. taxon. : 1387, 1387a
Remarque : Dans le Flétan du Groenland (*Reinhardtius hippoglossoides*).

Pseudanthobothrium hanseni Baer, 1956
Régions : EGS, IM
Étages/habitats : C /enPP
Réf. faunist. : 47a, 674, 1098
Réf. taxon. : 47a, 925b
Remarque : Selon Riser (1955, réf. 1292a), « l'*Acanthobothrium cornucopia* » de Heller (1949, réf. 674) serait un *Echeneibothrium*, mais Baer (1956, réf. 47a) le traite plutôt comme équivalent de son *P. hanseni* ainsi que d'un « *Echeneibothrium minimum* » islandais. Cette double synonymie, et la confirmation récente de la présence de *P. hanseni* dans l'Atlantique canadien (McDonald et Margolis, 1995) nous incitent à accepter l'opinion de Baer. Les spécimens des Iles-de-la-Madeleine (Myers, 1959, réf. 1098) devraient probablement être réexaminés.

Pseudophyllidea
Régions : BCN
Étages/habitats : /enPP
Réf. faunist. : 37
Réf. taxon. : 788a, 819, 1387, 1620, 1620a
Remarque : Dans Capelan (*Mallotus villosus*).

Scolex pleuronectis O. F. Müller, 1788
Régions : G, AS, CLA, CLE, CLS, S, EGS, EM, IM, IPE, MCN, BCN, TNO
Étages/habitats : /enPP
Réf. faunist. : 28, 36, 37, 892a, 1009, 1073, 1312a, 1636a
Réf. taxon. : 452, 788a, 819, 1398a, 1620a, 1636a
Remarque : Nom donné à des larves plérocercoïdes tétraphyllidiennes de genres inconnus (McDonald et Margolis, 1995, réf. 1008).

Scyphophyllidium giganteum (van Beneden, 1858) Woodland, 1927
Régions : EGS
Étages/habitats : /enPP
Réf. faunist. : 674
Réf. taxon. : 788a, 819, 1292a, 1620, 1620a
Remarque : Dans la raie *Raja radiata.*

Tentacularia coryphaenae Bosc, 1802
Régions : EGS, IPE, TNS
Étages/habitats : /enPP
Réf. faunist. : 674, 1212a, 1357a
Réf. taxon. : 788a, 819, 1357a, 1620, 1620a
Remarque : Dans le Saumon atlantique (*Salmo salar*).

29 : NEMERTEA

Références taxonomiques générales : 327, 580, 581, 663, 1545+

Amphiporus angulatus (O.F.Müller, 1774) [?]
Régions : G, EGS, EM, AN, AS, TNO
Étages/habitats : M, I, C
Réf. faunist. : 242, 726, 1158, 1159, 1247, 1250, 1467, 1661
Réf. taxon. : 253, 327, 581, 582, 1295
Remarque : Selon Riser (1993, réf. 1295) et Gibson & Crandall (1989, réf. 582), cette espèce appartient à un autre genre encore indéterminé.

Amphiporus lactifloreus (Johnston, 1828) [?]
Régions : EM
Étages/habitats : I
Réf. faunist. : 1247, 1250
Réf. taxon. : 59, 94, 231, 253, 327, 580, 582, 663, 1295
Remarque : Selon Riser (1993, réf. 1295) et Gibson & Crandall (1989, réf. 582), cette espèce appartient à un autre genre encore indéterminé.

Cerebratulus lacteus (Leidy, 1851)
Régions : IPE
Étages/habitats : I
Réf. faunist. : 1538a
Réf. taxon. : 327, 327+, 1295

Cerebratulus marginatus Renier, 1804
Régions : S, EGS, BCN
Étages/habitats : I, C
Réf. faunist. : 152, 332, 1159, 1161, 1467, 1661
Réf. taxon. : 253, 327, 327+, 580, 581, 663, 1041, 1295
Remarque : La nomenclature de ce groupe est particulièrement tourmentée (Gibson, 1995, réf. 581).

Cerebratulus melanops Coe and Kunkel, 1903
Régions : AN, AS
Étages/habitats : I
Réf. faunist. : 327, 328
Réf. taxon. : 327, 328, 581, 1295

Cerebratulus sp.
Régions : TNO
Étages/habitats : I
Réf. faunist. : 726
Réf. taxon. : 253, 327, 580, 581, 1295

Lineus arenicola (Verrill, 1873)
Régions : IPE
Étages/habitats : I
Réf. faunist. : 327
Réf. taxon. : 253, 327, 581

Lineus ruber (O.F.Müller, 1771)
Régions : TNO, BCN
Étages/habitats : I
Réf. faunist. : 726, 1158, 1159, 1161, 1661
Réf. taxon. : 124, 231, 253, 327, 580, 581, 663, 1295, 1874

Lineus viridis (O.F. Müller, 1774) [?]
Régions : G
Étages/habitats : I
Réf. faunist. : 726
Réf. taxon. : 124, 327, 663, 1295
Remarque : Coe (1943, réf. 327) traite cette espèce comme synonyme de *L. ruber*; Gibson (1994, réf. 580) en fait une possibilité.

Malacobdella grossa (O.F. Müller, 1776)
Régions : EM, IPE, TNO
Étages/habitats : M /ecPI
Réf. faunist. : 726, 1250, 1466
Réf. taxon. : 231, 253, 580, 581, 663
Remarque : Commensal sur *Mya arenaria*

Procephalothrix spiralis (Coe, 1930)
Régions : EGS
Étages/habitats : M, C
Réf. faunist. : 242
Réf. taxon. : 327, 581

Pseudocarcinonemertes homari Fleming et Gibson, 1981
Régions : IPE
Étages/habitats : I /ecPI
Réf. faunist. : 209b
Réf. taxon. : 515a
Remarque : Commensal sur *Homarus americanus.*

Ramphogordius sanguineus Rathke, 1799
Régions : TNO
Étages/habitats : M
Réf. faunist. : 726
Réf. taxon. : 124, 253, 327, 580, 1295, 1296

Tetrastemma cf. *candidum* (O.F. Müller, 1774)
Régions : S
Étages/habitats : C
Réf. faunist. : 331
Réf. taxon. : 327, 580

31 : ASCHELMINTHES

31A : Priapula

Références taxonomiques générales : 559

Priapulus caudatus Lamarck, 1816
Régions : EGS, EAV, EM, IPE
Étages/habitats : (M), I, C
Réf. faunist. : 242, 337, 1250, 1658, 1661
Réf. taxon. : 559, 663, 699+, 894+, 1041, 1062, 1534, 1576, 1591b, 1641

Priapulus sp.
Régions : S
Étages/habitats : C
Réf. faunist. : 152, 332
Réf. taxon. : 559, 1062

31B : Nematoda (libres)

Références taxonomiques générales : 12, 13, 14, 15, 23, 307, 446a, 447, 505, 573, 574, 673, 727, 729, 730, 817, 1214, 1215, 1216, 1491a, 1521, 1545b, 1629, 1664, 1666

Amphimonhystrella sp.
Régions : S
Étages/habitats : C
Réf. faunist. : 1545d
Réf. taxon. : 940, 1216

Anoplostoma sp.
Régions : S, EM
Étages/habitats : C, M
Réf. faunist. : 1545d, G. Tita (comm. pers.)
Réf. taxon. : 1216

Antomicron sp.
Régions : S
Étages/habitats : C
Réf. faunist. : 1545d
Réf. taxon. : 1216

Araeolaimus sp.
Régions : EM, S
Étages/habitats : I
Réf. faunist. : 164, 167, 1545d
Réf. taxon. : 307, 941, 1215, 1216, 1665

Atrochromadora sp.
Régions : S
Étages/habitats : C
Réf. faunist. : 1545d
Réf. taxon. : 1216

Axonolaimus sp.
Régions : S, EM
Étages/habitats : C, M
Réf. faunist. : 1545d, G. Tita (comm. pers.)
Réf. taxon. : 1216

Bathylaimus capacosus Hopper, 1962
Régions : IPE
Étages/habitats : I
Réf. faunist. : 729
Réf. taxon. : 728, 729, 1215

Bathylaimus hamatus Hopper, 1968
Régions : IPE
Étages/habitats : I
Réf. faunist. : 729
Réf. taxon. : 729

Bathylaimus parafilicaudatus Allgén, 1935
Régions : IPE
Étages/habitats : I
Réf. faunist. : 729
Réf. taxon. : 13, 729

Bathylaimus sp.
Régions : EM
Étages/habitats : I
Réf. faunist. : 164, 167
Réf. taxon. : 817, 1215, 1216

Belbolla tenuidens
Régions : EM
Étages/habitats : M
Réf. faunist. : G. Tita (comm. pers.)
Réf. taxon. : 1216

Calyptronema sp.
Régions : S
Étages/habitats : C
Réf. faunist. : 1545d
Réf. taxon. : 1216

Camacolaimus sp.
Régions : EM, S
Étages/habitats : M, C
Réf. faunist. : 1545d, G. Tita (comm. pers.)
Réf. taxon. : 1216

Campylaimus sp.
Régions : S
Étages/habitats : C
Réf. faunist. : 1545d
Réf. taxon. : 1216

Chromadora axi Gerlach, 1951
Régions : EAV, EM
Étages/habitats : I
Réf. faunist. : 164, 167
Réf. taxon. : 571

Chromadora nudicapitata Bastian, 1865
Régions : EAV, EM
Étages/habitats : I
Réf. faunist. : 164, 167
Réf. taxon. : 81, 1216

Chromadora sp.
Régions : EAV, EM, S
Étages/habitats : I, C
Réf. faunist. : 164, 167, 1545d
Réf. taxon. : 1215, 1216

Chromadorina sp.
Régions : EM
Étages/habitats : M
Réf. faunist. : G. Tita (comm. pers.)
Réf. taxon. : 940, 1216

Chromadorita sp.
Régions : EAV, EM, S
Étages/habitats : I, C
Réf. faunist. : 164, 167, 1545d
Réf. taxon. : 1215, 1216

Chromadorita tenuis (G. Schneider, 1906) Filipjev, 1922
Régions : IPE
Étages/habitats : I
Réf. faunist. : 729
Réf. taxon. : 729, 1216

Cobbia sp.
Régions : S
Étages/habitats : C
Réf. faunist. : 1545d
Réf. taxon. : 1216

Cyartonema sp.
Régions : EM, S
Étages/habitats : M, C
Réf. faunist. : 1545d, G. Tita (comm. pers.)
Réf. taxon. : 1216

Cyatholaimus sp.
Régions : EM
Étages/habitats : I
Réf. faunist. : 164, 167
Réf. taxon. : 1215, 1216

Cyatholaimidae
Régions : EM
Étages/habitats : M
Réf. faunist. : G. Tita (comm. pers.)
Réf. taxon. : 1216

Cytolaimium sp.
Régions : EM
Étages/habitats : M
Réf. faunist. : G. Tita (comm. pers.)
Réf. taxon. : 1216

Daptonema albigensis (Riemann, 1966), Hopper, 1968
Régions : IPE
Étages/habitats : I
Réf. faunist. : 729
Réf. taxon. : 729, 940, 941

Daptonema tenuispiculum (Ditlevsen, 1919)
Régions : EM
Étages/habitats : M
Réf. faunist. : G. Tita (comm. pers.)
Réf. taxon. : 446a, 940, 1216

Daptonema sp.
Régions : EM
Étages/habitats : I
Réf. faunist. : 164, 167, 1545d
Réf. taxon. : 940, 941, 1215, 1216

Desmoscolex sp.
Régions : S
Étages/habitats : C
Réf. faunist. : 1545d
Réf. taxon. : 1216

Dichromadora sp.
Régions : EAV, EM
Étages/habitats : ?
Réf. faunist. : 164, 167
Réf. taxon. : 1215, 1216

Diplolaimella sp.
Régions : S
Étages/habitats : C
Réf. faunist. : 1545d
Réf. taxon. : 1216

Diplopeltoides sp. 1
Régions : S
Étages/habitats : C
Réf. faunist. : 1545d
Réf. taxon. : 1216

Diplopeltoides sp. 2
Régions : S
Étages/habitats : C
Réf. faunist. : 1545d
Réf. taxon. : 1216

Diplopeltula sp.
Régions : S
Étages/habitats : C
Réf. faunist. : 1545d
Réf. taxon. : 1216

Doliolaimus sp.
Régions : S
Étages/habitats : C
Réf. faunist. : 1545d
Réf. taxon. : 1216

Dorylaimopsis sp.
Régions : S
Étages/habitats : C
Réf. faunist. : 1545d
Réf. taxon. : 1216

Elzalia sp.
Régions : S
Étages/habitats : C
Réf. faunist. : 1545d
Réf. taxon. : 1216

Enoplidae
Régions : EGS
Étages/habitats :
Réf. faunist. : 164, 167
Réf. taxon. : 307

Enoplolaimus sp.
Régions : EM
Étages/habitats : I
Réf. faunist. : 164, 167
Réf. taxon. : 447, 574, 817, 941, 1215, 1216

Enoplus communis Bastian, 1865
Régions : EM
Étages/habitats : I
Réf. faunist. : 164, 167
Réf. taxon. : 81, 307, 1215

Enoplus sp.
Régions : EM
Étages/habitats : I
Réf. faunist. : 164, 167
Réf. taxon. : 81, 307, 447, 817, 1215, 1216

Geomonhystera disjuncta (Bastian, 1865)
Régions : EGS, EAV, IM, EM
Étages/habitats : ?
Réf. faunist. : 164, 167, 1492
Réf. taxon. : 766, 1665

Halalaimus sp.
Régions : EM, S
Étages/habitats : M, C
Réf. faunist. : 1545d, G. Tita (comm. pers.)
Réf. taxon. : 1216

Halanonchus sp.
Régions : S
Étages/habitats : C
Réf. faunist. : 1545d
Réf. taxon. : 1216

Halaphanolaimus sp.
Régions : S
Étages/habitats : C
Réf. faunist. : 1545d
Réf. taxon. : 1216

Hypodontolaimus balticus (Schneider, 1906)
Régions : EM, S
Étages/habitats : M, C
Réf. faunist. : 1545d, G. Tita (comm. pers.)
Réf. taxon. : 1216, 1666

Hypodontolaimus sp.
Régions : S
Étages/habitats : C
Réf. faunist. : 1545d
Réf. taxon. : 1216, 1666

Hypodontolaimus reversus Hopper, 1968
Régions : IPE
Étages/habitats : I
Réf. faunist. : 729
Réf. taxon. : 729, 1666

Innocuonema sp.
Régions : EM, S
Étages/habitats : M, C
Réf. faunist. : 1545d, G. Tita (comm. pers.)
Réf. taxon. : 1216

Leptolaimoides sp.
Régions : S
Étages/habitats : C
Réf. faunist. : 1545d
Réf. taxon. : 1216

Leptolaimus elegans (Stekhoven et DeConinck, 1933)
Régions : EM
Étages/habitats : M
Réf. faunist. : G. Tita (comm. pers.)
Réf. taxon. : 1216

Leptolaimus sp.
Régions : S
Étages/habitats : C
Réf. faunist. : 1545d
Réf. taxon. : 1216

Linhystera sp.
Régions : S
Étages/habitats : C
Réf. faunist. : 1545d
Réf. taxon. : 940, 1216

Metachromadora (Bradylaimus) sp.
Régions : EAM, EM
Étages/habitats : I
Réf. faunist. : 164, 167
Réf. taxon. : 574, 941, 1216

Metachromadora (*Metachromadoroides*) sp.
Régions : EM
Étages/habitats : M
Réf. faunist. : G. Tita (comm. pers.)
Réf. taxon. : 1216

Metachromadora (Neonyx) sp.
Régions : EM
Étages/habitats : I
Réf. faunist. : 164, 167
Réf. taxon. : 574, 941, 1216

Metachromadora sp.
Régions : S
Étages/habitats : C
Réf. faunist. : 1545d
Réf. taxon. : 1216, 1666

Metacomesoma sp.
Régions : EM
Étages/habitats : M
Réf. faunist. : G. Tita (comm. pers.)
Réf. taxon. : 1216

Metalinhomoeus sp.
Régions : S
Étages/habitats : C
Réf. faunist. : 1545d
Réf. taxon. : 1216

Metasphaerolaimus sp.
Régions : S
Étages/habitats : C
Réf. faunist. : 1545d
Réf. taxon. : 1216

Metoncholaimus sp.
Régions : S
Étages/habitats : C
Réf. faunist. : 1545d
Réf. taxon. : 1216

Microlaimus sp.
Régions : EM, S
Étages/habitats : M, C
Réf. faunist. : 1545d, G. Tita (comm. pers.)
Réf. taxon. : 1216

Minolaimus sp.
Régions : S
Étages/habitats : C
Réf. faunist. : 1545d
Réf. taxon. : 1216

Molgolaimus sp.
Régions : S
Étages/habitats : C
Réf. faunist. : 1545d
Réf. taxon. : 1216

Monhystera sp.
Régions : EAV, EM
Étages/habitats : I
Réf. faunist. : 164, 167
Réf. taxon. : 307, 766, 1215, 1216

Monoposthia costata (Bastian, 1865) De Man, 1889
Régions : EAV, EM
Étages/habitats : I
Réf. faunist. : 167
Réf. taxon. : 434, 1216, 1665, 1666

Nannolaimoides effilatus (Boucher, 1976)
Régions : EM
Étages/habitats : M
Réf. faunist. : G. Tita (comm. pers.)
Réf. taxon. : 1216

Nannolaimus sp.
Régions : S
Étages/habitats : C
Réf. faunist. : 1545d
Réf. taxon. : 1214, 1216

Neochromadora sp.
Régions : EM
Étages/habitats : ?
Réf. faunist. : 164, 167
Réf. taxon. : 1215, 1216

Nudora sp.
Régions : EM
Étages/habitats : ?
Réf. faunist. : 164, 167
Réf. taxon. : 1215, 1216

Oncholaimidae
Régions : EM
Étages/habitats :
Réf. faunist. : 164, 167
Réf. taxon. : 307

Oxystomina sp.
Régions : S
Étages/habitats : C
Réf. faunist. : 1545d
Réf. taxon. : 1216

Paracanthonchus sp.
Régions : S
Étages/habitats : C
Réf. faunist. : 1545d
Réf. taxon. : 1216

Paradesmodora sp.
Régions : S
Étages/habitats : C
Réf. faunist. : 1545d
Réf. taxon. : 1216

Paralinhomoeus sp.
Régions : EM, S
Étages/habitats : M, C
Réf. faunist. : 1545d
Réf. taxon. : 1216

Paralongicyatholaimus sp.
Régions : S
Étages/habitats : C
Réf. faunist. : 1545d
Réf. taxon. : 1216

Paramonohystera sp.
Régions : S
Étages/habitats : C
Réf. faunist. : 1545d
Réf. taxon. : 940, 1216

Parasphaerolaimus sp.
Régions : S
Étages/habitats : C
Réf. faunist. : 1545d
Réf. taxon. : 1216

Pellioditis marina (Bastian, 1865) Andassy 1983
Régions : EM
Étages/habitats : I
Réf. faunist. : 164, 167
Réf. taxon. : 23, 307

Phanodermopsis sp.
Régions : S
Étages/habitats : C
Réf. faunist. : 1545d
Réf. taxon. : 447, 1216

Pierrickia sp.
Régions : S
Étages/habitats : C
Réf. faunist. : 1545d
Réf. taxon. : 1216

Prochromadorella sp.
Régions : EAV, EM
Étages/habitats : I
Réf. faunist. : 164, 167
Réf. taxon. : 1215, 1216

Sabatieria sp. 1
Régions : EM, S
Étages/habitats : M, C
Réf. faunist. : 1545d, G. Tita (comm. pers.)
Réf. taxon. : 446a, 1216

Sabatieria sp. 2
Régions : EM, S
Étages/habitats : M, C
Réf. faunist. : 1545d
Réf. taxon. : 446a, 1216

Sabatieria sp. 3
Régions : EM
Étages/habitats : M
Réf. faunist. : G. Tita (comm. pers.)
Réf. taxon. : 446a, 1216

Scaptrella sp.
Régions : EM
Étages/habitats : M
Réf. faunist. : G. Tita (comm. pers.)
Réf. taxon. : 1216

Southerniella sp.
Régions : S
Étages/habitats : C
Réf. faunist. : 1545d
Réf. taxon. : 1216

Sphaerolaimus sp.
Régions : EM, S
Étages/habitats : M, C
Réf. faunist. : 1545d, G. Tita (comm. pers.)
Réf. taxon. : 447, 1216

Steineria sp.
Régions : EM
Étages/habitats : M
Réf. faunist. : G. Tita (comm. pers.)
Réf. taxon. : 1216

Steineridora loricata (Steiner, 1916) Inglis, 1969
Régions : EAV, EM
Étages/habitats : ?
Réf. faunist. : 164, 167
Réf. taxon. : 1491a

Stephanolaimus sp.
Régions : S
Étages/habitats : C
Réf. faunist. : 1545d
Réf. taxon. : 446a, 1216

Synodontium monhystera Gerlach, 1953
Régions : IPE
Étages/habitats : I
Réf. faunist. : 729
Réf. taxon. : 572, 729

Terschellingia sp. 1
Régions : S
Étages/habitats : C
Réf. faunist. : 1545d
Réf. taxon. : 1216

Terschellingia sp. 2
Régions : S
Étages/habitats : C
Réf. faunist. : 1545d
Réf. taxon. : 1216

Theristus acer Bastian, 1865
Régions : EAV, EM
Étages/habitats : I
Réf. faunist. : 164, 167
Réf. taxon. : 81, 307, 730, 940

Theristus sp.
Régions : EAV, EM
Étages/habitats : I
Réf. faunist. : 164, 167
Réf. taxon. : 307, 940, 1215, 1216

Trefusia sp.
Régions : S
Étages/habitats : C
Réf. faunist. : 1545d
Réf. taxon. : 1216

Tricoma sp.
Régions : S
Étages/habitats : C
Réf. faunist. : 1545d
Réf. taxon. : 1216

Tripyloides gracilis (Ditlevsen, 1918) Filipjev, 1927
Régions : EM
Étages/habitats : I
Réf. faunist. : 164, 167
Réf. taxon. : 1215, 1545b, 1665

Tripyloides sp.
Régions : EAV, EM
Étages/habitats : I
Réf. faunist. : 164, 167
Réf. taxon. : 817, 1215, 1216

Valvaelaimus sp.
Régions : S
Étages/habitats : C
Réf. faunist. : 1545d
Réf. taxon. : 940, 1216

Viscosia sp.
Régions : EM
Étages/habitats : M
Réf. faunist. : G. Tita (comm. pers.)
Réf. taxon. : 1216, 1666

31C : Nematoda (parasites)

Références taxonomiques générales : 21a, 292a, 294, 294a, 542, 653a, 839+, 985a, 1008, 1288a, 1429, 1430, 1682a, 1702c

Anisakinae ou Anisakidae (larves)
Régions : G, EGS, IPE, IM
Étages/habitats : /enPP
Réf. faunist. : 28, 1073
Réf. taxon. : 578b, 653, 1434
Remarque : Dans les Sébastes (*Sebastes mentella* et *S. fasciatus*) et la Morue franche (*Gadus morhua*).

Anisakis (larves)
Régions : EGS, IM, MCN, BCN, TNO, TNS, IPE
Étages/habitats : /enPP, enPM
Réf. faunist. : 674, 977a, 1005b, 1098, 1528d
Réf. taxon. : 578a, 578b, 653a, 1005b, 1434, 1569b+, 1569c+
Remarque : Larves non identifiables dans plusieurs espèces de poissons, dont les adultes parasitent les Cétacés, et qui appartiennent généralement à l'espèce *A. simplex* (sauf celles qui infectent les poissons Élasmobranches).

Anisakis simplex (Rudolphi, 1809) Dujardin, 1845
Régions : G, EGS, EM, IPE, CLE, CLH, CLS, HCN, IM, S, MCN, BCN, CLA, CLI, AS, TNS, TNO
Étages/habitats : /enPP, enPM
Réf. faunist. : 35b, 36, 37, 148, 555, 892a, 950a, 980a, 1005a, 1005c, 1009, 1009a, 1034, 1073, 1161b
Réf. taxon. : 452, 653a, 950a, 1434
Remarque : Larves dans plusieurs espèces de poissons Téléostéens, adultes dans le Béluga (*Delphinapterus leucas*).

Ascarophis arctica Polyansky, 1952
Régions : IM, IPE, EM
Étages/habitats : /enPP
Réf. faunist. : 27, 28, 36
Réf. taxon. : 27, 294, 839
Remarque : Dans Morue franche (*Gadus morhua*) et Flétan du Groenland (*Reinhardtius hippoglossoides*).

Ascarophis extalicola Appy, 1981
Régions : EGS, IM, IPE
Étages/habitats : /enPP
Réf. faunist. : 27, 28
Réf. taxon. : 27, 294
Remarque : La présence de l'espèce dans le golfe du Saint-Laurent n'est pas explicitement spécifiée, mais notre compréhension de l'article (réf. 27) nous le laisse croire. Dans Morue franche (*Gadus morhua*).

Ascarophis filiformis Polyansky, 1952
Régions : EGS, IM, IPE
Étages/habitats : /enPP
Réf. faunist. : 27, 28
Réf. taxon. : 27, 294, 1569b+, 1569c+
Remarque : La présence de l'espèce dans le golfe du Saint-Laurent n'est pas explicitement spécifiée, mais notre compréhension de l'article (réf. 27) nous le laisse croire. Dans Morue franche (*Gadus morhua*).

Ascarophis spp.
Régions : EGS, IPE
Étages/habitats : /enPP, enPI
Réf. faunist. : 37, 146

Réf. taxon. : 27, 294, 452, 839
Remarque : Adultes dans le Capelan (*Mallotus villosus*), larves dans le Homard (*Homarus americanus*).

Capillaria sp.
Régions : IM
Étages/habitats : /enPP
Réf. faunist. : 28
Réf. taxon. : 22a, 1074, 1430c
Remarque : Dans Morue franche (*Gadus morhua*).

Contracaecinea
Régions : G, EGS, EM, MCN, BCN, AS, CLA, CLE, CLH, CLS, S, TNO, TNS, IPE
Étages/habitats : /enPP, enPI, enPM
Réf. faunist. : 37, 148, 1034, 1073, 1528a, 1528b, 1636a
Réf. taxon. : 37, 208b, 653a, 1435, 1528b, 1636a
Remarque : Tribu d'Anisakinae incluant *Contracaecum osculatum* et *Phocascaris* sp. dont on ne peut distinguer les larves, parasites de plusieurs espèces de poissons, par leurs seuls caractères anatomiques (e.g. Berland, 1961, réf. 105; Smith et Wootten, 1984b, réf. 1435; Fagerholm, 1989, réf. 482a; Brattey, 1995, réf. 208); larves d'*Hysterothylacium* aussi difficiles à identifier avant 1985; adultes dans les phoques (Lyster, 1940, réf. 950a; Mansfield et Beck, 1977, réf. 977a) ou les Bélugas, *Delphinapterus leucas* (Measures *et al.*, 1995, réf. 1034); jeunes larves dans le Chétognathe *Parasagitta elegans* (Weinstein, 1972, réf. 1636a).

Contracaecum osculatum (Rudolphi, 1802)
Régions : G, IPE, CLI, IM
Étages/habitats : /enPP
Réf. faunist. : 208b, 1005a, 1005f
Réf. taxon. : 208b+, 482a, 653a, 839+, 1005f+
Remarque : Larves, difficiles à identifier (Brattey, 1995, réf. 208b), dans Morue franche (*Gadus morhua*), adultes et préadultes dans Phoque du Groenland (*Phoca groenlandica*).

Cucullanus cirratus O.F. Müller, 1777
Régions : EGS, IM, IPE
Étages/habitats : /enPP
Réf. faunist. : 28
Réf. taxon. : 294a, 1430c
Remarque : Dans la Morue franche (*Gadus morhua*)

Cucullanus heterochrous Rudolphi, 1802
Régions : EGS
Étages/habitats : /enPP
Réf. faunist. : 1313b

Réf. taxon. : 105, 294a, 452
Remarque : Dans Limande à queue jaune (*Limanda ferruginea*) et Plie rouge (*Pseudopleuronectes americanus*).

Eustrongylides sp. (larve)
Régions : IPE, MCN
Étages/habitats : /enPP, D ou E
Réf. faunist. : 555, 622a
Réf. taxon. : 22a, 1032a, 1702c
Remarque : Dans Épinoche à trois épines (*Gasterosteus aculeatus*).

Halocercus monoceris Webster, Neufeld et MacNeil, 1973
Régions : EM
Étages/habitats : /enPM
Réf. faunist. : 1034
Réf. taxon. : 21a, 1633a
Remarque : Dans Béluga (*Delphinapterus leucas*).

Halocercus taurica Delyamure, 1942
Régions : EM
Étages/habitats : /enPM
Réf. faunist. : 1034
Réf. taxon. : 21a, 35a, 1430b
Remarque : Dans Béluga (*Delphinapterus leucas*).

Hysterothylacium aduncum (Rudolphi, 1802) Deardorff et Overstreet, 1981
Régions : G, EGS, MCN, BCN, IM, IPE, CLI, CLA, CLE, CLS, EM
Étages/habitats : /enPP, enPI
Réf. faunist. : 28, 37, 555, 674, 980b, 1009, 1073, 1161b, 1212a, 1313b
Réf. taxon. : 105, 419, 452, 653a, 838j, 1569b, 1569c
Remarque : Adultes et larves âgées dans plusieurs espèces de poissons, larves jeunes dans le Bernard-l'Ermite *Pagurus acadianus* (Marcogliese, 1996, réf. 980b); le *Contracaecum gadi* (= *H. gadi*), rapporté par Ronald (1963, réf. 1313b) pour le Golfe, est considéré comme synonyme d'*H. aduncum* par certains auteurs, mais comme espèce distincte par d'autres (cf. Køie, 1993a, réf. 838j).

Hysterothylacium sp. (larve)
Régions : IPE
Étages/habitats : I /enPI
Réf. faunist. : 209a, 892a
Réf. taxon. : 653a, 1702c
Remarque : Larves jeunes dans l'estomac du Homard (*Homarus americanus*); les larves plus âgées dans *Alosa* spp. (réf. 892a) sont certainement des *H. aduncum*.

Pharurus pallasii (van Beneden, 1870) Arnold and Gaskin, 1975
Régions : EM
Étages/habitats : /enPM
Réf. faunist. : 990a, 1034
Réf. taxon. : 21a, 35a
Remarque : Dans Béluga (*Delphinapterus leucas*).

Philometra rubra Leidy, 1856
Régions: IPE
Étages/habitats : /enPP, D
Réf. faunist. : 714b
Réf. taxon. : 294
Remarque : Dans une population estuarienne de Bars rayés (*Morone saxatilis*) anadromes.

Pseudanisakis tricupola Gibson, 1973
Régions : IM
Étages/habitats : /enPP
Réf. faunist. : 674, 1098
Réf. taxon. : 578a, 578a+, 653a, 1430a, 1569b+, 1569c+
Remarque : Dans trois espèces de raies (*Raja* spp.).

Pseudocapillaria (Ichthyocapillaria) salvelini (Polyansky, 1952) Moravec, 1982
Régions: IPE
Étages/habitats : éps /enPP, D
Réf. faunist. : 636b
Réf. taxon. : 22a, 1074, 1430c
Remarque : Dans le Saumon atlantique (*Salmo salar*) estuariens.

Pseudoterranova decipiens (Krabbe, 1878)
Régions : G, EGS, EM, IPE, IM, MCN, CLA, CLE, CLH, CLS, S, CLI, AS, TNS, TNO
Étages/habitats : /enPP, enPM, enPI
Réf. faunist. : 28, 35b, 36, 37, 148, 236, 674, 822, 892a, 892b, 950a, 977a, 1005a, 1005b, 1005c, 1005d, 1034, 1073, 1098, 1394a, 1394b, 1394c, 1528d
Réf. taxon. : 105, 452, 578b, 579b, 950a, 1005e+, 1008, 1433a, 1528c, 1569b+, 1569c+
Remarque : Les mentions anciennes (réf. 674, 1098) de *Phocanema* sp. larvaires dans des poissons (plusieurs espèces) sont référées au genre *Pseudoterranova* qui en est devenu le synonyme sénior (Gibson et Colin, 1982, réf. 579b; Gibson, 1982, réf. 578b); puisqu'il n'y a qu'une espèce de ce genre dans l'Atlantique nord, nous référons ces anciennes mentions à l'espèce *P. decipiens*; adultes dans l'intestin des phoques.

Pseudoterranova spp. (larves)
Régions : EGS, IM, MCN, BCN, TNO, TNS
Étages/habitats : /enPP, enPI
Réf. faunist. : 1528c
Réf. taxon. : 925b, 1008

Raphidascaris sp.
Régions: IPE
Étages/habitats : éps /enPP, D
Réf. faunist. : 636b
Réf. taxon. : 653a, 578b
Remarque : Dans le Saumon atlantique (*Salmo salar*) anadrome.

Spirurida
Régions : BCN
Étages/habitats : /enPP
Réf. faunist. : 37
Réf. taxon. : 22, 292a, 293, 294
Remarque : Dans Capelan (*Mallotus villosus*).

Stenurus arctomarinus Delyamure et Kleinenberg, 1958
Régions : EM
Étages/habitats : /enPM
Réf. faunist. : 1034
Réf. taxon. : 21a, 35a
Remarque : Dans Béluga (*Delphinapterus leucas*).

Sterliadochona ephemeridarum (Linstow, 1872) Petter, 1984
Régions: IPE, MCN
Étages/habitats : éps /enPP, D
Réf. faunist. : 125b, 555, 636b
Réf. taxon. : 294, 1073a
Remarque : Dans populations estuariennes de Saumon atlantique (*Salmo salar*) et d'Omble de fontaine (*Salvelinus fontinalis*).

31D : Acanthocephala

Références taxonomiques générales : 17c, 31, 985a, 1183, 1183a, 1575b, 1703b

Bolbosoma capitatum (von Linstow, 1880) Porta, 1908
Régions : IPE
Étages/habitats : ép /enPM
Réf. faunist. : 711a
Réf. taxon. : 1183
Remarque : Dans Cachalots (*Physeter macrocephalus*) échoués.

Bolbosoma sp.
Régions : EM, IPE
Étages/habitats : /enPM
Réf. faunist. : 711a, 1034
Réf. taxon. : 31, 1183, 1575b
Remarque : Dans Béluga (*Delphinapterus leucas*) et Cachalot (*Physeter macrocephalus*).

Bolbosoma sp. 1
Régions : IPE
Étages/habitats : ép /enPM
Réf. faunist. : 711a
Réf. taxon. : 1183, 1575b

Remarque : Dans Cachalots (*Physeter macrocephalus*) échoués.

Bolbosoma turbinella (Diesing, 1851)
Régions : EM
Étages/habitats : /enPM
Réf. faunist. : 1033
Réf. taxon. : 1183, 1575b
Remarque : Dans Baleine bleue (*Balaenoptera musculus*).

Corynosoma cameroni Van Cleave, 1953a
Régions : EM
Étages/habitats : /enPM
Réf. faunist. : 950a, 1067b, 1575a, 1575b, 1604a
Réf. taxon. : 590d, 1183a, 1575a, 1575b
Remarque : Selon VanCleave (1953a, b, réf. 1575a, b) et Montreuil (1955, réf. 1067b), les « *C. strumosum* » identifiés dans les Bélugas du St-Laurent (*Delphinapterus leucas*) par Lyster (1940, réf. 950a) et Vladykov (1944, réf. 1604a) sont des *C. cameroni*; Margolis et Arai (1989, réf. 985a) semblent ignorer ces opinions.

Corynosoma magdaleni Montreuil, 1958
Régions : IM, IPE
Étages/habitats : /enPM, enPI, enPP
Réf. faunist. : 555, 1067a, 1067b, 1067c
Réf. taxon. : 31, 1067c

Corynosoma semerme (Forssell, 1904)
Régions : IM
Étages/habitats : /enPM
Réf. faunist. : 1067a, 1067b, 1067c
Réf. taxon. : 31, 452, 590d, 950a, 1067b, 1183a, 1575a, 1575b
Remarque : Dans le Phoque gris (*Halichoerus gripus*) adultes; Margolis et Arai (1989, réf. 985a), ne citant pas Montreuil (1954, 1955, réf. 1067a, b), omettent dans leur catalogue cette unique mention ouest-atlantique des adultes de l'espèce, dont les juvéniles parasites de la Plie (*Pseudopleuronectes americanus*) sont pourtant rapportés pour la baie de Fundy par Arai (1989, réf. 31) d'après le mémoire de Montreuil (1955, réf. 1067b).

Corynosoma strumosum (Rudolphi, 1802) Lühe 1904
Régions : IM, CLE, CLS, EM, S
Étages/habitats : /enPM
Réf. faunist. : 35b, 36
Réf. taxon. : 31, 452, 590d, 1183a, 1575a, 1575b
Remarque : Arai (1989, réf. 31) cite cette espèce comme si elle avait été rapportée par Montreuil (1955, réf. 1067b) pour l'Atlantique, ce qui ne semble pas le cas; et l'hôte qu'il cite (*Lepidopsetta bilineata*) est une plie du Pacifique. Dans le Golfe, on ne connaît donc cette espèce que par des juvéniles infectant des Flétans du Groenland (*Reinhardtius hippoglossoides*).

Corynosoma sp.
Régions : EGS, IPE, IM, AS, MNC
Étages/habitats : /enPP
Réf. faunist. : 28, 1313b, 1575b
Réf. taxon. : 31, 590d, 1183a, 1575a, 1575b
Remarque : Stade juvénile dans Morue franche (*Gadus morhua*).

Corynosoma wegeneri Heinze, 1934
Régions : CLE, EM, IM
Étages/habitats : /enPM
Réf. faunist. : 36, 1067a, 1067b, 1067c, 1575a
Réf. taxon. : 31, 590d, 984a, 1183a, 1575a, 1575b
Remarque : Adultes dans trois espèces de phoques, juvéniles dans trois espèces de poissons.

Echinorhynchus gadi Zoega in O.F. Müller, 1776
Régions : G, CLI, CLA, CLE, CLS, EM, S, EGS, IM, IPE, TNS
Étages/habitats : B /enPP
Réf. faunist. : 28, 36, 674, 714b, 775a, 822, 1009, 1212a, 1313b
Réf. taxon. : 31, 452, 1183

Echinorhynchus lateralis Leidy, 1851
Régions : IPE
Étages/habitats : ép /enPP, D
Réf. faunist. : 125b, 555, 636b
Réf. taxon. : 31
Remarque : Dans populations estuariennes de Saumon atlantique (*Salmo salar*) et d'Omble de fontaine (*Salvelinus fontinalis*).

Echinorhynchus laurentianus Ronald, 1957
Régions : G, MCN
Étages/habitats : /enPP
Réf. faunist. : 37, 1310
Réf. taxon. : 31, 1310
Remarque : Dans le Capelan (*Mallotus villosus*).

Echinorhynchus salmonis O.F. Müller, 1784
Régions : EM
Étages/habitats : /enPI
Réf. faunist. : 1033a
Réf. taxon. : 31, 452, 1183
Remarque : Larves dans l'amphipode *Gammarus lawrencianus*.

Leptorhyncoides thecatus (Linton, 1891) [??]
Régions : EAV, EM
Étages/habitats : éps /enPP
Réf. faunist. : 1203a
Réf. taxon. : 31, 1183, 1203a, 1703b

Remarque : Espèce d'eau douce selon Arai (1989, réf. 31), dont la présence dans le Capelan (*Mallotus villosus*), espèce marine devrait être confirmée.

Neoechinorhynchus rutili (O.F. Müller, 1780) Hamann, 1892 [?]
Régions : CLE ou CLA, IPE
Étages/habitats : B? /enPP, D
Réf. faunist. : 636b, 714b, 1073
Réf. taxon. : 31
Remarque : Dans Saumon atlantique (*Salmo salar*) et Bars rayés (*Morone saxatilis*) estuariens; la présence de cette espèce dulcicole (Arai, 1989, réf. 31; McDonald et Margolis, 1995, réf. 1008) dans un poisson marin bathyal, *Sebastes mentella*, nous paraît très étonnante.

Neoechinorhynchus sp.
Régions : IPE
Étages/habitats : /enPP
Réf. faunist. : 555
Réf. taxon. : 31
Remarque : Adultes dans une population estuarienne d'Omble de fontaine (*Salvelinus fontinalis*) anadrome.

Polymorphus botulus (Van Cleave, 1916)
Régions : IPE
Étages/habitats : /enPI
Réf. faunist. : 209a
Réf. taxon. : 1569b+, 1569c+, 1703b
Remarque : Dans le Homard (*Homarus americanus*).

31G : Gastrotricha

Genre non identifié
Régions : EM
Étages/habitats :
Réf. faunist. : 337
Réf. taxon. : 439, 745, 746, 1326
Remarque : Chaetonida, déterminé par S. Parent, Biodôme de Montréal.

31H : Rotifera

Références taxonomiques générales : 114, 115, 116, 117, 118, 119, 301, 302, 637, 1532

Genre non identifié
Régions : EAM, EGS, TNO
Étages/habitats : éps
Réf. faunist. : 337, 726
Réf. taxon. : 114, 115, 116, 117, 118, 119, 637, 1532
Remarque : J. Dodson (Dépt. Biol., U. Laval : comm. pers.) signale la grande abondance de rotifères depuis 1994 dans le plancton de l'estuaire moyen du Saint-Laurent en aval de l'île d'Orléans.

Genres non identifiés
Régions : S
Étages/habitats : C /m
Réf. faunist. : 1545c
Réf. taxon. : 1532

Colurella sp.
Régions : EM
Étages/habitats : I /m
Réf. faunist. : 337
Réf. taxon. : 1532
Remarque : Déterminé par S. Parent, Biodôme de Montréal.

Proales sp.
Régions : TNO
Étages/habitats : I? /ecPI
Réf. faunist. : 726
Réf. taxon. : 592, 1062, 1532

31I : Kinorhyncha

Références taxonomiques générales : 128, 694, 694a, 695, 696, 697, 698, 1708

Genres non identifiés
Régions : S
Étages/habitats : C /m
Réf. faunist. : 1545c
Réf. taxon. : 694, 697, 698, 752, 1708

Centroderes sp.
Régions : TNO
Étages/habitats : ? /m
Réf. faunist. : 335
Réf. taxon. : 697
Remarque : Source faunistique communiquée par Linda Ward, Ntl. Mus. Nat. Hist., Washington, D.C., 1996.

Echinoderes sp.
Régions : TNO
Étages/habitats : ? /m
Réf. faunist. : 335
Réf. taxon. : 694a, 697, 698, 752
Remarque : Source faunistique communiquée par Linda Ward, Ntl. Mus. Nat. Hist., Washington, D.C., 1996.

Kinorhynchus sp.
Régions : TNO
Étages/habitats : ? /m
Réf. faunist. : 335
Réf. taxon. : 697, 698

Remarque : Source faunistique communiquée par Linda Ward, Ntl. Mus. Nat. Hist., Washington, D.C., 1996.

Pycnophyes sp.
Régions : TNO
Étages/habitats : ? /m
Réf. faunist. : 335
Réf. taxon. : 5a, 697, 698
Remarque : Source faunistique communiquée par Linda Ward, Ntl. Mus. Nat. Hist., Washington, D.C., 1996.

32 : ENTOPROCTA

Références taxonomiques générales : 141, 479, 528, 663, 1118, 1119, 1120

Barentsia gracilis (M. Sars, 1835) [?]
Régions : G, MCN, TNO
Étages/habitats : I
Réf. faunist. : 704, 726, 1154, 1661
Réf. taxon. : 479, 663, 704, 1118, 1119, 1120, 1468
Remarque : P. Emschermann (comm. pers.) doute de la présence de cette espèce dans l'Atlantique nord-américain.

Barentsia sp.
Régions : G, EGS, EAV, EM, IPE
Étages/habitats : I, C
Réf. faunist. : 333, 337, 338, 703, 1661
Réf. taxon. : 703, 1118, 1120
Remarque : Whiteaves (1901, réf. 1661) rapporte *Barentsia major* Hincks, 1888 pour le Golfe. Cependant, Nielsen (comm. pers.) nous recommande de rapporter cette mention comme *Barentsia* sp. puisque cette espèce ne peut être reconnue d'après la description originale.

Pedicellina nutans Dalyell, 1848
Régions : G
Étages/habitats : ?
Réf. faunist. : 704, 1661
Réf. taxon. : 663, 704, 1118, 1120

Pedicellina sp.
Régions : EAM
Étages/habitats : M, I
Réf. faunist. : 337, 879a
Réf. taxon. : 1118, 1120

LOPHOPHORATA (33–35) :

33 : Phoronida

Références taxonomiques générales : 478, 519+, 664

Phoronis muelleri Selys-Longchamps, 1903
Régions : EGS
Étages/habitats : I
Réf. faunist. : 236, 337, 477
Réf. taxon. : 477, 478, 519, 664, 1545+

34 : Bryozoa

Références taxonomiques générales : 443, 660, 661, 662, 664, 830, 1062, 1153, 1154, 1244, 1245, 1246, 1342, 1344+, 1346, 1347

Aetea anguina (Linné, 1758)
Régions : TNO
Étages/habitats : I
Réf. faunist. : 726
Réf. taxon. : 591b, 664, 1154, 1154a, 1252, 1346, 1347

Alcyonidium cellarioides Calvet, 1900 [?]
Régions : EGS
Étages/habitats : C
Réf. faunist. : 242
Réf. taxon. : 440, 660, 1251
Remarque : Cette identification d'une espèce méditerranéenne-boréale (réf. 660, 1251) avait été faite en 1963 par feu Mary D. Rogick, qui hésitait entre cette espèce et *A. albidum* Adler, 1857, biogéographiquement plus probable mais plus rare. Aucune de ces deux espèces ne semble avoir été rapportée ailleurs dans l'Atlantique nord-américain.

Alcyonidium diaphanum (Hudson, 1778) [?]
Régions : G, EGS, TNO
Étages/habitats : I, C, B
Réf. faunist. : 242, 726, 830, 920, 923, 1467, 1468, 1655, 1658, 1660, 1661
Réf. taxon. : 440, 660, 664, 830, 1154, 1543
Remarque : Voir *A. gelatinosum*

Alcyonidium gelatinosum (Linné, 1761)
Régions : EM, IPE
Étages/habitats : I, M
Réf. faunist. : 338, 1247, 1250
Réf. taxon. : 225, 440, 440a, 441, 660, 664, 830, 1153, 1251, 1309, 1342, 1543
Remarque : Selon Hayward (1985, réf. 660), cette espèce (syn. *A. polyoum* Hassall, 1841) encroûte les algues intertidales, de sorte que toutes les anciennes mentions pour le Golfe, la plupart apparemment infra- et

circalittorales pour des colonies érigées, s'appliqueraient plutôt à *A. diaphanum*. Les *A. « mytilii »* de Préfontaine et Brunel (1962, réf. 1250), prélevées sur des *Fucus*, seraient donc des véritables *A. gelatinosum* (ou des « *A. polyoum* », selon Osburn (1912b, réf. 1153) et d'Hondt (comm. pers.). Mais d'Hondt (1991, réf. 440a) ayant ranimé la priorité du nom *A. gelatinosum* (L., 1767) sur *A. diaphanum* Lamouroux, 1816, il est clair que toutes les anciennes collections doivent être réidentifiées et renommées, en particulier dans l'Atlanique nord-américain, pour dissiper toute cette confusion.

Alcyonidium gelatinosum var. *pachydermatum* Kluge, 1962
Régions : EM
Étages/habitats : (M) I
Réf. faunist. : 337
Réf. taxon. : 830

Alcyonidium hirsutum (Fleming, 1828)
Régions : IPE
Étages/habitats : I
Réf. faunist. : 1468
Réf. taxon. : 660, 1153, 1251

Alcyonidium parasiticum (Fleming, 1828)
Régions : EGS
Étages/habitats :
Réf. faunist. : 1467, 1468
Réf. taxon. : 660, 1153, 1251

Amphiblestrum flemingii (Busk, 1854)
Régions : IPE
Étages/habitats : I
Réf. faunist. : 288
Réf. taxon. : 591b, 664, 830, 1128b, 1154, 1245, 1346

Amphiblestrum minax (Busk, 1860)
Régions : G
Étages/habitats : ?
Réf. faunist. : 830, 1128a, b, 1661
Réf. taxon. : 591b, 1128b, 1252, 1346

Amphiblestrum osburni Powell, 1968b
Régions : IPE
Étages/habitats : I ?
Réf. faunist. : 288
Réf. taxon. : 591b, 1245

Amphiblestrum septentrionalis (Kluge, 1906)
Régions : G
Étages/habitats : ?
Réf. faunist. : 830, 1661
Réf. taxon. : 591b, 660, 830

Amphiblestrum solidum (Packard, 1863) (Searles Wood, 1844)
Régions : EGS, IPE, BCN
Étages/habitats : I
Réf. faunist. : 288, 830, 1128b, 1158, 1661
Réf. taxon. : 591b, 660a, 830, 1128b, 1154, 1245, 1252, 1344b, 1346

Bathysoecia polygonalis (Kluge, 1952)
Régions : G, EGS, EM
Étages/habitats : C
Réf. faunist. : 665, 830, 1659, 1661
Réf. taxon. : 655, 830, 1154, 1154c
Remarque : Selon d'Hondt (comm. pers.), il s'agirait de *Tubulipora tubulifera* Hastings, 1963, mais selon Hastings (1963, réf. 655), il s'agirait plutôt de *Bathysoecia polygonalis* (Kluge, 1915).

Beania admiranda Packard, 1863 [?]
Régions : BCN
Étages/habitats : I, C
Réf. faunist. : 1158, 1159, 1161, 1661
Réf. taxon. : 591b, 1158, 1159, 1346

Bicellariella ciliata (Linné, 1758)
Régions : G, CLH
Étages/habitats : C, B
Réf. faunist. : 830, 1655, 1656, 1657, 1660, 1661
Réf. taxon. : 664, 830, 1252, 1346, 1347

Bowerbankia gracilis Leidy, 1855
Régions : EGS, MCN
Étages/habitats : I
Réf. faunist. : 1467, 1468
Réf. taxon. : 225, 440, 660, 664, 1153, 1154, 1251, 1309, 1347
Remarque : La distinction fine entre cette espèce et *B. caudata* Hincks, 1880, qu'Osburn (1912b, 1933, réf. 1153 et 1154) traite comme variété de *gracilis*, devrait être réexaminée (Hayward, 1985, réf. 660). Selon Rogick et Croasdale (1949, réf. 1309), elle ressemble aussi beaucoup à *B. imbricata* (Adams, 1789), présente à proximité du Golfe (réf. 855) mais exclue de ce catalogue.

Buffonellaria sp.
Régions : G, BCN, EGS
Étages/habitats : C
Réf. faunist. : 830, 1244, 1661
Réf. taxon. : 591b, 661, 830, 1154b, 1309, 1344b
Remarque : Le *Stephanosella biaperta* de plusieurs auteurs (cf. Powell, 1968a, réf. 1244) contient plus qu'une espèce, dont une espèce arctique attribuée à *Buffonellaria* sp. par Ryland (1969, réf. 1344b, p. 220), qui en illustre l'orifice. C'est certainement l'espèce

du Golfe, qui ne semble pas encore avoir été nommée.

Bugula flabellata (Thompson, 1848) [?]
Régions : EM
Étages/habitats : I
Réf. faunist. : 333
Réf. taxon. : 591b, 664, 1154, 1154a, 1252, 1309, 1342, 1346
Remarque : En raison de confusion entre cette espèce européenne et *B. simplex* Hincks, 1886, espèce infralittorale des ports récemment reconnue dans l'Atlantique du nord-est américain (Ryland et Hayward, 1991, réf. 1347), un réexamen des spécimens est nécessaire.

Bugula plumosa (Pallas, 1766) [?]
Régions : G, IPE
Étages/habitats : C
Réf. faunist. : 1468, 1655, 1657, 1660
Réf. taxon. : 591b, 664, 1252, 1342, 1346
Remarque : La seule mention ouest-atlantique de cette espèce méditerranéenne-boréale (réf. 1346) est celle de Stafford (1912c, réf. 1468) pour la baie de Malpèque, Ile-du-Prince-Édouard. Les captures bathyales d' *Acamarchis plumosa* (Pallas) par Whiteaves (1827a–1875, réf. 1655 à 1660) sont référées plus tard par l'auteur (1901, réf. 1661, p. 93) à *Kinetoskias arborescens*. L'espèce n'apparaît pas parmi les 14 Bugulidae (dont 5 *Bugula*) du guide de Ryland et Hayward (1991, réf. 1347), ni dans les collections canadiennes étudiées par Powell (réf. 1244–46).

Bugula turrita (Desor, 1848)
Régions : G, EM, IPE
Étages/habitats : I
Réf. faunist. : 266, 288, 518
Réf. taxon. : 518, 591b, 1153, 1309, 1347

Caberea ellisii (Fleming, 1814)
Régions : G, EGS, IPE, BCN, MCN, CLH
Étages/habitats : I, C, B
Réf. faunist. : 288, 518, 830, 1154, 1158, 1159, 1244, 1467, 1468, 1656, 1657, 1659, 1660, 1661
Réf. taxon. : 518, 591b, 830, 1154, 1154a, 1244, 1252, 1346, 1347

Callopora aurita Hincks, 1877
Régions : G, EM, IPE
Étages/habitats : I
Réf. faunist. : 288, 333, 338, 830
Réf. taxon. : 225, 591b, 664, 830, 1154, 1154a, 1252, 1309, 1346

Callopora craticula (Alder, 1857)
Régions : EGS, EAV, EM, IPE, MCN
Étages/habitats : I
Réf. faunist. : 288, 333, 338, 830, 1128b, 1244, 1468, 1661
Réf. taxon. : 591b, 664, 830, 1128b, 1154, 1154a, 1252, 1346

Callopora derjugini (Kluge, 1915)
Régions : EGN
Étages/habitats : I
Réf. faunist. : 333
Réf. taxon. : 591b, 830

Callopora dumerilii (Audouin, 1826)
Régions : EGS
Étages/habitats : I
Réf. faunist. : 1661
Réf. taxon. : 591b, 664, 1154, 1252, 1346

Callopora lineata (Linné, 1767)
Régions : G, EGS, EGN, EM, BCN, MCN
Étages/habitats : I, C
Réf. faunist. : 333, 414a, 415b, 415c, 830, 1158, 1161, 1244, 1467, 1468, 1657, 1661
Réf. taxon. : 164a, 591b, 664, 830, 1154a, 1244, 1252, 1346

Callopora whiteavesii Norman, 1903
Régions : CLH
Étages/habitats : B
Réf. faunist. : 830, 1128b
Réf. taxon. : 225, 591b, 830, 1128b, 1154a, 1246

Calyptotheca stylifera (Levinsen, 1887)
Régions : G
Étages/habitats : ?
Réf. faunist. : 830, 1244
Réf. taxon. : 830, 1154c, 1244
Remarque : Kluge (1962, réf. 830) rapporte avoir examiné des spécimens de *Schizoporella stylifera* du golfe du Saint-Laurent, citant dans sa synonymie le sous-genre *Emballotheca* proposé par Levinsen en 1916. Rogick (1955, réf. 1308a) avait cependant exclu 19 espèces du genre, dont *E. stylifera*, sans proposer de nom à ces exclus. Le genre *Calyptotheca* Harmer, 1957 les a désignés peu après, proposition acceptée plus tard par d'autres spécialistes.

Carbasea carbasea (Ellis and Solander, 1786)
Régions : G, EGS, EGN, IPE, BCN
Étages/habitats : C
Réf. faunist. : 288, 414a, 830, 1159, 1161, 1244, 1347, 1468, 1661
Réf. taxon. : 830, 1128b, 1154a, 1252, 1346, 1347, 1661

Cauloramphus cymbaeformis (Hincks, 1877)
Régions : G, EGS, EAV, EM, IPE
Étages/habitats : I
Réf. faunist. : 288, 333, 703, 830, 1128b, 1244, 1661
Réf. taxon. : 830, 1128b, 1154a, 1153, 1244

Cauloramphus spiniferum (Johnston, 1832)
Régions : MCN
Étages/habitats : ?
Réf. faunist. : 1468
Réf. taxon. : 830, 1154a, 1346

Cellepora pumicosa (Pallas, 1766) [?]
Régions : G, EGN, EGS, BCN
Étages/habitats : I
Réf. faunist. : 830, 1158, 1159, 1161, 1467, 1468, 1657, 1661
Réf. taxon. : 661, 664, 830, 1344b
Remarque : Ces anciennes mentions d'une espèce européenne sont très suspectes (réf. 830 et 661) : on devra réexaminer les spécimens encore disponibles. Le Dr. d'Hondt (comm. pers.) remet en question la détermination de cette espèce.

Celleporella hyalina (Linné, 1762)
Régions : G, EGN, EAV, EM, IPE, MCN
Étages/habitats : I, C, B
Réf. faunist. : 288, 333, 414a, 414b, 415b, 415c, 1244, 1247, 1468, 1657, 1661
Réf. taxon. : 164a, 591b, 661, 664, 830, 1077, 1154, 1154b, 1245, 1246, 1309, 1342, 1345, 1657

Celleporina surcularis (Packard, 1863)
Régions : G, EGS, EGN, BCN, MCN
Étages/habitats : I, C
Réf. faunist. : 414a, 415b, 415c, 619, 830, 1158, 1159, 1161, 1244, 1347, 1467, 1468, 1657, 1659, 1659a, 1661
Réf. taxon. : 591b, 830, 1153b, 1154b, 1244, 1347

Celleporina ventricosa (Lorenz, 1886)
Régions : BCN, EM, TNO
Étages/habitats : I, C
Réf. faunist. : 333, 726, 830, 1244
Réf. taxon. : 591b, 830, 1154b, 1244

Chartella membranaceotruncata (Smitt, 1868)
Régions : G
Étages/habitats : C, B
Réf. faunist. : 830, 1128b, 1244, 1655, 1657, 1660, 1661
Réf. taxon. : 830, 1128b, 1244, 1252, 1344b, 1346, 1657

Cheilopora sincera (Smitt, 1868)
Régions : G
Étages/habitats :
Réf. faunist. : 703, 830, 1128c, 1244, 1661
Réf. taxon. : 703, 830, 1153a, 1154b, 1244

Conopeum reticulum (Linné, 1767)
Régions : EGN, EGS, MCN, TNO
Étages/habitats : M. I
Réf. faunist. : 88, 415c, 726, 1467, 1468, 1661
Réf. taxon. : 225, 664, 1154a, 1246, 1252, 1309, 1342, 1344, 1346

Coronopora truncata (Fleming, 1828)
Régions : G
Étages/habitats : B
Réf. faunist. : 1661, 1654a
Réf. taxon. : 662, 830, 1661, 1344b,

Corynoporella tenuis Hincks (1888)
Régions : G
Étages/habitats : ?
Réf. faunist. : 703, 830, 1661
Réf. taxon. : 703, 830

Cribrilina annulata (Fabricius, 1780)
Régions : EGS, BCN, MCN
Étages/habitats : I, C
Réf. faunist. : 125a, 830, 1154, 1158, 1159, 1161, 1244, 1468, 1658, 1661
Réf. taxon. : 125a, 661, 830, 1128c, 1154a, 1246, 1252, 1309

Cribrilina cryptooecium Norman, 1903
Régions : EGS, TNO
Étages/habitats : C
Réf. faunist. : 726
Réf. taxon. : 125a, 225, 661, 664, 830, 1041, 1128c, 1246, 1252

Cribrilina punctata (Hassall, 1841)
Régions : G, EGS, EGN, IPE, MCN
Étages/habitats : C, I
Réf. faunist. : 125a, 338, 415c, 830, 1468, 1658, 1661, 414a, 415b
Réf. taxon. : 125a, 661, 830, 1153, 1154, 1248, 1309, 1661

Crisia denticulata (Lamarck, 1816) [?]
Régions : G, EGS, MCN
Étages/habitats : ?
Réf. faunist. : 1153, 1467, 1468, 1585
Réf. taxon. : 662, 664, 1344a

Crisia eburnea (Linné, 1758)
Régions : G, CLH, EGS, EAV, EM, IPE, BCN, HCN
Étages/habitats : I, C, B
Réf. faunist. : 236, 333, 338, 415c, 830, 1159, 1161, 1347, 1467, 1655, 1656, 1657, 1660, 1661
Réf. taxon. : 164a, 225, 662, 664, 830, 1153, 1154, 1154a, 1245, 1309, 1344a

Remarque : Toutes ces mentions doivent être réévaluées, selon Ryland et Hayward (1991, réf. 1347), notamment à la lumière de la remarque de A. M. Norman à Whiteaves (réf. 1661, p. 110) quant à la prédominance de l'espèce *C. eburneodenticulata* dans le Golfe.

Crisia eburneodenticulata Smitt, 1865
Régions : G
Étages/habitats : I, C, B ?
Réf. faunist. : 830, 1661
Réf. taxon. : 830, 1343, 1344a

Cylindroporella tubulosa (Norman, 1868)
Régions : G, IPE, MCN
Étages/habitats : ?
Réf. faunist. : 288, 830, 1244, 1468, 1661
Réf. taxon. : 661, 830, 1154, 1154b

Cystisella elegantula (d'Orbigny, 1851)
Régions : BCN, EGN
Étages/habitats : C
Réf. faunist. : 415c, 1159, 1161, 1244, 1661
Réf. taxon. : 1159, 1244

Cystisella saccata (Busk, 1856)
Régions : BCN, IPE, TNO, EGS
Étages/habitats : I, C, B
Réf. faunist. : 288, 415b, 619, 703, 726, 830, 1158, 1159, 1244, 1347, 1467, 1468, 1659a, 1661
Réf. taxon. : 830, 703, 1153a, 1154b 1244, 1347

Defrancia lucernaria M. Sars, 1851
Régions : G, CLH, EGS
Étages/habitats : C, B
Réf. faunist. : 830, 1655, 1656, 1657, 1660, 1661
Réf. taxon. : 830

Dendrobeania decorata (Verrill, 1879)
Régions : G
Étages/habitats : ?
Réf. faunist. : 830, 1347
Réf. taxon. : 591b, 830, 996, 1128b, d, 1347

Dendrobeania fruticosa (Packard, 1863)
Régions : BCN
Étages/habitats : ?
Réf. faunist. : 830, 1158, 1159, 1128b, 1244, 1347
Réf. taxon. : 591b, 830, 1158, 1346, 1347

Dendrobeania murrayana (Johnston, 1847)
Régions : G, EGN, EGS, IPE, BCN, MCN, EM
Étages/habitats : I, C
Réf. faunist. : 266, 288, 333, 414b, 830, 1158, 1159, 1161, 1244, 1347, 1467, 1468, 1657, 1661
Réf. taxon. : 591b, 662, 664, 830, 1154, 1154a, 1245, 1252, 1346, 1347

Diplosolen obelia (Johnston, 1838)
Régions : G, EGS, EGN
Étages/habitats : C
Réf. faunist. : 414a, 415b, 415c, 830, 1244, 1657, 1661
Réf. taxon. : 636c, 662, 664, 830, 1154, 1154a, 1244

Disporella hispida (Fleming, 1828)
Régions : EGS, EM, BCN, TNO
Étages/habitats : I, C
Réf. faunist. : 333, 414a, 726, 830, 1158, 1159, 1160, 1161, 1244, 1468, 1657, 1661
Réf. taxon. : 16a, 662, 664, 830, 1154c, 1244, 1245, 1309

Doryporella spathulifera (Smitt, 1867)
Régions : G, EGS, EM
Étages/habitats : I, C
Réf. faunist. : 333, 830, 1128c, 1244, 1661
Réf. taxon. : 830, 1128c, 1153a, 1154a, 1244

Electra arctica Borg, 1931
Régions : G, EGS, MCN, BCN, IPE, EM (?)
Étages/habitats : I
Réf. faunist. : 288, 333(?), 414a, b, 415b, 1158, 1159, 1161, 1244, 1467, 1468, 1657, 1661
Réf. taxon. : 830, 1154, 1154a, 1244, 1245, 1246
Remarque : L'unique mention pour le Golfe d'*Electra crustulenta* (Pallas, 1766), d'après la collection E. Bourget-J. Himmelman (réf. 333), s'applique probablement à la variété *arctica*, devenue *E. arctica* (réf. 1244).

Electra monostachys (Busk, 1854)
Régions : IPE, MCN
Étages/habitats : I
Réf. faunist. : 288, 338, 1246, 1468
Réf. taxon. : 225, 1154, 1246, 1344, 1346

Electra pilosa (Linné, 1767)
Régions : G, IPE, BCN
Étages/habitats : I, C
Réf. faunist. : 266, 288, 338, 414b, 830, 1158, 1159, 1657, 1661
Réf. taxon. : 164a, 225, 664, 830, 1128a, 1153, 1154, 1246, 1252, 1309, 1342, 1344, 1346, 1545+

Entalophoroecia deflexa (Couch, 1842)
Régions : G, EGS
Étages/habitats : CL
Réf. faunist. : 830, 1161, 1467, 1468, 1661
Réf. taxon. : 662, 636c, 664, 830, 1154c, 1347
Remarque : Osburn (1933, réf. 1154) décrit *Diaperoecia harmeri* n. sp. et note que les *Entalophora clavata* rapportés de Canso (à

proximité du Golfe) par Cornish (1907, réf. 355) sont probablement des *D. harmeri*. Or Kluge (1962, réf. 830) cite *D. harmeri* (sous le nom de *Entalophora harmeri*) pour le golfe du Saint-Laurent en attribuant à Whiteaves (1901) cette mention (probablement par erreur), ainsi que celle de *E. clavata* (sous le nom de *Stomatopora granulata*). *E. deflexa* a-t-elle pour synonyme *E. clavata* et *E. harmeri*? Un réexamen des spécimens s'impose, comme l'indiquent aussi Ryland et Hayward (1991, réf. 1347).

Escharella abyssicola (Norman, 1868)
Régions : G, EGS
Étages/habitats :
Réf. faunist. : 830, 1244, 1661
Réf. taxon. : 591b, 661, 830, 1154, 1343

Escharella immersa (Fleming, 1828)
Régions : G, EGN, EGS, EM, IPE
Étages/habitats : I
Réf. faunist. : 288, 333, 415c, 830, 1244, 1467, 1468, 1661
Réf. taxon. : 591b, 661, 664, 830, 1154, 1245, 1246, 1342, 1343

Escharella thompsoni (Kluge, 1955)
Régions : BCN
Étages/habitats : C
Réf. faunist. : 1244
Réf. taxon. : 591b, 830, 1244

Escharella ventricosa (Hassall, 1842)
Régions : G, BCN, MCN, EGS, IPE
Étages/habitats : I, C, B
Réf. faunist. : 288, 415b, 415c, 830, 1158, 1159, 1244, 1468, 1657, 1661
Réf. taxon. : 591b, 661, 664, 830, 1154, 1154b, 1244, 1343

Eucratea loricata (Linné, 1758)
Régions : G, CLH, EAV, EM, EGS, EGN, MCN, IPE
Étages/habitats : I, C, B
Réf. faunist. : 266, 288, 333, 726, 830, 1128b, 1244, 1467, 1468, 1655, 1656, 1657, 1660, 1661
Réf. taxon. : 664, 830, 996, 1128b, 1153a, 1154, 1154a, 1245, 1252, 1346, 1347

Fasciculiporoides americana (d'Orbigny, 1853)
Régions : G
Étages/habitats : ?
Réf. faunist. : 830
Réf. taxon. : 830

Flustra borealis (Packard, 1863) [?]
Régions : BCN
Étages/habitats : I, C
Réf. faunist. : 1158, 1159, 1161, 1661
Réf. taxon. : 1158

Flustra foliacea (Linné, 1758)
Régions : TNO
Étages/habitats : I
Réf. faunist. : 726
Réf. taxon. : 180, 225, 664, 830, 1246, 1252, 1342, 1346, 1347

Flustrellidra corniculata (Smitt, 1872)
Régions : EAV, EM
Étages/habitats : I
Réf. faunist. : 333
Réf. taxon. : 440, 830

Flustrellidra hispida (Fabricius, 1780)
Régions : G, EM, MCN, TNO
Étages/habitats : M, I
Réf. faunist. : 164a, 337, 726, 830, 1247, 1250, 1468, 1661
Réf. taxon. : 164a, 225, 440, 660, 664, 830, 1154, 1251, 1309, 1342, 1344b, 1548+

Haplota clavata (Hincks, 1857)
Régions : G, IPE
Étages/habitats : I
Réf. faunist. : 338, 661, 704, 1347, 1661
Réf. taxon. : 661, 1154, 1309, 1344b, 1347

Hincksina flustroides (Hincks, 1877) [?]
Régions : MCN
Étages/habitats : ?
Réf. faunist. : 1468
Réf. taxon. : 1252, 1346
Remarque : Cette mention par Stafford (1912c, réf. 1468) d'une espèce méditerranéenne-boréale (réf. 1346) s'applique probablement à *H. nigrans*, mais ce doute devra être confirmé par un examen de spécimens.

Hincksipora spinulifera (Hincks, 1889)
Régions : G, BCN
Étages/habitats : C
Réf. faunist. : 705, 830, 1128c, 1154b, 1244, 1661
Réf. taxon. : 830, 1128c, 1154, 1154b, 1244

Hippodiplosia harmsworthi (Waters, 1900)
Régions : G. MCN
Étages/habitats : ?
Réf. faunist. : 705, 830, 1128c, 1468, 1661
Réf. taxon. : 705, 830, 1128c

Hippodiplosia propinqua (Smitt, 1868)
Régions : IPE
Étages/habitats : I
Réf. faunist. : 288
Réf. taxon. : 830, 1153, 1245

Hippodiplosia reticulatopunctata (Hincks, 1877)
Régions : G, EGS, EM, IPE, TNO
Étages/habitats : I, C
Réf. faunist. : 288, 333, 726, 830, 1128c, 1244, 1661
Réf. taxon. : 830, 1128c, 1154, 1244, 1245
Remarque : Voir *Hippoporina pertusa*

Hippoporella hippopus (Smitt, 1868)
Régions : G, BCN, EM, IPE, MCN
Étages/habitats : I
Réf. faunist. : 288, 333, 1244, 1468, 1661
Réf. taxon. : 661, 830, 1154, 154b, 1245

Hippoporina pertusa (Esper, 1796) [?]
Régions : G, EGN, MCN, BCN, EGS
Étages/habitats : I, C
Réf. faunist. : 414a, 415b, 415c, 705, 830, 1158, 1159, 1161, 1657, 1661
Réf. taxon. : 591b, 661, 705, 830, 1154, 1154b
Remarque : Toutes les mentions arctiques et subarctiques, y compris celles du golfe du Saint-Laurent, de cette espèce boréale (Hayward et Ryland, 1979, réf. 661) sont remises en question par Kluge (1962, réf. 830), qui était convaincu d'une confusion avec *Hippodiplosia reticulatopunctata*, tout en acceptant les mentions d'Osburn (1912a, réf. 1153 et 1933, réf. 1154) du cap Cod jusqu'à la baie de Fundy. Powell (réf. 1244–46) ne rapporte pas l'espèce dans ses collections canadiennes, et Verrill (1879, réf. 1588) doutait déjà des identifications de Dawson, Packard et Whiteaves. Avec *H. reticulatopunctata*, l'espèce est attribuée au genre *Hippodiplosia* par Osburn (1933, réf. 1154) et Kluge (1962, réf. 830), tandis que Powell (1968a, b, réf. 1244, 1245) et Hayward et Ryland (1979, réf. 661), suivis par Carson (1985, réf. 288), n'utilisent qu' *Hippoporina* pour l'une ou l'autre espèce. Dans des listes faunistiques de 1985 et 1987, d'autres spécialistes conservent les deux genres, dans des familles différentes. D'Hondt (comm. pers.) le confirme et nous l'acceptons ici.

Hippothoa divaricata Lamouroux 1821 [?]
Régions : G, EGN, BCN, MCN
Étages/habitats : I
Réf. faunist. : 414a, 414b, 830, 1158, 1159, 1161, 1468, 1657, 1661
Réf. taxon. : 591b, 661, 664, 830, 1077, 1154b

Hippothoa expansa Dawson, 1859
Régions : G, EGS, BCN, MCN
Étages/habitats : I
Réf. faunist. : 414a, 415b, 415c, 830, 1077, 1158, 1159, 1161, 1244, 1468, 1661
Réf. taxon. : 591b, 830, 996, 1077, 1154, 1154b

Hornera lichenoides (Linné, 1758)
Régions : G, CLH
Étages/habitats : B
Réf. faunist. : 830, 1658, 1659, 1661
Réf. taxon. : 662, 830, 1347

Idmidronea atlantica Forbes dans Johnston 1847
Régions : G, BCN, CLH, EGS, MCN, TNO
Étages/habitats : C, B
Réf. faunist. : 414b, 415b, 415c, 726, 830, 1158, 1159, 1161, 1244, 1347, 1467, 1468, 1655, 1656, 1657, 1660, 1661
Réf. taxon. : 636c, 662, 830, 1154, 1347

Idmonea sp.
Régions : EM
Étages/habitats : I
Réf. faunist. : 1250
Réf. taxon. : 662

Kinetoskias arborescens Danielssen, 1868
Régions : G, CLH
Étages/habitats : B
Réf. faunist. : 830, 1128a, 1244, 1347, 1655, 1656, 1657, 1659, 1660, 1661
Réf. taxon. : 830, 1252, 1347

Lagenipora spinulosa Hincks, 1884 [?]
Régions : G
Étages/habitats : ?
Réf. faunist. : 705, 1661
Réf. taxon. : 591b, 661, 705, 1154b
Remarque : L'unique mention dans l'Atlantique (réf. 705 et 1661) de cette espèce du Pacifique, connue des îles Galapagos à l'Alaska (Osburn, 1952, réf. 1154b), devrait être confirmée, car au moins deux autres espèces sont connues de l'Atlantique nord (réf. 661).

Lepraliella contigua Smitt, 1868
Régions : EGS
Étages/habitats : C
Réf. faunist. : 830, 1244, 1661
Réf. taxon. : 591b, 830

Lepralioides nordlandica (Nordgaard, 1905)
Régions : G
Étages/habitats : ?
Réf. faunist. : 830, 1661
Réf. taxon. : 830, 1123a

Lichenopora clypeiformis (d'Orbigny, 1839) [?]
Régions : IPE
Étages/habitats : I (?)
Réf. faunist. : 1661
Réf. taxon. : 1442a
Remarque : Cette espèce du sud, redécrite par Smitt (1872, réf. 1442a) sous le nom de *Discoporella clypeiformis* d'après des

spécimens de Floride, ne semble pas avoir été retrouvée depuis Whiteaves (1901, réf. 1661) dans l'Atlantique du nord-est américain.

Lichenopora verrucaria (O. Fabricius, 1780)
Régions : G, EGS, EM, IPE, MCN, BCN, TNO
Étages/habitats : I, C
Réf. faunist. : 333, 338, 726, 830, 1158, 1159, 1161, 1244, 1468, 1661
Réf. taxon. : 17, 662, 664, 830, 1154, 1154c, 1245

Membranipora sp.
Régions : BCN
Étages/habitats : I
Réf. faunist. : 242, 1158, 1159, 1250
Réf. taxon. : 830, 1062, 1252, 1342, 1344, 1346, 1548+
Remarque : L'ancienne mention de *Membranipora membranacea* (L., 1767) dans le détroit de Belle-Isle (Packard, 1863, 1867, réf. 1158, 1159) avait disparu dans sa liste de 1891 (réf. 1161). Cette espèce européenne n'a d'ailleurs été introduite que récemment dans l'Atlantique américain (Berman et al., 1992, réf. 105a). Les autres espèces de *Membranipora* de Packard 1891 (réf. 1161), comme probablement les *Membranipora* sp. rapportés récemment (réf. 242, 1250), appartiennent généralement maintenant à d'autres genres.

Membranipora serrulata Busk, 1878
Régions : G, EAV, BCN, TNO
Étages/habitats : M, I, C
Réf. faunist. : 726, 830, 1244, 1661
Réf. taxon. : 591b, 830, 1244
Remarque : *Bidenskapia spitzbergensis* (Bidenkap, 1897), traitée comme distincte de *M. serratula* par Powell (1968a, réf. 1244), est citée comme synonyme de cette dernière par Kluge (1962, réf. 830).

Membraniporella crassicosta Hincks (1888)
Régions : G, BCN, EGS
Étages/habitats : C, B
Réf. faunist. : 703, 1244, 1467, 1468, 1661
Réf. taxon. : 591b, 703, 1154a, 1244

Microporella ciliata (Pallas, 1766)
Régions : EGS, IPE, MCN, BCN
Étages/habitats : I
Réf. faunist. : 288, 830, 1159, 1161, 1244, 1661
Réf. taxon. : 591b, 661, 664, 830, 1153, 1154, 1154b, 1246, 1309

Microporina articulata (O. Fabricius, 1824)
Régions : BCN
Étages/habitats : C
Réf. faunist. : 1244
Réf. taxon. : 830, 1154a, 1244, 1245, 1347

Mucronella sp.
Régions : G, EM
Étages/habitats : I
Réf. faunist. : 333
Réf. taxon. : 830, 1245

Myriapora coarctata (M. Sars, 1863) [?]
Régions : EGN, CLH
Étages/habitats : B
Réf. faunist. : 830, 925, 1347
Réf. taxon. : 830, 1154b, 1244, 1347
Remarque : Ryland et Hayward (1991, réf. 1347) rapportent cette espèce pour le golfe du Saint-Laurent, probablement en se basant sur Kluge (1962, réf. 830), qui cite Whiteaves (1901, réf. 1661). Or Whiteaves ne rapporte cette espèce (sous son synonyme *Myriozoum coarctatum*) que pour le banc La Have, au sud du Golfe, ce que confirme Powell (1968a, réf. 1244).

Myriapora subgracile (d'Orbigny, 1852)
Régions : G, EGS, MCN, BCN
Étages/habitats : I, C
Réf. faunist. : 415c, 619, 701, 1158, 1159, 1161, 1244, 1347, 1657, 1659, 1661
Réf. taxon. : 830, 1154b, 1158, 1244, 1347

Myriapora sp.
Régions : EM
Étages/habitats : I
Réf. faunist. : 333
Réf. taxon. : 1244, 1347

Myriozoella plana (Dawson, 1859)
Régions : G, EGS, EGN
Étages/habitats : C
Réf. faunist. : 414a, 415c, 705, 830, 1128c, 1244, 1657, 1658, 1661
Réf. taxon. : 705, 830, 996, 1128c, 1154b, 1244, 1344b, 1661

Oncousoecia canadensis Osburn, 1933
Régions : G, EGS, EM
Étages/habitats : I
Réf. faunist. : 333, 655, 830
Réf. taxon. : 655, 830, 1154, 1154a
Remarque : Genre difficile selon Harmelin (1976, réf. 636c)

Oncousoecia diastoporoides (Norman, 1869)
Régions : G, EGS
Étages/habitats : ?
Réf. faunist. : 830, 1154, 1661
Réf. taxon. : 655, 662, 830, 1154, 1154a
Remarque : Genre difficile selon Harmelin (1976, réf. 636c)

Oncousoecia polygonalis (Kluge, 1915)
Régions : G
Étages/habitats : ?
Réf. faunist. : 830
Réf. taxon. : 830
Remarque : Genre difficile selon Harmelin (1976, réf. 636c)

Pachyegis producta (Packard, 1863)
Régions : BCN, MCN (?), EAV, EGS
Étages/habitats :
Réf. faunist. : 1154b, 1158, 1244, 1468 (?)
Réf. taxon. : 1128c, 1154b, 1244, 830

Palmicellaria skenei (Ellis and Solander, 1786)
Régions : G, EGS, BCN
Étages/habitats : I, C, B
Réf. faunist. : 730, 830, 1158, 1468, 1661
Réf. taxon. : 661, 703, 830, 1154

Parasmittina jeffreysi (Norman, 1876)
Régions : G, IPE, BCN
Étages/habitats : I, C
Réf. faunist. : 288, 830, 1128c, 1244
Réf. taxon. : 591b, 661, 830, 1154b, 1244, 1245

Parasmittina trispinosa (Johnston, 1838)
Régions : G, EGS, EGN, EAV, IPE, MCN, BCN
Étages/habitats : I, C, B
Réf. faunist. : 88, 288, 415c, 830, 1158, 1661
Réf. taxon. : 591b, 661, 664, 830, 1154, 1154b, 1309
Remarque : Cette espèce boréale a longtemps été confondue avec *P. jeffreysi* (réf. 661 et 1245), espèce plus arctique. Seule sa présence dans le détroit de Northumberland (région IPE), avec *P. jeffreysi* (réf. 288), semble confirmée.

Phidolopora elongata (Smitt, 1868)
Régions : G, EGS, CLH, HCN
Étages/habitats : C
Réf. faunist. : 830, 1244, 1655, 1656, 1657, 1660, 1661
Réf. taxon. : 830, 1442, 1344b, 1442
Remarque : D'Hondt (comm. pers.) place cette espèce dans le genre *Sertella*. Avec d'autres spécialistes des Bryozoaires arctiques ou subarctiques (e.g. Powell, 1968a, réf. 1244), nous la maintenons dans *Philodopora*.

Plagioecia patina (Lamarck, 1816)
Régions : G, BCN, AN, AS, EGS, EM
Étages/habitats : C
Réf. faunist. : 414b, 830, 1158, 1159, 1657, 1661
Réf. taxon. : 636c, 662, 664, 830, 1154c, 1344b

Porella acutirostris Smitt, 1868
Régions : G, EGS, IPE, MCN
Étages/habitats : I, C
Réf. faunist. : 288, 704, 830, 1468, 1661
Réf. taxon. : 591b, 704, 830, 1154, 1154b, 1245

Porella belli (Dawson, 1859)
Régions : EGN
Étages/habitats : C
Réf. faunist. : 414a, 415c, 704, 705, 1128a, 1158, 1159, 1161, 415b, 1657
Réf. taxon. : 591b, 660a, 705, 1128a, 1661
Remarque : Voir *Porella concinna*

Porella compressa (Sowerby, 1806)
Régions : BCN
Étages/habitats : I, C
Réf. faunist. : 1244
Réf. taxon. : 591b, 661, 830, 1154b, 1244

Porella concinna (Busk, 1852)
Régions : G, MCN, EGN, EGS, IPE, BCN
Étages/habitats : I, C
Réf. faunist. : 288, 704, 705, 830, 1244, 1467, 1468, 1657, 1661
Réf. taxon. : 591b, 661, 664, 704, 705, 830, 1154, 1245
Remarque : Vu la confusion passée entre cette espèce et *P. belli* (réf. 1154), parfois traitée comme variété (réf. 661, 704, 705, 830, 1128a), toutes les anciennes mentions (réf. 1158–61, 1467, 1657–61) doivent être confirmées par un réexamen des spécimens.

Porella fragilis Levinsen, 1914
Régions : G
Étages/habitats : I, C, B
Réf. faunist. : 703, 830
Réf. taxon. : 591b, 830

Porella minuta (Norman, 1869)
Régions : G, EGS, MCN
Étages/habitats : M, I, C
Réf. faunist. : 830, 1244, 1468, 1661
Réf. taxon. : 591b, 661, 1128c, 1246

Porella patula (M. Sars, 1851)
Régions : G, EGS
Étages/habitats : C
Réf. faunist. : 830, 1128c, 1244
Réf. taxon. : 591b, 661, 830, 1244

Porella proboscidea Hincks (1888)
Régions : G, EGS, EGN, MCN
Étages/habitats : I, C
Réf. faunist. : 703, 830, 1468, 1661
Réf. taxon. : 591b, 703, 830, 1153, 1154
Remarque : Voir *Porella smitti*

Porella smitti Kluge, 1907
Régions : G, EGS, IPE, TNO
Étages/habitats : C
Réf. faunist. : 288, 726, 830, 1244, 1661
Réf. taxon. : 591b, 830, 1154, 1245

Remarque : Les anciennes mentions de *Porella proboscidea* Hincks, 1888 ont été confondues avec celles de *P. smitti* (réf. 830, 1245) et de *P. propinqua* (réf. 1661, 1245). Un réexamen des collections s'impose.

Porella sp.
Régions : EAV, EM
Étages/habitats : I
Réf. faunist. : 333
Réf. taxon. : 591b, 830, 1245

Porelloides laevis (Fleming, 1828)
Régions : G, EGS
Étages/habitats : C
Réf. faunist. : 830, 1347, 1658, 1659, 1661
Réf. taxon. : 591b, 661, 830, 1347

Porelloides struma (Norman, 1868)
Régions : G, EAV, TNO
Étages/habitats : I ?
Réf. faunist. : 726, 830, 1661
Réf. taxon. : 591b, 661, 830

Posterula sarsii (Smitt, 1868)
Régions : G, EGS, MCN, BCN
Étages/habitats : I, C
Réf. faunist. : 355, 619, 830, 1158, 1159, 1161, 1244, 1467, 1468, 1657, 1658, 1659a, 1661
Réf. taxon. : 830, 1154, 1154b, 1244, 1347

Prenantia bella (Busk, 1860)
Régions : G, BCN, IPE, EAV, EGS
Étages/habitats : I, C
Réf. faunist. : 288, 415b, 1128a, 1154, 1158, 1159, 1161, 1657, 1661
Réf. taxon. : 661, 1128a, 1154, 1154b, 1244, 1245, 1661

Pseudoflustra solida (Stimpson, 1853)
Régions : G, CLH, CLA
Étages/habitats : I, C, B
Réf. faunist. : 705, 830, 1128c, 1244, 1658, 1661
Réf. taxon. : 705, 830, 1244, 1347

Ragionula rosacea (Busk, 1856) [?]
Régions : EGS
Étages/habitats : C
Réf. faunist. : 830, 1128c, 1347
Réf. taxon. : 661, 830, 1154b, 1344b, 1347
Remarque : Ryland et Hayward (1991, réf. 1347) rapportent cette espèce pour le golfe du Saint-Laurent, probablement en se fondant sur Kluge (1962, réf. 830), qui cite lui-même Whiteaves (1901, réf. 1661) et Norman (1903b, réf. 1128c). Or Whiteaves, après avoir rapporté *Escharoides rosacea* en 1873 (réf. 1657), la réidentifie comme *E. sarsii* en 1864 (réf. 1658), et la traite comme synonyme de *E. sarsii* en 1901 (réf. 1661). D'ailleurs, Hincks (1888, réf. 703) n'identifie que *E. sarsii* dans les collections de Whiteaves, tandis que Norman (1903, réf. 1128c) traite les deux espèces comme synonymes, et que Powell (réf. 1244, 1245 et 1246) n'a pas trouvé *R. rosacea* dans ses collections de l'Arctique et de l'Atlantique canadiens (voir cependant Ryland (1969, réf. 1344). Un nouvel examen des spécimens s'impose.

Rhamphostomella bilaminata (Hincks, 1877)
Régions : BCN, EGS, EGN, IPE
Étages/habitats : C
Réf. faunist. : 288, 704, 830, 1244, 1661
Réf. taxon. : 591b, 830, 1154, 1154b, 1245

Rhamphostomella bilaminata var. *sibirica* Kluge, 1929
Régions : G
Étages/habitats : ?
Réf. faunist. : 830
Réf. taxon. : 591b, 830

Rhamphostomella costata Lorenz, 1886
Régions : BCN, EGS, EM, IPE, MCN, TNO
Étages/habitats : I
Réf. faunist. : 288, 333, 704, 726, 830, 1244, 1347, 1468, 1661
Réf. taxon. : 591b, 704, 830, 1154, 1154b, 1245, 1347

Rhamphostomella hincksi Nordgaard, 1906
Régions : G
Étages/habitats : ?
Réf. faunist. : 830
Réf. taxon. : 591b, 830, 1244

Rhamphostomella ovata (Smitt, 1868)
Régions : EGS, EAV, EM, IPE
Étages/habitats : I
Réf. faunist. : 288, 333, 830, 1244, 1661
Réf. taxon. : 591b, 704, 830, 1154, 1154b, 1245, 1246

Rhamphostomella plicata (Smitt, 1868)
Régions : EAV, EM
Étages/habitats : I
Réf. faunist. : 333, 704, 1244, 1661
Réf. taxon. : 591b, 830, 1244

Rhamphostomella radiatula (Hincks, 1877)
Régions : EM
Étages/habitats : I
Réf. faunist. : 333, 830
Réf. taxon. : 591b, 704, 830, 1154

Rhamphostomella scabra (O. Fabricius, 1780)
Régions : EGS
Étages/habitats : C

Réf. faunist. : 165, 704, 830, 1244, 1658, 1661
Réf. taxon. : 591b, 704, 830

Rhamphostomella scabra var. *labiata* Stimpson, 1853 [?]
Régions : BCN
Étages/habitats : I
Réf. faunist. : 1158, 1661
Réf. taxon. : 591b, 1502

Sarsiflustra abyssicola (G.O. Sars, 1872)
Régions : G, CLH
Étages/habitats : B
Réf. faunist. : 830, 1658, 1661
Réf. taxon. : 830, 1252

Schizomavella auriculata (Hassall, 1842)
Régions : G, BCN, EGS, EAV, EM
Étages/habitats : I, C
Réf. faunist. : 333, 415b, 415c, 830, 1158, 1159, 1161, 1244, 1661
Réf. taxon. : 591b, 661, 664, 664a, 830, 1128c, 1154, 1154b, 1158, 1585, 1244
Remarque : J.-L. d'Hondt (comm. pers.) nous signale que cette espèce a récemment été scindée en 5 ou 6 espèces.

Schizomavella linearis (Hassall, 1841)
Régions : BCN
Étages/habitats : I
Réf. faunist. : 1158, 1159, 1661
Réf. taxon. : 591b, 661, 664, 1342

Schizomavella porifera (Smitt, 1868)
Régions : BCN, EAV, EM
Étages/habitats : I, C
Réf. faunist. : 333, 1244
Réf. taxon. : 591b, 830, 1154b, 1245

Schizoporella incerta Kluge, 1929
Régions : G
Étages/habitats : I, C (?)
Réf. faunist. : 830
Réf. taxon. : 830

Schizoporella obesa (Waters, 1900)
Régions : G, BCN
Étages/habitats : C
Réf. faunist. : 830, 1244
Réf. taxon. : 830, 1244

Schizoporella pachystega Kluge, 1929
Régions : G
Étages/habitats : ?
Réf. faunist. : 830
Réf. taxon. : 830

Schizoporella unicornis (Johnston, 1847)
Régions : EAV, EM, IPE
Étages/habitats : I
Réf. faunist. : 288, 333, 1538
Réf. taxon. : 661, 664, 830, 1154b, 1309, 1342

Scrupocellaria americana Packard 1863 [?]
Régions : BCN
Étages/habitats : I, C
Réf. faunist. : 1158, 1159, 1161, 1661
Réf. taxon. : 1158

Scrupocellaria scabra (van Beneden, 1848)
Régions : G, BCN, EGS, EAV, EM, IPE, MCN
Étages/habitats : M, I
Réf. faunist. : 288, 333, 704, 830, 1244, 1467, 1468, 1661
Réf. taxon. : 704, 830, 1154, 1154a, 1244, 1245, 1252, 1343, 1346, 1347

Scrupocellaria scabra var. *paenulata* Norman, 1903
Régions : G
Étages/habitats : ?
Réf. faunist. : 1128b, 830
Réf. taxon. : 830, 1128b, 1153, 1244, 1245, 1343, 1347

Scrupocellaria scruposa (Linné, 1758) [?]
Régions : G
Étages/habitats : C, B
Réf. faunist. : 1655, 1656, 1657, 1660, 1661
Réf. taxon. : 664, 830, 1154a, 1252, 1343, 1346
Remarque : Selon Whiteaves (1901, réf. 1661), Verrill doutait des identifications faites par Whiteaves (réf. 1655 à 1661) de ses propres spécimens de cette espèce d'eaux tempérées (selon réf. 1346).

Securiflustra securifrons (Pallas, 1766)
Régions : G, BCN
Étages/habitats : C
Réf. faunist. : 830, 1244
Réf. taxon. : 664, 830, 1252, 1346, 1347

Smittina groenlandica (Norman, 1894)
Régions : G, BCN
Étages/habitats : C
Réf. faunist. : 830, 1128a, 1244
Réf. taxon. : 591b, 830, 1128a, 1244

Smittina majuscula (Smitt, 1867)
Régions : G, EGS, MCN
Étages/habitats : ?
Réf. faunist. : 703, 705, 830, 1128a, 1244, 1467, 1468, 1661
Réf. taxon. : 591b, 830, 1123a, 1128a, 1128c, 1154, 1154b, 1245

Smittina minuscula (Smitt, 1868)
Régions : G
Étages/habitats : I, C, B
Réf. faunist. : 830
Réf. taxon. : 591b, 830

Smittina rigida (Lorenz, 1886)
Régions : G, BCN, IPE
Étages/habitats : C
Réf. faunist. : 288, 830, 1244
Réf. taxon. : 591b, 660a, 830, 1154, 1244

Smittina sp.
Régions : EM
Étages/habitats : I
Réf. faunist. : 333
Réf. taxon. : 591b, 830

Stegohornera violacea (M. Sars, 1863)
Régions : G
Étages/habitats : C
Réf. faunist. : 830, 1347
Réf. taxon. : 662, 830, 1347

Stomachetosella cruenta (Busk, 1854)
Régions : G, EGS, EM, BCN
Étages/habitats : C
Réf. faunist. : 705, 830, 1244, 1661
Réf. taxon. : 661, 705, 830, 1154b, 1244

Stomachetosella hincksi Powell, 1968a
Régions : G, BCN, EAV, MCN (?)
Étages/habitats : C, I
Réf. faunist. : 415c(?), 704, 830, 1154, 1244, 1468 (?), 1657, 1661
Réf. taxon. : 703, 704, 830, 1154, 1244

Stomachetosella limbata Lorenz, 1886
Régions : G, BCN, TNO
Étages/habitats : C
Réf. faunist. : 726, 830, 1244
Réf. taxon. : 830, 1154b, 1244

Stomachetosella sinuosa (Busk, 1860)
Régions : EGS, IPE, MCN
Étages/habitats : I
Réf. faunist. : 338, 830, 1244, 1468, 1661
Réf. taxon. : 661, 830, 1154, 1154b, 1245

Tegella arctica (d'Orbigny, 1851)
Régions : G, EGS, EM
Étages/habitats : I
Réf. faunist. : 333, 830, 1128b, 1244, 1661
Réf. taxon. : 830, 1154, 1154a, 1246, 1252

Tegella armifera (Hincks, 1880)
Régions : G, EGS, EAV, EM, TNO, IPE
Étages/habitats : M, I
Réf. faunist. : 164, 167, 288, 333, 705, 726, 830, 1128b, 1244, 1661
Réf. taxon. : 705, 830, 1128b, 1154, 1154a, 1244, 1252

Tegella unicornis (Fleming, 1828)
Régions : G, EGN, EAV, EM, IPE, MCN
Étages/habitats : I
Réf. faunist. : 210a, 288, 333, 338, 1468, 1661
Réf. taxon. : 164a, 830, 1153, 1154, 1154a, 1252, 1346

Tricellaria gracilis (van Beneden, 1848)
Régions : G, EM
Étages/habitats : I
Réf. faunist. : 333, 830, 1244, 1661
Réf. taxon. : 830, 1154, 1154a, 1244, 1347

Tricellaria peachii (Busk, 1851)
Régions : G, EAV, EM, IPE, BCN, MCN
Étages/habitats : I, C
Réf. faunist. : 288, 333, 338, 703, 726, 830, 1158, 1159, 1161, 1244, 1468, 1661
Réf. taxon. : 664, 830, 1128b, 1128d, 1154, 1244, 1346, 1347

Tricellaria ternata (Ellis et Solander, 1786)
Régions : G, CLH, EAV, EGS, EM, IPE, MCN, BCN
Étages/habitats : I, C
Réf. faunist. : 333, 703, 830, 1157, 1158, 1159, 1161, 1244, 1467, 1468, 1657, 1660, 1661
Réf. taxon. : 664, 830, 1128b, 1154, 1154a, 1244, 1252, 1346, 1347, 1657

Tricellaria ternata var. *gracilis* (van Beneden, 1848)
Régions : G, EM, TNO
Étages/habitats : I
Réf. faunist. : 333, 726, 830
Réf. taxon. : 830, 1347

Tubulipora expansa (Packard, 1863) [?]
Régions : BCN, MCN
Étages/habitats : C
Réf. faunist. : 1158, 1468, 1159, 1161, 1661
Réf. taxon. : 1158

Tubulipora flabellaris (O. Fabricius, 1780)
Régions : G, BCN, EGN, MCN
Étages/habitats : C
Réf. faunist. : 414a, 414b, 415b, 415c, 830, 1158, 1161, 1468, 1657, 1661
Réf. taxon. : 636c, 662, 664, 830, 1154, 1154a, 1159

Tubulipora liliacea (Pallas, 1766)
Régions : G, BCN, EGN
Étages/habitats : C
Réf. faunist. : 830, 1159, 1161, 1657, 1661
Réf. taxon. : 636c, 662, 664, 830, 1153, 1154, 1661

Tubulipora penicillata (O. Fabricius, 1780)
Régions : EGS
Étages/habitats : C
Réf. faunist. : 414b, 1468, 1658, 1661
Réf. taxon. : 662, 830

Tubulipora sp.
Régions : EM, TNO, IPE
Étages/habitats : I
Réf. faunist. : 333, 338, 726
Réf. taxon. : 636c, 662, 830

Turbicellepora canaliculata (Busk, 1884)
Régions : G
Étages/habitats : ?
Réf. faunist. : 659a, 705, 830, 1661
Réf. taxon. : 659a, 830, 1154, 1154a, 1343

Umbonula arctica (M. Sars, 1851)
Régions : G, EGS, EAV, EM, IPE, MCN
Étages/habitats : I, C (?)
Réf. faunist. : 288, 333, 830, 1244, 1468, 1661
Réf. taxon. : 661, 830, 1154, 1154b, 1244, 1245

Umbonula patens (Smitt, 1868)
Régions : EGS
Étages/habitats : C (?)
Réf. faunist. : 830
Réf. taxon. : 830, 1154b
Remarque : Kluge (1962, réf. 830) affirme avoir examiné lui-même des spécimens de cette espèce arctique provenant du golfe du Saint-Laurent. Puisqu'il ne confirme pas la mention de l'espèce boréale *Umbonula verucosa* (= *U. ovicellata* et *U. littoralis* de Hastings, 1944, réf. 654) par Whiteaves (1901, réf. 1661) pour le golfe, cette mention s'applique probablement à *U. patens*.

Umbonula verrucosa (Esper, 1790) [?]
Régions : EGS, MCN
Étages/habitats : ?
Réf. faunist. : 1468, 1661
Réf. taxon. : 654, 661, 830, 1154b, 1342, 1344b
Remarque : Selon J.-L. d'Hondt (comm. pers.), ce binôme désigne maintenant plusieurs espèces. Voir aussi *U. patens*.

35 : Brachiopoda

Références taxonomiques générales : 245

Glaciarcula spitzbergensis (Davidson, 1852)
Régions : G, S, EGN, EGS, EAV, HCN, CLA
Étages/habitats : C, B
Réf. faunist. : 242, 415b, 415c, 925, 1654a, 1655, 1657, 1658, 1659a, 1660, 1661
Réf. taxon. : 415b, 415c, 1062, 1644

Hemithiris psittacea (Gmelin, 1790)
Régions : G, S, EGN, EGS, EAV, IM, EM, IPE, BCN, MCN, AN, AS, TNO
Étages/habitats : I, C
Réf. faunist. : 86, 88, 152, 180, 242, 258, 266, 280, 323a, 332, 333, 337, 415b, 415c, 456, 726, 910, 923, 924, 1158, 1159, 1161, 1173, 1247, 1467, 1468, 1652, 1654a, 1659, 1659a, 1661
Réf. taxon. : 180, 245, 415b, 415c, 559, 595, 664, 1062, 1364

Terebratulina retusa (Linné, 1758)
Régions : CLH
Étages/habitats : B
Réf. faunist. : 242
Réf. taxon. : 245, 664, 1644
Remarque : espèce normalement confinée à l'Atlantique est; européenne, selon Brunton et Curry (1979, réf. 245)

Terebratulina septentrionalis (Couthouy, 1838)
Régions : G, S, CLH, CLA, TNO
Étages/habitats : I, C, B
Réf. faunist. : 242, 456, 518, 726, 1654a, 1655, 1658, 1660, 1661
Réf. taxon. : 180, 245, 518, 595, 1062, 1364, 1644

36 : SIPUNCULA

Références taxonomiques générales : 373, 376, 577, 578, 663, 677

Golfingia margaritacea margaritacea (M. Sars, 1851)
Régions : G, EM, IPE
Étages/habitats : I, C, B
Réf. faunist. : 337, 526, 575, 735
Réf. taxon. : 374, 376, 378, 577, 663, 1641

Golfingia sp.
Régions : EM
Étages/habitats : I
Réf. faunist. : 333
Réf. taxon. : 374, 376, 378, 577

Nephasoma eremita (M. Sars, 1851)
Régions : G, EGS, IPE
Étages/habitats : I, C
Réf. faunist. : 266, 1457, 1657, 1661
Réf. taxon. : 376, 379, 526, 1493, 1641

Nephasoma pellucidum pellucidum (Keferstein, 1865)
Régions : IPE
Étages/habitats : C
Réf. faunist. : 266
Réf. taxon. : 376, 379, 1493

Phascolion strombus strombus (Montagu, 1804)
Régions : EGN, EAV, EM, IPE, CLH, BCN
Étages/habitats : I, C, B
Réf. faunist. : 242, 337, 526, 735, 925, 1156, 1159, 1161, 1658, 1661

Réf. taxon. : 373, 374, 376, 377, 559, 577, 677, 1493, 1641

Phascolopsis gouldii (Pourtalès, 1851)
Régions : EM
Étages/habitats :
Réf. faunist. : 526
Réf. taxon. : 225, 373, 374, 375, 376, 1493

MOLLUSCA (39–50) :

Références taxonomiques générales : 2, 4, 4a, 154, 180, 812, 900, 1076, 1281, 1364, 1561

39 : Aplacophora

Références taxonomiques générales : 667, 1356, 1357, 1386, 1535

Chaetoderma nitidulum Lovén, 1844
Régions : G, S, EGN, EGS, EM, CLH, BCN
Étages/habitats : I, C, B
Réf. faunist. : 152, 242, 332, 337, 900, 923, 925, 1299, 1300
Réf. taxon. : 783, 1041, 1159, 1356, 1357, 1386, 1535

40 : Polyplacophora

Références taxonomiques générales : 2, 180, 664, 797, 800, 812, 967, 1590a

Amicula vestita (Broderip et Sowerby, 1829)
Régions : G, S, EAM, EGS, EAV, EM, CLH, BCN
Étages/habitats : I, C, B
Réf. faunist. : 10, 242, 333, 415b, 415c, 456, 461, 518, 619, 923, 924, 1467, 1468, 1653, 1658, 1659a, 1661
Réf. taxon. : 2, 225, 415c, 518, 595, 797, 801, 953, 1702

Stenosemus albus (Linné, 1767)
Régions : G, S, EGN, EGS, EAV, IM, EM, IPE, BCN, MCN, TNO
Étages/habitats : I, C
Réf. faunist. : 152, 169, 242, 258, 266, 332, 333, 461, 910, 923, 924, 925, 1158, 1159, 1161, 1299, 1300, 1467, 1468, 1652, 1661
Réf. taxon. : 2, 180, 225, 595, 664, 783, 797, 800, 801, 953, 1364, 1561a

Stenosemus exaratus (G.O. Sars, 1878)
Régions : EGS
Étages/habitats : C
Réf. faunist. : 337
Réf. taxon. : 797, 800, 801, 1364, 1561a

Leptochiton alveolus (M. Sars, 1846)
Régions : G, CLH
Étages/habitats : B
Réf. faunist. : 1586, 1661
Réf. taxon. : 2, 797, 799, 1364

Tonicella marmorea (Fabricius, 1780)
Régions : G, EGN, EGS, EAV, EM, IPE, MCN, BCN, TNO
Étages/habitats : M, I, C
Réf. faunist. : 86, 168a, 242, 258, 333, 337, 412, 457, 518, 701, 701a, 726, 910, 923, 924, 1158, 1159, 1161, 1247, 1466, 1467, 1468, 1603b, 1652, 1659a
Réf. taxon. : 2, 180, 518, 664, 783, 797, 798, 1364, 1702

Tonicella rubra (Linné, 1767)
Régions : EGN, EGS, EAV, IM, EM, IPE, BCN, TNO
Étages/habitats : M, I, C
Réf. faunist. : 168a, 242, 253c, 258, 266, 333, 457, 461, 923, 1161, 1299
Réf. taxon. : 2, 180, 595, 664, 783, 797, 798, 1364, 1702

Gastropoda (41-47)

Références taxonomiques générales : 2, 554+, 597, 597+, 617+, 812, 967, 1440

41 : Prosobranchiata

Références taxonomiques générales : 180, 547, 548, 549, 550, 551, 552, 553, 1139, 1140, 1256, 1590a, 1591a

Aartsenia candida (Möller, 1842)
Régions : EGS
Étages/habitats : C
Réf. faunist. : 900, 1653, 1661
Réf. taxon. : 1386a, 1626

Acirsa borealis (Lyell, 1841)
Régions : S, EAM, EM
Étages/habitats : C
Réf. faunist. : 152, 332, 1661
Réf. taxon. : 2, 3, 157, 1386a, 1610
Remarque : Whiteaves (1901, réf. 1661) rapporte les captures de J.W. Dawson (1872, réf. 415b) sous le nom de *Scalaria* (*Acirsa*) *costulata* (Mighels et Adams, 1842), parfois considéré comme synonyme de *A. borealis* (Turgeon *et al.*, sous presse, réf. 1561a), mais qu'Abbott (1991, réf. 3) traite et illustre comme distincte. Dawson, (1872, réf. 415b) avait rapporté ses spécimens sous le nom d'*Acirsa eschrichti* (Möller, 1842), que Whiteaves (1901, réf. 1661) traite comme synonyme de *S.* (*A.*) *costulata*, mais

dont Schiøtte et Warén (1992, réf. 1386a) semblent maintenir la validité.

Aclis tenuis A. E. Verrill, 1882
Régions : IPE
Étages/habitats : I
Réf. faunist. : 266
Réf. taxon. : 157, 1590a
Remarque : Peut être synonyme junior d'*Alvania walleri* Jeffreys, 1867 (Bouchet et Warén, 1986, réf. 157).

Admete viridula (Fabricius, 1780)
Régions : G, S, EGS, EAV, EGS, EM, IPE, BCN, MCN, TNO
Étages/habitats : I, C, B
Réf. faunist. : 152, 242, 258, 266, 332, 337, 385, 415b, 415c, 456, 461, 735, 923, 924, 1156, 1158, 1248, 1254, 1299, 1467, 1468, 1652, 1659a, 1661
Réf. taxon. : 3, 156, 180, 225, 415c, 597, 635, 636, 953, 1364, 1386a, 1544c

Alvania moerchi (Collins, 1886)
Régions : S, EAV
Étages/habitats : C
Réf. faunist. : 152, 332, 385
Réf. taxon. : 1623

Alvania pseudoareolata Warén, 1974
Régions : G, S, EM, HCN
Étages/habitats : C, B
Réf. faunist. : 2, 152, 332, 337, 900, 1299, 1586, 1590a, 1655, 1661
Réf. taxon. : 158, 1561a, 1586, 1590a, 1661, 1623
Remarque : Warén (1974, réf. 1623, p. 130) écrit : « There are no doubts that *A. pseudoareolata* is the shell named *C. areolata* (=*Cingula a.*) by Verrill and other american authors except Stimpson .» Verrill (1882, réf. 1590a) ayant identifié les spécimens de Whiteaves, et puisque tous les auteurs des sources taxonomiques citées ont identifié leurs spécimens à l'aide d'Abbott (1974, réf. 2), qui reproduit la figure de Verrill (op. cit.), on doit conclure que l'*Alvania areolata* (Stimpson, 1851) est absent du golfe du Saint-Laurent.

Alvania verrilli (Friele, 1886)
Régions : EM
Étages/habitats : B
Réf. faunist. : 1299
Réf. taxon. : 158, 1622

Alvania wyvillethomsoni (Friele, 1877)
Régions : S
Étages/habitats : C
Réf. faunist. : 152, 332
Réf. taxon. : 2, 158, 1544c, 1622, 1623

Amauropsis islandica (Gmelin, 1791)
Régions : S, EGS, EM
Étages/habitats : I, C, B
Réf. faunist. : 88, 152, 332, 337, 735, 1299
Réf. taxon. : 2, 3, 158, 180, 590b, 590c, 597, 986a, 1140, 1364, 1386a, 1544c, 1610

Anatoma crispata (Fleming, 1828)
Régions : BCN
Étages/habitats : ?
Réf. faunist. : 1158, 1159, 1161, 1661
Réf. taxon. : 2, 545, 597, 1364

Aporrhais occidentalis Beck, 1836
Régions : G, EGN, EGS, IM, EM, IPE, MCN, BCN, CLA, TNO
Étages/habitats : I, C, B
Réf. faunist. : 26, 86, 88, 169, 180, 242, 258, 280, 323a, 337, 346, 395, 414, 415b, 415c, 461, 518, 588, 701, 767, 900, 923, 924, 950, 1158, 1159, 1160, 1161, 1247, 1250, 1277a, 1299, 1300, 1306, 1383, 1466, 1467, 1468, 1609, 1610, 1652, 1659a, 1660, 1661
Réf. taxon. : 2, 3, 180, 518, 595, 779, 1075, 1610

Aquilonaria turneri Dall, 1886
Régions : EGS
Étages/habitats : ?
Réf. faunist. : 920
Réf. taxon. : 1

Astyris lunata (Say, 1826)
Régions : EGS, IM, IPE
Étages/habitats : I
Réf. faunist. : 49, 168, 180, 242, 266, 312, 312a, 338, 765, 900, 1038, 1089, 1466, 1468, 1538, 1607, 1610, 1659, 1661, 1692
Réf. taxon. : 2, 3, 180, 595, 1075, 1265, 1607, 1610, 1712

Astyris rosacea (Gould, 1839)
Régions : G, EGS, EAV, EM, HCN, BCN
Étages/habitats : I, C, B
Réf. faunist. : 32, 258, 337, 415b, 415c, 1161, 1254, 1299, 1300, 1653, 1658, 1660, 1661
Réf. taxon. : 2, 3, 258, 1265, 1386a, 1544a+, 1590a, 1610

Beringius behringi (Middendorff, 1848)
Régions : EGS, EAV
Étages/habitats : C
Réf. faunist. : 920, 923, 1250
Réf. taxon. : 3, 4, 953, 954+, 1561a

Beringius ossiani (Friele, 1879)
Régions : EAM, EGS, EAV, CLH
Étages/habitats : C, B

Réf. faunist. : 323a, 337, 1609, 1661
Réf. taxon. : 3, 1041, 1544a+, 1590a
Remarque : Turgeon *et al.* (sous presse, réf. 1561a) semblent traiter cette « espèce » (désignée *B. turtoni* var. *ossiani*) par Abbott (1974, réf. 2) comme synonyme de *B. turtoni*, mais Abbott (1991, réf. 3) maintient son statut spécifique.

Beringius turtoni (Bean, 1834)
Régions : EGS, CLH, AS
Étages/habitats : I, C, B
Réf. faunist. : 2, 242
Réf. taxon. : 2, 3, 156, 398, 559, 597, 1364

Bittiolum alternatum (Say, 1822)
Régions : EGS, IM, IPE
Étages/habitats : M, I
Réf. faunist. : 2, 50, 176, 180, 193, 476, 765, 900, 1038, 1466, 1468, 1538, 1538b, 1607, 1658, 1659, 1661, 1692
Réf. taxon. : 2, 180, 733, 1607, 1610

Boonea bisuturalis (Say, 1822)
Régions : IM, IPE
Étages/habitats : I
Réf. faunist. : 2, 77, 180, 900, 1038, 1089, 1661
Réf. taxon. : 180, 225
Remarque : Commensale sur *Mya arenaria.*

Boonea seminuda (C.B. Adams, 1839)
Régions : IM, IPE
Étages/habitats : I
Réf. faunist. : 2, 77, 180, 193, 476, 765, 900, 1466, 1468, 1538, 1607, 1661, 1692
Réf. taxon. : 77, 180
Remarque : Commensale sur *Mya arenaria.*

Boreocingula globulus (Möller, 1842)
Régions : G, EGS, EM
Étages/habitats : C, B
Réf. faunist. : 2, 337, 1299
Réf. taxon. : 1237, 1386a, 1590a, 1623

Boreotrophon clathratus (Linné, 1767)
Régions : G, S, EGN, EAM, EAV, EGS, EM, MCN, CLH, BCN, AS
Étages/habitats : I, C, B
Réf. faunist. : 86, 88, 152, 242, 258, 323a, 332, 414, 415b, 415c, 456, 461, 619, 923, 924, 925, 1158, 1159, 1161, 1247, 1254, 1299, 1467, 1468, 1652, 1659a, 1661
Réf. taxon. : 2, 156, 559, 595, 597, 953, 1075, 1364, 1561a, 1590a, 1610

Boreotrophon craticulatus (O. Fabricus, 1780) [?]
Régions : EGN, EGS, MCN, AS
Étages/habitats : C
Réf. faunist. : 1658, 1660, 1661
Réf. taxon. : 156, 1386a, 1544c, 1610
Remarque : Ce binôme, considéré comme synonyme sénior de *B. fabricii* Möller, 1842 par Abbott (1974, réf. 2), n'apparaît plus dans le catalogue de Turgeon *et al.* (sous presse, réf. 1561a) : il est sans doute tombé récemment en une synonymie que nous ignorons. Bouchet et Warén (1985, réf. 156) désignaient encore cette espèce *Trophon fabricii* (Beck dans Møller, 1842), et défendaient l'usage du genre *Trophon* au lieu de *Boreotrophon*. *T. fabricii* manque également dans le catalogue de Turgeon *et al.* (sous presse, réf. 1561a).

Boreotrophon truncatus (Ström, 1768)
Régions : EGN, EGS, EAV, EM, BCN, CLI
Étages/habitats : I, C, B
Réf. faunist. : 88, 333, 1306, 1661
Réf. taxon. : 156, 597, 953, 1364, 1545+, 1561a, 1610

Buccinum ciliatum (Fabricius, 1780)
Régions : G, EAM, EAV, EGS, EM, BCN, CLA, TNO, TNS
Étages/habitats : I, C, B
Réf. faunist. : 2, 242, 258, 392, 398, 415b, 415c, 1161, 1299, 1655, 1660, 1661
Réf. taxon. : 258, 415c, 953, 1503, 1590a, 1610
Remarque : Le genre *Buccinum* nécessite une révision complète.

Buccinum cyaneum cyaneum Bruguière, 1792
Régions : G, S, EAM, EAV, EM, BCN, CLI
Étages/habitats : I, C, B
Réf. faunist. : 152, 180, 332, 333, 337, 415b, 415c, 456, 950, 1250, 1299, 1306, 1590a, 1661
Réf. taxon. : 415c, 590b, 1364, 1544a+
Remarque : Le genre *Buccinum* nécessite une révision complète.

Buccinum cyaneum patulum G.O. Sars, 1878
Régions : G, EAM
Étages/habitats : ?
Réf. faunist. : 2, 900, 1661
Réf. taxon. : 1076, 1364, 1590a
Remarque : Le genre *Buccinum* nécessite une révision complète.

Buccinum glaciale Linnaeus, 1761
Régions : G, S, EGN, EAM, EAV, EGS, EM, BCN
Étages/habitats : I, C, B
Réf. faunist. : 2, 86, 88, 152, 258, 323a, 332, 398, 415b, 415c, 456, 900, 1161, 1299, 1661
Réf. taxon. : 2, 3, 415c, 953, 1590a
Remarque : Le genre *Buccinum* nécessite une révision complète.

Buccinum hydrophanum Hancock, 1846
Régions : S
Étages/habitats : I, C, B
Réf. faunist. : 456
Réf. taxon. : 398, 597, 1364, 1544a+
Remarque : Le genre *Buccinum* nécessite une révision complète.

Buccinum plectrum Stimpson, 1865
Régions : G, EGS, EAV, EM
Étages/habitats : C
Réf. faunist. : 2, 323a, 415b, 415c, 900, 1659a
Réf. taxon. : 2, 3, 953, 1610
Remarque : Le genre *Buccinum* nécessite une révision complète.

Buccinum scalariforme Möller, 1842
Régions : G, S, EGS, EAV, IM, EM, IPE, MCN, BCN, AN
Étages/habitats : I, C, B
Réf. faunist. : 26, 152, 242, 266, 323a, 332, 337, 385, 398, 415b, 415c, 619, 735, 923, 924, 1158, 1159, 1161, 1250, 1254, 1299, 1590a, 1609, 1610, 1652, 1658, 1659a, 1661
Réf. taxon. : 2, 3, 258, 415c, 953, 1075, 1076, 1386a, 1503, 1590a, 1610
Remarque : Le genre *Buccinum* nécessite une révision complète.

Buccinum totteni Stimpson, 1865
Régions : G, EAM, EAV, EGS, EM, IPE, CLH, BCN, TNO, TNS
Étages/habitats : I, C, B
Réf. faunist. : 242, 258, 266, 333, 337, 392, 398, 415b, 415c, 900, 923, 924, 925, 1161, 1250, 1299, 1590a, 1661
Réf. taxon. : 2, 3, 225, 258, 1503, 1590a, 1591a
Remarque : Le genre *Buccinum* nécessite une révision complète.

Buccinum undatum Linné, 1758
Régions : G, S, EGN, EGS, EAV, IM, EM, IPE, MCN, CLH, BCN, AN, AS, TNO, TNS
Étages/habitats : M, I, C, B
Réf. faunist. : 85, 86, 88, 110, 169, 193, 194, 242, 253c, 258, 266, 280, 281, 323a, 333, 337, 346, 385, 392, 393, 414, 415b, 415c, 415d, 515b, 421, 457, 461, 518, 565, 619, 735, 767, 775, 788, 912, 913, 923, 924, 950, 1158, 1161, 1247, 1254, 1277a, 1299, 1353, 1467, 1468, 1603, 1652, 1659, 1659a, 1661
Réf. taxon. : 2, 3, 156, 180, 225, 258, 398, 415c, 518, 565, 590b, 597, 1041, 1075, 1364, 1610, 1712
Remarque : *Buccinum undatulum* Möller, 1842 est une espèce distincte dans Macpherson (1971, réf. 967). Les mentions de B. undulatum Möller 1842, provenant de Whiteaves (1901, réf. 1661), ont été incorporés à *B. undatum*. Le genre nécessite une révision complète.

Bulbus fragilis (Leach, 1819) [??]
Régions : G?, IM?
Étages/habitats : I?, C?
Réf. faunist. : 2, 86, 88, 95a, 238, 337, 421, 595, 780, 900, 1254, 1299, 1661
Réf. taxon. : 2, 3, 158, 590a, 595, 802, 986a, 1140, 1561a
Remarque : Bell (1859a et c, réf. 86, 88) rapporte « *Natica flava* ?» de « Rimouski, Les Islets and Glande » (sic : orthographié ailleurs « Glaude River » pour signifier « Rivière-à-Claude »). Cette mention douteuse d'une espèce peu commune a été copiée par la suite, sans son point d'interrogation et sans réexamen des spécimens par tous les auteurs suivants : Whiteaves (1869, réf. 1652 : *B. flavus*), Gould et Binney (1871, réf. 595 : *B. flavus*), Provancher (1890a, réf. 1254 : *Natica flava*), Whiteaves (1901, réf. 1661 : *Acrybia flava*), Kindle et Whittaker (1918, réf. 824a : *A. flava*), De Champlain (1925, réf. 421 : *N. flava*), Johnson (1934, réf. 780 : *B. smithii*), LaRocque (1953, réf. 900 : *B. smithii*) et Abbott (1974, réf. 2 : *B. smithii*). De Champlain (1925, réf. 421) y a ajouté de son imagination en rapportant ce Naticidae fouisseur avec des *Littorina littorea* sur les roches médiolittorales de Rimouski! Les seules mentions originales distinctes que nous connaissions de cette espèce dans le golfe du Saint-Laurent sont celles de Robert (1974, réf. 1299) et Bergeron (1956, réf. 95a), qui l'aurait identifiée dans un estomac de Plie canadienne (*Hippoglossoides platessoides*) capturée dans les parages des îles de la Madeleine pendant l'été 1956. Ce spécimen n'ayant pas été retrouvé dans les collections de la Station de Biologie marine, l'espèce a été d'abord rapportée (*Bulbus smithi* Brown, avec ?) dans la liste de Brunel (1962a, réf. 238), puis éliminée de son catalogue de 1970 (réf. 242). Un réexamen de l'unique spécimen de Robert (cf. réf. 337), et de ceux de Bell, s'ils existent encore, s'impose.

Calliostoma occidentale (Mighels et C.B. Adams, 1842)
Régions : G, EGS, IM
Étages/habitats : I, C, B
Réf. faunist. : 2, 168, 900, 1089, 1609
Réf. taxon. : 2, 3, 597, 1610

Cerithiella metula (Lovén, 1846)
Régions : CLH
Étages/habitats : B

Réf. faunist. : 2, 780, 900, 1590a, 1658, 1659, 1661
Réf. taxon. : 2, 158, 597, 1590a, 1661

Cerithiopsis greeni (C.B. Adams, 1839)
Régions : IPE
Étages/habitats : I
Réf. faunist. : 180, 193, 1661, 1692
Réf. taxon. : 2, 180

Colus cretaceus (Reeve, 1847) [?]
Régions : G, BCN
Étages/habitats : C, I
Réf. faunist. : 2, 3, 25, 258, 900, 1158, 1159, 1561
Réf. taxon. : 2, 3, 1158, 1159, 1561, 1561a, 1591a
Remarque : Cette espèce était jugée synonyme de *C. kroyeri* (= *Tritonofusus kroyeri*) par Whiteaves (1869, 1901, réf. 1652 et 1661) et Macpherson (1971, réf. 967). Mais Bush (1883, réf. 258) et Verrill (1884, réf. 1591a) qui revient sur son opinion de 1882 (réf. 1590a) sans la redécrire ni l'illustrer, la traite comme distincte comme plusieurs auteurs subséquents (réf. 3, 780, 900 et 1561), qui ne la redécrivent pas non plus. Turgeon *et al.* (sous presse, réf. 1561a) ne la citent toutefois plus parmi les espèces d'Amérique du Nord, laissant supposer qu'on l'aurait étudiée et mise en synonymie entre 1988 (réf. 1561) et 1997.

Colus islandicus (Mohr, 1786)
Régions : G, EGS, EM, CLH, CLA
Étages/habitats : C, B
Réf. faunist. : 242, 323a, 337, 565, 1299, 1655, 1660
Réf. taxon. : 3, 156, 398, 559, 565, 597, 1364, 1544a+, 1590a

Colus kroyeri (Möller, 1842)
Régions : G, S, EGN, EGS, EAV, EM, BCN, MCN
Étages/habitats : I, C, B
Réf. faunist. : 152, 242, 258, 323a, 332, 337, 398, 415b, 415c, 619, 900, 902, 1158, 1159, 1161, 1247, 1254, 1468, 1652, 1658, 1659a, 1661
Réf. taxon. : 156, 415c, 902, 953, 1075, 1386a, 1544a+, 1591a

Colus latericeus (Möller, 1842)
Régions : G, S, EGS
Étages/habitats : C, B
Réf. faunist. : 2, 152, 332, 1658, 1661
Réf. taxon. : 2, 156, 1364, 1386a, 1590a

Colus pubescens (A.E. Verrill, 1882)
Régions : EGS, EM, HCN
Étages/habitats : C, B
Réf. faunist. : 323a, 337, 1248, 1299, 1654a, 1661
Réf. taxon. : 2, 3, 156, 1590a, 1610

Colus pygmaeus (Gould, 1841)
Régions : G, EGS, IPE
Étages/habitats : I, C, B
Réf. faunist. : 2, 266, 900, 1467, 1468, 1652, 1659, 1661
Réf. taxon. : 2, 3, 156

Colus sp.
Régions : S, EGS, TNO
Étages/habitats : C
Réf. faunist. : 152, 242, 332, 726
Réf. taxon. : 2, 3, 156, 1364

Colus stimpsoni (Mörch, 1867)
Régions : G, EGN, EGS, EM, IPE, HCN, CLH, CLA, CLS
Étages/habitats : I, C, B
Réf. faunist. : 86, 169, 266, 281, 337, 421, 923, 925, 1248, 1250, 1609, 1657, 1661
Réf. taxon. : 2, 156, 180, 225, 1544a+, 1610

Colus terranovae Bouchet et Warén, 1985 [?]
Régions : EGN, EGN, EM
Étages/habitats : I, C, (B)
Réf. faunist. : 88, 1299
Réf. taxon. : 156, 1561a, 1590a

Couthouyella striatula (Couthouy, 1839)
Régions : EGS
Étages/habitats : C
Réf. faunist. : 1158? 1159?, 1161?, 1652, 1661
Réf. taxon. : 2, 1590a, 1624a
Remarque : Bartsch (1909, réf. 77) a créé le genre *Couthouyella* pour recevoir l'espèce *Pyramis striatulus* Couthouy, 1839 (= *Odostomia s.*) ainsi que le « *Menestho albula* auct. » de plusieurs anciens auteurs est-américains, notamment Gould et Binney (1870, réf. 595). La monographie de ce dernier, ainsi que sa première édition de 1841, a probablement servi à Packard (1863, 1867 et 1891, réf. 1158, 1159 et 1161), Bush (1883, réf. 258) et d'autres. Toutefois, comme l'a montré Warén (1980, réf. 1624a; 1991, réf. 1626, p. 94), deux espèces de familles différentes ont été confondues : le *M. albula* (O. Fabricius, 1780) et l'autre, celle de Bartsch (1909) et Warén (1980). Ce dernier écrit : « *Menestho albula* of early American authors is *Couthouyella striatula* (Couthouy, 1839), which I (1980a) transferred to the Epitoniidae ». Toutefois, Whiteaves (1901, réf. 1661) semble avoir distingué les deux espèces puisqu'il rapporte *M. albula* (Fabricius) et *M. striatula*

(Couthouy) pour le Golfe : ses propres collections (réf. 1652 et 1661) ne contenaient cependant que la seconde. Mais on peut supposer que Packard, qui était Américain, les avait confondues. L'Américaine Bush (1883, réf. 258) illustre son jeune spécimen du détroit de Belle-Isle : il ressemble bien plus au véritable *M. albula*, tel qu'illustré par Warén (1991, réf. 1626), qu'au *Couthouyella striatula* illustré par Bartsch (1909, réf. 77) et Warén (1980, réf. 1624a). La Rocque (1953, réf. 900, p. 379), dans l'Index seulement et sous « *albula, Menestho* », renvoie à *Odostomia bisuturalis* (= *Boonea b.*), une espèce méridionale (région IPE) dont la coquille ressemmble davantage à *C. striatula* qu'à *M. albula* : cette synonymie improbable provenait peut-être des collections du Musée national du Canada où il travaillait alors. Des deux échantillons « bathyaux » (348-373 m) de *C. striatula* examinés par Bartsch (1909, réf. 77), l'un proviendrait du bassin de Bedford, entre Halifax et Dartmouth, Nouvelle-Écosse, ce qui est impossible. Vingt-six autres proviennent de fonds circalittoraux (15-84 m). Un réexamen de tous les spécimens du Golfe, du moins de ceux de Packard, semble donc nécessaire pour préciser la distribution des deux espèces dans le Golfe.

Crepidula convexa Say, 1822
Régions : IPE
Étages/habitats : I
Réf. faunist. : 1038
Réf. taxon. : 2, 3

Crepidula fornicata (Linné, 1758)
Régions : G, EGS, IM, IPE, BCN, TNO
Étages/habitats : I, C
Réf. faunist. : 49, 88, 168, 176, 180, 242, 266, 280, 295, 312, 312a, 338, 346, 392, 393, 395, 415d, 461, 476, 619, 739, 765, 788, 900, 923, 937, 938, 950, 1089, 1254, 1466, 1468, 1538, 1607, 1608, 1609, 1610, 1614, 1658, 1659, 1659a, 1661, 1692,
Réf. taxon. : 2, 3, 158, 180, 225, 595, 597, 1075, 1545+, 1607, 1610, 1712,

Crepidula plana Say, 1822
Régions : G, EGS, IPE
Étages/habitats : I, C
Réf. faunist. : 180, 242, 266, 295, 338, 393, 739, 765, 900, 1038, 1254, 1466, 1468, 1538, 1610, 1614, 1658, 1659, 1661, 1692
Réf. taxon. : 2, 3, 180, 225, 595, 1075, 1610, 1712

Cryptonatica affinis (Gmelin, 1791)
Régions : G, S, EGN, EGS, EAV, IM, EM, CLH, BCN, MCN
Étages/habitats : (M), I, C, B
Réf. faunist. : 86, 152, 158, 242, 258, 323a, 332, 337, 385, 415b, 415c, 421, 456, 457, 619, 735, 902, 923, 924, 925, 986a, 1156, 1158, 1159, 1250, 1254, 1299, 1300, 1467, 1468, 1609, 1652, 1659a, 1661
Réf. taxon. : 2, 158, 180, 415c, 559, 590c, 595, 802, 902, 953, 986a, 1075, 1140, 1364, 1386a, 1544a+, 1610, 1712

Curtitoma decussata (Couthouy, 1839)
Régions : G, EGS, EM, IPE, BCN, MCN
Étages/habitats : I, C
Réf. faunist. : 258, 421, 735, 1158, 1159, 1161, 1254, 1466, 1467, 1468, 1590a, 1652, 1661
Réf. taxon. : 145, 1610

Curtitoma hebes (A.E. Verrill, 1881)
Régions : EM
Étages/habitats : I, C
Réf. faunist. : 337, 735
Réf. taxon. : 2, 145, 1590, 1590a
Remarque : Les deux échantillons infralittoraux identifiés par Lucie Huberdeau (1974, réf. 735) « *Oenopota hebes* (Verrill)» devront être réexaminés, car l'espèce est bathyale et abyssale dans l'Atlantique selon Bouchet et Warén (1980, réf. 155) qui ont redécrit et illustré l'holotype de Verrill (1880, réf. 1590), redécrit et illustré par Verrill en 1882 (réf. 1590a), en le plaçant dans la synonymie de *Gymnobela aquilarium* (Watson, 1881).

Curtitoma incisula (A. E. Verrill, 1882)
Régions : S, EGS, EM, IPE, BCN, TNO
Étages/habitats : I, C, B
Réf. faunist. : 152, 258, 266, 332, 337, 726, 1161, 1299, 1654, 1661
Réf. taxon. : 145, 258, 1590a, 1607, 1610

Curtitoma trevelliana (Turton, 1834)
Régions : G, EAV, EM
Étages/habitats : B
Réf. faunist. : 2, 415b, 415c, 900, 1654a, 1655
Réf. taxon. : 145, 155, 597, 1364, 1545+

Curtitoma violacea (Mighels et Adams, 1842)
Régions : G, EGN, EAM, EGS, EAV, EM, IPE, BCN
Étages/habitats : I, C, B
Réf. faunist. : 258, 333, 337, 415b, 415c, 735, 1158, 1159, 1254, 1299, 1300, 1652, 1658, 1661
Réf. taxon. : 145, 155, 180, 225, 1364, 1386a, 1590a, 1607

Remarque : Schiøtte et Warén (1992, réf. 1386a) la désignent *Pleurotoma violacea* Mighels et Adams, 1842.

Elachisina globuloides Warén, 1972
Régions : EGS, G
Étages/habitats : ?
Réf. faunist. : 2, 780, 900, 1590a, 1621, 1657, 1661
Réf. taxon. : 1621, 1623

Epitonium greenlandicum (G. Perry, 1811)
Régions : G, EGS, EAV, EM, BCN
Étages/habitats : I, C
Réf. faunist. : 85, 242, 415b, 415c, 923, 924, 1158, 1250, 1652, 1661
Réf. taxon. : 3, 157, 415c, 559, 595, 953, 1075, 1364, 1610, 1712

Erginus rubellus (Fabricius, 1780)
Régions : G, S, EGS, EM, IPE, HCN, MCN
Étages/habitats : I, C
Réf. faunist. : 242, 266, 333, 456, 461, 900, 1250, 1468
Réf. taxon. : 258, 935, 1364, 1544a+

Euspira heros (Say, 1822)
Régions : G, EGN, EGS, IM, EM, IPE, HCN, BCN, MCN, TNO, TNS
Étages/habitats : I, C, B
Réf. faunist. : 2, 50, 85, 88, 109, 169, 180, 242, 266, 280, 295, 346, 347, 392, 412, 415b, 415c, 415d, 421, 461, 518, 565, 586, 619, 738, 739, 765, 775, 900, 923, 924, 937, 1038, 1048a, 1158, 1159, 1161, 1254, 1466, 1467, 1468, 1607, 1652, 1655, 1659a, 1661, 1692
Réf. taxon. : 2, 180, 518, 802, 1610

Euspira immaculata (Totten, 1835)
Régions : G, S, EGS, IPE, TNO
Étages/habitats : I, C, B
Réf. faunist. : 2, 152, 180, 266, 332, 421, 900, 920, 923, 924, 1653, 1658, 1659, 1661
Réf. taxon. : 2, 180, 802

Euspira nana (Möller, 1842)
Régions : S, EGS, EM
Étages/habitats : B, C
Réf. faunist. : 152, 332, 1299, 1661
Réf. taxon. : 158, 590c, 802, 986a, 1140, 1364, 1386a, 1590a, 1610

Euspira pallida (Broderip et G.B. Sowerby I, 1829)
Régions : G, EGS, EAV, IM, EM, IPE, BCN, TNO
Étages/habitats : I, C, B
Réf. faunist. : 242, 258, 323a, 337, 385, 415b, 415c, 421, 476, 619, 735, 923, 924, 953, 1159, 1161, 1247, 1254, 1299, 1300, 1607, 1652, 1659a, 1661
Réf. taxon. : 2, 83, 180, 595, 597, 802, 986a, 1140, 1364, 1386a, 1544a+, 1545+, 1607, 1610

Euspira triseriata (Say, 1826)
Régions : G, EGS, IM, IPE, TNS
Étages/habitats : I, C
Réf. faunist. : 2, 50, 86, 88, 180, 266, 295, 392, 415d, 461, 476, 739, 765, 900, 923, 1048a, 1089, 1254, 1607, 1658, 1659, 1661
Réf. taxon. : 2, 180, 595, 802, 1075, 1610, 1712

Frigidoalvania brychia (A.E. Verrill, 1884)
Régions : G, MCN, S
Étages/habitats : C, B
Réf. faunist. : 152, 332, 1623, 1661 (partie)
Réf. taxon. : 2, 158, 1623
Remarque : Les spécimens bathyaux (région CLH) nommés *Cingula (Alvania) Jan Meyeni* (sic) par Whiteaves (1901, réf. 1661) (cités par Johnson, 1934, réf. 780, LaRocque, 1953, réf. 900 et Abbott, 1974, réf. 2) ont été réidentifiés *F. americana* (Friele, 1886) par Warén (1974, réf. 1623), de même que deux autres échantillons du Golfe de provenances moins précises (apparemment région CLS). Mais Abbott (1974, réf. 2) traitait *A. janmayeni* et *A. americana* comme synonyme d'*A. brychia.* Bouchet et Warén (1993, réf. 158) confirment que *F. americana* (absent du catalogue de Turgeon *et al.*, sous presse, réf. 1561a) est bien synonyme de *F. brychia.*

Frigidoalvania cruenta (Odhner, 1915)
Régions : EM
Étages/habitats : I, C
Réf. faunist. : 337, 735
Réf. taxon. : 1623

Frigidoalvania janmayeni (Friele, 1878)
Régions : G, EGN, EGS, EM, CLS, CLH
Étages/habitats : C, B
Réf. faunist. : 337, 415c, 900, 920, 923, 925, 1299, 1586, 1654, 1655, 1656, 1657, 1661 (partie)
Réf. taxon. : 1590a, 1591b, 1607, 1610, 1622, 1623
Remarque : Les spécimens circalittoraux nommés *Cingula (Alvania) Jan Meyeni* (sic) par Whiteaves (1901, réf. 1661) ainsi que ceux des auteurs plus récents sont probablement des *F. janmayeni.* Abbott (1974, réf. 2) traitait *A. janmayeni* comme synonyme d'*A. brychia.*

Frigidoalvania pelagica (Stimpson, 1851)
Régions : G, EGS, EM, HCN, CLH, CLI
Étages/habitats : C, B
Réf. faunist. : 2, 337, 461, 900, 1299, 1657, 1658, 1660, 1661
Réf. taxon. : 2, 1610, 1623

Haliella stenostoma (Jeffreys, 1858)
Régions : G, EM, CLS, CLH
Étages/habitats : B, C
Réf. faunist. : 337, 900, 1299, 1654a, 1655, 1657, 1660, 1661
Réf. taxon. : 157, 597, 1364

Hydrobia truncata (Vanatta, 1924)
Régions : G, EGS, EAM, EAV, IM, EM, IPE, MCN, BCN, AN, TNO
Étages/habitats : M, I, C, B
Réf. faunist. : 86, 88, 168, 176, 242, 253b, 314, 333, 337, 392, 436a, 437, 476, 726, 735, 765, 1038, 1085a, 1089, 1158, 1159, 1161, 1209a, 1250, 1299, 1603b, 1618a, 1661, 1692
Réf. taxon. : 180, 225, 406, 407, 687, 1364, 1607, 1610

Lacuna crassior (Montagu, 1803)
Régions : S, HCN
Étages/habitats : C, B
Réf. faunist. : 152, 332, 900, 1299, 1590a, 1655, 1661
Réf. taxon. : 597, 1299, 1590a

Lacuna pallidula (E.M. da Costa, 1778)
Régions : EAV, EGS, EM, IPE, MCN, BCN, TNO
Étages/habitats : (M), I
Réf. faunist. : 32, 164, 167, 242, 253b, 337, 436a, 523, 726, 1692
Réf. taxon. : 2, 180, 590b, 595, 597, 1364, 1545+

Lacuna vincta (Montagu, 1803)
Régions : G, EGN, EAM, EGS, EAV, IM, EM, IPE, HCN, MCN, BCN, AN, AS, TNO
Étages/habitats : M, I, C
Réf. faunist. : 32, 86, 88, 164, 167, 168, 168a, 180, 242, 253b, 253c, 333, 337, 392, 412, 421, 436a, 457, 461, 476, 523, 701a, 702, 702a, 735, 775a, 923, 924, 950, 1089, 1158, 1247, 1466, 1467, 1468, 1537, 1652, 1661
Réf. taxon. : 2, 3, 180, 225, 590b, 595, 597, 1075, 1364, 1545+, 1607, 1610
Remarque : Golikov et Kussakin (1978, réf. 590b) la placent dans le genre *Epheria*.

Lepeta caeca (O.F. Müller, 1776)
Régions : S, EGN, EGS, EM, BCN, MCN
Étages/habitats : I, C, B
Réf. faunist. : 86, 152, 242, 258, 323a, 332, 337, 392, 415b, 415c, 456, 923, 924, 925, 1161, 1299, 1383, 1467, 1468, 1609, 1652, 1661
Réf. taxon. : 2, 415c, 545, 559, 595, 597, 953, 1075, 1364, 1386a, 1607, 1610

Liostomia eburnea (Stimpson, 1851)
Régions : MCN
Étages/habitats : C
Réf. faunist. : 1657, 1661
Réf. taxon. : 1364, 1626

Littorina littorea (Linné, 1758)
Régions : G, EGN, EGS, IM, EM, IPE, HCN, MCN, BCN, TNO, TNS
Étages/habitats : M, I, C, B
Réf. faunist. : 2, 26, 32, 88, 93, 168, 176, 176a,180, 242, 253b, 265, 281, 295, 314, 333, 337, 392, 393, 414, 415d, 421, 461, 476, 518, 565, 619, 735, 738, 739, 765, 775a, 788, 910, 937, 1038, 1078, 1085a, 1089, 1161, 1209a, 1250, 1255, 1466, 1467, 1468, 1537a, 1607, 1658, 1659a, 1661, 1673a, 1682
Réf. taxon. : 2, 3, 93, 180, 225, 518, 590b, 595, 597, 1075, 1364, 1441, 1545+, 1548+, 1610, 1701a+, 1712

Littorina obtusata (Linné, 1758)
Régions : G, S, EGN, EGS, EAM, EAV, IM, EM, IPE, HCN, MCN, BCN, AS, TNO, TNS
Étages/habitats : M, I, C, B
Réf. faunist. : 32, 85, 86, 93, 152, 164, 167, 180, 242, 295, 314, 332, 333, 337, 392, 415d, 437, 436a, 461, 476, 566, 701a, 702a, 775a, 788, 950, 1038, 1089, 1158, 1159, 1161, 1250, 1254, 1255, 1299, 1466, 1468, 1603b, 1652, 1661, 1692
Réf. taxon. : 2, 3, 93, 180, 225, 590b, 595, 597, 1075, 1364, 1386a, 1441, 1545+

Littorina saxatilis (Olivi, 1792)
Régions : G, EGN, EGS, EAM, EAV, IM, EM, IPE, MCN, CLH, BCN, AS, TNO
Étages/habitats : M, I, C, B, S
Réf. faunist. : 26, 85, 86, 88, 93, 164, 167, 168, 176a, 242, 253b, 258, 266, 314, 333, 337, 392, 393, 414, 415b, 415c, 415d, 437, 461, 476, 702a, 735, 765, 775a, 788, 937, 950, 1038, 1085a, 1089, 1158, 1161, 1209a, 1247, 1250, 1299, 1466, 1468, 1537a, 1538b, 1603b, 1607, 1619, 1652, 1659a, 1661, 1692
Réf. taxon. : 2, 3, 93, 180, 225, 398, 590b, 595, 597, 674a, 1075, 1364, 1441, 1545+, 1610
Remarque : Cette espèce pourrait très bien être un complexe d'espèces comme une étude de Heller, 1975 (réf. 674a) sur les côtes britanniques le démontre.

Lottia alveus alveus (Conrad, 1831)
Régions : IPE, MCN
Étages/habitats : M, I
Réf. faunist. : 415d, 1466, 1468, 1658, 1659
Réf. taxon. : 287, 595, 935
Remarque : Espèce éteinte dans l'Atlantique occidental depuis les années trente (Carlton *et al.*, 1991, réf. 287).

Margarites costalis costalis (Gould, 1841)
Régions : G, S, EAV, EGN, EGS, IM, EM, IPE, MCN, BCN, TNO
Étages/habitats : I, C
Réf. faunist. : 86, 88, 152, 180, 242, 258, 323a, 332, 333, 337, 415b, 415c, 461, 619, 702a, 900, 923, 924, 925, 1089, 1158, 1159, 1161, 1250, 1254, 1255, 1299, 1300, 1306, 1466, 1467, 1468, 1609, 1652, 1659a, 1661
Réf. taxon. : 2, 3, 180, 559, 595, 953, 1075, 1364, 1544a+, 1561a, 1610

Margarites groenlandicus (Gmelin, 1791)
Régions : S, EGN, EGS, EAV, IM, EM, IPE, MCN, CLH, BCN
Étages/habitats : I, C, B
Réf. faunist. : 88, 152, 236, 242, 258, 266, 332, 333, 337, 347, 385, 456, 518, 619, 702a, 923, 925, 1158, 1159, 1161, 1299, 1466, 1467, 1468, 1609, 1661
Réf. taxon. : 2, 3, 518, 546, 559, 590b, 595, 597, 1075, 1282, 1364, 1386a, 1610

Margarites helicinus (Phipps, 1774)
Régions : G, EGN, EAM, EGS, EAV, IM, EM, IPE, MCN, BCN, AN, AS, TNO
Étages/habitats : (M), I, C
Réf. faunist. : 26, 32, 86, 88, 164, 167, 168a, 180, 193, 242, 258, 333, 337, 392, 414, 415b, 415c, 421, 436a, 461, 476, 701a, 923, 1089, 1158, 1159, 1161, 1247, 1250, 1254, 1299, 1661
Réf. taxon. : 2, 180, 225, 546, 559, 590b, 595, 597, 1075, 1364, 1544a+

Margarites olivaceus (T. Brown, 1827)
Régions : S, EAV, EGN, EAM, EGS, EM, IPE, MCN, CLH, AS
Étages/habitats : I, C, B
Réf. faunist. : 152, 242, 332, 337, 415b, 415c, 456, 923, 925, 1299, 1300, 1466, 1468, 1655, 1658, 1660, 1661
Réf. taxon. : 2, 546, 559, 595, 597, 1364, 1386a, 1610

Margarites sp.
Régions : S, EGS, IM
Étages/habitats : I, C
Réf. faunist. : 152, 242, 332
Réf. taxon. : 2, 559, 595, 597

Marsenina glabra (Couthouy, 1838)
Régions : G, EGN, EGS, EGN, BCN, MCN
Étages/habitats : I, C
Réf. faunist. : 88, 242, 900, 1468, 1661
Réf. taxon. : 2, 3, 559, 595, 1140, 1364, 1590a

Marshallora nigrocincta (C.B. Adams, 1839)
Régions : IPE
Étages/habitats : I
Réf. faunist. : 180, 193, 1038
Réf. taxon. : 2, 153, 180, 953

Menestho albula (Couthouy, 1839)
Régions :BCN
Étages/habitats : I
Réf. faunist. : 258, 1158?, 1159?, 1161?, 1661
Réf. taxon. : 258, 1626
Remarque : Voir la remarque sous *Couthouyella striatula* : la seule mention crédible de *M. albula* pour le Golfe provient du détroit de Belle-Isle (Bush, 1883, réf. 258). Verrill (1880, réf. 1590a) illustre l'espèce sous le nom de *Menestho sulcata* Verrill, selon Warén (1991, réf. 1626).

Moelleria costulata (Möller, 1842)
Régions : S, EGN, EGS, EM, IPE, MCN, BCN
Étages/habitats : I, C, B
Réf. faunist. : 152, 332, 333, 337, 415b, 415c, 1158, 1159, 1161, 1607, 1609, 1653, 1661
Réf. taxon. : 597, 953, 1364, 1386a, 1607, 1610

Nassarius obsoletus (Say, 1822)
Régions : G, EGN, EGS, IPE
Étages/habitats : M, I, C
Réf. faunist. : 49, 50, 88, 180, 266, 295, 393, 415d, 619, 739, 900, 950, 1038, 1254, 1537a, 1538b, 1658, 1659, 1659a, 1661, 1692
Réf. taxon. : 180, 292, 396+

Nassarius trivittatus (Say, 1822)
Régions : G, EGN, EGS, IM, IPE, TNO
Étages/habitats : I, C
Réf. faunist. : 2, 50, 88, 168, 180, 242, 253c, 266, 392, 393, 415d, 461, 476, 739, 765, 775a, 788, 900, 923, 924, 950, 1038, 1048a, 1089, 1254, 1466, 1467, 1468, 1607, 1608, 1652, 1659, 1659a, 1661, 1692
Réf. taxon. : 2, 3, 180, 225, 292, 396+, 595, 1075, 1607, 1610, 1712

Neptunea brevicauda (Deshayes, 1832)
Régions : G, S, EAM, EGS, EAV, EM, BCN
Étages/habitats : I, C, B
Réf. faunist. : 2, 258, 323a, 337, 392, 415b, 415c, 456, 900, 1161, 1250, 1299, 1654a, 1658, 1659a, 1661
Réf. taxon. : 2, 3, 156, 258, 1590a, 1591a, 1610

Neptunea despecta (Linné, 1758)
Régions : G, EGN, EGS, EAV, IM, EM, IPE, HCN, MCN, CLH, BCN, TNO
Étages/habitats : I, C
Réf. faunist. : 85, 86, 88, 169, 180, 242, 280, 281, 323a, 337, 398, 415b, 415c, 461, 701, 735, 767, 900, 923, 1158, 1159, 1161, 1247, 1254, 1299, 1466, 1467, 1468, 1653, 1658, 1661
Réf. taxon. : 2, 3, 156, 180, 415c, 595, 597, 1075, 1364, 1364, 1544a+, 1659a

Neptunea lyrata decemcostata (Say, 1826)
Régions : G, EGN, EGS, IM, EM, IPE, CLH, BCN
Étages/habitats : I, C
Réf. faunist. : 88, 169, 242, 265, 266, 337, 395, 415b, 415c, 421, 476, 735, 788, 923, 924, 1652
Réf. taxon. : 2, 3, 180, 225, 565, 595, 1075, 1610, 1712

Neptunea middendorffiana MacGinitie, 1959
Régions : S
Étages/habitats : ?
Réf. faunist. : 456
Réf. taxon. : 953, 967
Remarques : Genre et famille à morphologie très variable, qui embrouille la taxonomie; le « *Buccinum elatior* Middendorf, 1849 » de Drainville *et al.* (1978, réf. 456), espèce du Pacifique nord, devra être réexaminé : il s'agit peut être d'un *N. middendorffiana* MacGinitie, 1959 (réf. 953); Abbott (1974, réf. 2) considérait « *N. heros* » et « *N. middendorffiana* » comme des variétés ou fausses-espèces et les rangeait dans *N. ventricosa* (Gmelin, 1791).

Nucella lapillus (Linné, 1758)
Régions : G, EGN, EGS, IM, EM, IPE, AN, AS, MCN, TNO, TNS
Étages/habitats : M, I, C
Réf. faunist. : 50, 86, 180, 242, 266, 295, 337, 392, 393, 412, 415c, 415d, 421, 565, 619, 726, 765, 937, 950, 1158, 1247, 1254, 1255, 1467, 1468, 1659a, 1661
Réf. taxon. : 2, 3, 180, 225, 559, 565, 590b, 595, 597, 841, 1075, 1364, 1545+, 1712

Obesotoma simplex (Middendorf, 1849)
Régions : EM
Étages/habitats : B
Réf. faunist. : 900, 1299
Réf. taxon. : 953, 1364, 1561a

Obesotoma woodiana (Möller, 1842)
Régions : EM, MCN, BCN
Étages/habitats : I, C, B
Réf. faunist. : 337, 1158, 1161, 1299, 1661
Réf. taxon. : 145, 1590a

Odostomia trifida (Totten, 1834)
Régions : EGS, IPE, TNO
Étages/habitats : M, I
Réf. faunist. : 77, 180, 392, 726, 900, 1036, 1038, 1466, 1468, 1538b, 1607, 1658, 1659, 1661, 1692
Réf. taxon. : 2, 180, 225, 1607
Remarque : Cette espèce du sud n'apparaît plus dans le catalogue de Turgeon *et al.* (sous presse, réf. 1561a) : elle a sans doute un synonyme récent que nous ignorons.

Oenopota cancellatus (Mighels et C.B. Adams, 1842)
Régions : G, EAM, EM, IPE
Étages/habitats : ?
Réf. faunist. : 900, 1661
Réf. taxon. : 145, 1364, 1610

Oenopota elegans (Möller, 1842)
Régions : G, EAV, EGS, EGN, IPE, BCN, MCN
Étages/habitats : I, C
Réf. faunist. : 2, 88, 266, 415b, 415c, 1468, 1590a, 1659
Réf. taxon. : 3, 145, 1364, 1386a, 1590a

Oenopota impressus (Mörch, 1869)
Régions : G, EAV, EM, BCN
Étages/habitats : I, C
Réf. faunist. : 2, 258, 337, 735, 900, 1661
Réf. taxon. : 145, 258, 1590a

Oenopota pingelii (Möller, 1842)
Régions : G, EGS
Étages/habitats : ?
Réf. faunist. : 900, 1654, 1661
Réf. taxon. : 145, 1364, 1386a, 1590a

Oenopota pyramidalis (Ström, 1788)
Régions : G, S, EGN, EAM, EGS, EAV, EM, IPE, BCN, MCN
Étages/habitats : I, C, B
Réf. faunist. : 88, 152, 258, 332, 337, 385, 415b, 415c, 735, 1158, 1159, 1254, 1299, 1300, 1467, 1468, 1652, 1661
Réf. taxon. : 2, 145, 258, 1364, 1386a, 1544a+, 1590a, 1607

Onchidiopsis corys Balch, 1910
Régions : EGS, MCN
Étages/habitats : I
Réf. faunist. : 333, 337, 902
Réf. taxon. : 2, 53, 902, 1140

Onchidiopsis sp.
Régions : EAV
Étages/habitats : I

Réf. faunist. : 337
Réf. taxon. : 2, 53, 772a, 1140

Onoba aculeus (Gould, 1841)
Régions : G, EGN, EAV, IM, EM, IPE, AN, AS, TNO
Étages/habitats : I, C, B
Réf. faunist. : 2, 168, 180, 333, 337, 726, 775a, 1089, 1299, 1607
Réf. taxon. : 2, 158, 180, 590b, 597, 1274a, 1364, 1386a, 1607, 1610, 1623

Onoba mighelsi (Stimpson, 1851)
Régions : EGS, EM, IPE, MCN, BCN, HCN
Étages/habitats : I, C, B
Réf. faunist. : 337, 415b, 415c, 775a, 923, 1158, 1159, 1161, 1299, 1300, 1586, 1607, 1653, 1660, 1661
Réf. taxon. : 258, 590b, 1237, 1364, 1386a, 1561a, 1590a, 1610, 1623
Remarque : Warén (1974, réf. 1623, p. 124) écrit « I have examined many specimens from NE United States and SE Canada, determined as *Cingula castanea*, but they all belong to *Alvania mighelsi.* » Ce réexamen inclut 10 spécimens de l'archipel de Mingan. Puisque toutes les mentions de *C. castanea* (Möller, 1842) dans le golfe du Saint-Laurent ont été publiées entre 1859 et 1975, on doit accepter l'opinion de Warén (1974) jusqu'au réexamen de tous les spécimens. L'espèce est attribuée au genre *Onoba* par Turgeon *et al.* (sous presse, réf. 1561a).

Propebela angulosa (G.O. Sars, 1878)
Régions : G, EM
Étages/habitats : C, B
Réf. faunist. : 2, 337, 900, 1299, 1661
Réf. taxon. : 145, 1364, 1590a

Propebela concinnula (A.E. Verrill, 1882)
Régions : EM, IPE, BCN
Étages/habitats : I, C, B
Réf. faunist. : 258, 266, 337, 1161, 1299, 1300, 1590a, 1661
Réf. taxon. : 83, 145, 1364, 1590a

Propebela exarata (Möller, 1842)
Régions : G, EGS, EM, BCN
Étages/habitats : I, C
Réf. faunist. : 258, 337, 1159, 1161, 1250, 1254, 1299, 1306, 1652, 1661
Réf. taxon. : 145, 1364, 1386a, 1544a+, 1590a

Propebela harpularia (Couthouy, 1838)
Régions : EAV, EGS, EM, IPE, BCN
Étages/habitats : I, C
Réf. faunist. : 242, 258, 266, 337, 415b, 415c, 1161, 1250, 1658, 1659a, 1661
Réf. taxon. : 2, 145, 559, 595, 953, 1364, 1590a, 1610

Propebela nobilis (Möller, 1842)
Régions : EGS, EM, HCN, BCN, TNO
Étages/habitats : I, C
Réf. faunist. : 337, 726, 1161, 1299, 1652, 1661
Réf. taxon. : 145, 180, 225, 559, 1364, 1386a, 1544a+

Propebela rugulata (Möller, 1866)
Régions : G, EGS
Étages/habitats : I, C, B
Réf. faunist. : 2, 1661
Réf. taxon. : 2, 145, 1364, 1590a, 1610

Propebela scalaris (Möller, 1842)
Régions : G, EGS, BCN
Étages/habitats : I, C, B
Réf. faunist. : 258, 337, 415b, 1158, 1299, 1590a, 1652
Réf. taxon. : 2, 145, 155, 1364, 1386a, 1590a

Propebela turricula (Montagu, 1803)
Régions : EAV, EGS, EM, IPE
Étages/habitats : I, C
Réf. faunist. : 266, 337, 415c, 735, 1383, 1609, 1610
Réf. taxon. : 2, 145, 597, 1607, 1610

Propebela viridula (Möller, 1842)
Régions : EGS, EM
Étages/habitats : I, C
Réf. faunist. : 242, 735
Réf. taxon. : 145, 1364, 1610

Ptychatractus ligatus (Mighels et C.B. Adams, 1842)
Régions : EAV, EAM, EGS, IPE, MCN, BCN
Étages/habitats : C
Réf. faunist. : 2, 266, 415b, 415c, 595, 900, 1657, 1660, 1661
Réf. taxon. : 2, 812

Puncturella noachina (Linné, 1771)
Régions : S, EAV, EGN, EGS, EM, IPE, MCN, BCN, TNO
Étages/habitats : I, C, B
Réf. faunist. : 88, 152, 236, 242, 258, 266, 332, 333, 337, 415c, 456, 461, 701, 923, 925, 1158, 1159, 1161, 1250, 1299, 1467, 1468, 1609, 1652, 1661
Réf. taxon. : 2, 3, 180, 225, 545, 559, 595, 597, 953, 1364, 1607, 1610

Sayella fusca (C.B. Adams, 1839)
Régions : G, EGS, IM, IPE
Étages/habitats : M, I
Réf. faunist. : 2, 180, 242, 476, 900, 1538b, 1661, 1692

Réf. taxon. : 2, 77, 180, 1607
Remarque : L'appartenance générique de cette espèce, qu'on a attribuée à *Pyramidella*, ou à *Odostomia*, semblait encore incertaine à Bartsch (1974, réf. 2); voir aussi *O. trifida*.

Skeneopsis planorbis (Fabricius, 1780)
Régions : G, TNO
Étages/habitats : M, I
Réf. faunist. : 180, 726
Réf. taxon. : 2, 225, 590b, 597, 1364, 1607, 1610

Solariella obscura (Couthouy, 1838)
Régions : G, EGN, EGS, EM, CLH, BCN
Étages/habitats : I, C
Réf. faunist. : 258, 421, 461, 920, 923, 924, 925, 1161, 1254
Réf. taxon. : 2, 3, 953, 1364, 1590a, 1610, 1627, 1630

Solariella varicosa (Mighels et C.B. Adams, 1842)
Régions : G, EGN, EGS, EAV, EM, IPE, MCN, BCN, AS
Étages/habitats : I, C
Réf. faunist. : 242, 258, 266, 337, 385, 619, 735, 900, 923, 924, 925, 1158, 1159, 1161, 1254, 1299, 1300, 1652, 1661
Réf. taxon. : 2, 559, 595, 1364, 1545a, 1610, 1627, 1630
Remarque : Un néotype de cette espèce de la collection du « Museum of Comparative Zoology » de l'Université Harvard (spéc. MCZ 303187), a été choisi et illustré (fig. 1A) par Warén (1993, réf. 1630), qui décrit ainsi la localité-type : « Canada, Newfoundland, described from Bay Chaleur, from the stomach of *Gadus americana* Storer, neotype from Canada, Quebec, Metis ». Il y a là confusion entre trois régions du Golfe!

Tachyrhynchus erosus (Couthouy, 1838)
Régions : G, EAV, EGN, EGS, IM, EM, IPE, MCN, CLH, BCN
Étages/habitats : I, C
Réf. faunist. : 242, 258, 337, 415b, 415c, 923, 924, 925, 950, 1158, 1159, 1161, 1254, 1299, 1466, 1467, 1468, 1609, 1610, 1655, 1659a, 1661
Réf. taxon. : 2, 3, 595, 1075, 1386a, 1610
Remarque : Schiøtte et Warén (1992, réf. 1386a) la désignent *Turritella erosa* Couthouy, 1838.

Tachyrhynchus reticulatus (Mighels et C.B. Adams, 1842)
Régions : G, EGS, EM, IPE, MCN, BCN
Étages/habitats : I, C
Réf. faunist. : 242, 258, 337, 415b, 415c, 619, 900, 1158, 1159, 1161, 1254, 1299, 1300, 1466, 1467, 1468, 1655, 1659a, 1661
Réf. taxon. : 595, 953, 1386a, 1610

Tectura testudinalis (O.F. Müller, 1776)
Régions : G, S, EGN, EGS, EAV, IM, EM, IPE, HCN, MCN, BCN, AS, TNO, TNS
Étages/habitats : M, I, C
Réf. faunist. : 26, 32, 85, 86, 88, 168a, 180, 242, 258, 266, 314, 333, 337, 346, 392, 393, 412, 414, 415c, 415d, 421, 457, 461, 518, 566, 619, 701a, 702a, 702, 765, 767, 775, 775a, 902, 910, 912, 913, 923, 924, 937, 950, 1085a, 1089, 1158, 1159, 1161, 1247, 1255, 1299, 1466, 1467, 1468, 1607, 1609, 1652, 1659b, 1661
Réf. taxon. : 2, 3, 180, 225, 518, 545, 559, 595, 597, 902, 935, 1075, 1364, 1545+, 1607, 1610, 1712

Trichotropis bicarinata (G.B. Sowerby I, 1825) *sensu lato* [?]
Régions : IPE
Étages/habitats : C
Réf. faunist. : 266
Réf. taxon. : 2, 3, 158, 1364, 1626
Remarque : Des deux sous-espèces allopatriques distinguées par Warén (1991, réf. 1626) et Bouchet et Warén (1993, réf. 184), c'est *T. b. tenuis* E.A. Smith, 1877 qui devrait habiter le golfe du Saint-Laurent; l'examen des spécimens s'impose tout de même, car l'étage y est plutôt celui de *T. b. bicarinata*.

Trichotropis borealis Broderip et Sowerby, 1829
Régions : G, EGN, EAM, EGS, EAV, EM, IPE, HCN, BCN, MCN
Étages/habitats : I, C, B
Réf. faunist. : 88, 242, 258, 266, 337, 385, 415b, 415c, 461, 619, 923, 924, 925, 1158, 1161, 1248, 1254, 1299, 1386a, 1467, 1468, 1544c, 1652, 1659a, 1661
Réf. taxon. : 2, 559, 595, 597, 1075, 1364, 1544a+, 1607, 1610

Turbonilla edwardensis Bartsch, 1909
Régions : IPE
Étages/habitats : I?
Réf. faunist. : 2, 77, 900
Réf. taxon. : 77

Turbonilla interrupta (Totten, 1835)
Régions : G, IM, IPE
Étages/habitats : I
Réf. faunist. : 2, 168, 180, 295, 765, 1089, 1607, 1658, 1659, 1661, 1692
Réf. taxon. : 2, 77, 180, 225, 1364, 1607, 1610

Turbonilla nivea (Stimpson, 1851)
Régions : IPE
Étages/habitats : M, I
Réf. faunist. : 1038
Réf. taxon. : 2

Turbonilla whiteavesi Bartsch, 1909
Régions : IPE
Étages/habitats : I?
Réf. faunist. : 2, 77, 900
Réf. taxon. : 77

Turritellopsis acicula (Stimpson, 1851)
Régions : EAM, EAV, EM, IPE, BCN, TNO
Étages/habitats : I, C
Réf. faunist. : 266, 337, 415b, 415c, 726, 1161, 1250, 1299, 1607, 1661
Réf. taxon. : 2, 180, 1364, 1607, 1610
Remarque : Cette espèce n'apparaît plus dans le catalogue de Turgeon *et al.* (sous presse, réf. 1561a) : elle a sans doute un synonyme récent que nous ignorons.

Urosalpinx cinerea (Say, 1822)
Régions : G, EGS, IM, IPE
Étages/habitats : C, I
Réf. faunist. : 2, 49, 50, 169, 180, 253c, 295, 415d, 461, 565, 461, 588, 765, 900, 1038, 1659a, 1661
Réf. taxon. : 2, 3, 180, 225, 565, 597, 1607

Velutina undata (T. Brown, 1839)
Régions : G, EGS, EAV, EM, IPE, TNO
Étages/habitats : I, C
Réf. faunist. : 180, 242, 337, 385, 415b, 415c, 461, 619, 900, 923, 924, 1250, 1254, 1299, 1467, 1468, 1607, 1609, 1610, 1652, 1659a, 1661
Réf. taxon. : 2, 180, 415c, 559, 595, 597, 953, 1140, 1364, 1544a+, 1610

Velutina velutina (O.F. Müller, 1776)
Régions : G, S, EGS, IM, EM, BCN, MCN, TNO
Étages/habitats : I, C, B
Réf. faunist. : 86, 88, 152, 242, 258, 332, 333, 337, 347, 456, 619, 726, 735, 1159, 1161, 1254, 1299, 1467, 1468, 1652, 1659a, 1661
Réf. taxon. : 2, 3, 180, 225, 554, 559, 595, 597, 953, 1140, 1364, 1545+, 1610

Volutopsius norwegicus (Gmelin, 1791)
Régions : G, EGS, EM
Étages/habitats : C
Réf. faunist. : 2, 242, 323a, 900, 923, 924, 1250, 1658, 1661
Réf. taxon. : 3, 156, 398, 597, 1075, 1364, 1544a+, 1591a, 1610

42A : Opisthobranchia Cephalaspidea

Références taxonomiques générales : 2, 812, 927, 1142, 1259, 1364, 1539, 1540, 1590a

Acteocina canaliculata (Say, 1826)
Régions : G, EGS, IM, EM, IPE
Étages/habitats : I, C
Réf. faunist. : 2, 49, 168, 180, 242, 253c, 266, 295, 337, 476, 765, 900, 923, 924, 1038, 1089, 1299, 1300, 1466, 1468, 1538b, 1607, 1608, 1610, 1661, 1692
Réf. taxon. : 2, 180, 595, 927, 982, 1075, 1607, 1610

Cylichna alba (T. Brown, 1827)
Régions : G, S, EGN, EGS, EAV, IM, EM, IPE, CLH, BCN
Étages/habitats : I, C, B
Réf. faunist. : 152, 242, 332, 337, 385, 415b, 415c, 456, 476, 735, 923, 924, 925, 1158, 1159, 1161, 1254, 1299, 1300, 1607, 1652, 1661
Réf. taxon. : 2, 154, 180, 559, 595, 927, 1075, 1259, 1364, 1386a, 1540, 1607, 1610

Cylichna occulta (Mighels et C.B. Adams, 1842)
Régions : S, G
Étages/habitats : C, B
Réf. faunist. : 152, 332, 415b, 415c
Réf. taxon. : 927, 953, 1126, 1386a

Cylichna sp.
Régions : S
Étages/habitats : C
Réf. faunist. : 152, 332
Réf. taxon. : 927, 1259, 1364, 1540, 1541

Diaphana minuta (T. Brown, 1827)
Régions : G, EGS, EM, HCN
Étages/habitats : C, B
Réf. faunist. : 337, 415b, 415c, 923, 1254, 1299, 1661, 1665
Réf. taxon. : 2, 927, 1364, 1540, 1541

Haminoea solitaria (Say, 1822)
Régions : EGS, EM, IPE
Étages/habitats : I
Réf. faunist. : 180, 193, 333, 738, 739, 1658, 1659, 1661
Réf. taxon. : 2, 3, 180, 927

Philine finmarchica M. Sars, 1858
Régions : EGN, EM, CLH
Étages/habitats : C, B
Réf. faunist. : 337, 925, 1299
Réf. taxon. : 927, 1364

Philine lima (T. Brown, 1825)
Régions : EGS, EM, IPE, MCN, BCN

Étages/habitats : I, C, B
Réf. faunist. : 266, 337, 415b, 415c, 735, 1158, 1299, 1300, 1654, 1660, 1661
Réf. taxon. : 2, 927, 1364

Philine quadrata (S.V. Wood, 1839)
Régions : EGS, IM, CLH
Étages/habitats : I, C, B
Réf. faunist. : 242, 923, 924, 1655, 1658, 1660, 1661
Réf. taxon. : 2, 559, 595, 927, 1075, 1364, 1467, 1468, 1539, 1540, 1541, 1542, 1545+

Philine sp.
Régions : S
Étages/habitats : C
Réf. faunist. : 152, 332
Réf. taxon. : 2, 927, 1364, 1540

Retusa obtusa (Montagu, 1803)
Régions : G, EGS, IM, EM, IPE, HCN, BCN, TNO
Étages/habitats : I, C, B
Réf. faunist. : 266, 337, 415b, 415c, 476, 726, 735, 775a, 923, 1038, 1159, 1161, 1299, 1300, 1467, 1468, 1659, 1660, 1661
Réf. taxon. : 2, 180, 664, 927, 1259, 1364, 1386a, 1539, 1540, 1541

Retusa umbilicata (Montagu, 1803)
Régions : CLH
Étages/habitats : B
Réf. faunist. : 900, 1590, 1658, 1659, 1661
Réf. taxon. : 664, 927, 953, 1259, 1364, 1539, 1540, 1541, 1545+, 1610
Remarque : Dans Abbott (1974, réf. 2) cette espèce est mentionnée comme une espèce européenne bien quelle soit citée par Turgeon *et al.* (sous presse, réf. 1561a) pour l'Arctique et le Pacifique.

Scaphander punctostriatus (Mighels et C.B.Adams, 1842)
Régions : EM, CLH
Étages/habitats : I, C, B
Réf. faunist. : 242, 337, 900, 1248, 1299, 1657, 1661
Réf. taxon. : 2, 3, 559, 595, 927, 1075, 1259, 1364, 1539, 1540, 1541, 1610

43 : Opisthobranchia Nudibranchia

Références taxonomiques générales : 2, 617+, 792, 1142, 1201, 1259, 1364, 1540, 1542, 1590a

Acanthodoris pilosa (Abildgaard, 1789)
Régions : EAV, TNO
Étages/habitats : I
Réf. faunist. : 333, 726
Réf. taxon. : 2, 48, 225, 664, 1138, 1201, 1259, 1364, 1541, 1542

Adalaria proxima (Alder et Hancock, 1854)
Régions : S
Étages/habitats : B
Réf. faunist. : 152, 332
Réf. taxon. : 2, 225, 664, 1201, 1259, 1540, 1541, 1542

Aeolidia papillosa (Linné, 1761)
Régions : G, EGN, EGS, EAV, EM, IPE, TNO
Étages/habitats : M, I, C
Réf. faunist. : 242, 266, 333, 337, 518, 701a, 726, 1247
Réf. taxon. : 2, 48, 225, 518, 559, 595, 664, 749+, 1201, 1259, 1364, 1540, 1541, 1542

Ancula gibbosa (Risso, 1818)
Régions : EAV
Étages/habitats : I
Réf. faunist. : 333
Réf. taxon. : 2, 48, 225, 595, 664, 1201, 1259, 1540, 1542

Cadlina laevis (Linné, 1767)
Régions : EGS
Étages/habitats : ?
Réf. faunist. : 1467
Réf. taxon. : 2, 225, 595, 1561, 1561b

Corambe obscura (A.E. Verrill, 1870)
Régions : IPE
Étages/habitats : ?
Réf. faunist. : 1466, 1468
Réf. taxon. : 2, 1519, 1590a

Coryphella sp.
Régions : TNO
Étages/habitats : ?
Réf. faunist. : 726
Réf. taxon. : 48, 98, 749+, 860, 861, 1201, 1259, 1540, 1541

Cratena pilata Gould, 1870
Régions : G, TNO
Étages/habitats : I, C, B
Réf. faunist. : 2, 726
Réf. taxon. : 2, 527, 792

Cuthona nana (Alder et Hancock, 1842) [??]
Régions : EGS
Étages/habitats : M? ou I?
Réf. faunist. : 1467, 1468
Réf. taxon. : 595, 1142, 1502, 1541, 1561a
Remarque : La présence de cette espèce européenne dans l'Atlantique nord-américain est encore très incertaine : elle n'a été rapportée, sous le nom d'*Eolis purpurea* n. sp. par Stimpson (1856,

réf. 1502), que de l'entrée de la baie de Fundy et par Stafford (1912b, c, réf. 1467, 1468) de la baie de Gaspé. Abbott (1974, réf. 2) rappelle que sa synonymie avec *Cuthona pustulata* (Alder et Hancock, 1854) (= *C. nana* selon Thompson et Brown (1976, réf. 1541) n'est pas établie. Mais *C. nana* est répertoriée pour l'Atlantique nord-américain par Turgeon *et al.* (sous presse, réf. 1561a). Tous les spécimens de Stimpson ayant été détruits dans un incendie, *Eolis purpurea* (orthographié aussi *Aeolis p.*) demeure peut-être un *nomen dubium*, et l'on devra rechercher le(s) spécimen(s) de Stafford.

Dendronotus frondosus (Ascanius, 1774)
Régions : G, S, EGS, EAV, EM, HCN, MCN, BCN, TNO
Étages/habitats : M, I, C, B
Réf. faunist. : 32, 152, 242, 332, 333, 337, 518, 523, 701a, 726, 923, 925, 1159, 1161, 1247, 1661
Réf. taxon. : 2, 48, 98, 225, 518, 559, 595, 664, 749+, 792, 953, 1138, 1259, 1540, 1541, 1542, 1561b, 1712
Remarque : Thompson et Brown (1984, réf. 1542) considèrent *Dendronotus arborescens* comme synonyme de *Dendronotus frondosus*.

Doto coronata (Gmelin, 1791)
Régions : EGN, EGS, HCN, MCN, TNO
Étages/habitats : I
Réf. faunist. : 32, 333, 726
Réf. taxon. : 2, 48, 225, 595, 664, 1138, 1141, 1201, 1259, 1364, 1540, 1541, 1542

Doto formosa A.E. Verrill, 1875
Régions : TNO
Étages/habitats : C, I
Réf. faunist. : 726
Réf. taxon. : 1584a

Eubranchus sp.
Régions : TNO
Étages/habitats : I?
Réf. faunist. : 726
Réf. taxon. : 48, 749+, 792, 1201, 1259

Facelina bostoniensis (Couthouy, 1838)
Régions : G, TNO
Étages/habitats : I
Réf. faunist. : 726
Réf. taxon. : 2, 48, 225, 595, 664, 792, 1201, 1540, 1542

Flabellina salmonacea (Couthouy, 1838)
Régions : G, EM
Étages/habitats : ?
Réf. faunist. : 518
Réf. taxon. : 225, 518, 595, 1141, 1561a

Flabellina verrucosa (M. Sars, 1829)
Régions : G, EGS, EM, IPE, BCN, MCN, TNO
Étages/habitats :
Réf. faunist. : 258, 518, 726, 1161, 1466, 1467, 1468, 1661
Réf. taxon. : 518, 792, 860, 861, 1201, 1364, 1542

Issena pacifica (Bergh, 1894)
Régions : TNO
Étages/habitats : I?
Réf. faunist. : 726
Réf. taxon. : 2, 792

Onchidoris bilamellata (Linné, 1767)
Régions : EGS, EM, TNO
Étages/habitats : M
Réf. faunist. : 242, 337, 726, 1247
Réf. taxon. : 225, 664, 1007, 1201, 1259, 1364, 1386a, 1540, 1541, 1542

Onchidoris diademata (Gould, 1870)
Régions : EM
Étages/habitats : M
Réf. faunist. : 1250
Réf. taxon. : 595

Onchidoris muricata (O.F. Müller, 1776)
Régions : TNO
Étages/habitats : I
Réf. faunist. : 726
Réf. taxon. : 2, 225, 595, 1201, 1541

Palio dubia (M. Sars, 1829)
Régions : G, EGS, EAV, EM, IPE
Étages/habitats : I
Réf. faunist. : 333, 337, 518, 902, 1138, 1466
Réf. taxon. : 48, 518, 664, 902, 1201, 1467, 1468, 1540, 1541, 1542

Tenellia fuscata (Gould, 1870)
Régions : IPE
Étages/habitats : I
Réf. faunist. : 1538
Réf. taxon. : 225, 595, 1055, 1540

Tergipes tergipes (Forskål, 1775)
Régions : TNO
Étages/habitats : I
Réf. faunist. : 726
Réf. taxon. : 2, 48, 225, 227, 664, 1201, 1540, 1541, 1542

43A : Opisthobranchia Sacoglossa

Références taxonomiques générales : 2, 984

Alderia modesta (Lovén, 1844)
Régions : G, TNO
Étages/habitats : I
Réf. faunist. : 2, 138, 139
Réf. taxon. : 2, 138, 225, 664, 1138, 1259, 1274a+, 1539, 1540, 1541

Elysia catulus (Gould, 1870)
Régions : IPE, TNO
Étages/habitats : I
Réf. faunist. : 726, 1466, 1468
Réf. taxon. : 2, 595, 983

Elysia chlorotica Gould, 1870
Régions : G, IPE
Étages/habitats : I
Réf. faunist. : 2, 193, 1466, 1468
Réf. taxon. : 2, 225, 595, 983

44 : Opisthobranchia Pteropoda

Références taxonomiques générales : 2, 929d, 1085, 1256, 1364, 1531, 1577, 1590a, 1591a

44A : Opisthobranchia Gymnosomata

Références taxonomiques générales : 3, 929d, 1085, 1364, 1531, 1578

Clione limacina (Phipps, 1774)
Régions : CLI, CLH, EAV, EGS, EM, IPE, IM, MCN, BCN, CLA, CLE, S, TNO
Étages/habitats : éps, épg
Réf. faunist. : 236, 312a, 337, 473a, 518, 726, 818, 872, 902, 1158, 1159, 1161, 1210, 1211, 1272, 1407, 1473a, 1661
Réf. taxon. : 2, 3, 518, 902, 929d, 1014+, 1085, 1364, 1531, 1548, 1701a+

44B : Opisthobranchia Thecosomata

Limacina helicina (Phipps, 1774)
Régions : AN, AS, CLH, (EGN), IM, IPE, MCN, EGS, BCN, CLA, CLE, CLI, TNO
Étages/habitats : éps, épg
Réf. faunist. : 238, 312a, 473a, 726, 818, 867, 870, 872, 875, 879, 1407
Réf. taxon. : 2, 929d, 1364, 1531, 1577

Limacina retroversa (Fleming, 1823)
Régions : AN, AS, CLA, CLH, CLI, IM, IPE, (EGN), MCN, EGS, BCN, TNO
Étages/habitats : éps, épg
Réf. faunist. : 473a, 818, 867, 870, 872, 875, 879, 1407, 1661
Réf. taxon. : 2, 929d, 1364, 1548, 1577

45 : Pulmonata

Références taxonomiques générales : 2, 3, 180, 1075, 1076

Melampus bidentatus Say, 1822
Régions : G, EGS, IPE
Étages/habitats : M
Réf. faunist. : 2, 49, 176, 180, 900, 1537a, 1661
Réf. taxon. : 2, 3, 180, 595

Myosotella myosotis (Draparnaud, 1801)
Régions : IPE
Étages/habitats : I
Réf. faunist. : 1607
Réf. taxon. : 2, 3, 180, 595, 1607

48 : Pelecypoda

Références taxonomiques générales : 2, 3, 11, 107, 108, 180, 299+, 309, 507, 508, 664, 812, 944, 1003, 1075, 1076, 1125, 1280+, 1364, 1448, 1512+, 1526, 1545+, 1590a, 1605, 1625

Aligena elevata (Stimpson, 1851)
Régions : IPE
Étages/habitats : C
Réf. faunist. : 1658
Réf. taxon. : 2, 1598

Anomia simplex d'Orbigny, 1842
Régions : EGS, EM, IPE
Étages/habitats : I, C
Réf. faunist. : 266, 333, 338, 346, 1466, 1467, 1468, 1607
Réf. taxon. : 2, 3, 180, 1610

Anomia sp.
Régions : CLH
Étages/habitats : B
Réf. faunist. : 242, 337
Réf. taxon. : 2, 3, 812

Anomia squamula Linné, 1758
Régions : G, EGN, EGS, IM, IPE, HCN, MCN, BCN, TNO
Étages/habitats : I, C
Réf. faunist. : 32, 86, 242, 253c, 258, 280, 312a, 323a, 337, 412, 461, 524, 765, 775a, 923, 1158, 1159, 1161, 1254, 1407, 1466, 1468, 1469, 1512, 1607, 1652, 1659a, 1661, 1692
Réf. taxon. : 2, 3, 180, 225, 559, 595, 664, 772, 1075, 1364, 1526, 1545+, 1610
Remarque : *Heteramonia s.* (L.) selon Allen (comm. pers.)

Arctica islandica (Linné, 1767)
Régions : G, EGN, EGS, IM, EM, IPE, HCN, MCN, BCN, TNO, TNS
Étages/habitats : I, C

Réf. faunist. : 109, 110, 169, 180, 193, 242, 253c, 265, 266, 280, 281, 395, 461, 476, 565, 588, 700a, 772, 923, 924, 1659, 1661
Réf. taxon. : 2, 3, 180, 225, 559, 565, 595, 664, 1075, 1526, 1545+, 1610

Argopecten irradians (Lamarck, 1819) *sensu lato*
Régions : G
Étages/habitats : I, C
Réf. faunist. : 2
Réf. taxon. : 2, 3

Astarte arctica (J.E. Gray, 1824)
Régions : G, EGS, EM, MCN, BCN
Étages/habitats : I, C
Réf. faunist. : 258, 415c, 619, 1467, 1468, 1653, 1655, 1658, 1659, 1659a, 1660, 1661
Réf. taxon. : 415c, 944

Astarte borealis (Schumacher, 1817)
Régions : G, S, EGN, EAM, EGS, EAV, IM, EM, HCN, BCN, MCN, TNS
Étages/habitats : I, C, B
Réf. faunist. : 88, 152, 323a, 332, 337, 385, 392, 395, 456, 461, 619, 735, 923, 924, 950, 1158, 1159, 1161, 1247, 1299, 1300, 1467, 1468, 1609, 1661
Réf. taxon. : 2, 107, 390, 398, 559, 595, 772, 944, 953, 1364, 1428b, 1526, 1610

Astarte castanea (Say, 1822)
Régions : G, EGS, EM, IPE
Étages/habitats : I, C
Réf. faunist. : 2, 242, 421, 461, 900
Réf. taxon. : 2, 3, 180, 225, 595, 1610, 1712

Astarte crenata (J.E.Gray, 1824)
Régions : G, EGS, EAV, EM, IPE, CLH
Étages/habitats : I, C, B
Réf. faunist. : 242, 266, 323a, 337, 385, 415c, 461, 900, 1135, 1299, 1300, 1383, 1609, 1655, 1661
Réf. taxon. : 1, 107, 398, 559, 595, 772, 772, 1135, 1364, 1610
Remarque : Bernard (1980, réf. 107 et 1983, réf. 108) inclut *A. elliptica* (avec ses synonymes *A. subaequilatera* et *A. s. whiteavesii* Dall, 1903) dans la synonymie d'*A. crenata*, ce que nous n'acceptons pas, comme Turgeon *et al.* (sous presse, réf. 1561a).

Astarte elliptica (T. Brown, 1827)
Régions : G, S, EGN, EGS, EAV, EM, IM, BCN
Étages/habitats : I, C, B
Réf. faunist. : 88, 152, 242, 258, 332, 337, 385, 390, 415b, 415c, 456, 461, 619, 900, 923, 924, 925, 1135, 1156, 1158, 1247, 1248, 1250, 1299, 1300, 1659a, 1661
Réf. taxon. : 2, 225, 390, 398, 415c, 559, 595, 772, 772, 1135, 1526, 1610
Remarque : Cette espèce est celle que Whiteaves (1901, réf. 1661) nomme *A. compressa* (L.). Dawson (1893, réf. 415c), se fiant à Whiteaves, l'avait erronément traitée comme synonyme d'*A. lactea* Broderip et Sowerby et d'*A. semisulcata* Leach; il considérait ses spécimens distincts d'*A. borealis* (= *A. arctica*) alors que ceux-ci appartenaient bien à cette espèce (voir Whiteaves, 1901, réf. 1661, p. 131).

Astarte montagui (Dillwyn, 1817)
Régions : G, S, EGN, EAM, EGS, EAV, EM, CLH, BCN, MCN
Étages/habitats : I, C, B
Réf. faunist. : 2, 152, 242, 258, 332, 337, 385, 415b, 415c, 456, 619, 735, 900, 923, 924, 925, 1135, 1158, 1159, 1161, 1299, 1300, 1383, 1467, 1468, 1609, 1652, 1659, 1659a, 1661
Réf. taxon. : 2, 107, 390, 398, 415c, 559, 595, 664, 772, 944, 953, 1364, 1526, 1610
Remarque : Skarlato (1981, réf. 1428b) désigne cette espèce *Nicania montagui*, aussi placée récemment dans le genre *Tridonta.*

Astarte undata Gould, 1841
Régions : G, EGN, EGS, EAV, EM, IPE, BCN, CLI, MCN, TNO
Étages/habitats : I, C, B
Réf. faunist. : 85, 88, 169, 242, 323a, 333, 346, 385, 412, 415c, 415d, 457, 726, 923, 1160, 1306, 1383, 1467, 1468, 1607, 1609, 1652, 1655, 1659, 1661
Réf. taxon. : 2, 3, 180, 225, 595, 1075, 1610

Axinopsida orbiculata (G.O. Sars, 1878)
Régions : EAV
Étages/habitats : I, C
Réf. faunist. : 258, 337, 1161
Réf. taxon. : 107, 258, 953, 1364, 1428b, 1598, 1610

Bathyarca frielei (Friele, 1879)
Régions : G
Étages/habitats : C, B
Réf. faunist. : 900
Réf. taxon. : 154, 1135, 1610
Remarque : Selon Bernard (1979, réf. 107), *B. frielei* s'avèrera synonyme de *B. raridentata* (Wood, 1840) (= *B. pectunculoides*).

Bathyarca glacialis (J.E. Gray, 1824)
Régions : G, S, EM, CLH
Étages/habitats : I, C, B

Réf. faunist. : 2, 152, 332, 337, 456, 1250, 1299, 1660, 1661
Réf. taxon. : 107, 1150, 1364, 1610

Bathyarca pectunculoides (Scacchi, 1833)
Régions : G, EM, CLH
Étages/habitats : C, B
Réf. faunist. : 2, 337, 900, 920, 925, 1299, 1655, 1658, 1659a, 1660, 1661
Réf. taxon. : 154, 664, 1150, 1364, 1526, 1590a, 1598, 1610
Remarque : Bernard (1979, réf. 107), suivi par Wagner (1984, réf. 1610), traite *B. pectunculoides* auct. (non Scacchi, 1834) comme synonyme de *B. raridentata* Wood, 1840. Mais Turgeon *et al.* (sous presse, réf. 1561a) conservent *B. pectunculoides.*

Cerastoderma elegantulum Beck dans Möller, 1842
Régions : BCN
Étages/habitats : C
Réf. faunist. : 1306
Réf. taxon. : 326, 595, 1364, 1610
Remarque : Schiøtte et Warén (1992, réf. 1386a) la désignent *Goethemia elegantulum.*

Cerastoderma pinnulatum (Conrad, 1831)
Régions : G, EGS, IM, EM, IPE, HCN, BCN, TNO
Étages/habitats : I, C
Réf. faunist. : 50, 168, 242, 253c, 326, 337, 415b, 415c, 415d, 461, 738, 739, 775a, 923, 924, 1038, 1158, 1159, 1161, 1299, 1383, 1407, 1466, 1467, 1468, 1512, 1607, 1609, 1652, 1659, 1659a, 1661, 1692
Réf. taxon. : 2, 3, 180, 326, 595, 1075, 1610

Chlamys islandica (O.F. Müller, 1776)
Régions : G, S, EAV, EGN, EGS, IM, EM, IPE, MCN, CLH, BCN, AN, AS, TNO, TNS
Étages/habitats : M, I, C, B
Réf. faunist. : 10, 85, 86, 110, 111, 152, 163, 169, 242, 242a, 280, 323a, 333, 332, 337, 347, 392, 395, 415b, 415c, 456, 457, 461, 518, 560, 588, 701, 902, 923, 924, 925, 950, 1047, 1099, 1158, 1159, 1161, 1173, 1233, 1247, 1277a, 1299, 1383, 1468, 1607, 1609, 1652, 1659a, 1661
Réf. taxon. : 2, 3, 180, 225, 453a+, 518, 559, 565, 595, 772, 902, 953, 1075, 1364, 1428b, 1610

Clinocardium ciliatum (O. Fabricius, 1780)
Régions : G, S, EGN, EGS, EAV, IM, EM, IPE, MCN, BCN, TNO
Étages/habitats : I, C, B
Réf. faunist. : 88, 110, 152, 169, 180, 242, 242a, 258, 265, 266, 280, 323a, 326, 332, 333, 337, 346, 347, 385, 395, 415b, 415c, 456, 461, 518, 619, 701, 702, 735, 767, 902, 912, 913, 923, 924, 950, 1048a, 1158, 1159, 1160, 1161, 1247, 1277a, 1299, 1383, 1467, 1468, 1607, 1609, 1610, 1659a, 1661
Réf. taxon. : 2, 3, 107, 180, 326, 518, 559, 565, 595, 772, 902, 953, 1075, 1364, 1428b, 1610, 1712
Remarque : Skarlato (1981, réf. 1428b) place cette espèce dans le genre *Ciliatocardium* Kafanov, 1974.

Corbula contracta Say, 1822
Régions : IPE
Étages/habitats : I
Réf. faunist. : 1692
Réf. taxon. : 2, 595, 1076

Crassostrea virginica (Gmelin, 1791)
Régions : G, EGS, IM, IPE
Étages/habitats : I
Réf. faunist. : 2, 49, 50, 174, 176a, 180, 194, 236, 266, 295, 312, 312a, 392, 393, 415d, 461, 619, 738, 739, 765, 900, 937, 1029, 1038, 1232, 1254, 1400, 1407, 1466, 1468, 1469, 1512, 1538, 1609, 1610, 1659, 1659a, 1661, 1692
Réf. taxon. : 2, 3, 180, 664, 1041, 1526, 1610

Crenella decussata (Montagu, 1808)
Régions : G, S, EGS, EM, IPE, CLH, BCN, TNO
Étages/habitats : I, C, B
Réf. faunist. : 152, 242, 258, 332, 337, 415c, 456, 461, 735, 736, 923, 924, 925, 1158, 1467, 1468, 1607, 1652, 1661
Réf. taxon. : 2, 107, 258, 664, 1364, 1386a, 1428b, 1526, 1590a, 1610

Crenella faba (O.F. Müller, 1776)
Régions : G, S, EGS, EAV, IM, EM, IPE, BCN, MCN, TNO
Étages/habitats : I, C, B
Réf. faunist. : 2, 152, 168a, 242, 258, 266, 332, 333, 337, 385, 456, 461, 726, 735, 923, 924, 1159, 1247, 1299, 1467, 1468, 1609, 1610, 1661
Réf. taxon. : 2, 180, 258, 1135, 1610

Crenella glandula (Totten, 1834)
Régions : G, S, EGN, EGS, EAV, IM, EM, IPE, BCN, MCN, AN, AS
Étages/habitats : I, C, (B)
Réf. faunist. : 86, 168a, 242, 258, 266, 333, 337, 415b, 415c, 456, 457, 735, 923, 924, 950, 1158, 1159, 1161, 1299, 1300, 1383, 1467, 1468, 1609, 1652, 1659a, 1661
Réf. taxon. : 2, 3, 180, 225, 595, 1610

Crenella pectinula (Gould, 1841)
Régions : G, S, EGN, EGS, EAV, MCN

Étages/habitats : C, B
Réf. faunist. : 2, 86, 152, 242, 332, 337, 619, 900, 923, 1467, 1468, 1653, 1659a, 1661
Réf. taxon. : 595

Cumingia tellinoides (Conrad, 1831)
Régions : G, IPE
Étages/habitats : I
Réf. faunist. : 2, 49, 180, 193, 415d, 738, 739, 900, 1038, 1407, 1466, 1468, 1512, 1607, 1661, 1692
Réf. taxon. : 2, 180

Cuspidaria arctica (M. Sars, 1872) [?]
Régions : G, EM, CLH
Étages/habitats : B
Réf. faunist. : 2, 337, 1135, 1299, 1655, 1660
Réf. taxon. : 1364, 1428b, 1598

Cuspidaria glacialis (G.O. Sars, 1878)
Régions : G, EM, CLH
Étages/habitats : C, B
Réf. faunist. : 2, 337, 900, 920, 925, 1135, 1156, 1248, 1299, 1300, 1661
Réf. taxon. : 2, 3, 107, 1364, 1590a, 1598

Cuspidaria obesa (Lovén, 1846)
Régions : EGN, EM, CLH
Étages/habitats : B
Réf. faunist. : 332, 461, 920, 925, 1655
Réf. taxon. : 1364, 1590a, 1598

Cuspidaria pellucida Stimpson, 1853
Régions : G
Étages/habitats : C, B
Réf. faunist. : 2, 900, 1661
Réf. taxon. : 595, 1590a, 1598

Cuspidaria subtorta (G.O. Sars, 1878) [?]
Régions : S
Étages/habitats : C
Réf. faunist. : 456
Réf. taxon. : 107, 1135 1364, 1590a, 1598
Remarque : L'identification de cette espèce devra être confirmée: si ce binôme n'apparaît pas dans le catalogue de Turgeon *et al.* (sous presse, réf. 1561a), c'est peut-être parce que l'espèce est généralement bathyale en Amérique du Nord, ou parce que son nom est maintenant synonyme de *C. obesa*, comme le suggérait Bernard (1979, réf. 107).

Cyclocardia borealis (Conrad, 1831)
Régions : G, S, EGN, EGS, IM, EM, MCN, BCN, CLI, TNO
Étages/habitats : I, C, B
Réf. faunist. : 88, 152, 242, 258, 323a, 332, 337, 412, 415b, 415c, 456, 726, 923, 924, 1158, 1159, 1161, 1248, 1299, 1300, 1306, 1383, 1467, 1468, 1609, 1652, 1661
Réf. taxon. : 2, 3, 180, 225, 595, 1075, 1610

Cyclopecten greenlandicus (G.B. Sowerby II, 1842)
Régions : G, CLH
Étages/habitats : B
Réf. faunist. : 415b, 415c, 1654a, 1655, 1658, 1659, 1659a, 1660, 1661
Réf. taxon. : 107, 716, 1135, 1364, 1598
Remarque : L'appartenance générique de cette espèce a fluctué entre *Pecten* (réf. 1661), *Propeamussium* (Allen, comm. pers.), *Delectopecten* (réf. 2 et 944) et *Arctinula* (réf. 716, 1610 et 1561). Nous suivons ici Turgeon *et al.* (sous presse, réf. 1561a).

Cyrtodaria siliqua (Spengler, 1793)
Régions : G, S, EGN, EGS, IM, EM, IPE, MCN, BCN, CLI, TNO, TNS
Étages/habitats : I, C
Réf. faunist. : 10, 50, 86, 169, 242, 242a, 258, 266, 280, 295, 337, 347, 392, 415b, 415c, 461, 518, 701, 726, 765, 788, 902, 912, 913, 923, 924, 950, 1158, 1159, 1161, 1255, 1299, 1467, 1468, 1659, 1661
Réf. taxon. : 2, 180, 518, 595, 902, 1075, 1705

Dacrydium vitreum (Möller, 1842)
Régions : G, S, EGN, EGS, EAV, EM, CLH, TNO
Étages/habitats : (I), C, B
Réf. faunist. : 152, 332, 337, 385, 461, 735, 736, 772, 920, 923, 925, 1299, 1300, 1655, 1657, 1658, 1660, 1661
Réf. taxon. : 2, 107, 995, 1135, 1136, 1364, 1428b, 1590a, 1610

Delectopecten vitreus (Gmelin, 1791)
Régions : IPE
Étages/habitats : ?
Réf. faunist. : 1607
Réf. taxon. : 2, 1364, 1526, 1590a, 1591b, 1610

Ensis directus Conrad, 1843
Régions : G, EGN, EGS, IM, EM, IPE, HCN, MCN, BCN, TNO, TNS
Étages/habitats : I, (C)
Réf. faunist. : 26, 50, 85, 88, 109, 168, 169, 242, 242a, 265, 266, 280, 295, 337, 392, 395, 412, 414, 415c, 415d, 421, 461, 476, 518, 565, 701, 726, 735, 738, 739, 739, 765, 900, 902, 923, 924, 950, 1038, 1048a, 1089, 1158, 1159, 1161, 1250, 1255, 1383, 1407, 1466, 1467, 1468, 1512, 1537, 1607, 1608, 1609, 1659, 1659a, 1661
Réf. taxon. : 2, 3, 180, 225, 518, 565, 595, 902, 945, 1075, 1610, 1712

Ennucula bellotii (A. Adams, 1856)
Régions : S, EGN, EAV, EM, BCN
Étages/habitats : C
Réf. faunist. : 152, 332, 415c, 900, 1158, 1159, 1161, 1661
Réf. taxon. : 107, 196, 595, 944, 1003, 1364
Remarque : Maxwell (1988, réf. 1003), qui n'accepte pas le genre *Nuculoma* tel que redéfini par Allen et Hannah (1986, réf. 11), défend plutôt l'usage du genre *Ennucula* Iredale, 1931. Skarlato (1981, réf. 1428b) semble préférer *Leionucula*, qu'il n'applique qu'à *N. tenuis*, puisque *N. bellotii* et *N. delphinodonta* sont absentes du Pacifique asiatique. Turgeon *et al.* (sous presse, réf. 1561a) n'incluent cependant pas ce binôme dans leur catalogue des mollusques nord-américains.

Ennucula tenuis (Montagu, 1808)
Régions : G, S, EGN, EGS, EAV, EM, IPE, MCN, CLH, BCN, AS, TNO
Étages/habitats : I, C, B
Réf. faunist. : 86, 152, 242, 258, 266, 332, 337, 385, 415b, 415c, 437, 461, 735, 923, 924, 925, 1158, 1159, 1161, 1250, 1299, 1300, 1468, 1607, 1609, 1661
Réf. taxon. : 2, 180, 196, 559, 595, 953, 1003, 1075, 1364, 1428b, 1526, 1610
Remarque : Dawson (1872, réf. 415b) et G.O. Sars (1878, réf. 1374), cités par Whiteaves (1901, réf. 1661) percevaient déjà le choix de Turgeon *et al.* (sous presse, réf. 1561a) : *Nucula expansa* Reeve, 1855 (= *N. bellotii* Adams, 1856) n'est fondée que sur des individus plus gros de *E. tenuis* (= *N. tenuis*). Ni les démonstrations de Bernard (1979, réf. 107; 1983, réf. 108) et de Lubinsky (1980, réf. 944) tendant à maintenir la distinction entre ces deux espèces voisines, ni le genre *Nuculoma* adopté par Allen et Hannah (1986, réf. 11) à la suite de Bowden et Heppell (1966, réf. 196), ne sont retenus par Turgeon *et al.* (op. cit.).

Gemma gemma (Totten, 1834)
Régions : G, EGS, EAV, IM, EM, IPE, MCN, BCN, TNO
Étages/habitats : I, (C, B)
Réf. faunist. : 2, 50, 86, 168, 242, 253b, 266, 333, 337, 393, 415d, 437, 476, 726, 735, 765, 924, 1038, 1089, 1161, 1209a, 1299, 1407, 1466, 1468, 1512, 1538b, 1607, 1659, 1661
Réf. taxon. : 2, 3, 180, 225, 389, 595, 1075, 1610, 1712

Geukensia demissus (Dillwyn, 1817)
Régions : G, EGN, EGS, IPE
Étages/habitats : M, I
Réf. faunist. : 2, 49, 50, 88, 174, 176, 176a, 180, 295, 312a, 392, 393, 415d, 565, 619, 739, 765, 900, 950, 1038, 1407, 1466, 1512, 1538b, 1468, 1537a, 1610, 1659a, 1661
Réf. taxon. : 2, 3, 180, 225, 565, 1610

Hiatella arctica (Linné, 1767)
Régions : G, S, EGN, EAM, EGS, EAV, IM, EM, IPE, HCN, MCN, CLH, BCN, AN, AS, TNO, TNS
Étages/habitats : M, I, C, B
Réf. faunist. : 26, 32, 86, 152, 168, 169, 176, 176a, 242, 242a, 253c, 258, 266, 280, 314, 323a, 332, 333, 337, 338, 346, 385, 392, 412, 414, 415b, 415c, 415d, 456, 457, 461, 524, 701, 702, 702a, 735, 767, 775a, 923, 924, 925, 950, 1089, 1158, 1159, 1161, 1248, 1299, 1383, 1407, 1466, 1467, 1512, 1607, 1609, 1652, 1658, 1661, 1692
Réf. taxon. : 2, 3, 107, 180, 225, 398, 415b, 415c, 595, 664, 722b, 944, 953, 1075, 1364, 1428b, 1526, 1545+, 1610, 1705

Hiatella striata Fleuriau, 1802
Régions : TNO
Étages/habitats : ?
Réf. faunist. : 726
Réf. taxon. : 3, 225

Kellia suborbicularis (Montagu, 1803)
Régions : EM
Étages/habitats : C, B
Réf. faunist. : 337, 1299, 1300
Réf. taxon. : 2, 664, 1364, 1428b, 1526, 1598

Limatula subauriculata (Montagu, 1808)
Régions : G, EGN, EGS, CLH, BCN
Étages/habitats : C, B
Réf. faunist. : 88, 242, 900, 1173, 1660, 1661
Réf. taxon. : 2, 664, 772, 1428b, 1526, 1610

Limea subovata (Jeffreys, 1876)
Régions : CLH
Étages/habitats : B
Réf. faunist. : 242, 461, 925
Réf. taxon. : 716, 772

Liocyma fluctuosum (Gould, 1841)
Régions : G, EGS, EAV, IM, EM, BCN
Étages/habitats : I, C
Réf. faunist. : 2, 242, 258, 337, 385, 389, 619, 900, 923, 924, 1158, 1159, 1161, 1383, 1467, 1468, 1609, 1610, 1652, 1658, 1659a, 1661
Réf. taxon. : 2, 107, 108, 389, 559, 595, 944, 953, 1075, 1135, 1428b, 1610

Lyonsia arenosa (Möller, 1842)
Régions : S, EGN, EGS, EAV, EM, CLH, BCN
Étages/habitats : I, C, B
Réf. faunist. : 152, 242, 332, 337, 385, 415b, 4155c, 456, 619, 735, 736, 923, 924, 925, 1158, 1161, 1299, 1300, 1386a, 1467, 1468, 1609, 1652, 1659a, 1661
Réf. taxon. : 2, 3, 107, 559, 595, 1364, 1428b, 1610

Lyonsia hyalina Conrad, 1831
Régions : G, EGN, IM, IPE
Étages/habitats : I, C
Réf. faunist. : 2, 86, 180, 266, 900, 1089
Réf. taxon. : 2, 3, 180, 225, 595, 1610

Macoma balthica (Linné, 1758)
Régions : G, S, EGN, EAM, EGS, EAV, IM, EM, IPE, HCN, MCN, BCN, CLI, TNO
Étages/habitats : M, I, C, B
Réf. faunist. : 26, 50, 85, 86, 152, 168, 168a, 176, 176a, 180, 242, 242a, 253b, 266, 312a, 314, 332, 333, 337, 385, 393, 412, 414, 415b, 415c, 415d, 421, 436a, 437, 455, 456, 461, 476, 566, 587, 619, 735, 765, 911, 912, 913, 924, 950, 1038, 1044, 1085a, 1089, 1158, 1159, 1161, 1173, 1209a, 1247, 1299, 1300, 1407, 1466, 1467, 1468, 1512, 1538, 1538b, 1603b, 1607, 1608, 1609, 1610, 1652, 1661
Réf. taxon. : 2, 3, 107, 180, 225, 262a+, 559, 595, 664, 771a, 1075, 1276, 1428b, 1526, 1545+, 1610, 1712

Macoma calcarea (Gmelin, 1791)
Régions : G, S, EGN, EGS, EAV, IM, EM, MCN, BCN
Étages/habitats : (M), I, C, B
Réf. faunist. : 86, 152, 217, 242, 242a, 258, 332, 333, 337, 385, 412, 415b, 415c, 457, 463, 619, 735, 923, 924, 925, 1089, 1158, 1159, 1161, 1299, 1300, 1383, 1467, 1468, 1609, 1652, 1659a, 1661
Réf. taxon. : 2, 3, 107, 180, 415c, 463, 559, 595, 771a, 771b, 953, 1135, 1276, 1364, 1428b, 1610

Macoma crassula (Deshayes, 1855)
Régions : G, EGN, EGS, EAV, EM, MCN, CLH
Étages/habitats : C, B
Réf. faunist. : 2, 337, 388, 415c, 461, 619, 900, 1299, 1300, 1653, 1657, 1659a, 1660, 1661
Réf. taxon. : 771a, 1428b, 1598, 1610
Remarque : Turgeon et al. (1988, réf. 1561) endossent l'opinion de Bernard (1983, réf. 108) qui place *Macoma inflata* Dawson, 1872 et *Tellina torelli* Jensen, 1905 (= *M. torelli* (Jensen, 1905)) en synonymie junior de *Macoma crassula.* Allen (comm. pers., 1995) et Lubinsky (1980, réf. 944) considèrent *Macoma inflata* et *Macoma loveni* très voisines mais encore distinctes.

Macoma loveni (A.S. Jensen, 1905)
Régions : G, S, EM, EAV
Étages/habitats : I, C
Réf. faunist. : 2, 152, 332, 337, 415b, 456, 735, 736
Réf. taxon. : 107, 771a, 771b, 1428b, 1610

Macoma moesta (Deshayes, 1855)
Régions : S
Étages/habitats : I, C
Réf. faunist. : 456
Réf. taxon. : 2, 771a, 771b, 953, 1428b, 1610

Macoma tenta (Say, 1834) [?]
Régions : IPE
Étages/habitats : I, C
Réf. faunist. : 266
Réf. taxon. : 2

Mactromeris polynyma (Stimpson, 1860)
Régions : G, S, EGN, EGS, IM, EM, IPE, HCN, MCN, BCN, TNS
Étages/habitats : I, C, B
Réf. faunist. : 86, 152, 180, 242, 242a, 265, 280, 281, 296, 332, 337, 392, 415b, 415c, 421, 476, 518, 619, 701, 702, 735, 767, 902, 912, 913, 923, 924, 950, 1048a, 1158, 1159, 1161, 1250, 1299, 1467, 1468, 1609, 1655, 1659a, 1661
Réf. taxon. : 2, 180, 518, 595, 902, 1610

Megayoldia thraciaeformis (Storer, 1838)
Régions : G, S, EM, IPE, CLH
Étages/habitats : (I), C, B
Réf. faunist. : 152, 242, 266, 332, 337, 456, 900, 1156, 1248, 1299, 1300, 1609, 1655, 1658, 1660
Réf. taxon. : 2, 595, 1075, 1135, 1386a, 1428b, 1591b, 1610, 1625

Mendicula ferruginea (Forbes, 1844))
Régions : CLH
Étages/habitats : B
Réf. faunist. : 1661
Réf. taxon. : 2, 664, 1169, 1364, 1526, 1598, 1610, 1691
Remarque : L'appartenance générique, ainsi que le nom spécifique de cette espèce bathyale fluctuent beaucoup selon les auteurs : Whiteaves (1901, réf. 1661) la désignait *Cryptodon (Axinulus) ferruginosus* (Forbes), Johnson (1934, réf. 780) et LaRocque (1953, réf. 900) la nomment *Thyasira* (section *Axinulus) ferruginosa*, tandis qu'Abbott (1974, réf. 2) écrit *T. (A.) ferruginea* Winckworth, 1932, avec *ferruginosa* en

synonymie. Payne et Allen (1991, réf. 1169), qui analysent à fond la synonymie, reviennent à *Thyasira ferruginea* (Locard, 1886), placée toutefois dans le sous-genre *Mendicula*, l'espèce étant explicitement exclue d'*Axinulus*. Enfin, Turgeon *et al.* (sous presse, réf. 1561a) adoptent *ferruginosa* en élevant *Mendicula* au rang de genre.

Mendicula pygmaeus (Verrill et Bush, 1898)
Régions : EM
Étages/habitats : B
Réf. faunist. : 337, 735
Réf. taxon. : 1169, 1598
Remarque : Cette espèce, désignée *Cryptodon (Axinulus) pygmaeus* par Verrill et Bush (1898, réf. 1598) et *Thyasira (Axinulus)* pygmaea par Johnson (1934, réf. 780) et LaRocque (1953, réf. 900), est rangée dans le sous-genre *Mendicula* par Payne et Allen (1991, réf. 1169). Par analogie avec *M. ferruginosa*, nous la rangeons dans le même genre, car c'est son caractère bathyal (200 m) qui l'exclut apparemment du catalogue de Turgeon *et al.* (sous presse, réf. 1561a).

Mercenaria mercenaria (Linné, 1758)
Régions : G, EGS, IM, IPE, TNO
Étages/habitats : M, I
Réf. faunist. : 2, 50, 180, 242, 295, 312a, 393, 415d, 461, 476, 565, 619, 739, 765, 900, 950, 1038, 1255, 1277a, 1407, 1466, 1468, 1469+, 1512, 1659, 1661, 1692
Réf. taxon. : 2, 3, 180, 225, 389, 565, 595, 664, 1075, 1526, 1712

Mesodesma arctatum (Conrad, 1830)
Régions : G, S, EGN, EGS, IM, EAM, EAV, EM, IPE, HCN, MCN, AS, TNO
Étages/habitats : M, I
Réf. faunist. : 32, 85, 88, 152, 180, 193, 218, 242, 280, 332, 333, 337, 410, 461, 735, 900, 912, 913, 923, 1044, 1247, 1299, 1300, 1603b
Réf. taxon. : 2, 3, 180, 408, 595, 1075

Mesodesma deauratum (Turton, 1822)
Régions : G, EGN, EGS, EM, MCN, BCN
Étages/habitats : M, I
Réf. faunist. : 2, 242, 337, 409, 410, 415b, 415c, 619, 900, 950, 1158, 1159, 1161, 1250, 1467, 1468, 1655, 1659a, 1661
Réf. taxon. : 2, 409, 595

Modiolus modiolus (Linné, 1758)
Régions : S, EGN, EGS, EAV, IM, EM, IPE, HCN, MCN, BCN, TNO, TNS
Étages/habitats : I, (C, B)
Réf. faunist. : 50, 169, 193, 242, 265, 280, 281, 295, 337, 346, 392, 395, 412, 415b, 415c, 456, 476, 565, 588, 619, 701, 726, 739, 765, 902, 923, 1038, 1158, 1159, 1161, 1277a, 1382, 1466, 1467, 1468, 1607, 1652, 1659, 1661
Réf. taxon. : 2, 3, 180, 225, 559, 565, 595, 664, 772, 902, 1041, 1075, 1394+, 1428b, 1526, 1610, 1712

Mulinia lateralis (Say, 1822)
Régions : EGS, IM, IPE
Étages/habitats : I
Réf. faunist. : 168, 180, 236, 242, 461, 476, 739, 1038, 1407, 1512, 1608, 1610, 1658, 1661
Réf. taxon. : 2, 180, 595, 1075, 1610, 1712

Musculus corrugatus (Stimpson, 1851) [?]
Régions : G, S, EGS, EAV, EM, BCN
Étages/habitats : I, C, B
Réf. faunist. : 152, 242, 258, 332, 333, 337, 415b, 415c, 456, 619, 701a, 735, 923, 953, 1158, 1159, 1161, 1299, 1659a, 1661
Réf. taxon. : 107, 180, 225, 595, 772, 772, 1364, 1428b, 1610
Remarque : Bernard (1979, réf. 107) et Lubinsky (1980, réf. 944), après beaucoup d'auteurs précédents, admettent l'identité spécifique de cette espèce. Mais Bernard (op. cit.) évoque l'opinion croissante d'auteurs qui voient dans cette "espèce" une autre variation ou sous-espèce de *M. discors*. La disparition de *M. corrugatus* du catalogue de Turgeon (sous presse, réf. 1561a) indique qu'un certain concensus se serait peut-être produit depuis dans ce sens, mais nous en ignorons la nature : l'une des deux espèces arctiques *M. glacialis* (Leche, 1883) et *M. marmoratus* (Forbes, 1838) de ce catalogue en est peut-être le synonyme sénior.

Musculus discors (Linné, 1767)
Régions : G, S, EGN, EGS, EAV, IM, EM, BCN, MCN
Étages/habitats : I, C, B
Réf. faunist. : 86, 236, 242, 333, 337, 385, 392, 415b, 415c, 456, 461, 476, 619, 735, 923, 924, 1048a, 1161, 1248, 1299, 1467, 1468, 1652, 1661
Réf. taxon. : 2, 3, 107, 180, 225, 595, 664, 772, 772, 953, 1364, 1428b, 1526
Remarque : Depuis Jensen (1912, réf. 772), la plupart des spécialistes (Abbott, 1974, réf. 2; 1991, réf. 3; Turgeon *et al.*, sous presse, réf. 1561a) admettent que les anciennes « espèces » *M. laevigatus* (Gray, 1824) (rapportée par Whiteaves, 1874b, réf. 1659

et 1886, réf. 1659a, mais mise en synonymie de *M. discors* par ce même auteur en 1901, réf. 1661) et *M. substriatus* (Gray, 1824) ne sont que des sous-espèces ou variétés de *M. discors*. Clarke, Jr. (1962, réf. 323a) et Brunel (1970, réf. 242) avaient toutefois maintenu ces espèces distinctes dans le golfe du St-Laurent, apparemment suivis dans certains travaux faunistiques subséquents. Skarlato (1981, réf. 1428b) maintient également les deux espèces séparées, *M. discors* ayant préséance sur *M. substriatus*.

Musculus laevigatus (Gray, 1824)
Régions : S, EGN, EGS, IM, IPE, CLH
Étages/habitats : I, C, B
Réf. faunist. : 242, 323a, 337, 456, 461, 923, 925, 1659, 1659a
Réf. taxon. : 1, 180, 595, 772, 1364, 1428b
Remarque : Il y a divergence entre les experts, certains considèrent *Musculus laevigatus* synonyme de *Musculus discors*.

Musculus niger (J.E. Gray, 1824)
Régions : G, EGN, EGS, EAV, EM, IPE, BCN, MCN
Étages/habitats : I, C, B
Réf. faunist. : 86, 242, 258, 266, 323a, 333, 337, 385, 415b, 415c, 461, 619, 735, 900, 923, 924, 1158, 1159, 1161, 1248, 1299, 1300, 1467, 1468, 1652, 1659, 1659a, 1661
Réf. taxon. : 2, 3, 107, 180, 225, 415c, 595, 664, 772, 953, 1075, 1428b, 1526, 1610

Musculus sp.
Régions : TNO
Étages/habitats : ?
Réf. faunist. : 726
Réf. taxon. : 2, 3, 180, 595, 1526

Mya arenaria Linné, 1758
Régions : G, S, EGN, EAM, EGS, EAV, IM, EM, IPE, HCN, MCN, BCN, AN, AS, TNO, TNS
Étages/habitats : M, I, (C, B)
Réf. faunist. : 26, 50, 85, 86, 110, 152, 168, 176, 176a, 180, 242, 253b, 258, 266, 295, 312a, 332, 333, 337, 392, 393, 412, 414, 415b, 415c, 415d, 421, 436a, 437, 456, 457, 461, 476, 518, 565, 566, 702, 735, 738, 739, 765, 775a, 788, 888, 889, 890, 891, 910, 912, 914, 915, 923, 924, 937, 950, 1038, 1044, 1089, 1158, 1159, 1161, 1209a, 1247, 1255, 1277a, 1299, 1300, 1383, 1407, 1048a, 1466, 1467, 1468, 1469, 1512, 1537a, 1538, 1603b, 1607, 1608, 1609, 1652, 1659, 1659a, 1661
Réf. taxon. : 2, 3, 32, 180, 225, 518, 565, 595, 664, 953, 1075, 1526, 1545+, 1610, 1712

Mya truncata Linné, 1758
Régions : G, S, EGN, EGS, EM, IPE, MCN, BCN, TNO
Étages/habitats : I, C, B
Réf. faunist. : 50, 86, 152, 180, 242, 258, 266, 332, 333, 393, 415b, 415c, 456, 461, 518, 565, 701, 702, 735, 767, 900, 912, 913, 950, 1158, 1159, 1161, 1467, 1468, 1609, 1659, 1659a, 1661
Réf. taxon. : 2, 3, 107, 108, 180, 415b, 415c, 518, 559, 595, 664, 953, 1041, 1075, 1428b, 1526, 1545+, 1610, 1712

Mysella planulata (Stimpson, 1851)
Régions : G, IPE
Étages/habitats : M, I, C
Réf. faunist. : 2, 180, 900, 1038, 1407, 1512, 1538b, 1607
Réf. taxon. : 2, 180, 1610

Mytilus edulis Linné, 1758
Régions : G, S, EGN, EAM, EGS, EAV, IM, EM, IPE, HCN, MCN, BCN, AN, AS, TNO, TNS
Étages/habitats : M, I, (C, B)
Réf. faunist. : 33, 50, 85, 86, 152, 164, 165, 167, 168, 168a, 174, 176, 176a, 180, 210a, 242, 253b, 253c, 254, 258, 265, 266, 281, 295, 312, 312a, 314, 332, 333, 337, 338, 392, 393, 412, 414, 415b, 415c, 415d, 421, 436a, 437, 456, 457, 476, 518, 524, 565, 587, 619, 701a, 702a, 726, 735, 738, 739, 765, 767, 775a, 788, 910, 911, 912, 913, 923, 937, 950, 972a, 972b, 987a, 1007a, 1038, 1044, 1085a, 1089, 1158, 1159, 1161, 1209, 1247, 1255, 1277a, 1299, 1383, 1407, 1466, 1467, 1468, 1469, 1512, 1537a, 1538, 1538b, 1603b, 1607, 1608, 1609, 1610, 1652, 1659, 1659a, 1673a, 1692
Réf. taxon. : 2, 3, 180, 225, 518, 559, 565, 595, 664, 666a, 816a, 987a, 1007a, 1041, 1075, 1394+, 1398, 1428b, 1526, 1545+, 1610, 1712
Remarque : Les découvertes génétiques et morphométriques récentes (McDonald *et al.*, 1991, réf. 1007a; Seed, 1992, réf. 1398a; Mallet et Myrand, 1995, réf. 972b; Martel, 1977, réf. 987a) démontrant l'existence de deux espèces de *Mytilus* dans le golfe du St-Laurent peuvent remettre en question certaines des régions indiquées ci-dessus pour *M. edulis*. Sa présence est toutefois confirmée pour les régions IM, EM, EGS et MCN (McDonald *et al.*, 1991, réf. 1007a; Martel, 1977, réf. 987a; B. Myrand, comm. pers., déc. 1997).

Mytilus edulis-trossulus (hybride)
Régions : EM
Étages/habitats : M

Réf. faunist. : 1007a
Réf. taxon. : 1007a, 1398

Mytilus trossulus Gould, 1850
Régions : G, EGS, EM
Étages/habitats : M, I
Réf. faunist. : 972a, 972b, 987a, 1007a, 1398
Réf. taxon. : 666a, 816a, 987a+, 1007a, 1398
Remarque : La présence de cette espèce dans la baie de Gaspé est confirmée par B. Myrand (comm. pers., déc. 1997)

Nototeredo norvagicus (Spengler, 1792) [?]
Régions : IPE
Étages/habitats : I
Réf. faunist. : 50, 415c, 565, 1659
Réf. taxon. : 2, 595, 1526, 1563, 1564
Remarque : Cette espèce, rapportée par Gould et Binney (1870, réf. 595) pour les côtes du Massachusetts, a été signalée (avec *T. navalis*) dans la région IPE (à Pictou, N.-E.) par Whiteaves (1874b, réf. 1659), mention reprise par Ganong (1889, réf. 565) et Bain (1890, réf. 50), mais abandonnée en 1901 par Whiteaves (réf. 1661), qui semble la traiter comme synonyme de *T. navalis*. Selon Turner (1966, réf. 1563), elle serait absente de l'Atlantique nord-américain, mais Abbott (1974, réf. 2), et Turgeon *et al.* (sous presse, réf. 1561a) la conservent dans la faune nord-américaine. Sa distribution tempérée chaude (réf. 2) concorde avec sa possible présence dans les eaux chaudes du détroit de Northumberland, où McGonigle (1935, réf. 1010) ne l'a toutefois pas trouvée. Sa présence, ou sa rareté, doit donc être confirmée, et ses contradictions nord-américaines résolues.

Nucula delphinodonta Mighels et C.B. Adams, 1842
Régions : EGN, EGS, EM, IM, IPE, CLH
Étages/habitats : I, C, B
Réf. faunist. : 242, 337, 735, 765, 925, 1048a, 1156, 1173, 1299, 1300, 1652, 1659, 1661
Réf. taxon. : 2, 180, 559, 595, 1003, 1364, 1610
Remarque : voir *N. bellotii*

Nucula proxima Say, 1822
Régions : G, IPE
Étages/habitats : C
Réf. faunist. : 2, 266
Réf. taxon. : 2, 3, 180, 225, 622, 1003, 1598, 1610

Nuculana minuta (O.F. Müller, 1776)
Régions : G, S, EGN, EGS, EAV, EM, IPE, CLH, BCN, MCN
Étages/habitats : I, C, B
Réf. faunist. : 242, 258, 337, 385, 415b, 415c, 456, 619, 735, 900, 923, 924, 925, 1159, 1161, 1299, 1300, 1383, 1467, 1468, 1607, 1609, 1652, 1653, 1659a, 1661
Réf. taxon. : 2, 107, 559, 595, 664, 953, 1003, 1364, 1386a, 1428b, 1526, 1610

Nuculana pernula (O.F. Müller, 1779)
Régions : G, S, EGS, EAV, EM, BCN
Étages/habitats : I, C, B
Réf. faunist. : 152, 242, 258, 332, 337, 385, 415b, 415c, 456, 735, 1156, 1158, 1159, 1161, 1247, 1250, 1299, 1300, 1467, 1468, 1609, 1610, 1652, 1659a, 1661
Réf. taxon. : 2, 107, 559, 595, 1003, 1075, 1135, 1364, 1386a, 1428b, 1447, 1545a, 1598, 1610
Remarque : Dawson (1872, réf. 415b) percevait déjà les difficultés de distinguer entre *Leda* (= *Nuculana*) *pernula*, *L. jacksoni* et *L. buccata*, que Thorson (1951, réf. 1545a) a formellement placées en synonymie de la première; ces synonymes n'apparaissent pas dans Turgeon *et al.* (sous presse, réf. 1561a).

Nuculana sp.
Régions : IM
Étages/habitats :
Réf. faunist. : 476
Réf. taxon. : 2, 1003,

Nuculana tenuisulcata (Couthouy, 1838)
Régions : G, EGN, EGS, EAV, EM, CLH, BCN, TNO
Étages/habitats : I, C, B
Réf. faunist. : 242, 332, 333, 337, 347, 385, 415b, 461, 900, 923, 924, 925, 1156, 1383, 1467, 1468, 1609, 1657, 1661
Réf. taxon. : 2, 180, 595, 1003, 1075, 1610
Remarque : Dawson (1872, réf. 415b) et Whiteaves (1873, réf. 1657) percevaient déjà les difficultés de distinguer entre *Leda* (= *Nuculana*) *pernula* et *L. tenuisulcata*, que nous connaissons encore.

Pandora glacialis Leach, 1819
Régions : G, EGS, EM, IPE, BCN, MCN, TNO
Étages/habitats : I, C
Réf. faunist. : 151, 242, 337, 415b, 415c, 461, 619, 735, 900, 923, 924, 1161, 1299, 1300, 1467, 1468, 1652, 1659a, 1661
Réf. taxon. : 2, 107, 151, 559, 1428b, 1501, 1610

Pandora gouldiana Dall, 1886
Régions : G, EGS, EAV, IM, IPE, TNO, TNS
Étages/habitats : I, C
Réf. faunist. : 2, 151, 168, 180, 193, 242, 266, 295, 337, 385, 393, 476, 726, 739, 765, 900, 1089, 1407, 1466, 1468, 1512, 1610, 1661
Réf. taxon. : 2, 3, 151, 180, 225, 1610, 1712

Pandora inornata A.E. Verrill et Bush, 1898
Régions : G, EGS
Étages/habitats : I, C
Réf. faunist. : 2, 920, 923, 924
Réf. taxon. : 2, 151, 1598, 1610

Pandora trilineata Say, 1822
Régions : G, IPE, BCN
Étages/habitats : I, C
Réf. faunist. : 950, 1158, 1159, 1658, 1692
Réf. taxon. : 2, 151

Panomya norvegica Spengler, 1793
Régions : S, EGN, EGS, IM, EM, MCN
Étages/habitats : I, C, B
Réf. faunist. : 152, 242, 242a, 332, 337, 415b, 415c, 456, 1383, 1610, 1652, 1659, 1661
Réf. taxon. : 2, 3, 415b, 415c, 595, 953, 1075, 1364, 1428b, 1467, 1468, 1526, 1610, 1705

Periploma fragile (Totten, 1835)
Régions : S, EGS, EM, MCN
Étages/habitats : I, C, B
Réf. faunist. : 152, 242, 332, 337, 385, 923, 924, 1299, 1383, 1467, 1468, 1609, 1661
Réf. taxon. : 2, 559, 1428b, 1610

Periploma leanum (Conrad, 1831)
Régions : G, EGS, IPE
Étages/habitats :
Réf. faunist. : 2, 180, 461, 619, 900, 950, 1653, 1659a, 1661
Réf. taxon. : 2, 3, 180, 225

Periploma papyratium (Say, 1822)
Régions : G, EM, BCN
Étages/habitats : I, C
Réf. faunist. : 258, 1159, 1161, 1250, 1652, 1658
Réf. taxon. : 2, 595, 1076
Remarque : La forme de la coquille photographiée par Abbott (1974, réf. 2) diffère de celle que présente Morris (1975, réf. 1076), qui ressemble davantage au dessin de Gould et Binney (1870, réf. 595).

Petricolaria pholadiformis (Lamarck, 1818)
Régions : G, EGS, IM, IPE
Étages/habitats : I
Réf. faunist. : 2, 49, 50, 168, 180, 242, 253c, 295, 312, 312a, 415d, 619, 739, 765, 900, 950, 1038, 1089, 1407, 1466, 1468, 1512, 1658, 1659, 1659a, 1661, 1692
Réf. taxon. : 2, 3, 180, 225, 595, 664, 1075, 1526, 1712

Pitar morrhuanus Linsley, 1848
Régions : G, EGS, IM, IPE, TNS
Étages/habitats : I, C
Réf. faunist. : 2, 109, 180, 266, 389, 415d, 461, 619, 739, 900, 1255, 1407, 1466, 1468, 1512, 1537, 1607, 1610, 1658, 1659, 1661
Réf. taxon. : 2, 3, 180, 225, 389, 595, 1610

Placopecten magellanicus (Gmelin, 1791)
Régions : G, EGN, EGS, IM, EM, IPE, MCN, BCN, TNO, TNS
Étages/habitats : I, C
Réf. faunist. : 2, 26, 85, 86, 110, 111, 163, 180, 242, 263, 266, 280, 323a, 337, 346, 392, 395, 412, 414, 415b, 415c, 415d, 461, 518, 560, 565, 619, 726, 765, 788, 902, 923, 924, 950, 1047, 1101, 1158, 1159, 1160, 1234, 1277a, 1300a, 1383, 1456, 1466, 1467, 1468, 1469, 1505, 1607, 1609, 1610, 1652, 1659, 1659a, 1661
Réf. taxon. : 2, 3, 180, 225, 435a+, 453a+, 518, 565, 595, 902, 1075, 1610, 1712

Portlandia arctica (J.E. Gray, 1824)
Régions : EM
Étages/habitats : I, C
Réf. faunist. : 735
Réf. taxon. : 107, 953, 1041, 1364, 1428b, 1610, 1625

Portlandia intermedia (M. Sars, 1865)
Régions : EGN, CLH
Étages/habitats : C, B
Réf. faunist. : 920, 925
Réf. taxon. : 107, 1364, 1610, 1625

Psiloteredo megotara (Hanley, 1848)
Régions : IPE, TNO
Étages/habitats : ?
Réf. faunist. : 392, 481a, 726, 1563
Réf. taxon. : 2, 78, 1526, 1545+, 1563, 1564, 1591b

Serripes groenlandicus (Mohr, 1786)
Régions : G, S, EGN, EGS, EAV, IM, EM, IPE, MCN, BCN, TNO
Étages/habitats : I, C
Réf. faunist. : 86, 152, 169, 180, 242, 242a, 258, 265, 280, 323a, 332, 337, 385, 392, 412, 415b, 415c, 461, 518, 701, 702, 735, 767, 900, 902, 923, 924, 950, 953, 1158, 1159, 1160, 1161, 1247, 1299, 1383, 1467, 1468, 1609, 1610, 1652, 1659, 1659a, 1661
Réf. taxon. : 2, 3, 107, 180, 326, 518, 559, 595, 1075, 1364, 1428b, 1610, 1627

Siliqua costata (Say, 1822)
Régions : G, EGS, IM, EM, MCN, BCN
Étages/habitats : M, I
Réf. faunist. : 2, 86, 109, 180, 242, 337, 412, 415c, 421, 476, 588, 900, 1250, 1467, 1468, 1661
Réf. taxon. : 2, 3, 180, 595, 1075

Spisula solidissima (Dillwyn, 1817)
Régions : G, IM, EM, IPE, BCN
Étages/habitats : I, C
Réf. faunist. : 2, 50, 168, 169, 180, 242, 253c, 264, 265, 266, 266a, 280, 295, 337, 346, 393, 395, 415d, 421, 461, 476, 565, 619, 765, 950, 1048a, 1089, 1161, 1255, 1407, 1466, 1468, 1512, 1658, 1661
Réf. taxon. : 2, 3, 180, 225, 565, 595, 1075, 1712

Tellina agilis Stimpson, 1857
Régions : G, EGN, EGS, EAV, IM, EM, IPE, MCN, BCN, TNO
Étages/habitats : M, I, C
Réf. faunist. : 2, 49, 168, 180, 242, 253c, 266, 312, 312a, 333, 385, 388, 457, 461, 476, 738, 739, 775a, 900, 923, 1038, 1048a, 1089, 1250, 1407, 1466, 1467, 1512, 1537, 1607, 1609, 1653, 1659, 1661, 1673a, 1692
Réf. taxon. : 2, 180, 595, 1610

Teredo navalis Linné, 1758
Régions : G, EGN, EGS, EAV, IM, EM, IPE, HCN, MCN, TNO, TNS
Étages/habitats : I
Réf. faunist. : 50, 78, 147, 176a, 180, 312, 312a, 392, 461, 481a, 565, 765, 824, 900, 1010, 1092, 1407, 1466, 1468, 1512, 1563, 1658
Réf. taxon. : 2, 78, 180, 565, 664, 1041, 1428b, 1526, 1545+, 1563, 1564,

Thracia conradi Couthouy, 1839
Régions : G, EGS, IM, EM, IPE, HCN, BCN
Étages/habitats : I, C
Réf. faunist. : 2, 50, 242, 337, 415b, 415c, 461, 739, 1158, 1161, 1250, 1467, 1468, 1537, 1653, 1658, 1659, 1661
Réf. taxon. : 2, 3, 225, 595, 1075

Thracia myopsis Möller, 1842
Régions : EGS, EM, BCN
Étages/habitats : I, C
Réf. faunist. : 337, 735, 1135, 1158, 1159, 1161, 1467, 1468, 1652, 1661
Réf. taxon. : 3, 107, 326a, 953, 1386a, 1428b

Thracia septentrionalis Jeffreys, 1872
Régions : G, EGN, EGS, EM, IPE, CLH, TNO
Étages/habitats : I, C
Réf. faunist. : 180, 266, 333, 337, 461, 923, 924, 925, 1299, 1300
Réf. taxon. : 180, 326a, 1610

Thyasira equalis (Verrill et Bush, 1898) [?]
Régions : EM
Étages/habitats : B
Réf. faunist. : 1425a
Réf. taxon. : 107, 1169, 1598, 1610

Thyasira flexuosa (Philippi, 1845)
Régions : EAM, EGN, EGS, EAV, S, IPE, CLH, BCN
Étages/habitats : (I) C, B
Réf. faunist. : 86, 152, 242, 258, 266, 332, 333, 337, 385, 415b, 415c, 456, 735, 736, 920, 923, 924, 925, 1156, 1158, 1159, 1250, 1299, 1300, 1467, 1468, 1652, 1660, 1661
Réf. taxon. : 2, 106, 107, 664, 953, 1135, 1364, 1428b, 1526, 1610
Remarque : Bernard (1979, réf. 107) rappelle le statut longtemps incertain de *T. gouldii* (Philippi, 1845): Gould et Binney (1870, réf. 595) et Ockelmann (1959, réf. 1135) l'ont traitée comme espèce distincte de *T. flexuosa*, mais plusieurs autres auteurs (e.g. MacGinitie, 1959, réf. 953) l'ont traitée comme synonyme ou sous-espèce de *T. flexuosa* (Skarlato, 1981, réf. 1428b traite plutôt *T. flexuosa* comme synonyme junior de *T. gouldii*). Cette synonymie semble maintenant acceptée, puisque Turgeon *et al.* (sous presse, réf. 1561a) ne citent plus que *T. flexuosa* dans l'Atlantique, l'Arctique et le Pacifique nord-américains.

Thyasira trisinuata (d'Orbigny, 1842)
Régions : G, EM, BCN
Étages/habitats : (I), C
Réf. faunist. : 2, 337, 1161, 1248, 1250, 1299, 1300
Réf. taxon. : 2, 3, 1169, 1364

Xylophaga atlantica Richards, 1942
Régions : G, EGN, EGS, EM, CLH
Étages/habitats : I, C, B
Réf. faunist. : 2, 236, 240, 242, 337, 900, 925, 1299, 1467, 1468, 1562a, 1588, 1661, 1655, 1657
Réf. taxon. : 2, 1075, 1076, 1289, 1358, 1562a, 1564, 1590a
Remarque : Longtemps nommée *X. dorsalis* Turton, 1822, espèce européenne (Abbott, 1974, réf. 2).

Yoldia hyperborea (Gould, 1841)
Régions : EGS, EM, BCN, S
Étages/habitats : I, C
Réf. faunist. : 152, 242, 332, 337, 735, 1610
Réf. taxon. : 2, 398, 716, 953, 1134, 1428b, 1561a, 1610
Remarque : Turgeon *et al.* (sous presse, réf. 1561a) n'endossent pas l'opinion de Cowan (1968, réf. 366), Bernard (1979, réf. 107; 1983, réf. 108) et Wagner (1984, réf. 1610) qui placent *Y. hyperborea limatuloides* Ockelman, 1954 (réf. 1134) et *Y. norwegica* Dautzenberg et Fischer (1912, réf. 398) en synonymie de *Y. amygdalea* Valenciennes, 1846; les « *Y. limatula* » prélevés à

40–100 m de profondeur dans la baie des Chaleurs par Schafer et Wagner (1978, réf. 1383) sont certainement des *Y. hyperborea*.

Yoldia limatula (Say, 1831)
Régions : G, EGN, EGS, IM, EM, IPE, MCN, TNO
Étages/habitats : I, C
Réf. faunist. : 2, 86, 168, 180, 242, 266, 323a, 392, 412, 415b, 415c, 461, 738, 739, 900, 1038, 1089, 1175, 1383, 1407, 1466, 1467, 1468, 1607, 1657, 1658, 1661
Réf. taxon. : 2, 3, 180, 225, 398, 595, 1075, 1134, 1364, 1610

Yoldia myalis (Couthouy, 1838)
Régions : G, S, EGN, EGS, EAV, IM, EM, CLH, BCN, TNO
Étages/habitats : (M), I, C, B
Réf. faunist. : 88, 152, 168a, 242, 258, 332, 333, 337, 385, 415b, 415c, 457, 923, 924, 950, 1161, 1173, 1247, 1299, 1300, 1652, 1661
Réf. taxon. : 2, 107, 180, 595, 953, 1134, 1428b, 1610

Yoldia sapotilla (Gould, 1841)
Régions : EGS, EM, IPE, BCN
Étages/habitats : I, C
Réf. faunist. : 266, 337, 347, 395, 619, 1158, 1159, 1161, 1299, 1607, 1659, 1659a, 1661
Réf. taxon. : 2, 1591b, 1610

Yoldiella frigida (Torell, 1859)
Régions : G, EM, CLH
Étages/habitats : C, B
Réf. faunist. : 900, 1156, 1655, 1658, 1659
Réf. taxon. : 107, 1364, 1590a, 1598, 1610, 1625

Yoldiella inconspicua (A.E. Verrill et Bush, 1898)
Régions : IPE
Étages/habitats : I
Réf. faunist. : 1607
Réf. taxon. : 1598, 1610
Remarque : Nous adoptons pour le moment l'opinion d'Allen (comm. pers., 1995), malgré Warén (1989, réf. 1625), qui place cette espèce en synonymie de *Yoldiella nana* (M. Sars, 1865).

Yoldiella lucida (Lovén, 1846)
Régions : G, EM, CLH
Étages/habitats : C, B
Réf. faunist. : 2, 337, 415c, 735, 900, 1156, 1299, 1300, 1655, 1658, 1659, 1660, 1661
Réf. taxon. : 2, 1041, 1364, 1526, 1598, 1625
Remarque : *Y. iris* Verrill et Bush, 1898 n'apparaît plus dans le catalogue de Turgeon *et al.* (sous presse, réf. 1561a): nous en concluons qu'on y a accepté sa synonymie avec *Y. lucida*, telle que proposée par Warén (1989, réf. 1625).

Yoldiella nana (M. Sars, 1865)
Régions : G, EGN, EM, IPE, CLH, TNO
Étages/habitats : I, C, B
Réf. faunist. : 2, 337, 461, 735, 900, 920, 925, 1156, 1299, 1300, 1607
Réf. taxon. : 107, 1428b, 1598, 1610, 1624
Remarque : Le binôme *Y. fraterna* ayant disparu du Catalogue de Turgeon *et al.* (sous presse, réf. 1561a), qui conserve *Y. nana*, nous concluons qu'on y accepte la synonymie proposée par Warén (1989, réf. 1625).

Zirfaea crispata (Linné, 1758)
Régions : G, EGS, IM, EM, IPE, TNO, TNS
Étages/habitats : M, I, C
Réf. faunist. : 86, 193, 242, 565, 312, 312a, 346, 392, 415b, 415c, 415d, 518, 726, 902, 950, 1102, 1299, 1407, 1466, 1468, 1512, 1658, 1661
Réf. taxon. : 2, 180, 225, 518, 565, 595, 664, 902, 1075, 1428b, 1526, 1545+, 1562, 1564

49 : Cephalopoda

Références taxonomiques générales : 2, 7, 1109, 1316, 1583, 1590a

Architeuthis sp.
Régions : TNO, TNS
Étages/habitats : mp /N
Réf. faunist. : 556a, 1305, 1314, 1588a
Réf. taxon. : 2, 7, 1316, 1588a

Bathypolypus bairdii (Verrill, 1873)
Régions : S, EGS, EAV, EM, CLH, AS
Étages/habitats : I, C, B
Réf. faunist. : 152, 242, 323a, 332, 337, 456, 770, 923, 925, 1248
Réf. taxon. : 559, 1062, 1316, 1364, 1589
Remarque :B. Muus (comm. pers., 1994) a soumis un article montrant que cette espèce, longtemps considérée synonyme de *B. arcticus* (Prosch, 1849) (Robson, 1932, réf. 1304; Roper *et al.*, 1984, réf. 1316), est distincte; elle serait la seule présente dans l'Atlantique américain et canadien.

Gonatus fabricii (Lichtenstein, 1818)
Régions : TNO
Étages/habitats : épg
Réf. faunist. : 558b
Réf. taxon.: 2, 851a, 1316, 1386a

Illex illecebrosus (LeSueur, 1821)
Régions : G, EGS, IM, EM, IPE, CLH, CLI, BCN, MCN, TNO
Étages/habitats : ép /N

Réf. faunist. : 242, 258, 323a, 337, 347, 412, 421, 558a, 565, 726, 838a, 1161, 1254, 1466, 1467, 1468, 1473a, 1652, 1661
Réf. taxon. : 2, 225, 565, 595, 1062, 1315, 1315a+, 1316, 1583, 1589

Loligo pealei LeSueur, 1821 [??]
Régions : G
Étages/habitats : ép /N
Réf. faunist. : 2, 1043b, 1254
Réf. taxon. : 2, 225, 1316, 1583
Remarque : Les mentions de Provancher (1880) et de Préfontaine (1930) (citées par Mercer, 1970 (réf. 1043b)) sont sans doute les sources de la mention de cette espèce par Abbott (1974, réf. 2). Cette présence dans le golfe du Saint-Laurent a été remise en question par Mercer (1970).

Rossia megaptera A.E. Verrill, 1881
Régions : CLH
Étages/habitats : C, B
Réf. faunist. : 323a
Réf. taxon. : 1109, 1583, 1591a

Rossia palpebrosa Owen, 1834
Régions : EGN, EGS, EM, CLH, AS
Étages/habitats : C, B
Réf. faunist. : 242, 337, 923, 925
Réf. taxon. : 7, 1062, 1109, 1364, 1583, 1589
Remarque : Stephen et Laubitz (1988, réf. 1494) conservent le nom de *Rossia glaucopis* Lovén, 1845.

Rossia sp.
Régions : TNO
Étages/habitats : C
Réf. faunist. : 726
Réf. taxon. : 7, 1062, 1589

Semirossia tenera (A.E. Verrill, 1880)
Régions : G, EGS, EM, CLI, TNS
Étages/habitats : I, C, B
Réf. faunist. : 2, 236, 332
Réf. taxon. : 2, 1316, 1518

Stoloteuthis leucoptera (A.E. Verrill, 1878)
Régions : G
Étages/habitats : C
Réf. faunist. : 2, 1043a
Réf. taxon. : 1583

50 : Scaphopoda

Références taxonomiques générales : 2, 3, 675, 783, 967, 1161a, 1590a

Antalis entale stimpsoni (Henderson, 1920)
Régions : G, EGS
Étages/habitats : I
Réf. faunist. : 2, 1277a
Réf. taxon. : 2, 3, 180, 675, 1161a
Remarque :Turgeon *et al.* (sous presse, réf. 1561a) ne reconnaissent pas cette sous-espèce : nous supposons qu'ils la considèrent identique à *Antalis entale occidentale*, seule recensée. Avec Abbott (1991, réf. 3), nous la conservons ici.

Antalis occidentale (Stimpson, 1851)
Régions : G, EGN, EGS, EM, CLS, CLH
Étages/habitats : C, B
Réf. faunist. : 242, 337, 675, 900, 923, 925, 1299, 1300, 1654a, 1655, 1657, 1658, 1660, 1661
Réf. taxon. : 2, 3, 559, 675, 1161a, 1364
Remarque : Turgeon *et al.* (sous presse, réf. 1561a) désignent cette espèce *Antalis entale occidentale*. Avec Abbott (1991, réf. 3), nous lui conservons son statut spécifique.

Pulsellum lobatum (G.B. Sowerby II, 1860)
Régions : G, EGN, EM, CLH
Étages/habitats : C, B
Réf. faunist. : 242, 337, 415b, 415c, 900, 925, 1299, 1300, 1561a, 1654a, 1655, 1657, 1658, 1659, 1660, 1661
Réf. taxon. : 559, 675, 967, 1161a, 1364

ANNELIDA (52–55) :

52 : Polychaeta

Références taxonomiques générales : 123a, 131+, 225, 298, 446, 500, 501, 513a, 625+, 643, 644, 646, 663, 713, 724, 725, 862+, 1185, 1192, 1650

Aglaophamus circinnata (Verrill *dans* Smith et Harger, 1874)
Régions : G, EGS
Étages/habitats : I, C
Réf. faunist. : 242, 1192
Réf. taxon. : 30, 1185, 1192

Aglaophamus malmgreni (Théel, 1879)
Régions : EM, CLH
Étages/habitats : C, B
Réf. faunist. : 242, 337, 1156, 1192
Réf. taxon. : 494, 500, 1192, 1271, 1533

Amage auricula Malmgren, 1866
Régions : EM, CLH
Étages/habitats : B
Réf. faunist. : 89, 337, 991, 1156
Réf. taxon. : 417, 724, 1568

Ampharete acutifrons (Grube, 1860)
Régions : EGN, EAM, EGS, EAV, EM, IM, IPE, BCN

Étages/habitats : I, C, B
Réf. faunist. : 89, 91, 266, 331, 333, 337, 385, 735, 991, 1048a, 1156, 1159, 1161, 1187, 1555, 1661
Réf. taxon. : 30, 123a, 417, 501, 663, 724, 1184, 1568

Ampharete baltica Eliason, 1955
Régions : EAV
Étages/habitats : I, C
Réf. faunist. : 385
Réf. taxon. : 522, 724

Ampharete finmarchica (M. Sars, 1866)
Régions : S, EAM, EG, EAV, IM, EM, IPE, CLH
Étages/habitats : I, C, B
Réf. faunist. : 89, 266, 331, 332, 333, 337, 735, 991, 1089
Réf. taxon. : 123a, 724

Ampharete goesi Malmgren, 1866
Régions : G, CLH
Étages/habitats : B
Réf. faunist. : 89, 337
Réf. taxon. : 724, 1184, 1568

Ampharete lindstroemi Hessle, 1917
Régions : G, S, EGN, EGS, EM, CLH
Étages/habitats : I, C, B
Réf. faunist. : 89, 91, 92, 152, 332, 337, 1425a
Réf. taxon. : 522, 724, 1568

Amphicteis gunneri (M. Sars, 1835)
Régions : G, S, EGN, EGS, EM, CLH
Étages/habitats : I, C, B
Réf. faunist. : 89, 331, 337, 456, 724, 991, 1156
Réf. taxon. : 123a, 417, 501, 640, 663, 724

Amphitrite cirrata O.F. Müller, 1776
Régions : G, EGS, EAV, EM, IPE, BCN
Étages/habitats : I, C
Réf. faunist. : 89, 91, 242, 333, 385, 1026, 1027, 1159, 1161, 1250, 1467, 1555, 1661
Réf. taxon. : 30, 123a, 501, 724, 1184, 1185, 1545+, 1568

Amphitrite sp.
Régions : EM
Étages/habitats : I
Réf. faunist. : 991
Réf. taxon. : 501, 724, 1184, 1185, 1568

Ancistrosyllis groenlandica McIntosh, 1879
Régions : G, S, EM, CLH
Étages/habitats : C, B
Réf. faunist. : 242, 331, 332, 337, 991, 992, 1192, 1194, 1425a
Réf. taxon. : 122+, 811, 1192, 1194

Anobothrus gracilis (Malmgren, 1866)
Régions : EAV, EM, IPE
Étages/habitats : I, C, B
Réf. faunist. : 266, 331, 337, 385, 991, 992, 1555
Réf. taxon. : 30, 501, 724, 1568

Aphrodita hastata Moore, 1905
Régions : G, EGS, IM, IPE, CLH, BCN
Étages/habitats : I, C
Réf. faunist. : 50, 89, 242, 242, 280, 337, 395, 1192, 1277a, 1467
Réf. taxon. : 30, 500, 651, 663, 1070, 1192

Apistobranchus typicus (Webster et Benedict, 1887)
Régions : EGS, IPE
Étages/habitats : I
Réf. faunist. : 241, 242, 266, 1192
Réf. taxon. : 30, 1192

Arabella iricolor (Montagu, 1804)
Régions : IPE
Étages/habitats : ?
Réf. faunist. : 738, 739
Réf. taxon. : 30, 330, 417, 495, 569, 862+, 1192, 1568,

Arabella sp.
Régions : EM
Étages/habitats : ?
Réf. faunist. : 1250
Réf. taxon. : 495, 500, 569, 1192, 1568

Arcteobia anticostiensis (McIntosh, 1874)
Régions : G, EGS, EM, IPE
Étages/habitats : I, C, B
Réf. faunist. : 89, 91, 236, 241, 242, 242a, 266, 337, 735, 1013, 1192, 1555, 1661
Réf. taxon. : 30, 1013, 1087, 1184, 1192, 1568, 1569a

Arenicola marina (Linné, 1758)
Régions : G, EGS, EAV, EM, BCN, IPE, TNO
Étages/habitats : M, I
Réf. faunist. : 242, 337, 510, 518, 726, 1159, 1161, 1247, 1250, 1466, 1467, 1555, 1619, 1637, 1661
Réf. taxon. : 30, 123a, 140+, 267, 417, 501, 518, 559, 663, 1185, 1545+, 1568, 1637

Aricidea (Acesta) catherinae Laubier, 1967
Régions : IM, EM, IPE
Étages/habitats : C, B
Réf. faunist. : 337, 476, 1048a, 1156, 1192
Réf. taxon. : 30, 123a, 638, 904, 905, 1192, 1511

Aricidea (Allia) albatrossae Pettibone, 1957
Régions : EAV
Étages/habitats : C
Réf. faunist. : 385
Réf. taxon. : 417, 638, 1190, 1192, 1511

Aricidea (Allia) quadrilobata Webster et Benedict, 1887
Régions : EM
Étages/habitats : B
Réf. faunist. : 332, 337, 991
Réf. taxon. : 30, 1192

Aricidea (Allia) suecica Eliason, 1920
Régions : S, EGS, EAV, EM, CLH, AS, IM
Étages/habitats : I, C, B
Réf. faunist. : 152, 242, 332, 337, 385, 735, 1048a, 1192
Réf. taxon. : 417, 638, 639, 651, 1192, 1511, 1647

Aricidea sp.
Régions : IM, EM
Étages/habitats : I
Réf. faunist. : 476, 991
Réf. taxon. : 501, 724, 1192

Artacama proboscidea Malmgren, 1866
Régions : G, S, EGS, CLH
Étages/habitats : C, B
Réf. faunist. : 89, 91, 152, 332, 337, 1026, 1027, 1661
Réf. taxon. : 123a, 724, 1545+, 1568

Asabellides oculata (Webster, 1879)
Régions : S, EM, IPE
Étages/habitats : I
Réf. faunist. : 152, 266, 332, 333
Réf. taxon. : 30
Remarque : Genre synonyme d'*Ampharete* selon Jirkov (1994, réf. 774).

Asabellides sibirica (Wirén, 1883)
Régions : EGN, EAV, EM
Étages/habitats : I, C, B
Réf. faunist. : 333, 337, 735, 991
Réf. taxon. : 724, 1568
Remarque : Genre synonyme d'*Ampharete* selon Jirkov (1994, réf. 774).

Austrolaenilla mollis (M. Sars, 1872)
Régions : G, CLH
Étages/habitats : B
Réf. faunist. : 242, 337, 1192
Réf. taxon. : 1192, 1569a

Autolytus emertoni Verrill, 1881
Régions : EAV, EGS
Étages/habitats : I
Réf. faunist. : 242, 337, 1192
Réf. taxon. : 641, 1192

Autolytus fasciatus (Bosc, 1802)
Régions : IPE
Étages/habitats : ?
Réf. faunist. : 312
Réf. taxon. : 30, 642, 1184, 1192, 1645

Autolytus prolifer (O.F. Müller, 1784)
Régions : EGS
Étages/habitats : ?
Réf. faunist. : 242, 1192, 1407
Réf. taxon. : 125a, 417, 500, 584, 663, 1192, 1276, 1645

Autolytus sp.
Régions : EGS, EM, IM
Étages/habitats : M, I, C, B
Réf. faunist. : 89, 337, 991
Réf. taxon. : 30, 500, 584, 862+, 1048a, 1192, 1645

Autolytus verrilli von Marenzeller, 1892
Régions : G, EGS, EM, BCN
Étages/habitats : I, C
Réf. faunist. : 242, 242a, 1187, 1407
Réf. taxon. : 612, 1192, 1263+, 1645
Remarque : Wesenberg-Lund (1947, réf. 1645) place *Autolytus alexandri* Malmgren, 1867 en synonyme junior d'*Autolytus verrilli* sans aucune explication, enfreignant la règle de priorité du Code International de Nomenclature zoologique. Gidholm (1966, réf. 584) qui ne cite pas Wesenberg-Lund, 1947, soupçonne une parenté ou identité d'*Autolytus alexandri* avec *A. longeferiens* de Saint-Joseph, 1887 qu'il décrit. Nous n'avons pas découvert d'autres indices sur cette synonymie sauf que Qian et Chia (1989, réf. 1263) nomment encore l'espèce *A. alexandri*, conformément à la règle de priorité. Toutefois, Eibye-Jacobsen (comm. pers., 1996) semble admettre la synonymie de Wesenberg-Lund et nous adoptons ici provisoirement son avis. Une révision taxonomique récente (ou peut-être antérieure à 1947) a sans doute échappé à nos recherches bibliographiques.

Axionice flexuosa (Grube, 1860)
Régions : EGS, EM
Étages/habitats : I, C
Réf. faunist. : 89, 91, 337, 735, 991
Réf. taxon. : 724

Axionice maculata (Dalyell, 1853)
Régions : S, EAV, EM
Étages/habitats : I, C, B
Réf. faunist. : 152, 332, 333, 337, 385, 456, 991
Réf. taxon. : 501, 522, 724, 1184

Axiothella catenata (Malmgren, 1865)
Régions : S, EGS
Étages/habitats : C

Réf. faunist. : 152, 332, 1025, 1555, 1661
Réf. taxon. : 976, 1646

Brada granosa Stimpson, 1853 [?]
Régions : EAV, EM
Étages/habitats : C, B
Réf. faunist. : 332, 337, 385, 1013, 1555
Réf. taxon. : 30, 1187, 1509, 1568
Remarque : Pettibone (1956a, réf. 1187) a mis *Brada granulosa* G.A. Hansen, 1882 (mais pas *Brada granulata* Malmgren, 1867) en synonymie junior de *B. granosa,* ce dont Smith, 1964 (réf. 1436), Gosner, 1971 (réf. 592) et Appy *et al.*, 1980 (réf. 30) ont tenu compte. Mais Hartman, 1959 (réf. 644) qui ne cite pas Pettibone (1956) dans son catalogue mondial, maintient la validité des deux noms. Selon Pettibone, 1956, les « *B. granosa* » identifiés par Treadwell (1937, réf. 1554) sont en réalité des « *B. inhabilis* ». Or, c'est Treadwell, pendant les années trente, qui a identifié les *B. granosa* de l'estuaire maritime du Saint-Laurent rapportés par Préfontaine et Brunel, 1962 (réf. 1250). Nous attribuons donc ces mentions à *B. inhabilis*. Parcontre, les spécimens de l'Estuaire maritime identifiés par Massad (réf. 337) comme *B. granulosa*, qui seraient alors *B. granosa,* devront être réexaminés.

Brada inhabilis (Rathke, 1843)
Régions : EGS, IM, EM
Étages/habitats : I, C, B
Réf. faunist. : 89, 332, 337, 1250
Réf. taxon. : 30, 616, 724, 1184, 1187, 1509, 1568, 1647

Brada villosa (Rathke, 1843)
Régions : G, EGS, EAV, EM, IPE
Étages/habitats : I, C, B
Réf. faunist. : 89, 266, 337, 385, 735, 1022, 1156, 1555
Réf. taxon. : 30, 123a, 501, 616, 1184, 1187, 1509, 1568

Brania clavata (Claparède, 1863)
Régions : EM
Étages/habitats : C
Réf. faunist. : 242, 1192, 1407
Réf. taxon. : 417, 500, 642, 663, 1192

Bylgides elegans (Théel, 1879)
Régions : G, EGN, EGS, EM, IPE
Étages/habitats : C, B
Réf. faunist. : 89, 91, 241, 242, 266, 337, 1013, 1192, 1407, 1555, 1661
Réf. taxon. : 30, 123a, 417, 522, 559, 651, 1087, 1184, 1192, 1199, 1533

Bylgides groenlandicus (Malmgren, 1867)
Régions : S, EGS, EM
Étages/habitats : C, B
Réf. faunist. : 89, 242, 332, 456
Réf. taxon. : 522, 641, 1192, 1199

Capitella capitata (Fabricius, 1780) *sensu latus*
Régions : S, EGN, EAV, IM, EM, IPE
Étages/habitats : M, I, C, B
Réf. faunist. : 152, 253c, 266, 332, 333, 337, 338, 991, 1048a, 1089
Réf. taxon. : 30, 123a, 417, 466+, 501, 663, 862+, 1184, 1213+, 1545+, 1568, 1628

Capitella sp.
Régions : EM
Étages/habitats : B
Réf. faunist. : 337, 991
Réf. taxon. : 466+, 501, 1568, 1628,

Ceratocephale loveni Malmgren, 1867
Régions : G, EM, CLH, CLI
Étages/habitats : C, B
Réf. faunist. : 242, 331, 332, 991, 992, 1018, 1156, 1192, 1425a
Réf. taxon. : 298, 417, 511, 1192

Chaetopterus n.sp.
Régions : EM
Étages/habitats : B
Réf. faunist. : 332
Réf. taxon. : 1545+
Remarque : Spécimens présentement au laboratoire du Dr. Petersen, Musée de Copenhague, pour sa description.

Chaetozone setosa Malmgren, 1867
Régions : G, S, EM, IPE
Étages/habitats : I, C, B
Réf. faunist. : 152, 266, 331, 332, 337, 991, 1023, 1555
Réf. taxon. : 30, 123a, 417, 501, 663, 1184, 1223, 1568

Chaetozone whiteavesi McIntosh, 1911 [?]
Régions : G
Étages/habitats : ?
Réf. faunist. : 1023, 1555
Réf. taxon. : 101, 1223
Remarque : Selon Berkeley et Berkeley (1956, réf. 101)), cette espèce est peut-être synonyme de *Tharyx marioni* (de Saint-Joseph, 1894) (syn. sénior : *Aphelochaeta marioni* (de Saint-Joseph) selon Blake (1991, réf. 135)) qu'ils ont identifié de la Nouvelle-Écosse dans l'Atlantique.

Chitinopoma serrula (Stimpson, 1854)
Régions : G, EGN, BCN

Étages/habitats : C
Réf. faunist. : 88, 415, 415b, 415c, 1158, 1159, 1161, 1661
Réf. taxon. : 30, 651, 1591b, 1709

Chone duneri Malmgren, 1867
Régions : G, S, EGN, EAV, EM, BCN
Étages/habitats : I, C, B
Réf. faunist. : 89, 152, 331, 332, 337, 385, 735, 991, 992, 1027, 1187, 1555
Réf. taxon. : 59, 501, 512, 663, 1184, 1568

Chone infundibuliformis Kröyer, 1856
Régions : EGN, EGS, EAV, EM, CLH
Étages/habitats : I, C, B
Réf. faunist. : 89, 242, 337, 385, 1250, 1661
Réf. taxon. : 30, 59, 123a, 501, 512, 559, 642, 1184, 1185

Chone princei McIntosh, 1916
Régions : EGN, EGS, IPE, CLH
Étages/habitats : C, B
Réf. faunist. : 1027
Réf. taxon. : 1027

Chone sp.
Régions : EM
Étages/habitats :
Réf. faunist. : 337, 991
Réf. taxon. : 59, 501, 512

Circeis armoricana de Saint-Joseph, 1894
Régions : IPE
Étages/habitats : I /cPI
Réf. faunist. : 338
Réf. taxon. : 663, 834, 835, 836
Remarque : Espèce épizoïque surtout sur *Homarus* en Europe (réf. 835); selon J. Fournier (comm. pers., 1995) et vu son substrat dans le golfe du Saint-Laurent, *Cancer irroratus* (réf. 338), cette mention nouvelle, douteuse selon Eibye-Jacobsen (comm. pers., 1996), est probablement correcte.

Circeis spirillum (Linné, 1758)
Régions : G, S, EGN, EGS, EAV, EM, IPE, BCN, TNO
Étages/habitats : I, C
Réf. faunist. : 152, 168a, 266, 332, 333, 415c, 456, 726, 1187, 1467, 1661
Réf. taxon. : 123a, 417, 663, 834, 835, 836, 845, 862+, 1184, 1264, 1545+, 1568
Remarque : Il est clair, par l'habitat qu'ils lui attribuent (les Fucacées médiolittorales et autres algues infralittorales), que les anciennes mentions de « *Spirorbis spirillum* » (réf. 88, 412, 415, 415b, 1158, 1159, 1161) se rapportent plutôt à *Spirorbis spirorbis*. Whiteaves (1901, réf. 1661) le confirme en reléguant ce binôme dans la synonymie de *Spirorbis borealis* (= *S. spirorbis*). D'autre part, le *Spirorbis lucidus* (Montagu) rapporté par Whiteaves (1901, réf. 1661), Dawson (1872, réf. 415b) et Packard (réf.1158, 1159, 1161), parfois sous d'autres noms (*S. porrecta, S. sinistrorsa*), est relégué en synonymie de *Circeis spirillum* par Knight-Jones *et al.* (1979, réf. 836), spécialistes des Spirorbidae. Eibye-Jacobsen (comm. pers., 1996) place l'espèce dans le genre *Dexiospira*, que Knight-Jones *et al.* (*op. cit.*) ont traité comme sous-genre de *Janua* (sous-famille Januinae). Nous adoptons ici la proposition de Knight-Jones *et al.* (*op. cit.*) puisqu'elle a pour avantage de supprimer de notre faune un vieux binôme sujet à caution.

Cirratulus cirratus (O.F. Müller, 1776)
Régions : EGN, EAV, EM, BCN, IM
Étages/habitats : M, I
Réf. faunist. : 253c, 333, 337, 1159, 1161, 1555, 1661
Réf. taxon. : 30, 123a, 501, 651, 663, 1182, 1184, 1568

Cirratulus filiformis Keferstein, 1862 [?]
Régions : EM
Étages/habitats : B
Réf. faunist. : 1156
Réf. taxon. : 501, 651, 663
Remarque : Cette espèce est exclusivement européenne à notre connaissance. L'identification de Ouellet (1982, réf. 1156) doit être confirmée.

Cirratulus sp.
Régions : EM
Étages/habitats : ?
Réf. faunist. : 1250
Réf. taxon. : 30, 501, 1182, 1568

Cirrophorus branchiatus Ehlers, 1908
Régions : G, EM
Étages/habitats : C, B
Réf. faunist. : 331, 337, 991, 1156
Réf. taxon. : 416, 417, 905, 1030, 1568

Cirrophorus brevicirratus Strelzov, 1973
Régions : EGN
Étages/habitats : I
Réf. faunist. : 332
Réf. taxon. : 1030, 1511

Cirrophorus furcatus (Hartman, 1957)
Régions : EM
Étages/habitats : B

Réf. faunist. : 1425a
Réf. taxon. : 1511

Clymenella sp.
Régions : EM, EGS
Étages/habitats : I
Réf. faunist. : 1250, 1277a
Réf. taxon. : 501, 651

Clymenella torquata (Leidy, 1855)
Régions : EAV, EGS, IM, IPE
Étages/habitats : I
Réf. faunist. : 168, 236, 266, 337, 476, 738, 739, 1048a, 1089, 1467, 1555
Réf. taxon. : 30, 60, 417, 651, 862+, 976

Clymenura borealis (Arwidsson, 1907)
Régions : EGS, EAV, CLH
Étages/habitats : C, B
Réf. faunist. : 89, 91, 92, 337, 385
Réf. taxon. : 123a, 651, 1646

Clymenura sp.
Régions : EAV, EM
Étages/habitats : I
Réf. faunist. : 331, 385
Réf. taxon. : 501, 651, 1646

Cossura longocirrata Webster et Benedict, 1887
Régions : S, EAV, EM
Étages/habitats : I, C, B
Réf. faunist. : 152, 331, 332, 337, 991, 992, 1425a
Réf. taxon. : 30, 521, 1647

Dinophilus gyrociliatus O. Schmidt, 1857
Régions : EM
Étages/habitats : ?
Réf. faunist. : 337
Réf. taxon. : 1650
Remarque : Déterminé par J. Fournier pour S. Parent, Biodôme de Montréal.

Diplocirrus hirsutus (G.A. Hansen, 1878)
Régions : EM, IPE
Étages/habitats : I, C, B
Réf. faunist. : 266, 332, 337, 735
Réf. taxon. : 30, 616, 1509

Diplocirrus longisetosus (von Marenzeller, 1890)
Régions : EM
Étages/habitats : I, C, B
Réf. faunist. : 337
Réf. taxon. : 616, 1509, 1568

Diplocirrus sp.
Régions : EM
Étages/habitats : I
Réf. faunist. : 337
Réf. taxon. : 501, 1509, 1568

Dodecaceria concharum Oersted, 1843
Régions : EGN, EM, TNO
Étages/habitats : I
Réf. faunist. : 332, 333, 726
Réf. taxon. : 30, 130, 501, 570

Drilonereis magna Webster et Benedict, 1887
Régions : EM, IPE
Étages/habitats : I, C, B
Réf. faunist. : 337, 735, 991, 1019, 1555
Réf. taxon. : 30, 417, 495, 569, 1192

Drilonereis sp.
Régions : EGS
Étages/habitats : C
Réf. faunist. : 242
Réf. taxon. : 495, 500, 569, 1192, 1568

Dysponetus pygmaeus Levinsen, 1879
Régions : EAV, EM
Étages/habitats : I
Réf. faunist. : 164, 167, 337
Réf. taxon. : 30, 1192, 1568

Ehlersia cornuta (Rathke, 1843)
Régions : G, EGN, EGS, EAV, EM, CLH, AS
Étages/habitats : I, C, B
Réf. faunist. : 89, 242, 331, 333, 337, 385, 991, 1156, 1192, 1407
Réf. taxon. : 30, 417, 500, 500, 559, 663, 1184, 1192, 1568, 1645

Enipo canadensis (McIntosh, 1874)
Régions : G, EGS, IM, IPE
Étages/habitats : C
Réf. faunist. : 89, 91, 241, 242, 266, 476, 1192, 1555, 1661
Réf. taxon. : 1192, 1568

Enipo gracilis Verrill, 1874
Régions : G, EGN, EGS, EAV, EM, CLH
Étages/habitats : I, C, B
Réf. faunist. : 89, 91, 242, 337, 385, 1013, 1192, 1555, 1661
Réf. taxon. : 30, 1184, 1192

Eteone barbata Malmgren, 1865
Régions : S, EGS, EAV, EM
Étages/habitats : I, C, B
Réf. faunist. : 242, 333, 337, 385, 456, 1192
Réf. taxon. : 30, 123a, 136, 468, 470, 500, 559, 1184, 1192, 1192, 1213+, 1218, 1219, 1220, 1545+, 1568, 1569, 1690
Remarque : La distinction maintenue par Wilson (1988, réf. 1690) entre les trois genres *Eteone*, *Mysta* et *Hypereteone* n'est pas admise par Pleijel (1991, réf. 1218) et Blake (1992, réf. 136). Nous suivons ici ces deux derniers auteurs.

Eteone flava (Fabricius, 1780)
Régions : S, EGS, EAV, IM, EM
Étages/habitats : I, C, B
Réf. faunist. : 89, 152, 242, 332, 333, 337, 385, 456, 476, 1048a, 1089, 1192
Réf. taxon. : 30, 123a, 136, 446, 468, 470, 500, 559, 663, 1184, 1192, 1218, 1219, 1220, 1568, 1569, 1647, 1690

Eteone foliosa Quatrefages, 1866
Régions : IPE
Étages/habitats : I
Réf. faunist. : 1192
Réf. taxon. : 30, 136, 417, 468, 470, 500, 1192, 1218, 1220, 1538a, 1569, 1690
Remarque : Pleijel (1991, réf. 1218) pense qu'*Eteone lactea* Clarapède, 1868 est synonyme junior d'*Eteone foliosa.* Par ailleurs, « *Eteone pusilla* Oersted » est rapporté par McIntosh (via Treadwell, 1948, réf. 1555) pour les côtes canadiennes et américaines, sans plus de précision. Il s'agit probablement d'*E. pusilla* Verrill, 1881, que Pettibone (1963, réf. 1192) place en synonymie d'*E. lactea.*

Eteone heteropoda Hartman, 1951
Régions : EAV
Étages/habitats : I
Réf. faunist. : 385
Réf. taxon. : 30, 136, 417, 468, 470, 1192, 1218, 1690

Eteone longa (Fabricius, 1780)
Régions : S, EGN, EGS, EAM, EAV, IM, EM, IPE, AN, AS
Étages/habitats : M, I, C, B
Réf. faunist. : 89, 152, 168, 241, 242, 242a, 253b, 253c, 314, 332, 333, 337, 385, 456, 476, 738, 739, 1089, 1156, 1192, 1407, 1603b
Réf. taxon. : 30, 123a, 136, 468, 470, 500, 559, 862+, 1184, 1192, 1213+, 1218, 1219, 1220, 1275, 1545+, 1568, 1569, 1647, 1690

Eteone spetsbergensis Malmgren, 1865 [?]
Régions : G, EGS
Étages/habitats : C
Réf. faunist. : 241, 242, 1017, 1555
Réf. taxon. : 136, 446, 468, 470, 559, 1184, 1218, 1220, 1568, 1569, 1690
Remarque : Une redescription s'impose selon Pleijel et Dales (1991, réf. 1220).

Euchone analis (Kröyer, 1856)
Régions : S, EGS, EAV, EM
Étages/habitats : I, C, B
Réf. faunist. : 89, 91, 152, 331, 332, 337, 735, 991
Réf. taxon. : 59, 512, 522, 1184, 1187, 1568

Euchone elegans Verrill, 1873
Régions : EGS
Étages/habitats : I
Réf. faunist. : 1467
Réf. taxon. : 59, 512, 522, 1322

Euchone incolor Hartman, 1965
Régions : S
Étages/habitats : C
Réf. faunist. : 152, 332
Réf. taxon. : 58, 512, 1322

Euchone lawrencii McIntosh, 1916 [?]
Régions : CLH
Étages/habitats : B
Réf. faunist. : 1027, 1555
Réf. taxon. : 1027

Euchone papillosa (M. Sars, 1851)
Régions : S, EGN, EGS, EAV, EM
Étages/habitats : I, C, B
Réf. faunist. : 89, 91, 152, 331, 332, 337, 385, 735, 991
Réf. taxon. : 59, 123a, 512, 522, 663, 1187, 1568

Euchone rubrocincta (M. Sars, 1861)
Régions : EGS
Étages/habitats : I
Réf. faunist. : 89, 91, 337
Réf. taxon. : 30, 59, 501, 512, 522, 663

Euclymene collaris (Claparède, 1870) [?]
Régions : EGS
Étages/habitats : C
Réf. faunist. : 1024
Réf. taxon. : 501, 1024
Remarque : Espèce méditerranéenne, selon Fauvel (1927, réf. 501), identifiée dans le golfe du Saint-laurent par McIntosh (1913a, réf. 1024), spécialiste des Polychètes, et apparemment jamais retrouvée dans l'Atlantique occidental. Fournier et Pocklington (1984, réf. 522), en la comparant à *Euclymene zonalis*, semblent la considérer comme toujours valide.

Euclymene oerstedii (Claparède, 1863)
Régions : IM
Étages/habitats : I
Réf. faunist. : 476
Réf. taxon. : 501, 651

Euclymene zonalis (Verrill, 1874)
Régions : EAV, EM, IPE
Étages/habitats : I

Réf. faunist. : 266, 337, 735
Réf. taxon. : 30, 522, 976

Eucranta villosa Malmgren, 1865
Régions : G, EAV, EM, CLH
Étages/habitats : C, B
Réf. faunist. : 242, 337, 1013, 1192, 1555, 1661
Réf. taxon. : 559, 1087, 1192, 1569a

Eulalia bilineata (Johnston, 1840)
Régions : G, EGS, EM, CLH, AS, TNO
Étages/habitats : I, C, B
Réf. faunist. : 89, 242, 242a, 337, 726, 1192
Réf. taxon. : 30, 123a, 417, 468, 470, 500, 559, 663, 1192, 1218, 1219, 1220, 1568, 1569, 1647

Eulalia sp.
Régions : S
Étages/habitats : C
Réf. faunist. : 152, 332
Réf. taxon. : 468, 470, 500, 559, 1192, 1218, 1219, 1220, 1568, 1647

Eulalia viridis (Linné, 1767)
Régions : G, EGN, EGS, EM, IM, TNO
Étages/habitats : I, C
Réf. faunist. : 89, 242, 242a, 253c, 333, 726, 1192
Réf. taxon. : 30, 123a, 417, 468, 470, 500, 559, 642, 663, 1192, 1213+, 1218, 1219, 1220, 1545+, 1568, 1569

Eumida sanguinea (Oersted, 1843)
Régions : G, TNO
Étages/habitats : ?
Réf. faunist. : 726, 1192
Réf. taxon. : 30, 123a, 290+, 417, 467, 469, 470, 500, 663, 1192, 1213+, 1218, 1219, 1220, 1568, 1569

Eunice pennata (O.F. Müller, 1776)
Régions : EM
Étages/habitats : B
Réf. faunist. : 337, 991
Réf. taxon. : 30, 499, 500, 569, 1192, 1694

Eunoë nodosa (M. Sars, 1861)
Régions : G, EGN, EAV, EGS, CLH, BCN, AS
Étages/habitats : I, C, B
Réf. faunist. : 89, 242, 337, 1187, 1192, 1657, 1660, 1661
Réf. taxon. : 30, 500, 559, 1184, 1192, 1527, 1568, 1569a

Eunoë oerstedi Malmgren, 1865
Régions : S, EGS, IM, IPE, BCN
Étages/habitats : I, C, B
Réf. faunist. : 89, 91, 92, 242, 266, 456, 1013, 1187, 1661
Réf. taxon. : 1087, 1184, 1192, 1569a

Eunoë spinulosa Verrill, 1879
Régions : G, EGS
Étages/habitats : I, C
Réf. faunist. : 89, 91, 337, 1555
Réf. taxon. : 1192, 1555
Remarque : Nous ignorons d'où provient la mention de cette espèce dans le Golfe faite par Treadwell (1948, réf. 1555).

Euphrosine borealis Oersted, 1843
Régions : EGS
Étages/habitats : C
Réf. faunist. : 242, 1192
Réf. taxon. : 30, 559, 569, 852, 1050+, 1192, 1568,

Euphrosine cirrata M. Sars, 1862
Régions : EM
Étages/habitats : B
Réf. faunist. : 337
Réf. taxon. : 569, 852, 1192, 1647

Eusyllis blomstrandi Malmgren, 1867
Régions : EGS, EM, CLH, BCN, AS
Étages/habitats : C, B
Réf. faunist. : 242, 337, 1187, 1192, 1407
Réf. taxon. : 30, 497, 500, 559, 663, 1184, 1192, 1568, 1645

Eusyllis lamelligera Marion et Bobretzky 1875
Régions : S
Étages/habitats : C
Réf. faunist. : 152, 332
Réf. taxon. : 500, 651, 1192

Exogone hebes (Webster et Benedict, 1884)
Régions : S, EAV, IM, IPE
Étages/habitats : I, C
Réf. faunist. : 152, 332, 337, 1048a, 1192
Réf. taxon. : 30, 125a, 500, 651, 663, 1192, 1645

Exogone sp.
Régions : IM
Étages/habitats : I
Réf. faunist. : 476
Réf. taxon. : 500, 651, 1192, 1568, 1645

Exogone verugera (Claparède, 1868)
Régions : S, EGS, EM
Étages/habitats : I, C, B
Réf. faunist. : 242, 331, 337, 456, 735, 991, 1192
Réf. taxon. : 30, 417, 500, 663, 1192, 1568, 1645

Fabricia stellaris stellaris (O.F. Müller, 1774)
Régions : EAV, EM, IPE, TNO
Étages/habitats : M
Réf. faunist. : 242, 337, 726, 1466
Réf. taxon. : 123a, 501, 512, 513, 1185, 1276+

Flabelligera affinis M. Sars, 1829
Régions : S, EGS, MCN

Étages/habitats : I, C
Réf. faunist. : 89, 152, 332, 337, 1407, 1555
Réf. taxon. : 30, 123a, 501, 616, 663, 1184, 1187, 1276, 1509, 1568
Remarque : L'histoire de ce binôme est fort embrouillée. Décrite par Leidy sous le nom de *Siphonostoma affine*, l'espèce est redécrite et illustrée par Verrill *et al.* (1873, réf. 1599) sous le nom de *Trophonia affinis* Verrill, sans référence à un article antérieur précis de Verrill. Haase (1915, réf. 616) ne cite ni Leidy, ni Verrill *et al.* Dans sa revision des Flabelligéridés norvégiens, Støp-Bowitz (1948a, réf. 1505) propose la priorité de *Pherusa* sur *Stylarioides* et *Trophonia*, ce dernier d'origine incertaine, qui semble remonter au moins à 1840. Il inclut Stimpson (1853, réf. 1502) dans ses synonymes mais ignore Verrill *et al.* (*op. cit.*) et leur *Trophonia affinis*. Il décrit deux nouvelles espèces de *Pherusa*. Treadwell (1948, réf. 1555) ignore aussi le *P. affinis*, mais c'est lui qui a identifié les *P. affinis* de Préfontaine et Brunel (1962, réf. 1250). Pettibone (1954MS, réf. 1185) reprend le nom *Pherusa affinis* (Leidy) qu'elle distingue de *Flabelligera affinis* M. Sars, 1829 et cette distinction est ensuite adoptée par Smith (1964, réf. 1436), Gosner (1971, réf. 592), Appy *et al.* (1980, réf. 30) et Bromley et Bleakney (1985, réf. 225). Entretemps, toutefois, Hartman (1959, réf. 644) considère *Siphonostoma affine* de Leidy 1855 comme synonyme junior de *Flabelligera affinis* M. Sars sans citer de source et en ignorant complètement le *Trophonia affinis* de Verrill *et al.* (1873). En attendant la résolution de cet imbroglio, nous conservons donc deux espèces distinguées par les caractères disponibles dans la documentation est-américaine.

Galathowenia oculata (Zachs, 1923)
Régions : EAV, EM, CLE, CLI
Étages/habitats : C, B
Réf. faunist. : 331, 332, 337, 385, 991, 992
Réf. taxon. : 133, 826, 990, 1122, 1568, 1706

Gattyana amondseni (Malmgren, 1867)
Régions : G, S, EGS, EM, CLH, AS
Étages/habitats : M, I, C, B
Réf. faunist. : 89, 91, 241, 242, 242a, 337, 456, 1192, 1661
Réf. taxon. : 651, 1187, 1192, 1568, 1569a

Gattyana cirrosa (Pallas, 1766)
Régions : G, S, EGS, EAV, EM, IPE, BCN
Étages/habitats : M, I, C
Réf. faunist. : 89, 91, 152, 242, 242a, 266, 332, 337, 385, 1192, 1661
Réf. taxon. : 30, 123a, 500, 559, 663, 1184, 1192, 1527, 1545+, 1568, 1569a, 1647

Gattyana nutti Pettibone, 1955
Régions : S, EGS, BCN
Étages/habitats : I, C, B
Réf. faunist. : 89, 242, 456, 1186, 1192
Réf. taxon. : 1186, 1192, 1569a

Glycera americana Leidy, 1855
Régions : EM, IPE
Étages/habitats : ?
Réf. faunist. : 738, 739, 1250
Réf. taxon. : 417, 647, 1192

Glycera capitata Oersted, 1842
Régions : EGS, EM, IPE, CLH, BCN, AS, TNO
Étages/habitats : I, C, B
Réf. faunist. : 89, 91, 92, 242, 331, 337, 726, 991, 1020, 1192, 1407, 1555
Réf. taxon. : 30, 123a, 417, 500, 559, 663, 1137, 1184, 1192, 1213+, 1506, 1568,

Glycera dibranchiata Ehlers, 1868
Régions : EGS, IM, EM, IPE, CLH
Étages/habitats : M, I, B
Réf. faunist. : 89, 242, 337, 476, 738, 739, 1020, 1048a, 1089, 1192, 1407, 1555
Réf. taxon. : 30, 417, 642, 862+, 1192

Glycera robusta Ehlers, 1868
Régions : G, EGS, EM, CLH
Étages/habitats : B
Réf. faunist. : 89, 91, 92, 242, 1156, 1192
Réf. taxon. : 30, 1192

Glyphanostomum pallescens (Théel, 1879)
Régions : EGN, EGS, EAV, EM
Étages/habitats : I, C, B
Réf. faunist. : 89, 331, 337, 385, 735, 991, 992
Réf. taxon. : 724, 1533, 1568

Goniada maculata Oersted, 1843
Régions : G, S, EGN, EGS, EAV, EM, IPE
Étages/habitats : M, I, C, B
Réf. faunist. : 89, 91, 92, 152, 242, 242a, 266, 331, 332, 337, 347, 385, 735, 991, 1020, 1192, 1250, 1657, 1660
Réf. taxon. : 30, 123a, 417, 500, 559, 651, 663, 1192, 1213+, 1506, 1568,

Goniada norvegica Oersted, 1845
Régions : EGS, EM, CLH
Étages/habitats : C, B
Réf. faunist. : 89, 91, 92, 337, 1020, 1555
Réf. taxon. : 30, 417, 500, 1192, 1506

Goniadella gracilis (Verrill, 1873)
Régions : IPE
Étages/habitats : I
Réf. faunist. : 266
Réf. taxon. : 30, 417, 1192

Harmothoe fragilis Moore, 1910
Régions : EGN, EGS, EAV
Étages/habitats : I, C
Réf. faunist. : 89, 91, 92, 337, 385
Réf. taxon. : 1192, 1527

Harmothoe imbricata (Linné, 1767)
Régions : G, S, EGN, EAM, EGS, EAV, IM, EM, IPE, HCN, MCN, CLH, BCN, AN, AS, TNO
Étages/habitats : M, I, C, B
Réf. faunist. : 89, 92, 152, 164, 167, 168a, 176, 242, 242a, 253b, 253c, 266, 332, 333, 337, 385, 456, 701a, 738, 739, 1085a, 1089, 1158, 1159, 1161, 1187, 1192, 1210, 1247, 1250, 1407, 1661, 32
Réf. taxon. : 30, 122+, 123a, 340, 340, 417, 500, 559, 651, 663, 862, 1184, 1192, 1213+, 1275+, 1527, 1545+, 1548+, 1568, 1569a

Hartmania moorei Pettibone, 1955
Régions : EGS, EM, IPE
Étages/habitats : I, C, B
Réf. faunist. : 89, 91, 266, 332, 337, 1156
Réf. taxon. : 30, 1087, 1186, 1192

Hediste diversicolor (O.F. Müller, 1776)
Régions : S, EAV, EGS, EM, TNO
Étages/habitats : M, I, C
Réf. faunist. : 242, 337, 455, 456, 726, 1192, 1619
Réf. taxon. : 101, 125a, 290+, 298, 386+, 500, 511, 663, 1192, 1545+

Heteromastus filiformis (Claparède, 1864)
Régions : EGS, EM, IPE
Étages/habitats : I, C, B
Réf. faunist. : 253b, 266, 331, 332, 337, 991, 992, 1156, 1209a, 1425a
Réf. taxon. : 30, 123a, 417, 501, 862+, 1213+, 1568

Histriobdella homari van Beneden, 1858
Régions : IM, IPE
Étages/habitats : I /ecPI
Réf. faunist. : 146, 209
Réf. taxon. : 500, 569, 663, 1568
Remarque : Commensal sur le Homard (*Homarus americanus*).

Hyalinoecia tubicola (O.F. Müller, 1776)
Régions : EM
Étages/habitats : C, B
Réf. faunist. : 1250
Réf. taxon. : 417, 500, 569, 651, 663, 977, 1168, 1450, 1510, 1693

Hydroides norvegica Gunnerus, 1768 [?]
Régions : TNO
Étages/habitats : I
Réf. faunist. : 726
Réf. taxon. : 501, 651, 663, 733a, 734, 1207, 1399+, 1568, 1695+
Remarque : Serait une espèce exclusivement européenne selon Fauvel (1927, réf. 501).

Jasmineira elegans de Saint-Joseph, 1894
Régions : EAV, EM
Étages/habitats : I, C, B
Réf. faunist. : 331, 337, 385, 991, 992, 1156
Réf. taxon. : 501, 512, 651, 663

Jugaria quadrangularis (Stimpson, 1853)
Régions : G, EGS, BCN
Étages/habitats : I, C
Réf. faunist. : 412, 415, 837, 1158, 1159, 1161
Réf. taxon. : 30, 123a, 832, 835, 836, 837, 1184, 1349, 1545+
Remarque : Cette espèce est nommée *Pileolaria quadrangularis* (Stimpson, 1853) par Knight-Jones et Knight-Jones (1977, réf. 835), *Jugaria quadrangularis* (Stimpson) par Knight-Jones et al. (1991, réf. 837) et *Bushiella (Jugaria) quadrangularis* (Stimpson) par Rzhavsky (1991, réf. 1348; 1993, réf. 1349), La systématique des Spirorbidae évolue très vite...D'autre part, il est probable que les *Spirorbis carinatus* (Mont.) signalés en profondeur par Dawson (1860, réf. 415) et Whiteaves (1901, réf. 1661) aient été des *Jugaria quadrangularis* à en juger par la description du tube qu'en donne Dawson et la variabilité des carènes de *J. quadrangularis* décrite par Rzhavsky (1993, réf. 1349). Knight-Jones et Knight-Jones (1977, réf. 835) soupçonnent le *Serpula carinata* Montagu, 1803 (devenu *Spirorbis c.*) de synonymie avec leur *Paralaeospira malardi* Caullery et Mesnil, 1897 et les deux noms (le second semble *nomen dubium*) réfèrent de toutes façons à une espèce exclusivement européenne.

Laetmonice filicornis Kinberg, 1855
Régions : G, EGS, EM, CLH
Étages/habitats : C, B
Réf. faunist. : 89, 91, 92, 242, 337, 991, 1192, 1250, 1555, 1661
Réf. taxon. : 30, 297, 417, 500, 559, 663, 1192, 1569a

Lagisca extenuata (Grube, 1840)
Régions : G, S, EGN, EGS, EAV, IM, EM, IPE, HCN, CLH, BCN, AS, TNO
Étages/habitats : M, I, C, B
Réf. faunist. : 32, 89, 91, 242, 242a, 242c, 253c, 266, 333, 337, 385, 456, 476, 701a, 726, 735, 948, 1013, 1048a, 1187, 1192, 1555, 1661
Réf. taxon. : 122+, 500, 663, 1192, 1510, 1527,

Lanassa nordenskioeldi Malmgren, 1866
Régions : S, EGS, EM, IPE
Étages/habitats : I, C, B
Réf. faunist. : 152, 332, 337, 724, 991, 1026, 1027, 1555
Réf. taxon. : 724, 1568

Lanassa venusta (Malm, 1874)
Régions : S, EAV, EM
Étages/habitats : I, C, B
Réf. faunist. : 152, 331, 332, 337, 385, 991
Réf. taxon. : 724, 1184, 1568

Laonice cirrata (M. Sars, 1851)
Régions : G, S, EGN, EGS, EAV, EM, IPE, BCN
Étages/habitats : I, C, B
Réf. faunist. : 89, 152, 242, 331, 332, 337, 385, 456, 991, 1176, 1555, 1661
Réf. taxon. : 30, 123a, 417, 501, 539, 559, 624+, 663, 1152, 1187, 1213+, 1568

Laonome kroeyeri Malmgren, 1867
Régions : EAV, EM
Étages/habitats : I, C
Réf. faunist. : 337, 385, 991
Réf. taxon. : 123a, 501, 512, 522, 651, 663, 1568

Laphania boecki Malmgren, 1866
Régions : S, EAV, EM
Étages/habitats : I, C
Réf. faunist. : 152, 331, 332, 337, 385, 991
Réf. taxon. : 501, 724, 1568

Leaena ebranchiata (M. Sars, 1865)
Régions : S, EAV, EM
Étages/habitats : I, C
Réf. faunist. : 152, 332, 385
Réf. taxon. : 724, 1184

Leitoscoloplos acutus (Verrill, 1873)
Régions : S, EGS, IM, EM
Étages/habitats : I, C, B
Réf. faunist. : 89, 152, 242, 332, 456, 476, 1156, 1192
Réf. taxon. : 371, 522, 642, 962, 1192

Leitoscoloplos fragilis (Verrill, 1873)
Régions : IM, IPE
Étages/habitats : I
Réf. faunist. : 242, 738, 739, 1192, 1538b
Réf. taxon. : 20+, 417, 641, 642, 962, 1192

Leitoscoloplos robustus (Verrill, 1873)
Régions : EAV, IM, IPE
Étages/habitats : I
Réf. faunist. : 242, 337, 738, 739, 1048a, 1192, 1407
Réf. taxon. : 417, 641, 962, 1192

Lepidonotus squamatus (Linné, 1767)
Régions : G, EGN, EGS, EAV, IM, EM, IPE, HCN, MCN, BCN, AN, AS, TNO
Étages/habitats : M, I
Réf. faunist. : 32, 89, 91, 242, 242a, 253c, 266, 333, 337, 338, 518, 523, 726, 738, 739, 1158, 1159, 1161, 1192, 1277a, 1467, 1555, 1661
Réf. taxon. : 30, 122+, 123a, 500, 518, 559, 663, 862+, 1192, 1276+, 1527, 1545+, 1568, 1569a

Levinsenia gracilis (Tauber, 1879)
Régions : S, EGS, EM, CLH, AS
Étages/habitats : I, C, B
Réf. faunist. : 152, 242, 332, 337, 735, 1192, 1425a
Réf. taxon. : 123a, 417, 638, 1041, 1192, 1511, 1647

Lumbriclymene minor Arwidsson, 1907
Régions : S, EM
Étages/habitats : I, B
Réf. faunist. : 152, 332, 337, 735, 991
Réf. taxon. : 501, 651, 1646

Lumbrinerides acuta (Verrill, 1875)
Régions : S, IPE
Étages/habitats : I, C
Réf. faunist. : 152, 266, 332
Réf. taxon. : 525, 647, 1179, 1192

Lumbrineris latreilli (Audouin et Milne-Edwards, 1834)
Régions : EGS, EM, CLH
Étages/habitats : C, B
Réf. faunist. : 89, 91, 92, 331, 332, 337, 991, 992
Réf. taxon. : 30, 417, 500, 525, 569, 647, 648, 651, 1192

Lumbrineris sp.
Régions : EM
Étages/habitats : I, C, B
Réf. faunist. : 331, 337, 991
Réf. taxon. : 525, 1192

Lysilla loveni Malmgren, 1866
Régions : EGS, EM
Étages/habitats : I, C

Réf. faunist. : 89, 337, 385
Réf. taxon. : 501, 724, 1568, 1642

Lysippe labiata Malmgren, 1865
Régions : S, EGN, EGS, EAV, EM, BCN
Étages/habitats : I, C, B
Réf. faunist. : 89, 91, 92, 92, 152, 331, 332, 337, 385, 991, 1187
Réf. taxon. : 522, 724, 1041, 1187, 1568

Maldane sarsi Malmgren, 1865
Régions : G, S, EGN, EGS, EAV, EM, IPE, CLH
Étages/habitats : I, C, B
Réf. faunist. : 89, 91, 92, 152, 217, 242, 266, 331, 332, 337, 385, 735, 923, 991, 992, 1024, 1156, 1175, 1555, 1661
Réf. taxon. : 501, 559, 642, 663, 933, 1024, 1184, 1185, 1568, 1646

Maldane sp.
Régions : EM
Étages/habitats : I, C, B
Réf. faunist. : 1250
Réf. taxon. : 501, 559, 642, 933, 1568

Maldane sp. C, n. sp.
Régions : EGN
Étages/habitats : B
Réf. faunist. : 603a
Réf. taxon. : 603a
Remarque: Selon le Zoological Record, cette petite espèce du complexe *M. glebifex*, décrite par Green (1984, réf. 603a) d'après des spécimens du British Museum (Natural History), ne semble pas avoir été nommée formellement encore. La baie de Gaspé, citée comme localité-type, n'a pas la profondeur de 229 m mentionnée. Nous croyons qu'il s'agit plutôt d'un dragage de Whiteaves au nord de la péninsule de Gaspé, et de spécimens identifiés *M. sarsi* par McIntosh (1913a, réf. 1024). Le petit Maldanidae sp. 1 rapporté par Silverberg *et al.* (1995, réf. 1425a) par 350 m de fond dans l'estuaire maritime du St-Laurent pourrait bien appartenir à la même espèce.

Malmgrenia whiteavesii McIntosh, 1874
Régions : CLH
Étages/habitats : B
Réf. faunist. : 1013, 1555, 1661
Réf. taxon. : 416, 1013
Remarque : Cette espèce d'Harmothoinae appartient à un genre apparemment incertain, ignoré par Pettibone (1963b, réf. 1192), admis par Day (1967, réf. 416), Fauchald (1977, réf. 497) et Ushakov (1982, réf. 1569a), mais inclus dans *Harmothoe* par Tebble et Chambers (1982, réf. 1527). Cette espèce-type du genre ne semble pas avoir été retrouvée ni redécrite avec de nouveaux spécimens depuis 1874.

Manayunkia aestuarina (Bourne, 1883)
Régions : IM
Étages/habitats : ?
Réf. faunist. : 332
Réf. taxon. : 30, 123a, 501, 512, 651, 663

Marenzelleria viridis (Verrill, 1873)
Régions : EGS, EM
Étages/habitats : M, I
Réf. faunist. : 242, 1085a, 1250
Réf. taxon. : 123, 417, 957, 1185

Mediomastus ambiseta (Hartman, 1947)
Régions : EM
Étages/habitats : B
Réf. faunist. : 332
Réf. taxon. : 30

Mediomastus sp.
Régions : IM, S
Étages/habitats : C, B
Réf. faunist. : 152, 332, 1048a
Réf. taxon. : 416

Meiodorvillea minuta (Hartman, 1965)
Régions : CLE, CLI
Étages/habitats : B
Réf. faunist. : 332
Réf. taxon. : 471, 645, 790, 1449

Melinna albocinata Mackie et Pleijel, 1995
Régions : S, EGN, EGS, EAV, EM
Étages/habitats : I, C, B
Réf. faunist. : 89, 91, 152, 331, 332, 333, 337, 385, 735, 965, 991, 992, 1425a
Réf. taxon. : 522, 965, 1568

Melinna cristata (M. Sars, 1851)
Régions : EGN, EGS, EAV, EM, CLH
Étages/habitats : I, C, B
Réf. faunist. : 89, 91, 92, 331, 333, 337, 991, 992, 1156, 1555
Réf. taxon. : 30, 123a, 501, 522, 663, 724, 1187, 1568

Microclymene sp.
Régions : EM
Étages/habitats : C, B
Réf. faunist. : 337, 991
Réf. taxon. : 1568

Microphthalmus aberrans (Webster et Benedict, 1887)
Régions : IM
Étages/habitats : I

Réf. faunist. : 1089
Réf. taxon. : 30, 123a, 324, 1648, 1649

Microspio sp.
Régions : EAV
Étages/habitats : I
Réf. faunist. : 385
Réf. taxon. : 122+, 501, 624+, 960, 1568

Minusculisquama hughesi Pettibone, 1983
Régions : IPE
Étages/habitats : I, C
Réf. faunist. : 1197
Réf. taxon. : 623, 1197

Myriochele heeri Malmgren, 1867
Régions : G, S, EGN, EGS, EM, IPE, CLH
Étages/habitats : I, C, B
Réf. faunist. : 89, 91, 92, 152, 266, 332, 337, 735, 991, 992, 1026, 1156, 1425a, 1555
Réf. taxon. : 30, 133, 501, 862+, 990, 1122, 1568

Myriochele sp.
Régions : EM
Étages/habitats : ?
Réf. faunist. : 331
Réf. taxon. : 501, 1122, 1568

Mystides borealis Théel, 1879
Régions : EGS
Étages/habitats : I
Réf. faunist. : 242, 1192
Réf. taxon. : 30, 134, 468, 470, 500, 559, 650, 651a, 1184, 1192, 1218, 1219, 1569

Myxicola infundibulum (Renier, 1804)
Régions : EGS, TNO
Étages/habitats : C
Réf. faunist. : 242, 726, 1467
Réf. taxon. : 30, 501, 512, 559, 642, 1184, 1185, 1568

Naineris quadricuspida (O.Fabricius, 1780)
Régions : EGN, EGS, EAV, EM, AN, AS
Étages/habitats : M, I
Réf. faunist. : 242, 333, 337, 1192
Réf. taxon. : 30, 501, 559, 862+, 1020, 1189, 1192, 1316, 1555, 1568

Neanthes succinea (Frey and Leuckart, 1847)
Régions : IPE, MCN, EAV
Étages/habitats : I
Réf. faunist. : 99, 312, 312a, 437, 1192, 1407, 1538
Réf. taxon. : 30, 123a, 417, 500, 651, 1192, 1213+, 1276+

Neanthes virens (M. Sars, 1835)
Régions : EGN, EAM, EAV, EGS, IM, EM, IPE, MCN, AN, AS, TNO
Étages/habitats : M, I
Réf. faunist. : 89, 91, 92, 176, 242, 253b, 281, 314, 333, 337, 436a, 437, 476, 726, 738, 739, 1085a, 1089, 1187, 1192, 1203a, 1209a, 1247, 1353, 1407, 1467, 1538, 1603b
Réf. taxon. : 30, 123a, 298, 500, 559, 663, 862+, 1063, 1192, 1516+, 1568, 1712

Nemidia torelli Malmgren, 1865
Régions : G, EGS, EM
Étages/habitats : I, C, B
Réf. faunist. : 89, 91, 241, 242, 337, 1156, 1192, 1555, 1661
Réf. taxon. : 559, 1087, 1192, 1568, 1569a

Neoamphitrite affinis (Malmgren, 1866)
Régions : S, EAV, EM
Étages/habitats : I, C, B
Réf. faunist. : 333, 337, 385, 456
Réf. taxon. : 501, 651, 724

Neoamphitrite figulus (Dalyell, 1853)
Régions : EGS, EAV, EM, IPE, IM, TNO
Étages/habitats : I
Réf. faunist. : 253c, 333, 337, 724, 726, 991, 1026, 1555
Réf. taxon. : 123a, 501, 651, 663, 724, 1568

Neoamphitrite grayi (Malmgren, 1866)
Régions : EM
Étages/habitats : C
Réf. faunist. : 337, 991
Réf. taxon. : 500, 559, 642, 651, 724, 1568

Neoamphitrite groenlandica (Malmgren, 1866)
Régions : S, EM
Étages/habitats : C, B
Réf. faunist. : 332, 456, 1555
Réf. taxon. : 501, 724, 1184, 1568

Neoamphitrite ornata (Leidy, 1855)
Régions : EM, TNO
Étages/habitats : I
Réf. faunist. : 726, 1247
Réf. taxon. : 30, 417, 1032+

Neoleanira tetragona (Oersted, 1845)
Régions : G, EGS, EM, CLH, AS
Étages/habitats : C, B
Réf. faunist. : 89, 91, 92, 242, 331, 332, 337, 991, 1013, 1156, 1192, 1195, 1250, 1407, 1425a, 1473a, 1555, 1661
Réf. taxon. : 297, 500, 559, 1192, 1195

Nephtys bucera Ehlers, 1868
Régions : G, EAV, EGS, IM
Étages/habitats : I, C
Réf. faunist. : 89, 91, 242, 337, 476, 476, 1015, 1048a, 1192, 1555, 1661
Réf. taxon. : 30, 417, 642, 1192

Nephtys caeca (O. Fabricius, 1780)
Régions : EGS, EAM, EAV, IM, EM, IPE, BCN, TNO
Étages/habitats : M, I, C
Réf. faunist. : 89, 91, 242, 242a, 333, 337, 385, 436a, 476, 726, 738, 739, 1048a, 1063, 1089, 1158, 1159, 1161, 1192, 1247, 1603b, 1661
Réf. taxon. : 30, 123a, 494, 500, 663, 862+, 1192, 1271, 1545+, 1568,

Nephtys ciliata (O.F. Müller, 1776)
Régions : G, S, EGN, EGS, EAV, IM, EM, BCN
Étages/habitats : I, C, B
Réf. faunist. : 89, 91, 92, 152, 241, 242, 242a, 332, 333, 337, 385, 456, 735, 1048a, 1089, 1187, 1192, 1467, 1661
Réf. taxon. : 30, 123a, 494, 500, 559, 642, 1184, 1192, 1271, 1545+, 1568

Nephtys discors Ehlers, 1868
Régions : EGN, EGS, EM
Étages/habitats : I, C
Réf. faunist. : 242, 333, 337, 1192
Réf. taxon. : 30, 1184, 1192

Nephtys hystricis McIntosh, 1900 [?]
Régions : EM
Étages/habitats : I
Réf. faunist. : 337, 1015
Réf. taxon. : 416, 500, 1270, 1271

Nephtys incisa Malmgren, 1865
Régions : G, EGN, EGS, IM, EM, IPE, CLH
Étages/habitats : I, C
Réf. faunist. : 89, 91, 242, 333, 476, 738, 739, 1015, 1089, 1192, 1555, 1661
Réf. taxon. : 30, 123a, 417, 494, 500, 642, 663, 862+, 1192, 1270, 1271

Nephtys longosetosa Oersted, 1842
Régions : G, IM, EM, BCN
Étages/habitats : I
Réf. faunist. : 333, 476, 1159, 1161, 1661
Réf. taxon. : 123a, 494, 500, 663, 1192, 1271, 1568

Nephtys neotena (Noyes, 1980)
Régions : S, EAV, EM, IM, IPE
Étages/habitats : I, C, B
Réf. faunist. : 152, 253c, 332, 333, 1244a
Réf. taxon. : 522, 1132, 1132+, 1145
Remarque : Décrite dans le genre *Aglaophamus* par Noyes (1980, réf. 1132), cette espèce a été attribuée à *Micronephtys* par Fournier et Pocklington (1984, réf. 522), puis à *Nephtys* par Ohwada (1985, réf. 1145) et Fournier (comm. pers., 1996). Une révision s'impose.

Nephtys paradoxa Malm, 1874
Régions : G, EGS, EM, IM, BCN
Étages/habitats : I, C
Réf. faunist. : 242, 337, 1015, 1048a, 1192, 1555, 1661
Réf. taxon. : 494, 500, 559, 642, 1184, 1192, 1271, 1568

Nereimyra punctata (O.F. Müller, 1776)
Régions : G, EGS, IPE
Étages/habitats : I, C
Réf. faunist. : 89, 236, 242, 266, 312, 1192
Réf. taxon. : 125a, 500, 559, 663, 1184, 1192, 1276+, 1392, 1647

Nereis grayi Pettibone, 1956 [?]
Régions : EM
Étages/habitats : B
Réf. faunist. : 332
Réf. taxon. : 417, 1188, 1192
Remarque : Ces spécimens de profondeur examinés par J. Fournier ressemblent à *N. grayi*, qui est toutefois une espèce infralittorale connue seulement du Cap Cod (Pettibone, 1963, réf. 1192) à la Caroline du Nord (Day, 1973, réf. 417).

Nereis pelagica Linné, 1761
Régions : G, S, EGN, EGS, EAV, IM, EM, IPE, HCN, MCN, CLH, BCN, AS, TNO
Étages/habitats : M, I, C, B
Réf. faunist. : 32, 89, 91, 242, 253c, 333, 337, 385, 456, 523, 701a, 726, 771, 1018, 1089, 1158, 1159, 1161, 1187, 1192, 1407, 1661
Réf. taxon. : 30, 123a, 298, 500, 511, 559, 663, 862+, 1184, 1188, 1192, 1213+, 1275+, 1545+, 1568, 1647, 1686+

Nereis zonata Malmgren, 1867
Régions : S, EAV
Étages/habitats : C, B
Réf. faunist. : 242, 337, 454, 455, 456
Réf. taxon. : 30, 298, 500, 559, 663, 1184, 1192, 1568, 1647

Nerilla sp.
Régions : EM
Étages/habitats : I
Réf. faunist. : 337
Réf. taxon. : 1650
Remarque : Déterminé par J. Fournier pour S. Parent, Biodôme de Montréal.

Nicolea venustula (Montagu, 1818)
Régions : EGN, EAV, EM
Étages/habitats : M, I
Réf. faunist. : 333, 337, 991
Réf. taxon. : 30, 501, 663, 685, 724, 1184

Nicolea zostericola (Oersted, 1844)
Régions : EAV, EM
Étages/habitats : I
Réf. faunist. : 333, 337, 991
Réf. taxon. : 123a, 386+, 465+, 501, 663, 685, 724, 1545+, 1568
Remarque : Cette espèce est considérée comme synonyme junior de *N. venustula* par Pettibone (1954, réf. 1184) qui la traite ailleurs comme synonyme sénior (1954MS, réf. 1185). Appy *et al.* (1980, réf. 30) et Smith (1964, réf. 1436) font de même, mais Holthe (1986, réf. 724) maintient les deux espèces, suivant en cela Herpin (1925, réf. 685), Hartman (1959, réf. 644) et Gosner (1971, réf. 592). Nous les maintenons aussi séparées pour le moment.

Nicomache lumbricalis (O.Fabricius, 1780)
Régions : G, S, EGN, EGS, EAV, EM, IM, IPE, BCN, TNO
Étages/habitats : M, I, C, B
Réf. faunist. : 89, 91, 152, 217, 242, 331, 332, 333, 337, 338, 347, 385, 726, 735, 991, 1024, 1048a, 1159, 1161, 1555, 1661
Réf. taxon. : 30, 501, 663, 1024, 1184, 1568, 1646

Nicomache personata Johnson, 1901
Régions : EM
Étages/habitats : I
Réf. faunist. : 331, 333, 337, 991
Réf. taxon. : 123a, 1184, 1568

Nicomache quadrispinata Arwidsson, 1907
Régions : EGS
Étages/habitats : C
Réf. faunist. : 89, 337
Réf. taxon. : 1646

Ninoe nigripes Verrill, 1873
Régions : EGS, IM, IPE
Étages/habitats : I
Réf. faunist. : 89, 242, 266, 738, 739, 1019, 1048a, 1192
Réf. taxon. : 30, 497, 642, 862+, 1192

Nothria conchylega (M. Sars, 1835)
Régions : G, S, EGN, EGS, EAV, EM, CLH, BCN, AS
Étages/habitats : I, C, B
Réf. faunist. : 89, 91, 92, 152, 242, 331, 332, 337, 385, 456, 925, 991, 992, 1019, 1158, 1159, 1161, 1187, 1192, 1467, 1555, 1657, 1660, 1661
Réf. taxon. : 30, 417, 498, 500, 569, 648, 651, 1168, 1192, 1568, 1693

Notomastus latericeus M. Sars, 1851
Régions : S, EM, IPE
Étages/habitats : I, C, B
Réf. faunist. : 152, 332, 337, 738, 739, 991, 1538b
Réf. taxon. : 30, 417, 501, 663, 1568

Notoproctus oculatus Arwidsson, 1907
Régions : EM
Étages/habitats : C
Réf. faunist. : 337, 991
Réf. taxon. : 1568, 1646

Notoproctus sp.
Régions : EAV
Étages/habitats : C
Réf. faunist. : 337
Réf. taxon. : 1568, 1646

Onuphis opalina (Verrill, 1873)
Régions : EGN, EGS, EM, CLH, AS
Étages/habitats : B, C
Réf. faunist. : 89, 91, 92, 242, 331, 332, 337, 991, 992, 1019, 1156, 1192, 1425a
Réf. taxon. : 498, 642, 712, 1168, 1192, 1693

Ophelia limacina (Rathke, 1843)
Régions : S, EGN, EGS, EAV, EM, IPE, BCN
Étages/habitats : I, C, B
Réf. faunist. : 89, 91, 92, 152, 332, 333, 337, 991, 1187, 1293, 1555, 1661
Réf. taxon. : 18, 123a, 1187, 1507, 1647

Ophelia rullieri Bellan, 1975
Régions : EGS
Étages/habitats : I
Réf. faunist. : 89, 90, 91, 92, 337
Réf. taxon. : 18, 90

Ophelia verrilli Riser, 1987
Régions : G, EAV
Étages/habitats : I
Réf. faunist. : 337, 1293
Réf. taxon. : 30, 1293, 1568

Ophelina acuminata Oersted, 1843
Régions : G, EGN, EAV, EGS, IM, EM, IPE, CLH
Étages/habitats : I, C, B
Réf. faunist. : 89, 91, 266, 331, 337, 385, 991, 1021, 1173, 1555, 1657, 1660, 1661
Réf. taxon. : 501, 663, 1185, 1507

Ophelina breviata (Ehlers, 1913)
Régions : EM
Étages/habitats : C
Réf. faunist. : 337, 991
Réf. taxon. : 1184

Ophelina cylindricaudata (G.A.Hansen, 1878)
Régions : G, EM

Étages/habitats : I, C, B
Réf. faunist. : 331, 332, 337, 991, 1021, 1555
Réf. taxon. : 417, 501, 648, 651, 1507, 1647

Ophryotrocha geryonicola (Esmark, 1874)
Régions : IM
Étages/habitats : C /ecPI
Réf. faunist. : 210
Réf. taxon. : 497, 569, 700, 1191, 1200
Remarque : Commensal sur *Chionoecetes opilio.*

Orbinia sp.
Régions : EM
Étages/habitats : B
Réf. faunist. : 337, 991
Réf. taxon. : 30, 501, 651, 1189

Orbinia swani Pettibone, 1957
Régions : EGS, IM
Étages/habitats : I
Réf. faunist. : 242, 1192
Réf. taxon. : 1189, 1192

Owenia fusiformis delle Chiaje, 1844
Régions : S, EGN, EGS, EAV, EM, IPE, CLH
Étages/habitats : I, C, B
Réf. faunist. : 89, 92, 152, 266, 331, 332, 337, 385, 735, 991, 1048a, 1555, 1661
Réf. taxon. : 30, 417, 501, 663, 990, 1122, 1213+, 1568

Paradexiospira (*Paradexiospira*) *violacea* (Levinsen, 1883)
Régions : G, EM, TNO
Étages/habitats : I
Réf. faunist. : 333, 415b, 726, 837
Réf. taxon. : 95, 501, 834, 835, 836

Paradexiospira (*Spirorbides*) *cancellata* (O. Fabricius, 1780)
Régions : G, EGN, EGS, BCN
Étages/habitats : C
Réf. faunist. : 88, 242, 415, 837, 1158, 1159, 1161, 1661
Réf. taxon. : 95, 95, 1350, 1647

Paradexiospira (*Spirorbides*) *vitrea* (O. Fabricius, 1780)
Régions : EGN, EGS, EM, BCN
Étages/habitats : C
Réf. faunist. : 88, 415c, 1158, 1159, 1161, 1555, 1661
Réf. taxon. : 95, 501, 651, 663, 834, 835, 836, 1264+, 1350, 1568

Paradoneis lyra (Southern, 1914)
Régions : S, EGN, EGS, EM, CLH, AS
Étages/habitats : I, C, B
Réf. faunist. : 152, 242, 331, 332, 337, 735, 991, 1156, 1192, 1407
Réf. taxon. : 501, 638, 810, 905, 963, 1192, 1511

Parahesione bruneli Pettibone, 1961
Régions : EGS
Étages/habitats : C
Réf. faunist. : 241, 242, 1191
Réf. taxon. : 1188, 1191

Parahèsione sp.
Régions : EM
Étages/habitats : B
Réf. faunist. : 332
Réf. taxon. : 1188, 1191

Paranaitis speciosa (Webster, 1880)
Régions : EGS
Étages/habitats : I
Réf. faunist. : 32
Réf. taxon. : 1192

Paraninoe minuta (Théel, 1879)
Régions : S, EM
Étages/habitats : C, B
Réf. faunist. : 152, 331, 332, 337, 991, 992
Réf. taxon. : 525, 1533, 1568

Paraonis fulgens (Levinsen, 1884)
Régions : EM, IM
Étages/habitats : I
Réf. faunist. : 337, 735, 1048a
Réf. taxon. : 30, 123a, 417, 501, 638, 651, 905, 1041, 1192, 1511

Parapionosyllis longicirrata (Webster et Benedict, 1884)
Régions : EAV
Étages/habitats : I
Réf. faunist. : 337
Réf. taxon. : 30, 1192

Parougia caeca (Webster et Benedict, 1884)
Régions : EGS, EM, IM
Étages/habitats : I, C, B
Réf. faunist. : 241, 242, 332, 1048a, 1192
Réf. taxon. : 249, 471, 712, 1155, 1191, 1192, 1697

Parougia eliasoni (Oug, 1978)
Régions : S
Étages/habitats : C
Réf. faunist. : 152, 332
Réf. taxon. : 471, 1155, 1697, 1698

Pectinaria gouldii (Verrill, 1873)
Régions : G, EGS, EM, IPE, TNO
Étages/habitats : M, I

Réf. faunist. : 242, 518, 726, 738, 739, 1247, 1250
Réf. taxon. : 417, 518, 1185, 1436

Pectinaria granulata (Linné, 1767)
Régions : G, S, EGN, EGS, EAV, IM, EM, IPE, MCN, BCN
Étages/habitats : I, C, B
Réf. faunist. : 89, 91, 152, 168a, 217, 242, 314, 331, 332, 333, 337, 385, 476, 702, 724, 735, 738, 739, 767, 991, 992, 1089, 1159, 1161, 1467, 1555, 1657, 1660, 1661
Réf. taxon. : 724, 862+, 1184, 1185, 1568
Remarque : Les « *Amphictene auricoma* (Müller) » rapportés par Whiteaves (1873, réf. 1657; et 1875, réf. 1660) sont disparus de son catalogue de 1901 (réf. 1661), mais Treadwell (1948, réf. 1555) utilise encore le nom de cette espèce européenne (Fauvel, 1927, réf. 501; Hartmann-Schröder, 1971, réf. 651) en citant comme « synonyme » (il faudrait lire: identification corrigée) *Cistenides granulata.*

Pectinaria hyperborea (Malmgren, 1866)
Régions : EGS, IM, EM, IPE, MCN, CLH, BCN, CLA, CLE, AN, CLI, AS, TNO, TNS
Étages/habitats : I, C, B
Réf. faunist. : 89, 91, 242, 724, 1026, 1174, 1176, 1187, 1250, 1661
Réf. taxon. : 559, 724, 1184, 1185, 1568

Petaloproctus tenuis (Théel, 1879)
Régions : EAV, EM
Étages/habitats : I, C
Réf. faunist. : 331, 337, 385, 735, 991
Réf. taxon. : 1184, 1533, 1568

Pherusa affinis (Leidy, 1855)
Régions : IM, EM, IPE
Étages/habitats : I
Réf. faunist. : 337, 738, 739, 1089, 1250, 1538a
Réf. taxon. : 30, 592, 1185, 1436
Remarque : Voir *Flabelligera affinis.*

Pherusa flabellata (M. Sars, 1872) [?]
Régions : EM
Étages/habitats : B
Réf. faunist. : 1156
Réf. taxon. : 616, 651, 1509

Pherusa plumosa (O.F. Müller, 1776)
Régions : G, EGN, EGS, EAV, IM, EM, IPE, CLH, BCN
Étages/habitats : I, C, B
Réf. faunist. : 89, 91, 92, 217, 253c, 266, 332, 337, 385, 992, 1022, 1156, 1158, 1159, 1161, 1173, 1187, 1657, 1660, 1661
Réf. taxon. : 30, 123a, 616, 651, 663, 1187, 1509

Pholoe longa (O.F. Müller, 1776)
Régions : S, EM
Étages/habitats : C, B
Réf. faunist. : 152, 332, 1425a
Réf. taxon. : 1198

Pholoe minuta (O. Fabricius, 1780)
Régions : G, S, EGN, EGS, EAV, IM, EM, IPE, CLH, BCN, AS
Étages/habitats : M, I, C, B
Réf. faunist. : 89, 152, 242, 242a, 266, 314, 331, 332, 333, 337, 337, 385, 476, 735, 991, 1048a, 1089, 1156, 1159, 1161, 1176, 1192, 1661
Réf. taxon. : 30, 123a, 340, 417, 500, 522, 522, 559, 672+, 862+, 1184, 1192, 1213+, 1516+, 1545+, 1568

Pholoe sp.
Régions : HCN
Étages/habitats : I
Réf. faunist. : 32
Réf. taxon. : 1192

Phyllodoce arenae Webster, 1879
Régions : EGS, IM
Étages/habitats : I
Réf. faunist. : 1048a
Réf. taxon. : 1192

Phyllodoce groenlandica Oersted, 1843
Régions : G, S, EGS, IM, EM, IPE, BCN, AS
Étages/habitats : I, C, B
Réf. faunist. : 89, 91, 241, 242, 242a, 312, 337, 347, 456, 476, 1017, 1048a, 1159, 1161, 1173, 1192, 1407, 1467, 1555, 1661
Réf. taxon. : 30, 123a, 417, 468, 470, 500, 559, 862+, 1184, 1192, 1217, 1218, 1219, 1220, 1545+, 1568, 1569

Phyllodoce lamelligera (Linné, 1791) [?]
Régions : EGS, CLH
Étages/habitats : B
Réf. faunist. : 89, 92
Réf. taxon. : 500, 1219, 1220
Remarque : Bellan (1975MS, réf. 89; 1978, réf. 92) s'est probablement servi de Fauvel (1963a, réf. 1192) pour identifier cet unique spécimen bathyal puisque Pettibone (1963) ne traite pas de cette espèce, exclusivement européenne à notre connaissance. D'autre part, Pleijel et Dales (1991, réf. 1220) et Pleijel (1993, réf. 1219) qualifient de *nomen dubium* le *Nereis lamelligera* Pallas, 1788 qui semble à l'origine de *Nereis lamelligera* décrit par Linné en 1791 et devenu plus tard un *Phyllodoce* (Hartman, 1959, réf. 644; 1965). Il faudra donc réexaminer à la fois l'espèce décrite par Fauvel et le spécimen

gaspésien pour établir la véritable identité de l'espèce du Golfe.

Phyllodoce maculata (Linné, 1767)
Régions : G, EGN, EGS, EAV, EM, IM, HCN, MCN, BCN, AS
Étages/habitats : M, I, C, B
Réf. faunist. : 32, 164, 167, 242, 242a, 253c, 314, 332, 333, 337, 523, 1156, 1192, 1407, 1555
Réf. taxon. : 30, 123a, 468, 470, 500, 651, 862+, 1012+, 1192, 1217, 1218, 1219, 1220, 1545+, 1568, 1569

Phyllodoce mucosa Oersted, 1843
Régions : G, EGN, EGS, EM, IM, IPE, CLH, AS
Étages/habitats : M, I, C, B
Réf. faunist. : 89, 91, 242, 242a, 337, 1048a, 1176, 1192
Réf. taxon. : 30, 290+, 417, 468, 470, 500, 559, 862+, 1192, 1213+, 1217, 1218, 1219, 1220, 1569, 1647

Pionosyllis compacta Malmgren, 1867 [?]
Régions : EGS
Étages/habitats : I
Réf. faunist. : 242a
Réf. taxon. : 1568

Pista cristata (O.F.Müller, 1776)
Régions : EGS, EAV, EM, CLH
Étages/habitats : I, C, B
Réf. faunist. : 331, 333, 337, 385, 991, 1026, 1027, 1555
Réf. taxon. : 417, 501, 663, 724, 750, 1568

Pista sp.
Régions : EM
Étages/habitats : B
Réf. faunist. : 1250
Réf. taxon. : 501, 724, 750, 1187, 1568

Polycirrus eximius (Leidy, 1855)
Régions : EAV, IPE
Étages/habitats : I
Réf. faunist. : 385, 738, 739
Réf. taxon. : 30, 225, 417, 592, 1185, 1436

Polycirrus medusa Grube, 1850
Régions : S, EGS, EM, IPE, CLH, BCN, CLA, CLE, AN, AS
Étages/habitats : I, B
Réf. faunist. : 152, 332, 333, 724, 1027, 1555
Réf. taxon. : 123a, 501, 651, 724, 1184, 1568

Polycirrus sp.
Régions : EGS, IM, EM
Étages/habitats : I, B
Réf. faunist. : 332, 337, 991, 1026, 1089
Réf. taxon. : 501, 724, 1568

Polydora aggregata Blake, 1969
Régions : MCN
Étages/habitats : I
Réf. faunist. : 332
Réf. taxon. : 122+, 131+, 132, 956

Polydora caulleryi Mesnil, 1897
Régions : EAV, EGS
Étages/habitats : I
Réf. faunist. : 337
Réf. taxon. : 30, 501, 932, 956, 1184

Polydora commensalis Andrews, 1891
Régions : EGS
Étages/habitats : I
Réf. faunist. : 89, 337
Réf. taxon. : 122+, 130, 131+, 132, 417, 1568

Polydora concharum Verrill, 1879
Régions : TNO
Étages/habitats : I
Réf. faunist. : 726
Réf. taxon. : 30, 122+, 130, 131+, 132

Polydora cornuta Bosc, 1802
Régions : EAV, IM, EGS
Étages/habitats : M, I
Réf. faunist. : 253b, 337, 1085a, 1089
Réf. taxon. : 30, 122+, 123a, 130, 132, 137, 397, 417, 624+, 932, 1213+

Polydora quadrilobata Jacobi, 1883
Régions : IM, S, EAV, EM, IPE
Étages/habitats : I, C
Réf. faunist. : 152, 253c, 332, 337, 338, 735
Réf. taxon. : 30, 122+, 123a, 131+, 132, 417, 501, 932

Polydora sp.
Régions : EAV, EM, IPE
Étages/habitats : M, I
Réf. faunist. : 176a, 337, 1250
Réf. taxon. : 122+, 131+, 132, 501, 1213+, 1568

Polydora websteri Hartman, 1943
Régions : EGN, EAM, EAV, IM, EM, IPE, MCN, TNO
Étages/habitats : M, I
Réf. faunist. : 164, 167, 253c, 314, 337, 338, 410, 436a, 437, 476, 510, 726, 1035, 1037, 1048a, 1089, 1619
Réf. taxon. : 30, 122+, 123a, 131+, 132, 397, 417, 956, 1037

Polygordius sp.
Régions : S
Étages/habitats : C
Réf. faunist. : 152, 332
Réf. taxon. : 501, 713, 1213+, 1650, 1701a+

Polyphysia crassa (Oersted, 1843)
Régions : EGN, EM, IPE, CLH
Étages/habitats : I, C, B
Réf. faunist. : 89, 266, 331, 337, 991, 1156, 1555, 1661
Réf. taxon. : 30, 651, 1187, 1224, 1508

Potamilla neglecta (M. Sars, 1851)
Régions : EGS, EAV, EM, IM, IPE, TNO
Étages/habitats : I, C, B
Réf. faunist. : 89, 254, 266, 331, 337, 385, 726, 991, 992, 1027, 1250
Réf. taxon. : 30, 501, 512, 651, 663, 833, 1184, 1568, 1647

Praxillella gracilis (M. Sars, 1861)
Régions : G, S, EGS, EAV, EM, IPE
Étages/habitats : I, C, B
Réf. faunist. : 89, 91, 92, , 266, 331, 332, 337, 385, 456, 991, 1024, 1156, 1657, 1660, 1661
Réf. taxon. : 30, 501, 1646

Praxillella praetermissa (Malmgren, 1865)
Régions : S, EGS, EAV, EM, IPE, BCN, CLH
Étages/habitats : I, C, B
Réf. faunist. : 89, 91, 92, 152, 266, 331, 332, 333, 337, 385, 735, 991, 1024, 1175, 1187, 1555
Réf. taxon. : 30, 123a, 501, 651, 713, 1184, 1568, 1646

Praxillella sp.
Régions : EM
Étages/habitats : C
Réf. faunist. : 337
Réf. taxon. : 501, 651, 1568

Praxillura longissima Arwidsson, 1907
Régions : EAV
Étages/habitats : I, C
Réf. faunist. : 385
Réf. taxon. : 522, 1646

Praxillura ornata Verrill, 1880
Régions : EM, IPE
Étages/habitats : I, C, B
Réf. faunist. : 266, 331, 337, 991
Réf. taxon. : 522

Prionospio cirrifera Wirén, 1883
Régions : EGN, EGS, EM
Étages/habitats : I, C, B
Réf. faunist. : 89, 92, 337, 991
Réf. taxon. : 122+, 417, 501, 539, 624+, 932, 958, 961, 1213+, 1568

Prionospio steenstrupi Malmgren, 1867
Régions : S, EGS, EM, IM, IPE, CLH
Étages/habitats : I, C, B
Réf. faunist. : 89, 152, 242, 266, 312, 332, 337, 991, 1048a, 1555, 1661
Réf. taxon. : 30, 122+, 417, 500, 501, 539, 559, 624+, 862+, 932, 958, 1192, 1425, 1425, 1568, 1647

Proceraea cornuta (Agassiz, 1862)
Régions : EGN, EGS, EM, EAV, IPE, HCN, BCN, AS, TNO
Étages/habitats : I, C /s
Réf. faunist. : 32, 242, 312, 312a, 333, 337, 726, 1187, 1192, 1407
Réf. taxon. : 417, 584, 621, 1184, 1187, 1192, 1276

Proceraea prismatica (O.Fabricius, 1780)
Régions : EGN, EGS, EAV, EM
Étages/habitats : I, C
Réf. faunist. : 242, 333, 1192, 1407
Réf. taxon. : 123a, 584, 621, 1184, 1192, 1548, 1568, 1645

Proclea graffii (Langerhans, 1884)
Régions : S, EAV, EM
Étages/habitats : I, C, B
Réf. faunist. : 152, 331, 332, 337, 385, 735, 991
Réf. taxon. : 501, 724, 1184, 1568

Proclymene muelleri (M. Sars, 1856)
Régions : BCN
Étages/habitats : C
Réf. faunist. : 1159, 1161, 1661
Réf. taxon. : 501, 651

Protodorvillea gaspeensis Pettibone, 1961
Régions : EGS
Étages/habitats : M, I, C
Réf. faunist. : 242, 1191
Réf. taxon. : 471, 501, 790, 1191, 1449, 1611

Protodrilus sp.
Régions : EAV, IM
Étages/habitats : I
Réf. faunist. : 337
Réf. taxon. : 501, 713, 1124, 1213+, 1650

Pseudopotamilla reniformis (Bruguière, 1789)
Régions : EGN, EGS, EAV, EM, IPE, MCN
Étages/habitats : I, C
Réf. faunist. : 89, 91, 92, 266, 333, 337, 385, 701, 1027
Réf. taxon. : 123a, 130, 501, 512, 651, 833, 1184, 1568

Pygospio elegans Claparède, 1863
Régions : EAV, EGS, IM, EM
Étages/habitats : M, I
Réf. faunist. : 242, 253c, 337, 476
Réf. taxon. : 30, 123a, 501, 539, 559, 624+, 663, 932, 1213+, 1276+, 1545+, 1568

Rhodine gracilior Tauber, 1879
Régions : EM
Étages/habitats : M, I, C, B
Réf. faunist. : 331, 337, 991
Réf. taxon. : 123a, 651, 1568

Rhodine loveni Malmgren, 1865
Régions : S, EGS, EM, IPE
Étages/habitats : I, C, B
Réf. faunist. : 89, 91, 152, 266, 332, 337, 735, 991
Réf. taxon. : 30, 123a, 651, 663, 1568

Rhodine sp.
Régions : EAV
Étages/habitats : I, C
Réf. faunist. : 385
Réf. taxon. : 30, 501, 651, 1568

Sabaco elongata (Verrill, 1873)
Régions : IPE
Étages/habitats : I
Réf. faunist. : 739
Réf. taxon. : 933, 1192

Sabella crassicornis M. Sars, 1851
Régions : S, EM
Étages/habitats : I, C
Réf. faunist. : 333, 337, 456, 991
Réf. taxon. : 30, 512, 651, 1180, 1184

Sabella pavonina Savigny, 1822 [?]
Régions : G, EAV, IPE, CLH
Étages/habitats : M, B
Réf. faunist. : 1027, 1555, 1657, 1660, 1661
Réf. taxon. : 30, 512, 651, 1180
Remarque : Selon Perkins et Knight-Jones (1991, réf. 1180), *S. pavonina* Savigny, 1822 serait l'espèce nord-européenne désignée *S. penicillus* Linné, 1758 par la plupart des auteurs. Ce dernier nom ayant été utilisé trop inconsidérément, y compris pour une espèce européenne plus méridionale, ces auteurs suggèrent son remplacement par *S. spallanzanii* (Viviani, 1805). Les spécimens identifiés par McIntosh (1916, réf. 1027) étaient donc plus probablement des *S. pavonina sensu* Perkins et Knight-Jones (1991, réf. 1180) mais peut-être aussi des *S. crassicornis* que des prélèvements plus récents ont trouvés très fréquents aux profondeurs bathyales d'où provenaient les spécimens identifiés par McIntosh. Ceux-ci devront donc être réexaminés.

Sabellides borealis M. Sars, 1856
Régions : S, EGS, EM
Étages/habitats : C
Réf. faunist. : 152, 332, 337, 1026
Réf. taxon. : 522, 651, 724, 1187, 1568

Sabellides octocirrata (M. Sars, 1835)
Régions : EM, IPE
Étages/habitats : I, C, B
Réf. faunist. : 266, 331, 991, 992
Réf. taxon. : 30, 501, 651, 724

Samytha sexcirrata (M. Sars, 1856)
Régions : S, EGS, EM, BCN
Étages/habitats : I, C, B
Réf. faunist. : 89, 152, 331, 332, 337, 991, 1187
Réf. taxon. : 30, 648, 651, 724, 1187

Sarsonuphis quadricuspis (M. Sars, 1872)
Régions : G, EGN, EGS, EM, CLH, BCN, AS
Étages/habitats : C, B
Réf. faunist. : 89, 91, 241, 242, 331, 337, 991, 992, 1019, 1156, 1192, 1661
Réf. taxon. : 498, 500, 1192, 1693

Scalibregma inflatum Rathke, 1843
Régions : S, EGS, EAV, EM, IPE, CLH
Étages/habitats : I, C, B
Réf. faunist. : 89, 152, 266, 331, 332, 337, 385, 991, 1156, 1555, 1661
Réf. taxon. : 30, 121, 123a, 417, 501, 651, 663, 853, 964, 1187, 1224, 1508, 1568

Sclerocheilus minutus Grube, 1863
Régions : EAV, EM
Étages/habitats : C, B
Réf. faunist. : 337, 991, 1156
Réf. taxon. : 501, 663

Scolelepis (*Parascolelepis*) *bousfieldi* Pettibone, 1963
Régions : IPE
Étages/habitats : I
Réf. faunist. : 1191, 1193
Réf. taxon. : 122+, 959, 1193

Scolelepis (*Parascolelepis*) *tridentata* (Southern, 1914)
Régions : EM
Étages/habitats : C, B
Réf. faunist. : 331, 337, 991
Réf. taxon. : 122+, 539, 624+, 651, 931, 959, 1191

Scolelepis (*Scolelepis*) *squamata* (O.F.Müller 1806)
Régions : EAV, EGS, IM, EM
Étages/habitats : M, I
Réf. faunist. : 89, 91, 242
Réf. taxon. : 30, 122+, 337, 397, 501, 663, 931, 932, 959, 1048a, 1185, 1191, 1213+

Scoletoma fragilis (O.F. Müller, 1776)
Régions : G, S, EGN, EGS, EAV, IM, EM, IPE, CLH, AS
Étages/habitats : I, C, B

Réf. faunist. : 89, 91, 152, 217, 242, 253c, 266, 331, 332, 337, 385, 456, 476, 735, 738, 739, 991, 1019, 1048a, 1089, 1173, 1176, 1192, 1467, 1538a, 1657, 1660, 1661
Réf. taxon. : 30, 417, 500, 525, 559, 569, 648, 651, 663, 862+, 1184, 1192, 1568

Scoletoma tenuis (Verrill, 1873)
Régions : S, EAV, EM
Étages/habitats : I, C, B
Réf. faunist. : 152, 333, 332, 337, 385
Réf. taxon. : 30, 417, 525, 1179, 1192

Scoletoma tetraura (Schmarda, 1861)
Régions : G, EGN, EGS, EAV, EM, CLH
Étages/habitats : I, B
Réf. faunist. : 89, 91, 92, 331, 337, 385, 1156, 1192
Réf. taxon. : 290+, 500, 525, 569, 663, 1192, 1568

Scoloplos armiger (O.F. Müller, 1776)
Régions : EGN, EGS, EAV, IM, EM, IPE, TNO
Étages/habitats : I, C, B
Réf. faunist. : 168, 242, 331, 333, 337, 385, 476, 726, 735, 991, 1020, 1048a, 1176, 1555, 1661
Réf. taxon. : 19+, 30, 123a, 371, 417, 501, 559, 642, 663, 1184, 1189, 1192, 1213+, 1516+, 1545+, 1568

Scoloplos sp.
Régions : EM
Étages/habitats : M
Réf. faunist. : 1250
Réf. taxon. : 371, 501, 559, 648, 1189, 1568

Serpula vermicularis Linné, 1767
Régions : EGS, IM
Étages/habitats : I
Réf. faunist. : 412, 415b, 415c, 775a
Réf. taxon. : 180, 501, 651, 663, 734, 1041, 1207, 1568

Sphaerodoridium sp.
Régions : EM
Étages/habitats : I, C
Réf. faunist. : 337
Réf. taxon. : 496, 497

Sphaerodoropsis minuta (Webster et Benedict, 1887)
Régions : EGS, EAV, EM, IPE
Étages/habitats : M, I, B
Réf. faunist. : 241, 266, 332, 337, 1192, 1407
Réf. taxon. : 30, 496, 1052+, 1192

Sphaerodorum gracilis (Rathke, 1843)
Régions : G, S, EGS, EAV, EM, CLH, AS
Étages/habitats : C, B
Réf. faunist. : 152, 242, 331, 332, 337, 385, 456, 991, 1026, 1192, 1407, 1555, 1657, 1660, 1661
Réf. taxon. : 496, 500, 559, 651, 1192

Sphaerosyllis erinaceus Claparède, 1863
Régions : BCN
Étages/habitats : C
Réf. faunist. : 1187, 1407
Réf. taxon. : 30, 123a, 291+, 500, 651, 1184, 1192, 1294, 1568

Spinther citrinus (Stimpson, 1854)
Régions : CLH, AS
Étages/habitats : B
Réf. faunist. : 242, 337, 1192
Réf. taxon. : 30, 500, 559, 569, 1192

Spio filicornis (O.F. Müller, 1776)
Régions : EGS, EAV, IM, EM
Étages/habitats : I, C, B
Réf. faunist. : 89, 253c, 333, 337, 476, 735, 991
Réf. taxon. : 30, 122+, 123a, 501, 539, 624+, 651, 663, 960, 1213+, 1568, 1545+

Spio setosa Verrill, 1873
Régions : EGS, EAV, IM, EM
Étages/habitats : I, C
Réf. faunist. : 89, 91, 242, 333, 385, 476, 1048a
Réf. taxon. : 30, 122, 417, 642, 960, 1185, 1426, 1427+

Spio theeli (Soderstrom, 1920)
Régions : MCN
Étages/habitats : I
Réf. faunist. : 332
Réf. taxon. : 122+, 624+, 959, 960, 1568

Spio thulini Maciolek, 1990
Régions : S
Étages/habitats : B
Réf. faunist. : 152, 332
Réf. taxon. : 122, 960

Spiochaetopterus oculatus Webster, 1879 [?]
Régions : EGS
Étages/habitats : C
Réf. faunist. : 89, 337
Réf. taxon. : 122+, 590
Remarque : Identification, d'après deux fragments antérieurs, reconnue douteuse par Bellan (1975MS, réf. 89) de cette sous-espèce qualifiée de virginienne par Gosner (1971, réf. 592), la sous-espèce européenne occupant également la zone tempérée chaude (Gitay, 1969, réf. 590). Le spécimen gaspésien de Bellan est probablement un *S. typicus*.

Spiochaetopterus typicus Sars, 1856
Régions : S, EM, HCN, BCN
Étages/habitats : I, C, B
Réf. faunist. : 152, 331, 332, 337, 385, 991, 992, 1022, 1159, 1161, 1555, 1661
Réf. taxon. : 122+, 501, 590, 651, 663, 1051+, 1568

Spiophanes bombyx (Claparède, 1870)
Régions : S, EGS, IM, IPE
Étages/habitats : I, C, B
Réf. faunist. : 242, 266, 456, 476
Réf. taxon. : 30, 122+, 417, 501, 624+, 663, 931, 932, 1048a, 1185, 1213+, 1545+, 1568

Spiophanes kroeyeri Grube, 1860
Régions : S, EGN, EAV, IM, EM, CLH, AS
Étages/habitats : I, C, B
Réf. faunist. : 89, 152, 242, 331, 332, 337, 456, 476, 991, 992, 1156
Réf. taxon. : 122+, 559, 624+, 931, 932, 1545+, 1568

Spirorbis sp.
Régions : EGS, EM, HCN
Étages/habitats : I, C, B
Réf. faunist. : 32, 242, 337
Réf. taxon. : 95, 501, 651, 835, 1185, 1568

Spirorbis spirorbis (Linné, 1758)
Régions : G, EGN, EGS, EAV, EM, IPE, BCN, TNO
Étages/habitats : M, I
Réf. faunist. : 88, 210a, 266, 333, 337, 415, 415c, 726, 937, 1158, 1247, 1467, 1661
Réf. taxon. : 30, 95, 123a, 180, 501, 503a+, 651, 663, 834, 835, 1545+

Sternaspis scutata (Renier, 1807)
Régions : EGS, EM, IPE, CLH, AS
Étages/habitats : I, C, B
Réf. faunist. : 89, 91, 236, 242, 266, 331, 332, 337, 385, 735, 923, 924, 925, 991, 992, 1156, 1176, 1250, 1467
Réf. taxon. : 30, 497, 501, 642, 1062, 1184, 1185, 1568

Sthenelais boa (Johnston, 1839)
Régions : EGS, IM
Étages/habitats : I
Réf. faunist. : 89, 91, 337, 476
Réf. taxon. : 122+, 123a, 297, 417, 500, 651, 663, 1192, 1213+

Sthenelais limicola (Ehlers, 1864)
Régions : G, IM, IPE
Étages/habitats : I
Réf. faunist. : 266, 1016, 1048a, 1192, 1555, 1661
Réf. taxon. : 30, 417, 651, 1016, 1192

Streblosoma spiralis (Verrill, 1874) [?]
Régions : G
Étages/habitats : ?
Réf. faunist. : 30, 1555
Réf. taxon. : 30, 1185, 1436
Remarque : Cette espèce est rapportée pour le Golfe par Appy *et al.* (1981, réf. 30), présumément d'après Treadwell (1948, réf. 1555), qui ne cite pas sa source faunistique. Whiteaves (1901, réf. 1661) ne la rapporte que de la baie de Fundy, d'après Verrill. Sa présence dans le Golfe doit donc être confirmée.

Streptosyllis arenae Webster et Benedict, 1884
Régions : G, IM
Étages/habitats : I
Réf. faunist. : 1048a
Réf. taxon. : 1192

Streptosyllis varians Webster et Benedict, 1887
Régions : IM, IPE
Étages/habitats : I
Réf. faunist. : 1048a, 1192
Réf. taxon. : 30, 500, 1192

Syllides setosa Verrill, 1882 [??]
Régions : EGS, IM
Étages/habitats : I
Réf. faunist. : 1048a
Réf. taxon. : 1192

Syllis gracilis Grube, 1840
Régions : EAV
Étages/habitats : I, C
Réf. faunist. : 337, 385
Réf. taxon. : 30, 225, 417, 500, 651, 663, 1192

Terebellides stroemii M. Sars, 1835
Régions : G, S, EGN, EAM, EGS, EAV, EM, IPE, CLH, BCN, AS
Étages/habitats : M, I, C, B
Réf. faunist. : 89, 91, 152, 242, 331, 332, 333, 337, 385, 456, 724, 735, 991, 1026, 1027, 1156, 1187, 1250, 1425a, 1555, 1657, 1660, 1661
Réf. taxon. : 30, 123a, 417, 501, 559, 663, 724, 1184, 1185, 1568, 1676

Tharyx acutus Webster et Benedict, 1887
Régions : S, EGN, EGS, EAV, EM, IM, IPE
Étages/habitats : I, C, B
Réf. faunist. : 89, 152, 266, 331, 332, 333, 337, 735, 991, 992, 1048a, 1176, 1425a
Réf. taxon. : 135

Tharyx spp.
Régions : EAV, IM, EM
Étages/habitats : I

Réf. faunist. : 337, 385, 991, 1048a, 1089
Réf. taxon. : 135, 501, 651, 1568

Thelepus cincinnatus (O.Fabricius, 1780)
Régions : G, S, EGS, EAV, EM, IPE, HCN, CLS, BCN
Étages/habitats : I, C, B
Réf. faunist. : 89, 152, 242, 332, 333, 385, 456, 724, 948, 991, 1026, 1027, 1187, 1555, 1657, 1660, 1661
Réf. taxon. : 30, 501, 559, 663, 724, 1184, 1185, 1568

Tomopteris cavallii Rosa, 1908
Régions : EM
Étages/habitats : épg
Réf. faunist. : 337, 1222
Réf. taxon. : 386a, 500, 1093, 1220, 1510, 1643

Tomopteris helgolandica Greeff, 1879
Régions : G, EGS, MCN, CLI, TNO, TNS
Étages/habitats : éps, épg
Réf. faunist. : 726, 748, 869, 1407
Réf. taxon. : 6+, 30, 123a, 387, 500, 651, 663, 1192, 1213+, 1220, 1510, 1548, 1569, 1643

Travisia carnea Verrill, 1873
Régions : EGN, EAV, IM, MCN
Étages/habitats : M, I
Réf. faunist. : 254, 332, 337
Réf. taxon. : 30, 1184

Travisia forbesii Johnston, 1840
Régions : EGS, IM, BCN
Étages/habitats : M, I
Réf. faunist. : 89, 91, 92, 337, 476, 1187
Réf. taxon. : 123a, 501, 651, 663, 1187, 1507, 1568

Travisia sp.
Régions : EM
Étages/habitats : I
Réf. faunist. : 333
Réf. taxon. : 501, 651, 1568

Trichobranchus glacialis Malmgren, 1866
Régions : EAV, EM, IPE, TNO
Étages/habitats : I, B
Réf. faunist. : 332, 333, 337, 724, 726, 991, 1026, 1555
Réf. taxon. : 30, 417, 501, 663, 724, 1184, 1568

Trochochaeta carica (Birula, 1897)
Régions : S, EM
Étages/habitats : C, B
Réf. faunist. : 152, 332, 337, 991, 992
Réf. taxon. : 30, 418, 1196

Trochochaeta multisetosa (Oersted, 1844)
Régions : G, S, EGS, IPE
Étages/habitats : I, C, B
Réf. faunist. : 89, 152, 242, 266, 332, 1192, 1407
Réf. taxon. : 123a, 1192, 1196, 1545+, 1647

Trochochaeta sp.
Régions : EAV
Étages/habitats : I, C
Réf. faunist. : 385
Réf. taxon. : 1192, 1196, 1647

Trochochaeta watsoni (Fauvel, 1916)
Régions : EM
Étages/habitats : B
Réf. faunist. : 332, 1156, 1425a
Réf. taxon. : 30, 1196
Remarque : Depuis que Dean (1987, réf. 418) a décrit *Trochochaeta pettiboneae* du golfe du Maine par 116–138 m de fond, les spécimens de *T. watsoni* presque abyssale (2000 m), de Nouvelle-Angleterre, devraient être réexaminés.

Typosyllis armillaris (O.F. Müller, 1776)
Régions : EM
Étages/habitats : C
Réf. faunist. : 337
Réf. taxon. : 500, 651, 1568, 1645

Typosyllis fasciata (Malmgren, 1867)
Régions : S, EAV, EM
Étages/habitats : C
Réf. faunist. : 242, 337, 456, 991
Réf. taxon. : 559, 1184, 1568, 1645

53 : Oligochaeta

Références taxonomiques générales : 219, 220, 221, 345, 903, 1284, 1285, 1286, 1287, 1565, 1566

Limnodrilus cervix Brinkhurst, 1963
Régions : EAM
Étages/habitats : I
Réf. faunist. : 1603a
Réf. taxon. : 219, 220, 345, 1501a

Limnodrilus hoffmeisteri Clarapède, 1862
Régions : EAM
Étages/habitats : I /D
Réf. faunist. : 1603a
Réf. taxon. : 219, 220, 345, 1501a

Limnodrilus udekemianus Clarapède, 1862
Régions : EAM
Étages/habitats : I
Réf. faunist. : 1603a
Réf. taxon. : 219, 220, 345, 1501a

Marionina sp.
Régions : EM, EAM, EAV

Étages/habitats : M /D
Réf. faunist. : 436a, 1603b
Réf. taxon. : 219, 220, 345

Nais elinguis O.F. Müller, 1773
Régions : MCN
Étages/habitats : M /E
Réf. faunist. : 1673a
Réf. taxon. : 219, 1176a, 1542a

Potamothrix moldaviensis Vejdovsky et Mrazek, 1902
Régions : EAM
Étages/habitats : I
Réf. faunist. : 1603a
Réf. taxon. : 210, 220, 345, 1501a

Tubifex tubifex (O.F. Müller, 1774)
Régions : EAM
Étages/habitats : I/D
Réf. faunist. : 1603a
Réf. taxon. : 219, 220, 345, 1501a

Tubificidae
Régions : EM
Étages/habitats : I
Réf. faunist. : 1619
Réf. taxon. : 219, 220, 221, 345, 1501a

Tubificoides bruneli Erseus, 1989
Régions : EM
Étages/habitats : B
Réf. faunist. : 337, 481
Réf. taxon. : 481

54 : Hirudinea

Références taxonomiques générales : 663, 821, 831, 968, 1379, 1381, 1446

Calliobdella vivida (Verrill, 1872)
Régions : IPE, TNO
Étages/habitats : M /ecPP
Réf. faunist. : 892a, 969
Réf. taxon. : 29
Remarque : Libre à marée basse, ou sur Aloses d'été (*Alosa aestivalis*) et Gaspareaux (*Alosa pseudoharengus*) anadromes.

Erpobdella punctata (Leidy, 1870)
Régions : EAM
Étages/habitats : /ecPP, D
Réf. faunist. : 1603a, 1603c
Réf. taxon. : 828a, 1378a, 1380
Remarque : Prélevée libre dans le benthos estuarien.

Johanssonia arctica (Johansson, 1898)
Régions : IM, EM, IPE
Étages/habitats : C /ecPI
Réf. faunist. : 210, 819a, 820
Réf. taxon. : 29, 1379
Remarque : Commensal sur *Chionoecetes opilio.*

Macrobdella decora (Say, 1824)
Régions : EM
Étages/habitats : I /ecPP, D
Réf. faunist. : 1250
Réf. taxon. : 403, 828a, 1378a, 1380
Remarque : Espèce d'eau douce détachée de son hôte et expatriée en mer.

Malmiana sp.
Régions : EM
Étages/habitats : ?
Réf. faunist. : 332
Réf. taxon. : 29, 663
Remarque : Sur le Chaboisseau, *M. scorpius*

Oceanobdella sexoculata (Malm, 1863)
Régions : MCN, EAM
Étages/habitats : I?/ecPP
Réf. faunist. : 332, 969
Réf. taxon. : 29, 452, 663, 821
Remarque : Dans la cavité buccale de la Loquette d'Amérique (*Macrozoarces americanus*).

Platybdella olriki Malm 1865
Régions : S
Étages/habitats : /ecPI
Réf. faunist. : 152, 332
Réf. taxon. : 29, 821
Remarque : Sur le Crabe des neiges (*Chionoecetes opilio*).

55 : Echiura

Références taxonomiques générales : 1493

Echiurus echiurus (Pallas, 1774)
Régions : EGS
Étages/habitats : C
Réf. faunist. : 242
Réf. taxon. : 559, 663, 1062, 1534

Hamingia arctica Danielssen et Koren, 1881
Régions : EM
Étages/habitats : I, C, B
Réf. faunist. : 337
Réf. taxon. : 1642

Pseudobonellia iridai Murina, 1984
Régions : G, S, EAV, EM, MCN
Étages/habitats : I
Réf. faunist. : 337, 518, 902
Réf. taxon. : 518, 902, 1091
Remarque : Espèce improprement décrite (genre erroné). L'anatomie de l'espèce montre qu'elle appartient à un nouveau genre, à décrire.

ARTHROPODA CRUSTACEA (57- 80) :

57D : Cladocera

Références taxonomiques générales : 303, 433

Bosmina (Eubosmina) maritima P.E. Müller, 1868
Régions : EM
Étages/habitats : éps /E
Réf. faunist. : 1157, 1272
Réf. taxon. : 433, 435, 1176a

Bosmina longirostris (O. F. Müller, 1776)
Régions : EAM, EAV, EM, IPE
Étages/habitats : éps /D
Réf. faunist. : 176a, 195, 899a, 1324, 1407, 1668
Réf. taxon. : 435, 1176a

Chydorus sphaericus (O.F. Müller, 1776) *sensu latus*
Régions : EGS
Étages/habitats : éps /D
Réf. faunist. : 1085a
Réf. taxon. : 1176a

Daphnia ambigua Scourfield, 1947
Régions : EM
Étages/habitats : éps /D
Réf. faunist. : 1407, 1669
Réf. taxon. : 1176a, 1396

Evadne nordmanni Lovén, 1836
Régions : G, EGS, EM, IPE, BCN, CLE, TNO
Étages/habitats : éps (épg)
Réf. faunist. : 176a, 236, 253b, 254, 312, 312a, 636a, 748a, 865, 867, 870, 872, 874, 875, 879, 1157, 1210, 1272, 1273, 1395, 1407
Réf. taxon. : 433, 874, 1110, 1548

Evadne spinifera P. E. Müller, 1867
Régions : G, EGS, EM, IPE
Étages/habitats : éps
Réf. faunist. : 236, 312a, 865, 867, 872, 874, 1157, 1272, 1273, 1407
Réf. taxon. : 433, 874, 1110, 1701a

Holopedium gibberum Zaddach, 1855
Régions : EM
Étages/habitats : éps /D
Réf. faunist. : 1407, 1669
Réf. taxon. : 1176a, 1707

Pleopis polyphemoides (Leuckart, 1859)
Régions : G, EGS, EM, IPE
Étages/habitats : éps
Réf. faunist. : 236, 253b, 254, 312a, 636a, 865, 867, 872, 874, 1157, 1395, 1407
Réf. taxon. : 433, 874, 1110, 1701a

Podon intermedius Lilljeborg, 1853
Régions : G, EGS, IPE
Étages/habitats : éps (épg)
Réf. faunist. : 236, 312, 312a, 636a, 865, 867, 870, 872, 874, 1407
Réf. taxon. : 433, 874, 1110

Podon leuckarti (Sars, 1862)
Régions : G, EGS, IPE, BCN, CLE, TNO
Étages/habitats : éps (épg)
Réf. faunist. : 176a, 236, 253b, 254, 312, 312a, 748a, 865, 867, 870, 872, 874, 879, 1210, 1395, 1407
Réf. taxon. : 433, 874, 1110, 1701a

58 : Ostracoda

Références taxonomiques générales : 25, 44, 204, 206, 207, 372, 473, 741, 813, 814, 815, 816, 845, 1088, 1241, 1242, 1376

Actinocythereis dawsoni (Brady, 1870)
Régions : G, CLI
Étages/habitats : ?
Réf. faunist. : 205, 206, 415b, 665, 1661
Réf. taxon. : 205, 206, 372, 665

Acanthocythereis dunelmensis (Norman, 1865)
Régions : G, EGS, EM, BCN, CLI
Étages/habitats : C
Réf. faunist. : 205, 242, 337, 665, 741, 1661
Réf. taxon. : 44, 204, 741a, 1088, 1323, 1376
Remarque : Ruggieri (1977, réf. 1323) place l'espèce dans le genre *Actinocythereis,* et Hulings (1967, réf. 741) dans *Trachyleberis.*

Argilloecia sp.
Régions : G
Étages/habitats : ?
Réf. faunist. : 205, 1661
Réf. taxon. : 206, 1088, 1376

Aspidoconcha limnoriae De Vos, 1953
Régions : S, EGS, EM
Étages/habitats : I, C /ecPI
Réf. faunist. : 240, 242, 456
Réf. taxon. : 240, 438
Remarque : Commensal sur *Limnoria borealis.*

Baffinicythere emarginata (G.O. Sars, 1866)
Régions : G, EM, CLI
Étages/habitats : I
Réf. faunist. : 164, 167, 205, 665, 1661
Réf. taxon. : 204, 206, 372, 665b, 1088, 1376

Baffinicythere howei Hazel, 1967
Régions : G, CLI
Étages/habitats : ?
Réf. faunist. : 205, 206, 665, 1661
Réf. taxon. : 206, 665, 665a, 1088

Bythocythere bilobata Hulings, 1967
Régions : BCN
Étages/habitats : C
Réf. faunist. : 741
Réf. taxon. : 741

Bythocythere turgida G.O. Sars, 1866
Régions : G
Étages/habitats : ?
Réf. faunist. : 205, 206, 1661
Réf. taxon. : 204, 474, 1088, 1376
Remarque : Elofson (1941, réf. 474) doute de la présence de cette espèce dans le Golfe.

Callistocythere badia Norman, 1862
Régions : G
Étages/habitats : ?
Réf. faunist. : 1661
Réf. taxon. : 41, 44, 204, 206, 1088

Carinocythereis whiteii (Baird, 1850)
Régions : G, CLI
Étages/habitats : ?
Réf. faunist. : 205, 206, 665, 1661
Réf. taxon. : 43, 44, 204, 1088

Conchoecia borealis G.O. Sars, 1866
Régions : G, CLH, CLI
Étages/habitats : mp
Réf. faunist. : 402, 748a, 1407
Réf. taxon. : 25, 207, 1088, 1242, 1243, 1376

Cypria sp.
Régions : IPE
Étages/habitats : éps /D
Réf. faunist. : 176a
Réf. taxon. : 1542a

Cypricercus fuscatus (Jurine, 1820) [?]
Régions : EM
Étages/habitats : I /D
Réf. faunist. : 164, 167
Réf. taxon. : 676
Remarque : L'espèce est franchement dulcicole en Grande-Bretagne et en Amérique du Nord (Henderson, 1990, réf. 676); Angel (comm. pers., 1994) doute de sa présence en milieu marin.

Cythere lutea O.F. Müller, 1785
Régions : G
Étages/habitats : ?
Réf. faunist. : 205, 206, 1661
Réf. taxon. : 44, 204, 206, 663, 1088, 1376

Cytherois sp.
Régions : EAV, EM
Étages/habitats : I
Réf. faunist. : 164, 167
Réf. taxon. : 44, 206, 1088, 1376

Cytheropteron angulatum Brady et Robertson, 1872
Régions : G
Étages/habitats : ?
Réf. faunist. : 415b, 1661
Réf. taxon. : 206, 1376

Cytheropteron arcuatum Brady, Crosskey et Robertson, 1874
Régions : G
Étages/habitats : ?
Réf. faunist. : 1661
Réf. taxon. : 206, 1088

Cytheropteron hamatum (G.O. Sars, 1869)
Régions : G
Étages/habitats : ?
Réf. faunist. : 1661
Réf. taxon. : 206, 1088, 1376

Cytheropteron nodosum Brady, 1868
Régions : G
Étages/habitats : ?
Réf. faunist. : 205, 206, 1661
Réf. taxon. : 44, 82, 204
Remarque : Bate (1972, réf. 82) place en hésitant *C. nodosum* dans son nouveau genre *Oculocytheropteron*.

Cytherura rudis Brady, 1868 [?]
Régions : G
Étages/habitats : ?
Réf. faunist. : 1661
Réf. taxon. : 206
Remarque : Cette espèce arctique, rapportée dans le Golfe sous son ancien synonyme *Cytherura cristata* Brady et Crosskey (Whiteaves, 1901, réf. 1661), ne semble pas avoir été revue depuis Brady et Norman (1889, réf. 206); son appartenance générique doit aussi être revue.

Discoconchoecia elegans (G.O. Sars, 1866)
Régions : G, S, EM, CLH, CLI, TNO
Étages/habitats : épg, mp
Réf. faunist. : 337, 402, 748a, 1272, 1273, 1274, 1324, 1407
Réf. taxon. : 25, 207, 989, 1088, 1243, 1376

Elofsonella concinna (Jones, 1857)
Régions : G, CLI
Étages/habitats : ?
Réf. faunist. : 205, 665, 1661
Réf. taxon. : 44, 80, 204, 474, 665, 1376

Elofsonella granulata Hulings, 1967
Régions : BCN
Étages/habitats : C
Réf. faunist. : 741
Réf. taxon. : 741

Eucythere argus (G.O. Sars, 1866)
Régions : G
Étages/habitats : ?
Réf. faunist. : 205, 415b, 1661
Réf. taxon. : 44, 204, 1088, 1376

Eucytheridea papillosa (Bosquet, 1852)
Régions : G, EAV, EM
Étages/habitats : I, C
Réf. faunist. : 164, 167, 205, 206, 415b, 1661
Réf. taxon. : 204, 372, 741, 1088, 1376

Eucytheridea punctillata (Brady, 1870) *expunctillata* Hulings, 1967
Régions : BCN
Étages/habitats : C
Réf. faunist. : 741
Réf. taxon. : 741

Hemicythere sp.
Régions : EAM, EAV, EM
Étages/habitats : I
Réf. faunist. : 164, 167
Réf. taxon. : 44, 665, 1376

Hemicythere villosa (G.O. Sars, 1866) [?]
Régions : G, CLI
Étages/habitats : ?
Réf. faunist. : 205, 665, 1661
Réf. taxon. : 42, 44, 204, 665, 1088, 1376
Remarque : Hazel (1967, réf. 665) désigne ses deux spécimens ouest-atlantiques « *H.* cf. *villosa* » (Sars, 1865).

Hemicytherura cellulosa (Norman, 1865) [?]
Régions : G
Étages/habitats : ?
Réf. faunist. : 205, 206, 1661
Réf. taxon. : 44, 206, 1662
Remarque : *Cytherura ? concentrica,* C., B & R, nom sous lequel Brady (1870, réf. 205) a rapporté cette espèce pour le golfe du Saint-Laurent, est un stade juvénile de *H. cellulosa* dans les eaux britanniques, selon Whittaker (1973, réf. 1662); toutes les autres mentions géographiques doivent être revues selon Athersuch *et al.* (1989, réf. 44).

Heterocyprideis sorbyana (Jones, 1857)
Régions : G, BCN
Étages/habitats : C
Réf. faunist. : 205, 415b, 741, 1661
Réf. taxon. : 204, 474, 741, 1088, 1376

Jonesia acuminata (G.O. Sars, 1866)
Régions : BCN
Étages/habitats : C
Réf. faunist. : 741
Réf. taxon. : 44, 204, 1376

Krithe praetexta (G.O. Sars, 1866)
Régions : G
Étages/habitats : ?
Réf. faunist. : 1661
Réf. taxon. : 44, 204, 1088

Leptocythere pellucida (Baird, 1850)
Régions : G
Étages/habitats : ?
Réf. faunist. : 205, 206, 1661
Réf. taxon. : 44, 204, 663, 665, 1088, 1376

Loxoconcha impressa (Baird, 1850) [?]
Régions : IPE
Étages/habitats : I /s
Réf. faunist. : 312, 312a
Réf. taxon. : 204, 206, 372, 474, 663, 1376
Remarque : Espèce à synonymie embrouillée et à distribution exclusivement européenne jusqu'à maintenant, mais tempérée chaude comme dans le détroit de Northumberland; présence plausible mais à confirmer par un spécialiste.

Loxoconcha sp.
Régions : G, IPE
Étages/habitats : I /s
Réf. faunist. : 205, 312a, 1661
Réf. taxon. : 44, 204, 206, 1088, 1376

Muellerina abyssicola (G.O. Sars, 1866)
Régions : G, CLI
Étages/habitats : ?
Réf. faunist. : 205, 665, 1661
Réf. taxon. : 44, 80, 206, 665, 1376

Muellerina canadensis (Brady, 1870)
Régions : G, CLI
Étages/habitats : ?
Réf. faunist. : 205, 206, 665, 1661
Réf. taxon. : 205, 206, 665, 740
Remarque : Hulings (1966, réf. 740) illustre cette espèce sous le nom de *Murrayina canadensis* (Brady) sans justifier son attribution générique et sans indiquer où il l'aurait capturée; il cite aussi des captures inexistantes de Blake (1929 et 1933, réf. 127 et 129) dans le golfe du Maine.

Neocytherideis foveolata Brady, 1870
Régions : G
Étages/habitats : ?
Réf. faunist. : 205, 206, 1661
Réf. taxon. : 205, 206, 1088, 1260

Normanicythere leioderma (Norman, 1869)
Régions : G, BCN, CLI
Étages/habitats : C
Réf. faunist. : 205, 206, 665, 741, 1661
Réf. taxon. : 129, 206, 741, 1105

Obtusoecia obtusata (G.O. Sars, 1866)
Régions : G, EM, CLH, BCN, CLE, CLI, TNO
Étages/habitats : mp
Réf. faunist. : 402, 1157, 1407
Réf. taxon. : 204, 207, 989, 1088, 1243

Palmenella limicola (Norman, 1865) [?]
Régions : G
Étages/habitats : ?
Réf. faunist. : 1661
Réf. taxon. : 44, 204, 474, 1376
Remarque : Selon Elofson (1941, réf. 474), cette mention s'appliquerait plutôt à *P. americana* Blake, 1929 (réf. 127 et 129).

Paracytherois arcuata (Brady, 1868)
Régions : EAV, EM
Étages/habitats : I
Réf. faunist. : 164, 167
Réf. taxon. : 204, 474, 1088, 1260, 1376

Paradoxostoma sp.
Régions : IPE
Étages/habitats : I /s
Réf. faunist. : 312
Réf. taxon. : 44, 206, 207, 1376

Philomedes brenda (Baird, 1850)
Régions : G, EM, IPE, AN, AS
Étages/habitats : C
Réf. faunist. : 312, 337, 844, 1402
Réf. taxon. : 25, 204, 844, 845, 1088, 1241, 1520

Philomedes sp.
Régions : G, EGS
Étages/habitats : C
Réf. faunist. : 205, 242, 1661
Réf. taxon. : 25, 843, 844, 845, 1088, 1241, 1376
Remarque : *Philomedes interpuncta* (Baird), citée avec ? par Brady (1870, réf. 205), est mise en doute par Kornicker (1974, réf. 843) parce que l'espèce n'a jamais été retrouvée dans le Golfe depuis.

Pontocythere elongata (Brady, 1868)
Régions : G
Étages/habitats : ?
Réf. faunist. : 205, 206, 1661
Réf. taxon. : 39, 44, 204, 1074, 1088
Remarque : Les mentions de *Cytheridea* (?) *elongata* Brady et *Cythere angustata* par Brady (1870, réf. 205) et Whiteaves (1901, réf. 1661) nous semblent attribuables à *P. elongata*, même si Angel (comm. pers., 1994) y voit son synonyme *Carinocythereis antiguata.*

Pterygocythereis jonesi (Baird, 1850)
Régions : EGS
Étages/habitats : I
Réf. faunist. : 242
Réf. taxon. : 38, 44, 129, 204, 1088, 1376

Redekea sp.
Régions : S, EGS
Étages/habitats : C /ecPI
Réf. faunist. : 240, 242
Réf. taxon. : 240, 438
Remarque : Commensal sur *Limnoria borealis.*

Robertsonites tuberculatus (G.O. Sars, 1866)
Régions : G, CLI
Étages/habitats : ?
Réf. faunist. : 205, 206, 665, 741, 1661
Réf. taxon. : 44, 204, 372, 665, 731, 741, 1376

Sarsicytheridea punctillata (Brady, 1865)
Régions : G, BCN
Étages/habitats : C
Réf. faunist. : 205, 206, 415b, 741, 1661
Réf. taxon. : 39, 44, 204, 741, 1088, 1376

Sarsicytheridea punctillata expunctillata Hulings, 1967
Régions : BCN
Étages/habitats : C
Réf. faunist. : 741
Réf. taxon. : 741

Sclerochilus contortus (Norman, 1862) [?]
Régions : G, EAV, EM
Étages/habitats : I
Réf. faunist. : 164, 167, 1661
Réf. taxon. : 40, 44, 1088,
Remarque : Selon Athersuch *et al.* (1989, réf. 44), les anciennes identifications sont suspectes.

Semicytherura mainensis Hazel et Valentine, 1969
Régions : EGS
Étages/habitats : C
Réf. faunist. : 205, 206, 666, 1661
Réf. taxon. : 205, 666
Remarque : Hazel et Valentine (1969, réf. 666) ont placé provisoirement leur nouvelle espèce dans le vieux genre *Cytherura*, maintenant subdivisé en *Hemicytherura* et *Semicytherura* (Athersuch *et al.*, 1989, réf. 44); leur espèce est celle que Brady (1870, réf. 205) a décrite sous le nom de *Cytherura undata* Sars, var. pour le golfe du Saint-Laurent. Puisque cette dernière appartient maintenant au genre *Semicytherura* (Athersuch *et al.*, 1989, réf. 44), *C. mainensis* doit aussi y appartenir. Hazel et Valentine (*op. cit.*) ne semblaient pas connaître ce nouveau genre, décrit en français en 1957.

Semicytherura nigrescens (Baird, 1838)
Régions : EAM, EAV, EM
Étages/habitats : I
Réf. faunist. : 164, 167
Réf. taxon. : 44, 204, 1376

Semicytherura similis (G.O. Sars, 1866)
Régions : G, EM
Étages/habitats : I
Réf. faunist. : 164, 167, 1661
Réf. taxon. : 204, 206, 208, 1088, 1376, 1675

Xestoleberis depressa G.O. Sars, 1866
Régions : G
Étages/habitats : ?
Réf. faunist. : 205, 206, 1661
Réf. taxon. : 44, 204, 474, 1088, 1376

60 : Copepoda

Références taxonomiques générales : 482+, 942+, 985a, 1110, 1144+, 1371, 1684

60A : Copepoda Calanoida

Références taxonomiques générales : 463a, 1278, 1279, 1307, 1371, 1374, 1600, 1602a, 1696

Acartia bifilosa Giesbrecht, 1881
Régions : EM
Étages/habitats : éps /E
Réf. faunist. : 681
Réf. taxon. : 484, 585, 1307, 1684

Acartia clausi Giesbrecht, 1889
Régions : G, EAM, EGS, EAV, EM, IPE, CLS, MCN, CLA, AN, TNO
Étages/habitats : éps (épg, mp)
Réf. faunist. : 176a, 195, 312, 312a, 313, 356, 869, 870, 871, 872, 873, 874, 877, 878, 879, 1157, 1235, 1272, 1273, 1395, 1407, 1668
Réf. taxon. : 203, 344, 344+, 351+, 484, 585, 663, 874, 1307, 1371, 1548, 1684
Remarque : Toutes ces mentions se rapporteraient à *A. hudsonica* selon Bradford (1976, réf. 203)

Acartia forcipata Thompson and Scott, 1898
Régions : G, EM
Étages/habitats : éps
Réf. faunist. : 1407
Réf. taxon. : 585, 681

Acartia hudsonica Pinhey, 1926
Régions : EGS, IM, EM, IPE, TNO
Étages/habitats : éps /E
Réf. faunist. : 253b, 254, 680, 887, 1085a, 1210, 1273, 1407
Réf. taxon. : 203, 225
Remarque : Voir *A. clausi*

Acartia longiremis (Lilljeborg, 1853)
Régions : S, EAM, EGS, EAV, IM, EM, IPE, MCN, BCN, CLE, CLI, TNO
Étages/habitats : éps, épg
Réf. faunist. : 195, 236, 312, 312a, 313, 356, 428, 564, 748a, 869, 870, 871, 872, 873, 874, 877, 878, 887, 1157, 1210, 1235, 1250, 1272, 1273, 1274, 1324, 1407, 1667, 1669
Réf. taxon. : 203, 225, 484, 585, 874, 1133, 1133+, 1307, 1371, 1407, 1684

Acartia tonsa Dana, 1849
Régions : G, EM, IPE
Étages/habitats : éps
Réf. faunist. : 176a, 312, 312a, 313, 1273, 1307, 1395, 1407, 1668
Réf. taxon. : 225, 344, 344+, 351, 484, 585, 1351, 1684

Aetideus armatus (Boeck, 1872)
Régions : EGS, CLH, AN, CLI
Étages/habitats : mp
Réf. faunist. : 1235, 1307, 1407
Réf. taxon. : 993, 993+, 1307, 1371, 1600, 1684,1696

Aetideus sp.
Régions : IPE
Étages/habitats : éps
Réf. faunist. : 887
Réf. taxon. : 585, 1600, 1696

Anomalocera opalus Pennell, 1976
Régions : G, EGN, IPE
Étages/habitats : épsn
Réf. faunist. : 312a, 748a, 887, 1177, 1178
Réf. taxon. : 874, 1177, 1177+, 1178, 1307, 1684
Remarque : Identifiée *A. patersoni* dans l'Atlantique occidental avant 1973 (réf. 1177).

Bradyetes brevis Farran, 1936
Régions : EM
Étages/habitats : p
Réf. faunist. : 1272
Réf. taxon. : 1600, 1684

Bradyidius bradyi (G.O.Sars, 1902)
Régions : EM
Étages/habitats : éps
Réf. faunist. : 1157
Réf. taxon. : 993, 993+, 1066, 1371

Bradyidius similis (G. O. Sars, 1902)
Régions : G, S, EGS, EM, IPE
Étages/habitats : éps, épg, (mp)
Réf. faunist. : 872, 874, 875, 877, 878, 887, 1272, 1273, 1407, 1408
Réf. taxon. : 874, 1408, 1600

Calanus finmarchicus (Gunnerus, 1765)
Régions : S, EAM, EGS, EAV, IM, EM, IPE, MCN, CLH, BCN, CLA, CLE, AN, CLI, AS, TNO
Étages/habitats : éps, épg, (mp)
Réf. faunist. : 176a, 195, 233, 236, 312, 312a, 313, 356, 428, 564, 636a, 748a, 867, 870, 871, 872, 873, 875, 877, 878, 879, 887, 1157, 1210, 1250, 1272, 1273, 1274, 1324, 1407, 1473a, 1602a, 1667, 1669
Réf. taxon. : 225, 489, 517, 585, 598, 874, 987, 994, 1307, 1371, 1602a, 1684, 1696, 1701a

Calanus glacialis Yashnov, 1955
Régions : EGS, BCN
Étages/habitats : épg
Réf. faunist. : 870, 1407
Réf. taxon. : 517, 598, 994, 1602a

Calanus hyperboreus Kröyer, 1838
Régions : S, EGN, EAM, EGS, EAV, IM, EM, IPE, CLS, MCN, CLH, BCN, CLA, CLE, AN, CLI, TNO
Étages/habitats : (éps) épg, mp
Réf. faunist. : 195, 233, 236, 238, 312a, 313, 356, 456, 564, 680, 867, 870, 871, 872, 873, 874, 875, 877, 878, 887, 1157, 1235, 1250, 1272, 1273, 1274, 1324, 1407, 1473a, 1558, 1602a, 1667, 1669
Réf. taxon. : 489, 585, 874, 1307, 1371, 1445, 1445+, 1602a, 1684, 1696

Candacia armata (Boeck, 1873)
Régions : G, EGS, IPE
Étages/habitats : éps
Réf. faunist. : 312a, 313, 1307, 1407
Réf. taxon. : 485, 1371, 1407, 1548, 1684, 1701a

Centropages hamatus (Lilljeborg, 1853)
Régions : G, EGS, IM, EM, IPE, MCN, CLH, BCN, CLA, CLE, AN, CLI, AS, TNO
Étages/habitats : éps (épg, mp)
Réf. faunist. : 176a, 312, 312a, 313, 356, 636a, 870, 871, 872, 873, 874, 875, 877, 878, 879, 887, 1157, 1210, 1235, 1272, 1273, 1395, 1407, 1667, 1668
Réf. taxon. : 225, 483, 585, 874, 1133, 1133+, 1307, 1371, 1548, 1684

Centropages typicus Kröyer, 1849
Régions : G, EGN, EGS, EM, IPE
Étages/habitats : éps
Réf. faunist. : 887, 1235, 1273
Réf. taxon. : 225, 483, 585, 663, 874, 916, 916+, 1307, 1371, 1548, 1684

Chiridius gracilis Farran, 1908
Régions : G, CLI, TNO
Étages/habitats : mp
Réf. faunist. : 966, 1235
Réf. taxon. : 966, 1600, 1684, 1696

Epischura lacustris S.A. Forbes, 1882
Régions : S, EM
Étages/habitats : éps /D
Réf. faunist. : 456, 1157, 1407, 1558
Réf. taxon. : 585, 1176a, 1684

Euchaeta glacialis (Hansen, 1886)
Régions : G
Étages/habitats : p
Réf. faunist. : 1235
Réf. taxon. : 1371, 1696

Euchaeta marina (Prestandrea, 1833)
Régions : EM, AN, AS
Étages/habitats : éps
Réf. faunist. : 681
Réf. taxon. : 585, 1684

Euchaeta norvegica (Boeck, 1872)
Régions : G, S, EGN, EGS, EAV, IM, EM, IPE, CLS, MCN, CLH, CLA, CLE, AN, CLI, AS, TNO
Étages/habitats : (éps), épg, mp
Réf. faunist. : 236, 238, 312a, 313, 356, 564, 867, 870, 871, 872, 873, 874, 877, 878, 1157, 1235, 1272, 1273, 1274, 1324, 1407, 1667
Réf. taxon. : 585, 874, 1307, 1371, 1548, 1602a, 1696

Eurytemora affinis (Poppe, 1880)
Régions : G, S, EAM, EGS, EAV, EM, IPE, MCN
Étages/habitats : éps /E
Réf. faunist. : 176a, 195, 253b, 254, 312a, 313, 356, 456, 461, 899a, 1085a, 1157, 1272, 1273, 1324, 1407, 1558, 1668, 1673a, 1684
Réf. taxon. : 225, 404+, 463a, 585, 683, 809, 874, 1307, 1371, 1684

Eurytemora americana Williams, 1906
Régions : EM
Étages/habitats : éps /E
Réf. faunist. : 1273, 1558
Réf. taxon. : 605, 605+, 1307, 1684

Eurytemora herdmani Thompson et Scott, 1898
Régions : G, S, EAM, EGS, EAV, EM, IPE, BCN
Étages/habitats : éps (épg)
Réf. faunist. : 176a, 195, 236, 312, 312a, 313, 356, 428, 564, 867, 870, 871, 872, 873, 877, 878, 879, 887, 1157, 1235, 1250, 1272, 1273, 1324, 1395, 1407, 1558, 1667, 1669, 1684
Réf. taxon. : 225, 351+, 585, 605, 605+, 782+, 809, 874, 1307, 1684

Gaetanus sp.
Régions : EM
Étages/habitats : mp
Réf. faunist. : 1273
Réf. taxon. : 585, 1600, 1684

Gaidius affinis Sars, 1905
Régions : EM
Étages/habitats : p
Réf. faunist. : 1272
Réf. taxon. : 1600, 1684

Gaidius brevispinus (G. O. Sars, 1900)
Régions : TNO
Étages/habitats : mp
Réf. faunist. : 238, 1407
Réf. taxon. : 1371, 1600, 1602a, 1684,1696

Gaidius tenuispinus (G. O. Sars, 1900)
Régions : G, EGS, EM, CLS, CLH, CLA, CLI, TNO
Étages/habitats : mp
Réf. faunist. : 1235, 1272, 1407, 1473a, 1558, 1667
Réf. taxon. : 1307, 1371, 1600, 1602a, 1684, 1696

Heterorhabdus norvegicus (Boeck, 1872)
Régions : G, EM
Étages/habitats : p
Réf. faunist. : 1235, 1272
Réf. taxon. : 487, 585, 1371, 1602a, 1684

Labidocera aestiva Wheeler, 1900
Régions : G, IPE
Étages/habitats : éps, épg
Réf. faunist. : 176a, 312, 312a, 313, 887, 1307, 1395, 1407, 1667, 1668, 1684
Réf. taxon. : 225, 583, 583+, 1307, 1684

Leptodiaptomus tyrelli (Poppe, 1888)
Régions : BCN
Étages/habitats : éps /D
Réf. faunist. : 1210, 1407
Réf. taxon. : 585, 1176a

Limnocalanus macrurus G.O.Sars, 1863
Régions : EM
Étages/habitats : éps /E
Réf. faunist. : 356, 1157, 1272
Réf. taxon. : 379a, 585, 723, 1176a, 1371, 1684

Metridia longa (Lubbock, 1854)
Régions : G, S, EGN, EAM, EGS, EAV, IM, EM, IPE, CLS, MCN, CLH, BCN, CLA, CLE, AN, CLI, AS, TNO
Étages/habitats : (éps), épg, mp
Réf. faunist. : 236, 313, 356, 456, 564, 870, 871, 872, 873, 874, 875, 877, 878, 887, 1157, 1235, 1247, 1272, 1273, 1274, 1324, 1407, 1473a, 1558, 1667, 1669
Réf. taxon. : 486, 585, 874, 1041, 1307, 1371, 1602a, 1684

Metridia lucens Boeck, 1864
Régions : G, EGS, EM, IPE, MCN, CLH, BCN, CLA, CLE, CLI, TNO
Étages/habitats : éps, épg
Réf. faunist. : 312a, 313, 874, 887, 1235, 1273
Réf. taxon. : 486, 585, 874, 1307, 1371, 1548, 1602a, 1684

Microcalanus pusillus G.O.Sars, 1903
Régions : EM
Étages/habitats : (éps) épg, mp
Réf. faunist. : 1273
Réf. taxon. : 490, 1307, 1371, 1548, 1684

Microcalanus pygmaeus G.O. Sars, 1900
Régions : G, S, EAV, EM
Étages/habitats : éps
Réf. faunist. : 356, 564, 874, 1157, 1272, 1324
Réf. taxon. : 198, 490, 874, 1602a, 1684, 1696

Pleuromamma abdominalis (Lubbock, 1856)
Régions : G
Étages/habitats : éps
Réf. faunist. : 681
Réf. taxon. : 488, 585, 1684

Pleuromamma robusta (Dahl, 1893)
Régions : G
Étages/habitats : épg, mp
Réf. faunist. : 1235
Réf. taxon. : 488, 585, 1307, 1371, 1684

Pseudocalanus major G.O. Sars, 1900 [??]
Régions : EGS
Étages/habitats : (éps) épg
Réf. faunist. : 870, 872
Réf. taxon. : 352, 352+, 490, 556, 1684
Remarque : Dans sa révision majeure du genre dans l'Atlantique nord, le Pacifique nord et l'océan Arctique, Frost (1989, réf. 556) montre le caractère euarctique et apparemment côtier et euryhalin de cette espèce; sa mention la plus proche du Golfe se situe près des côtes atlantiques de la Terre de Baffin. Les spécimens de Lacroix (1966, réf. 870 et 1968a, réf. 872) dans la baie des Chaleurs, sans être incompatibles avec cette distribution, devront être réexaminés, à cause des nouvelles espèces décrites (*P. moultoni, P. newmani*) ou redécrites (*P. acuspes* (Giesbrecht, 1881)) par Frost pour les eaux adjacentes au Golfe.

Pseudocalanus minutus (Kröyer, 1845) [?]
Régions : S, EGN, EGS, EAV, IM, EM, IPE, CLS, MCN, CLH, BCN, CLE, AN, CLI, TNO

Étages/habitats : éps, épg (mp?)
Réf. faunist. : 312, 312a, 313, 356, 564, 639a, 870, 871, 872, 873, 874, 875, 877, 878, 879, 887, 1157, 1235, 1272, 1273, 1407
Réf. taxon. : 225, 352, 352+, 556, 874, 1307, 1371, 1684, 1696
Remarque : Bien que la présence de cette espèce ait été confirmée par Frost (1989, réf. 556) pour les eaux canadiennes adjacentes au Golfe, tous les échantillons disponibles du Golfe devront être réexaminés pour y confirmer sa présence et y préciser sa répartition.

Pseudodiaptomus coronatus Williams, 1906
Régions : G, IPE
Étages/habitats : éps /E
Réf. faunist. : 176a, 312, 312a, 313, 1307, 1407, 1668
Réf. taxon. : 225, 1307, 1684

Scolecithricella minor (Brady, 1883)
Régions : S, EGS, EAV, EM, IPE, CLS, MCN, CLH, CLA, CLI, TNO
Étages/habitats : (éps, épg) mp
Réf. faunist. : 356, 461, 564, 870, 872, 877, 887, 1157, 1235, 1272, 1273, 1324, 1407, 1667
Réf. taxon. : 585, 874, 1307, 1371, 1601, 1602a, 1684, 1696

Scolecithricella ovata (Farran, 1905)
Régions : G
Étages/habitats : p
Réf. faunist. : 1235
Réf. taxon. : 1684, 1696

Spinocalanus longicornis G.O. Sars, 1900
Régions : EM
Étages/habitats : p
Réf. faunist. : 356
Réf. taxon. : 394, 491, 1371, 1602a, 1684

Temora longicornis (O.F. Müller, 1785)
Régions : G, S, EGS, IM, EM, IPE, CLS, MCN, CLH, BCN, CLA, CLE, AN, CLI, AS, TNO
Étages/habitats : éps, épg, mp
Réf. faunist. : 176a, 236, 312, 312a, 313, 636a, 748a, 870, 871, 872, 873, 874, 875, 877, 878, 879, 887, 1157, 1210, 1235, 1272, 1273, 1395, 1407, 1558, 1667, 1668, 1684, 1701a
Réf. taxon. : 225, 349+, 350+, 585, 663, 874, 1133, 1133+, 1307, 1371, 1548, 1684, 1701a

Temora stylifera (Dana, 1849)
Régions : G
Étages/habitats : éps
Réf. faunist. : 1307
Réf. taxon. : 585, 1307, 1684

Tortanus discaudatus (Thompson et Scott, 1898)
Régions : G, S, EGS, IM, EM, IPE, MCN, CLH, BCN, CLE, AN, CLI, TNO
Étages/habitats : éps (épg)
Réf. faunist. : 176a, 312, 312a, 313, 870, 871, 872, 873, 874, 875, 877, 878, 879, 887, 1157, 1210, 1235, 1272, 1273, 1395, 1407, 1667, 1668, 1684
Réf. taxon. : 225, 781, 781+, 874, 1307, 1684, 1701a

60B : Copepoda Harpacticoida

Références taxonomiques générales : 144, 357, 463a, 691, 752a, 893, 896, 1114, 1372, 1374, 1684

Alteutha depressa (Baird, 1837)
Régions : EM
Étages/habitats : C
Réf. faunist. : 337
Réf. taxon. : 144, 225, 357, 691, 752a, 1115, 1372, 1684

Alteutha oblonga (Goodsir, 1845)
Régions : IPE
Étages/habitats : I /s
Réf. faunist. : 312, 312a, 313
Réf. taxon. : 144, 691, 752a, 829, 1115, 1684

Ameira divagans divagans Nicholls, 1939b
Régions : EM
Étages/habitats : I
Réf. faunist. : 1114
Réf. taxon. : 144, 896, 1114
Remarque : L'identification sous-spécifique doit être confirmée, car plusieurs sous-espèces ont été décrites depuis 1939 (R. Huys, comm. pers.).

Ameira longicaudata Nicholls, 1939b
Régions : EM
Étages/habitats : I
Réf. faunist. : 1114
Réf. taxon. : 144, 896, 1114, 1684

Ameira parvula (Claus, 1866)
Régions : EM
Étages/habitats : I
Réf. faunist. : 1114
Réf. taxon. : 144, 357, 893, 1068, 1114, 1684

Ameira spinipes Nicholls, 1939b
Régions : EM
Étages/habitats : I
Réf. faunist. : 1114, 1684
Réf. taxon. : 144, 896, 1114
Remarque : Position systématique incertaine selon Bodin (1988, réf. 144).

Amonardia arctica (T. Scott, 1898)
Régions : EM
Étages/habitats : I
Réf. faunist. : 337
Réf. taxon. : 893, 896, 1114, 1372

Amphiascoides debilis (Giesbrecht, 1881)
Régions : EM
Étages/habitats : M, I
Réf. faunist. : 337, 1114
Réf. taxon. : 144, 357, 893, 896, 1114, 1115, 1372, 1605a

Amphiascus demersus Nicholls, 1939b
Régions : EM
Étages/habitats : I
Réf. faunist. : 1114
Réf. taxon. : 144, 896, 981, 1114, 1684

Amphiascus tenuiremis (Brady et Robertson, 1880)
Régions : S
Étages/habitats : ?
Réf. faunist. : 337
Réf. taxon. : 893, 1114, 1372

Anthropsyllus serratus G.O. Sars, 1909
Régions : EM
Étages/habitats : I
Réf. faunist. : 337
Réf. taxon. : 893, 1372

Asellopsis littoralis Nicholls, 1939b
Régions : EM
Étages/habitats : I
Réf. faunist. : 337, 1114
Réf. taxon. : 1114, 1684

Bradya typica Boeck, 1872
Régions : EM
Étages/habitats : I
Réf. faunist. : 337
Réf. taxon. : 752a, 893, 896, 1372, 1684

Canuella perplexa T. et A. Scott, 1893
Régions : EGS
Étages/habitats : M, I /s, E
Réf. faunist. : 253b
Réf. taxon. : 463a, 752a, 893, 1684

Cervinia synarthra G.O. Sars, 1910
Régions : EGS
Étages/habitats : I, C
Réf. faunist. : 337
Réf. taxon. : 144, 752a, 893, 1239, 1372, 1684

Cletodes longicaudatus (Boeck, 1872)
Régions : EGS
Étages/habitats : I /s, E
Réf. faunist. : 253b
Réf. taxon. : 893, 896, 1684

Cletodes tenuipes T. Scott, 1896
Régions : IM
Étages/habitats : I
Réf. faunist. : 337
Réf. taxon. : 893, 896, 1372

Dactylopusia glacialis (G.O. Sars, 1909)
Régions : EM
Étages/habitats : I
Réf. faunist. : 337, 1669
Réf. taxon. : 752a, 893, 896, 1114

Dactylopusia tisboides (Claus, 1863)
Régions : IPE
Étages/habitats : I / s
Réf. faunist. : 312, 313
Réf. taxon. : 144, 357, 893, 896, 1041, 1114, 1372, 1684

Dactylopusia vulgaris G.O. Sars, 1905
Régions : EM
Étages/habitats : I
Réf. faunist. : 337, 1114
Réf. taxon. : 144, 357, 663, 893, 896, 1114, 1372, 1684

Danielssenia typica Boeck, 1872
Régions : EM
Étages/habitats : I
Réf. faunist. : 337, 1114
Réf. taxon. : 144, 567, 752a, 752c, 893, 1114, 1372, 1684

Diarthrodes nobilis (Baird, 1845)
Régions : EGS, IPE
Étages/habitats : ?
Réf. faunist. : 253b, 338
Réf. taxon. : 144, 357, 893, 896, 1684

Diosaccus tenuicornis (Claus, 1863)
Régions : EGS
Étages/habitats : I /s
Réf. faunist. : 253b
Réf. taxon. : 1605a, 1684

Donsiella sp.
Régions : S, EGS
Étages/habitats : I, C /ecPI
Réf. faunist. : 240, 242, 456
Réf. taxon. : 594, 692, 893
Remarque : Commensal de l'Isopode xylophage *Limnoria borealis.*

Echinolaophonte horrida (Norman, 1876)
Régions : EM, IPE
Étages/habitats : I /s
Réf. faunist. : 312, 312a, 313, 337, 1114
Réf. taxon. : 144, 357, 893, 896, 1114, 1372, 1684

Ectinosoma melaniceps Boeck, 1864
Régions : EM
Étages/habitats : I
Réf. faunist. : 337
Réf. taxon. : 893, 896, 1372, 1605a

Enhydrosoma curticauda Boeck, 1872
Régions : EM
Étages/habitats : M, I
Réf. faunist. : 337
Réf. taxon. : 893, 896, 1372

Enhydrosoma longifurcatum G.O. Sars, 1909
Régions : EM
Étages/habitats : I
Réf. faunist. : 1114
Réf. taxon. : 144, 357, 693, 893, 1114, 1372, 1684

Evansula arenicola Nicholls, 1939b
Régions : EM
Étages/habitats : I
Réf. faunist. : 1114
Réf. taxon. : 1114, 1684

Halectinosoma brevirostre (G.O. Sars, 1904)
Régions : EM
Étages/habitats : I
Réf. faunist. : 337
Réf. taxon. : 893, 896, 1372

Halectinosoma chrystalli (T. Scott, 1894)
Régions : EM
Étages/habitats : I
Réf. faunist. : 337
Réf. taxon. : 325, 893, 896

Halectinosoma curticorne (Boeck, 1872)
Régions : EAM, EGS, EAV
Étages/habitats : I /s, E
Réf. faunist. : 195, 253b, 771, 1085a, 1324
Réf. taxon. : 144, 357, 893, 1372, 1684

Halectinosoma elongatum (G.O. Sars, 1904)
Régions : EM
Étages/habitats : I
Réf. faunist. : 337
Réf. taxon. : 357, 893, 896, 1114, 1372

Halectinosoma intermedium (Nicholls, 1939b)
Régions : EM
Étages/habitats : I
Réf. faunist. : 1114
Réf. taxon. : 144, 896, 1372
Remarque : Serait *Halectinosoma elongatum* (G.O. Sars, 1904) selon Clément (comm. pers., 1996).

Halectinosoma littorale (Nicholls, 1939b)
Régions : EM
Étages/habitats : I
Réf. faunist. : 1114
Réf. taxon. : 144, 357, 893, 896, 1372
Remarque : Serait *Pseudobradya curticorne* (Boeck, 1872) selon Clément (comm. pers., 1996).

Halectinosoma neglectum (G.O.Sars, 1904)
Régions : EGS, EM
Étages/habitats : I
Réf. faunist. : 337
Réf. taxon. : 144, 325, 893, 896, 1372

Halectinosoma n.sp.
Régions : EGS, EM
Étages/habitats : C
Réf. faunist. : 337
Réf. taxon. : 752a, Clément (comm. pers.)

Halectinosoma proximum (G.O. Sars, 1919)
Régions : EM
Étages/habitats : I
Réf. faunist. : 337
Réf. taxon. : 325, 893, 896, 1374

Halectinosoma pseudosarsi Clément et Moore, 1995
Régions : EGS, EM
Étages/habitats : I, C
Réf. faunist. : 337
Réf. taxon. : 325, 893, 896, 1372

Harpacticus chelifer (O. F. Müller, 1776)
Régions : G, EGS, IPE
Étages/habitats : I, C /s
Réf. faunist. : 253b, 312, 312a, 313, 872, 877, 878, 887, 1407, 1684
Réf. taxon. : 144, 357, 463a, 752a, 893, 1372, 1684, 1701a

Harpacticus gracilis Claus, 1863 [?]
Régions : EGS
Étages/habitats : M, I /s, E
Réf. faunist. : 253b
Réf. taxon. : 357, 463a, 893, 1684
Remarque : Lang (1948, réf. 893) doute de la validité de cette espèce.

Harpacticus uniremis Kröyer, 1842
Régions : EGS, EM, TNO
Étages/habitats : I /s
Réf. faunist. : 337, 870, 872, 877, 878, 1210, 1250, 1407, 1669
Réf. taxon. : 144, 357, 663, 752a, 764b, 893, 896, 1372, 1684

Heterolaophonte discophora (Willey, 1929)
Régions : EAV
Étages/habitats : M

Réf. faunist. : 337
Réf. taxon. : 764c, 893, 896, 1668a

Heterolaophonte laurentica Nicholls, 1941b [?]
Régions : EM
Étages/habitats : I ou M?
Réf. faunist. : 1116, 1117
Réf. taxon. : 144, 896, 1116, 1684
Remarque : Serait *Heterolaophonte* selon Clément (comm. pers., 1996).

Heterophonte minuta (Boeck, 1872)
Régions : EM
Étages/habitats : I
Réf. faunist. : 337
Réf. taxon. : 893, 1372

Heterolaophonte stroemi (Baird, 1834) [?]
Régions : EGS
Étages/habitats : M, I /s, E
Réf. faunist. : 253b
Réf. taxon. : 357, 463a, 893, 896
Remarque : Lang (1948, réf. 893) doute de la validité de cette espèce.

Kliopsyllus laurenticus Nicholls, 1939a
Régions : EM
Étages/habitats : ?
Réf. faunist. : 1113
Réf. taxon. : 144, 854a, 1114, 1638

Kliopsyllus major (Nicholls, 1939a)
Régions : EM
Étages/habitats : ?
Réf. faunist. : 1113
Réf. taxon. : 144, 854a, 1114, 1638

Laophonte arenicola Nicholls, 1941b [?]
Régions : EM
Étages/habitats : I
Réf. faunist. : 1116, 1117
Réf. taxon. : 144, 896, 1116, 1684

Laophonte sp.
Régions : EGS
Étages/habitats : M, I /s, E
Réf. faunist. : 253b
Réf. taxon. : 357, 893, 1684

Leimia vaga Willey, 1923
Régions : EM
Étages/habitats : M
Réf. faunist. : 337
Réf. taxon. : 893, 1668

Leptomesochra attenuata (Nicholls, 1939b)
Régions : EM
Étages/habitats : I
Réf. faunist. : 1114
Réf. taxon. : 144, 896, 1114, 1684

Leptomesochra sp.
Régions : EAV
Étages/habitats : ?
Réf. faunist. : 337
Réf. taxon. : 896, 1684

Mesochra arenicola Nicholls, 1939b
Régions : EM
Étages/habitats : I
Réf. faunist. : 1114
Réf. taxon. : 621a, 1114, 1684

Mesochra lilljeborgi Boeck, 1864
Régions : EGS
Étages/habitats : M, I /s, E
Réf. faunist. : 253b, 1085a
Réf. taxon. : 357, 463a, 621a, 893, 1114, 1684

Mesochra pygmaea (Claus, 1863)
Régions : EM
Étages/habitats : ?
Réf. faunist. : 1250, 1407, 1669
Réf. taxon. : 144, 357, 621a, 893, 1114, 1115, 1372, 1684

Metis sp.
Régions : IM
Étages/habitats : I /s
Réf. faunist. : 254
Réf. taxon. : 1605a, 1684

Microarthridion laurenticum (Nicholls, 1939b)
Régions : EM
Étages/habitats : M, I
Réf. faunist. : 337, 1114
Réf. taxon. : 144, 1114

Microarthridion littorale (Poppe, 1881)
Régions : EM
Étages/habitats : M
Réf. faunist. : 337
Réf. taxon. : 357, 752a, 893

Microsetella norvegica (Boeck, 1864)
Régions : G, EGS, IPE, BCN
Étages/habitats : I /s
Réf. faunist. : 312a, 313, 681, 872, 874, 877, 878, 879, 1407
Réf. taxon. : 144, 357, 442+, 752a, 893, 1372, 1639, 1684

Nannopus palustris Brady, 1880
Régions : EGS, EM
Étages/habitats : M, I /s, E
Réf. faunist. : 253b, 337
Réf. taxon. : 357, 357a, 463a, 893, 1372, 1668, 1684

Nitocra typica Boeck, 1864
Régions : EM, EGS

Étages/habitats : M, I /s, E
Réf. faunist. : 253b, 1114
Réf. taxon. : 144, 357, 463a, 663, 893, 1372, 1684
Remarque : Huys *et al.* (1996, réf. 752a) écrivent *Nitokra.*

Orthopsyllus linearis (Claus, 1866)
Régions : EM
Étages/habitats : I
Réf. faunist. : 337
Réf. taxon. : 893, 896

Paradactylopodia latipes (Boeck, 1864)
Régions : EM
Étages/habitats : I
Réf. faunist. : 337
Réf. taxon. : 893, 1114, 1372

Paralaophonte hyperborea (G.O. Sars, 1909)
Régions : EM
Étages/habitats : I
Réf. faunist. : 337
Réf. taxon. : 893, 896

Paralaophonte perplexa (T. Scott, 1898)
Régions : EM
Étages/habitats : I
Réf. faunist. : 337
Réf. taxon. : 893, 896, 1372

Paraleptastacus holsaticus Kunz, 1937
Régions : EAV
Étages/habitats : M, I
Réf. faunist. : 337
Réf. taxon. : 893, 1114, 1684

Paraleptastacus laurenticus Nicholls, 1939b
Régions : EM
Étages/habitats : I
Réf. faunist. : 1114
Réf. taxon. : 1114, 1628

Paraleptastacus longicaudatus Nicholls, 1939b
Régions : EM
Étages/habitats : I
Réf. faunist. : 1114
Réf. taxon. : 1114, 1684

Parategastes sphaericus (Claus, 1863)
Régions : IPE
Étages/habitats : I /s
Réf. faunist. : 312, 312a, 313
Réf. taxon. : 144, 357, 752a, 893, 1684

Parathalestris croni (Kröyer, 1842)
Régions : G, EGS, EM, IPE, CLH, BCN, TNO
Étages/habitats : éps
Réf. faunist. : 312a, 313, 867, 870, 871, 872, 874, 877, 878, 879, 1407, 1473a, 1558, 1667
Réf. taxon. : 357, 893, 896, 1372, 1560, 1639, 1684

Parathalestris jacksoni (T. Scott, 1898)
Régions : EGS, EM
Étages/habitats : I, C
Réf. faunist. : 337
Réf. taxon. : 893, 896, 1372, 1684

Paronychocamptus huntsmani (Willey, 1923)
Régions : IPE
Étages/habitats : I /s
Réf. faunist. : 176a, 312a, 313, 1407
Réf. taxon. : 357, 893, 896, 1668

Paronychocamptus nanus (G.O. Sars, 1908)
Régions : EGS
Étages/habitats : M, I /s, E
Réf. faunist. : 253b
Réf. taxon. : 357, 463a, 893, 896, 1372

Platychelipus littoralis Brady, 1880
Régions : EM
Étages/habitats : I
Réf. faunist. : 337
Réf. taxon. : 893, 1372

Psammameira grandis (Nicholls, 1939b) [?]
Régions : EM
Étages/habitats : I
Réf. faunist. : 1114
Réf. taxon. : 144, 1114, 1638a

Pseudobradya acuta G.O. Sars, 1904
Régions : EM
Étages/habitats : I
Réf. faunist. : 337
Réf. taxon. : 893, 896, 1372, 1684

Pseudobradya hirsuta (T. et A. Scott, 1894)
Régions : IM
Étages/habitats : I
Réf. faunist. : 337
Réf. taxon. : 893, 1372, 1638a

Pseudonychocamptus proximus (G.O. Sars, 1908)
Régions : EM
Étages/habitats : I
Réf. faunist. : 337
Réf. taxon. : 357, 893, 896, 1049, 1372
Remarque : Déterminé par M. Clément pour S. Parent, Biodôme de Montréal.

Rhizothrix minuta (T. Scott, 1903)
Régions : EM
Étages/habitats : M, I
Réf. faunist. : 337, 1114
Réf. taxon. : 144, 893, 1114, 1638, 1684

Rhynchothalestris helgolandica (Claus, 1863)
Régions : EM
Étages/habitats : I

Réf. faunist. : 337
Réf. taxon. : 893, 1372

Sacodiscus ovalis (C.B. Wilson, 1944)
Régions : G, IM
Étages/habitats : ?
Réf. faunist. : 357, 742
Réf. taxon. : 144, 357, 742

Sarsameira parva (Boeck, 1872)
Régions : EM
Étages/habitats : I
Réf. faunist. : 337
Réf. taxon. : 893, 1372, 1683b

Schizothrix rostratus (Nicholls, 1939b)
Régions : EM
Étages/habitats : I
Réf. faunist. : 1114
Réf. taxon. : 144, 1114

Scottopsyllus herdmani (Thompson et Scott, 1899)
Régions : EAV
Étages/habitats : I
Réf. faunist. : 337
Réf. taxon. : 854a, 893, 896

Scottopsyllus (Scottopsyllus) minor (T. et A. Scott, 1895)
Régions : EM
Étages/habitats : I
Réf. faunist. : 1113
Réf. taxon. : 144, 357, 854a, 893, 896, 1638

Scutellidium arthuri Poppe, 1884
Régions : EAV
Étages/habitats : ?
Réf. faunist. : 337
Réf. taxon. : 893, 896, 1683b, 1684

Scutellidium longicauda (Philippi, 1840)
Régions : EM
Étages/habitats : I? /s
Réf. faunist. : 1558
Réf. taxon. : 144, 893, 896, 1372, 1683b, 1684

Stenhelia (Delavalia) palustris Brady, 1868
Régions : EM
Étages/habitats : M, I
Réf. faunist. : 337, 1114
Réf. taxon. : 144, 356b, 663, 893, 896, 1114, 1372, 1684

Stenhelia (Stenhelia) divergens Nicholls, 1939b
Régions : G, EM, IM
Étages/habitats : M, I
Réf. faunist. : 337, 357, 1114
Réf. taxon. : 144, 356b, 357, 896, 1114, 1684

Stenhelia (Stenhelia) gibba Boeck, 1864
Régions : EM
Étages/habitats : I
Réf. faunist. : 337
Réf. taxon. : 356b, 893, 896, 1114, 1372, 1536a, 1684

Tachidius (Tachidius) discipes Giesbrecht, 1881
Régions : EGS
Étages/habitats : M, I /s, E
Réf. faunist. : 253b, 1085a
Réf. taxon. : 357, 463a, 752a, 893, 1684

Tegastes falcatus (Norman, 1868)
Régions : EM
Étages/habitats : I? /s
Réf. faunist. : 1407, 1558
Réf. taxon. : 144, 752a, 893, 1372

Tegastes nanus G.O. Sars, 1904
Régions : EM
Étages/habitats : I
Réf. faunist. : 337
Réf. taxon. : 752a, 893, 1372, 1684

Tetragoniceps longicaudata Nicholls, 1939b
Régions : EM
Étages/habitats : I
Réf. faunist. : 1114
Réf. taxon. : 356a, 854b, 1114, 1684

Tetragoniceps truncata Nicholls, 1939b
Régions : EM
Étages/habitats : I
Réf. faunist. : 1114
Réf. taxon. : 356a, 854b, 1114, 1684

Thompsonula hyaenae (I.C. Thompson, 1889)
Régions : IM
Étages/habitats : I
Réf. faunist. : 337
Réf. taxon. : 752a, 752b, 893

Tigriopus brevicornis (O.F. Müller, 1776)
Régions : EM
Étages/habitats : M
Réf. faunist. : 337
Réf. taxon. : 752a, 764a, 893, 1372

Tisbe furcata (Baird, 1837) [?]
Régions : EAV, EGS, EM, IPE, BCN, TNO
Étages/habitats : I /s
Réf. faunist. : 312, 312a, 313, 337, 872, 877, 878, 1114, 1210, 1250, 1407, 1669
Réf. taxon. : 144, 357, 383, 384+, 663, 893, 1372, 1683b, 1684

Typhlamphiascus typhlops (G.O. Sars, 1906)
Régions : EM
Étages/habitats : I
Réf. faunist. : 337
Réf. taxon. : 893, 1114, 1372

Zaus abbreviatus G.O. Sars, 1904
Régions : EM
Étages/habitats : I
Réf. faunist. : 337, 1250, 1407, 1669
Réf. taxon. : 144, 752a, 893, 1114, 1372, 1684

Zaus goodsiri Brady, 1880
Régions : EGS
Étages/habitats : I /s
Réf. faunist. : 771, 1407
Réf. taxon. : 144, 357, 752a, 893, 1114, 1372, 1684

Zaus spinatus Goodsir, 1845
Régions : EM
Étages/habitats : I /s
Réf. faunist. : 1407, 1558
Réf. taxon. : 144, 663, 752a, 764c, 764d, 893, 896, 1114, 1372, 1684

60C : Copepoda Cyclopoida

Références taxonomiques générales : 458, 463b, 594, 709, 805, 806, 807, 1278, 1279, 1373, 1374

Acanthocyclops vernalis (Fischer, 1853)
Régions : EGS
Étages/habitats : éps /D
Réf. faunist. : 1085a
Réf. taxon. : 463b

Acanthocyclops (*Megacyclops*) *viridis* (Jurine, 1820)
Régions : IPE
Étages/habitats : éps /D
Réf. faunist. : 176a, 1407
Réf. taxon. : 463b, 823, 1684

Botryllophilus norvegicus Schellenberg, 1921
Régions : EM
Étages/habitats : I, B /enPI
Réf. faunist. : 1250
Réf. taxon. : 458, 1684
Remarque : Dans la cavité branchiale des Ascidies *Polycarpa fibrosa* et *Styela mollis*.

Cyclopina gracilis Claus, 1863
Régions : EGS
Étages/habitats : M, I /s, E
Réf. faunist. : 253b
Réf. taxon. : 1114, 1373, 1638a, 1684

Cyclopina laurentica Nicholls, 1939b
Régions : EM
Étages/habitats : I
Réf. faunist. : 1114
Réf. taxon. : 751, 1114, 1638a, 1684

Cyclopina vachoni Nicholls, 1939b
Régions : EM
Étages/habitats : I
Réf. faunist. : 1114
Réf. taxon. : 751, 1114, 1638a, 1684

Doropygus demissus Aurivillius, 1885
Régions : EM
Étages/habitats : /enPI
Réf. faunist. : 758, 1250
Réf. taxon. : 458, 758, 1684
Remarque : Dans la cavité branchiale de *Boltenia ovifera*.

Doropygus pulex Thorell, 1859
Régions : EM
Étages/habitats : /enPI
Réf. faunist. : 1250
Réf. taxon. : 458, 594, 663, 758, 1375, 1684
Remarque : Dans la cavité branchiale de *Boltenia ovifera*.

Gunenotophorus curvipes Illg, 1958
Régions : EM
Étages/habitats : I, C /enPI
Réf. faunist. : 458, 1250
Réf. taxon. : 458, 758, 1684
Remarque : Dans la cavité branchiale de *Stylea coriacea*.

Halicyclops magniceps (Lilljeborg, 1853)
Régions : EGS
Étages/habitats : M, I /s, E
Réf. faunist. : 253b
Réf. taxon. : 463b, 1076a, 1684

Mesocyclops sp.
Régions : EM
Étages/habitats : éps
Réf. faunist. : 356
Réf. taxon. : 463b, 464, 823, 1373, 1684

Notodelphyidae
Régions : BCN
Étages/habitats : I /enPI
Réf. faunist. : 337
Réf. taxon. : 458, 594, 758, 1375, 1684
Remarque : Dans la cavité branchiale d'ascidies.

Oithona similis Claus, 1866
Régions : G, S, EGS, EAV, EM, IPE, MCN, BCN, TNO
Étages/habitats : éps (épg, mp)
Réf. faunist. : 176a, 233, 236, 253b, 254, 312, 312a, 313, 356, 564, 748a, 870, 871, 872, 874, 875, 879, 887, 1085a, 1210, 1250, 1272, 1273, 1274, 1324, 1395, 1407, 1558, 1668, 1669
Réf. taxon. : 225, 576, 823, 1133, 1133+, 1373, 1684

Oithona spinirostris Claus, 1863
Régions : EM
Étages/habitats : p
Réf. faunist. : 356
Réf. taxon. : 576, 1373, 1684

Paroithona sp.
Régions : EM
Étages/habitats : p
Réf. faunist. : 356
Réf. taxon. : 823, 1373, 1684

60D : Copepoda Poecilostomatoida

Références taxonomiques générales : 594, 805, 806, 807

Acanthochondria cornuta (O.F. Müller, 1776)
Régions : EGS
Étages/habitats : /enPP
Réf. faunist. : 1312
Réf. taxon. : 663, 706, 707, 711, 805, 806, 807, 1684
Remarque : Dans cavités orale et branchiale de Plie canadienne (*Hippoglossoides platessoides*).

Chondracanthus cottunculi Rathbun, 1886
Régions : EM
Étages/habitats : /enPP
Réf. faunist. : 1558, 1559
Réf. taxon. : 706, 707, 711, 806, 1684
Remarque : Dans la cavité branchiale de la Cotte polaire (*Cottunculus microps*).

Chondracanthus nodosus (O.F. Müller, 1776)
Régions : G
Étages/habitats : B /ecPP
Réf. faunist. : 1073, 1428a
Réf. taxon. : 706, 707, 711, 805, 806, 807, 1684
Remarque : Sur les Sébastes (*Sebastes mentella* et *S. fasciatus*).

Diocus gobinus (O.F. Müller, 1776)
Régions : EM
Étages/habitats : /ecPP
Réf. faunist. : 1250
Réf. taxon. : 634, 706, 711, 806, 1684
Remarque : À la base de la nageoire dorsale du Tricorne arctique (*Gymnocanthus tricuspis*).

Ergasilus chautauquaensis Fellows, 1887
Régions : IPE
Étages/habitats : éps /D ou E
Réf. faunist. : 176a, 312a, 313, 1407, 1668
Réf. taxon. : 1301, 1683, 1684
Remarque : Cette espèce, d'un genre dont les femelles sont ectoparasites de poissons, n'est connue que des mâles libres dans le plancton (Kabata, 1988, réf. 806).

Ergasilus labracis (Kröyer, 1864)
Régions : G, EGS, IPE, EM
Étages/habitats : /ecPP, E
Réf. faunist. : 540, 555, 715, 1558
Réf. taxon. : 714c, 715, 806, 1301, 1683, 1684
Remarque : L'*Ergasilus centrarchidarum* Wright, 1882 dulcicole rapporté sur le Poulamon (*Microgadus tomcod*), estuarien, pour la baie de Fundy a été jugé mal identifié (voir Margolis et Arthur, 1979, réf. 985b); les deux mêmes espèces rapportées par Tremblay (1943, réf. 1558) pour l'estuaire maritime du Saint-Laurent étaient donc probablement, pour les mêmes raisons, des *E. labracis*, reconnues estuariennes (Kabata, 1988, réf. 806).

Ergasilus sieboldi Nordmann, 1832 [?]
Régions : EGS, IPE
Étages/habitats : éps /E?
Réf. faunist. : 312a, 313, 332, 461, 872, 877, 879, 1407
Réf. taxon. : 805, 807, 1373, 1683, 1684
Remarque : Des mâles nageurs planctoniques sont probablement à l'origine des deux seules mentions ouest-atlantiques, dans les laboratoires de G. Lacroix (réf. 872, 877, 879) et de G. Citarella (réf. 312a, 313), de cette espèce dulcicole européenne (Kabata, 1979, réf. 805), dont les femelles ectoparasites de poissons semblent encore inconnues en Amérique du Nord (Kabata, 1988, réf. 806; McDonald et Margolis, 1995, réf. 1008). L'examen des spécimens (réf. 332) révélera sans doute qu'il s'agit de l'une ou l'autre des autres espèces.

Leptinogaster major (Williams, 1907)
Régions : IPE
Étages/habitats : M /enPI
Réf. faunist. : 743
Réf. taxon. : 591, 743, 743+
Remarque : Commensal de la Mye (*Mya arenaria*).

Myicola metisiensis Wright, 1885
Régions : EGN, EGS, EM
Étages/habitats : M, I /enPI
Réf. faunist. : 744, 1684, 1701
Réf. taxon. : 744, 1684
Remarque : Commensal de la Mye (*Mya arenaria*).

Oncaea borealis G.O. Sars, 1918
Régions : S, EAV, EM
Étages/habitats : éps
Réf. faunist. : 356, 564, 1250, 1272, 1273, 1324, 1373, 1407, 1558, 1669
Réf. taxon. : 684, 974, 1684

Oncaea conifera Giesbrecht, 1891
Régions : EM
Étages/habitats : éps
Réf. faunist. : 1407
Réf. taxon. : 201a, 974, 1684

Oncaea similis G.O. Sars, 1918
Régions : S, EM, EAV
Étages/habitats : éps, épg, mp
Réf. faunist. : 1272, 1273, 1324, 1558
Réf. taxon. : 682, 974, 975, 1373, 1684

Rhodinicola sp. (Lützen, 1964)
Régions : EM
Étages/habitats : B /ecPI
Réf. faunist. : 948, 1249, 1250
Réf. taxon. : 212, 277, 594, 693, 710, 1151,1684
Remarque : Parasite sur un polychète tubicole, probablement Maldanidae.

Thersitina gasterostei (Pagenstecker, 1861)
Régions : EM, MCN
Étages/habitats : M, I /ecPP
Réf. faunist. : 622a, 1239a
Réf. taxon. : 622c, 806, 807, 1684
Remarque : Sur Épinoche à trois épines (*Gasterosteus aculeatus*).

60E : Copepoda Monstrilloida

Références taxonomiques générales : 405, 608, 609, 764, 1375, 1684

Monstrilla anglica Lubbock, 1857
Régions : IPE
Étages/habitats : éps
Réf. faunist. : 312, 312a, 313
Réf. taxon. : 764, 1684

Monstrilla sp.
Régions : EM
Étages/habitats : ép
Réf. faunist. : 356
Réf. taxon. : 763, 764, 1684

Monstrillopsis dubia Scott, 1904
Régions : EGS
Étages/habitats : épg
Réf. faunist. : 870, 872, 877, 878, 1407
Réf. taxon. : 763, 764, 1375, 1684

Thaumaleus gigas A. Scott, 1909
Régions : EGS
Étages/habitats : épg?
Réf. faunist. : 872, 877, 878
Réf. taxon. : 1684

Thaumaleus rigidum (Thompson, 1888)
Régions : EGS, EM
Étages/habitats :
Réf. faunist. : 337, 1272
Réf. taxon. : 764, 1375, 1684

Thaumaleus sp.
Régions : EGS
Étages/habitats : ?
Réf. faunist. : 1407
Réf. taxon. : 763, 764, 1684

60F : Copepoda Siphonostomatoida

Références taxonomiques générales : 594, 628, 708, 805, 806, 807, 1321, 1684

Albionella fabricii Rubec et Hogans, 1988
Régions : CLE
Étages/habitats : B /ecPP
Réf. faunist. : 1321a
Réf. taxon. : 1321a
Remarque : Sur l'Aiguillat noir *C. fabricii*

Albionella centroscylli (Hansen, 1923)
Régions : TNO
Étages/habitats : B /ecPP
Réf. faunist. : 803
Réf. taxon. : 805, 806
Remarque : Sur l'Aiguillat noir (*Centroscyllium fabricii*).

Aphanodomus terebellae (Levinsen, 1878)
Régions : S, EGS
Étages/habitats : C, B /ecPI
Réf. faunist. : 242, 456, 948
Réf. taxon. : 214, 215+, 948, 1683b, 1684
Remarque : Sur polychètes Terebellidae.

Artotrogus orbicularis Boeck, 1859
Régions : EGS
Étages/habitats : C /ecP
Réf. faunist. : 242, 337
Réf. taxon. : 594, 663, 1373, 1684
Remarque : Capturé à l'état libre près du fond; hôtes inconnus.

Caligus coryphaenae (Kröyer, 1863)
Régions : IPE
Étages/habitats : éps/ecPP
Réf. faunist. : 714d
Réf. taxon. : 805, 806, 807
Remarque : Sur des Thons rouges (*Thunnus thynnus*).

Caligus curtus O.F. Müller, 1785
Régions : EGS
Étages/habitats : C /ecPP
Réf. faunist. : 242, 674
Réf. taxon. : 452, 805, 806, 807, 1163a, 1684
Remarque : Sur la Morue franche (*Gadus morhua*).

Caligus elongatus Edwards, 1840
Régions : EM
Étages/habitats : /ecPP
Réf. faunist. : 1558, 1559
Réf. taxon. : 225, 452, 663, 805, 806, 807, 1163, 1548, 1684
Remarque : Sur le Flétan atlantique (*Hippoglossus hippoglossus*).

Cecrops latreilli Leach, 1816
Régions : IM
Étages/habitats : éps /ecPP
Réf. faunist. : 242, 332
Réf. taxon. : 805, 806, 807, 1684
Remarque : Sur branchies du Môle commun (*Mola mola*).

Choniostomatidae
Régions : EM
Étages/habitats : M, I, C /ecPI
Réf. faunist. : 337
Réf. taxon. : 202
Remarque : Dans le marsupium d'Amphipodes Gammaridiens (*Anonyx*).

Clavella adunca (Ström, 1762)
Régions : EGS, IM, IPE
Étages/habitats : C /ecPP
Réf. faunist. : 28, 242, 674
Réf. taxon. : 452, 614a+, 634, 663, 708, 805, 806, 807, 1391, 1684
Remarque : Sur la Morue franche (*Gadus morhua*).

Clavella stichaei (Kröyer, 1863)
Régions : EM
Étages/habitats : /ecPP
Réf. faunist. : 1558, 1559
Réf. taxon. : 634, 708, 806, 1684
Remarque : Sur nageoires de Lycode de Vahl (*Lycodes vahlii*).

Cavellisa cordata Wilson, 1915
Régions : IPE
Étages/habitats : éps /ecPP
Réf. faunist. : 892a, 1321
Réf. taxon. : 1321, 1684
Remarque : Sur l'Alose d'été (*Alosa aestivalis*) et sur le Gaspareau (*A. pseudoharengus*).

Cyclorhiza eteonicola Heegaard, 1943
Régions : EM
Étages/habitats : I /ecPI
Réf. faunist. : 948
Réf. taxon. : 429, 594
Remarque : Sur le Polychète *Eteone longa*.

Dendrapta cameroni (Heller, 1949)
Régions : EGS
Étages/habitats : C /ecPP
Réf. faunist. : 674
Réf. taxon. : 674, 804, 806
Remarque : Sur le Raie *Raja scabrata*.

Dinemoura producta (O.F. Müller, 1785)
Régions : EGS
Étages/habitats : éps /ecPP
Réf. faunist. : 242
Réf. taxon. : 366, 805, 806, 807, 1684, 1703
Remarque : Sur le Requin pèlerin (*Cetorhinus maximus*).

Haemobaphes cyclopterina (O. Fabricius, 1780)
Régions : EGS, EM
Étages/habitats : /ecPP
Réf. faunist. : 242, 591a, 1250, 1558
Réf. taxon. : 134, 591a, 663, 805, 806, 807, 1391, 1684
Remarque : Sur les branchies de poissons Liparidae, Zoarcidae et Cottidae.

Hatschekia hippoglossi (Kröyer, 1837)
Régions : IM, AN, AS
Étages/habitats : /ecPP
Réf. faunist. : 1312
Réf. taxon. : 805, 806, 807, 1684
Remarque : Sur les flétans *Hippoglossus hippoglossus* et *Reinhardtius hippoglossoides*.

Herpyllobius polynoes (Kröyer, 1863)
Régions : G, EGS, EM
Étages/habitats : C /ecPI
Réf. faunist. : 242, 948, 1013
Réf. taxon. : 594, 948, 949, 1684
Remarque : Sur polychètes Polynoidae

Lepeophtheirus hippoglossi (Kröyer, 1837)
Régions : IM, CLH, BCN, AN, AS
Étages/habitats : B /ecPP
Réf. faunist. : 242, 1312
Réf. taxon. : 805, 806, 807, 1684
Remarque : Sur les flétans *Hippoglossus hippoglossus* et *Reinhardtius hippoglossoides*.

Lepeophtheirus salmonis (Kröyer, 1837)
Régions : EGS, EM, IPE, TNO, TNS
Étages/habitats : /ecPP
Réf. faunist. : 555, 674, 746a, 1212a, 1247, 1250, 1357a
Réf. taxon. : 805, 806, 807, 903, 986, 1651b+, 1684
Remarque : Sur le Saumon atlantique (*Salmo salar*) et l'Omble de fontaine (*Salvelinus fontinalis*) estuarienne; la date controversée de publication du binôme *Caligus salmonis* doit être 1837, puisque Kröyer a publié la figure (pl. VI, fig. 7) dans le volume 1,

numéro 6 de son Naturhistorisk Tidskrift, et la description dans le volume 2, numéro 1 (p. 13-15), paru en 1838. Une figure avec son binôme constituent une « indication » au sens du Code international de nomenclature zoologique.

Lernaeocera branchialis (Linné, 1767)
Régions : EGS, IM, IPE, HCN, MCN, BCN, CLA, CLE, CLI, TNO, TNS
Étages/habitats : C, B /ecPP
Réf. faunist. : 28, 242, 674, 822, 1530
Réf. taxon. : 452, 663, 805, 806, 807, 1041, 1684
Remarque : Larves sur la Poule de mer (*Cyclopterus lumpus*) et adultes sur la Morue franche (*Gadus morhua*).

Lernaeopodina longimana (Olsson, 1869)
Régions : EM
Étages/habitats : /ecPP
Réf. faunist. : 1558, 1559
Réf. taxon. : 805, 806, 807, 1684
Remarque : Sur branchies de la raie *Raja scabrata*.

Melinnacheres steenstrupi (Bresciani et Lützen, 1961)
Régions : EGS
Étages/habitats : C /ecPI
Réf. faunist. : 242, 948
Réf. taxon. : 213, 216, 594, 948, 1684
Remarque : Sur le polychète *Terebellides stroemi*.

Melinnacheres terebellidis (Levinsen, 1878)
Régions : EGS
Étages/habitats : I /ecPI
Réf. faunist. : 242, 948
Réf. taxon. : 213, 216, 948, 1684
Remarque : Sur le polychète *Terebellides stroemi*.

Neobrachiella rostrata (Kröyer, 1837)
Régions : IM, EM, MCN, BCN, CLA, CLE, CLS, AN
Étages/habitats : /ecPP
Réf. faunist. : 36, 1312
Réf. taxon. : 805, 806, 807, 1317
Remarque : Sur branchies des flétans *Hippoglossus hippoglossus* et *Reinhardtius hippoglossoides*.

Peniculus clavatus (O.F. Müller, 1779)
Régions : EGS, EM
Étages/habitats : C /ecPP
Réf. faunist. : 242, 1250, 1558, 1559
Réf. taxon. : 806, 1684
Remarque : Sur la nageoire dorsale des Faux-trigles *Triglops murrayi* et *T. pingeli*.

Pennella filosa (Linné, 1758)
Régions : IM
Étages/habitats : /ecPP
Réf. faunist. : 242
Réf. taxon. : 805, 806, 807, 1684
Remarque : Sur le Môle commun (*Mola mola*).

Salmincola edwardsi (Olsson, 1869)
Régions : MCN, IPE
Étages/habitats : éps /ecPP, D
Réf. faunist. : 125b, 125c, 555, 1684
Réf. taxon. : 806
Remarque : Sur branchies de populations estuariennes d'Omble de fontaine (*Salvelinus fontinalis*) anadromes.

Schistobrachia ramosa (Kröyer, 1863)
Régions : EM
Étages/habitats : ? /ecPP, D
Réf. faunist. : 1559
Réf. taxon. : 804, 805, 806, 807, 925b
Remarque : Sur les branchies de la Raie épineuse (*Raja scabrata*).

Sphaeronella n. sp.
Régions : MCN
Étages/habitats : /ecPI
Réf. faunist. : D. Marcogliese (comm. pers.)
Réf. taxon. : 594, 628, 1684
Remarque : Dans le marsupium de l'amphipode *Orchomenella pinguis*.

Sphyrion lumpi (Kröyer, 1845)
Régions : G, CLH, CLE, CLI
Étages/habitats : B /ecPP
Réf. faunist. : 242, 1073, 1529
Réf. taxon. : 708, 805, 806, 807, 1391, 1684
Remarque : Sur les branchies des Sébastes (*Sebastes fasciatus* et *S. mentella*).

62 : Branchiura

Références taxonomiques générales : 367, 806, 1038a, 1682b, 1684, 1685a, 1703

Argulus alosae Gould, 1841
Régions : G, EGS, IPE
Étages/habitats : /ecPP, D, E
Réf. faunist. : 555, 788, 1038a, 1661, 1682b, 1683a, 1684
Réf. taxon. : 367, 806, 1038a, 1682b, 1684, 1685a
Remarque : Sur Épinoche à trois épines (*Gasterosteus aculeatus*) et Omble de fontaine (*Salvelinus fontinalis*).

Argulus canadensis Wilson, 1916
Régions : S, EM, IPE
Étages/habitats : M /ecPP, D
Réf. faunist. : 242, 456, 1240, 1685
Réf. taxon. : 367, 806, 1038a, 1357a, 1685, 1685a
Remarque : Sur l'Omble de fontaine (*Salvelinus fontinalis*), l'Éperlan (*Osmerus mordax*) et

l'Épinoche (*Gasterosteus aculeatus*) au milieux euryhalins; Cressey (1978, réf. 367), Margolis et Arthur (1979, réf. 925b), Kabata (1988, réf. 806) et McDonald et Margolis (1995, réf. 1008) semblent tous accepter l'opinion de Meehean (1940, réf. 1038a) qui place *A. canadensis*, parasite de poissons (Salmonidae, Osméridae et Gastérostéidae) souvent anadromes ou euryhalins, en synonymie avec *A. stizostethii*, parasite de différentes familles de poissons plus exclusivement dulcicoles. Or Wilson (1944, réf. 1685a), qu'aucun de ces auteurs ne cite, critique plusieurs synonymies mal justifiées de Meehean, et redécrit *A. canadensis* en rétablissant sa validité. Seuls Sandeman et Pippy (1967, réf. 1357a), qui citent Wilson (1944, réf. 1685a) et décrivent leurs spécimens conservent *A. canadensis* en appuyant leur opinion sur cette nouvelle description. Poulin et FitzGerald (1989, réf. 1240) utilisent le binôme *A. canadensis* sans même y apposer le nom de Wilson! Un nouvel examen de la question paraît nécessaire, mais la démonstration de Wilson nous paraît convaincante pour le moment.

Argulus megalops Smith, 1874
Régions : IM, IPE
Étages/habitats : /ecPP
Réf. faunist. : 242, 1312, 1685a
Réf. taxon. : 367, 806, 1038a, 1684, 1685a

63 : Cirripedia

Références taxonomiques générales : 606, 899+, 1110+, 1717

63A : Cirripedia Thoracica

Références taxonomiques générales : 79, 180, 1112, 1123, 1208, 1209, 1451

Balanus balanus (O. Fabricius, 1780)
Régions : G, S, EAM, EGS, IM, EM, IPE, HCN, MCN, BCN, AN, AS, TNO
Étages/habitats : M, I, C, B
Réf. faunist. : 50, 111, 175, 193, 242, 253c, 266, 333, 337, 412, 415c, 456, 524, 726, 950, 1158, 1159, 1161, 1209, 1248, 1467, 1661
Réf. taxon. : 32, 70+, 79, 180, 225, 369+, 559, 606, 663, 899+, 1062, 1123, 1209, 1717

Balanus crenatus Bruguière, 1789
Régions : G, S, EGN, EAM, EGS, EAV, IM, EM, IPE, HCN, MCN, BCN, AS, TNO
Étages/habitats : (M), I, C
Réf. faunist. : 26, 32, 33, 50, 84, 85, 164, 166, 167, 174, 175, 176, 176a, 177, 195, 210a, 312a, 314, 333, 337, 412, 415b, 415c, 456, 524, 726, 1159, 1161, 1247, 1324, 1407, 1439, 1467, 1603b, 1661
Réf. taxon. : 79, 180, 225, 559, 606, 663, 688+, 899+, 1062, 1112, 1123, 1209, 1261+, 1262+, 1717

Balanus improvisus Darwin, 1854
Régions : G, EGS, IM, EM, IPE, BCN
Étages/habitats : I
Réf. faunist. : 32, 174, 175, 176, 176a, 180, 194, 312a, 337, 738, 739, 775a, 1407, 1538
Réf. taxon. : 79, 180, 225, 606, 663, 784+, 898+, 899+, 1123, 1717

Chirona hameri (Ascanius, 1767)
Régions : EM, TNO
Étages/habitats : C
Réf. faunist. : 337, 415b, 415c, 726, 1250
Réf. taxon. : 79, 180, 225, 368+, 606, 899+, 1123, 1717
Remarque : Nilsson-Cantell (1978, réf. 1123) orthographie *C. hammeri*

Conchoderma auritum (Linné, 1776)
Régions : MCN
Étages/habitats : ép /ecPM
Réf. faunist. : 84
Réf. taxon. : 606, 663, 1086+, 1123, 1208, 1717
Remarque : Sur les plaques de la balane, elle-même sur le *Coronula diadema*, elle-même sur le Rorqual à bosse.

Coronula diadema (Linné, 1767)
Régions : G, EGS, MCN
Étages/habitats : ép /ecPM
Réf. faunist. : 84, 239, 242, 412, 1158, 1159, 1161, 1661
Réf. taxon. : 559, 606, 1123, 1209, 1717
Remarque : Sur le peau du Rorqual à bosse (*Megaptera novaengliae*).

Lepas anatifera Linné, 1758
Régions : IM, MCN
Étages/habitats : éps
Réf. faunist. : 32, 175, 523, 524
Réf. taxon. : 79, 180, 224, 225, 606, 663, 1041, 1086+, 1123, 1208, 1717
Remarque : Épibenthique sur épaves en dérive.

Lepas hilli (Leach, 1818)
Régions : EGS
Étages/habitats : éps
Réf. faunist. : 1250
Réf. taxon. : 79, 180, 224, 606, 663, 1123, 1208, 1717
Remarque : Épibenthique sur épaves en dérive.

Scalpellum michellottianum Seguenza, 1876
Régions : CLH

Étages/habitats : B
Réf. faunist. : 337, 920, 925, 1046a
Réf. taxon. : 79, 606, 1086+, 1123, 1208

Semibalanus balanoides (Linné, 1767)
Régions : EGN, EAM, EGS, EAV, IM, EM, IPE, HCN, MCN, BCN, AS, TNO, TNS
Étages/habitats : M, (I, C)
Réf. faunist. : 26, 32, 33, 164, 166, 167, 175, 176, 176a, 177, 180, 242, 266, 314, 333, 337, 338, 414, 436a, 524, 726, 788, 937, 938, 1158, 1161, 1248, 1277a, 1407, 1603b, 1661
Réf. taxon. : 79, 180, 225, 369+, 559, 606, 663, 899+, 1062, 1110+, 1112, 1123, 1209, 1261+, 1548+, 1712, 1717

63B : Cirripedia Rhizocephala

Références taxonomiques générales : 150, 714

Peltogaster paguri Rathke, 1842
Régions : EGS, BCN
Étages/habitats : C /enPI, ecPI
Réf. faunist. : 242, 337, 1439, 1661
Réf. taxon. : 150, 663, 714, 1031a, 1390+, 1569b, 1569c, 1584+, 1717
Remarque : Sur *Pagurus arcuatus* et *Pagurus pubescens.*

63C : Cirripedia Ascothoracida

Références taxonomiques générales : 606

Dendrogaster elegans Wagin, 1950
Régions : EGS, EM
Étages/habitats : C /enPI
Réf. faunist. : 242, 607
Réf. taxon. : 607, 1575
Remarque : Dans le coelome de *Leptasterias polaris.*

Dendrogaster sp.
Régions : EM
Étages/habitats : C, B /enPI
Réf. faunist. : 620
Réf. taxon. : 620, 1031a+
Remarque : Dans le coelome de *Hippasteria phrygiana.*

63D : Cirripedia Acrothoracica

Références taxonomiques générales : 1123, 1549a

Trypetesa lampas (Hancock, 1849)
Régions : G
Étages/habitats : /enPI
Réf. faunist. : 1717
Réf. taxon. : 606, 663, 1123, 1549a, 1550, 1717
Remarque : Dans coquilles de gastropodes.

64 : Leptostraca

Références taxonomiques générales : 690, 1001, 1062

Nebalia bipes (O.Fabricius, 1780)
Régions : S, EGS, EAV, EM, CLH, BCN
Étages/habitats : I, C, (B)
Réf. faunist. : 152, 241, 242, 332, 337, 456, 923, 924, 1159, 1161, 1658, 1661
Réf. taxon. : 382, 559, 663, 978+, 1001, 1062, 1704

Nebaliella caboti Clark, 1932
Régions : CLI
Étages/habitats : B
Réf. faunist. : 315
Réf. taxon. : 315, 690, 1001

68 : Mysidacea

Références taxonomiques générales : 559, 909, 1000, 1002, 1002, 1130, 1360, 1362, 1365, 1524, 1525, 1704

Amblyops abbreviata (M. Sars, 1869)
Régions : EGN, EGS, EM, CLH
Étages/habitats : (C), B /s
Réf. faunist. : 337, 735, 920, 925, 1473a, 1700
Réf. taxon. : 1130, 1360, 1524, 1525, 1704

Amblyops kempi (Holt et Tattersall, 1905)
Régions : EM
Étages/habitats : B /s
Réf. faunist. : 337, 735
Réf. taxon. : 1130, 1525

Boreomysis arctica (Kröyer, 1861)
Régions : G, S, EGN, EM, CLS, CLH, CLI, TNO
Étages/habitats : (I, C), B /s
Réf. faunist. : 152, 236, 238, 242, 332, 337, 455, 456, 789, 925, 1248, 1272, 1407, 1700
Réf. taxon. : 234, 1365, 1524, 1525

Boreomysis nobilis G.O. Sars, 1885
Régions : S, TNO
Étages/habitats : (I), C, B /s
Réf. faunist. : 323, 337, 426, 789, 1272, 1523, 1700
Réf. taxon. : 234, 1366

Boreomysis tridens G.O. Sars, 1870
Régions : G, EM, CLS, CLH, CLI, TNO
Étages/habitats : B /s
Réf. faunist. : 236, 242, 337, 726, 735, 789, 925, 1248, 1473a, 1523, 1700
Réf. taxon. : 234, 1365, 1524, 1525

Boreomysis tridens var. *lobata* Nouvel, 1942
Régions : G, S, EM, CLH, CLI, CLS

Étages/habitats : (I, C), B /s
Réf. faunist. : 152, 236, 242, 332, 456, 1700
Réf. taxon. : 234, 1129

Erythrops abyssorum G.O. Sars, 1869
Régions : EM, MCN, CLH, CLI
Étages/habitats : B /s
Réf. faunist. : 337, 461, 1700
Réf. taxon. : 1130, 1360, 1525, 1704

Erythrops erythrophthalma (Goës, 1864)
Régions : G, S, EGN, EGS, IM, EM, IPE, MCN, AN, AS, TNO
Étages/habitats : (I), C, (B) /s
Réf. faunist. : 236, 238, 241, 242, 312a, 337, 347, 426, 455, 456, 461, 726, 867, 872, 875, 923, 1229, 1230, 1231, 1272, 1523, 1700
Réf. taxon. : 234, 1130, 1360, 1524, 1525, 1704

Erythrops microps (G.O. Sars, 1864)
Régions : EGN, EGS, CLE, CLI, TNO
Étages/habitats : C
Réf. faunist. : 461, 1700
Réf. taxon. : 1130, 1360, 1525

Hansenomysis fyllae (Hansen, 1887)
Régions : G, CLH
Étages/habitats : B /s
Réf. faunist. : 337, 1525
Réf. taxon. : 629, 1130, 1525

Meterythrops robusta S. I. Smith, 1879
Régions : G, S, EGN, EGS, IM, EM, MCN, CLH, CLA, AN, AS, IPE, TNO
Étages/habitats : I, C, (B) /s
Réf. faunist. : 236, 238, 241, 242, 312a, 337, 456, 461, 1229, 1230, 1231, 1407, 1661, 1700
Réf. taxon. : 234, 1130, 1365, 1524

Mysidetes farrani (Holt et Tattersall, 1905)
Régions : EM
Étages/habitats : B /s
Réf. faunist. : 337
Réf. taxon. : 882, 1130, 1525

Mysis gaspensis O. Tattersall, 1954
Régions : G, S, EGN, EGS, EAV, IM, EM, IPE, MCN, BCN, AN, AS, TNO, TNS
Étages/habitats : M, I, B /s
Réf. faunist. : 152, 177, 193, 194, 236, 242, 332, 337, 455, 456, 461, 726, 1353, 1522
Réf. taxon. : 234, 720, 1522

Mysis litoralis (Banner, 1948)
Régions : S, EAM, EAV, EM
Étages/habitats : I, C, (B) /s
Réf. faunist. : 152, 332, 337, 426, 427, 450, 735, 789, 899a, 1272
Réf. taxon. : 234, 1041

Mysis mixta Lilljeborg, 1852
Régions : G, S, EGN, EGS, IM, EM, IPE, MCN, CLH, BCN, AN, AS, TNO
Étages/habitats : (I), C, (B) /s
Réf. faunist. : 236, 238, 241, 242, 253c, 266, 312a, 337, 347, 456, 726, 867, 870, 872, 875, 923, 924, 925, 1229, 1230, 1231, 1248, 1407, 1523, 1700
Réf. taxon. : 225, 234, 720, 1130, 1365, 1522, 1524, 1704

Mysis oculata (O. Fabricius, 1780) [?]
Régions : S, EGS, EM, BCN, AS, TNO
Étages/habitats : I, C, B
Réf. faunist. : 238, 337, 735, 778, 1158, 1159, 1272, 1407, 1467, 1523, 1661
Réf. taxon. : 57, 234, 719, 1041, 1130, 1365, 1522, 1704
Remarque : Toutes les mentions de cette espèce qui sont antérieures à Holmquist (1958, réf. 719) (redescription de *Mysis litoralis*) sont suspectes; celles de Huberdeau (1980, réf. 735) et de Rainville (1979, réf. 1272) : spécimens non conservés, devraient être confirmées.

Mysis relicta Lovén, 1862 [??]
Régions : S
Étages/habitats : p
Réf. faunist. : 1272
Réf. taxon. : 57, 234, 379a, 720, 1130, 1522, 1525
Remarque : Dadswell (1974, réf. 379a) cartographie l'absence de cette espèce dans le Saguenay. Cette unique mention du Golfe (probablement du Saguenay, mais pas précisée), d'après un ou des spécimens non conservés, devrait être confirmée en raison des difficultés d'identification, de l'habitat généralement dulcicole et vu l'extrême abondance de *Mysis litoralis* espèce très semblable.

Mysis stenolepis S. I. Smith, 1873
Régions : G, S, EAM, EGS, EAV, IM, EM, IPE, MCN, TNO, TNS
Étages/habitats : (M), I, (C) /s
Réf. faunist. : 84, 152, 174, 176, 176a, 177, 236, 242, 253b, 332, 337, 450, 455, 456, 461, 476, 720, 771, 775a, 778, 789, 899a, 923, 924, 1085a, 1247, 1272, 1522, 1523, 1538a
Réf. taxon. : 225, 234, 720, 1437, 1522, 1524

Neomysis americana (S.I. Smith, 1873)
Régions : G, S, EAM, EGS, EAV, IM, EM, IPE, TNO, TNS
Étages/habitats : (M), I /s
Réf. faunist. : 176, 177, 195, 236, 242, 254, 312, 312a, 337, 450, 456, 476, 726, 775a, 899a, 1247, 1324, 1407, 1522, 1523, 1538a
Réf. taxon. : 225, 234, 1437, 1524, 1673

Parerythrops obesa (G.O. Sars, 1864)
Régions : EGN, EGS, EM, CLE, TNO
Étages/habitats : (C), B /s
Réf. faunist. : 337, 461, 1700
Réf. taxon. : 1130, 1131, 1360, 1525, 1704

Praunus flexuosus (O.F. Müller 1776)
Régions : IPE
Étages/habitats : I /s
Réf. faunist. : 193
Réf. taxon. : 663, 1130, 1365, 1525, 1704

Pseudomma affine G.O. Sars, 1870
Régions : EGS, EM, AN
Étages/habitats : (C), B /s
Réf. faunist. : 337, 1700
Réf. taxon. : 234, 1130, 1131, 1360, 1525

Pseudomma roseum G. O. Sars, 1870
Régions : EGN, EGS, CLH
Étages/habitats : B /s
Réf. faunist. : 337, 920, 925, 1523, 1658, 1661, 1700
Réf. taxon. : 234, 629, 1130, 1360, 1524, 1704

Pseudomma truncatum S. I. Smith, 1879
Régions : G, S, EGN, EGS, IM, EM, IPE, MCN, AN, AS, TNO
Étages/habitats : (I), C, (B) /s
Réf. faunist. : 152, 236, 238, 241, 242, 312a, 332, 337, 426, 456, 461, 869, 870, 872, 1229, 1230, 1231, 1272, 1407, 1523, 1661, 1700
Réf. taxon. : 234, 1130, 1365, 1524, 1704

Stilomysis grandis (Goës, 1863)
Régions : G, S, EGS, MCN, BCN
Étages/habitats : C /s
Réf. faunist. : 236, 242, 1230, 1272, 1306, 1700
Réf. taxon. : 234, 1365, 1524, 1704

69 : Cumacea

Références taxonomiques générales : 46, 47, 274, 559, 785, 786, 939, 1267, 1370, 1473, 1631, 1632, 1704, 1714, 1716

Brachydiastylis resima (Kröyer, 1846)
Régions : EGS, EM, IPE
Étages/habitats : ?
Réf. faunist. : 266, 337, 601, 602, 920, 923, 924, 1300b
Réf. taxon. : 787, 939, 1370, 1473, 1631, 1704

Campylaspis horrida G.O.Sars, 1870
Régions : EM, CLH
Étages/habitats : B
Réf. faunist. : 920, 923, 1300b
Réf. taxon. : 633, 939, 1370, 1473

Campylaspis rubicunda (Liljeborg, 1855)
Régions : EGS, EAV, EM, IPE
Étages/habitats : I, C, B
Réf. faunist. : 266, 337, 735, 920, 923, 924, 1045, 1300b
Réf. taxon. : 633, 785, 787, 939, 1363, 1370, 1473, 1631, 1704

Cumella carinata (Hansen, 1887)
Régions : EGN, EGS, CLH
Étages/habitats : C
Réf. faunist. : 337, 602, 920, 925
Réf. taxon. : 274, 939, 1473

Diastylis abbreviata G.O. Sars, 1871
Régions : EM
Étages/habitats : B
Réf. faunist. : 332, 337, 1300b, 1425a
Réf. taxon. : 1361, 1473, 1631, 1716

Diastylis edwardsii (Kröyer, 1841)
Régions : EGS, EM
Étages/habitats : I, C
Réf. faunist. : 241, 242, 337, 601, 602, 923, 924, 1300b
Réf. taxon. : 559, 785, 939, 1370, 1704, 1713

Diastylis glabra labradorensis Zimmer, 1930
Régions : EGS, EM, BCN
Étages/habitats : I, C
Réf. faunist. : 241, 242, 337, 1248, 1250, 1300b, 1716
Réf. taxon. : 939, 1704, 1714
Remarque : *Diastylis glabra* et ses sous-espèces sont considérées par Watling (1979, réf. 1631) comme synonymes de *D. rathkei*, espèce très variable. Tout le complexe *D. rathkei-glabra-oxyrhyncha* (espèces proches parentes) de Zimmer (1926 et 1930, réf. 1713 et 1714) doit être revisé.

Diastylis glabra typica Zimmer, 1929
Régions : EGS, EM
Étages/habitats : C
Réf. faunist. : 337, 1045, 1156
Réf. taxon. : 785, 939, 1704, 1714
Remarque : *Diastylis glabra* et ses sous-espèces sont considérées par Watling (1979, réf. 1631) comme synonymes de *D. rathkei*, espèce très variable. Tout le complexe *D. rathkei-glabra-oxyrhyncha* (espèces proches parentes) de Zimmer (1926 et 1930, réf. 1713 et 1714) doit être revisé.

Diastylis goodsiri (Bell, 1855)
Régions : EGS, CLH
Étages/habitats : C, B
Réf. faunist. : 242, 337
Réf. taxon. : 785, 939, 1370, 1631, 1704

Diastylis lucifera (Kröyer, 1841)
Régions : EM, IPE
Étages/habitats : I, C, B
Réf. faunist. : 1300b, 1658, 1661, 1716
Réf. taxon. : 785, 787, 939, 1370, 1631, 1704

Diastylis oxyrhyncha Zimmer, 1926
Régions : G
Étages/habitats : ?
Réf. faunist. : 1714
Réf. taxon. : 785, 939, 1704, 1713, 1714
Remarque : *Diastylis glabra* et ses sous-espèces sont considérées par Watling (1979, réf. 1631) comme synonymes de *D. rathkei*, espèce très variable. Tout le complexe *D. rathkei-glabra-oxyrhyncha* (espèces proches parentes) de Zimmer (1926 et 1930, réf. 1713 et 1714) doit être revisé.

Diastylis polita S. I. Smith, 1879
Régions : EGS, IM, IPE
Étages/habitats : I, C
Réf. faunist. : 242, 771, 923, 1048a, 924, 1661, 1716
Réf. taxon. : 274, 274, 1631, 1714

Diastylis quadrispinosa G. O. Sars, 1871
Régions : EGS, IPE, BCN
Étages/habitats : I, C
Réf. faunist. : 241, 242, 266, 337, 601, 602, 923, 924, 1161, 1658, 1661, 1716
Réf. taxon. : 225, 274, 1361, 1631
Remarque : Jones (comm. pers) ramène cette espèce à *Diastylis bispinosa* (Stimpson, 1853).

Diastylis rathkei sarsi (Norman, 1902)
Régions : G
Étages/habitats : ?
Réf. faunist. : 1714, 1716
Réf. taxon. : 939, 1704, 1713, 1714
Remarque : *Diastylis glabra* et ses sous-espèces sont considérées par Watling (1979, réf. 1631) comme synonymes de *D. rathkei*, espèce très variable. Tout le complexe *D. rathkei-glabra-oxyrhyncha* (espèces proches parentes) de Zimmer (1926 et 1930, réf. 1713 et 1714) doit être revisé.

Diastylis rathkei typica Zimmer, 1926
Régions : G, S, EGS, EAV, IM, EM, IPE, BCN
Étages/habitats : M, I, C
Réf. faunist. : 152, 241, 242, 266, 312a, 332, 333, 337, 347, 385, 476, 875, 923, 924, 1159, 1161, 1300b, 1407, 1467, 1661
Réf. taxon. : 785, 787, 939, 1370, 1548+, 1631, 1704, 1713, 1714
Remarque : *Diastylis glabra* et ses sous-espèces sont considérées par Watling (1979, réf. 1631) comme synonymes de *D. rathkei*, espèce très variable. Tout le complexe *D. rathkei-glabra-oxyrhyncha* (espèces proches parentes) de Zimmer (1926 et 1930, réf. 1713 et 1714) doit être revisé.

Diastylis sculpta G. O. Sars, 1871
Régions : EGS, IM, EM, IPE
Étages/habitats : M, I, C
Réf. faunist. : 266, 333, 337, 385, 601, 602, 735, 920, 923, 924, 1300b, 1631, 1658, 1661, 1716
Réf. taxon. : 225, 1361, 1473, 1631, 1714

Diastyloides serrata (Sars, 1865) [??]
Régions : EM
Étages/habitats : B
Réf. faunist. : 1156
Réf. taxon. : 785, 787, 1370, 1473

Eudorella emarginata (Kröyer, 1846)
Régions : S, EGN, EGS, EM, IPE, CLH, TNO
Étages/habitats : I, C, B
Réf. faunist. : 152, 238, 241, 242, 266, 332, 337, 601, 602, 923, 924, 1045, 1156, 1300b, 1407, 1661, 1716
Réf. taxon. : 274, 785, 787, 939, 1370, 1473, 1631, 1704

Eudorella gracilis G.O. Sars, 1873
Régions : EGS
Étages/habitats : C
Réf. faunist. : 337, 920, 924
Réf. taxon. : 939, 1363, 1473, 1632

Eudorella hispida G.O. Sars, 1871
Régions : EM
Étages/habitats : B
Réf. faunist. : 332
Réf. taxon. : 274, 633, 939, 1361, 1473, 1631, 1716

Eudorella pusilla G. O. Sars, 1871
Régions : G, EGS, IPE
Étages/habitats : I, C
Réf. faunist. : 266, 337, 601, 602, 923, 924, 1631, 1661, 1716
Réf. taxon. : 225, 274, 939, 1361, 1370, 1473, 1631, 1716

Eudorella sp.
Régions : IM
Étages/habitats : I
Réf. faunist. : 1048a
Réf. taxon. : 939, 1473, 1631, 1632, 1716

Eudorellopsis biplicata Calman, 1912
Régions : EGS, EM
Étages/habitats : I, C

Réf. faunist. : 337, 601, 602, 920, 923, 924, 1300b
Réf. taxon. : 274, 939, 1473, 1631

Eudorellopsis deformis (Kröyer, 1846)
Régions : EGS, IM, EM, IPE
Étages/habitats : I, C
Réf. faunist. : 266, 337, 476, 601, 602, 920, 923, 924, 1048a, 1300b
Réf. taxon. : 785, 939, 975, 1361, 1370, 1473, 1631

Eudorellopsis integra (S. I. Smith, 1879)
Régions : G, EGS, EM, IPE, MCN
Étages/habitats : I, C
Réf. faunist. : 241, 242, 337, 601, 602, 923, 924, 1045, 1300b, 1631, 1661, 1716
Réf. taxon. : 939, 939, 1473, 1631

Lamprops fasciata Sars, 1863
Régions : MCN
Étages/habitats : I
Réf. faunist. : 332
Réf. taxon. : 663, 785, 787, 939, 1370, 1473, 1704

Lamprops fuscata G.O. Sars, 1865
Régions : EGS, EM
Étages/habitats : I, C
Réf. faunist. : 337, 601, 602, 923, 924, 1045, 1300b
Réf. taxon. : 274, 785, 939, 1370, 1473, 1631, 1704

Lamprops quadriplicata S.I. Smith, 1879
Régions : EGS, EAV, IM, EM, IPE
Étages/habitats : M, I, C
Réf. faunist. : 242, 266, 337, 476, 923, 924, 1045, 1048a, 1300b
Réf. taxon. : 225, 274, 274, 939, 1473, 1631, 1716

Leptostylis ampullacea (Lilljeborg, 1855)
Régions : EGN, EGS, EM, CLH
Étages/habitats : I, C
Réf. faunist. : 337, 920, 925, 1300b
Réf. taxon. : 787, 939, 1370, 1473, 1631, 1704, 1716

Leptostylis longimana (Sars, 1865)
Régions : EM, IPE
Étages/habitats : I, C, B
Réf. faunist. : 266, 332, 337, 1156, 1425a
Réf. taxon. : 785, 939, 1370, 1473, 1631, 1704, 1716

Leptostylis villosa G.O. Sars, 1869
Régions : EGS, EM, IPE
Étages/habitats : I, C, B
Réf. faunist. : 266, 337, 735, 920, 923, 924, 1045, 1300b
Réf. taxon. : 785, 787, 939, 1370, 1473, 1704

Leucon acutirostris G.O. Sars, 1865
Régions : EGS, EM
Étages/habitats : I, C, B
Réf. faunist. : 337, 601, 602, 1045, 1300b
Réf. taxon. : 339, 785, 939, 1370, 1473, 1632, 1704
Remarque : Jones (comm. pers) nous spécifie que cette espèce appartient au sous-genre Leucon.

Leucon fulvus G.O. Sars, 1865
Régions : EGS, EM
Étages/habitats : I, C, B
Réf. faunist. : 337, 601, 602, 735, 1045, 1300b
Réf. taxon. : 339, 785, 939, 1370, 1473, 1632, 1704
Remarque : Jones (comm. pers) nous spécifie que cette espèce appartient au sous-genre Leucon.

Leucon nasica (Kröyer, 1841)
Régions : G, S, EGS, EM, IPE, TNO
Étages/habitats : I, C, B
Réf. faunist. : 152, 238, 241, 242, 266, 332, 337, 601, 602, 923, 924, 1045, 1156, 1300b, 1407, 1631, 1658, 1661, 1716
Réf. taxon. : 339, 785, 787, 939, 1370, 1473, 1631, 1632, 1704
Remarque : Jones (comm. pers) nous spécifie que cette espèce appartient au sous-genre Leucon.

Leucon nasicoides Liljeborg, 1855
Régions : G, S, EGN, EGS, EM, IPE, CLH, AS
Étages/habitats : I, C
Réf. faunist. : 152, 266, 332, 337, 601, 602, 735, 736, 920, 923, 924, 925, 1300b, 1661, 1716
Réf. taxon. : 339, 785, 939, 1370, 1473, 1631, 1632, 1704
Remarque : Jones (comm. pers) nous spécifie que cette espèce appartient au sous-genre Leucon.

Leucon pallidus G.O. Sars, 1865
Régions : EM
Étages/habitats : B
Réf. faunist. : 332, 337, 735, 1300b
Réf. taxon. : 339, 785, 939, 1363, 1370, 1473, 1704
Remarque : Jones (comm. pers) nous spécifie que cette espèce appartient au sous-genre Leucon.

Mancocuma altera Zimmer, 1943
Régions : EGS
Étages/habitats : ?
Réf. faunist. : 922
Réf. taxon. : 1630, 1715, 1716
Remarque : La distinction entre *M. stellifera,* décrite de la Moyenne Côte-Nord du golfe

du Saint-Laurent, et *M. altera* de la baie de Chesapeake, demeure confuse. Ledoyer (1970, 1971 et 1972, réf. 920, 921, 922) la maintient, mais il introduit une confusion de nomenclature. La distinction de Zimmer (1943, réf. 1715) est maintenue dans son article posthume (Zimmer, 1980, réf. 1716), mais Watling (1979, réf. 1631) la met en doute. Les collections disponibles doivent être réexaminées.

Mancocuma stellifera Zimmer, 1943
Régions : G, EGS, IM, EM, MCN
Étages/habitats : I, C
Réf. faunist. : 337, 476, 920, 1300b, 1631, 1715, 1716
Réf. taxon. : 785, 787, 975, 1630, 1631, 1715, 1716
Remarque : Voir *M. altera.*

Oxyurostylis smithi Calman, 1912
Régions : IM, IPE
Étages/habitats : I
Réf. faunist. : 332, 1538a
Réf. taxon. : 225, 274, 1473, 1631, 1716

Petalosarsia declivis (G.O. Sars, 1865)
Régions : S, EGS, EM
Étages/habitats : I, C, B
Réf. faunist. : 152, 332, 337, 601, 602, 735, 920, 923, 924, 1045, 1300b
Réf. taxon. : 785, 787, 939, 1370, 1473, 1631, 1704, 1716

Pseudoleptocuma minor (Calman, 1912)
Régions : G, EGN, EGS, IM
Étages/habitats : I
Réf. faunist. : 236, 337, 476, 771, 920, 924, 1048a, 1631
Réf. taxon. : 274, 1473, 1630, 1631

70 : Tanaidacea

Références taxonomiques générales : 559, 717, 1266, 1290, 1369, 1419, 1422, 1424, 1424a, 1704

Akanthophoreus gracilis (Kröyer, 1842)
Régions : S, EGS, EAV, EM
Étages/habitats : I, C, B
Réf. faunist. : 152, 242, 332, 337, 735, 895, 923
Réf. taxon. : 559, 630, 717, 895, 1369, 1423, 1704

Leptochelia sp.
Régions : EM
Étages/habitats : B
Réf. faunist. : 332
Réf. taxon. : 717, 895, 897, 1417
Remarque : Probablement *Pseudoleptochelia filum* selon nous.

Pseudoleptochelia filum (Stimpson, 1853)
Régions : G, EM, BCN
Étages/habitats : I, B
Réf. faunist. : 337, 895, 1159, 1161, 1661
Réf. taxon. : 895, 897, 1417

Pseudotanais sp.
Régions : EM
Étages/habitats : I, C
Réf. faunist. : 337, 735
Réf. taxon. : 717, 1418, 1704

Sphyrapus anomalus (G.O. Sars, 1869)
Régions : S, EGN, EAV, EM, CLH, BCN
Étages/habitats : I, C, B
Réf. faunist. : 152, 242, 332, 337, 385, 735, 895, 1248, 1250
Réf. taxon. : 559, 615, 895, 1369, 1704

Tanaissus psammophila (Wallace, 1919) [?]
Régions : CLH
Étages/habitats : B
Réf. faunist. : 925
Réf. taxon. : 1421, 1422, 1612
Remarque : Sieg (comm. pers., 1994) croyait se souvenir d'avoir réidentifié sous ce nom quelques spécimens du golfe du Saint-Laurent qu'on avait étiquetés *Leptognathia caeca.* Peut-être s'agit-il des trois spécimens bathyaux de Ledoyer (1975, réf. 925), les seuls que nous connaissions. Mais *T. psammophila* est connue surtout de fonds sablonneux infralittoraux au sud de la baie de Fundy (Sieg, 1983a, réf. 1421; 1983b, réf. 1422) et l'espèce européenne *T. lilljeborgi* occupe un habitat semblable.

71 : Isopoda

Références taxonomiques générales : 858, 859, 857, 1104, 1266, 1290, 1369, 1393, 1698, 1704

Aega psora (Linné, 1761)
Régions : G, EGN, EGS, IM, CLH, BCN, TNO
Étages/habitats : C, B /ecPI
Réf. faunist. : 242, 337, 726, 1290, 1658, 1661
Réf. taxon. : 229, 452, 559, 857, 1268, 1290, 1369, 1704
Remarque : Sur la Morue franche (*Gadus morhua*).

Anthuridae
Régions : EGS, EGN
Étages/habitats : C
Réf. faunist. : 920, 923
Réf. taxon. : 1393

Baeonectes muticus (G.O. Sars, 1864)
Régions : EGS, EM
Étages/habitats : C
Réf. faunist. : 337
Réf. taxon. : 337, 1513, 1612, 1687

Bopyroides hippolytes (Kröyer, 1838)
Régions : S, EGS
Étages/habitats : C /ecPI
Réf. faunist. : 242, 456, 1661
Réf. taxon. : 559, 632, 663, 1104, 1290, 1369, 1569b, 1569c, 1704
Remarque : Dans la chambre branchiale de crevettes Hippolytidae.

Caecognathia elongata (Kröyer, 1849)
Régions : S, EGN, EGS, EAV, EM, CLH, BCN
Étages/habitats : C, B /ecPP
Réf. faunist. : 36, 152, 242, 332, 337, 456, 735, 924, 925, 1156, 1159, 1161, 1661
Réf. taxon. : 275, 452, 632, 973, 1290, 1369, 1704
Remarque : Juvéniles sur Flétan du Groenland (*Reinhardtius hippoglossoides*).

Calathura brachiata (Stimpson, 1853)
Régions : S, EGN, EAM, EGS, EAV, EM, CLH
Étages/habitats : I, C, B
Réf. faunist. : 152, 242, 332, 337, 385, 456, 735, 925, 1156, 1248, 1657, 1658, 1661
Réf. taxon. : 559, 632, 858, 1042, 1290, 1369, 1606, 1704

Cancrion needleri Pearse et Walker, 1939
Régions : IPE
Étages/habitats : I /ecPI
Réf. faunist. : 1172
Réf. taxon. : 1172, 1393
Remarque : Sur le crabe *Dyspanopeus sayi*.

Chiridotea tuftsii (Stimpson, 1853)
Régions : EGS, IM
Étages/habitats : I, C
Réf. faunist. : 242, 476, 923, 924, 1048a
Réf. taxon. : 225, 1290

Cyathura polita (Stimpson, 1856) [??]
Régions : IM
Étages/habitats : I /E
Réf. faunist. : 1048a
Réf. taxon. : 1393, 1054a
Remarque : Il s'agit peut-être de la nouvelle limite nord de distribution de cette espèce extrêmement euryhaline (0–20 ‰, rarement jusqu'à 30 ‰), typique des hauts-estuaires de la côte atlantique nord-américaine (du golfe du Mexique à l'estuaire St-Jean, N.B.), mais adaptivement capricieuse (Burbanck *et al.*, 1979, réf. 250a). Son habitat marginal hors des lagunes des Iles-de-la-Madeleine (Burton *et al.*, 1978, réf. 253b), par 11 m de fond, n'est pas discordant avec l'amplitude de 0–20 m dans l'estuaire St-Jean ni avec sa rare présence en milieux franchement marins. Mais Burbanck (réf. 250a et 1054a) l'a recherchée sans succès dans ses habitats normaux de l'estuaire et du golfe Saint-Laurent. L'espèce a longtemps été confondue avec *C. carinata* (réf. 1290) qui occupe des habitats semblables en Europe. La mention de *C. carinata* dans les eaux gaspésiennes circalittorales (Ledoyer, 1975a, réf. 923), de même que celle de *C. polita* aux Iles-de-la-Madeleine, requièrent donc confirmation. Les travaux faunistiques ont probablement ignoré d'autres Anthuridae

Dajus mysidis Kröyer, 1849
Régions : EGS
Étages/habitats : C /ecPI
Réf. faunist. : 242, 337
Réf. taxon. : 632, 1290, 1369, 1704
Remarque : Sur l'abdomen de *Mysis mixta*.

Desmosomatidae
Régions : EGS, EM
Étages/habitats : C
Réf. faunist. : 337
Réf. taxon. : 289, 632, 689, 1514, 1698

Edotia triloba (Say, 1818)
Régions : EGN, EGS, EAV, EM, IM, IPE, MCN
Étages/habitats : M, I, C
Réf. faunist. : 333, 337, 436a, 923, 924, 1048a
Réf. taxon. : 222, 858, 1436, 1612

Eugerda tenuimana Sars, 1865
Régions : EM
Étages/habitats : I, C
Réf. faunist. : 337, 735
Réf. taxon. : 1369

Eurycope cornuta G. O. Sars, 1864
Régions : G, S, EGS, EM, CLH
Étages/habitats : I, C, B
Réf. faunist. : 152, 242, 332, 337, 456, 1290, 1661
Réf. taxon. : 559, 632, 1290, 1369, 1513, 1688, 1704

Eurycope inermis Hansen, 1916
Régions : EM
Étages/habitats : B
Réf. faunist. : 337, 735
Réf. taxon. : 632, 1513

Eurycope producta G.O. Sars, 1868
Régions : S, EGS, EM
Étages/habitats : I, C, B

Réf. faunist. : 152, 242, 332, 337, 456
Réf. taxon. : 559, 632, 1042, 1369, 1513, 1704

Hemiarthrus abdominalis (Kröyer, 1842)
Régions : S, EGS, EM, IPE, BCN
Étages/habitats : I, C /ecPI
Réf. faunist. : 9, 242, 337, 347, 456, 875, 1248, 1272, 1407, 1439, 1661
Réf. taxon. : 559, 1290, 1369, 1569b, 1569c
Remarque : Sur l'abdomen de crevettes Hippolytidae.

Ianiropsis sp.
Régions : EM
Étages/habitats : B
Réf. faunist. : 337
Réf. taxon. : 859, 1290, 1689

Idotea phosphorea Harger, 1873
Régions : G, EAM, EGS, EAV, IM, EM, IPE, HCN, MCN, TNS
Étages/habitats : M, I
Réf. faunist. : 32, 84, 168, 174, 176, 177, 242, 337, 450, 476, 775a, 923, 1089, 1247, 1290, 1407, 1658, 1661
Réf. taxon. : 225, 858, 1238, 1290

Idothea baltica (Pallas, 1772)
Régions : G, EGS, IM, EM, IPE, MCN, AS, TNO, TNS
Étages/habitats : M, I, C
Réf. faunist. : 84, 168, 174, 177, 242, 312, 312a, 337, 726, 771, 778, 788, 923, 1089, 1290, 1407, 1658, 1659, 1661
Réf. taxon. : 225, 559, 663, 858, 1104, 1238, 1290, 1369, 1704

Ilyarachna hirticeps G.O. Sars, 1870
Régions : EGN, CLH
Étages/habitats : C, B
Réf. faunist. : 920, 925
Réf. taxon. : 632, 1515, 1536, 1704

Ilyarachna longicornis (G.O. Sars, 1864)
Régions : S, EM
Étages/habitats : C, B
Réf. faunist. : 337
Réf. taxon. : 1042, 1369, 1536

Jaera albifrons Leach, 1814 *sensu stricto*
Régions : G, EAM, EGS, EAV, EM, IPE, HCN, EGN
Étages/habitats : M
Réf. faunist. : 242, 1602
Réf. taxon. : 149, 520, 859, 1041, 1104, 1443, 1444, 1602, 1689, 1704

Jaera albifrons Leach, 1814 *sensu lato*
Régions : EAM, EAV, EGS, IM, EM, IPE, MCN, BCN, TNO, TNS
Étages/habitats : M, I
Réf. faunist. : 32, 84, 168, 176, 176a, 177, 253b, 314, 332, 333, 337, 436a, 450, 476, 701a, 775a, 778, 1085a, 1089, 1158, 1209a, 1247, 1407, 1661
Réf. taxon. : 225, 559, 663, 859, 1041, 1104, 1290, 1369, 1602, 1689, 1704

Jaera ischiosetosa Forsman, 1949
Régions : G, EAM, EGS, EAV, IM, EM, IPE, HCN, TNO
Étages/habitats : M
Réf. faunist. : 242, 726, 1602
Réf. taxon. : 149, 520, 663, 859, 1104, 1443, 1444, 1602, 1689

Jaera posthirsuta Forsman, 1949
Régions : EAM, EGS, IM, IPE
Étages/habitats : ?
Réf. faunist. : 1602
Réf. taxon. : 143, 149, 859, 1443, 1444, 1602, 1689

Jaera praehirsuta Forsman, 1949
Régions : EGS, EAV, IM, EM, IPE, TNO, TNS
Étages/habitats : M
Réf. faunist. : 242, 726, 1602
Réf. taxon. : 149, 520, 663, 859, 1104, 1443, 1444, 1602, 1689

Janira alta (Stimpson, 1853)
Régions : EM, CLH
Étages/habitats : B
Réf. faunist. : 242, 337
Réf. taxon. : 632, 859, 1290, 1689

Limnoria borealis Kussakin, 1963
Régions : S, EGS, EM
Étages/habitats : I, C
Réf. faunist. : 240, 242, 332, 337, 456, 1250
Réf. taxon. : 240, 856, 857

Limnoria lignorum (Rathke, 1799)
Régions : G, EGS, IM, EM, IPE, TNO, TNS
Étages/habitats : I, C
Réf. faunist. : 147, 240, 242, 481a, 726, 1010, 1290, 1467, 1658, 1661
Réf. taxon. : 240, 663, 856, 857, 1104, 1369, 1704

Liriopsis pygmaea (Rathke, 1843)
Régions : EGS, MCN
Étages/habitats : C /ecPI
Réf. faunist. : 242, 337
Réf. taxon. : 663, 1369
Remarque : Hyperparasite sur le Rhizocéphale *Peltogaster paguri*.

Munna acanthifera Hansen, 1916
Régions : S, EM

Étages/habitats : C, B
Réf. faunist. : 152, 332, 337
Réf. taxon. : 632, 859, 1042, 1704

Munna boecki Kröyer, 1846
Régions : EM
Étages/habitats : C
Réf. faunist. : 337
Réf. taxon. : 632, 859

Munna fabricii Kröyer, 1846
Régions : S, EGS, EAV, EM
Étages/habitats : C, B
Réf. faunist. : 152, 332, 337
Réf. taxon. : 632, 859, 1704

Munna hanseni Stappers, 1911
Régions : EAV, EM
Étages/habitats : C
Réf. faunist. : 337
Réf. taxon. : 632, 663, 859, 1704

Munna kroyeri Goodsir, 1842
Régions : S
Étages/habitats : C
Réf. faunist. : 152, 332
Réf. taxon. : 152, 632, 859, 1104

Munna limicola G.O. Sars, 1866
Régions : EM
Étages/habitats : C, B
Réf. faunist. : 337
Réf. taxon. : 859, 1369

Munna minuta Hansen, 1909
Régions : EM
Étages/habitats : ?
Réf. faunist. : 337
Réf. taxon. : 632, 663, 859, 1104, 1704

Munnopsis typica M. Sars, 1860
Régions : G, S, EGN, EGS, EAV, EM, CLH
Étages/habitats : I, C, B
Réf. faunist. : 152, 241, 242, 332, 337, 456, 735, 925, 1248, 1290, 1473a, 1657, 1658, 1660, 1661
Réf. taxon. : 559, 1290, 1369, 1704

Pleurogonium inerme Sars, 1882
Régions : S, EGS, EM
Étages/habitats : I, C, B
Réf. faunist. : 152, 332, 337
Réf. taxon. : 632, 859, 1704

Pleurogonium intermedium Hansen, 1916
Régions : S, EM
Étages/habitats : C, B
Réf. faunist. : 337
Réf. taxon. : 632, 859

Pleurogonium rubicundum (Sars, 1864)
Régions : EGS
Étages/habitats : I, C
Réf. faunist. : 337
Réf. taxon. : 632, 663, 859, 1704

Pleurogonium spinosissimum (G.O. Sars, 1866)
Régions : S, EAV, EM
Étages/habitats : I, C, B
Réf. faunist. : 152, 332, 337, 735
Réf. taxon. : 859, 1612, 1704

Politolana polita (Stimpson, 1853)
Régions : EGS, EAV, IM
Étages/habitats : I, C /ecPP
Réf. faunist. : 242, 337, 1048a
Réf. taxon. : 225, 228, 857, 1290, 1651

Synidotea bicuspida (Owen, 1839)
Régions : S, EGS, EAV, EM
Étages/habitats : M, I, C, B
Réf. faunist. : 152, 242, 332, 333, 337, 385, 456, 735, 778, 923, 924, 1467, 1658, 1661
Réf. taxon. : 858, 1043, 1238, 1290, 1704

Synidotea nodulosa (Kröyer, 1846)
Régions : S, EGS, EAV, IM, EM, MCN
Étages/habitats : I, C, B
Réf. faunist. : 152, 242, 332, 337, 347, 385, 456, 735, 923, 924
Réf. taxon. : 858, 1238, 1269, 1290, 1704

Syscenus infelix Harger, 1880
Régions : EM, CLH
Étages/habitats : B /ecPP
Réf. faunist. : 242, 337, 925
Réf. taxon. : 229, 857, 1268, 1290, 1369, 1591b
Remarque : On ne connaît pas les espèces de poissons qui, dans le Golfe, servent d'hôtes à cet ectoparasite très mobile qu'on a capturé à l'état libre.

72 : Amphipoda

Références taxonomiques générales : 67, 612, 1367, 1498

72A : Amphipoda Gammaridea

Références taxonomiques générales : 64, 69, 183, 613, 934, 1472, 1489

Acanthonotozoma inflatum (Kröyer, 1842)
Régions : G, S, EGS, IM, BCN
Étages/habitats : I, C
Réf. faunist. : 152, 232, 242, 332, 337, 456, 459, 923, 1410, 1439, 1661
Réf. taxon. : 795, 1472, 1498

Acanthonotozoma rusanovae Bryazgin, 1974
Régions : EGN
Étages/habitats : I
Réf. faunist. : 332
Réf. taxon. : 247, 795, 1071

Acanthonotozoma serratum (O.Fabricius, 1780)
Régions : EGS, EAV, EM, IPE, MCN, CLH, TNO
Étages/habitats : I, C, B
Réf. faunist. : 84, 232, 241, 242, 266, 333, 337, 726, 735, 923, 924, 1253, 1658, 1661
Réf. taxon. : 795, 1367, 1498

Acanthonotozoma sinuatum Just, 1978
Régions : G
Étages/habitats : ?
Réf. faunist. : 795
Réf. taxon. : 795

Acanthostepheia malmgreni (Goës, 1866)
Régions : S, EGS, EM, IPE, BCN, TNO
Étages/habitats : I, C, B
Réf. faunist. : 152, 232, 238, 242, 243, 244, 266, 332, 337, 456, 726, 872, 923, 1355, 1407, 1658, 1661
Réf. taxon. : 612, 1472, 1498

Aceroides latipes (G.O. Sars, 1882)
Régions : S, EGS, EM, IPE
Étages/habitats : I, C, B
Réf. faunist. : 120, 217, 232, 241, 242, 266, 337, 923, 924, 1355
Réf. taxon. : 793, 1367, 1472, 1498

Americorchestia longicornis (Say, 1818)
Régions : G, EGS, IM, IPE, MCN, TNS
Étages/habitats : S, M
Réf. faunist. : 174, 176, 176a, 177, 183, 232, 242, 337, 1410
Réf. taxon. : 183, 187, 718, 1041, 1472

Americorchestia megalophthalma (Bate, 1862)
Régions : EGS, IM, EM, HCN, MCN, TNS
Étages/habitats : S, M, I
Réf. faunist. : 84, 176, 183, 232, 242, 337
Réf. taxon. : 183, 187, 718, 1472

Ampelisca abdita Mills 1964b
Régions : IM
Étages/habitats : I
Réf. faunist. : 1089
Réf. taxon. : 183, 1059, 1060

Ampelisca declivitatis Mills, 1967
Régions : IM, EM, CLH
Étages/habitats : B
Réf. faunist. : 242, 332, 337, 735, 1156, 1410
Réf. taxon. : 1060, 1061

Ampelisca eschrichti Kröyer, 1842
Régions : EGS, IM, EM, IPE, CLH, BCN
Étages/habitats : I, C, B
Réf. faunist. : 120, 232, 241, 242, 266, 337, 347, 735, 923, 924, 1158, 1161, 1173, 1248, 1253, 1355, 1407, 1410, 1661
Réf. taxon. : 398a, 444, 934, 1060, 1367, 1472, 1498

Ampelisca latipes Stephensen, 1925
Régions : CLH
Étages/habitats : B
Réf. faunist. : 242, 337
Réf. taxon. : 1496

Ampelisca macrocephala Lilljeborg, 1852
Régions : EGS, EAV, IM, EM, IPE, CLH, BCN
Étages/habitats : M, I, C, B
Réf. faunist. : 120, 232, 242, 266, 332, 337, 385, 735, 923, 924, 1158, 1159, 1161, 1173, 1248, 1253, 1410, 1439, 1661
Réf. taxon. : 183, 398a, 444, 934, 1367, 1472, 1498

Ampelisca vadorum Mills, 1963
Régions : G, EGS, IM, IPE
Étages/habitats : I, C, B
Réf. faunist. : 168, 183, 242, 266, 337, 476, 1057, 1060, 1089, 1410, 1538a, 1661
Réf. taxon. : 183, 1057, 1060

Amphilochidae (n. g. n. sp.) [?]
Régions : EGN, EGS, EM
Étages/habitats : C, B
Réf. faunist. : 232, 242, 332, 337
Réf. taxon. :

Amphilochopsis hamatus (Stephensen, 1925)
Régions : EM, CLH
Étages/habitats : C, B
Réf. faunist. : 120, 152, 332, 337, 400, 1253
Réf. taxon. : 1496

Amphilochopsis n. sp. [?]
Régions : EM
Étages/habitats : B
Réf. faunist. : 337
Réf. taxon. :

Amphilochus manudens Bate, 1862 [?]
Régions : EGS
Étages/habitats : C
Réf. faunist. : 923
Réf. taxon. : 934, 1367, 1472, 1498

Amphilochus tenuimanus Boeck, 1871
Régions : EGN, EGS, EM, CLH
Étages/habitats : C, B
Réf. faunist. : 120, 332, 337, 400, 735, 925, 1253
Réf. taxon. : 934, 1367, 1472, 1498

Amphiporeia lawrenciana Shoemaker, 1930
Régions : S, EGS, EAV, IM, EM, MCN
Étages/habitats : M, I, C
Réf. faunist. : 152, 177, 183, 232, 242, 244, 332, 337, 1353, 1410
Réf. taxon. : 66, 183, 613, 1409

Amphithopsis longicaudata Boeck, 1861
Régions : G, EGS, IM, EM, CLH, AS
Étages/habitats : C, B
Réf. faunist. : 232, 242, 337, 459, 1253, 1410
Réf. taxon. : 459, 1367, 1472, 1498

Ampithoe longimana (S.I. Smith, 1873)
Régions : EGN, IM, IPE
Étages/habitats : I
Réf. faunist. : 193, 242, 266, 312, 312a, 333, 337, 476
Réf. taxon. : 183, 718, 1058, 1472

Ampithoe rubricata (Montagu, 1808)
Régions : EGN, EGS, IM, IPE, TNO, TNS
Étages/habitats : M, I
Réf. faunist. : 177, 232, 242, 333, 337, 726, 778, 923, 924, 1089, 1410, 1538a
Réf. taxon. : 183, 718, 934, 1367, 1472, 1498

Andaniella pectinata (G.O. Sars, 1882)
Régions : EGS, EM, CLH
Étages/habitats : C, B
Réf. faunist. : 232, 242, 337, 1253
Réf. taxon. : 1367, 1411, 1472, 1498

Andaniexis abyssi (Boeck, 1870)
Régions : S, EM, CLH, CLI
Étages/habitats : C, B
Réf. faunist. : 152, 242, 332, 337, 735, 1253, 1410
Réf. taxon. : 1072, 1367, 1472, 1498, 1530b

Andaniopsis nordlandica (Boeck, 1871)
Régions : EM
Étages/habitats : B
Réf. faunist. : 337
Réf. taxon. : 1367, 1472, 1498

Anonyx compactus Gurjanova, 1962
Régions : EGS, IM, EM, CLH
Étages/habitats : C, B
Réf. faunist. : 120, 232, 236, 242, 337, 923, 1253, 1482, 1483, 1484
Réf. taxon. : 183, 1482, 1483

Anonyx debruyni Hoek, 1882
Régions : G, S, EGN, CLH
Étages/habitats : (I,C), B
Réf. faunist. : 152, 242, 332, 337, 456, 1253, 1480, 1483, 1484
Réf. taxon. : 183, 1483

Anonyx lilljeborgi Boeck, 1871
Régions : G, S, EGS, EM, IPE, CLH, AS
Étages/habitats : I, C, B
Réf. faunist. : 120, 152, 242, 266, 332, 337, 400, 456, 735, 923, 924, 1253, 1355, 1407, 1480, 1483, 1484
Réf. taxon. : 183, 934, 1398c, 1483

Anonyx makarovi Gurjanova, 1962
Régions : G, EGN, EGS, IM, EM, CLH, AS
Étages/habitats : I, C, (B)
Réf. faunist. : 120, 241, 242, 337, 400, 561, 923, 924, 1253, 1355, 1480, 1483, 1484
Réf. taxon. : 1476, 1483

Anonyx makarovi × *nugax* (hybride)
Régions : EM
Étages/habitats : C, B
Réf. faunist. : 337, 561
Réf. taxon. : 1483

Anonyx nugax (Phipps, 1774)
Régions : G, EGS, IM, EM, MCN, CLH, BCN, AS, TNO
Étages/habitats : (I,C), B
Réf. faunist. : 84, 232, 238, 242, 337, 561, 778, 923, 1159, 1161, 1173, 1248, 1407, 1407, 1410, 1439, 1473a, 1479, 1480, 1483, 1484, 1661
Réf. taxon. : 1479, 1483

Anonyx ochoticus Gurjanova, 1962
Régions : S, EGS, IM, EM, MCN, CLH, CLE, AN, TNO
Étages/habitats : C, B
Réf. faunist. : 120, 152, 236, 241, 242, 337, 400, 456, 923, 924, 1253, 1355, 1482, 1483, 1484
Réf. taxon. : 1482, 1483

Anonyx sarsi Steele et Brunel, 1968
Régions : G, EGS, EAV, IM, EM, IPE, MCN, AS
Étages/habitats : M, I, C
Réf. faunist. : 242, 266, 337, 923, 924, 1353, 1480, 1483, 1484
Réf. taxon. : 183, 934, 1483

Apherusa bispinosa (Bate, 1857)
Régions : BCN
Étages/habitats : I, C
Réf. faunist. : 1159, 1661
Réf. taxon. : 934

Apherusa fragilis (Goës, 1866)
Régions : EGS, IM, IPE, BCN
Étages/habitats : C
Réf. faunist. : 232, 241, 242, 337, 1355, 1407, 1410
Réf. taxon. : 1409, 1472, 1498

Apherusa glacialis (Hansen, 1887)
Régions : IM
Étages/habitats : C
Réf. faunist. : 1410
Réf. taxon. : 61, 1470, 1472, 1498, 1530b

Apherusa megalops (Buchholz, 1874)
Régions : S, EGS, IM, EM
Étages/habitats : I, C
Réf. faunist. : 120, 232, 236, 242, 244, 337, 1410
Réf. taxon. : 793, 1409, 1497

Argissa hamatipes (Norman, 1869)
Régions : G, EGS, IM, IPE
Étages/habitats : C, B
Réf. faunist. : 183, 232, 241, 242, 337, 923, 1355, 1410
Réf. taxon. : 66, 183, 612, 613, 934, 1367, 1409, 1472, 1498

Aristias topsenti Chevreux, 1900
Régions : EM, CLH
Étages/habitats : C, B
Réf. faunist. : 120, 242, 337
Réf. taxon. : 248, 304, 1495

Aristias tumidus (Kröyer, 1846)
Régions : EGS
Étages/habitats : C
Réf. faunist. : 232, 242, 337, 347, 348
Réf. taxon. : 612, 613, 1367, 1472, 1495, 1498

Arrhinopsis longicornis Stappers, 1911
Régions : EGS, EM
Étages/habitats : C
Réf. faunist. : 120, 232, 241, 242, 337, 1355
Réf. taxon. : 796, 1498

Arrhis phyllonyx (M. Sars, 1858)
Régions : S, EGN, EGS, IM, EAV, EM, IPE, CLH, TNO
Étages/habitats : I, C, B
Réf. faunist. : 120, 152, 232, 238, 241, 242, 244, 266, 332, 337, 400, 456, 735, 923, 924, 925, 1253, 1354, 1355, 1407, 1410, 1603b, 1658, 1661
Réf. taxon. : 934, 1367, 1472, 1498

Astyra abyssi Boeck, 1871
Régions : EGS, EM, CLH
Étages/habitats : C, B
Réf. faunist. : 120, 242, 337, 400, 1253
Réf. taxon. : 1367, 1472, 1498

Atylus carinatus (J.C. Fabricius, 1793)
Régions : S, EAM, EAV
Étages/habitats : I, C
Réf. faunist. : 242, 337, 450, 454, 455, 456
Réf. taxon. : 192, 1367, 1472, 1498

Bathymedon longimanus (Boeck, 1870)
Régions : S, EM, CLI
Étages/habitats : B
Réf. faunist. : 337, 1410
Réf. taxon. : 1367, 1410, 1472, 1498

Bathymedon nanseni Gurjanova, 1946
Régions : EGS, CLH
Étages/habitats : C, B
Réf. faunist. : 337, 1253
Réf. taxon. : 612

Bathymedon obtusifrons (Hansen, 1887)
Régions : G, S, EGS, IM, EM, IPE, CLH
Étages/habitats : C, B
Réf. faunist. : 120, 232, 241, 242, 337, 400, 459, 923, 924, 1253, 1355, 1410, 1474
Réf. taxon. : 459, 1367, 1409, 1472, 1498

Bathymedon saussurei (Boeck, 1871)
Régions : S, EGS, CLH
Étages/habitats : C, B
Réf. faunist. : 152, 242, 332, 337, 1253
Réf. taxon. : 1367, 1472, 1498

Bouvierella carcinophila (Chevreux, 1889)
Régions : CLH
Étages/habitats : B
Réf. faunist. : 242, 337, 925
Réf. taxon. : 1403, 1497

Bruzelia tuberculata G.O. Sars, 1883
Régions : CLH
Étages/habitats : B
Réf. faunist. : 337, 1253
Réf. taxon. : 1367, 1472, 1498

Byblis gaimardi (Kröyer, 1846)
Régions : S, EGS, EAV, IM, EM, IPE, BCN
Étages/habitats : I, C
Réf. faunist. : 120, 152, 232, 241, 242, 266, 332, 337, 347, 385, 400, 735, 736, 923, 924, 1159, 1161, 1248, 1355, 1410, 1439, 1657, 1658, 1661
Réf. taxon. : 183, 445, 934, 1061, 1367, 1472, 1498

Calliopius laeviusculus (Kröyer, 1838)
Régions : G, S, EGN, EAM, EGS, EAV, IM, EM, IPE, HCN, MCN, CLH, BCN, CLA, CLE, AN, AS, TNO, TNS
Étages/habitats : M, I, (C, B) /s
Réf. faunist. : 32, 84, 120, 152, 164, 167, 173, 176a, 177, 232, 242, 244, 253b, 266, 312, 312a, 332, 337, 437, 450, 523, 726, 735, 778, 870, 872, 923, 924, 1048a, 1158, 1159, 1161, 1210, 1253, 1272, 1407, 1410, 1618a, 1661
Réf. taxon. : 183, 934, 1367, 1472, 1498

Casco bigelowi (Blake, 1929)
Régions : EGS, IPE, CLH
Étages/habitats : I, C, B
Réf. faunist. : 183, 242, 266, 337, 924
Réf. taxon. : 66, 183, 1409

Centromedon pumilus (Lilljeborg, 1865)
Régions : S, EAV, EM, IPE, BCN
Étages/habitats : I, C
Réf. faunist. : 152, 266, 332, 337, 385, 735, 1159
Réf. taxon. : 1148, 1367, 1472, 1498

Ceradocus torelli (Goës, 1866)
Régions : EGS, CLH, CLI, AS
Étages/habitats : C, B
Réf. faunist. : 232, 242, 337, 347, 980a
Réf. taxon. : 230, 1472, 1498, 1499

Corophium acherusicum Costa, 1857
Régions : IPE, TNO
Étages/habitats : M, I
Réf. faunist. : 266, 726
Réf. taxon. : 183, 934

Corophium bonelli G.O. Sars, 1895
Régions : S, EGS, IM, EM, IPE, TNS
Étages/habitats : M, I, C
Réf. faunist. : 177, 232, 242, 266, 337, 338, 456, 476, 735, 923, 924
Réf. taxon. : 183, 934, 1367, 1414

Corophium crassicorne Bruzelius, 1859
Régions : S, EGS, EM, IPE
Étages/habitats : I, C, B
Réf. faunist. : 152, 232, 242, 266, 332, 337, 735, 923, 924
Réf. taxon. : 183, 934, 1367, 1414

Corophium insidiosum Crawford, 1939
Régions : EGS, IM, IPE, TNS
Étages/habitats : M, I
Réf. faunist. : 168, 176, 176a, 177, 183, 232, 242, 253b, 337, 476, 738, 739, 778, 1085a, 1209a, 1410, 1538, 1538a
Réf. taxon. : 183, 934, 1414

Corophium volutator (Pallas, 1766) [?]
Régions : IPE
Étages/habitats : I
Réf. faunist. : 266
Réf. taxon. : 183, 934

Dexamine thea Boeck, 1861
Régions : IPE
Étages/habitats : I
Réf. faunist. : 266
Réf. taxon. : 183, 934

Dulichia falcata (Bate, 1857)
Régions : EM, IPE
Étages/habitats : I, C
Réf. faunist. : 337, 907
Réf. taxon. : 907, 934

Dulichia spinosissima Kröyer, 1845
Régions : S, EGS, IPE
Étages/habitats : C, B
Réf. faunist. : 232, 242, 266, 337, 907, 923
Réf. taxon. : 183, 907, 1367, 1472, 1498

Dulichia tuberculata Boeck, 1870
Régions : S, EGS, IM, EM
Étages/habitats : I, C, B
Réf. faunist. : 120, 232, 241, 242, 337, 400, 735, 907, 1355, 1410
Réf. taxon. : 907, 934, 1367, 1472, 1498

Dyopedos arcticus (Murdoch, 1884)
Régions : EGS, IM, EM, IPE
Étages/habitats : I, C
Réf. faunist. : 232, 242, 266, 337, 735, 907, 923, 1410
Réf. taxon. : 907, 1090, 1416, 1472

Dyopedos monacanthus (Metzger, 1875)
Régions : G, S, EAM, EGS, IM, EM, IPE
Étages/habitats : I, C, B
Réf. faunist. : 120, 232, 241, 242, 266, 337, 400, 450, 735, 907, 924, 1355
Réf. taxon. : 183, 907, 934, 1367, 1472, 1498

Dyopedos porrectus Bate, 1857
Régions : G, S, EGS, EM
Étages/habitats : I, C, B
Réf. faunist. : 120, 183, 232, 241, 242, 337, 400, 907, 923, 1355
Réf. taxon. : 183, 907, 934, 1367, 1472, 1498

Epimeria loricata G. O. Sars, 1879
Régions : G, EGN, EGS, EM, CLH
Étages/habitats : C, B
Réf. faunist. : 242, 337, 925, 1248, 1253, 1658, 1661
Réf. taxon. : 1367, 1472, 1498

Erichthonius megalops G.O. Sars, 1879 [?]
Régions : EGS, IM
Étages/habitats : I, C
Réf. faunist. : 924, 1173
Réf. taxon. : 612, 1097

Ericthonius brasiliensis (Dana, 1853) [?]
Régions : IPE
Étages/habitats : I
Réf. faunist. : 266
Réf. taxon. : 183, 934, 1097

Ericthonius rubricornis (Stimpson, 1853)
Régions : G, S, EGS, EAV, EM, IPE, MCN, BCN
Étages/habitats : I, C

Réf. faunist. : 84, 183, 232, 242, 266, 337, 385, 923, 1159, 1161, 1661
Réf. taxon. : 183, 718, 1097, 1367, 1472, 1498

Ericthonius tolli Brüggen, 1909
Régions : S, EGS, EM
Étages/habitats : I, C, B
Réf. faunist. : 120, 152, 232, 242, 244, 332, 337, 456, 923, 924, 1355
Réf. taxon. : 230

Eulimnogammarus obtusatus (Dahl, 1938)
Régions : IM, TNS
Étages/habitats : I
Réf. faunist. : 177, 1089
Réf. taxon. : 69, 183, 934, 1212, 1504

Eusirella elegans Chevreux, 1908
Régions : EM
Étages/habitats : B
Réf. faunist. : 337
Réf. taxon. : 189, 1500

Eusirogenes deflexifrons Shoemaker, 1930
Régions : EM, IPE, CLI
Étages/habitats : B
Réf. faunist. : 337, 1410
Réf. taxon. : 189, 1409

Eusirus cuspidatus Kröyer, 1845
Régions : S, EGS, EAV, EM, MCN, CLH
Étages/habitats : (I), C, B
Réf. faunist. : 152, 242, 243, 332, 337, 347, 1661
Réf. taxon. : 189, 1367, 1472, 1498, 1530b

Eusirus longipes Boeck, 1861
Régions : S, EM
Étages/habitats : I, C
Réf. faunist. : 152, 242, 244, 332, 337, 456, 1272
Réf. taxon. : 189, 934, 1367, 1472, 1498

Eusirus propinquus G.O. Sars, 1893
Régions : G, S, EGN, EGS, EAV, EM, CLH
Étages/habitats : M, I, C, B
Réf. faunist. : 120, 232, 242, 243, 244, 337, 456, 923, 925, 1253, 1272, 1657, 1658, 1660
Réf. taxon. : 189, 1367, 1472, 1498

Gammaracanthus loricatus (Sabine, 1821)
Régions : S
Étages/habitats : I, C
Réf. faunist. : 242, 244, 337, 379a, 454, 455, 456, 1487
Réf. taxon. : 61, 66, 379a, 612, 1367, 1472, 1498, 1530b

Gammarellus angulosus (Rathke, 1843)
Régions : EGN, EGS, EM, HCN, MCN, BCN, AS, TNO, TNS
Étages/habitats : M, I, C
Réf. faunist. : 32, 84, 177, 183, 194, 232, 242, 337, 726
Réf. taxon. : 66, 177a, 183, 934, 1367, 1472

Gammarellus homari (J. C. Fabricius, 1779)
Régions : G, EGN, EGS, EAV, EM, HCN, MCN, BCN, AS
Étages/habitats : M, I
Réf. faunist. : 32, 183, 232, 242, 337, 523, 701a, 1477
Réf. taxon. : 66, 177a, 183, 934, 1367, 1472

Gammaropsis (Podoceropsis) inaequistylis (Shoemaker, 1930)
Régions : EGN, EGS, IM, IPE, CLH
Étages/habitats : I, C
Réf. faunist. : 232, 242, 266, 337, 925, 1410
Réf. taxon. : 183, 1409, 1490

Gammaropsis melanops G.O. Sars, 1882
Régions : S, EGS, IM, EM, IPE, CLH
Étages/habitats : I, C, B
Réf. faunist. : 120, 152, 232, 266, 332, 337, 400, 923, 1253, 1410
Réf. taxon. : 459, 1367, 1416, 1498

Gammaropsis nitida (Stimpson, 1853)
Régions : G, EGS, IM, EM, IPE, MCN, CLH, AS
Étages/habitats : I, C, B
Réf. faunist. : 84, 183, 210a, 232, 242, 266, 337, 923, 924, 1156, 1410
Réf. taxon. : 183, 934, 1367, 1472, 1498

Gammarus annulatus S. I. Smith, 1873 [?]
Régions : EM
Étages/habitats : M, I
Réf. faunist. : 332
Réf. taxon. : 182, 183, 1409
Remarque : Les spécimens récents de cette espèce des eaux tempérées chaudes, proche mais distincte de *Gammarus lawrencianus*, repoussent considérablement sa limite nord de distribution, fixée à l'île de Sable (Nouvelle-Écosse) par Bousfield (1974, réf. 183).

Gammarus daiberi Bousfield, 1969
Régions : EAM
Étages/habitats : ?
Réf. faunist. : 337
Réf. taxon. : 182, 183

Gammarus duebeni Lilljeborg, 1851
Régions : S, EAM, IM, EM, MCN, BCN, TNO, TNS
Étages/habitats : M, I
Réf. faunist. : 168, 176, 177, 178, 182, 242, 337, 456, 726, 1089, 1673a
Réf. taxon. : 182, 183, 934, 1276, 1498

Gammarus fasciatus Say, 1818
Régions : IPE
Étages/habitats : M /D
Réf. faunist. : 176a, 178
Réf. taxon. : 178, 182, 1176a, 1472

Gammarus lawrencianus Bousfield, 1956
Régions : G, S, EAM, EGS, EAV, IM, EM, IPE, MCN, BCN, AS, TNO, TNS
Étages/habitats : M, I, C
Réf. faunist. : 164, 167, 168, 174, 176, 176a, 177, 182, 232, 242, 244, 253b, 337, 436a, 437, 450, 455, 456, 778, 1033a, 1085a, 1089, 1353, 1410, 1603b, 1619
Réf. taxon. : 177, 183, 1409

Gammarus mucronatus Say, 1818
Régions : G, EGS, IM, IPE
Étages/habitats : M, I /s, E
Réf. faunist. : 174, 176, 176a, 177, 182, 183, 194, 232, 778, 1085a, 1407, 1409, 1486, 1538a
Réf. taxon. : 66, 183
Remarque : Nouvelle limite nord de distribution dans la lagune de la rivière Malbaie, Gaspésie orientale.

Gammarus oceanicus Segerstråle, 1947
Régions : G, S, EGN, EAM, EGS, EAV, IM, EM, IPE, HCN, MCN, BCN, AN, AS, TNO, TNS
Étages/habitats : M, I, C
Réf. faunist. : 32, 84, 120, 164, 167, 168, 174, 176, 176a, 177, 182, 193, 232, 242, 244, 253b, 314, 337, 356, 437, 450, 455, 456, 476, 726, 735, 778, 923, 1085a, 1158, 1159, 1250, 1255, 1272, 1273, 1353, 1410, 1452, 1467, 1603b, 1618a, 1658, 1659, 1661
Réf. taxon. : 66, 183, 934, 1276, 1498

Gammarus setosus Dementieva, 1931
Régions : S, EGN, EAM, EGS, EAV, IM, EM, MCN, BCN, AN, TNO, TNS
Étages/habitats : M, I
Réf. faunist. : 177, 182, 193, 232, 242, 332, 337, 450, 456, 726, 1353, 1425a
Réf. taxon. : 183, 184, 459, 1041, 1498

Gammarus tigrinus Sexton, 1939
Régions : G, EAM, EGS, EAV, IM, EM, MCN
Étages/habitats : I
Réf. faunist. : 32, 178, 182, 183, 253b, 450, 1089, 1407, 1485
Réf. taxon. : 183, 934

Gitana abyssicola G.O. Sars, 1892 [?]
Régions : EGS
Étages/habitats : ?
Réf. faunist. : 337, 923
Réf. taxon. : 1367, 1472, 1498

Gitanopsis arctica G. O. Sars, 1892
Régions : EM, CLH
Étages/habitats : C, B
Réf. faunist. : 120, 337, 400, 1253
Réf. taxon. : 1367, 1416, 1472, 1498

Gitanopsis bispinosa (Boeck, 1871)
Régions : S, EGN, EGS, EM, CLH
Étages/habitats : C
Réf. faunist. : 152, 232, 242, 332, 337, 400, 923, 925
Réf. taxon. : 934, 1367, 1472, 1498

Gitanopsis inermis (G.O. Sars, 1882)
Régions : S, EGN, EGS, EM, CLH, TNO
Étages/habitats : C, B
Réf. faunist. : 120, 152, 232, 242, 332, 337, 400, 726, 923, 925, 1253
Réf. taxon. : 934, 1367, 1472, 1498

Goesia depressa (Goës, 1866)
Régions : EGS, EM
Étages/habitats : I, C
Réf. faunist. : 232, 241, 242, 337, 735, 736, 923, 924
Réf. taxon. : 247, 793, 1472, 1498

Gronella groenlandica (Hansen, 1887)
Régions : S, EGS
Étages/habitats : I, C
Réf. faunist. : 232, 242, 456
Réf. taxon. : 183, 1367, 1472, 1498

Guernea nordenskioldi (Hansen, 1887)
Régions : EAM, EGS, IM, EM
Étages/habitats : I, C
Réf. faunist. : 232, 242, 337, 1410, 1416
Réf. taxon. : 612, 1472

Halice abyssi Boeck, 1871
Régions : S, EM, CLH
Étages/habitats : I, C, B
Réf. faunist. : 120, 152, 242, 244, 332, 337, 400, 456, 1253
Réf. taxon. : 1367, 1472, 1498

Halice sp. [?]
Régions : EM
Étages/habitats : C
Réf. faunist. : 337
Réf. taxon. :

Halirages fulvocinctus (M. Sars, 1858)
Régions : G, S, EGS, EAV, IM, EM, CLH, BCN, TNO
Étages/habitats : (M, I), C, B
Réf. faunist. : 120, 152, 232, 238, 241, 242, 243, 244, 332, 337, 400, 456, 1272, 1355, 1407, 1410, 1658, 1661
Réf. taxon. : 1367, 1472, 1498

Halirages nilssoni Ohlin, 1895
Régions : EGS
Étages/habitats : I, C
Réf. faunist. : 232, 242, 337, 923
Réf. taxon. : 612, 1472

Haliragoides inermis (G.O. Sars, 1882)
Régions : S, EGN, EGS, IM, EM, CLH, AS
Étages/habitats : I, C, B
Réf. faunist. : 120, 152, 242, 244, 337, 400, 456, 925, 1253, 1353, 1410
Réf. taxon. : 1367, 1472, 1498

Haploops laevis Hoek, 1882
Régions : EGS, EM
Étages/habitats : I, C
Réf. faunist. : 337, 735, 736
Réf. taxon. : 399, 445, 808, 1471

Haploops n. sp. [?]
Régions : CLH
Étages/habitats : B
Réf. faunist. : 242, 337
Réf. taxon. :

Haploops setosa Boeck, 1871
Régions : S, EGN, EGS, EAV, EM, CLH, AS
Étages/habitats : I, C, B
Réf. faunist. : 120, 152, 232, 242, 332, 337, 456, 925, 1156, 1248
Réf. taxon. : 183, 399, 808, 934, 1061, 1367, 1472, 1498

Haploops tubicola Lilljeborg, 1855
Régions : S, EGN, EGS, EAV, IM, EM, IPE, CLH, BCN
Étages/habitats : I, C, B
Réf. faunist. : 120, 152, 232, 241, 242, 266, 332, 337, 347, 385, 456, 735, 923, 924, 925, 1156, 1248, 1253, 1355, 1410, 1661
Réf. taxon. : 183, 399, 445, 808, 934, 1367, 1472, 1498

Hardametopa carinata (Hansen, 1887)
Régions : EGS, EAV, IM, EM, IPE
Étages/habitats : I, C
Réf. faunist. : 232, 242, 266, 337, 1410
Réf. taxon. : 183, 612, 796, 1472

Hardametopa nasuta (Boeck, 1871)
Régions : G, EGS, IM
Étages/habitats : C
Réf. faunist. : 232, 242, 337, 459, 1410
Réf. taxon. : 183, 796, 934, 1367, 1472, 1498

Harpinia cabotensis Shoemaker, 1930
Régions : IM, EM, BCN, CLI
Étages/habitats : C, B
Réf. faunist. : 337, 735, 1407, 1410
Réf. taxon. : 183, 1410

Harpinia plumosa (Kröyer, 1842)
Régions : EGS, IM, CLH, BCN
Étages/habitats : C, B
Réf. faunist. : 232, 242, 337, 923, 925, 1173, 1661
Réf. taxon. : 183, 1367, 1472, 1498, 1499

Harpinia propinqua G.O. Sars, 1891
Régions : S, EGN, EGS, EAV, EM, IPE, CLH, BCN
Étages/habitats : I, C, B
Réf. faunist. : 120, 152, 232, 242, 266, 332, 337, 456, 735, 923, 924, 925, 1156, 1253, 1425a
Réf. taxon. : 183, 1367, 1472, 1498, 1499

Harpinia serrata G.O. Sars, 1879
Régions : S, EGS, IM, EM, BCN
Étages/habitats : C, B
Réf. faunist. : 242, 337, 923, 924, 1410
Réf. taxon. : 183, 934, 1367, 1472, 1498

Haustorius canadensis Bousfield, 1962
Régions : G, IM, IPE
Étages/habitats : ?
Réf. faunist. : 177, 179, 181, 183, 194
Réf. taxon. : 181, 183

Hippomedon holbolli (Kröyer, 1846) [?]
Régions : CLH
Étages/habitats : B
Réf. faunist. : 337, 925
Réf. taxon. : 613, 1367, 1498

Hippomedon propinquus G.O. Sars, 1890
Régions : S, EGS, IM, EAV, EM, CLH, AS
Étages/habitats : I, C, B
Réf. faunist. : 120, 152, 232, 241, 242, 332, 337, 400, 456, 883, 884, 923, 924, 1253, 1355, 1410, 1603b
Réf. taxon. : 183, 613, 1367, 1472, 1498

Hippomedon serratus Holmes, 1905
Régions : G, EGS, IM, IPE
Étages/habitats : I, C
Réf. faunist. : 183, 232, 242, 266, 337, 476, 1048a, 1410
Réf. taxon. : 183, 612, 613, 613, 718

Hyale nilssoni (Rathke, 1843)
Régions : EAM, EGS, EAV, IM, EM, TNO, TNS
Étages/habitats : M, I
Réf. faunist. : 176, 177, 183, 232, 242, 314, 337, 726
Réf. taxon. : 183, 934, 1367, 1472, 1498

Hyperiopsis voringi G.O. Sars, 1885
Régions : G
Étages/habitats : B
Réf. faunist. : 337
Réf. taxon. : 612, 613, 1498

Idunella aequicornis (G.O. Sars, 1876)
Régions : S, EGS, EM
Étages/habitats : I, C, B
Réf. faunist. : 120, 152, 241, 242, 244, 332, 337, 400, 456, 735, 923, 924, 1156, 1355
Réf. taxon. : 1367, 1472, 1498

Ischyrocerus anguipes Kröyer, 1838
Régions : EGN, EGS, EAV, IM, EM, IPE, HCN, MCN, BCN, AS, TNO, TNS
Étages/habitats : M, I, C
Réf. faunist. : 32, 164, 167, 168, 177, 232, 242, 266, 337, 523, 701a, 726, 923, 924, 1048a, 1248, 1410
Réf. taxon. : 183, 459, 796, 934, 1367, 1472, 1498

Ischyrocerus commensalis Chevreux, 1900
Régions : S, EGN, EGS, IM, EM, IPE, CLH
Étages/habitats : I, C
Réf. faunist. : 120, 152, 232, 242, 266, 332, 337, 923, 924, 925, 1355, 1410
Réf. taxon. : 183, 304, 1409, 1490

Ischyrocerus latipes Kröyer, 1842
Régions : S, EGS, EAV, EM
Étages/habitats : I, C
Réf. faunist. : 152, 232, 242, 332, 337, 385, 456, 735, 923
Réf. taxon. : 459, 796, 1416, 1472, 1498, 1500

Ischyrocerus megacheir (Boeck, 1871)
Régions : EGS, IM, EM, CLH
Étages/habitats : C, B
Réf. faunist. : 332, 337, 735, 924, 1253, 1410, 1425a
Réf. taxon. : 183, 796

Ischyrocerus megalops G.O. Sars, 1894
Régions : EM
Étages/habitats : C
Réf. faunist. : 120, 337, 400
Réf. taxon. : 459, 796

Ischyrocerus nanoides (Hansen, 1887)
Régions : EM, CLH
Étages/habitats : C, B
Réf. faunist. : 120, 337, 400, 1253
Réf. taxon. : 1498

Ischyrocerus sp.
Régions : CLH
Étages/habitats : B
Réf. faunist. : 242, 337
Réf. taxon. : 459

Jassa marmorata Holmes, 1903
Régions : EGS, IM, HCN, TNS
Étages/habitats : M, I
Réf. faunist. : 32, 177, 183, 232, 242, 1410
Réf. taxon. : 183, 342, 718, 934, 1472

Lafystius morhuanus Bousfield, 1987
Régions : G, MCN
Étages/habitats : C, B, éps /ecPP
Réf. faunist. : 185, 337, 1073
Réf. taxon. : 185, 191
Remarque : Sur la Morue franche (*Gadus morhua*) et Sébastes (*Sebastes* spp.).

Laothoes n. sp.
Régions : CLH
Étages/habitats : B
Réf. faunist. : 242, 337
Réf. taxon. :

Laothoes polylovi Gurjanova, 1946
Régions : S, EGS, EM, CLH
Étages/habitats : C, B
Réf. faunist. : 232, 242, 337, 1253
Réf. taxon. : 612

Lembos borealis Myers, 1976
Régions : S
Étages/habitats : C
Réf. faunist. : 337
Réf. taxon. : 796, 1094

Lembos websteri Bate, 1856 [?]
Régions : IM
Étages/habitats : ?
Réf. faunist. : 476
Réf. taxon. : 183, 934, 1095

Lepechinella arctica (Schellenberg, 1926)
Régions : EGN, EGS, CLH
Étages/habitats : C, B
Réf. faunist. : 236, 242, 337, 1253
Réf. taxon. : 65, 612, 1500

Lepidepecreum serratum Stephensen, 1925
Régions : CLH
Étages/habitats : B
Réf. faunist. : 242, 337, 1253
Réf. taxon. : 1496

Leptamphopus sp. [?]
Régions : CLH
Étages/habitats : B
Réf. faunist. : 242, 337
Réf. taxon. : 69

Leptocheirus pinguis (Stimpson, 1853)
Régions : S, EGS, IM, EM, IPE
Étages/habitats : I, C
Réf. faunist. : 152, 232, 242, 266, 332, 337, 347, 735, 738, 739, 923, 924, 1410, 1658, 1661
Réf. taxon. : 183, 718, 1472

Maera danae Stimpson 1853
Régions : G, EGS, EAV, EM, IPE
Étages/habitats : M, I

Réf. faunist. : 183, 242, 266, 337
Réf. taxon. : 183, 718

Maera loveni (Bruzelius, 1859)
Régions : EGS, EAV, IM, EM, IPE, CLH, AS
Étages/habitats : I, C, B
Réf. faunist. : 120, 232, 242, 266, 337, 385, 735, 1248, 1410
Réf. taxon. : 66, 183, 934, 1367, 1472, 1498

Megamphopus sp. [?]
Régions : EM
Étages/habitats : C
Réf. faunist. : 120, 337
Réf. taxon. : 69, 1367, 1472, 1498

Melita amoena Hansen, 1887 [?]
Régions : EGN, CLH
Étages/habitats : ?
Réf. faunist. : 337, 925
Réf. taxon. : 612, 627

Melita dentata (Kröyer, 1842)
Régions : G, EGN, EGS, IM, EM, IPE, MCN, CLH, BCN
Étages/habitats : I, C, B
Réf. faunist. : 84, 232, 241, 242, 266, 337, 347, 735, 923, 924, 925, 1158, 1159, 1161, 1173, 1355, 1410, 1439, 1657, 1658, 1661
Réf. taxon. : 66, 183, 934, 1367, 1472, 1498

Melita formosa Murdoch, 1885a
Régions : S, EGS, IM
Étages/habitats : C, B
Réf. faunist. : 232, 241, 242, 337, 347, 923, 924, 1173, 1355
Réf. taxon. : 183, 1090, 1472, 1498

Melita n. sp. A
Régions : EGS, CLH
Étages/habitats : C
Réf. faunist. : 232, 242, 337, 923, 924
Réf. taxon. : P. Brunel

Melita n. sp. B
Régions : EGS
Étages/habitats : C, B
Réf. faunist. : 242, 337
Réf. taxon. : P. Brunel

Melita nitida Smith, 1873
Régions : IPE
Étages/habitats : C
Réf. faunist. : 183, 193, 266
Réf. taxon. : 183, 1058

Melita obtusata (Montagu, 1813) [?]
Régions : IPE
Étages/habitats : C
Réf. faunist. : 266
Réf. taxon. : 934, 1367, 1472

Melita quadrispinosa Vosseler, 1889
Régions : EGS, IPE
Étages/habitats : C
Réf. faunist. : 232, 241, 242, 266, 337, 923, 924, 1355
Réf. taxon. : 183, 880, 1472, 1498

Melphidippa borealis Boeck, 1871
Régions : S, EM, CLH
Étages/habitats : C, B
Réf. faunist. : 120, 152, 332, 337, 400, 1253
Réf. taxon. : 1367, 1472, 1498

Melphidippa goesi Stebbing, 1899
Régions : S, EGS, IM, EM
Étages/habitats : I, C, B
Réf. faunist. : 120, 152, 232, 241, 242, 243, 244, 332, 337, 400, 456, 735, 923, 1272, 1355, 1410
Réf. taxon. : 66, 934, 1367, 1472, 1498

Melphidippa macrura G.O. Sars, 1894
Régions : EM, CLH
Étages/habitats : B
Réf. faunist. : 242, 337, 1253, 1272
Réf. taxon. : 1367, 1472, 1498

Menigrates obtusifrons (Boeck, 1861)
Régions : EGS, EM
Étages/habitats : I, C
Réf. faunist. : 120, 232, 242, 337, 735, 923
Réf. taxon. : 934, 1367, 1472, 1498

Menigrates spinirami Gurjanova, 1936
Régions : EM
Étages/habitats : C
Réf. faunist. : 337, 735
Réf. taxon. : 610, 612

Menigratopsis svennilsonni Dahl, 1945
Régions : EM
Étages/habitats : C
Réf. faunist. : 337
Réf. taxon. : 380, 794, 1573

Metopa abyssalis Stephensen, 1931
Régions : EM
Étages/habitats : B
Réf. faunist. : 244, 337
Réf. taxon. : 1416, 1497

Metopa alderi (Bate, 1857)
Régions : G, EGS, EM, IM
Étages/habitats : I, C
Réf. faunist. : 183, 210a, 232, 241, 242, 337, 459, 923, 1410

Réf. taxon. : 183, 459, 934, 1367, 1416, 1472, 1498

Metopa boecki G.O. Sars, 1892
Régions : EGS, EM, TNO
Étages/habitats : I, C, B
Réf. faunist. : 120, 232, 242, 337, 400, 726, 923
Réf. taxon. : 183, 1367, 1416, 1472, 1498

Metopa borealis G.O. Sars, 1882
Régions : S, EGS, EM
Étages/habitats : C, B
Réf. faunist. : 120, 152, 232, 242, 337
Réf. taxon. : 183, 934, 1367, 1416, 1472, 1498

Metopa bruzelii (Goës, 1866)
Régions : G, S, EGS, IM, EM, IPE, CLH
Étages/habitats : M, I, C, B
Réf. faunist. : 120, 152, 232, 242, 244, 266, 332, 337, 400, 1253, 1355, 1410
Réf. taxon. : 183, 796, 934, 1367, 1416, 1472, 1498, 1572

Metopa clypeata (Kröyer, 1842)
Régions : S, EGN, EGS, IM, EM, CLH
Étages/habitats : I, C
Réf. faunist. : 152, 232, 241, 242, 332, 337, 456, 735, 923, 924, 925, 1410
Réf. taxon. : 183, 612, 1416, 1472

Metopa glacialis (Kröyer, 1842)
Régions : EGS
Étages/habitats : C /ecPI
Réf. faunist. : 232, 242, 337, 923, 1658, 1661
Réf. taxon. : 796, 1416, 1472, 1498
Remarque : Commensal dans la chambre péribranchiale d'*Ascidia prunum* (Whiteaves, 1874, réf. 1659 et 1901, réf. 1661).

Metopa groenlandica (Hansen, 1887)
Régions : EGS, IM
Étages/habitats : I, C
Réf. faunist. : 242, 337, 923
Réf. taxon. : 612, 718, 1416, 1472, 1501

Metopa invalida G.O. Sars, 1892
Régions : S
Étages/habitats : ?
Réf. faunist. : 244, 337
Réf. taxon. : 1367, 1416, 1472, 1498

Metopa leptocarpa G.O. Sars, 1882
Régions : EGS
Étages/habitats : C
Réf. faunist. : 232, 242, 337
Réf. taxon. : 1367, 1416, 1472, 1498

Metopa longicornis Boeck, 1870
Régions : EGS
Étages/habitats : C
Réf. faunist. : 232, 242, 337
Réf. taxon. : 796, 1367, 1416, 1472, 1498

Metopa norvegica (Lilljeborg, 1850) [??]
Régions : MCN
Étages/habitats : C
Réf. faunist. : 84
Réf. taxon. : 459, 934, 1416
Remarque : L'unique et ancienne mention (Bayne, 1908, réf. 84) de cette espèce nord-européenne identifée à l'aide de Sars (1890-1895, réf. 1367) s'applique probablement à *M. spitzbergensis* ou *M. clypeata*.

Metopa propinqua G.O. Sars, 1892
Régions : S, EGS, IM, EM
Étages/habitats : I, C, B
Réf. faunist. : 242, 337, 456, 1156, 1410
Réf. taxon. : 183, 230, 459, 934, 1367, 1416, 1472, 1498

Metopa pusilla G.O. Sars, 1892
Régions : EM, CLH
Étages/habitats : C, B
Réf. faunist. : 120, 332, 337, 1253
Réf. taxon. : 796, 934, 1367, 1416, 1472

Metopa robusta G.O. Sars, 1892
Régions : S, EGS, EM
Étages/habitats : I, C, B
Réf. faunist. : 120, 232, 242, 337, 400, 735, 1355
Réf. taxon. : 1367, 1416, 1472, 1498

Metopa sinuata G.O. Sars, 1892
Régions : EGS, MCN
Étages/habitats : C
Réf. faunist. : 84, 232, 242, 337
Réf. taxon. : 459, 1367, 1416, 1472, 1498

Metopa solsbergi Schneider, 1884 [?]
Régions : EGS
Étages/habitats : C
Réf. faunist. : 337, 923, 924
Réf. taxon. : 183, 934, 1367, 1416, 1472, 1498

Metopa spinicoxa Shoemaker, 1955
Régions : EGS
Étages/habitats : C
Réf. faunist. : 232, 242, 337
Réf. taxon. : 1416

Metopa spitzbergensis Brüggen, 1909
Régions : S, EGN, EGS, EM, CLH
Étages/habitats : I, C, B
Réf. faunist. : 120, 152, 232, 242, 332, 337, 735, 923, 924, 925, 1355
Réf. taxon. : 230, 612, 1416, 1498

Metopa tenuimana G.O. Sars, 1892
Régions : S, EM
Étages/habitats : I, C, B
Réf. faunist. : 242, 337, 456
Réf. taxon. : 183, 796, 934, 1367, 1416, 1472

Metopa sp.
Régions : EGN, MCN, BCN
Étages/habitats :
Réf. faunist. : 32
Réf. taxon. : 1416

Metopella angusta Shoemaker, 1949
Régions : EGS, EM, IPE
Étages/habitats : I, C
Réf. faunist. : 120, 232, 242, 266, 337, 400, 735
Réf. taxon. : 183, 1415, 1416

Metopelloides micropalpa Shoemaker, 1930
Régions : EGS, IM, EM, MCN, CLH
Étages/habitats : I, C, B
Réf. faunist. : 84, 120, 232, 241, 242, 337, 1410, 1474
Réf. taxon. : 612, 1409, 1416

Monoculodes borealis Boeck, 1871
Régions : EGN, EGS, IM, EM, IPE, CLH
Étages/habitats : I, C, B
Réf. faunist. : 120, 232, 242, 266, 337, 735, 923, 925, 1253, 1410
Réf. taxon. : 183, 796, 934, 1367, 1472, 1498

Monoculodes edwardsi Holmes, 1905
Régions : G, S, EAM, EGS, IM, EM, IPE
Étages/habitats : M, I, C, B
Réf. faunist. : 120, 152, 183, 232, 242, 266, 332, 337, 450, 459, 923, 924, 1410
Réf. taxon. : 183, 718

Monoculodes intermedius Shoemaker, 1930
Régions : G, S, EGN, EGS, IM, EM, CLH, BCN
Étages/habitats : I, C, B
Réf. faunist. : 183, 232, 241, 242, 244, 337, 456, 735, 924, 1253, 1355, 1407, 1410
Réf. taxon. : 183, 796, 1409

Monoculodes kroyeri Boeck, 1871
Régions : S
Étages/habitats : C, B
Réf. faunist. : 152, 242, 332, 337, 456
Réf. taxon. : 1367, 1472, 1498

Monoculodes latimanus (Goës, 1866)
Régions : S, EGN, EGS, EAV, IM, EM, IPE, CLH
Étages/habitats : I, C, B
Réf. faunist. : 152, 232, 242, 266, 332, 337, 356, 456, 735, 923, 924, 925, 1410
Réf. taxon. : 183, 1367, 1472, 1498

Monoculodes longirostris (Goës, 1866)
Régions : EGS, IM, IPE, TNO
Étages/habitats : I, C, B
Réf. faunist. : 232, 241, 242, 266, 337, 726, 923, 1355, 1410
Réf. taxon. : 183, 459, 796, 1367, 1472, 1498

Monoculodes norvegicus Boeck, 1861 [?]
Régions : IM, IPE
Étages/habitats : C
Réf. faunist. : 266, 1410
Réf. taxon. : 183

Monoculodes packardi (Boeck, 1871)
Régions : S, EGS, IM, EM, CLH, AS, TNO
Étages/habitats : I, C, B
Réf. faunist. : 120, 152, 232, 241, 242, 244, 332, 337, 400, 735, 923, 1253, 1355, 1407, 1410
Réf. taxon. : 183, 188, 796, 934, 1367, 1472, 1498

Monoculodes schneideri G.O. Sars, 1895
Régions : EGS, EAV, IM, IPE
Étages/habitats : I, C
Réf. faunist. : 232, 242, 266, 337, 923, 924, 1410
Réf. taxon. : 183, 1367, 1472, 1498

Monoculodes simplex Hansen, 1887
Régions : S, EGS
Étages/habitats : I, C
Réf. faunist. : 232, 242, 337, 456
Réf. taxon. : 612, 1472

Monoculodes tesselatus Schneider, 1884
Régions : S, EGS, EAV, IM, EM, IPE, CLH
Étages/habitats : I, C, B
Réf. faunist. : 120, 232, 242, 266, 337, 400, 456, 1253, 1410
Réf. taxon. : 183, 1367, 1472, 1498

Monoculodes tuberculatus Boeck, 1871
Régions : G, S, EGN, EGS, IM, EM, IPE, CLH, AS
Étages/habitats : M, I, C, B
Réf. faunist. : 152, 232, 242, 244, 266, 332, 337, 456, 459, 923, 924, 925, 1253, 1410
Réf. taxon. : 183, 934, 1367, 1472, 1498

Monoculopsis longicornis (Boeck, 1871)
Régions : S, EGS, IM, EM, IPE
Étages/habitats : M, I, C, B
Réf. faunist. : 232, 242, 266, 337, 456, 923, 924, 1410, 1474
Réf. taxon. : 1367, 1472, 1498

Monoporeia n. sp.
Régions : EAV, EM, BCN
Étages/habitats : M, I
Réf. faunist. : 242, 337, 1487, 1488
Réf. taxon. : 186

Neohela monstrosa (Boeck, 1861)
Régions : S, EGN, EGS, IM, IPE, CLH, CLI, AS
Étages/habitats : C, B
Réf. faunist. : 152, 232, 241, 242, 266, 332, 337, 347, 923, 925, 1355, 1410
Réf. taxon. : 1367, 1472, 1498

Neopleustes pulchellus (Kröyer, 1846)
Régions : EGS, IM, EM, MCN
Étages/habitats : I, C
Réf. faunist. : 84, 232, 242, 337, 923, 1410, 1658, 1661
Réf. taxon. : 614, 1367, 1472, 1498

Oediceros borealis Boeck, 1871
Régions : G, S, EGS, EAV, EM
Étages/habitats : I, C
Réf. faunist. : 152, 232, 242, 332, 337, 385, 456, 735, 1474
Réf. taxon. : 796, 1367, 1472, 1498

Oediceros saginatus Kröyer, 1842
Régions : S, EAM, EGS, EAV, EM
Étages/habitats : M, I, C
Réf. faunist. : 152, 242, 244, 332, 337, 456, 1248, 1661
Réf. taxon. : 1367, 1472, 1498

Onisimus barentsi (Stebbing, 1894)
Régions : EGS, EM
Étages/habitats : I, C
Réf. faunist. : 232, 242, 337, 735
Réf. taxon. : 459, 612, 613, 943, 1416, 1472, 1498

Onisimus edwardsi (Kröyer, 1846)
Régions : G, EGS, EAV, IM, IPE, MCN, AS
Étages/habitats : I, C
Réf. faunist. : 84, 242, 266, 337, 459, 923, 1353, 1410, 1474
Réf. taxon. : 943, 1367, 1472, 1498

Onisimus glacialis (G. O. Sars, 1900)
Régions : MCN, BCN, CLA, CLE, TNO, TNS
Étages/habitats : ?
Réf. faunist. : 173, 461, 748a, 1407
Réf. taxon. : 722, 793, 943, 1367, 1472, 1498, 1530b

Onisimus litoralis (Kröyer, 1845)
Régions : EGS, EAV, MCN, BCN
Étages/habitats : I, C, B
Réf. faunist. : 337, 1353, 1407, 1478
Réf. taxon. : 722, 943, 1367, 1472, 1498, 1530b

Onisimus n. sp .
Régions : EGS, EM
Étages/habitats : I, C
Réf. faunist. : 232, 236, 242, 337
Réf. taxon. : 613

Onisimus normani G.O. Sars, 1891
Régions : S, EM, IPE, CLH, CLI, AS
Étages/habitats : I, C, B
Réf. faunist. : 120, 242, 266, 337, 456, 1410
Réf. taxon. : 613, 1367, 1410, 1472, 1498

Onisimus plautus (Kröyer, 1845)
Régions : EGS, IM, IPE, CLH, AS
Étages/habitats : I, C
Réf. faunist. : 232, 242, 337, 347, 923, 1410
Réf. taxon. : 613, 1367, 1410, 1472, 1498

Opisa eschrichti (Kröyer, 1842)
Régions : G, S, EGS, IM, EM, CLH
Étages/habitats : C, B
Réf. faunist. : 120, 152, 185, 232, 241, 242, 332, 337, 459, 923, 924, 1253, 1355, 1410
Réf. taxon. : 185, 191, 613, 934, 1367, 1472, 1498

Oradarea longimana (Boeck, 1871)
Régions : S, EGS, IM, EM, MCN, CLH, AS
Étages/habitats : I, C, B
Réf. faunist. : 84, 120, 232, 241, 242, 244, 337, 400, 456, 735, 1253, 1355, 1410
Réf. taxon. : 1409

Orchestia gammarella (Pallas, 1766)
Régions : TNS
Étages/habitats : I
Réf. faunist. : 177
Réf. taxon. : 183, 934

Orchestia grillus (Bosc, 1802)
Régions : EGS, IM, TNS
Étages/habitats : M, I
Réf. faunist. : 177, 183, 232, 1255, 1410
Réf. taxon. : 183

Orchomene macroserrata Shoemaker, 1930a
Régions : S, EGS, EM
Étages/habitats : I, C
Réf. faunist. : 232, 242, 337, 456, 923
Réf. taxon. : 420, 459, 1147, 1410

Orchomene obtusa (G.O.Sars, 1891)
Régions : EM, CLH
Étages/habitats : B
Réf. faunist. : 242, 337, 925
Réf. taxon. : 420, 1147, 1367, 1472, 1498

Orchomene pectinata G.O. Sars, 1882
Régions : CLH
Étages/habitats : B
Réf. faunist. : 242, 337
Réf. taxon. : 420, 612, 613, 1147, 1367, 1472, 1498

Orchomene serrata (Boeck, 1861)
Régions : EGS

Étages/habitats : C
Réf. faunist. : 337, 923
Réf. taxon. : 420, 1147, 1367, 1472, 1498, 1572

Orchomene sp. 2 [?]
Régions : EM
Étages/habitats : C, B
Réf. faunist. : 337
Réf. taxon. : 420, 1147

Orchomene sp. 5 [?]
Régions : S
Étages/habitats : B
Réf. faunist. : 337
Réf. taxon. : 420, 1147

Orchomenella minuta (Kröyer, 1846)
Régions : S, EGS, EAV, IM, EM, IPE, CLH, BCN
Étages/habitats : I, C, B
Réf. faunist. : 120, 152, 232, 242, 266, 332, 337, 456, 476, 735, 923, 924, 1253, 1410, 1439, 1474
Réf. taxon. : 183, 420, 613, 1147, 1367, 1472, 1498

Orchomenella pinguis (Boeck, 1861)
Régions : G, S, EGN, EGS, EAV, IM, EM, IPE, MCN, CLH, AS, TNO
Étages/habitats : M, I, C, B
Réf. faunist. : 84, 120, 168, 183, 232, 241, 242, 266, 337, 400, 456, 923, 924, 1253, 1353, 1355, 1407, 1410, 1603
Réf. taxon. : 183, 261, 613, 1147, 1367, 1472, 1498

Orchomenella sp. 1 [?]
Régions : EM
Étages/habitats : B
Réf. faunist. : 337
Réf. taxon. : 420, 1147

Orchomenella sp. 2 [?]
Régions : EM
Étages/habitats : B
Réf. faunist. : 337
Réf. taxon. : 420, 1147

Orchomenella sp. 3 [?]
Régions : EM
Étages/habitats : B
Réf. faunist. : 337
Réf. taxon. : 420, 1147

Orchomenella sp. 4 [?]
Régions : EM
Étages/habitats : B
Réf. faunist. : 337
Réf. taxon. : 420, 1147

Paradulichia typica Boeck, 1870
Régions : S, EGS, EM, CLH
Étages/habitats : I, C, B
Réf. faunist. : 120, 152, 232, 242, 332, 337, 400, 735, 907, 923, 924, 1253
Réf. taxon. : 907, 1367, 1472, 1498

Paralibrotus setosus Stephensen, 1923
Régions : EGS, EM
Étages/habitats : I, C
Réf. faunist. : 120, 242, 337, 735
Réf. taxon. : 612, 1495

Parametopa crassicornis Just, 1980
Régions : EGS
Étages/habitats : C
Réf. faunist. : 232, 242, 337
Réf. taxon. : 796, 1416

Parametopella sp. [?]
Régions : IPE
Étages/habitats : I
Réf. faunist. : 266
Réf. taxon. : 183, 1416

Paramphithoe hystrix (J. C. Ross, 1835)
Régions : G, EGS, IM, EM, MCN
Étages/habitats : C
Réf. faunist. : 84, 120, 232, 242, 337, 459, 476, 518, 923, 1410, 1657, 1658, 1661
Réf. taxon. : 518, 614, 1367, 1472, 1498

Paraphoxus oculatus G.O. Sars, 1879
Régions : EM
Étages/habitats : I, C, B
Réf. faunist. : 120, 337, 735, 1156
Réf. taxon. : 183, 934, 1367, 1472, 1498

Parapleustes assimilis (G.O. Sars, 1882)
Régions : S, EGS, MCN
Étages/habitats : I, C
Réf. faunist. : 84, 232, 242, 337, 456
Réf. taxon. : 459, 934, 1367, 1472, 1498

Parapleustes gracilis Buchholz, 1874
Régions : EGS, EAV, EM
Étages/habitats : M, I, C
Réf. faunist. : 242, 337, 735
Réf. taxon. : 190, 1367, 1472, 1498

Paratryphosites abyssi (Goës, 1866)
Régions : EGS, IM, CLH
Étages/habitats : C
Réf. faunist. : 241, 242, 337, 768, 923, 924, 1173, 1175, 1355
Réf. taxon. : 183, 612, 613, 1410, 1472

Pardalisca abyssi Boeck, 1870 [?]
Régions : BCN
Étages/habitats : ?

Réf. faunist. : 778
Réf. taxon. : 1367, 1472, 1498

Pardalisca cuspidata Kröyer, 1842
Régions : S, EGN, EGS, EAV, IM, EM, CLH
Étages/habitats : (M), I, C, B
Réf. faunist. : 232, 241, 242, 244, 337, 347, 923, 924, 925, 1272, 1355, 1410, 1661
Réf. taxon. : 1367, 1472, 1498

Pardalisca tenuipes G. O. Sars, 1893
Régions : IM
Étages/habitats : C
Réf. faunist. : 1410
Réf. taxon. : 1367, 1472, 1498

Pardaliscella lavrovi Gurjanova, 1934
Régions : EM
Étages/habitats : C
Réf. faunist. : 120, 337
Réf. taxon. : 612

Paroediceros lynceus (M. Sars, 1858)
Régions : S, EGS, IM, EM, IPE, BCN
Étages/habitats : I, C, B
Réf. faunist. : 120, 152, 232, 241, 242, 266, 332, 337, 400, 456, 735, 923, 1159, 1161, 1355, 1410, 1439, 1658, 1661
Réf. taxon. : 796, 1367, 1472, 1498

Paroediceros propinquus (Goës, 1866)
Régions : S, EGS, EM, IPE, TNO
Étages/habitats : I, C, B
Réf. faunist. : 120, 152, 232, 238, 241, 242, 243, 244, 266, 332, 337, 400, 456, 923, 1355, 1407
Réf. taxon. : 1367, 1472, 1498

Perioculodes longimanus (Bate et Westwood, 1868)
Régions : IM
Étages/habitats : C
Réf. faunist. : 1410
Réf. taxon. : 305, 934, 1367, 1472

Photis pollex Walker, 1895
Régions : G, EGS, IPE, IM
Étages/habitats : I, C
Réf. faunist. : 183, 232, 242, 254, 266, 337
Réf. taxon. : 183, 1096, 1413

Photis reinhardi Kröyer, 1842
Régions : S, EGS, EAV, IM, EM, IPE
Étages/habitats : I, C
Réf. faunist. : 152, 232, 242, 266, 332, 337, 385, 456, 735, 923, 1410
Réf. taxon. : 183, 934, 1367, 1413, 1472, 1498

Photis tenuicornis G.O. Sars, 1882
Régions : EGS, EM
Étages/habitats : I, C
Réf. faunist. : 120, 232, 242, 337, 735
Réf. taxon. : 1367, 1472, 1498

Phoxocephalus holbolli (Kröyer, 1842)
Régions : G, S, EAM, EGS, EAV, IM, EM, IPE, CLH, BCN, TNS
Étages/habitats : M, I, C, B
Réf. faunist. : 152, 168, 177, 183, 232, 242, 266, 332, 337, 385, 450, 476, 735, 923, 924, 1048a, 1156, 1410, 1439, 1657, 1658, 1661
Réf. taxon. : 183, 934, 1367, 1472, 1498

Platorchestia platensis (Kröyer, 1845)
Régions : G, EGS, IM, IPE, TNO, TNS
Étages/habitats : S, M
Réf. faunist. : 174, 176, 176a, 177, 183, 232, 242, 726, 1255
Réf. taxon. : 183, 718, 934, 1041, 1472

Pleustes n. sp.
Régions : EGS
Étages/habitats : C
Réf. faunist. : 232, 242, 337
Réf. taxon. : 188

Pleustes panoplus (Kröyer, 1838)
Régions : S, EAM, EAV, EGS, IM, EM, IPE, MCN, CLH, BCN, AS
Étages/habitats : I, C, B
Réf. faunist. : 84, 152, 232, 242, 266, 332, 337, 456, 735, 923, 924, 1159, 1161, 1410, 1439, 1661
Réf. taxon. : 188, 614, 1367, 1416, 1472, 1498

Pleustomesus medius (Goës, 1866)
Régions : S, EGN, EGS, EAV, IM, EM, CLH
Étages/habitats : I, C, B
Réf. faunist. : 120, 152, 232, 242, 332, 337, 385, 400, 735, 923, 925, 1410
Réf. taxon. : 459, 614, 1409, 1498

Pleusymtes glaber (Boeck, 1861)
Régions : EGS, IM, EM, IPE, MCN, TNO, TNS
Étages/habitats : M, I, C
Réf. faunist. : 84, 177, 232, 242, 266, 337, 701a, 726, 923, 924, 1410
Réf. taxon. : 183, 614, 934, 1367, 1472, 1498

Pleusymtes pulchella (G.O. Sars, 1876)
Régions : S, EGS, EAV, EM
Étages/habitats : (M), I, C, B
Réf. faunist. : 120, 152, 242, 332, 337, 400, 454, 456, 735, 1355
Réf. taxon. : 614, 1367, 1472, 1498

Pontogeneia inermis (Kröyer, 1838)
Régions : G, S, EGS, EAV, IM, EM, IPE, HCN, MCN, BCN, AS, TNO
Étages/habitats : M, I, C

Réf. faunist. : 32, 84, 164, 167, 168, 210a, 232, 242, 244, 266, 337, 459, 476, 701a, 726, 778, 923, 924, 1048a, 1089, 1159, 1161, 1407, 1410
Réf. taxon. : 183, 1367, 1472, 1498

Pontoporeia femorata Kröyer, 1842
Régions : EGS, EAV, IPE, BCN
Étages/habitats : I, C
Réf. faunist. : 217, 232, 241, 242, 266, 337, 923, 924, 1159, 1161, 1355, 1488, 1658, 1661
Réf. taxon. : 66, 183, 612, 613, 1367, 1472, 1498

Priscillina armata (Boeck, 1861)
Régions : EGS, IM
Étages/habitats : I, C
Réf. faunist. : 232, 242, 337, 923, 924, 1173, 1410
Réf. taxon. : 66, 612, 613, 1367, 1472, 1498

Protomedeia fasciata Kröyer, 1842
Régions : S, EGS, EAV, IM, EM, IPE
Étages/habitats : I, C
Réf. faunist. : 152, 232, 242, 266, 332, 337, 385, 735, 1410
Réf. taxon. : 341, 934, 1367, 1416, 1472, 1498

Protomedeia grandimana Brüggen, 1905
Régions : EGS, IM, EM
Étages/habitats : C
Réf. faunist. : 232, 242, 337, 385, 923, 924, 1355
Réf. taxon. : 341, 1416, 1498

Protomedeia stephenseni Shoemaker, 1955
Régions : EGS, EM, IPE
Étages/habitats : I, C
Réf. faunist. : 232, 241, 242, 266, 337, 385, 735, 923, 1355
Réf. taxon. : 341, 1416, 1498

Psammonyx nobilis (Stimpson, 1853)
Régions : IM, EAV, EM, IPE, BCN
Étages/habitats : I, C
Réf. faunist. : 183, 232, 242, 266, 337, 476, 923, 924, 1048a, 1247, 1353, 1410, 1478
Réf. taxon. : 183, 1409, 1478

Psammonyx terranovae Steele, 1979a
Régions : EGS, EAV, IM, EM
Étages/habitats : I
Réf. faunist. : 337, 1478
Réf. taxon. : 1478

Rhachotropis aculeata (Lepechin, 1780)
Régions : S, EGN, EGS, IM, EM, CLH, BCN, AS, TNO
Étages/habitats : I, C, B
Réf. faunist. : 120, 152, 232, 241, 242, 243, 244, 332, 337, 347, 456, 557, 778, 923, 924, 925, 1253, 1355, 1410, 1439, 1657, 1658, 1661
Réf. taxon. : 183, 189, 1367, 1472, 1498

Rhachotropis distincta (Holmes, 1908)
Régions : S, EAV, EM, CLH, CLI
Étages/habitats : (M, I, C), B
Réf. faunist. : 242, 332, 337, 735, 1410
Réf. taxon. : 183, 189, 1409

Rhachotropis inflata (G.O. Sars, 1882)
Régions : G, EGS, IM, EM, CLH
Étages/habitats : C, B
Réf. faunist. : 120, 232, 242, 337, 400, 459, 923, 1253, 1410
Réf. taxon. : 183, 189, 1367, 1472, 1498

Rhachotropis oculata (Hansen, 1887)
Régions : G, S, EGS, IM, EM, IPE, TNO
Étages/habitats : I, C, B
Réf. faunist. : 120, 183, 232, 238, 241, 242, 337, 347, 400, 726, 735, 736, 923, 924, 1248, 1355, 1410
Réf. taxon. : 183, 189, 1472

Schisturella pulchra (Hansen, 1887)
Régions : S, EGS, IM, EM, CLH, AS, TNO
Étages/habitats : I, C, B
Réf. faunist. : 152, 232, 238, 242, 244, 332, 337, 456, 1253, 1407, 1410
Réf. taxon. : 612, 613, 1398c, 1409, 1472

Socarnes vahli (Kröyer, 1838)
Régions : EGS
Étages/habitats : C
Réf. faunist. : 232, 242, 337
Réf. taxon. : 612, 613, 1367, 1472, 1498

Stegocephaloides auratus (G.O. Sars, 1882)
Régions : EM
Étages/habitats : B
Réf. faunist. : 337, 735
Réf. taxon. : 1367, 1472, 1498

Stegocephalus inflatus Kröyer, 1842
Régions : S, EGN, EGS, IM, EM, CLH, BCN, CLI, AS, TNO
Étages/habitats : I, C, B
Réf. faunist. : 120, 232, 238, 242, 337, 400, 456, 735, 925, 1248, 1306, 1407, 1410, 1475, 1658, 1659, 1661
Réf. taxon. : 480, 612, 613, 1367, 1472, 1498

Stenopleustes inermis Shoemaker, 1949
Régions : EGN
Étages/habitats : I
Réf. faunist. : 332
Réf. taxon. : 183, 614, 1415

Stenopleustes latipes (M. Sars, 1858)
Régions : S, EGN, EGS, EM, CLH
Étages/habitats : I, C, B
Réf. faunist. : 242, 337, 923, 925
Réf. taxon. : 614, 934, 1367, 1472, 1498

Stenothoe brevicornis G.O. Sars, 1882
Régions : EGS, EM, IPE
Étages/habitats : I, C
Réf. faunist. : 232, 242, 266, 337, 735
Réf. taxon. : 183, 459, 1367, 1416, 1472, 1498, 1574

Stenothoe monoculoides Montagu, 1815 [?]
Régions : EGS
Étages/habitats : C
Réf. faunist. : 337, 923
Réf. taxon. : 305, 934, 1367, 1416, 1472, 1498

Stenula n. sp. [?]
Régions : EGS
Étages/habitats : C
Réf. faunist. : 232, 236, 242, 337
Réf. taxon. : 62

Stenula nordmanni (Stephensen, 1931)
Régions : EGS, IPE
Étages/habitats : C
Réf. faunist. : 232, 242, 266, 337, 338, 923
Réf. taxon. : 62, 459, 796, 1416, 1497

Stenula peltata (S.I. Smith, 1874)
Régions : EGS, IPE
Étages/habitats : C
Réf. faunist. : 232, 242, 266, 337
Réf. taxon. : 62, 305, 934, 1367, 1438

Synchelidium tenuimanum Norman, 1895
Régions : EGS, IPE, CLH
Étages/habitats : C, B
Réf. faunist. : 242, 266, 337, 1253
Réf. taxon. : 183, 188, 1367, 1472, 1498

Syrrhoe crenulata Goës, 1866
Régions : S, EGN, EGS, IM, EM, IPE, MCN, CLH, BCN, AS, TNO
Étages/habitats : I, C, B
Réf. faunist. : 84, 152, 232, 241, 242, 244, 266, 332, 337, 347, 385, 400, 456, 726, 735, 923, 924, 925, 1253, 1355, 1407, 1410, 1658, 1661
Réf. taxon. : 1367, 1472, 1498

Tiron spiniferus (Stimpson, 1854)
Régions : S, EGN, EGS, EAV, IM, EM, CLH, BCN
Étages/habitats : I, C, B
Réf. faunist. : 152, 232, 241, 242, 244, 332, 337, 385, 456, 735, 923, 924, 925, 1253, 1355, 1407, 1410
Réf. taxon. : 769, 934, 1367, 1416, 1472, 1498

Tmetonyx cicada (O. Fabricius, 1780)
Régions : EGN, EGS, EM, IM, MCN, CLH
Étages/habitats : I, C, B
Réf. faunist. : 120, 242, 254, 337, 400, 925, 1253
Réf. taxon. : 63, 934, 1367, 1472, 1498

Tmetonyx gulosus (Kröyer, 1845) [?]
Régions : S, EGS, AS
Étages/habitats : I, C
Réf. faunist. : 242, 337, 456
Réf. taxon. : 1149

Tryphosella compressa (G.O. Sars, 1891)
Régions : EGS, CLH
Étages/habitats : B
Réf. faunist. : 242, 1253
Réf. taxon. : 612, 1367, 1472, 1495, 1498

Tryphosella rotundata (Stephensen, 1923)
Régions : EGS, CLH
Étages/habitats : B
Réf. faunist. : 242, 337, 1253
Réf. taxon. : 612, 1495

Tryphosella sp. B
Régions : EGS, CLH
Étages/habitats : B
Réf. faunist. : 337, 1253
Réf. taxon. :

Tryphosella spitzbergensis (Chevreux, 1926)
Régions : S
Étages/habitats : I, C
Réf. faunist. : 242, 337, 454, 456
Réf. taxon. : 612, 1498

Tryphosella triangula (Stephensen, 1925)
Régions : EGS
Étages/habitats : C
Réf. faunist. : 337
Réf. taxon. : 1496

Unciola inermis Shoemaker, 1942
Régions : G
Étages/habitats : I
Réf. faunist. : 183, 1412
Réf. taxon. : 183, 1411a

Unciola irrorata Say, 1818
Régions : EGN, EGS, IM, EM, IPE, MCN, BCN
Étages/habitats : I, C
Réf. faunist. : 84, 183, 232, 242, 266, 333, 337, 476, 923, 924, 1158, 1248, 1410, 1658, 1659, 1661
Réf. taxon. : 183, 718, 1412, 1472

Unciola leucopis (Kröyer, 1845)
Régions : EGS, IM
Étages/habitats : C
Réf. faunist. : 232, 242, 337, 1173
Réf. taxon. : 1367, 1412, 1472

Uristes umbonatus (G.O. Sars, 1882)
Régions : AS
Étages/habitats : C
Réf. faunist. : 242, 337
Réf. taxon. : 1367, 1472, 1498

Westwoodilla caecula (Bate, 1857)
Régions : G, S, EGS, IM, EM, IPE, CLH, BCN
Étages/habitats : I, C, B
Réf. faunist. : 120, 152, 232, 242, 244, 266, 332, 337, 400, 735, 872, 923, 924, 1253, 1355, 1407, 1410, 1474
Réf. taxon. : 188, 934, 1367, 1472, 1498

Westwoodilla n. sp.
Régions : CLH
Étages/habitats : B
Réf. faunist. : 242, 337
Réf. taxon. :
Remarque : Proche de *Westwoodilla oxyrhyncha* Bulytcheva, 1952.

Weyprechtia heuglini (Buchholz, 1874)
Régions : EAM, EAV
Étages/habitats : I, C
Réf. faunist. : 337, 450
Réf. taxon. : 66, 1471, 1498

Weyprechtia pinguis (Kröyer, 1838)
Régions : EGS, EAV, MCN
Étages/habitats : M, I
Réf. faunist. : 84, 242, 337
Réf. taxon. : 793, 1472, 1498

72B : Amphipoda Caprellidea

Références taxonomiques générales : 906, 1005, 1367, 1498

Aeginina aenigmatica Laubitz, 1972
Régions : EGS, CLH
Étages/habitats : C, B
Réf. faunist. : 337, 1253
Réf. taxon. : 906

Aeginina longicornis (Kröyer, 1842)
Régions : G, S, EGN, EGS, IM, EM, IPE, CLH, TNO
Étages/habitats : I, C, B
Réf. faunist. : 32, 152, 232, 236, 241, 242, 253c, 266, 332, 337, 347, 456, 459, 726, 735, 778, 906, 923, 924, 925, 1089, 1410
Réf. taxon. : 906, 1005, 1367, 1498

Caprella linearis (Linné, 1767)
Régions : S, EGN, EGS, EM, IM, IPE, MCN
Étages/habitats : I, C, B
Réf. faunist. : 32, 84, 152, 210a, 232, 242, 253c, 266, 332, 337, 347, 456, 476, 778, 906, 923, 924, 1410, 1467
Réf. taxon. : 906, 1005, 1367, 1498
Remarque : Packard (1861, 1867, réf. 1159, 1161) rapporte *C. septentrionalis* du détroit de Belle-Isle, mais Whiteaves (1901, réf. 1661) cite ce binôme et sa source dans la synonymie régionale de *C. linearis*. Est-ce une erreur? Whiteaves a-t-il eu connaissance d'une correction à l'identification de Packard? On peut rencontrer les deux espèces dans cette région, mais *C. septentrionalis*, espèce plus grande et plus commune que *C. linearis* au nord du Golfe, y est plus probable selon les cartes de distribution de Laubitz (1972, réf. 906).

Caprella penantis Leach, 1814
Régions : EGS, IM, IPE
Étages/habitats : M, I
Réf. faunist. : 232, 266, 906
Réf. taxon. : 906, 1005

Caprella rinki Stephensen, 1917
Régions : S, EM, CLH, CLI
Étages/habitats : C, B
Réf. faunist. : 152, 242, 332, 337, 735, 906
Réf. taxon. : 906, 908, 1500

Caprella septentrionalis Kröyer, 1838
Régions : S, EGN, EGS, EAV, IM, EM, IPE, HCN, MCN, BCN, AN, AS, TNO, TNS
Étages/habitats : (M), I, C, B
Réf. faunist. : 32, 152, 177, 232, 242, 253c, 332, 337, 701a, 726, 778, 906, 923, 924, 1159, 1161, 1439, 1657
Réf. taxon. : 906, 1005, 1367, 1498
Remarque : Voir *C. linearis*.

Caprella unica Mayer, 1903
Régions : EGN, MCN
Étages/habitats : M
Réf. faunist. : 906
Réf. taxon. : 906, 1005

Cyamus boopis Lütken, 1870
Régions : EGS
Étages/habitats : éps /ecPM
Réf. faunist. : 239, 242, 337
Réf. taxon. : 929, 985, 1367, 1498
Remarque : Sur *Megaptera novaeangliae* (Rorqual à bosse).

Paracaprella tenuis Mayer, 1903
Régions : IPE

Étages/habitats : I
Réf. faunist. : 906, 1005
Réf. taxon. : 906, 1005

72C : Amphipoda Hyperiidea

Références taxonomiques générales : 199, 246, 460, 1367, 1498, 1530b, 1604, 1704

Hyperia galba (Montagu, 1813)
Régions : EGS, IM, EM, IPE, BCN, CLE, CLI
Étages/habitats : éps (épg)
Réf. faunist. : 173, 177, 236, 312, 337, 356, 714a, 867, 872, 1157, 1407, 1473a
Réf. taxon. : 197, 246, 460, 1367, 1498, 1530b, 1604, 1704

Hyperia medusarum (O. F. Müller, 1776)
Régions : S, EGS, IM, EM, IPE, BCN
Étages/habitats : éps
Réf. faunist. : 173, 177, 236, 312, 312a, 337, 872, 1407, 1410
Réf. taxon. : 197, 200, 246, 460, 1367, 1498, 1530b, 1604, 1704

Hyperoche medusarum (Kröyer, 1838)
Régions : G, EGS, IM, MCN, CLH, BCN, CLA, CLE, TNO
Étages/habitats : éps
Réf. faunist. : 173, 461, 714a, 867, 872, 1407, 1661
Réf. taxon. : 200, 246, 460, 1498, 1530b, 1604, 1704

Phronima sp.
Régions : BCN
Étages/habitats : éps
Réf. faunist. : 172, 173
Réf. taxon. : 199, 1406, 1604

Scina sp.
Régions : EM
Étages/habitats : mp
Réf. faunist. : 337
Réf. taxon. : 199, 246, 1530b, 1604, 1704

Themisto abyssorum Boeck, 1870
Régions : G, S, EGS, EAV, IM, EM, CLS, MCN, CLH, BCN, CLA, CLE, AN, CLI, AS, TNO
Étages/habitats : éps, épg
Réf. faunist. : 152, 173, 236, 332, 337, 347, 356, 456, 461, 714a, 735, 867, 870, 872, 874, 875, 1157, 1210, 1248, 1253, 1272, 1273, 1407, 1410, 1473a, 1661
Réf. taxon. : 61, 201, 460, 1367, 1388, 1498, 1530b, 1604, 1704

Themisto compressa Goës, 1866
Régions : G, EGS, IM, EM, IPE, CLS, MCN, CLH, BCN, CLA, CLE, AN, CLI, AS, TNO
Étages/habitats : éps, épg
Réf. faunist. : 173, 236, 238, 337, 356, 461, 714a, 867, 870, 872, 874, 1248, 1253, 1272, 1273, 1407, 1410, 1473a
Réf. taxon. : 201, 460, 1367, 1388, 1404, 1498, 1530b, 1604, 1701a, 1704

Themisto libellula (Lichtenstein, 1822)
Régions : G, EGS, EAV, EM, MCN, BCN, CLE, TNO
Étages/habitats : (éps) épg
Réf. faunist. : 173, 337, 461, 714a, 748a, 872, 874, 1210, 1407, 1661
Réf. taxon. : 61, 201, 246, 460, 1367, 1388, 1498, 1530b, 1604, 1704

73 : Euphausiacea

Références taxonomiques générales : 51, 472, 472+, 909, 929a, 998, 999+, 1001

Meganyctiphanes norvegica (M. Sars, 1857)
Régions : G, S, EGN, EAM, EGS, EAV, IM, EM, IPE, CLS, MCN, CLH, BCN, CLA, CLE, AN, CLI, AS, TNO
Étages/habitats : (éps, épg) mp
Réf. faunist. : 102, 104, 152, 241, 242, 332, 337, 347, 356, 450, 472, 631, 680, 735, 866, 867, 868, 870, 872, 874, 899a, 925, 997, 1248, 1272, 1273, 1274, 1324, 1407, 1473a,1661
Réf. taxon. : 51, 51+, 472, 472+, 917+, 929a, 998, 999+, 1001, 1225+, 1226, 1548

Nematoscelis megalops G.O. Sars, 1883
Régions : CLI
Étages/habitats : mp
Réf. faunist. : 102, 104
Réf. taxon. : 51, 51+, 929a, 998, 999+, 1001

Thysanoessa inermis (Kröyer, 1846)
Régions : G, S, EGN, EAM, EGS, IM, EM, IPE, CLS, MCN, CLH, AN, TNO
Étages/habitats : éps, épg (mp)
Réf. faunist. : 102, 104, 152, 241, 242, 312a, 332, 337, 356, 450, 456, 472, 631, 771, 866, 867, 868, 870, 872, 874, 876, 899a, 925, 1272, 1273, 1324, 1407, 1473a, 1661
Réf. taxon. : 51, 51+, 472, 472+, 918+, 929a, 998, 999+, 1001

Thysanoessa longicaudata (Kröyer, 1846)
Régions : G, S, EAM, EAV, EGS, IM, EM, IPE, CLS, MCN, CLH, BCN, CLA, CLE, AN, CLI, AS, TNO
Étages/habitats : éps, épg (mp)
Réf. faunist. : 102, 104, 242, 312a, 337, 356, 450, 867, 872, 874, 899a, 1272, 1407, 1473a
Réf. taxon. : 51, 51+, 472, 472+, 929a, 998, 999+, 1001, 1225+, 1226

Thysanoessa raschii (M. Sars, 1864)
Régions : G, S, EGN, EGS, IM, EM, IPE, CLS, MCN, CLH, BCN, CLA, CLE, AN, CLI, AS, TNO
Étages/habitats : éps, épg
Réf. faunist. : 102, 104, 152, 235, 241, 242, 312a, 332, 337, 356, 456, 631, 867, 868, 870, 872, 874, 879, 925, 1210, 1248, 1272, 1273, 1274, 1324, 1407, 1473a
Réf. taxon. : 51, 51+, 472, 472+, 929a, 951+, 998, 999+, 1001

74 : Decapoda Penaeidea

Références taxonomiques générales : 1225, 1226, 1463, 1670, 1671, 1677+,

Penaeidea (larve) [??]
Régions : EAV
Étages/habitats : éps
Réf. faunist. : 899a
Réf. taxon. : 1677+

Plesiopenaeus edwardsianus (Johnson, 1867)
Régions : CLS, MCN, CLH, CLA, CLI
Étages/habitats : B
Réf. faunist. : 242, 337, 364
Réf. taxon. : 364, 1225, 1463

75 : Decapoda Caridea

Références taxonomiques générales : 364, 506+, 659+, 881, 1225, 1226, 1276a, 1288, 1463, 1464+, 1670, 1671, 1677+, 1678+, 1679+, 1680+, 1681+

Argis dentata (Rathbun, 1902)
Régions : G, EGN, EAM, EGS, IM, EM, IPE, MCN, CLH, BCN, AN, AS, TNO, TNS
Étages/habitats : I, C
Réf. faunist. : 84, 110, 161, 241, 242, 242a, 266, 337, 347, 358, 359, 361, 363, 509, 542, 558c, 726, 735, 778, 864, 875, 923, 924, 925, 1158, 1247, 1407, 1439, 1459, 1461, 1463, 1558, 1657, 1659a, 1661, 1671
Réf. taxon. : 364, 659+, 840b, 1276a, 1460+, 1463, 1464+, 1671

Caridion gordoni (Bate, 1888)
Régions : EGS, IPE, CLH
Étages/habitats : (I) B
Réf. faunist. : 242, 312, 312a, 337, 364
Réf. taxon. : 364, 663, 1041, 1276a, 1288, 1463, 1671, 1678+

Crangon septemspinosa Say, 1818
Régions : G, S, EGN, EAM, EGS, EAV, IM, EM, IPE, HCN, MCN, BCN, AS, TNO, TNS
Étages/habitats : (M), I, (C)
Réf. faunist. : 88, 161, 168, 174, 176, 176a, 177, 242, 252a, 253b, 253c, 266, 281, 312a, 314, 337, 347, 359, 361, 362, 385, 437, 450, 455, 456, 476, 518, 619, 659, 726, 735, 738, 739, 775a, 778, 788, 864, 899a, 923, 924, 1048a, 1107, 1158, 1159, 1161, 1203, 1247, 1272, 1276a, 1353, 1407, 1459, 1461, 1463, 1466, 1467, 1558, 1583a, 1658, 1659, 1659a, 1661
Réf. taxon. : 225, 364, 518, 659+, 1107+, 1276a, 1463, 1464+, 1670, 1671, 1679+

Dichelopandalus leptocerus (Smith, 1881)
Régions : BCN, IM, IPE, TNO
Étages/habitats : C
Réf. faunist. : 337, 361, 364, 558c, 1459, 1461, 1463
Réf. taxon. : 364, 658+, 1226, 1276a, 1463, 1670, 1671

Eualus fabricii (Kröyer, 1841)
Régions : G, S, EGN, EAM, EGS, EAV, IM, EM, MCN, CLH, BCN, AN, AS, TNO
Étages/habitats : I, C, (B)
Réf. faunist. : 84, 110, 152, 161, 241, 242, 242a, 332, 337, 347, 359, 361, 364, 456, 558c, 619, 726, 735, 864, 923, 925, 926, 1158, 1247, 1439, 1459, 1461, 1463, 1657, 1659a, 1660, 1661
Réf. taxon. : 364, 658+, 659+, 1276a, 1463, 1464+, 1670, 1671

Eualus gaimardi (H.Milne-Edwards, 1837)
Régions : G, S, EGN, EAM, EGS, EAV, IM, EM, IPE, CLH, BCN, AN, AS, TNS
Étages/habitats : I, C, B
Réf. faunist. : 152, 161, 241, 242, 242a, 332, 337, 347, 359, 361, 456, 735, 778, 864, 875, 923, 925, 1158, 1159, 1161, 1248, 1250, 1439, 1459, 1461, 1463, 1657, 1661
Réf. taxon. : 225, 364, 659+, 663, 1041, 1201+, 1205+, 1276a, 1463, 1464+, 1671, 1678+

Eualus gaimardii belcheri (Bell, 1855)
Régions : EAM, EGS, EAV, IM, EM, BCN
Étages/habitats : C
Réf. faunist. : 161, 337, 359, 361, 364, 923, 1250, 1459, 1461
Réf. taxon. : 364, 663, 1276a, 1463, 1464+, 1670, 1671

Eualus macilentus (Kröyer, 1841)
Régions : G, S, EGN, EGS, IM, EM, IPE, MCN, TNO
Étages/habitats : I, C, B
Réf. faunist. : 84, 161, 162, 241, 242, 242a, 337, 347, 359, 360, 456, 542, 726, 864, 875, 923, 925, 926, 1248, 1459, 1461, 1463, 1657, 1658, 1661
Réf. taxon. : 364, 659+, 1276a, 1463, 1464+

Eualus pusiolus (Kröyer, 1841)
Régions : G, EGS, IM, IPE, TNO
Étages/habitats : I, C
Réf. faunist. : 242, 253c, 266, 337, 361, 364, 461, 659, 923, 924, 1276a, 1459, 1461, 1463, 1658, 1661, 1670, 1672
Réf. taxon. : 225, 364, 659+, 663, 1201+, 1205+, 1276a, 1463, 1464+, 1670, 1671, 1678+

Lebbeus groenlandicus (Fabricius, 1775)
Régions : S, EAM, EGS, EAV, IM, EM, IPE, MCN, BCN, CLA, AN, TNO, TNS
Étages/habitats : (M), I, C, (B)
Réf. faunist. : 84, 110, 152, 161, 242, 266, 332, 337, 347, 361, 364, 456, 461, 509, 518, 541, 558c, 864, 923, 924, 1158, 1159, 1161, 1247, 1439, 1459, 1461, 1463, 1558, 1661
Réf. taxon. : 225, 364, 518, 656+, 659+, 1201+, 1276a, 1463, 1464+, 1670, 1671

Lebbeus microceros (Kröyer, 1841)
Régions : EGS, IM
Étages/habitats : C
Réf. faunist. : 242, 337, 361, 364
Réf. taxon. : 364, 1276a,1463, 1464+

Lebbeus polaris (Sabine, 1824)
Régions : G, S, EGN, EGS, EAV, IM, EM, IPE, MCN, CLH, BCN, AN, AS, TNO, TNS
Étages/habitats : I, C, B
Réf. faunist. : 84, 100, 110, 162, 241, 242, 337, 347, 359, 360, 361, 455, 456, 518, 558c, 726, 864, 875, 925, 1158, 1159, 1161, 1250, 1273, 1276a, 1407, 1459, 1461, 1463, 1657, 1660, 1661
Réf. taxon. : 364, 518, 658+, 659+, 663, 1041, 1201+, 1205+, 1276a, 1463, 1464+, 1670, 1671, 1678+

Lebbeus zebra (Leim, 1921)
Régions : G, S, EGS, IM, MCN
Étages/habitats : I, C
Réf. faunist. : 110, 242, 347, 364, 456, 1672
Réf. taxon. : 364, 1201+, 1276a, 1463, 1670, 1671

Palaemonetes (Palaemonetes) pugio Holthuis 1949
Régions : EAV, IPE
Étages/habitats : I, éps/s
Réf. faunist. : 636a, 1463, 1671
Réf. taxon. : 1463, 1670, 1671

Palaemonetes vulgaris (Say, 1818)
Régions : G, EGS, IM, IPE
Étages/habitats : I /s
Réf. faunist. : 177, 193, 1467, 1670, 1672
Réf. taxon. : 1276a, 1463, 1599, 1670, 1671

Pandalus borealis Kröyer, 1838
Régions : S, EGN, EGS, EM, EAV, EAM, CLS, MCN, CLH, CLA, CLE, AN, CLI, AS, TNO
Étages/habitats : (I), C, B /s
Réf. faunist. : 152, 162, 241, 242, 332, 337, 359, 360, 455, 456, 509, 541, 543, 544, 726, 864, 925, 1046, 1248, 1455, 1459, 1461, 1463, 1473a, 1558
Réf. taxon. : 364, 657+, 659+, 663, 1225, 1226, 1276a, 1463, 1464+, 1670, 1671, 1681+

Pandalus montagui Leach, 1814
Régions : G, S, EGN, EAM, EGS, EAV, IM, EM, IPE, HCN, MCN, CLH, BCN, CLA, AN, AS, TNO, TNS
Étages/habitats : I, C, B
Réf. faunist. : 84, 110, 152, 161, 241, 242, 242a, 266, 281, 332, 337, 347, 348, 359, 361, 362, 456, 509, 518, 542, 726, 735, 778, 864, 875, 923, 924, 925, 1158, 1159, 1161, 1247, 1407, 1439, 1454, 1459, 1461, 1473a, 1558, 1463, 1556, 1656, 1657, 1658, 1659a, 1660, 1661
Réf. taxon. : 364, 518, 663, 1041, 1206+, 1225, 1226, 1276a, 1463, 1464+, 1670, 1671, 1681+

Pandalus propinquus G.O. Sars, 1869
Régions : IM, IPE, CLH, CLA, CLE
Étages/habitats : C, B
Réf. faunist. : 361, 541, 1459, 1461, 1463
Réf. taxon. : 364, 663, 1206+, 1225, 1226, 1276a, 1463, 1464+, 1670, 1671, 1681

Pasiphaea multidentata Esmark, 1866
Régions : G, EAM, EGS, EAV, EM, CLS, CLH, BCN, CLA, CLE, CLI
Étages/habitats : mp /N
Réf. faunist. : 242, 337, 541, 558c, 864, 925, 1046, 1248, 1407, 1459, 1461, 1463, 1473a, 1556, 1672
Réf. taxon. : 364, 475+, 1225, 1226, 1276a, 1288, 1463, 1671, 1680+

Pasiphaea tarda Kröyer, 1845
Régions : EM, CLH, CLI
Étages/habitats : mp /N
Réf. faunist. : 1459, 1461, 1463, 1556
Réf. taxon. : 475+, 1225, 1226, 1288, 1463, 1680+

Pontophilus norvegicus (M. Sars, 1861)
Régions : EGN, EGS, EM, HCN, CLH, BCN, CLA, CLE, CLI, AS
Étages/habitats : I, C, B
Réf. faunist. : 242, 337, 461, 541, 925, 1459, 1461, 1463, 1556
Réf. taxon. : 364, 663, 1225, 1226, 1276a, 1463, 1671, 1679+

Sabinea sarsi S.I. Smith, 1879
Régions : G, IPE, CLH, AS

Étages/habitats : C, B
Réf. faunist. : 242, 337, 364, 1463
Réf. taxon. : 364, 1225, 1226, 1276a, 1463, 1671, 1679+

Sabinea septemcarinata (Sabine, 1824)
Régions : G, EGN, EAM, EGS, EAV, IM, EM, IPE, CLH, BCN, AS, TNO
Étages/habitats : I, C, B
Réf. faunist. : 161, 241, 242, 242a, 266, 337, 347, 359, 361, 364, 619, 659, 735, 864, 875, 923, 925, 1250, 1276a, 1407, 1459, 1461, 1463, 1657, 1659a, 1660, 1661, 1670, 1672
Réf. taxon. : 364, 659+, 1041, 1225, 1226, 1276a, 1463, 1464+, 1671, 1679+

Sclerocrangon boreas (Phipps, 1774)
Régions : S, EAM, EGS, EAV, IM, EM, IPE, MCN, BCN, TNO
Étages/habitats : I, C, B
Réf. faunist. : 84, 110, 152, 161, 242, 281, 332, 337, 347, 359, 360, 361, 455, 456, 509, 558c, 735, 864, 923, 1159, 1161, 1247, 1439, 1459, 1461, 1463, 1558, 1658, 1659a, 1661
Réf. taxon. : 659+, 972+, 1041, 1226, 1276a, 1463, 1464+, 1671, 1679+

Sclerocrangon ferox (G. O. Sars, 1877)
Régions : S
Étages/habitats : I, C
Réf. faunist. : 456
Réf. taxon. : 1226, 1463, 1679+

Spirontocaris lilgeborgii (Danielssen, 1859)
Régions : EGN, EGS, IM, EM, IPE, CLS, MCN, CLH, BCN, AS, TNO
Étages/habitats : C, B
Réf. faunist. : 241, 242, 337, 359, 558c, 864, 925, 1459, 1461, 1463, 1556
Réf. taxon. : 364, 659+, 1201+, 1205+, 1276a, 1463, 1670, 1671, 1678+

Spirontocaris phippsii (Kröyer, 1841)
Régions : G, EGN, EGS, EM, HCN, MCN, CLH, BCN, TNO
Étages/habitats : I, C, B
Réf. faunist. : 84, 242, 337, 347, 359, 864, 875, 923, 924, 1159, 1161, 1407, 1439, 1459, 1461, 1463, 1656, 1657, 1658, 1660, 1661
Réf. taxon. : 364, 659+, 1201+, 1205+, 1276a, 1463, 1464+, 1670, 1671, 1678+

Spirontocaris spinus (Sowerby, 1805)
Régions : G, EGN, EGS, IM, EM, IPE, MCN, CLH, BCN
Étages/habitats : M, I, C
Réf. faunist. : 84, 110, 241, 242, 242a, 337, 347, 359, 361, 362, 558c, 619, 778, 864, 923, 924, 925, 1158, 1250, 1439, 1459, 1461, 1463, 1657, 1658, 1659a, 1660, 1661
Réf. taxon. : 364, 659+, 663, 1041, 1201+, 1205+, 1276a, 1463, 1464+, 1670, 1671, 1678+

77 : Decapoda Astacidea

Références taxonomiques générales : 1276a, 1463, 1670, 1671

Homarus americanus H. Milne Edwards, 1837
Régions : G, EGN, EGS, IM, EM, IPE, HCN, MCN, CLH, BCN, AN, AS, TNO, TNS
Étages/habitats : I, (C), B
Réf. faunist. : 45, 50, 84, 88, 96, 97, 146, 176a, 177, 180, 242, 253c, 266, 278, 280, 312a, 332, 337, 361, 412, 518, 726, 778, 788, 923, 937, 1158, 1159, 1161, 1255, 1407, 1459, 1461, 1462, 1463, 1466, 1467, 1528b, 1530a, 1659, 1661
Réf. taxon. : 180, 225, 300+, 518, 686, 686+, 1276a, 1463, 1670, 1671, 1712

77B : Decapoda Thalassinidea

Références taxonomiques générales : 1276a, 1463, 1670, 1671

Axius serratus Stimpson, 1852
Régions : IPE
Étages/habitats : I
Réf. faunist. : 1463
Réf. taxon. : 1276a, 1463, 1670, 1671

Calocaris templemani Squires, 1965
Régions : G, EGS, EM, CLH
Étages/habitats : B
Réf. faunist. : 236, 332, 337, 920, 925, 1276a, 1425a, 1454, 1459, 1461, 1463, 1658, 1661
Réf. taxon. : 1226, 1276a, 1458, 1463, 1670, 1671

78 : Decapoda Anomura

Références taxonomiques générales : 1204+, 1225, 1226, 1227, 1276a, 1463, 1670, 1671

Lithodes maja (Linné, 1758)
Régions : EM, CLS, MCN, CLH, CLA, CLE, CLI, AS
Étages/habitats : (C), B
Réf. faunist. : 242, 337, 925, 1276a, 1459, 1461, 1463
Réf. taxon. : 663, 1041, 1204+, 1227, 1276a, 1308, 1463, 1670, 1671

Munidopsis curvirostra Whiteaves, 1874
Régions : G, EGS, EM, CLH, CLI
Étages/habitats : C, B

Réf. faunist. : 236, 242, 337, 925, 1248, 1276a, 1459, 1461, 1463, 1658, 1659, 1661
Réf. taxon. : 629, 663, 1041, 1225, 1276a, 1463, 1659

Pagurus acadianus Benedict, 1901
Régions : G, EGN, EGS, IM, EM, IPE, MCN, TNO, TNS
Étages/habitats : I, (C)
Réf. faunist. : 84, 88, 177, 242, 242a, 253c, 266, 333, 337, 347, 361, 726, 775a, 778, 923, 924, 1276a, 1277a, 1459, 1461, 1463, 1670, 1672
Réf. taxon. : 225, 1204+, 1226, 1227, 1276a, 1302+, 1463, 1464+, 1670, 1671

Pagurus arcuatus Squires, 1964
Régions : S, EGN, EGS, IM, EM, IPE, MCN, BCN
Étages/habitats : (M), I, C
Réf. faunist. : 242, 242a, 266, 333, 337, 361, 456, 476, 619, 735, 1459, 1461, 1463, 1467, 1659a
Réf. taxon. : 1227, 1276a, 1457, 1463, 1465+, 1670, 1671

Pagurus longicarpus Say, 1817
Régions : IPE
Étages/habitats : I, C
Réf. faunist. : 266, 937
Réf. taxon. : 225, 1227, 1276a, 1463, 1670, 1671

Pagurus pubescens Kröyer, 1838
Régions : G, S, EGS, EAV, IM, EM, IPE, MCN, BCN, AN, AS, TNO
Étages/habitats : (M), I, C, B
Réf. faunist. : 84, 242, 242a, 266, 337, 347, 456, 778, 923, 924, 1158, 1159, 1161, 1247, 1277a, 1439, 1461, 1463, 1466, 1467, 1657, 1658, 1660, 1660, 1661
Réf. taxon. : 225, 663, 760, 1204+, 1227, 1276a, 1302+, 1457, 1463, 1464+, 1670, 1671

79 : Decapoda Brachyura

Références taxonomiques générales : 761+, 1227, 1276a, 1308+, 1463, 1670, 1671

Cancer borealis Stimpson, 1859
Régions : IPE, TNS
Étages/habitats : I
Réf. faunist. : 50, 177, 738, 739
Réf. taxon. : 180, 225, 1227, 1276a, 1308+, 1378+, 1463, 1670, 1671
Remarque : La mention de cette espèce dans le détroit de Belle-Isle par Packard (1863, réf. 1158) avait déjà disparu de son catalogue subséquent (1867, réf. 1159); dans son livre de 1891 (réf. 1161), le binôme *C. borealis* réapparaît par erreur dans la liste (p. 385), puisque l'auteur nomme correctement l'espèce *C. irroratus* dans un chapître précédent (p. 71). Whiteaves (1901, réf. 1661) cite correctement la mention de Packard, mais Bousfield (1964, réf. 180) reprend la mention erronnée du détroit de Belle-Isle, que les autres auteurs (e.g. Rathbun, 1929, réf. 1276a) ont éliminée. La carte de distribution de l'espèce que présente Squires (1990, réf. 1463) omet malheureusement les trois mentions antérieures que nous rapportons ci-dessus pour le Golfe.

Cancer irroratus Say, 1817
Régions : G, EGN, EAM, EGS, EAV, IM, EM, IPE, HCN, MCN, BCN, AN, AS, TNO, TNS
Étages/habitats : M, I, C
Réf. faunist. : 26, 32, 84, 88, 96, 110, 168, 168a, 169, 176a, 177, 242, 242a, 253b, 253c, 263, 266, 278, 279, 280, 281, 333, 337, 347, 361, 412, 414, 476, 518, 588, 619, 636a, 701, 726, 767, 775, 775a, 778, 788, 910, 923, 924, 937, 1048a, 1158, 1250, 1255, 1277, 1277a, 1382, 1459, 1461, 1463, 1466, 1467, 1659, 1659a, 1660, 1661
Réf. taxon. : 125+, 180, 225, 310, 518, 1227, 1276a, 1308+, 1377+, 1463, 1670, 1671, 1712

Carcinus maenas (Linné, 1758)
Régions : G, IPE
Étages/habitats : M, I
Réf. faunist. : 1463
Réf. taxon. : 180, 225, 310, 663, 759, 1041, 1308+, 1463, 1548+, 1670, 1671

Chionoecetes opilio (O. Fabricius, 1788)
Régions : G, S, EGN, EGS, IM, EM, MCN, CLH, BCN, CLA, CLE, CLS, AN, AS, TNO
Étages/habitats : I, C, B
Réf. faunist. : 110, 152, 217, 242, 242a, 332, 337, 347, 395, 518, 619, 726, 778, 892, 910, 923, 924, 925, 1056, 1100, 1158, 1159, 1161, 1248, 1459, 1461, 1463, 1556, 1633, 1659a, 1660, 1661, 1672
Réf. taxon. : 401+, 518, 855+, 1227, 1228, 1276a, 1308+, 1463, 1671

Dyspanopeus sayi (Smith, 1869)
Régions : G, EGS, IPE
Étages/habitats : I
Réf. faunist. : 176a, 177, 738, 739, 778, 1172, 1276a, 1277, 1463, 1466, 1538a, 1670, 1671, 1671a, 1672
Réf. taxon. : 757+, 1227, 1276a, 1308+, 1463

Hyas araneus (Linné, 1758)
Régions : G, S, EGN, EGS, IM, EM, IPE, MCN, BCN, AS, TNO
Étages/habitats : (M), I, C
Réf. faunist. : 50, 84, 152, 242, 242a, 253c, 266, 332, 333, 337, 456, 619, 701, 735, 737, 767, 775, 778, 910, 923, 1158, 1159, 1161, 1248, 1277a, 1439, 1459, 1461, 1463, 1467, 1658, 1659a, 1660, 1661, 1671a
Réf. taxon. : 225, 310, 311+, 401+, 663, 759, 1227, 1228, 1276a, 1308+, 1463, 1464+, 1670, 1671

Hyas coarctatus Leach, 1815
Régions : G, S, EGN, EGS, IM, EM, IPE, MCN, CLH, BCN, CLA, TNO
Étages/habitats : I, C
Réf. faunist. : 84, 88, 152, 242, 242a, 253c, 266, 332, 337, 347, 361, 456, 476, 726, 737, 775, 778, 923, 925, 1158, 1159, 1161, 1248, 1439, 1459, 1461, 1463, 1658, 1659, 1660, 1661
Réf. taxon. : 225, 310, 311+, 663, 759, 855+, 1227, 1228, 1276a, 1308+, 1463, 1464+, 1670, 1671

Libinia emarginata Leach, 1815
Régions : IPE
Étages/habitats : ?
Réf. faunist. : 1463
Réf. taxon. : 225, 1227, 1276a, 1308+, 1463, 1670, 1671

Ovalipes ocellatus (Herbst, 1799)
Régions : G, IPE
Étages/habitats : I
Réf. faunist. : 193, 1463, 1528, 1670, 1671, 1672
Réf. taxon. : 225, 1227, 1308+, 1463, 1670, 1671

Pinnotheres ostreum Say, 1817
Régions : IPE
Étages/habitats : I
Réf. faunist. : 1037
Réf. taxon. : 1308+, 1670, 1671
Remarque : Commensal de l'Huître (*Crassostrea virginica*).

Rhithropanopeus harrisii (Gould, 1841)
Régions : IPE
Étages/habitats : I
Réf. faunist. : 176a, 193, 312a, 775a, 1276a, 1277, 1407, 1463
Réf. taxon. : 310, 343+, 663, 1041, 1227, 1276a, 1308+, 1463, 1670, 1671

ARTHROPODA CHELICERATA (82–83) :

82P : Hydracarina

Références taxonomiques générales : 72, 73, 74, 75, 76, 603, 1111, 1203

Copidognathus biodomus Bartsch, 1997
Régions : EM
Étages/habitats : I
Réf. faunist. : 337, 605a
Réf. taxon. : 76a, 605a, 1111

Halacarus sp.
Régions : EGN, EAV, EM, IPE
Étages/habitats : M, I
Réf. faunist. : 333, 338
Réf. taxon. : 24, 603, 663, 1111, 1203

Isobactrus setosus (Lohmann, 1889)
Régions : EM
Étages/habitats : I
Réf. faunist. : 337
Réf. taxon. : 603, 1111

83 : Pycnogonida

Références taxonomiques générales : 668, 1006, 1039, 1108

Achelia scabra Wilson, 1880
Régions : IM, EM, IPE, TNO
Étages/habitats : I, C
Réf. faunist. : 266, 334, 336, 589, 726, 1108
Réf. taxon. : 668, 1006, 1108

Achelia spinosa (Stimpson, 1853)
Régions : S, EGN, EAM, EGS, EAV, EM
Étages/habitats : M, I, C
Réf. faunist. : 152, 242, 332, 333, 337
Réf. taxon. : 668, 669, 1006, 1108

Nymphon brevitarse Kröyer, 1838
Régions : S, EGN, EGS, BCN
Étages/habitats : I, C
Réf. faunist. : 152, 242, 332, 333, 1108, 1306
Réf. taxon. : 306, 668, 1039, 1108, 1368
Remarque : Child (comm. pers.), manifestement peu familier avec la faune euarctique du golfe du Saint-Laurent, doute de la présence de cette espèce dans le Golfe à cause de sa distribution arctique.

Nymphon grossipes (O. Fabricius, 1780)
Régions : G, S, EAM, EGS, EAV, IM, EM, IPE, BCN, TNO
Étages/habitats : M, I, C, B

Réf. faunist. : 152, 242, 266, 332, 333, 337, 456, 589, 668, 726, 735, 1108, 1158, 1159, 1161, 1306, 1654a, 1661
Réf. taxon. : 306, 668, 1006, 1039, 1108, 1368

Nymphon hirtipes Bell, 1855
Régions : IPE
Étages/habitats : I, C
Réf. faunist. : 266
Réf. taxon. : 668, 1006, 1108

Nymphon longitarse Kröyer, 1844
Régions : G, S, EGS, EAV, EM, IPE, TNO
Étages/habitats : I, C, B
Réf. faunist. : 152, 242, 266, 332, 334, 337, 726, 735, 1108
Réf. taxon. : 306, 668, 1006, 1039, 1108, 1368

Nymphon macrum Wilson, 1880
Régions : EM
Étages/habitats : C, B
Réf. faunist. : 337
Réf. taxon. : 668, 1006, 1039, 1108

Nymphon rubrum Hodge, 1865
Régions : EM, IPE, MCN
Étages/habitats : I, B
Réf. faunist. : 312, 312a, 333, 334, 336, 337
Réf. taxon. : 225, 825, 1108

Nymphon serratum G.O. Sars, 1879
Régions : S
Étages/habitats : B
Réf. faunist. : 242, 456
Réf. taxon. : 668, 1039, 1108, 1368
Remarque : Voir *N. brevitarse.*

Nymphon sluiteri Hoek, 1882
Régions : EM
Étages/habitats : C, B
Réf. faunist. : 1108, 1248
Réf. taxon. : 668, 1039, 1108

Nymphon stroemi Kröyer, 1844
Régions : G, S, EGS, EM, CLH
Étages/habitats : I, C, B
Réf. faunist. : 242, 337, 456, 1108, 1248, 1657, 1660, 1661
Réf. taxon. : 668, 1006, 1039, 1108, 1368

Phoxichilidium femoratum (Rathke, 1799)
Régions : EGN, EGS, EM, IPE, MCN
Étages/habitats : M, I, C
Réf. faunist. : 32, 333, 334, 336, 337, 778
Réf. taxon. : 225, 663, 668, 825, 1006, 1108

Pseudopallene circularis (Goodsir, 1842)
Régions : EGN, EGS, EM, BCN
Étages/habitats : I, C
Réf. faunist. : 242, 334, 336, 337, 668, 1306
Réf. taxon. : 306, 668, 1006, 1039+, 1108

Pseudopallene spinipes (O. Fabricius, 1780)
Régions : EGS
Étages/habitats : C
Réf. faunist. : 242, 332
Réf. taxon. : 668, 1039+, 1368

Pycnogonum littorale (Ström, 1762)
Régions : IPE, CLH, CLI
Étages/habitats : I, C, B
Réf. faunist. : 266, 668, 1306, 1657, 1661
Réf. taxon. : 225, 663, 668, 825, 1006, 1039+

ARTHROPODA UNIRAMIA (84–85) :

84 : Insecta

Références taxonomiques générales : 1044a

Aedes atropalpus (Coguiwett, 1902)
Régions : MCN
Étages/habitats : M /D
Réf. faunist. : 1673a
Réf. taxon. :

Arctocorisa sp.
Régions : MCN
Étages/habitats : M /D
Réf. faunist. : 1673a
Réf. taxon. : 26a, 1044a, 1172a, 1396a

Bezzia ou *Probezzia* sp.
Régions : MCN
Étages/habitats : M /D
Réf. faunist. : 1673a
Réf. taxon. : 1004a, 1172a, 1649a

Ceratopogonidae
Régions : EGS, IM
Étages/habitats : M /D
Réf. faunist. : 254, 253b, 1085a
Réf. taxon. : 1004a, 1044a, 1694a

Chironomidae (larve)
Régions : EGS, IM, IPE
Étages/habitats : M /D
Réf. faunist. : 176a, 253b, 254, 1085a
Réf. taxon. : 1004a, 1044a, 1172a, 1663a+

Chironomus sp. (larve)
Régions : EM, MCN
Étages/habitats : M /D
Réf. faunist. : 1618a, 1619, 1673a
Réf. taxon. : 1004a, 1044a, 1663a+

Cricotopus (*Isocladius*) *sylvestris* J.C. Fabricius, 1794
Régions : MCN
Étages/habitats : M /E

Réf. faunist. : 1673a
Réf. taxon. : 1004a, 1172a, 1663a

Corixidae
Régions : EGS
Étages/habitats : M /D
Réf. faunist. : 253b, 1085a
Réf. taxon. : 26a, 1044a, 1396a

Culicoides sp. (larve)
Régions : EM
Étages/habitats : M /D
Réf. faunist. : 1619
Réf. taxon. : 1004a, 1044a

Echinophthirius horridus (Holfers, 1816) Fahrenholz, 1919
Régions : IM, IPE
Étages/habitats : /ecPM
Réf. faunist. : 985a, 1313c
Réf. taxon. : 823a

Ephydra macellaria Egger, 1862
Régions : MCN
Étages/habitats : M /E
Réf. faunist. : 1673a
Réf. taxon. : 1004a, 1427a

Eristalis sp. (larve)
Régions : EM
Étages/habitats : M /D
Réf. faunist. : 1619
Réf. taxon. : 637a, 1004a, 1044a

Gelastocoridae
Régions : EGS
Étages/habitats : M /D
Réf. faunist. : 1085a
Réf. taxon. : 1044a

Gerris comatus Drake et Hottes, 1925
Régions : MCN
Étages/habitats : M /E
Réf. faunist. : 1673a
Réf. taxon. : 1172a

Haliplus sp.
Régions : EGS
Étages/habitats : M /D
Réf. faunist. : 1085a
Réf. taxon. : 1044a

Halocladius (Halocladius) variabilis Stagger, 1839 [?]
Régions : MCN
Étages/habitats : M /E
Réf. faunist. : 1673a
Réf. taxon. : 1004a, 1044a, 1663a

Hydroporus cocheconis Fall, 1917
Régions : MCN
Étages/habitats : M /D
Réf. faunist. : 1673a
Réf. taxon. : 1172a

Laccodytes sp.
Régions : EGS
Étages/habitats : M /D
Réf. faunist. : 1085a
Réf. taxon. : 1044a

Limnephilus tarsalis Banks, 1920
Régions : MCN
Étages/habitats : M /D
Réf. faunist. : 1673a
Réf. taxon. : 517a, 1172a, 1666a

Procladius sp. (larve)
Régions : EAM, MCN
Étages/habitats : M, I, D
Réf. faunist. : 1603a, 1673a
Réf. taxon. : 1004a, 1044a, 1663a+

Psectrocladius sp.
Régions : MCN
Étages/habitats : M /D
Réf. faunist. : 1673a
Réf. taxon. : 1004a, 1172a, 1663a

Rhantus sp.
Régions : MCN
Étages/habitats : M /D
Réf. faunist. : 1673a
Réf. taxon. : 1172a

Strictochironomus sp. (larve)
Régions : EGS
Étages/habitats : M /D
Réf. faunist. : 1085a
Réf. taxon. : 1004a, 1663a

Tanytarsus sp.
Régions : MCN
Étages/habitats : M /D
Réf. faunist. : 1673a
Réf. taxon. : 1004a, 1172a, 1663a

Trichocorixa verticalis (Fieber, 1851)
Régions : EM
Étages/habitats : M
Réf. faunist. : 1619
Réf. taxon. : 26a, 1044a, 1396a

Trichocorixa verticalis fenestrata Walley, 1930
Régions : MCN
Étages/habitats : M /E
Réf. faunist. : 1673a
Réf. taxon. : 26a, 1044a, 1172a, 1396a

85F : Tardigrada

Références taxonomiques générales : 663, 1236

Genres non identifiés
Régions : S
Étages/habitats : C
Réf. faunist. : G. Tita (comm. pers., 1997)
Réf. taxon. : 663, 1236

86 : CHAETOGNATHA

Références taxonomiques générales : 123b, 537, 1202

Eukrohnia bathypelagica (Alvarino, 1962)
Régions : CLI
Étages/habitats : mp?
Réf. faunist. : 504a
Réf. taxon. : 17a, 123b

Eukrohnia hamata (Möbius, 1875)
Régions : G, EM, CLH, CLE, CLI, TNO
Étages/habitats : mp
Réf. faunist. : 461, 726, 747, 1272, 1407
Réf. taxon. : 17a, 411a, 537, 747, 1041, 1202, 1297

Parasagitta elegans Verrill, 1873
Régions : G, S, EGN, EAM, EGS, EM, IPE, CLH, BCN, CLA, CLE, AN, CLI, TNO, TNS
Étages/habitats : éps, épg (mp)
Réf. faunist. : 176a, 236, 238, 241, 312, 337, 356, 450, 456, 461, 726, 747, 867, 870, 872, 875, 879, 899a, 1210, 1272, 1273, 1407, 1473a, 1558a
Réf. taxon. : 411a, 447, 537, 1202, 1548, 1548+

Pseudosagitta maxima (Conant, 1896)
Régions : EM
Étages/habitats : mp?
Réf. faunist. : 1250
Réf. taxon. : 123b, 537, 747, 1202

Serratosagitta tasmanica (Thomason, 1947)
Régions : CLI
Étages/habitats : mp
Réf. faunist. : 558d
Réf. taxon. : 17b, 123a

87 : HEMICHORDATA

Références taxonomiques générales : 251+

Saccoglossus kowalewskii (Agassiz, 1873)
Régions : IPE, TNO
Étages/habitats : I
Réf. faunist. : 193, 726
Réf. taxon. : 225, 593

Stereobalanus canadensis (Spengel, 1893)
Régions : EGS, EM
Étages/habitats : C, B
Réf. faunist. : 242, 337, 1250
Réf. taxon. : 252, 664, 1283

ECHINODERMATA (90–94) :

Références taxonomiques générales : 1048, 1079+

90 : Crinoidea

Références taxonomiques générales : 318, 1048, 1083

Genre non identifié
Régions : CLH
Étages/habitats : B
Réf. faunist. : 242, 332
Réf. taxon. : 316, 318, 1048

91 : Holothuroidea

Références taxonomiques générales : 321, 422, 670, 671, 971, 1083, 1166

Caudina arenata (Gould, 1841)
Régions : IPE
Étages/habitats : I
Réf. faunist. : 1658, 1659, 1661
Réf. taxon. : 225, 320a, 422, 670, 1166
Remarque : Brunel (1961a, réf. 236) avait erronément rapporté cette espèce pour les eaux gaspésiennes (vases infralittorales de la baie de Gaspé) : il s'agissait en fait d'une *Molpadia* sp. (Brunel, 1970b, réf. 242).

Chiridota laevis (O. Fabricius, 1780)
Régions : G, EGN, EGS, EAV, EM, MCN, BCN, AS, TNO
Étages/habitats : M, I, C
Réf. faunist. : 242, 333, 337, 347, 518, 701, 726, 735, 923, 924, 971, 1158, 1159, 1161, 1352, 1661
Réf. taxon. : 422, 518, 670, 971, 1062, 1166

Cucumaria frondosa (Gunnerus, 1770)
Régions : G, S, EGN, EGS, EAV, IM, EM, IPE, MCN, BCN, AS, TNO
Étages/habitats : M, I, C
Réf. faunist. : 88, 110, 152, 169, 242, 266, 280, 332, 333, 456, 518, 588, 701, 702, 702a, 726, 910, 923, 924, 971, 1158, 1159, 1161, 1352, 1658, 1659a, 1661
Réf. taxon. : 225, 320a, 422, 518, 664, 971, 1028, 1062, 1083, 1166

Ekmania barthii (Troschel, 1846)
Régions : EAV, EM
Étages/habitats : ?

Réf. faunist. : 1352, 1661
Réf. taxon. : 422, 626, 971, 1028, 1083

Elasipoda
Régions : CLE
Étages/habitats : B
Réf. faunist. : 337
Réf. taxon. : 422, 971

Eupyrgus scaber Lütken, 1857
Régions : S, EGN, EGS, EM, IPE, CLH, BCN
Étages/habitats : M, I, C, B
Réf. faunist. : 152, 242, 332, 337, 923, 924, 925, 971, 1158, 1159, 1161, 1352, 1467, 1659, 1661
Réf. taxon. : 321, 670, 971
Remarque : Whiteaves (1874a, b, réf. 1658, 1659) avait nommé cette espèce *Echinocucumis typica* M. Sars, binôme éliminé de son catalogue de 1901 (réf. 1661), où l'on peut s'assurer de cette correction par les caractéristiques du dragage. Le même type de confusion entre ces deux espèces hispides et très petites est noté par Madsen et Hansen (1994, réf. 971, p. 70).

Leptosynapta tenuis (Ayres, 1851) [?]
Régions : TNO
Étages/habitats : I?
Réf. faunist. : 726
Réf. taxon. : 320a, 422, 664, 1083
Remarque : Madsen et Hansen (1994, réf. 971) croient que les mentions de *L. inhaerens* pour les côtes de l'Atlantique s'appliquent plutôt à *Leptosynapta tenuis* (Ayres, 1851).

Molpadia oolitica (Pourtalès, 1851)
Régions : S, EGS, EM, IPE
Étages/habitats : C, B
Réf. faunist. : 152, 266, 332, 1250, 1352, 1467, 1661
Réf. taxon. : 320a, 422, 423, 424, 425, 1083, 1166
Remarque :Madsen et Hansen (1994, réf. 971) placent « *Molpadia oolitica* (Pourtalès) Clark 1980 (part) » et quatre autres espèces nominales en synonymie de *M. borealis* M. Sars, 1859, très fréquente et à distribution géographique très étendue du Groenland occidental jusqu'à l'est de la plateforme sibérienne; ils semblent donc accepter l'opinion de Clark (1907, réf. 321), sans toutefois inclure l'Amérique du Nord dans la répartition de l'espèce, et sans commenter cette synonymie. Pawson (1977, réf. 1166, et comm. pers. 1994) et Massin (comm. pers., 1994) admettent la validité de cette espèce, mais Pawson (comm. pers., 1978) rappelait combien difficile était la distinction des nombreuses espèces nominales de ce genre.

Molpadia sp.
Régions : EGS
Étages/habitats : C
Réf. faunist. : 236, 242, 337, 923, 924
Réf. taxon. : 422, 423, 425, 670, 971, 1083, 1166
Remarque : Ce sont les spécimens désignés « *Caudina arenata* » par Brunel (1961a, réf. 236) et *Trochostoma* sp. par Brunel (1970b, réf. 242) et Ledoyer (1975a, b, réf. 923, 924); il s'agit très probablement de *M. oolitica.*

Molpadia turgida Verrill 1879 [?]
Régions : G
Étages/habitats : ?
Réf. faunist. : 422, 1587, 1661
Réf. taxon. : 422, 1587
Remarque : Massin (comm. pers.) retient cette espèce comme valide, parcontre, Pawson (comm. pers.) la considère comme douteuse. D'autres auteurs la considèrent comme synonyme de *M. oolitica.* Madsen et Hansen (1994, réf. 971) et Pawson (1977b, réf. 1167 et comm. pers.) soulignent les difficultés considérables d'identification, donc de nomenclature spécifique dans ce genre.

Myriotrochus rinki Steenstrup, 1852
Régions : EGS, CLH, TNO
Étages/habitats : C, B
Réf. faunist. : 242, 337, 726, 875, 923, 924, 1407, 1467, 1658, 1661
Réf. taxon. : 321, 670, 971, 1083, 1659

Pentamera calcigera (Stimpson, 1851)
Régions : G, EGS, EAV, EM, BCN
Étages/habitats : M, I, C
Réf. faunist. : 337, 385, 735, 920, 923, 924, 1158, 1159, 1161, 1352, 1658, 1661
Réf. taxon. : 422, 921, 971, 1166

Psolus fabricii (Düben and Koren 1846)
Régions : G, EGN, EGS, EAV, IM, EM, IPE, MCN, BCN, TNO
Étages/habitats : I, C
Réf. faunist. : 169, 242, 258, 266, 280, 333, 337, 415c, 518, 701, 702, 702a, 726, 777, 910, 923, 924, 925, 1158, 1159, 1161, 1250, 1352, 1467, 1658, 1661
Réf. taxon. : 225, 422, 518, 1062, 1166, 1591b

Psolus phantapus (Strussenfeldt, 1765)
Régions : G, S, EGN, EGS, IM, EM, IPE, MCN, TNO
Étages/habitats : M, I, C

Réf. faunist. : 88, 152, 242, 266, 332, 337, 415a, 415c, 518, 701, 726, 910, 924, 971, 1352, 1658, 1659, 1659a, 1661
Réf. taxon. : 422, 518, 664, 971, 1028, 1062, 1083, 1166, 1545+

Thyone sp. [?]
Régions : S, EGS
Étages/habitats : C
Réf. faunist. : 152, 332, 347
Réf. taxon. : 320a, 971, 1083

92 : Asteroidea

Références taxonomiques générales : 320, 448, 600, 1083

Asterias forbesi (Desor, 1848) [?]
Régions : S, IPE
Étages/habitats : I, C
Réf. faunist. : 266, 456
Réf. taxon. : 8, 225, 320, 320a
Remarque : Les deux mentions de cette espèce dans le golfe du Saint-Laurent devraient être confirmées par un nouvel examen des spécimens : son signalement dans le détroit de Northumberland (région IPE) concorde avec sa distribution géographique méridionale (limite nord dans le bassin des Mines où l'on trouvée Bromley et Bleakney, 1985, réf. 225), mais le rapport de Caddy *et al.* (1977, réf. 266) contient trop d'erreurs pour qu'on accepte leur identification sans la vérifier. D'autre part, le signalement de l'espèce dans les eaux glaciales et profondes du fjord du Saguenay (Drainville *et al.*, 1978, réf. 456) concorde mal avec une distribution tempérée chaude (Verrill, 1895, réf. 1593).

Asterias rubens Linné, 1758
Régions : G, S, EGN, EGS, IM, EM, IPE, HCN, MCN, BCN, TNO, TNS
Étages/habitats : M, I, C
Réf. faunist. : 26, 32, 50, 87, 88, 169, 176, 176a, 242, 242a, 253c, 258, 266, 280, 333, 337, 346, 392, 395, 412, 414, 456, 457, 518, 523, 701, 702, 726, 738, 739, 767, 775, 776, 777, 788, 910, 921, 923, 924, 937, 1089, 1158, 1159, 1161, 1255, 1382, 1433, 1466, 1467, 1659, 1659a, 1661
Réf. taxon. : 180, 225, 320, 320a, 518, 664, 1062, 1083, 1548+, 1701a, 1712

Ceramaster granularis granularis (Retzius, 1783)
Régions : CLH, CLI
Étages/habitats : B, C
Réf. faunist. : 332, 337, 1046a
Réf. taxon. : 320, 1062, 1083, 1591b

Crossaster papposus (Linné, 1767)
Régions : G, S, EGN, EGS, EAV, IM, EM, IPE, MCN, CLH, BCN, AS, TNO
Étages/habitats : I, C, B
Réf. faunist. : 87, 88, 110, 152, 169, 242, 242a, 258, 263, 266, 280, 332, 337, 346, 392, 395, 415c, 456, 518, 599, 702, 726, 767, 776, 788, 910, 923, 924, 925, 1158, 1159, 1161, 1250, 1352, 1467, 1658, 1659a, 1661
Réf. taxon. : 320, 518, 600, 664, 1062, 1083

Ctenodiscus crispatus (Retzius, 1805)
Régions : G, S, EGS, IM, EM, IPE, CLH, BCN, CLI, AS, TNO
Étages/habitats : C, B
Réf. faunist. : 152, 242, 266, 332, 337, 395, 455, 456, 726, 735, 923, 924, 925, 1046, 1156, 1173, 1175, 1250, 1352, 1425a, 1654a, 1658, 1660, 1661
Réf. taxon. : 320, 448, 600, 1062, 1083, 1712

Diplopteraster multiples (M. Sars, 1866)
Régions : CLH, EGS
Étages/habitats : (C), B
Réf. faunist. : 337, 1046a
Réf. taxon. : 320, 600, 1062, 1083

Henricia eschrichti (Müller et Troschel, 1842)
Régions : CLE?
Étages/habitats : B?
Réf. faunist. : 600, 970
Réf. taxon. : 600, 970
Remarque : Le seul spécimen de cette espèce qui peut être attribué maintenant au golfe du St-Laurent est celui que Grainger (1966, réf. 600) a examiné pour l'un de nous (P.B.), illustré et nommé *Henricia* sp. : Madsen (1987, réf. 970, carte 7) situe dans le chenal d'Esquiman (région CLE) ce spécimen qu'il n'a pas examiné mais que Grainger (op. cit.) ne situe pas précisément. Ce spécimen est dans les collections de l'Institut Maurice-Lamontagne (réf. 332). D'autres spécimens circalittoraux du Golfe (régions EGS, EM et S) nommés *Henricia* sp. mais non illustrés par Grainger attendent aussi une meilleure identification.

Henricia perforata (O. F. Müller, 1776)
Régions : S, EGS, EAV, EM, CLH, TNO
Étages/habitats : I, C, B
Réf. faunist. : 242, 337, 456, 726, 923, 1352
Réf. taxon. : 320, 600, 970

Henricia sp.
Régions : S, EGN, EGS, IM, EM, IPE, MCN, AN, AS, TNO
Étages/habitats : I, C

Réf. faunist. : 87, 110, 169, 242, 242a, 253c, 266, 280, 346, 456, 476, 518, 726, 775, 777, 910, 1158, 1159, 1161, 1173, 1467, 1659, 1659a, 1661 (partie)
Réf. taxon. : 320, 600, 970
Remarque : Tous les spécimens disponibles du golfe du Saint-Laurent qui ont été nommés « *Henricia sanguinolenta* (O.F. Müller, 1776) » doivent être réexaminés à l'aide de la révision importante publiée par Madsen (1978, réf. 970), qui admet 7 espèces valides dans l'Atlantique nord, Groenland compris. Les mentions de cette espèce qu'il a cartographiée (« Map 1 ») montrent une distribution disjointe entre l'Atlantique oriental et l'Atlantique occidental (de New York à la baie de Fundy, mais n'incluant ni le Labrador ni le Groenland). La véritable *H. sanguinolenta* est certainement présente dans le Golfe, probablement sur le plateau madelinot.

Henricia spongiosa (O. Fabricius, 1780)
Régions : BCN, EGS, EM, S
Étages/habitats : I (C, B)
Réf. faunist. : 242, 258, 332, 599, 600, 970
Réf. taxon. : 600, 970
Remarque : Les seules mentions authentiques de cette espèce dans le golfe du Saint-Laurent sont fondées sur les spécimens que Grainger (1964, réf. 599; 1966, réf. 600; comm pers. 1974) a examinés et erronément nommés *H. eschrichti*, selon Madsen (1987, réf. 970). Ces spécimens provenaient soit du détroit de Belle-Isle (Bush, 1883, réf. 258), soit des collections de la Station de Biologie marine de Grande-Rivière (Préfontaine et Brunel, 1962, réf. 1250; Brunel, 1970b, réf. 242), soit de l'estuaire maritime du St-Laurent (Huberdeau, 1980, réf. 735). Les « *H. eschrichti* » identifiés par Ledoyer (1975a, b, réf. 923, 924) et Hooper (1975, réf. 726) devraient être réexaminés.

Hippasteria phrygiana (Parelius, 1768)
Régions : EGN, EM, CLH, CLA
Étages/habitats : C, B
Réf. faunist. : 242, 337, 620, 925, 1248, 1352
Réf. taxon. : 320, 664, 1062, 1083, 1591b

Leptasterias groenlandica (Steenstrup, 1857)
Régions : G, EGN, EGS, EAV, EM, MCN, BCN, AS
Étages/habitats : M, I, C
Réf. faunist. : 168a, 242, 333, 337, 701a, 735, 923, 1158, 1159, 1161, 1352, 1593, 1657, 1658, 1659, 1661
Réf. taxon. : 448, 600, 1062
Remarque :Les identifications récentes (après 1959) de cette espèce dans le Golfe doivent être vérifiées par un réexamen des spécimens, en raison d'une confusion possible avec les autres espèces de *Leptasterias* à cinq bras qu'on rencontre dans le Golfe. Les difficultés d'identification de ces espèces nordiques, déjà connues de Verrill (1985, réf. 1593, p. 211), sont rappelées par Clark et Downey (1992, réf. 320, p. 433) et Jangoux (comm. pers., 1995).

Leptasterias littoralis (Stimpson, 1853)
Régions : G, S, EM, IPE
Étages/habitats : I, C
Réf. faunist. : 456, 777, 1250, 1593, 1661
Réf. taxon. : 320, 1502

Leptasterias (Hexasterias) polaris (Müller and Troschel, 1842)
Régions : G, S, EGN, EGS, IM, EAV, EM, IPE, MCN, BCN, AN, AS, TNO
Étages/habitats : (M), I, C
Réf. faunist. : 88, 110, 168a, 169, 180, 242, 258, 263, 280, 337, 392, 395, 456, 457, 518, 599, 701, 701a, 702, 726, 767, 775, 910, 921, 923, 924, 1158, 1159, 1161, 1247, 1250, 1352, 1353, 1467, 1593, 1603b, 1659a, 1661
Réf. taxon. : 180, 320, 518, 600, 1062

Leptasterias (Leptasterias) tenera (Stimpson, 1862)
Régions : EM, IPE
Étages/habitats : I, C
Réf. faunist. : 266, 1250
Réf. taxon. : 320, 320a, 1062

Pedicellaster typicus M. Sars, 1861
Régions : G, EGS
Étages/habitats : C
Réf. faunist. : 1593, 1661
Réf. taxon. : 320, 600, 1062

Poraniomorpha hispida hispida (M.Sars, 1872)
Régions : EM, EGS, IM, CLI
Étages/habitats : C, B
Réf. faunist. : 337, 1046a, 1250
Réf. taxon. : 320, 1062, 1083
Remarque : Jangoux (comm. pers.) rapporte cette espèce sous *Poraniomorpha* (*Poranimorpha*) *hispida hispida* (M. Sars, 1872).

Pseudarchaster parelii (Düben et Koren, 1846)
Régions : CLH, CLI, IM
Étages/habitats : (C), B
Réf. faunist. : 337, 1046a
Réf. taxon. : 320, 1062, 1083

Psilaster andromeda florae (Verrill, 1878)
Régions : CLH, CLI, EGS, IM

Étages/habitats : C, B
Réf. faunist. : 337, 1046a
Réf. taxon. : 320, 1062, 1083

Pteraster militaris (O. F. Müller, 1776)
Régions : G, S, EGS, EAV, EM, MCN, TNO
Étages/habitats : C,
Réf. faunist. : 152, 242, 332, 518, 726, 1352, 1657, 1658, 1659, 1661
Réf. taxon. : 320, 518, 600, 1062, 1083, 1591b

Solaster endeca (Linné, 1771)
Régions : G, S, EGS, EAV, IM, EM, IPE, MCN, BCN, TNO
Étages/habitats : I, C
Réf. faunist. : 110, 152, 242, 242a, 263, 266, 280, 332, 395, 456, 518, 702, 726, 767, 788, 910, 923, 924, 1161, 1277a, 1352, 1467, 1659a, 1661
Réf. taxon. : 320, 320a, 518, 600, 664, 1062, 1083, 1545+, 1712

Stephanasterias albula (Stimpson, 1853)
Régions : G, EM
Étages/habitats : B
Réf. faunist. : 1352
Réf. taxon. : 320, 448, 600, 1502

93 : Echinoidea

Références taxonomiques générales : 568+, 1083, 1401

Brisaster fragilis (Düben and Koren, 1846)
Régions : G, EGN, EM, CLH, CLI, TNO
Étages/habitats : C, B
Réf. faunist. : 242, 337, 726, 735, 925, 1046, 1156, 1173, 1250, 1352, 1425a, 1654a, 1656, 1657, 1658, 1660, 1661
Réf. taxon. : 1062, 1081, 1083, 1325+, 1401

Echinarachnius parma (Lamarck, 1816)
Régions : G, EGN, EGS, IM, EM, IPE, MCN, BCN, CLI, TNO
Étages/habitats : M, I, C, B
Réf. faunist. : 26, 87, 109, 169, 242, 242a, 253c, 258, 266, 280, 337, 346, 395, 412, 414, 457, 476, 518, 702, 726, 767, 775, 775a, 776, 777, 788, 910, 921, 923, 924, 1048a, 1089, 1158, 1159, 1161, 1173, 1174, 1176, 1247, 1306, 1352, 1466, 1467, 1659, 1659a, 1661
Réf. taxon. : 180, 225, 320a, 518, 1041, 1062, 1401+, 1712

Strongylocentrotus droebachiensis (O.F. Müller, 1776)
Régions : G, S, EGN, EAM, EGS, EAV, IM, EM, IPE, HCN, MCN, BCN, AN, CLI, AS, TNO, TNS
Étages/habitats : M, I, C, B
Réf. faunist. : 26, 32, 50, 85, 88, 110, 152, 168a, 169, 242, 253c, 258, 266, 280, 281, 333, 332, 337, 346, 347, 392, 395, 412, 414, 415a, 415b, 456, 457, 476, 518, 701a, 702, 726, 735, 767, 775, 775a, 776, 777, 788, 921, 924, 925, 937, 1048a, 1158, 1159, 1161, 1173, 1175, 1247, 1255, 1306, 1352, 1382, 1467, 1517, 1603b, 1659, 1659a, 1661
Réf. taxon. : 180, 225, 320a, 518, 562, 563, 664, 773, 1041, 1062, 1080, 1083, 1401+, 1517, 1582, 1701a+, 1712

Strongylocentrotus pallidus (G.O. Sars, 1871)
Régions : EGS, AS
Étages/habitats : C
Réf. faunist. : 236, 242, 923, 1517
Réf. taxon. : 562, 563, 773, 1401+, 1517, 1582

94 : Ophiuroidea

Références taxonomiques générales : 449, 502, 568+, 1083, 1164, 1594

Amphipholis squamata (Delle Chiaje, 1829)
Régions : S, EAV, EM, CLH
Étages/habitats : I, C, B
Réf. faunist. : 333, 456, 1661
Réf. taxon. : 225, 319, 320a, 449, 664, 838, 1083, 1164

Amphipholis torelli Ljungman 1871
Régions : S
Étages/habitats : C
Réf. faunist. : 152, 332
Réf. taxon. : 449, 1083, 1084

Amphiura canadensis Verrill, 1899
Régions : G
Étages/habitats : ?
Réf. faunist. : 1594, 1661
Réf. taxon. : 1594

Amphiura exigua Verrill, 1899
Régions : G
Étages/habitats : ?
Réf. faunist. : 1594, 1661
Réf. taxon. : 1594

Amphiura fragilis Verrill, 1885
Règions : G, EM
Étages/habitats : B
Réf. faunist. : 337, 735, 736, 1352
Réf. taxon. : 319, 1083, 1164, 1594

Amphiura otteri Ljungman, 1872
Régions : G, EM
Étages/habitats : B
Réf. faunist. : 337, 735, 925, 1352
Réf. taxon. : 838, 1083, 1084, 1164, 1591b, 1594

Amphiura sp.
Régions : EGS, EM, CLH, TNO
Étages/habitats : B
Réf. faunist. : 242, 726, 923, 1425a
Réf. taxon. : 319, 1083, 1164, 1594

Amphiura sundevalli (J.Müller et Troschel, 1842)
Régions : G, EGN, EGS, CLH, BCN
Étages/habitats : I, C
Réf. faunist. : 258, 920, 923, 924, 925, 1594, 1654a, 1655, 1661
Réf. taxon. : 449, 1594

Gorgonocephalus arcticus Leach, 1819
Régions : G, S, EGS, EAV, IM, EM, IPE, MCN, BCN, TNO
Étages/habitats : I, C
Réf. faunist. : 87, 88, 110, 152, 169, 242, 280, 332, 456, 518, 588, 701, 726, 923, 1161, 1250, 1352, 1603b, 1655, 1658, 1659a, 1661
Réf. taxon. : 126, 320a, 449, 518, 1083, 1084, 1164
Remarque : Ledoyer (1975, réf. 923) désigne « *G. lincki* », du nom d'une espèce européenne, le Gorgonocéphale circalittoral des eaux gaspésiennes que d'autres travaux (e.g. Brunel, 1970b, réf. 242) nomment *G. arcticus.*

Gorgonocephalus eucnemus (J. Müller et Troschel, 1842) [?]
Régions : IPE, BCN
Étages/habitats : I, C
Réf. faunist. : 266, 1158, 1159, 1161, 1661
Réf. taxon. : 449, 1083, 1164
Remarque : La présence de cette espèce dans le Golfe n'est attestée que par l'ancienne mention de Packard (1861, 1867, 1891, réf. 1158, 1159 et 1161), reprise par Whiteaves (1901, réf. 1661), et par le rapport de Caddy *et al.* (1977, réf. 266), dont les identifications sont sujettes à caution. Un réexamen des spécimens disponibles, à l'aide de la révision peu connue de Blacker (1957, réf. 126), est nécessaire.

Ophiacantha bidentata (Retzius, 1805)
Régions : G, S, EGN, EGS, EAV, EM, CLH, BCN
Étages/habitats : I, C, B
Réf. faunist. : 152, 242, 332, 337, 385, 456, 735, 242a, 838, 923, 924, 925, 1158, 1159, 1161, 1247, 1352, 1467, 1654a, 1655, 1658, 1661
Réf. taxon. : 449, 838, 1062, 1083, 1164, 1594

Ophiocten sericeum (Forbes, 1852)
Régions : CLH
Étages/habitats : B
Réf. faunist. : 920, 925
Réf. taxon. : 449, 664, 1083, 1165, 1544+

Ophiopholis aculeata (Linné, 1767)
Régions : G, S, EGN, EGS, EAV, IM, EM, IPE, MCN, CLH, BCN, AN, AS, TNO
Étages/habitats : (M), I, C, B
Réf. faunist. : 87, 152, 168a, 242, 253c, 242a, 258, 266, 332, 333, 337, 347, 385, 392, 412, 456, 457, 518, 701, 702, 702a, 726, 735, 767, 776, 777, 788, 910, 921, 923, 924, 925, 1158, 1159, 1161, 1250, 1277a, 1352, 1467, 1658, 1659a, 1661
Réf. taxon. : 225, 320a, 449, 518, 664, 1062, 1083, 1084, 1164

Ophiopus arcticus Ljungman, 1867
Régions : S, EGS, EM
Étages/habitats : I, C, B
Réf. faunist. : 152, 242, 332, 454, 455, 456, 1352
Réf. taxon. : 449, 1083, 1084, 1164

Ophioscolex glacialis J. Müller et Troschel, 1842
Régions : G, EAV, EM, CLH
Étages/habitats : B
Réf. faunist. : 337, 735, 1250, 1352, 1658, 1659, 1661
Réf. taxon. : 449, 1083, 1084, 1164

Ophiura robusta (Ayres, 1851)
Régions : G, S, EGN, EGS, EAV, IM, EM, IPE, HCN, CLH, BCN, AN, AS, TNO
Étages/habitats : M, I, C, B
Réf. faunist. : 32, 152, 242, 258, 266, 332, 347, 385, 456, 457, 726, 777, 921, 923, 924, 925, 1158, 1161, 1175, 1352, 1467, 1658, 1661
Réf. taxon. : 320a, 449, 664, 1062, 1083, 1084, 1164, 1544+

Ophiura sarsi Lütken, 1854
Régions : G, S, EGN, EGS, EAV, IM, EM, IPE, MCN, CLH, BCN, AS, TNO
Étages/habitats : I, C, B
Réf. faunist. : 152, 242, 242a, 258, 266, 332, 337, 385, 392, 415a, 415c, 455, 456, 701, 726, 735, 776, 921, 923, 924, 925, 1156, 1161, 1247, 1352, 1425a, 1654a, 1655, 1656, 1658, 1659, 1659a, 1661, 1661
Réf. taxon. : 449, 838, 1062, 1083, 1164, 1389

Stegophiura nodosa (Lütken, 1854)
Régions : G, S, EGN, EGS, EAV, EM, CLH, BCN
Étages/habitats : I, C, B
Réf. faunist. : 242, 242a, 258, 337, 385, 456, 735, 923, 924, 925, 1158, 1159, 1160, 1161, 1247, 1352, 1467, 1658, 1659, 1659a, 1661
Réf. taxon. : 322, 449

Stegophiura stuwitzi (Lütken, 1857)
Régions : S, EAV
Étages/habitats : C

Réf. faunist. : 152, 332, 1661
Réf. taxon. : 449, 1084

UROCHORDATA (95–97) :

95 : Appendicularia

Références taxonomiques générales : 249, 503, 538

Fritillaria borealis Lohmann, 1896
Régions : S, EGS, EM, IM, IPE, BCN, CLE, CLI, TNO, TNS
Étages/habitats : éps, épg
Réf. faunist. : 312, 312a, 558, 558a, 726, 872, 1210, 1272, 1273, 1407, 1567
Réf. taxon. : 249, 503, 538, 1110, 1548, 1701a

Oikopleura dioica Fol, 1872
Régions : BCN, CLI, TNO, TNS
Étages/habitats : ép, mp?
Réf. faunist. : 558, 1407
Réf. taxon. : 249, 503, 538, 1110, 1548, 1548+, 1701a

Oikopleura labradoriensis Lohmann, 1896
Régions : S, EGS, EM, BCN, CLE, CLI, IM, IPE, TNO, TNS
Étages/habitats : éps, épg
Réf. faunist. : 236, 312a, 558, 558a, 872, 1210, 1211, 1272, 1273, 1407, 1567
Réf. taxon. : 503, 538, 1110

Oikopleura vanhoffeni Lohmann, 1896
Régions : EGS, MCN, BCN, CLE, CLI, TNO, TNS
Étages/habitats : éps, épg
Réf. faunist. : 236, 558, 558a, 748a, 1210, 1407, 1567
Réf. taxon. : 249, 503

96 : Ascidiacea

Références taxonomiques générales : 1053, 1054, 1065, 1221, 1579, 1580, 1581, 1628

Amaroucium sp.
Régions : MCN
Étages/habitats : C
Réf. faunist. : 337
Réf. taxon. : 1579, 1581

Aplidium glabrum (Verrill, 1871)
Régions : G, EGS, EM
Étages/habitats : I, C
Réf. faunist. : 1250, 1579, 1657, 1658, 1660, 1661
Réf. taxon. : 250, 653, 664, 1053, 1054, 1221

Aplidium pallidum (Verrill, 1871)
Régions : G, EGS, TNO
Étages/habitats : I, C
Réf. faunist. : 726, 1467, 1579, 1581, 1657, 1661
Réf. taxon. : 664, 1053, 1054, 1221, 1581

Ascidia callosa Stimpson, 1852
Régions : EGS, IM, BCN
Étages/habitats : I, C
Réf. faunist. : 242, 923, 1161
Réf. taxon. : 225, 653, 1053, 1221, 1581
Remarque :Selon Van Name (1945, réf. 1581) et Monniot (comm. pers., 1994), « il est impossible de savoir si les exemplaires antérieurs à 1924 appartiennent à *A. prunum* ou à *A. callosa* », deux espèces de l'Atlantique nord-américain.

Ascidia obliqua Alder, 1863
Régions : EM, CLH, BCN, TNO
Étages/habitats : I, B
Réf. faunist. : 242, 337, 726
Réf. taxon. : 653, 1053, 1054, 1221, 1581

Ascidia prunum O.F. Müller, 1776
Régions : G, EGS, IM, IPE, CLH, BCN, TNO
Étages/habitats : I, C, B
Réf. faunist. : 242, 726, 775a, 1158, 1159, 1467, 1656, 1657, 1658, 1659, 1660, 1661
Réf. taxon. : 653, 1053, 1054, 1221, 1581
Remarque : Voir *A. callosa.*

Ascidia sp.
Régions : EM
Étages/habitats : I
Réf. faunist. : 168a
Réf. taxon. : 653, 1053, 1221, 1581

Boltenia echinata (Linné, 1767)
Régions : EGS, EM, BCN, TNO
Étages/habitats : M, I, C
Réf. faunist. : 242, 333, 337, 726, 923, 924, 1159, 1161, 1248, 1661
Réf. taxon. : 664, 1053, 1054, 1062, 1221, 1581

Boltenia ovifera (Linné, 1767)
Régions : G, S, EAM, EGS, IM, EM, MCN, BCN
Étages/habitats : I, C, B
Réf. faunist. : 152, 169, 242, 332, 337, 456, 518, 619, 701, 702a, 735, 910, 923, 924, 1158, 1159, 1161, 1250, 1658, 1659a, 1661
Réf. taxon. : 225, 518, 595, 863+, 1041, 1053, 1062, 1221, 1581

Bostrichobranchus pilularis (Verrill, 1871)
Régions : G, EGS, EM, IPE, MCN
Étages/habitats : I, C, B
Réf. faunist. : 337, 735, 920, 921, 923, 924, 1250, 1580, 1657, 1658, 1659, 1660, 1661
Réf. taxon. : 1221, 1581

Botrylloides aureum M.Sars, 1851
Régions : G
Étages/habitats : B
Réf. faunist. : 1579
Réf. taxon. : 1053, 1221, 1581

Botryllus schlosseri (Pallas, 1766)
Régions : EGS, HCN, TNO
Étages/habitats : C
Réf. faunist. : 726, 1661
Réf. taxon. : 250, 664, 1053, 1054, 1221, 1581

Chelyosoma macleayanum Broderip et Sowerby, 1830
Régions : EGS, EM
Étages/habitats : I, C
Réf. faunist. : 735, 920, 924, 1467
Réf. taxon. : 653, 1053, 1221, 1581

Ciona intestinalis (Linné, 1767)
Régions : G, EGS
Étages/habitats : B
Réf. faunist. : 771, 1580
Réf. taxon. : 250, 664, 732, 1053, 1054, 1221, 1581

Cnemidocarpa mollis (Stimpson, 1852)
Régions : G, EAM, EM
Étages/habitats : I, C, B
Réf. faunist. : 1250, 1580, 1581, 1661
Réf. taxon. : 652, 664, 1053, 1221, 1581

Cnemidocarpa rhizopus (Redikorzev, 1907)
Régions : EM
Étages/habitats : I, C
Réf. faunist. : 337, 735, 736
Réf. taxon. : 652, 1053, 1581

Dendrodoa aggregata (Rathke, 1806)
Régions : EM
Étages/habitats : C
Réf. faunist. : 1250
Réf. taxon. : 652, 1053

Dendrodoa carnea (Agassiz, 1850)
Régions : G, EGN, EGS, EAV, EM, IPE, BCN, TNO
Étages/habitats : I, C
Réf. faunist. : 236, 333, 518, 726, 1159, 1161, 1467, 1657, 1658, 1661
Réf. taxon. : 225, 518, 1221

Dendrodoa grossularia (van Beneden, 1846)
Régions : G, EM
Étages/habitats : I, C
Réf. faunist. : 337, 735, 1250, 1580
Réf. taxon. : 250, 652, 664, 1053, 1054, 1581

Dendrodoa pulchella (Verrill, 1871)
Régions : EM
Étages/habitats : ?
Réf. faunist. : 1581
Réf. taxon. : 1053, 1221, 1581

Didemnum albidum (Verrill, 1871)
Régions : G, EGN, EGS, EM, IPE, MCN, BCN, AN, AS, TNO
Étages/habitats : I, C
Réf. faunist. : 242, 333, 337, 518, 701, 726, 1159, 1250, 1467, 1657, 1658, 1661
Réf. taxon. : 225, 518, 653, 1053, 1062, 1221, 1581

Didemnum candidum Savigny, 1816 [?]
Régions : EM
Étages/habitats : I
Réf. faunist. : 702a
Réf. taxon. : 1581

Distaplia clavata (M.Sars, 1851)
Régions : EM
Étages/habitats : C
Réf. faunist. : 1250
Réf. taxon. : 225, 653, 1053, 1221, 1581

Eugyra glutinans (Möller, 1842)
Régions : BCN, EGS?
Étages/habitats : I
Réf. faunist. : 1159, 1161
Réf. taxon. : 652, 1053, 1581
Remarque :Packard (1867, 1891, réf. 1159 et 1161) rapportent cette espèce du détroit de Belle-Isle, mais Whiteaves (1901, réf. 1661) ignore cette mention, et Van Name (1945, réf. 1581) est sceptique parce que l'espèce peut être confondue avec *Bostrichobranchus pilularis*, plus commune et méridionale. Monniot (comm. pers., 1994) confirme toutefois la présence de l'espèce dans le Golfe, d'après des spécimens déposés au Muséum d'Histoire naturelle de Paris par Ledoyer.

Halocynthia pyriformis (Rathke, 1806)
Régions : G, EGN, EGS, IM, EM, IPE, MCN, BCN, TNO
Étages/habitats : I, C
Réf. faunist. : 169, 242, 266, 280, 333, 518, 619, 701, 702, 702a, 726, 910, 1158, 1159, 1160, 1161, 1658, 1659, 1659a, 1661
Réf. taxon. : 518, 559, 595, 1053, 1062, 1221, 1581

Molgula citrina Alder et Hancock, 1848
Régions : G, IPE, TNO
Étages/habitats : B
Réf. faunist. : 338, 726, 1580, 1659, 1661
Réf. taxon. : 113+, 225, 652, 664, 1053, 1054, 1221, 1581,

Molgula complanata Alder et Hancock, 1870
Régions : G, EGS, EM, IPE
Étages/habitats : I, C, B
Réf. faunist. : 1250, 1467, 1580, 1581, 1658, 1661
Réf. taxon. : 113+, 225, 652, 664, 1053, 1054, 1221, 1581

Molgula griffithsii (MacLeay, 1825)
Régions : G, EAM, EM
Étages/habitats : I, C
Réf. faunist. : 1250, 1580, 1661
Réf. taxon. : 1053, 1221, 1581

Molgula manhattensis (De Kay, 1843)
Régions : EGN, EAV, EM, IPE
Étages/habitats : I
Réf. faunist. : 333, 1538
Réf. taxon. : 113+, 250, 652, 664, 1053, 1054, 1221, 1581

Molgula retortiformis Verrill, 1871
Régions : EM
Étages/habitats : I
Réf. faunist. : 1248, 1250
Réf. taxon. : 652, 1053, 1221, 1581

Molgula siphonalis M. Sars, 1859
Régions : EAM, EGS, EM
Étages/habitats : I, C
Réf. faunist. : 1250, 1580, 1658, 1661
Réf. taxon. : 652, 1053, 1221

Pelonaia corrugata Goodsir et Forbes, 1841
Régions : G, EGS, EM, IPE, BCN
Étages/habitats : I, C
Réf. faunist. : 242, 266, 337, 385, 619, 735, 923, 924, 1158, 1159, 1161, 1250, 1580, 1581, 1657, 1658, 1659, 1659a, 1661
Réf. taxon. : 559, 664, 1011, 1053, 1054, 1221, 1581

Polycarpa fibrosa (Stimpson, 1852)
Régions : G, EM, IPE, CLH
Étages/habitats : C, B
Réf. faunist. : 337, 925, 1250, 1580, 1658, 1661
Réf. taxon. : 652, 664, 1053, 1054, 1221, 1581

Styela rustica (Linné, 1767)
Régions : G, EGS, EM, IPE, BCN
Étages/habitats : I, C, B
Réf. faunist. : 242, 1159, 1161, 1250, 1580, 1581, 1658, 1659, 1661
Réf. taxon. : 652, 1053, 1054, 1581

Styela coriacea (Alder et Hancock, 1848)
Régions : G, EM
Étages/habitats : I, C
Réf. faunist. : 1250, 1661
Réf. taxon. : 250, 652, 664, 1053, 1054, 1221, 1581

Synoicum pulmonaria (Ellis et Solander, 1786)
Régions : TNO
Étages/habitats : C
Réf. faunist. : 726
Réf. taxon. : 653, 664, 1053, 1054, 1581

Trididemnum tenerum (Verrill, 1871)
Régions : TNO
Étages/habitats : I
Réf. faunist. : 726
Réf. taxon. : 664, 1053, 1054, 1221, 1581

97 : Thaliacea

Salpa sp.
Régions : IPE
Étages/habitats : éps
Réf. faunist. : 266
Réf. taxon. : 536, 538, 1110
Remarque : Identification à revoir.

Appendice 1 / Appendix 1

Liste des chercheurs de 2e et 3e cycle qui ont contribué à l'étude de la biodiversité du golfe du Saint-Laurent dans le laboratoire du professeur Pierre Brunel (Université de Montréal) depuis 1966. Toutes les thèses sont du niveau maîtrise (2e cycle), sauf celle de Ginette Robert, Ph.D. Toutes ont été l'objet de compte-rendus d'activités dans les rapports annuels du GIROQ, non cités.

List of M.Sc. and Ph.D. students who have contributed to our study of Gulf of St. Lawrence biodiversity in the laboratory of Dr. Pierre Brunel (Université de Montréal) since 1966. All memoirs are Master's theses except that of Ginette Robert, Ph.D. All have led to activity reports in the Annual Reports of the GIROQ (not cited).

	Dépôt de mémoire			
Nom	Université	Année	Taxons étudiés	Références n°
Gérard Drainville	Montréal	1967	Poissons[a]	454–456
Lucien Poirier	Montréal	1971	Mysidacés	1229–1231
Daniel Granger	Montréal	1974	Cumacés	601–602
Ginette Robert	Dalhousie	1974	Mollusques	1299–1300
Danielle Messier	Montréal	1974	Cumacés	1045
Rafat Massad	Montréal	1975	Polychètes	991–992
Serge Parent	Dalhousie	1975[b]	Poissons pélagiques[c]	—
Jean-Marie Dumont	McGill	1975[b]	Invertébrés endobenthiques[d]	—
Michel Besner	Montréal	1976	Amphipodes Gammaridiens	120-305b
Lucie Huberdeau	Montréal	1980	Invertébrés benthiques[e]	735–736
Bernard Sainte-Marie	Montréal	1980	Amphipodes Gammaridiens	1354
Gabriel Lamarche	Montréal	1983	Amphipodes Gammaridiens	883–884
Jean-Marc Gagnon	Montréal	1983	Amphipodes Gammaridiens	561
Adam Roberts	McGill	1984[b]	Cumacés	1298
Marie Desroches	Montréal	1985	Amphipodes Gammaridiens	436
Andrée Chevrier	Montréal	1990	Amphipodes Gammaridiens	305a,305b
Miren Prieto	Montréal	1998	Amphipodes Gammaridiens	1253

[a]Invertébrés benthiques du fjord du Saguenay étudiés de façon accessoire
[b]Année d'interruption de candidature
[c]Invertébrés pélagiques étudiés de façon accessoire dans l'estuaire du Saint-Laurent, le fjord du Saguenay, la Haute et la Moyenne Côte-Nord du Golfe
[d]Estuaire moyen du Saint-Laurent
[e]Estuaire maritime du Saint-Laurent

Appendice 2 / Appendix 2

Liste alphabétique des taxonomistes, leur adresse et leur spécialité

Alphabetical list of taxonomists, their address and expertise

Dr John A. Allen
University Marine Biological Station
Millport
Isle of Cumbrae KA28 OEG
Scotland, U.K.
(48 : Pelecypoda)

Dr Martin V. Angel
Institute of Oceanographic Sciences
Wormley
Godalming, Surrey GU8 5UB
England, U.K.
(58 : Ostracoda)

Dr Ilse Bartsch
Biologische Anstalt Helgoland
Zentrale Hamburg
Notkestraße 31, D-22607
Hamburg, Germany
(82P : Hydracarina; 94 : Ophiuroidea)

Dr Frederick M. Bayer
Department of Invertebrate Zoology
National Museum of Natural History
Smithsonian Institution
Washington, D.C. 20560, U.S.A.
(19, 19A, 19B : Octocorallia)

Dr Mary Beverly-Burton
Department of Zoology
College of Biological Science
University of Guelph
Guelph, Ontario
Canada N1G 2W1
(27A : Monogenea)

M. Philippe Bodin, professeur
Laboratoire Flux de la matière
et réponses du vivant
Laboratoire d'océanographie biologique
Université de Bretagne occidentale
6, avenue Le Gorgeu, B.P. 809
29285 Brest cedex
France
(60B : Copepoda Harpacticoida)

M. Jean Bouillon, professeur
Laboratoire de zoologie
Université libre de Bruxelles
50, ave. F.D. Roosevelt
1050 Bruxelles
Belgique
(11, 12, 15 : Hydraires, Hydroméduses)

Dr Nicole Boury-Esnault
Centre d'océanologie de Marseille
Station marine d'Endoume
Rue de la Batterie des Lions
13007 Marseille
France
(10 : Porifera)

Dr Thomas E. Bowman
Department of Invertebrate Zoology
National Museum of Natural History
Smithsonian Institution
Washington, DC 20560, U.S.A.
(60A : Copepoda Calanoida; 71 : Isopoda;
72C : Amphipoda Hyperiidea)

Dr Angelika Brandt
Institute for Polar Ecology
University of Kiel
Building 12, D-24148
Wischhofstrasse 1-3
Germany
(71 : Isopoda)

Dr Pierre Brunel, professeur
Département de Sciences biologiques
Université de Montréal
C.P. 6128, succ. Centre-Ville
Montréal QC
Canada H3C 3J7
(72A : Amphipoda Gammaridea)

Dr Dale R. Calder
Department of Invertebrate Zoology
Royal Ontario Museum
100 Queen's Park
Toronto, Ontario
Canada M5S 2C6
(11, 12, 15 : Hydraires, Hydroméduses)

Dr C. Allan Child
Department of Invertebrate Zoology
National Museum of Natural History
Smithsonian Institution
Washington, DC 20560
U.S.A.
(83 : Pycnogonida)

Dr Ailsa M. Clark
Gyllyngdune
South Road, Wivelsfield Green
Haywards Heath, Sussex
England RH17 7QS
U.K.
(92 : Asteroidea)

M. Michel Clément
4374, avenue Melrose
Montréal, QC
Canada H4A 2S6
(60B : Copepoda Harpacticoida)

Mme Louise Cloutier
Collection entomologique Ouellet-Robert
Département de Sciences biologiques
Université de Montréal
C.P. 6128, succ. Centre-Ville
Montréal QC
Canada H3C 3J7
(84 : Insecta)

Dr Edward B. Cutler
Museum of Comparative Zoology
Harvard University
26 Oxford Street
Cambridge, MA 02138
U.S.A.
(36 : Sipuncula)

Dr Wilfrida Decraemer
Département des Invertébrés
Institut royal des sciences naturelles
29, rue Vautier
1040 Bruxelles
Belgique
(31B : Nematodes libres)

Dr Jean-Loup d'Hondt
Laboratoire de biologie des invertébrés marins et de Malacologie
Muséum national d'histoire naturelle
57, rue Cuvier
75231 Paris Cedex 05
France
(34 : Ectoprocta)

Dr Marie-Josée d'Hondt
Conservatrice des Octocoralliaires
Laboratoire de biologie des invertébrés marins et de Malacologie
Muséum national d'histoire naturelle
57, rue Cuvier
75231 Paris Cedex 05
France
(19A, 19B : Octocorallia)

Dr Malcolm Edmunds
Department of Applied Biology
University of Central Lancashire
Preston PR1 2HE
England, U.K.
(43 : Nudibranchiata)

Dr Danny Eibye-Jacobsen
Zoologisk Museum
Universitet i København
Universitetsparken 15
DK-2100 Copenhagen O
Denmark
(52 : Polychaeta)

Dr Peter Emschermann
Institut für Biologie III
Fakultat für Biologie
Albert-Ludwigs-Universität-Freiburg
Schänzlestrasse 1D
79104 Freiburg
Deutschland (Germany)
(32 : Entoprocta)

Dr David I. Gibson
Department of Zoology
Natural History Museum
Cromwell Road
London SW7 5BD
U.K.
(27A : Monogenea)

Dr Ray Gibson
Department of Zoology
Natural History Museum
Cromwell Road
London SW7 5BD
U.K.
(29 : Nemertea)

Dr R.Vivian Gotto
School of Biology and Biochemistry
Medical Biology Centre
Queen's University of Belfast
97 Lisburn Road
Belfast BT9 7BL
Northern Ireland, U.K.
(60C–F : Copepoda (parasites))

Dr Manfred Grasshoff
Naturmuseum and Forschungsinstitut Senckenberg
Senckenberganlage 25
60325 Frankfurt
Deutschland (Germany)
(19, 19A, 19B : Octocorallia)

Dr Richard Harbison
Department of Biology
Woods Hole Oceanographic Institution
Woods Hole, MA 02543
U.S.A.
(25 : Ctenophora)

Dr Ju-Shey Ho
Department of Biological Sciences
California State University
Long Beach, CA 90840-3702
U.S.A.
(60C–F : Copepoda (parasites))

Dr Torleif Holthe
Direktoratet for Naturforvaltning
Tungasletta 2
7005 Trondheim
Norge (Norway)
(52 : Polychaeta)

Dr W. Duane Hope
Department of Invertebrate Zoology
National Museum of Natural History
Smithsonian Institution
Washington, DC 20560
U.S.A.
(31B : Nematoda (libres))

Dr K. Hulsemann
Biologische Anstalt Helgoland
Notkestrasse 31
22607 Hamburg
Deutschland (Germany)
(60A : Copepoda Calanoida)

Dr Arthur G. Humes
Boston University Marine Program
Marine Biological Laboratory
Wood Hole, MA 02543
U.S.A.
(60C–F : Copepoda (parasites))

Dr Rony Huys
Crustacean Section
Department of Zoology
Natural History Museum
Cromwell Road
London SW7 5BD
U.K.
(60B : Copepoda Harpacticoida)

M. le prof. Michel Jangoux
Laboratoire de Biologie marine
Université libre de Bruxelles
50, avenue F.D. Roosevelt (C.P. 160)
B-1050 Bruxelles
Belgique
(92 : Asteroidea)

Dr Norman S. Jones (retraité)
Waitara
Clifton Road
Port St. Mary
Isle of Man IM9 5EL
U.K.
(69 : Cumacea)

Dr Piet Kaas
Rijksmuseum van Natuurlijke Historie
Post Box 9517
2300 RA Leiden
Netherlands (Pays-Bas)
(40 : Polyplacophora)

Dr Zbigniew Kabata
Pacific Biological Station
(Biological Services Branch)
Department of Fisheries and Oceans
Nanaimo, B.C. V9R 5K6
Canada
(60C–F : Copepoda (parasites))

Dr Graham C. Kearn
School of Biological Sciences
University of East Anglia
Norwich, Norfolk NR4 7TJ
U.K.
(27A : Monogenea)

Dr Louis S. Kornicker
Department of Invertebrate Zoology
National Museum of Natural History
Smithsonian Institution
Washington, DC 20560
U.S.A.
(58 : Ostracoda)

Dr Ronald J. Larson
U.S. Fish and Wildlife Service
6578 Dogwood View Parkway, Suite A
Jackson, MS 39213
U.S.A.
(17,18 : Scyphozoa)

Mrs. Diana R. Laubitz
Crustacean Section
Division of Invertebrate Zoology
Canadian Museum of Nature
P.O. Box 3443, Station D
Ottawa, Ontario
Canada K1P 6P4
(72B : Amphipoda Caprellidea)

M. le professeur Claude Lévi
Laboratoire de Biologie des Invertébrés marins
Muséum national d'Histoire naturelle
57, rue Cuvier
75231 Paris Cedex 05
France
(10 : Porifera)

Dr David Marcogliese
Institut Maurice-Lamontagne
850 route de la Mer
Mont-Joli (Québec)
Canada G5H 3Z4
(26, 27A, 27B, 54, 60C, 60D, 60F, 62 : Parasites divers)

Dr John Mauchline
Dunstaffnage Marine Research Laboratory
Scottish Marine Biological Association
P.O. Box 3
Oban, Argyll PA34 4AD
Scotland, U.K.
(68 : Mysidacea)

Dr Claude Massin
Institut royal des Sciences naturelles
Rue Vautier 29
B-1040 Bruxelles
Belgique
(91 : Holothuroidea)

Dr J. Douglas McKenzie
Scottish Marine Biological Association
Dunstaffnage Marine Research Laboratory
P.O. Box 3
Oban, Argyll PA34 4AD
Scotland, U.K.
(91 : Holothuroidea)

Dr Claudia Mills
Friday Harbour Laboratories
University of Washington
620 University Road
Friday Harbour, WA 98250
U.S.A.
(25 : Ctenophora)

M. Claude Monniot
Laboratoire de Biologie des Invertébrés marins et de Malacologie
Muséum national d'histoire naturelle
55, rue de Buffon
75005 Paris
France
(96 : Ascidiacea)

Dr Bent J. Muus
Zoologisk Museum
Universitet i København
Universitetsparken 15
DK-2100 Copenhagen 0
Denmark
(49 : Cephalopoda)

Dr Claus Nielsen
Zoologisk Museum
Universitet i København
DK-2100 Copenhagen 0
Denmark
(32 : Entoprocta)

Dr Gordon L.J. Paterson
Department of Zoology
Natural History Museum
Cromwell Road
London SW7 5BD
England, U.K.
(94 : Ophiuroidea)

Dr David L. Pawson
Department of Invertebrate Zoology
Room W323, Mail Stop 163
National Museum of Natural History
Smithsonian Institution
Washington, DC 20560
U.S.A.
(91 : Holothuroidea)

Dr P.R. Pugh
Institute of Oceanographic Sciences
Wormley
Goldaming, Surrey GU8 5UB
England, U.K.
(16 : Siphonophora; 25 : Ctenophora)

Dr Karin Riemann-Zurneck
Institut für Meeresforschung
AM Handelschaffen 12
285 Bremerhaven 1
Deutschland (Germany)
(20, 21, 22, 23 : Hexacorallia)

Dr Clyde F.E. Roper
Division of Mollusks
Department of Invertebrate Zoology
National Museum of Natural History
Smithsonian Institution
Washington, DC 20560
U.S.A.
(49 : Cephalopoda)

Dr Jürgen Sieg
Standort Vechta
Universität Osnabrück
Driverstrasse 22
2848 Vechta
Deutschland (Germany)
(70 : Tanaidacea)

Dr Ronald Sluys
Institute for Systematics and Population Biology
Zoological Museum
University of Amsterdam
P.O. Box 94766
nl-1090 GT Amsterdam
Netherlands (Pays-Bas)
(26 : Turbellaria)

Dr Ole Tendal
Zoologiske Museum
Universitet i København
Universitetsparken 15
DK-2100 Copenhagen Ø
Denmark

M. Guglielmo Tita
Département d'océanographie
Université du Québec à Rimouski
310, allée des Ursulines
Rimouski, QC G5L 3A1
Canada
(31B : Nematoda (libres))

Dr Richard A. Van Belle
Nijverheidsstraat 22
B-9100 Sint-Niklaas
Belgium (Belgique)
(40 : Polyplacophora)

Dr Heike Wägele
Lehrstuhl für Verhaltensforschung
Universität Bielefeld
Postfach 10 01 31
33501 Bielefeld, Germany
(43 : Nudibranchiata)

Dr Johann W. Wägele
Abt. Morphologie der Tiere
Fakultät für Biologie
Universität Bielefeld
Postfach 10 01 31
33501 Bielefeld, Germany
(71 : Isopoda)

Dr Richard M. Warwick
Plymouth Marine Laboratory
Prospect Place, West Hoe
Plymouth, Devon PL1 3DH
U.K.
(31B : Nematoda (libres))

Dr Les Watling
Department of Oceanography
Ira C. Darling Center
University of Maine
Walpole, ME 04573, U.S.A.
(69 : Cumacea)

Appendice 3 / Appendix 3

Corrections majeures aux noms des Mollusques (taxons 39–50)[a] et des Polychètes (taxon 52) découvertes trop tard pour les inclure dans le Répertoire des espèces et dans l'Index alphabétique.

Major corrections to names of Mollusca (taxons 39–50)[a] and Polychaeta (taxon 52) discovered too late to include them in the Inventory of species and in the Index.

Taxon n°	Nom à enlever / Name to remove	Nom correct / Correct name	Réf. taxon. / Taxon. réf. Correction	Identif.
39	*Chaetoderma nitidulum* Lovén, 1844	*Chaetoderma canadense* Nierstrasz, 1902	1561a	667
41	*Turritellopsis acicula* (Stimpson, 1851)	*Turritellopsis stimpsoni* Dall, 1919	1561a	—
48	*Musculus corrugatus* Stimpson, 1851	*Musculus glacialis* (Leche, 1883)	1561a	—
48	*Ennucula bellotii* (A. Adams, 1856)	*Ennucula tenuis* (Montagu, 1808)	1561a	—
48	*Astarte quadrans* Gould, 1841[b]	*Astarte crenata* (J.E. Gray, 1824)	1561a	—
52	*Malmgrenia whiteavesii* McIntosh, 1874	*Nomen dubium* (genre et espèce)	1198a	—

[a]Une copie-papier complète de l'important catalogue de Turgeon et al. (sous presse, réf. 1561a) nous est parvenue trop tard pour inclure ailleurs qu'ici dans notre catalogue les choix nomenclaturaux présentés ci-dessus. / A complete paper copy of the important catalogue of Turgeon *et al.* (in press, réf. 1561a) reached us too late for incorporating elsewhere in our catalogue the nomenclatural choices presented above.

[b]Dans l'Index alphabétique seulement / Only in Alphabetical index

Bibliographie / Bibliography

1. Abbott, R.T. 1954. American seashells. The New Illustrated Naturalist. D. Van Nostrand Co., New York. 541 p., 100 fig., pl. 1–40.
2. Abbott, R.T. 1974. American seashells. The marine Mollusca of the Atlantic and Pacific coasts of North America. 2e éd., Van Nostrand Reinhold Ltd., New York, 663 p., 4000 fig., pl. 1–24.
3. Abbott, R.T. 1991. Seashells of the northern hemisphere. Gallery Books, New York. 191 p., 962 fig.
4. Abbott, R.T., et Sandström, G.F. 1968. Seashells of North America: a guide to field identification. Golden Field Guide, No. 13657. Golden Press, New York, 280 p.

4a. Abbott, R.T., et Sandström, G.F. 1982. Guide des coquillages de l'Amérique du Nord : guide d'identification sur le terrain. 2e éd., Éditions Marcel Broquet, La Prairie, Québec. 288 p., 111 pl.

5. Ackers, R.G., Moss D., et Picton, B.E. 1992. Sponges of the British Isles ("Sponge V"): A colour guide and working document. Marine Conservation Society, Royaume-Uni. 175 p., fig. 1–65.

5a. Adrianov, A.V. 1995. The first description of kinorhynchs from the Spitsbergen Archipelago (Greenland Sea), with a key to the genus *Pycnophyes* (Homalorhagida, Kinorhyncha). Can. J. Zool. 73(8) : 1554–1566, fig. 1–29.

5b. Agassiz, A. 1865. North American Acalephae. Mem. Mus. Comp. Zool. Harvard 1(2) : 1–234, illus. Aussi : Illustrated Catalogue of the Museum of Comparative Zoology at Harvard College, No. II. Réimpr.: University Microfilms, Ann Arbor, Michigan. American Culture Series, Reel 219.1, 19.

6. Akesson, B. 1962. The embryology of *Tomopteris helgolandica* (Polychaeta). Acta Zool. 43 : 135–199, fig. 1–31.
7. Akimushkin, I.I. 1963. Golovonogie molliuski moreî SSSR. Inst. Okeanol. Akad Nauk SSSR, 235 p., fig. 1–60. Trad. angl. : 'Cephalopods of the seas of the U.S.S.R.' Israel Program for Scientific Translations, Jerusalem, 1965, 232 p. (IPST, No. 1384).
8. Aldrich, F.A. 1956. A comparative study of the identification characters of *Asterias forbesi* and *A. vulgaris*. Not. Nat. (Phila.) 285 : 1–3.
10. Allen, J.A. 1965. Records of Mollusca from the northwest Atlantic obtained by Canadian fishery research vessels, 1946–61. J. Fish. Res. Board Can. 22(4) : 977–997, fig. 1–9.
11. Allen, J.A., et Hannah, F.J. 1986. A reclassification of the recent genera of the subclass Protobranchia (Mollusca: Bivalvia). J. Conchol. 32(4) : 225–249, fig. 1–50.
12. Allgén, C. 1933. Freilebende nematoden aus dem Trondhjemsfjord. Capita Zool. 4(2) : 1–162, pl. I–XIX, M. Nijhoff, La Haye, Pays-Bas.
13. Allgén, C. 1935. Die freilebenden nematoden des Oresunds. Capita Zool. 6(3) : 1–192, pl. I–X, M. Nijhoff, La Haye.
14. Allgén, C.A. 1950. Westschwedische marine litorale und terrestrische Nematoden. Ark. Zool. 1(21) : 301–344, fig. 1–11.
15. Allgén, C.A. 1957. On a small collection of free living marine nematodes from Greenland and some other arctic regions with reviews and analyses of the compositions of all hitherto known arctic nematode faunas. Medd. Grønl. 159(3) : 1–42, text-fig. 1–12.
16. Alvarez, B., et Crisp, M.D. 1994. A preliminary analysis of the phylogenetic relationships of some axinellid sponges. *Dans* Sponges in time and space: biology, chemistry, paleontology. *Éditeurs* : R.W.M. van Soest, T.M.G. Van Kempen et J.-C. Braekman. Proceedings of the 4th International Porifera Congress, Amsterdam, Netherlands, 19–23 April 1993. p. 117–122, fig. 1–3.

16a. Alvarez, J.A. 1992. Sobre algunas especies de la familia Lichenoporidae Smitt, 1866 (Bryozoa, Cyclostomida) en la region Atlantico-Mediterranea. Parte I : género *Disporella* Gray, 1848. Cah. Biol. mar. 33(2) : 201–243, fig. 1–18.

17. Alvarez, J.A. 1993. Sobre algunas especies de la familia Lichenoporidae Smitt, 1866 (Bryozoa, Cyclostomida) en la region Atlantico-Mediterranea. Parte II : Estudio preliminar del género *Lichenopora* Defrance, 1823. Cah. Biol. mar. 34(3) : 261–288, fig. 1–12.

17a. Alvarínô, A. 1962. Two new Pacific chaetognaths, their distribution and relationship to allied species. Bull. Scripps Inst. Oceanogr. Tech. Ser. 8(1) : 1–50, fig. 1–24.

17b. Alvarínô, A. 1965. Chaetognaths. Oceanogr. Mar. Biol. Annu. Rev. 3 : 115–194, fig. 1–17.

17c. Amin, O.M. 1985. Classification. *Dans* Biology of the Acanthocephala. *Éditeurs* : D.W.T. Crompton et B.B. Nickol. Cambridge University Press, Cambridge, R.-U. p. 27–72.

17c. Amos, W.H., et Amos, S.H. 1985. Atlantic & Gulf coasts. The Audubon Society Nature Guides. Alfred A. Knopf, Inc., New York. 670 p., photos 1–618.

18. Amoureux, L., et Dauvin, J.-C. 1981. *Ophelia celtica* (Annélide Polychète), nouvellle espèce avec quelques remarques sur les diverses espèces du genre. Bull. Soc. zool. Fr. 106(2) : 189–194.

18a. Andersen, K.I., et Kennedy, C.R. 1983. Systematics of the genus *Eubothrium* Nybelin (Cestoda, Pseudophyllidea), with partial redescription of the species. Zool. Scr. 12 : 95–105, fig. 1–23b.

19. Anderson, D.T. 1959. The embryology of the polychaete *Scoloplos armiger*. Quart. J. Micr. Sci. 100(1) : 89–166, fig. 1–22.

20. Anderson, D.T. 1961. The development of the polychaete *Haploscoloplos fragilis*. Quart. J. Micr. Sci. 102(2) : 257–272, fig. 1–3.

21a. Anderson, R.C. 1978. Keys to genera of the superfamily Metastrongyloidea. *Dans* CIH keys to the nematode parasites of vertebrates, No. 5. *Éditeurs* : R.C. Anderson, A.G. Chabaud et S. Willmott. Commonwealth Agricultural Bureaux, Farnham Royal, Angleterre. p. 1–40, fig. 5.1–5.67.

22. Anderson, R.C., et Bain, O. 1975. Keys to genera of the order Spirurida. Part 3: Diplotriaenoidea, Aproctoidea and Filarioidea. *Dans* CIH keys to the nematode parasites of vertebrates, No. 3. *Éditeurs* : R.C. Anderson, A.G. Chabaud et S. Willmott. Commonwealth Agricultural Bureaux, Farnham Royal, Angleterre. p. 59–116, fig. 3.183–3.335.

22a. Anderson, R.C., et Bain, O. 198? Keys to the Dioctophymatoidea, Rhabditoidea, Trichuroidea and Muspiceoidea. *Dans* CIH keys to the nematode parasites of vertebrates, No. 9. *Éditeurs* : R.C. Anderson et A.G. Chabaud, Commonwealth Agricultural Bureaux, Farnham Royal, Slough, Angleterre. p. 1–26, fig. 9.1–9.?

23. Andrassy, I. 1983. A taxonomic review of the suborder Rhabditina (Nematoda: Secernentia). ORSTOM, Paris. 241 p., fig. 1–37.

24. André, M. 1946. Halacariens marins. Faune Fr. 46 : 1–152, fig. 1–83.

25. Angel, M.V. 1993. Marine planktonic ostracods. Synop. Br. Fauna, New Ser. 48 : 1–239, fig. 1–86.

26. Anonyme. 1859. Note on mollusks and radiates from Labrador. Can. Nat. Geol. Proc. Nat. Hist. Soc. Montreal 4 : 158–159, Montréal.

26a. Applegate, R.I. 1973. Corixidae (water boatmen) of the South Dakota glacial lake district. Ent. News. 84 : 163–170, fig. 1.

27. Appy, R.G. 1981. Species of *Ascarophis* van Beneden, 1870 (Nematoda: Cystidicolidae) in North Atlantic fishes. Can. J. Zool. 59(11) : 2193–2205, fig. 1–31.

28. Appy, R.G., et Burt, D.B. 1982. Metazoan parasites of cod, *Gadus morhua* L., in Canadian Atlantic waters. Can. J. Zool. 60(7) : 1573–1579, fig. 1.

29. Appy, R.G., et Dadswell, M.J. 1981. Marine and estuarine piscicolid leeches (Hirudinea) of the Bay of Fundy and adjacent waters with a key to species. Can. J. Zool. 59(2) : 183–192, fig. 1–45.

30. Appy, T.D., Linkletter, L.E., et Dadswell, M.J. 1980. A guide to the marine flora and fauna of the Bay of Fundy: Annelida: Polychaeta. Fish. Mar. Serv. Tech. Rep. 920 : 1–124 p., fig. 1–202.

31. Arai, H.P. 1989. Acanthocephala. *Dans* Guide to the parasites of fishes of Canada, Part III. *Éditeurs* : L. Margolis et Z. Kabata. Can. Spec. Publ. Fish. Aquat. Sci. 107 : 1–90, fig. 1–35.

31a. Arai, M.N., et Brinckmann-Voss, A. 1980. Hydromedusae of British Columbia and Puget Sound. Can. Bull. Fish. Aquat. Sci. 204 : 1–192, fig. 73.

32. Ardisson, P.-L., et Bourget, E. 1992. Large-scale ecological patterns: discontinuous distribution of marine benthic epifauna. Mar. Ecol. Prog. Ser. 83(1) : 15–34, fig. 1–6.

33. Ardisson, P.-L., Bourget, E., et Legendre, P. 1990. Multivariate approach to study species assemblages at large spatiotemporal scales: the community structure of the epibenthic fauna of the Estuary and Gulf of St. Lawrence. Can. J. Fish. Aquat. Sci. 47(7) : 1364–1377, fig. 1–11.

34. Arndt, W. 1928. Porifera, Schwämme, Spongien. Tierwelt Dtschl. 4 : 1–94, illus.

35a. Arnold, P.W., et Gaskin, D.E. 1975. Lungworms (Metastrongyloidea: Pseudaliidae) of harbor porpoise *Phocoena phocoena* (L. 1758). Can. J. Zool. 53(6) : 713–735, fig. 1–56.

35b. Arthur, J.R., et Albert, E. 1993. Use of parasites for separating stocks of Greenland halibut (*Reinhardtius hippoglossoides*) in the Canadian northwest Atlantic. Can. J. Fish. Aquat. Sci. 50(10) : 2175–2181, fig. 1.

36. Arthur, J.R., et Albert, E. 1994. A survey of the parasites of Greenland halibut (*Reinhardtius hippoglossoides*) caught off Atlantic Canada, with notes on their zoogeography in this fish. Can. J. Zool. 72(4) : 765–778, fig. 1.

37. Arthur, J.R., Albert, E., et Boily, F. 1995. Parasites of capelin (*Mallotus villosus*) in the St. Lawrence estuary and gulf. *Dans* Parasites of aquatic organisms: a Festschrift dedicated to

Dr. Leo Margolis, O.C., Ph. D., F.R.S.C. *Éditeur* : J.R. Arthur. Can. J. Fish. Aquat. Sci. 52(Suppl. 1) : 246–253, 1 fig.

38. Athersuch, J. 1978. On *Pterygocythereis jonesii* (Baird). Stereo-atlas Ostracod Shells. 5, part 1(2), fiches 9–16. Br. Micropaleontol. Soc. et Robertson Res. Int. Ltd., Gwyneld, R.-U.
39. Athersuch, J. 1982. Some ostracod genera formerly of the family Cytherideidae Sars. *Dans*. Fossil and recent ostracods. *Éditeurs* : R.H. Bate, R. Robinson et L.M. Sheppard. Br. Micropalaeontol. Soc. Ser. Ellis Horwood Ltd, Angleterre. p. 231–275, fig. 1–8, pl. 1–8.
40. Athersuch, J., et Horne, D.J. 1987. Some species of the genus *Sclerochilus* Sars (Crustacea: Ostracoda) from British waters. Zool. J. Linn. Soc. 91(3) : 197–222, fig. 1–15.
41. Athersuch, J., et Whittaker, J.E. 1977. On *Callistocythere badia* (Norman). Stereo-atlas Ostracod Shells 4, part 1(10), fiches 53–58. Br. Micropaleontol. Soc. et Robertson Res. Int. Ltd., Gwyneld, R.-U.
42. Athersuch, J., et Whittaker, J.E. 1981. On *Hemicythere villosa* (Sars). Stereo-atlas Ostracod Shells 8, part 1(5), fiches 27–32. Br. Micropaleontol. Soc. et Robertson Res. Int. Ltd., Gwyneld, R.-U.
43. Athersuch, J., et Whittaker, J.E. 1987. On *Carinocythereis whitei* (Baird). Stereo-atlas Ostracod Shells 14, part 2, fiches 103–110. Br. Micropaleontol. Soc. et Robertson Res. Int. Ltd., Gwyneld, R.-U.
44. Athersuch, J., Horne, D.J., et Whittaker, J.E. 1989. Marine and brackish water ostracodes (Superfamilies Cypridacea and Cytheracea). Synop. Br. Fauna, New Ser. 43 : 1–343, fig. 1–137, pl. 1–7.
45. Axelsen, F., et Dubé, P. 1978. Étude comparative du Homard (*Homarus americanus*) des différentes régions de pêche des Îles-de-la-Madeleine. Dir. gén. Pêch. mar., Dir. Rech., Cah. Inf. 86 : 1–69, fig. 1–4. Minist. Indust. Commerce, Québec.
46. Bacescu, M. 1988. Cumacea 1 (Families Archaeocumatidae, Lampropidae, Bodotriidae, Leuconidae). Crustaceorum Catalogus 7 : 1–173. SPB Academic Publishing, La Haye, Pays-Bas.
47. Bacescu, M. 1992. Cumacea II (Families Nannastacidae, Diastylidae, Pseudocumatidae, Gynodiastylidae and Ceratocumatidae). Crustaceorum Catalogus 8 : 175–468. SPB Academic Publishing, La Haye, Pays-Bas.

47a. Baer, J.G. 1956. Parasitic helminths collected in West Greenland. Medd. Grønl. 124(10) : 1–55, fig. 1–64.

48. Bailey Meyer, K. 1971. Distribution and zoogeography of fourteen species of nudibranchs of northern New England and Nova Scotia. Veliger 14(2) : 137–152, fig. 1–14.
49. Bain, F. 1885. Shells of Prince Edward Island. Can. Sci. Monthly 3(3) : 33–35. Kentville, N.-É., Canada.
50. Bain, F. 1890. The natural history of Prince Edward Island. Prince Edward Island School Series No. 1 : 1–123, 32 fig. G. Herbert Haszard, Charlottetown, Î.-P.-É., Canada.
51. Baker, A. de C., Boden, B.P., et Brinton, E. 1990. A practical guide to the euphausiids of the world. Natural History Museum Publications, Londres. 96 p., pl. 1–40.
53. Balch, F.N. 1910. On a new Labradorean species of *Onchidiopsis*, a genus of mollusks new to eastern North America; with remarks on its relationships. Proc. U.S. Natl. Mus. 38(1761) : 469–484, pl. 21–22. Smithsonian Institution, Washington, D.C.
54. Ball, I.R. 1973. A new species of marine triclad turbellarian of the genus *Sabussowia* from Prince Edward Island. J. Fish. Res. Board Can. 30(3) : 389–394, fig. 1.
55. Ball, I.R. 1975. Contributions to a revision of the marine triclads of North America: the monotypic genera *Nexilis*, *Nesion*, and *Foviella* (Turbellaria: Tricladida). Can. J. Zool. 53(4) : 395–407, fig. 1–12.
56. Ball, I.R., et Reynoldson, T.B. 1981. British planarians. Platyhelminthes: Tricladida. Synop. Br. Fauna, New Ser. 19 : 1–141, fig. 1–36.
57. Banner, A. 1948. A taxonomic study of the Mysidacea and Euphausiacea (Crustacea) of the northeastern Pacific. Part II. Mysidacea, from Tribe Misini through subfamily Mysidellinae. Trans. R. Can. Inst. 27(57) : 65–112, pl. 1–7.
58. Banse, K. 1970. The small species of *Euchone* Malmgren (Sabellidae, Polychaeta). Proc. Biol. Soc. Wash. 83(35) : 387–408, fig. 1–5.
59. Banse, K. 1972. Redescription of some species of *Chone* Kröyer and *Euchone* Malmgren, and three new species (Sabellidae, Polychaeta). Fish. Bull. 70(2) : 459–495, fig. 1–12.
60. Banse, K. 1981. On some Cossuridae and Maldanidae (Polychaeta) from Washington and British Columbia. Can. J. Fish. Aquat. Sci. 38(6) : 633–637, fig. 1.

61. Barnard, J.L. 1959. Epipelagic and under-ice Amphipoda of the central Arctic Basin. *Dans* Scientific studies at Fletcher's Ice Island, T-3, 1952–1955. Geophys. Res. Pap. 1 (63) : 115–152, pl. 1–23.
62. Barnard, J.L. 1962a. Benthic marine Amphipoda of Southern California: 3. Families Amphilochidae, Leucothoidae, Stenothoidae, Argissidae, Hyalidae. Pacif. Nat. 3(3) : 116–163, fig. 1–23.
63. Barnard, J.L. 1962b. South Atlantic abyssal amphipods. *Dans* Abyssal Crustacea. *Éditeurs* : J.L. Barnard, R.J. Menzies et M.C. Bacescu. Vema Research Series. Columbia University Press, New York. p. 1–78, fig. 1–79.
64. Barnard, J.L. 1969. The families and genera of marine gammaridean Amphipoda. U.S. Natl. Mus. Bull. 271 : 1–535, fig. 1–173. Smithsonian Institution, Washington, D.C.
65. Barnard, J.L. 1973. Deep-sea Amphipoda of the genus *Lepechinella* (Crustacea). Smithson. Contrib. Zool. 133 : 1–31, fig. 1–12.
66. Barnard, J.L., et Barnard, C.M. 1983a. Freshwater Amphipoda of the world. I. Evolutionary patterns. Hayfield Associates, Mount Vernon, Virginia, É.-U. p. 1–358, fig. 1–50.
67. Barnard, J.L., et Barnard, C.M. 1983b. Freshwater Amphipoda of the world. II. Handbook and bibliography. Hayfield Associates, Mount Vernon, Virginia, É.-U. p. 359–830.
68. Barnard, J.L., et Given, R.R. 1960. Common pleustid amphipods of Southern California, with a projected revision of the family. Pacif. Nat. 1(17) : 37–48, fig. 1–6.
69. Barnard, J.L., et Karaman, G.S. 1991. The families and genera of marine gammaridean Amphipoda (except marine gammaroids). Rec. Aust. Mus. Suppl. 13 (Parts 1–2) : 1–866, fig. 1–133.
70. Barnes, H., et Costlow, Jr., J.D. 1961. The larval stages of *Balanus balanus* (L.) da Costa. J. Mar. Biol. Assoc. U.K. 41(1) : 59–68, fig. 1–4.
71. Barthel, D. 1991. Influence of different current regimes on the growth form of *Halichondria panicea* Pallas. *Dans* Fossil and recent sponges. Proceedings of a symposium held Sept. 26–28, 1988, at the Institut für Paläontologie, Freie Universität Berlin. *Éditeurs* : J. Reithner et H. Keupp. Springer-Verlag, Berlin, Heidelberg, New York, p. 387–394, fig. 1.
72. Bartsch, I. 1978. Halacaridae (Acari) von Gezeitenstränden Nord-norwegens ("Halacaridae (Acari) from tidal beaches in northern Norway"). Mikrofauna des Meeresboden 70 : 661–682, fig. 1–46. Akad. Wiss. Lit. Abh. Math.-Naturwiss. Kl., Mainz, Républ. féd. allemande.
73. Bartsch, I. 1979. Halacaridae (Acari) von der Atlantikküste Nordamerikas. Beschreibung der Arten. Mikrofauna des Meeresboden 79 : 509–570, fig. 1–160. Akad. Wiss. Lit. Abh. Math.-Naturwiss. Kl., Mainz, Républ. féd. allemande.
74. Bartsch, I. 1982. Zur Gattung *Rhombognathus* (Acari, Halacaridae). Übersicht über alle Arten, deren Verbreitung und eine Bestimmungstabelle. Zool. Jahrb. Abt. Syst. Oekol. Geogr. Tiere 109(1) : 83–97, fig. 1–3.
75. Bartsch, I. 1983. Zur Systematik und Verbreitung der Gattung *Arhodeoporus* (Halacaridae, Acari) und Beschreibung zweier neuer Arten. Zool. Beitr. N.F. 28 : 1–16, fig. 1–34.
76. Bartsch, I. 1991. On the identity of some North Atlantic halacarid species (Acari). J. Nat. Hist. 25(5) : 1339–1353, fig. 1–36.
76a. Bartsch, I. 1997. *Copidognathus biodomus* (Halacaridae: Acari), a new species from eastern Canada. Mitt. hamb. zool. Mus. Inst. 9 : 153–159, fig. 1–26.
77. Bartsch, P. 1909. Pyramidellidae of New England and the adjacent region. Proc. Boston Soc. Nat. Hist. 34(4) : 67–113, pl. 11–14.
78. Bartsch, P.1922. A monograph of the American shipworms. U.S. Natl. Mus. Bull. 122 : 1–51, pl. 1–37. Smithsonian Institution, Washington, D.C.
79. Bassindale, R. 1964. British barnacles, with keys and notes for identification of the species. Synop. Br. Fauna 14 : 1–68, fig. 1–16.
80. Bassiouni, M. el A.A. 1965. Über einige Ostracoden aus dem Interglazial von Esbjerg. Medd. Dansk Geol. Foren. 15(4) : 507–518, pl. I–II.
81. Bastian, H.C. 1865. Monograph on the Anguillulidae, or free nematoids, marine, land, and freshwater, with descriptions of 100 new species. Trans. Linn. Soc. Lond. Zool. Ser. 25(II) : 73–180, pl. IX–XIII.
82. Bate, R.H. 1972. Upper Cretaceous Ostracoda from the Carnavon Basin, Western Australia. Spec. Pap. Palaeontol. 10 : 1–85, fig. 1–42, pl. 1–27.

83. Baxter, R. 1987. Mollusks of Alaska: a listing of all mollusks, freshwater, terrestrial, and marine reported from the state of Alaska, with locations of the species types, maximum sizes and marine depths inhabited. 163 p. Shells and Sea Life, Bayside, Californie.

83a. Bayer, F.M. 1981. Key to the genera of Octocorallia exclusive of Pennatulacea (Coelenterata: Anthozoa), with diagnoses of new taxa. Proc. Biol. Soc. Wash. 94(3) : 902–947, 80 fig.

84. Bayne, P.M. 1908. Crustacea collected at Seven Islands, Québec. Mémoire M.A., Université de Toronto, Toronto. 45 p., pl. I–VII.

85. Bell, Jr., R. 1858. Report for the year 1857. *Dans* Geological Survey of Canada, Report of Progress for the year 1857. Canada, Legisl. Assembly, Sess. Pap., 21 Victoria, A. 1858, App. 32. p. 55–62. Ottawa, Ont.

86. Bell, Jr., R. 1859a. On the natural history of the Gulf of St. Lawrence, and the distribution of the Mollusca of eastern Canada (to be continued). Can. Nat. Geol. 4(3) : 197–220.

87. Bell, Jr., R. 1859b. On the natural history of the Gulf of St. Lawrence (continued from our last number). Can. Nat. Geol. 4(4) : 241–251.

88. Bell, Jr., R. 1859c. Catalogue of animals and plants collected and observed, on the south-east side of the St. Lawrence from Québec to Gaspé, and in the counties of Rimouski, Gaspé and Bonaventure. Geological Survey of Canada, Report of Progress for the year 1858, article V : 243–263.

89. Bellan, G. 1975. Contribution à l'étude des Annélides Polychètes de la province du Québec (Canada). Rapport inédit, Département des pêcheries, Québec. 77 p. (Copie labor. P. Brunel, Univ. Montréal).

90. Bellan, G. 1975. *Ophelia rullieri* n. sp., Opheliidae (Annélide Polychète sédentaire) des côtes gaspésiennes (Canada). Bull. Soc. zool. Fr. 100(4) : 421–425, fig. A–D.

91. Bellan, G. 1977. Contribution à l'étude des Annélides Polychètes de la province du Québec (Canada). 1 — Les facteurs du milieu et leur influence. Téthys 7(4) : 365–373.

92. Bellan, G. 1978. Contribution à l'étude des Annélides Polychètes de la province du Québec (Canada). 2 — Étude synécologique. Téthys 8(3) : 231–240.

93. Bequaert, J.C. 1943. The genus *Littorina* in the Western Atlantic. Johnsonia 1(7) : 1–28, pl. 1–7.

94. Berg, G. 1972. Taxonomy of *Amphiporus lactifloreus* (Johnston, 1828) and *Amphiporus dissimulans* Riches, 1893 (Nemertini, Hoplonemertini). Astarte, 5(1–2) : 19–26, fig. 1–10.

95. Bergan, P. 1953. The Norwegian species of *Spirorbis* Daudin. Nytt Mag. Zool. 1 : 27–48, pl. I, fig. 1–8.

95a. Bergeron, J., 1956. Liste préliminaire des représentants de la faune de la région des Iles de la Madeleine. Document inédit, Laboratoire de Biologie Marine, Département des Pêcheries du Québec, Cap-aux-Meules, Iles-de-la-Madeleine. 9 p. (Copie dans labor. prof. P. Brunel, Dép. Sci. biol., Univ. Montréal)

96. Bergeron, J. 1962. Pêche expérimentale du Homard dans la lagune de Havre-aux-Maisons et dans la baie de Plaisance, Îles-de-la-Madeleine en 1961. Sta. Biol. mar. Grande-Rivière, Rapp. ann. 1961 : 51–61, fig. 1, Québec.

97. Bergeron, J. 1967. La pêche commerciale du Homard (*Homarus americanus* Milne-Edwards) au Québec, des origines à nos jours. Sta. Biol. mar. Grande-Rivière, Cah. Inf. 42 : 1–47, fig. 1–5, Québec.

98. Bergh, R. 1900. Nudibranchiate Gasteropoda. Dan. Ingolf-Exped. 2(3) : 1–49, pl. I–V.

99. Berkeley, C., et Berkekey, E. 1953. Swarming of *Nereis succinea* (Leuckart) off the east coast of Canada. Nature, 171() : 847.

100. Berkeley, E., et Berkeley, C. 1954. Additions to the polychaete fauna of Canada, with comments on some older records. J. Fish. Res. Board Can. 11(4) : 454–471, fig. 1–16.

101. Berkeley, E., et C. Berkeley. 1956. A new species and two new records of Polychaeta from eastern Canada. Can. J. Zool. 34(4) : 267–271, fig. 1–3.

102. Berkes, F. 1973. Production and comparative ecology of euphausids in the Gulf of St. Lawrence. Thèse Ph.D., Mar. Sci. Centre, Université McGill, Montréal, 188 p., 27 fig.

104. Berkes, F. 1976b. Ecology of euphausiids in the Gulf of St. Lawrence. J. Fish. Res. Board Can. 33(9) : 1894–1905, fig. 1–5.

105. Berland, B. 1961. Nematodes from some Norwegian marine fishes. Sarsia, 2 : 1–50, fig. 1–56.

105a. Berman, J., Harris, L., Lambert, W., Buttrick M., et Dufresne, M. 1992. Recent invasions of the Gulf of Maine: three contrasting ecological histories. Conserv. Biol. 6(3) : 434–441, fig. 1–6.

106. Bernard, F.R. 1972. The genus *Thyasira* in western Canada (Bivalvia: Lucinacea). Malacologia 11(2) : 365–389, fig. 1–17.

107. Bernard, F.R. 1979. Bivalve mollusks of the western Beaufort Sea. Nat. Hist. Mus. Los Angel. Cty, Contrib. Sci. 313 : 1–80, fig. 1–112.
108. Bernard, F.R. 1983. Catalogue of the living Bivalvia of the eastern Pacific Ocean: Bering Strait to Cape Horn. Can. Spec. Publ. Fish. Aquat. Sci. 61 : 1–102.
109. Bernier, L., et Poirier, L. 1979. Évaluation sommaire du stock de Mactres de l'Atlantique, *Spisula solidissima* Dillwyn, des Îles-de-la-Madeleine (golfe du Saint-Laurent). Dir. gén. Pêch. mar., Dir. Rech., Cah. Inf. 92 : 1–42, fig. 1–6. Minist. Indust. Commerce, Québec.
110. Bernier, L., et Poirier, L. 1981a. Évaluation sommaire des possibilités d'exploitation commerciale du stock de crevettes de roche, *Sclerocrangon boreas*, des îles de Mingan. Dir. gén. Pêch. Mar. Dir. Rech., Cah. Inf. 94 : 1–43, fig. 1–9. Minist. Indust. Commerce, Québec.
111. Bernier, L., et Poirier, L. 1981b. Les stocks de Pétoncles d'Islande, *Chlamys islandica* Müller de la région de Mingan, en 1979. Dir. gén. Pêch. mar., Dir. Rech., Cah. Inf. 96 : 1–31, fig. 1–8.
112. Berrill, M. 1962. The biology of three New England Stauromedusae, with a description of a new species. Can. J. Zool. 40(7) : 1249–1262, fig. 1–6.
113. Berrill, N.J. 1928. The identification and validity of certain species of ascidians. J. Mar. Biol. Assoc. U.K. 15(1) : 159–175, fig. 1–6.
114. Berzins, B. 1960a. Rotatoria I. Order: Monogononta. Sub-order: Ploima. Family: Synchaetidae. Genus: *Synchaeta*. Fiches Identif. Zooplancton 84 : 1–7, fig. 1–22.
115. Berzins, B. 1960b. Rotatoria II. Order: Monogononta. Sub-order: Ploima. Family: Trichocercidae. Genus: *Trichocerca*. Fiches Identif. Zooplancton 85 : 1–3, fig. 1–3.
116. Berzins, B. 1960c. Rotatoria III. Order: Monogononta. Sub-order: Ploima. Family: Brachionidae. Genus: *Keratella*. Fiches Identif. Zooplancton 86 : 1–4, fig. 1–7.
117. Berzins, B. 1960d. Rotatoria IV. Order: Monogononta. Sub-order: Ploima. Family: Brachionidae (cont.). Genera: *Brachionus, Kellicottia, Argonotholca, Notholca, Pseudonotholca, Euchlanis, Tripleuchlanis*. Fiches Identif. Zooplancton 87 : 1–5, fig. 1–11.
118. Berzins, B. 1960e. Rotatoria V. Order: Monogononta. Sub-order: Ploima. (i) Family: Asplanchnidae. Genus: *Asplanchna*. (ii) Family: Synchaetidae: Genera: *Ploesoma, Polyarthra*. Fiches Identif. Zooplancton 88 : 1–4, fig. 1–6.
119. Berzins, B. 1960f. Rotatoria VI. Order: Monogononta. (1) Sub-order: Flosculariaceae, (i) Family: Testudinellidae. Genera: *Testudinella, Filinia, Hexarthra*. (ii) Family: Conochilidae. Genus: *Conochilus*. (2) Sub-order: Collothecaceae. Family: Collothecidae. Genus: *Collotheca*. Fiches Identif. Zooplancton 89 : 1–4, fig. 1–9.
120. Besner, M. 1976. Écologie et échantillonnage des populations hyperbenthiques d'Amphipodes gammaridiens d'un écosystème circalittoral de l'estuaire maritime du Saint-Laurent. Mémoire M.Sc., Université de Montréal, Montréal. 103 p., 17 fig.
121. Beverley-Burton, M. 1984. Monogenea and Turbellaria. *Dans* Guide to the parasites of fishes of Canada, Part I. *Éditeurs* : L. Margolis et Z. Kabata. Can. Spec. Publ. Fish. Aquat. Sci. 74 : 5–209, fig. 1–53.
122. Bhaud, M., et Cazaux, C. 1982. Les larves de Polychètes des côtes de France ("Polychaete larvae from French coasts"). Océanis, 8(2) : 57–160, fig. 1–7, pl. I-XIV.
123. Bick, A., et Burckhardt, R. 1989. Erstnachweis von *Marenzelleria viridis* (Polychaeta, Spionidae) für den Ostseeraum, mit einem Bestimmungsschlussel der Spioniden der Ostsee. Mitt. Zool. Mus. Berl. 65(2) : 237–247, illus.
123a. Bick, A., et Gosselck, F. 1985. Arbeitsschlüssel zur Bestimmung der Polychaeten der Ostsee (« Identification key for the polychaetes of the Baltic Sea »). Mitt. Zool. Mus. Berl., 61(2) : 171–272, pl. 1–45.
123b. Bieri, R. 1991. Systematics of the Chaetognatha. *Dans* The biology of chaetognaths, chapitre 11, p. 122–136, fig. 11.1–11.22. *Éditeurs* : Q. Bone, H. Kapp et A.C. Pierrot-Bults. Oxford University Press, New York.
124. Bierne, J., Tarpin, M., et Vernet, G. 1993. A reassessment of the systematics and a proposal for the phylogeny of some cosmopolitan *Lineus* species (Nemertinea). *Dans* Advances in nemertean biology. Proceedings of the third international meeting on nemertean biology, y Coleg Normal, Bangor, North Wales, August 10–15, 1991. *Éditeurs* : R. Gibson, J. Moore et P. Sundberg. Hydrobiologia, 266(1–3) : 159–168, fig. 1–3.
125. Bigford, T.E. 1979. Synopsis of biological data on the rock crab, *Cancer irroratus* Say. NOAA (Natl. Ocean. Atmos. Admin.) Tech. Rep. NMFS (Natl. Mar. Fish. Serv.), 426 : 1–26, fig. 1–11.
125a. Bishop, J.D.D. 1994. The genera *Cribrilina* and *Collarina* (Bryozoa, Cheilostomatida) in the British Isles and North Sea Basin, Pliocene to present day. Zool. Scr. 23(3) : 225–249, fig. 1–68.

125b. Black, G.A. 1981. Metazoan parasites as indicators of movements of anadromous brook charr (*Salvelinus fontinalis*) to sea. Can. J. Zool. 59(10) : 1892–1896, fig. 1.
125c. Black, G.A., Montgomery, W.L., et Whoriskey, F.G. 1983. Abundance and distribution of *Salmincola edwardsii* (Copepoda) on anadromous brook trout, *Salvelinus fontinalis* (Mitchill), in the Moisie River system, Quebec. J. Fish Biol. 22(5) : 567–575, fig. 1–4.
126. Blacker, R.W. 1957. Benthic animals as indicators of hydrographic conditions and climatic change in Svalbard waters. Fish. Invest., Lond. (II)20(10) : 1–49, fig. 1–30.
127. Blake, C.H. 1929. Crustacea. New Crustacea from the Mount Desert Region. *Dans* Biological survey of the Mount Desert region, Part 3. *Éditeur* : W. Procter. Wistar Institute of Anatomy and Biology, Philadelphia, Part 3, p. 1–34, fig. 1–15.
128. Blake, C.H. 1930. Three new species of worms belonging to the order Echinodera. *Dans* Biological survey of the Mount Desert region, Part 4. *Éditeur* : W. Procter. Wistar Institute of Anatomy and Biology, Philadelphia, part 4, p. 1–10, fig. 1–8.
129. Blake, C.H. 1933. Arthropoda. Class Crustacea. *Dans* Biological survey of the Mount Desert region, Part 5. A report of the organization, laboratory equipment, methods and station lists together with a list of the marine fauna with descriptions and places of capture. *Éditeur* : W. Procter. Wistar Institute of Anatomy and Biology, Philadelphia, p. 214–282, text-fig. 39–42.
130. Blake, J.A. 1969a. Systematics and ecology of shell-boring polychaetes from New England. *Dans* Penetration of calcium carbonate substrates by lower plants and invertebrates. An International multidisciplinary symposium presented at the meetings of the AAAS, Dallas, Texas, December 28–30, 1968. *Éditeurs* : M.R Carriker, E.H. Smith et R.T. Wilce. Am. Zool. 9(3) : 813–820, fig. 1–9.
131. Blake, J.A. 1969b. Reproduction and larval development of *Polydora* from northern New England (Polychaeta: Spionidae). Ophelia, 7(1) : 1–63, fig. 1–40.
132. Blake, J.A. 1971. Revision of the genus *Polydora* from the east coast of North America (Polychaeta: Spionidae). Smithson. Contrib. Zool. 75 : 1–32, fig. 1–16.
133. Blake, J.A. 1984. Polychaeta Oweniidae from Antarctic seas collected by the United States Antarctic Research Program. *Dans* Proceedings of the First International Polychaete Conference, Sydney (Australia, 4–9 July 1983). *Éditeur* : P.A. Hutchings. Linnean Society of New South Wales, p. 112–117, fig. 1–2.
134. Blake, J.A. 1988. New species and records of Phyllodocidae (Polychaeta) from Georges Bank and other areas of the western North Atlantic. Sarsia, 73(4) : 245–257, fig. 1–6.
135. Blake, J.A. 1991. Revision of some genera and species of Cirratulidae (Polychaeta) from the western North Atlantic. *Dans* Systematics, biology and morphology of world Polychaeta. Proceedings of the 2nd international Polychaete Conference, Copenhagen (18–23 August), 1986. *Éditeurs* : M.E. Petersen et J.B. Kirkegaard. Ophelia (Suppl. 5) : 17–30, fig. 1–4.
136. Blake, J.A. 1992. New species and records of Phyllodocidae (Polychaeta) from the continental shelf and slope off California. Proc. Biol. Soc. Wash. 105(4) : 693–708, fig. 1–7.
137. Blake, J.A., et Maciolek, N.J. 1987. A redescription of *Polydora cornuta* Bosc (Polychaeta: Spionidae) and designation of a neotype. *Dans* "This number is dedicated to Marian H. Pettibone, Zoologist Emeritus, Smithsonian Institution". *Éditeurs* : K. Fauchald et B.F. Kensley. Bull. Biol. Soc. Wash. 7 : 11–15, fig. 1.
138. Bleakney, J.S. 1988. The radula and penial style of *Alderia modesta* (Lovén, 1844) (Opisthobranchia: Ascoglossa) from populations in North America and Europe. Veliger 31(3/4) : 226–235, fig. 1–9.
139. Bleakney, J.S., et Bailey., K.H. 1967. Rediscovery of the saltmarsh sacoglossan *Alderia modesta* Lovén in eastern Canada. Proc. Malac. Soc. Lond. 37 : 347–349.
140. Blegvad, H. 1923. Preliminary note on the eggs and larvae of *Arenicola marina* (L.). Vidensk. Medd. Dan. Naturhist. Foren. 76 : 1–3, fig. 1.
141. Bobin, G., et Prenant, M. 1953. La classification des Loxosomes selon Mortensen et le *Loxosoma singulare* de Keferstein et de Claparède. Bull. Soc. zool. Fr. 78(1) : 84–96, fig. 1–5.
142. Bock, S. 1925. Oersteds *Planaria affinis* wiederentdeckt. Zool. Anz. 64(7/8) : 149–164, fig. 1–4.
143. Bocquet, C., et Prunus, G. 1963. Recherches complémentaires sur le polytypisme de la super-espèce *Jaera albifrons* Leach = *Jaera marina* (Fabricius). I. Redescription de l'espèce *Jaera (albifrons) posthirsuta* Forsman. Bull. Biol. Fr. Belg. 97(2) : 343–353, fig. 1–4.
143a. Bodin, P. 1970. Copépodes harpacticoïdes marins des environs de La Rochelle. 1. Espèces de la vase intertidale de Châtelaillon. Thétys 2(2) : 385–436, fig. 1–33.

143b. Bodin, P. 1979. Copépodes harpacticoïdes marins des environs de La Rochelle. 5. Espèces nouvelles ou incertaines. Vie Milieu, Sér. A : Biol. mar. 27(3-A) : 311–357, fig. 1–21.

144. Bodin, P. 1988. Catalogue des nouveaux Copépodes Harpacticoïdes marins. 3e éd. Labor. Océanogr. biol., Université de Bretagne occidentale, Brest, France. 288 p.

144a. Boer, P. 1971. Harpacticoid copepods (Crustacea) living in wood infested by *Limnoria* from northwestern France. Bull. Zool. Mus. Univ. Amst. 2(8) : 63–72, fig. 1–23.

145. Bogdanov, I.P. 1990. Molliuski podsemeĭstva Oenopotinae (Gastropoda, Pectinibranchia, Turridae) moreĭ SSSR (« Mollusks of Oenopotinae subfamily (Gastropoda, Pectinibranchia, Turridae) in the seas of the USSR »). Fauna SSSR, Nov. Ser. No. 142 (Molliuski, Tom V, vip 3 – « Mollusks, Vol. V, No. 3 »), p. 1–224, fig. 1–475, photos 1–56.

146. Boghen, A.D. 1978. A parasitological survey of the American lobster *Homarus americanus* from the Northumberland Strait, southern Gulf of St. Lawrence. Can. J. Zool. 56(11) : 2460–2462, fig. 1–2.

147. Bohn, A., et Walden, C. 1970. Survey of marine borers in Canadian Atlantic waters. J. Fish. Res. Board Can. 27(6) : 1151–1154, fig. 1.

148. Boily, F., et Marcogliese, D.J. 1995. Geographical variations in abundance of larval anisakine nematodes in Atlantic cod (*Gadus morhua*) and American plaice (*Hippoglossoides platessoides*) from the Gulf of St. Lawrence. *Dans* Parasites of aquatic organisms: A Festschrift dedicated to Dr. Leo Margolis, O.C., Ph.D., F.R.S.C. *Éditeur* : J.R. Arthur. Can. J. Fish. Aquat. Sci. 52(Suppl. 1) : 105–115, fig. 1–5.

149. Boitard, M., Lefèbvre, J., et Solognac, M. 1982. Analyse en composantes principales de la variabilité de taille, de croissance et de conformation des espèces du complexe *Jaera albifrons* (Crustacés Isopodes). Cah. Biol. mar. 23(2) : 115–142, fig. 1–6.

150. Boschma, H. 1928. Rhizocephala of the North Atlantic region. Dan. Ingolf-Exped. 3(10) : 1–49 fig. 1–17, 1 carte.

151. Boss, K.J., et Merrill, A.S. 1965. The family Pandoridae in the western Atlantic. Johnsonia 4(44) : 181–215, pl. 115–126.

152. Bossé, L., Sainte-Marie, B., et Fournier, J. 1996. Les Invertébrés des fonds meubles et la biogéographie du fjord du Saguenay. Rapp. tech. can. sci. halieut. aquat. 2132 : 1–45, fig. 1–5.

153. Bouchet, P. 1984. Les Triphoridae de Méditerranée et du proche Atlantique (Mollusca, Gastropoda). Lav. Soc. Ital. Malacol. 21 : 5–58, illus.

154. Bouchet, P., et Warén, A. 1979. The abyssal molluscan fauna of the Norwegian Sea and its relation to other faunas. Sarsia, 64(3) : 211–243, fig. 1–54.

155. Bouchet, P., et Warén, A. 1980. Revision of the north-east Atlantic bathyal and abyssal Turridae (Mollusca, Gastropoda). J. Molluscan Stud., Suppl. 8 : 1–119, fig. 1–281.

156. Bouchet, P., et Warén, A. 1985. Revision of the northeast Atlantic bathyal and abyssal Neogastropoda excluding Turridae (Mollusca, Gastropoda). Boll. Malacol. Suppl. 1 : 121–296, fig. 273–723.

157. Bouchet, P., et Warén, A. 1986. Revision of the northeast Atlantic bathyal and abyssal Aclididae, Eulimidae, Epitoniidae (Mollusca, Gastropoda). Boll. Malacol., Suppl. 2 : 297–576, fig. 724–1267.

158. Bouchet, P., et Warén, A. 1993. Revision of the northeast Atlantic bathyal and abyssal Mesogastropoda. Boll. Malacol., Suppl. 3 : 577–840, fig. 1268–1953.

159. Bouillon, J. 1985. Essai de classification des Hydropolypes-Hydroméduses (Hydrozoa-Cnidaria). Indo-Malay. Zool. 1 : 29–243.

160. Bouillon, J., *et al.* (*Éditeurs*) 1987. Modern trends in the systematics, ecology and evolution of hydroids and hydromedusae (Papers presented at an international workshop held in Ischia, Italy, from Sept. 22 to Oct. 5, 1985). Clarendon Press, Oxford Univ. Press, Oxford, R.-U., 328 p., pl. 1–7.

161. Boulanger, J.-M., et Couture, R. 1972. Inventaire quantitatif des crevettes du moyen estuaire du fleuve Saint-Laurent. Dir. gén. Pêches marit., Dir. Rech., Rapp. ann. 1971 : 116–126. Minist. Indust. Commerce, Québec.

162. Boulanger, J.-M., et Myre, G. 1972a. Pêche de la crevette au moyen de casiers dans la rivière Saguenay. Dir. gén. Pêches marit., Dir. Rech., Rapp. ann., 1971 : 127–128. Minist. Indust. Commerce, Québec.

163. Boulanger, J.-M., et Myre, G. 1972b. Prospection des bancs de pétoncles de la Gaspésie et de la Basse Côte-Nord. Dir. gén. Pêches marit., Dir. Rech., Rapp. ann. 1971 : 100–108, cartes 1–2. Minist. Indust. Commerce, Québec.

164. Bourget, E. 1971. Aspects saisonniers de la fixation de l'épifaune benthique de l'étage infralittoral de l'estuaire maritime du Saint-Laurent, Québec. Mémoire M.Sc., Dépt. Biol., Université Laval, Québec. 115 p., fig. 1–7.

164a. Bourget, E. 1997. Les animaux littoraux du Saint-Laurent : Guide d'identification. Presses de l'Université Laval, Québec (Sainte-Foy), QC. 268 p., fig. 1–152.

165. Bourget, E., et Cossa, D. 1976. Mercury content of mussels from the St. Lawrence Estuary and northwestern Gulf of St. Lawrence, Canada. Mar. Pollut. Bull. 7(12) : 237–239, fig. 1.

166. Bourget, E., et Lacroix, G. 1972. Colonisation et inhibition de la colonisation des Cirripèdes dans l'estuaire du Saint-Laurent. Nat. can. (Qué.), 99(4) : 279–285, fig. 1–2.

167. Bourget, E., et Lacroix, G. 1973. Aspects saisonniers de la fixation de l'épifaune benthique de l'étage infralittoral de l'estuaire du Saint-Laurent. J. Fish. Res. Board Can. 30(7) : 867–880, fig. 1–6.

168. Bourget, E., et Messier, D. 1983. Macrobenthic density, biomass, and fauna of intertidal and subtidal sand in a Magdalen Islands lagoon, Gulf of St. Lawrence. Can. J. Zool. 61(11) : 2509–2518, fig. 1–3.

168a. Bourget, E., Lapointe, L., Himmelman, J.H., et Cardinal, A. 1994. Influence of physical gradients on the structure of a northern rocky subtidal community. Ecoscience, 1(4) : 285–299, fig. 1–9.

169. Bourne, N.J., et Rowell, T.W. 1965. Gulf of St. Lawrence scallop survey — 1964. Fish. Res. Board Can. Man. Rep. Ser. 809 : 1–20, fig. 1–13.

170. Boury-Esnault, N. 1974. Structure et ultrastructure des papilles d'éponges du genre *Polymastia* Bowerbank. Arch. Zool. exp. gén. 115(1) : 141–165, fig. 1–7, pl. I–V.

171. Boury-Esnault, N. 1987. The *Polymastia* species (Demosponges, Hadromerida) of the Atlantic area. *Dans* Taxonomy of Porifera from the N.E. Atlantic and Mediterranean Sea. Proceedings of the NATO Advanced Research Workshop on Taxonomy of Porifera from the N.E. Atlantic and Mediterranean Sea held at Marseille, France, September 22–27. *Éditeurs* : J. Vacelet et N. Boury-Esnault. Springer-Verlag, Berlin, p. 29–66, fig. 1–17.

172. Bousfield, E.L. 1950. Distributional records of marine Amphipoda of eastern Canada. Fish. Res. Board Can. Manuscr. Rep. Ser. 404 : 1–19.

173. Bousfield, E.L. 1951. Pelagic Amphipoda of the Belle Isle Strait region. J. Fish. Res. Board Can. 8(3) : 134–162, fig. 1–14.

174. Bousfield, E.L. 1952. Zoological investigations in the Maritime provinces. *Dans* Ann. Rep. Natl. Mus. Can. 1950–51. Natl. Mus. Can., Bull. 126 : 188–194, fig. 12, pl. XX., Ottawa.

175. Bousfield, E.L. 1954. The distribution and spawning seasons of barnacles on the Atlantic coast of Canada. *Dans* Ann. Rep. Natl. Mus. Can. 1952–53, Natl. Mus. Can., Bull. 132 : 112–154, fig. 1–6, pl. I, Ottawa.

176. Bousfield, E.L. 1955a. Studies on the shore fauna of the St. Lawrence Estuary and Gaspé coast. *Dans* Ann. Rep. Natl. Mus. Can. 1953–54. Natl. Mus. Can., Bull. 136 : 95–101, fig. 1.

176a. Bousfield, E.L. 1955b. Ecological control of the occurrence of barnacles in the Miramichi Estuary. Natl. Mus. Can., Bull. No. 137, 69 p., 11 fig.

177. Bousfield, E.L. 1956a. Studies on the shore Crustacea collected in eastern Nova Scotia and Newfoundland, 1954. *Dans* Ann. Rep. Natl. Mus. Can. 1954–55. Bull. 142 : 127–152, fig. 1.

177a. Bousfield, E.L. 1956b. Malacostracan crustaceans from the shores of western Nova Scotia. Proc. N.S. Inst. Sci. 24(1) : 25–38, fig. 1–3.

178. Bousfield, E.L. 1958. Fresh-water amphipod crustaceans of glaciated North America. Can. Field-Nat. 72(2) : 55–113, fig. 1–20.

179. Bousfield, E.L. 1962. New haustoriid amphipods from the Canadian Atlantic region. *Dans* Contributions to Zoology, 1960–61. Natl. Mus. Can., Bull. 183 : 63–75, fig. 1–6.

180. Bousfield, E.L. 1964. Coquillages des côtes canadiennes de l'Atlantique. 89 p., 135 fig., Mus. Natl. Can., Ottawa. (Trad. franç. de « Canadian Atlantic seashells », 72 p., 135 fig., 1960).

181. Bousfield, E.L. 1965. Haustoriidae of New England (Crustacea: Amphipoda). Proc. U.S. Natl. Mus. 117(3512) : 159–240, fig. 1–31.

182. Bousfield, E.L. 1969. New records of *Gammarus* (Crustacea: Amphipoda) from the Middle Atlantic region. Chesapeake Sci. 10 (1) : 1–17, fig. 1–4.

183. Bousfield, E.L. 1973. Shallow-water gammaridean Amphipoda of New England. Cornell University Press, Ithaca, N.Y. 312 p. pl. I–LXIX.

184. Bousfield, E.L. 1979. The amphipod superfamily Gammaroidea in the northeastern Pacific region: systematics and distributional ecology. *Dans* Symposium on the composition and evolution of

crustaceans in the cold and temperate waters of the world ocean. *Éditeur* : A.B. Williams. Bull. Biol. Soc. Wash. 3 : 297–359, fig. 1–12.

185. Bousfield, E.L. 1987. Amphipod parasites of fishes of Canada. Can. Bull. Fish. Aquat. Sci. 217 : 1–37, fig. 1–10.

186. Bousfield, E.L. 1989. Revised morphological relationships within the amphipod genera *Pontoporeia* and *Gammaracanthus* and the "glacial relict" significance of their postglacial distributions. Can. J. Fish. Aquat. Sci. 46(10) : 1714–1725, fig. 1–4.

187. Bousfield, E.L. 1991. New sandhoppers (Crustacea: Amphipoda) from the Gulf coast of the United States. Gulf Res. Rep. 8(3) : 271–283, fig. 1–7.

188. Bousfield, E.L., et Hendrycks, E.A. 1994. The amphipod superfamily Leucothoidea on the Pacific coast of North America. Family Pleustidae: Subfamily Pleustinae. Systematics and biogeography. Amphipacifica, 1(2) : 3–69, fig. 1–38. Amphipacifica Res. Publ., Victoria, C.-B., Canada.

189. Bousfield, E.L., et Hendrycks, E.A. 1995a. The amphipod superfamily Eusiroidea in the North American Pacific region. I. Family Eusiridae: systematics and distributional ecology. Amphipacifica, 1(4) : 3–59, fig. 1–40, Amphipacifica Res. Publ., Victoria, C.-B., Canada.

190. Bousfield, E.L., et Hendrycks, E.A. 1995b. The amphipod family Pleustidae on the Pacific coast of North America. Part: III. Subfamilies Parapleustinae, Dactylopleustinae, and Pleusirinae Systematics and distributional ecology. Amphipacifica, 2(1) : 65–134, fig. 1–44, Amphipacifica Res. Publ., Victoria, C.-B., Canada.

191. Bousfield, E.L., et Kabata, Z. 1988. Amphipoda. *Dans* Guide to the parasites of fishes of Canada. Part II: Crustacea. *Éditeurs* : L. Margolis et Z. Kabata. Can. Spec. Publ. Fish. Aquat. Sci. 101 : 149–163, fig. 1–6.

192. Bousfield, E.L., et Kendall, J.A. 1994. The amphipod superfamily Dexaminoidea on the North American Pacific coast; families Atylidae and Dexaminidae: systematics and distributional ecology. Amphipacifica, 1(3) : 3–66, fig. 1–31, Amphipacifica Res. Publ., Victoria, C.-B., Canada.

193. Bousfield, E.L., et Laubitz, D.R. 1972. Station lists and new distributional records of littoral marine invertebrates of the Canadian Atlantic and New England regions. Natl. Mus. Nat. Sci., Publ. Biol. Oceanogr. 5 : 1–51, maps 1–5, 1A–1D.

194. Bousfield, E.L., et Thomas, M.L.H. 1975. Postglacial changes in distribution of littoral marine invertebrates in the Canadian Atlantic region. *Dans* Environmental change in the Maritimes. A symposium sponsored by the Associate Committee for Quaternary Research, National Research Council, held at Dalhousie University, 22–23 October 1971. *Éditeurs* : J.G. Ogden III et M.J. Harvey. Proc. N.S. Inst. Sci. 27 (Suppl. 3) : 47–60, fig. 1–9.

195. Bousfield, E.L., Filteau, G., O'Neill, M., et Gentes, P. 1975. Population dynamics of zooplankton in the Middle St. Lawrence Estuary. *Dans* Estuarine Research. Proceedings of the Second International Estuarine Research Conference, Myrtle Beach, South Carolina, 16–18 October 1973, Vol. 1. *Éditeur* : L.E. Cronin. Academic Press, New York. p. 325–351, fig. 1–18.

196. Bowden, J., et Heppell, D. 1966. Revised list of British Mollusca. 1. Introduction; Nuculacea-Ostreacea. J. Conchol. 26(2) : 99–124.

197. Bowman, T.E. 1973. Pelagic amphipods of the genus *Hyperia* and closely related genera (Hyperiidea). Smithson. Contrib. Zool. 136 : 1–76, fig. 1–52.

198. Bowman, T.E., et Abele, L.G. 1982. Classification of the recent Crustacea. Systematics, the fossil record and biogeography. *Éditeur* : L.G. Abele. *Dans* The biology of Crustacea. Vol. I. *Éditeur-en-chef* : D.E. Bliss. Academic Press, New York. p. 1–27.

199. Bowman, T.E., et Gruner, H.-E. 1973. The families and genera of Hyperiidea (Crustacea: Amphipoda). Smithson. Contrib. Zool. 146 : 1–64, fig. 1–82.

200. Bowman, T.E., Meyers, C.D., et Hicks, S.D. 1963. Notes on associations between hyperiid amphipods and medusae in Chesapeake and Narragansett Bays and the Niantic River. Chesapeake Sci. 4(3) : 141–146, fig. 1–2.

201. Bowman, T.E., Cohen, A.C., et McManus McGuiness, M. 1982. Vertical distribution of *Themisto gaudichaudii* (Amphipoda: Hyperiidea) in Deepwater Dumpsite 106 off the mouth of Delaware Bay. Smithon. Contrib. Zool. 351 : 1–24, fig. 1–16.

201a. Boxshall, G.A. 1977. The planktonic copepods of the northeastern Atlantic Ocean: some taxonomic observations on the Oncaeidae (Cyclopoida). Bull. Br. Mus. (Nat. Hist.) Zool. 31(3) : 101–155, fig. 1–25.

202. Boxshall, G.A., et Lincoln, R.J. 1983. Some new parasitic copepods (Siphonostomatoida: Nicothoidae) from deep-sea asellote isopods. J. Nat. Hist. 17(6) : 891–900, fig. 1–3.

202a. Bradford, J.M. 1967. The genus *Tigriopus* Norman (Copepoda : Harpacticoida) in New Zealand with a description of a new species. Trans. R. Soc. N. Z., Zool. 10(6) : 51–59, fig. 1–4.

203. Bradford, J.M. 1976. Partial revision of the *Acartia* subgenus *Acartiura* (Copepoda: Calanoida: Acartiidae). N. Z. J. Mar. Freshwater Res. 10(1) : 159–202, fig. 1–33.

204. Brady, G.S. 1868. Monograph of recent British Ostracoda. Trans. Linn. Soc. Lond. 26(II) : 353–495, pl. XXIII–XLI.

205. Brady, G.S. 1870. Contributions to the study of the Entomostraca. No. V. Recent Ostracoda from the Gulf of St. Lawrence. Ann. Mag. Nat. Hist.(4) 6 (36) : 450–454, pl. 19.

206. Brady, G.S., et Norman, A.M. 1889. A monograph of the marine and freshwater Ostracoda of the North Atlantic and of north-western Europe. Section I. Podocopa. Sci. Trans. Roy. Dublin Soc. (II) 4 (II) : 63–270, pl. VIII–XXIII, 8 fig.

207. Brady, G.S., et Norman, A.M, 1896. A monograph of the marine and freshwater Ostracoda of the North Atlantic and of north-western Europe. Part II., Sections II to IV: Myodocopa, Cladocopa, and Platycopa. Sci. Trans. Roy. Dublin Soc. (II) 5 (XII) : 621–785, pl. L–LXVIII.

208. Brady, G.S., Crosskey, H.W., et Robertson, D. 1874. A monograph of the post-Tertiary Entomostraca of Scotland including species from England and Ireland. Annual Volumes (Monographs) of the Palaeontographical Society. 28 : 1–232, pl. 1–16.

208a. Branch, G.M. 1975. A new species and records of *Scutellidium* (Copepoda, Harpacticoida) from South Africa, and a world key to the genus. Ann. S. Afr. Mus. 66(10) : 221–232, fig. 1–24.

208b. Brattey, J. 1995. Identification of larval *Contracaecum osculatum* s.l. and *Phocascaris* sp. (Nematoda: Ascaridoidea) from marine fishes by allozyme electrophoresis and discriminant function analysis of morphometric data. *Dans* Parasites of aquatic organisms: a Festschrift dedicated to Dr. Leo Margolis, O.C., Ph.D., F.R.S.C. *Éditeur* : J.R. Arthur. Can. J. Fish. Aquat. Sci. 52(Suppl. 1) : 116–128, fig. 1–2.

209. Brattey, J., et Campbell, A. 1985. Occurrence of *Histriobdella homari* (Annelida: Polychaeta) on the American lobster in the Canadian Maritimes. Can. J. Zool. 63(2) : 392–395, fig. 1–2.

209a. Brattey, J., et Campbell, A. 1986. A survey of parasites of the American lobster, *Homarus americanus* (Crustacea: Decapoda), from the Canadian Maritimes. Can. J. Zool. 64(9) : 1998–2003, fig. 1.

209b. Brattey, J., Campbell, A., Bagnall, E., et Uhazy, L.S. 1985. Geographic distribution and seasonal occurrence of the nemertean *Pseudocarcinonemertes homari* on the American lobster, *Homarus americanus*. Can. J. Fish. Aquat. Sci. 42(2) : 360–367, fig. 1–5.

210. Brattey, J., Elner, R.W., Uhazy, L.S., et Bagnall, A.E. 1985. Metazoan parasites and commensals of five crab (Brachyura) species from eastern Canada. Can. J. Zool. 63(9) : 2224–2229, fig. 1.

210a. Brault, S., et Bourget, E. 1985. Structural changes in an estuarine subtidal epibenthic community: biotic and physical causes. Mar. Ecol. Prog. Ser. 21(1–2) : 63–73, fig. 1–9.

210b. Bray, R.A., et Gibson, D.I. 1986. The Zoogonidae (Digenea) of fishes from the north-east Atlantic. Bull. Br. Mus. (Nat. Hist.), Zool. Ser. 51(2) : 127–206, fig. 1–28.

210c. Bray, R.A., et Gibson, D.I. 1991. The Acanthocolpidae (Digenea) of fishes from the north-east Atlantic : the status of *Neophasis* Stafford, 1904 (Digenea) and a study of North Atlantic forms. Syst. Parasitol. 19(2) : 95–117, fig. 1–9.

212. Bresciani, J. 1964. Redescription of *Rhodinicola elongata* Levinsen and description of *Rhodinicola gibbosa* sp.nov., parasitic copepods of maldanid polychaetes. Ophelia, 1(2) : 223–234, fig. 1–5.

213. Bresciani, J., et Lützen, J. 1961. The anatomy of a parasitic copepod, *Saccopsis steenstrupi* n. sp. Crustaceana, 3(1) : 9–23, fig. 1–4, pl. I.

214. Bresciani, J., et Lützen, J. 1966. The anatomy of *Aphanodomus terebellae* (Levinsen) with remarks on the sexuality of the family Xenocoelomidae nov. fam. (Parasitic Copepoda). Bull. Mus. natl Hist. nat. Paris, (2)37(5) : 787–806, fig. 1–7, pl. I.

215. Bresciani, J., et Lützen, J. 1974. On the biology and development of *Aphanodomus* Wilson (Xenocoelomidae), a parasitic copepod of the polychaete *Thelepus cincinnatus*. Vidensk. Medd. Dan. Naturhist. Foren. 137 : 25–63, fig. 1–42.

216. Bresciani, J., et Lützen, J. 1975. *Melinnacheres ergasiloides* M. Sars, a parasitic copepod of the polychaete *Melinna cristata*, with notes on multiple infections caused by annelidicolous copepods. Ophelia, 13(2) : 31–41, fig. 1–6.

217. Brêthes, J.-C.F., Desrosiers, G., et Coulombe, F. 1984. Aspects de l'alimentation et du comportement alimentaire du Crabe-des-neiges, *Chionoecetes opilio* (O. Fabr.) dans le sud-ouest du golfe de St-Laurent (Decapoda, Brachyura). Crustaceana, 47(3) : 235–244, fig. 1–2.

218. Brêthes, J.-C.F., Desrosiers, G., et Fortin, Jr., G. 1986. Croissance et production du bivalve *Mesodesma arctatum* (Conrad) sur la côte Nord du golfe du Saint-Laurent. Can. J. Zool. 64(9) : 1914–1919, fig. 1–8.

219. Brinkhurst, R.O., et Jamieson, B.G.M. 1971. Aquatic Oligochaeta of the world. Oliver and Boyd, Edimburg et University of Toronto Press, 860 p., 141 fig.

220. Brinkhurst, R.O. 1982. British and other marine and estuarine Oligochaetes. Synop. Br. Fauna, New Ser. 21 : 1–127, fig. 1–39.

221. Brinkhurst, R.O., et Baker, H.R. 1979. A review of the marine Tubificidae (Oligochaeta) of North America. Can. J. Zool. 57(8) : 1553–1569, fig. 1–7.

222. Brinkhurst, R.O., Linkletter, L.E., Lord, E.I., Connors, S.A., et Dadswell, M.J. 1976. A preliminary guide to the littoral and sublittoral marine invertebrates of Passamaquoddy Bay. Identification Center, Department of Environment, Fisheries and Marine Service (Maintenant : Huntsman Mar. Sci. Centre), St. Andrews, N.B. 166 p., 292 fig.

223. Broch, H. 1918. Hydroida (part II). Dan. Ingolf-Exped. 5(7) : 1–200, pl. I, fig. I–XCV.

224. Broch, H. 1959. Cirripedia Thoracica. Family: Lepadidae. Fiches Identif. Zooplancton, 83 : 1–4, fig. 1–7.

224a. Brodsky, K.A. 1950. Veslonogiye rachki Calanoida dal 'nevostochnykh moreî SSSR i polyarnogo basseina (Calanoida of the far eastern seas and polar basin of the USSR). Opredelitelipo Faune SSSR 35. Traduction anglaise. (Keys to the Fauna of the USSR). No. 35. Israel Program for Scientific Translations, Jérusalem, 441 p.

225. Bromley, J.E.C., et Bleakney, J.S. 1985. Keys to the fauna and flora of Minas Basin. Lab. Rech. Atl., Conseil national de recherche du Canada, Halifax, N.-E., Rep. NRCC 24119 : 366 p., 582 fig.

227. Brown, G.H. 1980. The British species of the aeolidacean family Tergipedidae (Gastropoda: Opisthobranchia) with a discussion of the genera. Zool. J. Linn. Soc. 69(3) : 225–255, fig. 1–7.

228. Bruce, N.L. 1982. Cirolanidae (Crustacea: Isopoda) of Australia: diagnoses of *Cirolana* Leach, *Metacirolana* Nierstrasz, *Neocirolana* Hale, *Anopsilana* Paulian et Deboutteville, and three new genera — *Natatolana, Politolana* and *Cartetolana.* Aust. J. Mar. Freshwater Res. 32(6) : 945–966, fig. 1–6.

229. Bruce, N.L. 1993. Redescription of the overlooked crustacean isopod genus *Xenuraega* (Aegidae, Flabellifera). J. Mar. Biol. Assoc. U.K. 73(3) : 617–625, fig. 1–5.

230. Brüggen, E. von der. 1909. Beiträge zur Kenntnis der Amphipoden-Fauna der russischen Arctis. Mém. Acad. Imp. Sci. St-Pétersbourg, VIIIe sér. : Classe physico-math. 18(16) : 1–56, fig. 1–4, pl. I–III.

231. Brunberg, L. 1964. On the nemertean fauna of Danish waters. Ophelia, 1(1) : 77–111, fig. 1–21, pl. 1–4.

232. Brunel, P. 1956. The bathymetric distribution of the benthic Amphipoda (Crustacea, Malacostraca) of Baie des Chaleurs, Gulf of St. Lawrence, and its bearing on zoogeography. Mémoire M.A., Dépt. Zool., Université de Toronto, Toronto. 135 p., fig. 1–12.

233. Brunel, P. 1959. Le zooplancton de la baie des Chaleurs en 1955 : distribution horizontale quantitative et corrélations hydroclimatiques. Contrib. Dépt. Pêch. Qué. 73 : 1–65, fig. 1–22.

234. Brunel, P. 1960a. Artificial key to the Mysidacea of the Canadian Atlantic continental shelf. Can. J. Zool. 38(5) : 851–855, fig. 1.

235. Brunel, P. 1960b. Travaux effectués en 1959 sur les communautés benthiques marines. Sta. Biol. mar. Grande-Rivière, Rapp. ann. 1959 : 57–61, fig. 1. Dép. Pêch. Qué., Québec.

236. Brunel, P. 1961a. Liste taxonomique des Invertébrés marins des parages de la Gaspésie identifiés au 3 août 1959. Sta. Biol. mar. Grande-Rivière, Cah. Inf. 7 : 1–9. Dép. Pêch. Qué., Québec.

237. Brunel, P. 1961b. Inventaire taxonomique des Invertébrés marins du golfe Saint-Laurent. Sta. Biol. mar. Grande-Rivière, Rapp. ann. 1960 : 38–44. Dép. Pêch. Qué., Québec.

238. Brunel, P. 1962a. Inventaire taxonomique des Invertébrés marins du golfe Saint-Laurent. Sta. Biol. mar. Grande-Rivière, Rapp. ann. 1961 : 39–44. Minist. Chasse Pêch. Qué., Québec.

239. Brunel, P. 1962b. Observations éparses en 1961 sur quelques espèces animales macroscopiques pélagiques. Sta. Biol. mar. Grande-Rivière, Rapp. ann. 1961 : 149–150. Minist. Chasse Pêch. Qué., Québec.

240. Brunel, P. 1963. Les Isopodes xylophages *Limnoria japonica* et *L. lignorum* dans le golfe Saint-Laurent : notes sur leur distribution et leurs Ciliés, Ostracodes et Copépodes commensaux. Crustaceana 5(1) : 35–46, fig. 1–3.

241. Brunel, P. 1968. The vertical migrations of cod in the southwestern Gulf of St. Lawrence, with special reference to feeding habits and prey distribution. Thèse Ph.D., Centre Sci. mar., Université McGill, Montréal, 510 p., fig. 1–52.

241a. Brunel, P. 1970a. Les grandes divisions du Saint-Laurent : 3e commentaire. Rev. Géogr. Montréal 24(3) : 291–294, fig. 4–5.

242. Brunel, P. 1970b. Catalogue d'Invertébrés benthiques du golfe Saint-Laurent recueillis de 1951 à 1966 par la Station de Biologie marine de Grande-Rivière. Trav. Pêch. Qué. 32 : 1–55, fig. 1. Min. Industr. Commer. Québec.

242a. Brunel. P. 1970c. Aperçu sur les peuplements d'Invertébrés marins des fonds meubles de la baie de Gaspé. Nat. Can. (Que.), 97(6) : 679–710, fig. 1–6.

242b. Brunel, P. 1996. Clef d'identification des embranchements, classes et sous-classes d'Invertébrés Métazoaires, ainsi que de certains ordres très distinctifs. p. 1–47, fig. 1–12. Association des Étudiants de Biologie et Service de polycopie, Université de Montréal, Montréal, QC.

243. Brunel, P., de Ladurantaye, R., et Lacroix, G. 1980. Suprabenthic gammaridean Amphipoda (Crustacea) in the plankton of the Saguenay Fjord, Québec. Fjord Oceanography. NATO Conference on Fjord Oceanography,Victoria, C.-B. (Canada) 4 June 1979. NATO Conf. Ser., Mar. Sci. 4 : 609–613. Plenum, New York.

244. Brunel, P., Huberdeau, L., Lacroix, G., de Ladurantaye, R., et Rainville, L. 1990. Importance of suprabenthic gammaridean Amphipoda (Crustacea) in the plankton of the Saguenay Fjord as compared to the Estuary and Gulf of St. Lawrence. Manuscrit en préparation.

245. Brunton, C.H.C., et Curry, G.B. 1979. A synopsis of the British brachiopods. Synop. Br. Fauna, New Ser. 17 : 1–64, fig. 1–30.

246. Brusca, G.J. 1981. Annotated keys to the Hyperiidea (Crustacea: Amphipoda) of North American coastal waters. Tech. Rep. Allan Hancock Found. 5 : 1–76, fig. 1–25. Univ. S. Calif. Press, Los Angeles, Californie.

247. Bryazgin, V.F. 1974a. Dopolneniya k faune Gammaridea (Amphipoda) Barentseva Morya ('A contribution to the fauna of Gammaridea (Amphipoda) in the Barents Sea'). Zool. Zh. 53(9) : 1417–1420, fig. 1–4.

248. Bryazgin, V.F. 1974b. Novye dlya fauny Barentseva Morya vidy amfipod semeĭstva Lysianassidae (Amphipoda, Gammaridea) ('Species of the family Lysianassidae (Amphipoda, Gammaridea) first recorded for the Barents Sea'). Zool. Zh. 53(10) : 1570–1574, fig. 1–3.

249. Bückmann, A. 1969. Appendicularia. 2e éd. Fiches Identif. Zooplancton, 7 : 1–9, fig. 1–17.

250. Buizer, D.A.G. 1983. De nederlandse zakpijpen (Manteldieren) en Mantelvisjes (Tunicata Ascidiacea en Appendicularia). Wet. Meded. K. Ned. Naturhist. 158 : 1–42, fig. 1–5, pl. 1–15.

250a. Burbanck, M.P., Burbanck, W.D., Dadswell, M.J., et Gillis, G.F. 1979. Occurrence and biology of *Cyathura polita* (Stimpson) (Isopoda, Anturidae) in Canada. Crustaceana, 37 : 31–38, fig. 1.

251. Burdon-Jones, C. 1957. Hemichordata, Enteropneusta. Family: Ptychoderidae. Tornaria larvae. Fiches Identif. Zooplancton, 70 : 1–6, fig. 1–16.

252. Burdon-Jones, C., et McIntyre, A.D. 1960. *Stereobalanus*, a genus new to the old world. Nature, 186(4723) : 491–492, fig. 1.

253. Bürger, O. 1904. Nemertini. Das Tierreich, 20 : 1–151, fig. 1–15. R. Friedländer and Sohn, Berlin.

253a. Burt, M.D.B., et Sandeman, I.M. 1969. Biology of *Bothrimonus* (= *Diplocotyle*) (Pseudophyllidea: Cestoda). Part I. History, description, synonymy and systematics. *Dans* "Special issue: Dedicated to Prof. T.W.M. Cameron". *Éditeur* : L. Margolis. J. Fish. Res. Board Can. 26(4) : 975–996, fig. 1–11.

253b. Burton, J. (coordinateur), Beaumont, J.-P., Laverdière, C., Millette, G., Mousseau, P., Paré, G., et Pinel-Alloul, B. 1978. Étude d'impact d'utilisation au parc national Forillon. Tome I : Caractérisation du secteur de Penouille. Rapport final présenté par le CREM au directeur-adjoint, Fonctionnement, Parcs Canada. Centre Rech. écol. Montréal (CREM), Univ. de Montréal, Montréal. 685 p., 82 fig.

253c. Burton, J., et Drapeau, G. 1982. Étude et évaluation d'impact environnemental des activités d'immersion de déchets en mer au site de dépôt « D » situé aux îles de la Madeleine. Rapport final remis à Environnement Canada (Comité aviseur des rejets en mer, Région de Québec), 83 p., 12 fig.

254. Burton, J., Pinnel-Alloul, B., Méthot, G., et Mousseau, P. 1977 . 1978. Quelques aspects de l'écologie de la lagune de la Grande-Entrée. Mémoire présenté aux audiences publiques tenues aux Iles-de-la-Madeleine les 15 et 16 décembre 1977. Centre Rech. ecol. Montréal, Université de Montréal, Montréal, 119 p., 12 fig.

255. Burton, M. 1930. Norwegian sponges from the Norman collection. Proc. Zool. Soc. London 1930 : 487–546, 8 fig., pl. I–II.

256. Burton, M. 1948. The synonymies of *Haliclona angulata* (Bowerbank) and *Haliclona arcoferus* Vosmaer. Ann. Mag. Nat. Hist. (12)1(4) : 273–284.

257. Burton, M. 1963. A revision of the classification of the calcareous sponges, with a catalogue of the specimens in the British Museum. British Museum (Natural History), Londres, 693 p., fig. 1–375.

258. Bush, K.J. 1883. Catalogue of Mollusca and Echinodermata dredged on the coast of Labrador by the expedition under the direction of Mr. W.A. Stearns, in 1882. Proc. U.S. Natl. Mus. 6(377) : 236–247, pl. I.

259. Bush, L.F. 1981. Marine flora and fauna of the northeastern United States: Turbellaria: Acoela and Nemertodermatida. NOAA (Natl. Ocean. Atmos. Admin.) Tech. Rep. NMFS (Natl. Mar. Fish. Serv.), 440 : 1–70, fig. 1–184.

260. Buss, L.W., et Yund, P.O. 1989. A sibling species group of *Hydractinia* in the north-eastern United States. J. Mar. Biol. Assoc. U.K. 69(4) : 857–874, fig. 1–2.

261. Bykhovskiî, B.E. 1947. O novom rode zhivoradiashchikh monogeneticheskikh sosal'shchikov. Dokl. Akad. Nauk SSSR, 58(9) : 2139–2141. Traduction anglaise : « Concerning a new genus of viviparous monogenetic trematodes ». Trans. Acad. Sci. USSR, 58(9). Fish. Res. Board Can., Transl. Ser. 127, 6 p., 1957.

262. Bykhovskii, B.E., et Polyanskii, Y.I. 1953. Materialy k poznaniyu morskikh monogeneticheskikh sosal'shchikov semeistva Gyrodactylidae Cobb (On the marine monogeneans of the family Gyrodactylidae Cobb). Tr. Zool. Inst. Akad. Nauk SSSR. 13 : 91–126, fig. 1–23.

262a. Caddy, J.F. 1969. Development of mantle organs, feeding, and locomotion in postlarval *Macoma balthica* (L.) (Lamellibranchiata). Can. J. Zool. 47(4) : 609–617, fig. 1–6.

263. Caddy, J.F. 1973. Underwater observations on tracks of dredges and trawls and some effects of dredging on a scallop ground. J. Fish. Res. Board Can. 30(2) : 173–180, fig. 1–5.

264. Caddy, J.F., et Billard, A.R. 1976. A first estimate of production from an unexploited population of the bar clam, *Spisula solidissima*. Fish. Mar. Serv., Res. Dev. Dir., Tech. Rep. 648 : 1–13, fig. 1–5. Dep. Environ. Canada.

265. Caddy, J.F., Chandler, R.A., et Wilder., D.G. 1974. Biology and commercial potential of several underexploited molluscs and crustaceans on the Atlantic coast of Canada. Paper presented to the Federal-Provincial Fisheries Committee Meeting on Utilization of Atlantic Resources, Montreal. p. 1–111, fig. 1–10.

266. Caddy, J.F., Amaratunga, T., Dadswell, M.J., Edelstein, T., Linkletter, L.E., McMullin, B.R., Stasko, A.B., et van de Poll, H.W. 1977. 1975 Northumberland Strait Project, Part I: Benthic fauna, flora, demersal fish, and sedimentary data. Fish. Envir. Can., Fish. Mar. Serv. Manuscr. Rep. 1431 : 1–46, fig. 1–8.

267. Cadman, P.S., et Nelson-Smith, A. 1993. A new species of lugworm: *Arenicola defodiens* sp. nov. J. Mar. Biol. Assoc. U.K. 73(1) : 213–223, fig. 1–4.

268. Cairns, S.D. 1981. Marine flora and fauna of the northeastern United States: Scleractinia. NOAA (Natl. Ocean. Atmos. Admin.) Tech. Rep. NMFS (Natl. Mar. Fish. Serv.) Circ. 438 : 1–14, fig. 1–16.

269. Cairns, S.D. 1989. A revision of the ahermatypic Scleractinia of the Philippine Islands and adjacent waters, Part 1: Fungiacyathidae, Micrabaciidae, Turbinoliinae, Guyniidae, and Flabellidae. Smithson. Contrib. Zool. 486 : 1–136, fig. 1–3, pl. 1–42.

270. Cairns, S.D., Calder, D.R., Brinckmann-Voss, A., Castro, C.B., Pugh, P.R., Cutress, C.E., Jaap, W.C., Fautin, D.G., Larson, R.J., Harbison, G.R., Arai, M.N., et Opresko, D.N. 1991. Common and scientific names of aquatic invertebrates from the United States and Canada: Cnidaria and Ctenophora. Am. Fish. Soc. Spec. Publ. 22 : 1–75, 4 pl.

271. Calder, D.R. 1970. Thecate hydroids from the shelf waters of northern Canada. J. Fish. Res. Board Can. 27(9) : 1501–1547, pl. I–VIII.

272. Calder, D.R. 1972. Some athecate hydroids from the shelf waters of northern Canada. J. Fish. Res. Board Can. 29(3) : 217–228, fig. 1, pl. I–II.

273. Calder, D.R. 1975. Biotic census of Cape Cod Bay: hydroids. Biol. Bull. 149(2) : 287–315, fig. 1–5.

274. Calman, W.T. 1912. The Crustacea of the order Cumacea in the collection of the United States National Museum. Proc. U.S. Natl. Mus. 41(1876) : 603–676, fig. 1–112.

275. Cals, P. 1972. Gnathiides de l'Atlantique Nord. 1. Problèmes liés à l'anatomie et au dimorphisme sexuel des Gnathiides (Crustacea, Isopoda). Description d'une forme bathyale du golfe de Gascogne : *Gnathia teissieri*, n. sp. Cah. Biol. mar. 13(4) : 511–540, fig. 1–12.

276. Cannon, L.R.G. 1986. Turbellaria of the world: a guide to families and genera. Queensland Museum, South Brisbane, Australia. 131 p., 51 fig., pl. 1–26.

277. Capaccioni, R., Gras, D., et Carbonell, E. 1993. A copepod of the genus *Rhodinicola* Levinsen, 1878 (Poecilostomatoida, Clausiidae) parasitic on *Clymenura clypeata* (Saint-Joseph, 1894) (Polychaeta, Maldanidae) from the Alfaques Inlet (Ebro River delta, Spain, western Mediterranean). Crustaceana, 64 (2) : 129–136, fig. 1–3.

278. Carbonneau, J. 1965a. Pêche expérimentale au Homard et au Crabe à l'île d'Anticosti en 1964. Sta. Biol. mar. Grande-Rivière, Rapp. ann. 1964 : 97–102, fig. 1–2, Québec.

279. Carbonneau, J. 1965b. Pêche expérimentale du Crabe tourteau aux Îles-de-la-Madeleine en 1964. Sta. Biol. mar. Grande-Rivière, Rapp. ann. 1964 : 103–111, fig. 1–2, Québec.

280. Carbonneau, J. 1967. Recensement des Pétoncles (*Placopecten magellanicus*) et (*Chlamys islandicus*) aux Îles-de-la-Madeleine en 1966. Sta. Biol. mar. Grande-Rivière, Cah. Inf. 38 : 1–25, fig. 1–3, cartes 1–3. Québec.

281. Cardinal, A., et Breton-Provencher, M. 1978. Cartographie des ressources biologiques littorales de l'estuaire du Saint-Laurent. *Dans* Comité d'Étude sur le Fleuve Saint-Laurent, 1978. Rapport d'étude sur le tronçon en aval de Montmagny. Éditeur officiel du Québec, Québec. Vol. 1-2, p. 83–386, fig. 2.1–2.62.

282. Carlgren, O. 1913. Zoantharia. Dan. Ingolf-Exped. 5(4) : 1–64, fig. 1–6, pl. I–VII.

283. Carlgren, O. 1921. Actiniaria. Part. I. Dan. Ingolf-Exped. 5(9) : 1–241, fig. 1–210, pl. I–IV.

284. Carlgren, O. 1933. The Godthaab Expedition 1928. Zoantharia and Actiniaria. Medd. Grønl., 79(8) : 1–55, fig. 1–23.

285. Carlgren, O. 1942. Actiniaria. Part. II. Dan. Ingolf-Exped. 5(12) : 1–92, fig. 1–95, pl. I–IV.

286. Carlgren, O. 1949. A survey of the Ptychodactiaria, Corallimorpharia and Actiniaria. K. Svenska VetenskAkad. Handl. (4) 1(1) : 1–121, pl. I–IV.

287. Carlton, J.T., Vermeij, G.J., Lindberg, D.R., Carlton, D.A., et Dudley, E.C. 1991. The first historical extinction of a marine invertebrate in an ocean basin: the demise of the eelgrass limpet *Lottia alveus*. Biol. Bull. 180(1) : 72–80, fig. 1–2.

288. Carson, R. 1985. Bryozoans of Northumberland Strait, Gulf of St. Lawrence. *Dans* Bryozoa: Ordovician to Recent. Papers presented at the 6th International Conference on Bryozoa, Vienna 1983 (Inst. Palaeont., Univ. Vienna). *Éditeurs* : C. Nielsen et G.P. Larwood. Olsen et Olsen, Fredensborg, Danemark. p. 59–64.

289. Cartes, J.E., et Sorbe, J.C. 1993. Les communautés suprabenthiques bathyales de la mer Catalane (Méditerranée occidentale) : données préliminaires sur la répartition bathymétrique des Crustacés Péracarides. Crustaceana, 64(3) : 155–171, fig. 1–2.

290. Cazaux, C. 1969. Étude morphologique du développement larvaire d'Annélides Polychètes (Bassin d'Arcachon) II. Phyllodocidae, Syllidae, Nereidae. Arch. Zool. exp. gén. 110(2) : 145–202, fig. I–XIII.

291. Cazaux, C. 1972. Développement larvaire d'Annélides Polychètes (Bassin d'Arcachon) III. Arch. Zool. exp. gén. 113(1) : 71–108, fig. I–X.

292. Cernohorsky, W.O. 1984. Systematics of the family Nassaridae (Mollusca: Gastropoda). Bull. Auckl. Inst. Mus. 14 : 1–356, pl. 1–51.

292a. Chabaud, A.G. 1974. Keys to subclasses, orders and superfamilies. *Dans* CIH keys to the nematode parasites of vertebrates, No. 1. *Éditeurs* : R.C. Anderson, A.G. Chabaud et S. Willmott. Commonwealth Agricultural Bureaux, Farnham Royal, Angleterre. p. 6–17, fig. 1.1–1.68.

293. Chabaud, A.G. 1975a. Keys to genera of the Order Spirurida. Part 1. Camallanoidea, Dracunculoidea, Gnathostomatoidea, Physalopteroidea, Rictularioidea and Thelazioidea. *Dans* CIH keys to the nematode parasites of vertebrates, No. 3. *Éditeurs* : R.C. Anderson, A.G. Chabaud et S. Willmott. Commonwealth Agricultural Bureaux, Farnham Royal, Angleterre. p. 1–27, fig. 3.1–3.74.

294. Chabaud, A.G. 1975b. Keys to genera of the Order Spirurida. Part 2. Spiruroidea, Habronematoidea and Acuarioidea. *Dans* CIH keys to the nematode parasites of vertebrates, No. 3. *Éditeurs* : R.C. Anderson, A.G. Chabaud et S. Willmott. Commonwealth Agricultural Bureaux, Farnham Royal, Angleterre. p. 29–58, fig. 3.75–3.182.

294a. Chabaud, A.G. 1978. Keys to genera of the superfamilies Cosmocercoidea, Seuratoidea, Heterakoidea and Subuluroidea. *Dans* CIH keys to the nematode parasites of vertebrates, No. 6.

Éditeurs : R.C. Anderson, A.G. Chabaud et S. Willmott. Commonwealth Agricultural Bureaux, Farnham Royal, Angleterre. p. 1–71, fig. 6.1–6.196.

295. Chadwick, G.H. 1906. Shells of Prince Edward Island. Nautilus, 19(9) : 103–104.
296. Chamberlin, J.L., et Stearns, F. 1963. A geographic study of the Clam, *Spisula polynyma* (Stimpson). Serial Atlas of the Marine Environment, 3 : 1–12, fig. 1–4, pl. 1–6. Am. Geogr. Soc., New York, NY.
297. Chambers, S.J. 1985. Polychaetes from Scottish waters: a guide to identification. Part 2: Families Aphroditidae, Sigalionidae and Polyodontidae. R. Scott. Mus. Stud., Edimbourg, 38 p., fig. 1–25, pl. A–B.
298. Chambers, S.J., et Garwood, P.R. 1992. Polychaetes from Scottish waters: a guide to identification. Part 3: Family Nereidae. R. Scott. Mus. Stud., Edimbourg, 65 p., fig. 1–74.
299. Chanley, P., et Andrews, J.D. 1971. Aids for identification of bivalve larvae of Virginia. Malacologia, 11(1) : 45–119, fig. 1–51.
300. Charmantier, G., et Aiken, D.E. 1987. Intermediate larval and postlarval stages of *Homarus americanus*: H. Milne Edwards, 1837 (Crustacea Decapoda). J. Crustacean Biol. 7(3) : 525–535, fig. 1–4.
301. Chengalath, R. 1984. Synopsis speciorum: Rotifera. Bibliogr. Invert. Aquat. Can. 3 : 1–102.
302. Chengalath, R. 1985. The Rotifera of the Canadian Arctic sea ice, with description of a new species. Can. J. Zool, 63(9) : 2212–2218, fig. 1–5.
303. Chengalath, R. 1987. Synopsis speciorum. Crustacea: Branchiopoda. Bibliogr. Invert. Aquat. Can. 7 : 1–119.
304. Chevreux, E. 1900. Amphipodes provenant des campagnes de l'*Hirondelle* (1885–1888). Rés. Camp. sci. Monaco, 16 : 1–195, pl. I–XVIII.
305. Chevreux, E., et Fage, L. 1925. Amphipodes. Faune Fr. 9 : 1–488, fig. 1–438.

305a. Chevrier, A. 1990. Structure d'une sous-communauté suprabenthique circalittorale d'Amphipodes Gammaridiens de la baie de Fundy comparée à deux sous-communautés similaires du golfe du Saint-Laurent. Mémoire M.Sc., Dép. Sci. biol., Université de Montréal, 81 p., 6 fig.

305b. Chevrier, A., Brunel, P., et Wildish, D. J. 1991. Structure of a suprabenthic shelf sub-community of gammaridean Amphipoda in the Bay of Fundy compared with similar sub-communities in the Gulf of St. Lawrence. *Dans* Proceedings of the VIIth international colloquium on Amphipoda held in Walpole, Maine, U.S.A., 14–15 September 1990. *Éditeur* : L. Watling. Hydrobiologia, 223 : 81–104, fig. 1–6.

306. Child, C.A. 1995. Pycnogonida of the Western Pacific islands, XI: Collections from the Aleutians and other Bering Sea islands, Alaska. Smithson. Contrib. Zool. 569 : 1–30, fig. 1–10.
307. Chitwood, B.J. 1951. North American marine nematodes. Texas J. Sci. 3(4) : 617–672, fig. 1–17.
308. Christensen, A.M. 1988. Fecampiidae (Turbellaria, Neorhabdocoela) in Greenland waters. *Dans* : Free-living and symbiotic Plathelminthes. Proceedings of the Fifth International Symposium on the Biology of "Turbellarians" held in Göttingen, Federal Republic of Germany, August 9–14, 1987. *Éditeurs* : P. Ax, U. Ehlers et B. Sopott-Ehlers. Fortschr. Zool. 36 : 25–29, fig. 1–2.
309. Christensen, J.M., et Dance, S.P. 1980. Seashells: bivalves of the British and northern European seas. 2e ed. p. 1–124, illustr. Penguin Books Ltd., Harmondsworth, Angleterre.
310. Christiansen, M.E. 1969. Crustacea, Decapoda Brachyura. Mar. Invertebr. Scand. 2 : 1–143, fig. 1–54.
311. Christiansen, M.E. 1973. The complete larval development of *Hyas araneus* (Linnaeus) and *Hyas coarctatus* Leach (Decapoda, Brachyura, Majidae) reared in the laboratory. Norw. J. Zool. 21 : 63–89, fig. 1–19.
312. Citarella, G. 1982. Le zooplancton de la baie de Shédiac (Nouveau-Brunswick). J. Plankton Res. 4(4) : 791–812, fig. 1–5.

312a. Citarella, G. 1987. Plancton de la zone située entre la côte du Nouveau-Brunswick et l'Ile-du-Prince-Édouard (N.O. Atlantique). Thèse Doctorat d'État, Université d'Aix-Marseille I, Tome I : 240 p., fig. 1–89; Tome II : 327 p.

313. Citarella, G. 1989. Les Copépodes du détroit de Northumberland: distribution et potentiel producteur. Hydrobiologia, 183(2) : 123–131, fig. 1–5.
314. Ciupka-Luzzi, C. 1981. Etude de la structure d'une communauté benthique de substrat rocheux du littoral de l'estuaire maritime du Saint-Laurent et influence des facteurs édaphiques. Mémoire M.Sc., Dép. Océanogr., Université du Québec à Rimouski, 96 p., fig. 1–16.
315. Clark, A.E. 1932. *Nebaliella caboti* n.sp. with observations on other Nebaliacea. Trans. R. Soc. Can. (3)26(V) : 217–235, pl. I–IV, fig. A–E.

316. Clark, A.H. 1915–67. A monograph of the existing crinoids. Bull. U.S. Natl. Mus. 82 (1–7) : 1–406, pl. 17, fig. 1–573; 1–795, pl. 1–57, fig. 1–949; 1–816, pl. 1–82; 1–603, pl. 1–61; 1–473, pl. 1–32; 1–860, fig. 1–53.

318. Clark, A.M. 1970a. Echinodermata, Crinoidea. Mar. Invertebr. Scand. 3 : 1–55, fig. 1–19.

319. Clark, A.M. 1970b. Notes on the family Amphiuridae (Ophiuroidea). Bull. Br. Mus. (Nat. Hist). 19(1) : 1–81, fig. 1–11.

320. Clark, A.M., et Downey, M.E. 1992. Starfishes of the Atlantic: an illustrated key. Chapman and Hall Identification Guides. Londres et New York. 794 p., 113 pl.

320a. Clark, H. L. 1904. The echinoderms of the Woods Hole region. Bull. U.S. Fish Comm. 22 : 545–576, pl. 1–14.

321. Clark, H.L. 1907. The apodous holothurians: a monograph of the Synaptidae and Molpadiidae, including a report on the representatives of these families in the collections of the United States National Museum. Smithson. Contrib. Knowledge 35 : 1–231, pl. I–XIII. (Smithson. Publ. No. 1723).

322. Clark, H.L. 1911. North Pacific ophiurans in the collection of the United States National Museum. Bull. U.S. Natl. Mus. 75 : 1–302, fig. 1–144.

323. Clark, K.J., et Threlfall, W. 1993. The geographical distribution, population dynamics and reproductive biology of *Boreomysis nobilis* in Newfoundland fjords. J. Mar. Biol. Assoc. U.K. 73(4) : 755–768, fig. 1–4.

323a. Clarke, Jr., A.H. 1962. Sublittoral molluscs and brachiopods from the Gulf of St. Lawrence. Bull. Nat. Mus. Can. 183 : 6–10.

324. Clausen, C. 1986. *Microphthalmus ephippiophorus* sp.n. (Polychaeta: Hesionidae) and two other *Microphthalmus* species from the Bergen area, western Norway. Sarsia 71(3–4) : 177–191, fig. 1–21.

325. Clément, M., et Moore, C.G. 1995. A revision of the genus *Halectinosoma* (Harpacticoida: Ectinosomatidae): a reappraisal of *H. sarsi* (Boeck) and related species. Zool. J. Linn. Soc. 114(3) : 247–306, fig. 1–30.

326. Clench, W.J., et Smith, L.C. 1944. The family Cardiidae in the Western Atlantic. Johnsonia 1(13) : 1–32, pl. 1–13.

326a. Coan, E.V. 1990. The recent eastern Pacific species of the bivalve family Thraciidae. Veliger 33(1) : 20–55, fig. 1–51.

327. Coe, W.R. 1943. Biology of the nemerteans of the Atlantic coast of North America. Trans. Conn. Acad. Arts Sci. 35 : 129–328, fig. 1–79, pl. I–IV.

328. Coe, W.R., et Kunkel, B.W. 1903. A new species of nemertean (*Cerebratulus melanops*) from the Gulf of St. Lawrence. Biol. Bull. 4(3) : 119–124, fig. 1–4.

329. Cohen, B.F., et Poore, G.C.B. 1994. Phylogeny and biogeography of the Gnathiidae (Crustacea: Isopoda) with descriptions of new genera and species, most from south-eastern Australia. Mem. Mus. Vic. 54(2) : 271–397, fig. 1–86.

330. Colbath, G.K. 1989. A revision of *Arabella mutans* (Chamberlin, 1919) and related species (Polychaeta: Arabellidae). Proc. Biol. Soc. Wash. 102(2) : 283–299, fig. 1–7.

331. Collection Musée Canadien de la Nature, Ottawa, Ont. et Aylmer, Qué., Canada.

332. Collection Institut Maurice-Lamontagne, Ministère des Pêches et des Océans, Mont-Joli, Québec, Canada.

333. Collection privée E. Bourget et J. Himmelman, professeurs, Dép. Biol., Université Laval, Québec, Canada.

334. Collection privée J.-F. Hamel, Rimouski, Québec, Canada.

335. Collection du National Museum of Natural History, Smithsonian Institution, Washington, D.C. (déterminé par R.P. Higgins).

336. Collection du National Museum of Natural History, Smithsonian Institution, Washington, D.C. (déterminé par C.A. Child).

337. Collection privée P. Brunel, Dép. Sci. biol., Université de Montréal, Montréal, Québec, Canada.

338. Colodey, A.G., Stasko, A.B., et Bleakney, J.S. 1981. Epizoites on *Cancer irroratus* Say from the Gulf of St. Lawrence. Proc. N.S. Inst. Sci. 30(3/4) : 89–100, fig. 1–4.

339. Commission internationale de Nomenclature zoologique. 1990. Opinion 1594. *Leucon* Kröyer, 1846 (Crustacea, Cumacea): conserved. Bull. Zool. Nomencl. 47(2) : 152.

340. Commission internationale de Nomenclature zoologique. 1992. Opinion 1666. *Aphrodita imbricata* Linnaeus, 1767 (Currently *Harmothoe imbricata*) and *Aphrodita minuta* Fabricius, 1780

(currently *Pholoe minuta*) (Annelida, Polychaeta): specific names conserved. Bull. Zool. Nomencl. 49(1) : 83–84.

340a. Cone, D.K., et Wiles, M. 1985. The systematics and zoogeography of *Gyrodactylus* species (Monogenea) parasitizing gasterosteid fishes in North America. Can. J. Zool. 63(4) : 956–960, fig. 1–13.

341. Conlan, K.E. 1983. The amphipod superfamily Corophioidea in the northeastern Pacific region. 3. Family Isaeidae: systematics and distributional ecology. Natl. Mus. Can., Natl. Mus. Nat. Sci. Publ. Nat. Sci. 4 : 1–75, fig. 1–36.

342. Conlan, K.E. 1990. Revision of the crustacean amphipod genus *Jassa* Leach (Corophioidea: Ischyroceridae). Can. J. Zool. 68(10) : 2031–2075, fig. 1–29.

343. Connolly, C.J. 1925. The larval stages and megalops of *Rhithropanopeus harrisi* (Gould). Contrib. Can. Biol. 2(15) : 327–334, fig. 1–6.

344. Conover, R.J. 1956. Oceanography of Long Island Sound, 1952–1954. VI. Biology of *Acartia clausi* and *A. tonsa*. Bull. Bingham Oceanogr. Coll. 15 : 156–233, fig. 1–29.

345. Cook, D.G., et Brinkhurst, R.O. 1973. Marine flora and fauna of the northeastern United States Annelida: Oligochaeta. NOAA (Natl. Ocean. Atmos. Admin.) Tech. Rep. NMFS (Natl. Mar. Fish. Serv.) Circ. 374 : 1–23, fig. 1–82.

345a. Cooper, A.R. 1919. North American pseudophyllidean cestodes from fishes. Ill. Biol. Monogr. 4(4) : 289–541, pl. I–X. Aussi : Contr. Zool. Lab. Univ. Ill. No. 127.

346. Corbeil, H.-E. 1953. Inventaire des colonies de pétoncles de la Baie-des-Chaleurs. *Dans* Rapp. ann. Sta. Biol. mar., 1952, Contrib. Dép. Pêch. Qué. 43 : 59–65, fig. 16–17. Québec, QC.

347. Corbeil, H.-E. 1953. Analyse du contenu stomacal de la morue *Gadus callarias*. *Dans* Rapp. ann. Sta. Biol. mar. 1952. Contrib. Dép. Pêch. Qué. 43 : 13–18, pl. I–II. Québec.

348. Corbeil, H.-E. 1954. Inventaire de la faune benthique des bancs de pêche. Rapp. ann. Sta. Biol. mar. 1953. Contrib. Dép. Pêch. Qué. 50 : 12–20. Québec.

349. Corkett, C.J. 1967. The copepodid stages of *Temora longicornis* (O.F. Müller, 1792) (Copepoda). Crustaceana, 12(3) : 261–273, fig. 1–3.

350. Corkett, C.J. 1968. Observations sur les stades larvaires de *Pseudocalanus elongatus* Boeck et *Temora longicornis* O.F. Müller. Pelagos, 8 : 51–58, fig. 1–2.

351. Corkett, C.J. 1981. The copepodid stages of the copepods *Acartia tonsa*, *A. clausii* and *Eurytemora herdmani* from the Annapolis River, Nova Scotia. Proc. N.S. Inst. Sci. 31(2) : 173–179, fig. 1–2.

352. Corkett, C.J., et McLaren, I.A. 1978. The biology of *Pseudocalanus*. Adv. Mar. Biol. 15 : 1–231, fig. 1–42.

353. Cornelius, P.F.S. 1975. A revision of the species of Lafoeidae and Haleciidae (Coelenterata: Hydroida) recorded from Britain and nearby seas. Bull. Br. Mus. (Nat. Hist.) Zool. 28(8) : 373–426, fig. 1–14.

353a. Cornelius P.F.S. 1975. The hydroid species of *Obelia* (Coelenterata, Hydrozoa: Campanulariidae), with notes on the medusa stage. Bull. Br. Mus. (Nat. Hist.) Zool. 28(6) : 249–293, fig. 1–5.

354. Cornelius, P.F.S. 1995. North-West European thecate hydroids and their medusae. Part 1: Laodiceidae to Haleciidae. Part 2: Sertulariidae to Campanulariidae. Synop. Br. Fauna, New Ser. 50: part 1, p. 1–347, fig. 1–73, part 2, p. 1–386, fig. 1–71.

355. Cornish, G. A. 1907. Report on the marine Polyzoa of Canso, N.S. Contrib. Can. Biol. 1902–1905, Art. VIII: 75–80. (Aussi : 39th Ann. Rep. Dep. Mar. Fish., Fish. Br., Ottawa, Ont.).

356. Côté, R. 1972. Influence d'un mélange intensif de différents types d'eau sur la distribution spatiale et temporelle du zooplancton de l'estuaire du Saint-Laurent. Mémoire M.Sc., Dép. Biol. Université Laval, Québec. 251 p., fig. 1–24.

356a. Coull, B.C. 1973. Harpacticoid copepods (Crustacea) of the family Tetragonicipitidae Lang : a review and revision, with keys to the genera and species. Proc. Biol. Soc. Wash. 85(2) : 9–23.

356b. Coull, B.C. 1976. A revised key to *Stenhelia* (*Delavalia*) (Copepoda : Harpacticoida) including a new species from South Carolina, U.S.A. Zool. J. Linn. Soc. 59(4) : 353–364, fig. 1–3.

357. Coull, B.C. 1977. Marine flora and fauna of the northeastern United States. Copepoda: Harpacticoida. NOAA (Natl. Ocean. Atmos. Admin.) Tech. Rep. NMFS (Natl. Mar. Fish. Serv.) Circ. 399 : 1–48, fig. 1–100.

357a. Coull, B.C., et Fleeger, J.W. 1977. A new species of *Pseudostenhelia* and morphological variations in *Nannopus palustris*. Trans. Am. Microsc. Soc. 96(3) : 332–340, fig. 1–4.

358. Couture, R. 1969. Distribution et effets de la température et de la texture du fond sur l'abondance d'*Argis dentata*. Sta. Biol. mar. Grande-Rivière, Rapp. ann. 1968 : 77–87, fig. 1–3. Minist. Indust. Commerce, Québec, QC.

359. Couture, R. 1970. Inventaire quantitatif des crevettes de la baie des Chaleurs, 1969. Serv. Biol. mar. Grande-Rivière, Rapp. ann. 1969 : 65–85, fig. 1–11. Minist. Indust. Commerce, Québec, QC.

360. Couture, R. 1971a. *Pandalus borealis* Kröyer dans le fjord du Saguenay. Dir. gén. Pêches., Serv. Biol., Cah. Inf. 54 : 1–15, fig. 1–2. Minist. Indust. Commerce, Québec, QC.

361. Couture, R. 1971b. Les Décapodes du plateau madelinien. Dir. gén. Pêch., Serv. Biol., Cah. Inf. 55 : 1–19, 14 fig. Minist. Indust. Commerce, Quéebec, QC.

362. Couture, R. 1972. Études sur les crevettes. Dir. gén. Pêches marit., Dir. Rech. Rapp. ann. 1970 : 20–22. Minist. Indust. Commerce, Québec, QC.

363. Couture, R., et Filteau, G. 1971. Âge, croissance et mortalité d'*Argis dentata* (Crustacea, Decapoda) dans le sud-ouest du golfe Saint-Laurent. Nat. can. (Qué.), 98(5) : 837–850, fig. 1–10.

364. Couture, R., et Trudel, P. 1968. Les crevettes des eaux côtières du Québec. Taxonomie et distribution. Nat. can. (Qué.), 95(4) : 857–885, fig. 1–22.

365. Cowan, I.M. 1968. The interrelationships of certain boreal and arctic species of *Yoldia* Möller, 1842. Veliger 11(1) : 51–58, pl. 5.

366. Cressey, R. 1967. Revision of the family Pandaridae (Copepoda: Caligoida). Proc. U.S. Natl. Mus. 121(3570) : 1–133, fig. 1–356.

367. Cressey, R.F. 1978. Marine flora and fauna of the northeastern United States: Branchiura. NOAA (Natl. Ocean. Atmos. Admin.) Tech. Rep. NMFS (Natl. Mar. Fish. Serv.) Circ. 413 : 1–10, fig. 1–15.

368. Crisp, D.J. 1962a. The larval stages of *Balanus hameri* (Ascanius, 1767). Crustaceana, 4(2) : 123–130, fig. 1–4.

369. Crisp, D.J. 1962b. The planktonic stages of the Cirripedia *Balanus balanoides* (L.) and *Balanus balanus* (L.) from north temperate waters. Crustaceana, 3(3) : 207–221, fig. 1–7.

369a. Crothers, J. 1994. A key to the major groups of British marine invertebrates. AIDGAP (« Aids to Identification in Difficult Groups of Animals and Plants ») Test Version, p. 1–193, fig. 1–238. Field Studies Council, Preston Montford, Montford Bridge, Shrewsbury, Angleterre.

370. Cunningham, C.W., Buss, L.W., et Anderson, C. 1991. Molecular and geological evidence of shared history between hermit crabs and the symbiotic genus *Hydractinia*. Evolution, 45(6) : 1301–1316, fig. 1–3.

371. Curtis, M.A. 1969. Synonymy of the polychaete *Scoloplos acutus* with *S. armiger*. J. Fish. Res. Board Can. 26(12) : 3279–3282.

372. Cushman, J.A. 1906. Marine Ostracoda of Vineyard Sound and adjacent waters. Proc. Boston Soc. Nat. Hist. 32(10) : 359–385, pl. 27–38.

373. Cutler, E.B. 1973. Sipuncula of the western North Atlantic. Bull. Am. Mus. Nat. Hist. 152(3) : 103–204, fig. 1–59.

374. Cutler, E.B. 1977. Marine flora and fauna of the northeastern United States: Sipuncula. NOAA (Natl. Ocean. Atmos. Admin.) Tech. Rep. NMFS (Natl. Mar. Fish. Serv.) Circ. 403 : 1–7, fig. 1–6.

375. Cutler, E.B. 1986. The family Sipunculidae (Sipuncula): body wall structure and phylogenetic relationships. Bull. Mar. Sci. 38(3) : 488–497, fig. 1–8.

376. Cutler, E.B. 1994. The Sipuncula. Their systematics, biology, and evolution. Comstock Publishing Associates, Cornell University Press, Ithaca, New York et Londres. 453 p., fig. 1–89.

377. Cutler, E.B., et Cutler, N.J. 1985. A revision of the genera *Phascolion* Théel and *Onchnesoma* Koren and Danielssen (Sipuncula). Proc. Biol. Soc. Wash. 98(4) : 809–850, fig. 1–10.

378. Cutler, E.B., et Cutler, N.J. 1987. A revision of the genus *Golfingia* (Sipuncula: Golfingiidae). Proc. Biol. Soc. Wash. 100(4) : 735–761, fig. 1–2.

379. Cutler, N.J., et Cutler, E.B. 1986. A revision of the genus *Nephasoma* (Sipuncula: Golfingiidae). Proc. Biol. Soc. Wash. 99(4) : 547–573, fig. 1–3.

379a. Dadswell, M.J. 1974. Distribution, ecology and postglacial dispersal of certain crustaceans and fishes in eastern North America. Natl. Mus. Can., Natl. Mus. Natur. Sci., Publ. Zoology, 11 : 1–110, fig. 1–17, pl. 1.

380. Dahl, E. 1945. *Menigratopsis svennilssoni* n.gen. and spec., a lysianassid amphipod from the Sound. K. Fysiogr. Sällsk. Lund Förh. 15(24) : 1–7, fig. 1–4.

381. Dahl, E. 1946. Undersökningar över Oresund. XXX: The Amphipoda of the Sound. Part II: Aquatic Amphipoda, with notes on changes in the hydrography and fauna of the area. K. Fysiogr. Sällsk. Handlingar, N.F. 57(16) Lunds Univ. Årsskr. (2) 42 (16) : 1–49, text-fig. 1–5.

382. Dahl, E. 1985. Crustacea Leptostraca, principles of taxonomy and a revision of European shelf species. Sarsia, 70(2–3) : 135–165, fig. 1–115.

383. Dahms, H.U., Schminke, H.K., et Pottek, M. 1991a. A redescription of *Tisbe furcata* (Baird, 1837) (Copepoda, Harpacticoida) and its phylogenetic relationships within the taxon *Tisbe*. Z. Zool. Syst. Evolutionsforsch. 29(5–6) : 433–449, fig. 1–10.

384. Dahms, H.U., Lorenzen, S., et Schminke, H.K. 1991b. Phylogenetic relationships within the taxon *Tisbe* (Copepoda, Harpacticoida) as evidenced by naupliar characters. Z. Zool. Syst. Evolutionsforsch. 29(5–6) : 450–465, fig. 1–8.

385. Dalcourt, M.-F., Béland, P., Pelletier, E., et Vigneault, Y. 1992. Caractérisation des communautés benthiques et étude des contaminants dans des aires fréquentées par le Béluga du Saint-Laurent. Rapp. tech. can. sci. halieut. aquat. 1845 : 1–86, fig. 1–42.

386. Dales, R.P. 1950. The reproduction and development of *Nereis diversicolor*. J. Mar. Biol. Assoc. U.K. 29(2) : 321–360, text-fig. 1–13, pl. I.

386a. Dales, R.P. 1957. Pelagic polychaetes of the Pacific Ocean. Bull. Scripps Inst. Oceanogr. Univ. Calif. 7(2) : 99–168, fig. 1–64.

387. Dales, R.P., et Peter, G. 1972. A synopsis of the pelagic Polychaeta. J. Nat. Hist. 6(1) : 55–92.

388. Dall, W.H. 1900. Synopsis of the family Tellinidae and of the North American species. Proc. U.S. Natl. Mus. 23(1210) : 285–326, pl. II–IV.

389. Dall, W.H. 1902. Synopsis of the family Veneridae and of the North American recent species. Proc. U.S. Natl. Mus. 26(1312) : 335–412, pl. XII–XVI.

390. Dall, W.H. 1903. Synopsis of the family Astartidae, with a review of the American species. Proc. U.S. Natl. Mus. 26(1342) : 933–951, pl. 62–63.

392. Dall, W.H. 1926. Marine molluscs collected by Frits Johansen in the Gulf of St. Lawrence and Newfoundland in 1922, 1923 and 1925. Can. Field-Nat. 40(7) : 153–155.

393. Dall, W.H. 1929. Marine molluscs collected by Frits Johansen in the maritime provinces of Canada in the autumn of 1926. Can. Field-Nat. 43(7) : 159–160.

394. Damkaer, D.M. 1975. Calanoid copepods of the genera *Spinocalanus* and *Mimocalanus* from the central Arctic Ocean, with a review of the Spinocalanidae. NOAA (Natl. Ocean. Atmos. Admin.) Tech. Rep. NMFS (Natl. Mar. Fish. Serv.) Circ. 391 : 1–88, fig. 1–225.

395. D'Amours, D., et Pilote, S. 1982. Données biologiques sur le Pétoncle d'Islande (*Chlamys islandica*) et le Pétoncle géant (*Placopecten magellanicus*) de la Basse-Côte-Nord du Québec (secteur de la Tabatière). Minist. Agr. Pêch. Alim., Dir. gén. Pêch. mar., Dir. Rech., Cah. inf. 99 : 1–48, fig. 1–11.

396. D'Asaro, C.N. 1993. Gunnar Thorson's world-wide collection of prosobranch egg capsules: Nassariidae. Ophelia, 38(3) : 149–215, fig. 1–30.

397. Dauer, D.M. 1987. Systematic significance of the morphology of spionid polychaete palps. *Dans* "This number is dedicated to Marian H. Pettibone, Zoologist Emeritus, Smithsonian Institution". *Éditeurs* : K. Fauchald et B.F. Kensley. Bull. Biol. Soc. Wash. 7 : 41–45, fig. 1A–F.

398. Dautzenberg, P., et Fischer, H. 1912. Mollusques provenant des campagnes de l'Hirondelle et de la Princesse-Alice dans les mers du nord. Rés. Camp. sci. Monaco 37 : 1–631, pl. I–XI.

398a. Dauvin, J.-C., et Bellan-Santini, D. 1988. Illustrated key to *Ampelisca* species from the north-eastern Atlantic. J. Mar. Biol. Assoc. U.K. 68(4) : 659–676, fig. 1–6.

399. Dauvin, J.-C., et Bellan-Santini, D. 1990. An overview of the amphipod genus *Haploops* (Ampeliscidae). J. Mar. Assoc. U.K. 70(4) : 887–903, fig. 1–9.

400. Dauvin, J.-C., et Brunel, P. 1998. Rétablissement après perturbation du peuplement d'Amphipodes de la communauté circalittorale suprabenthique de l'estuaire du Saint-Laurent. Manuscrit en préparation.

401. Davidson, K.G., et Chin, E.A. 1991. A comparison of the taxonomic characteristics and duration of the laboratory reared larvae of snow crabs, *Chionoecetes opilio* (O. Fabricius) and toad crabs *Hyas* sp. from Atlantic Canada. Can. Tech. Rep. Fish. Aquat. Sci. 1762 : 1–21, fig. 1–13.

402. Davidson, V.M. 1924. The distribution of certain marine Ostracoda in the Canadian waters of the eastern coast. Contrib. Can. Biol. New Ser. 2 (13) : 295–306, fig. I–III.

403. Davies, R.W. 1971. A key to the freshwater Hirudinoidea of Canada. J. Fish. Res. Board Can. 28(4) : 543–552, fig. 1–13.

404. Davis, C.C. 1943. The larval stages of the calanoid copepod *Eurytemora hirundoides* (Nordquist). Publ. Chesapeake Biol. Lab. 58 : 1–51, 9 pl.

405. Davis, C.C. 1949. A preliminary revision of the Monstrilloida, with descriptions of two new species. Trans. Am. Microsc. Soc. 68(3) : 245–255, pl. 1.

406. Davis, G.M., Forbes, V., et Lopez, G. 1988. Species status of the northeastern American *Hydrobia* (Gastropoda: Prosobranchia): ecology, morphology and molecular genetics. Proc. Acad. Nat. Sci. Phila. 140(2) : 191–246, fig. 1–26.

407. Davis, G.M., McKee, M., et Lopez, G. 1989. The identity of *Hydrobia truncata* (Gastropoda: Hydrobiidae): comparative anatomy, molecular genetics, ecology. Proc. Acad. Nat. Sci. Phila. 141 : 333–359, fig. 1–15.

408. Davis, J.D. 1964. Lectotype designation for *Mesodesma arctatum.* Nautilus, 78(1) : 3–6, pl. 2.

409. Davis, J.D. 1965. *Mesodesma deauratum*: synonymy, holotype and type locality. Nautilus, 78(3) : 96–100, pl. 9.

410. Davis, J.D. 1967. *Polydora* infestation of arctic wedge clams: a pattern of selective attack. Proc. Nat. Shellfish. Assoc. 57. : 67–72, fig. 1–3.

411. Dawes, B. 1968. The Trematoda, with special reference to British and other European forms. Cambridge University Press, Cambridge, R.-U. 644 p., fig. 1–81.

411a. Dawson, J.K. 1971. Taxonomic guides to arctic zooplankton (III): Species of Arctic Ocean chaetognaths. University of Southern California, Dept. Biol. Sci., Tech. Rep. 4 : 3–21, pl. 1–4.

412. Dawson, J.W. 1858a. A week in Gaspé. Can. Nat. Geol. Proc. Nat. Hist. Soc. Montreal, 3(5) : 321–331.

413. Dawson, J.W. 1858b. On sea anemones and hydroid polyps from the Gulf of St. Lawrence. Can. Nat. Geol. Proc. Nat. Hist. Soc. Montreal, 3(6) : 401–409, fig. 1–6.

414a. Dawson, J.W., 1859b. Class Polyzoa, Order Cheilostomata. *Dans* Bell, Jr., R. 1859. Catalogue of animals and plants collected and observed, on the south-east side of the St. Lawrence from Quebec to Gaspé, and in the counties of Rimouski, Gaspé and Bonaventure. Geol. Surv. Can. Rep. Prog. 1858. p. 255–257. *Éditeur* : John Lovell, Canada Directory Office, Montreal, Quebec.

414b. Dawson, J.W., 1859. Additional notes on the post-Pliocene deposits of the St. Lawrence Valley. Can. Nat. Geol. 4(1) : 23–39, fig. 1–19.

415. Dawson, J.W. 1860. On the tubicolous marine worms of the Gulf of St. Lawrence. Can. Nat. Geol. Proc. Nat. Hist. Soc. Montreal, 5(1) : 24–30, fig. 1–2.

415a. Dawson, J.W. 1872a. The Post-Pliocene geology of Canada. Part II. — Local details. — (continued). Can. Nat. Quart. J. Sci., New Ser. 6(3) : 241–259.

415b. Dawson, J.W. 1872b. The post-Pliocene geology of Canada. Can. Nat. Quart. J. Sci., New. Ser. 6(4) : 369–416, pl. II–VII.

415c. Dawson, J.W. 1893. The Canadian ice age, being notes on the Pleistocene geology of Canada, with especial reference to the life of the period and its climatal conditions. 301 p., 9 pl., 24 fig. William V. Dawson, Montréal, Québec.

415d. Dawson, J.W., et Harrington, B.J. 1871. List of Mollusca observed in Prince Edward Island. *Dans* Dawson, J.W., et Harrington, B.J. 1871. Report on the geological structure and mineral resources of Prince Edward Island, being the result of explorations conducted under the authority of the local government, Appendix, p. 50–51. John Lovell, Montréal, Québec.

416. Day, J.H. 1967. A monograph on the Polychaeta of Southern Africa. Part 1. Errantia, Part 2. Sedentaria. Trustees of the British Museum (Natural History), Londres, 878 p., illus.

417. Day, J.H. 1973. New Polychaeta from Beaufort, with a key to all species recorded from North Carolina. NOAA (Natl. Ocean. Atmos. Admin.) Tech. Rep. NMFS (Natl. Mar. Fish. Serv.) Circ. 375 : 1–140, fig. 1–18.

418. Dean, D. 1987. *Trochochaeta pettiboneae*, a new species (Polychaeta: Trochochaetidae) from the Gulf of Maine with additional comments on *T. carica. Dans* "This number is dedicated to Marian H. Pettibone, Zoologist Emeritus, Smithsonian Institution". *Éditeurs* : K. Fauchald et B.F. Kensley. Bull. Biol. Soc. Wash. 7 : 46–49, fig. 1.

419. Deardoff, T.L., et Overstreet, R.M. 1981. Review of *Hysterothylacium* and *Iheringascaris* (both previously = *Thynnascaris*) (Nematoda: Anisakidae) from the northern Gulf of Mexico. Proc. Biol. Soc. Wash. 93(4) : 1035–1079, fig. 1–84.

420. DeBroyer, C. 1985. Amphipodes lyssianassoïdes nécrophages des îles Kerguelen (Crustacea) : 1. *Orchomenella guillei* n. sp. Bull. Mus.Hist. Nat. Paris (4e série, Section A : Zoologie), 7(1) : 205–217, fig. 1–7.

421. DeChamplain, A. 1925. Les Mollusques de la région de Rimouski. Nat. Can. (Qué.), 52(6) : 121–127.

422. Deichmann, E. 1930. The holothurians of the western part of the Atlantic Ocean. Bull. Mus. Comp. Zool. 71(3) : 44–226, pl. 1–24.

423. Deichmann, E. 1936a. The Alcyonaria of the western part of the Atlantic Ocean. *Dans* Reports on the scientific results of dredging operations from 1877 to 1880 and from 1867 to 1879. Mem. Mus. Comp. Zool. Harvard College, 53 : 1–317, pl. 1–37, Cambridge, MA., É.-U.

424. Deichmann, E. 1936b. The arctic species of *Molpadia* (Holothuroidea), and some remarks on Heding's attempt to subdivide the genus. Ann. Mag. Nat. Hist. (10) 17 : 452–464, fig. 1–6.

425. Deichmann, E. 1938. The arctic molpadids in the Riksmuseum, Stockholm, Sweden. Ark. Zool. 30a (8) : 1–5, text-fig. A–B.

426. de Ladurantaye, R. 1979. Cycle saisonnier et répartition spatiale des Mysidacés dans le fjord du Saguenay. Mémoire M.Sc., Dép. Biol., Université Laval, Québec. 104 p. 32 fig.

427. de Ladurantaye, R., et Lacroix, G. 1980. Répartition spatiale, cycle saisonnier et croissance de *Mysis litoralis* (Banner, 1948) (Mysidacea) dans un fjord subarctique. Can. J. Zool. 58(5) : 693–700, fig. 1–8.

428. de Ladurantaye, R., Therriault, J.-C., Lacroix, G., et Côté, R. 1984. Processus advectifs et répartition du zooplancton dans un fjord. Mar. Biol. 82(1) : 21–29, fig. 1–5.

429. Delamare-Deboutteville, C., et Laubier, L. 1960. Les Phyllocolidae, une famille nouvelle de Copépodes parasites d'Annélides Polychètes. C. R. Séances Acad. Sci., Paris. 251(19) : 2083–2085, 1 fig.

430. deLaubenfels, M.W. 1936. A discussion of the sponge fauna of the Dry Tortugas in particular, and the West Indies in general, with materials for a revision of the families and orders of Porifera. Carnegie Inst. Wash., Publ. 467 : 1–225, pl. 1–22, Washington.

431. deLaubenfels, M.W. 1949. The sponges of Woods Hole and adjacent waters. Bull. Mus. Comp. Zool. 103(1) : 1–55, pl. 1–3.

432. deLaubenfels, M.W. 1953. A guide to the sponges of eastern North America. University of Miami Press, Floride. 32 p., 8 fig.

433. Della Croce, N. 1974. Cladocera. Fiches Identif. Zooplancton, 143 : 1–4, fig. 1–8.

434. De Man, J.G. 1889. Espèces et genres nouveaux de Nématodes libres de la mer du Nord et de la Manche. Mém. Soc. zool. Fr. 2 : 1–10.

435. DeMelo, R., et Hebert, P.D.N. 1994. A taxonomic reevaluation of North American Bosminidae. Can. J. Zool. 72(10) : 1808–1825, fig. 1–13.

435a. Demers, A., Lagadec, Y., Dodson, J.J., et Lemieux, R. 1993. Immunofluorescence identification of early life history stages of scallops (Pectinidae). Mar. Ecol. Prog. Ser. 97 : 83–89, fig. 1–2.

436. Dendy, A., et Row, R.W.H. 1913. The classification and phylogeny of the calcareous sponges with a reference list of all the described species, systematically arranged. Proc. Zool. Soc. Lond. 1913 : 704–813, fig. 1.

436. Desroches, M. 1985. Cycle de développement, écologie et succès de l'Amphipode Gammaridien planctonophage *Rhachotropis oculata* dans deux écosystèmes du golfe du Saint-Laurent. Mémoire M.Sc., Départ. sci. biol., Université de Montréal, 52 p., 14 fig.

436a. Desrosiers, G., et Brêthes, J.-C. F. 1984. Etude bionomique de la communauté à *Macoma balthica* de la batture de Rimouski. Sci. Tech. Eau. 17(1) : 25–31, fig. 1–7.

437. Desrosiers, G., Brêthes, J.-C.F., et Long, B.F. 1984. L'effet d'un glissement de terrain sur une communauté benthique médiolittorale du nord du golfe du Saint-Laurent. Oceanol. Acta, 7(2) : 251–258, fig. 1–4.

439. d'Hondt, J.-L. 1975. Clés tabulaires de détermination des genres marins de Gastrotriches. Bull. Soc. zool. Fr. 99(4) : 645–665, fig. 1–7.

440. d'Hondt, J.-L. 1983. Tabular keys for identification of the recent ctenostomatous Bryozoa. Mém. Inst. Océanogr. (Monaco) 14 : 1–134, fig. 1–55, pl. I–VIII.

440a. d'Hondt, J.-L. 1991. The Bryozoa of the Lamouroux collection. Bull. Soc. Sci. nat. Ouest Fr., Mém. hors-sér. n° 1, p. 161–168.

441. d'Hondt, J.-L., et Goyffon, M. 1987. Comparative electrophoretic study of some *Alcyonidium gelatinosum* (Linné, 1761) (Bryozoa, Ctenostomida) populations from west Europe. *Dans* Bryozoa: present and past. Papers presented at the 7th International Conference on Bryozoa, Bellingham, Washington, 1986. *Éditeur* : J.R.P. Ross. Western Washington University, Bellingham, WA. p. 121–128, fig. 1–3.

442. Diaz, W., et Evans, F. 1983. The reproduction and development of *Microsetella norvegica* (Boeck) (Copepoda, Harpacticoida) in Northumberland coastal waters. Crustaceana, 45 (2) : 113–130, fig. 1–14.

443. Dick, M.H., et Ross, J.R.P. 1988. Intertidal Bryozoa (Cheilostomata) of the Kodiak vicinity, Alaska. Center for Pacific Northwest Studies, Western Washington University, Occasional Paper No. 23.

444. Dickinson, J.J. 1982. Studies on amphipod crustaceans of the northeastern Pacific region. 1. Family Ampeliscidae, Genus *Ampelisca.* Natl. Mus. Can., Publ. Biol. Oceanogr. 10 : 1–39, fig. 1–21. Ottawa.

445. Dickinson, J.J. 1983. The systematics and distributional ecology of the superfamily Ampeliscoidea (Amphipoda: Gammaridea) in the northeastern Pacific region. II. The genera *Byblis* and *Haploops.* Natl. Mus. Nat. Sci., Publ. Nat. Sci. 1 : 1–38, fig. 1–17.

446. Ditlevsen, H. 1917. Annelids. I. Dan. Ingolf-Exped. 4(4) : 1–71, fig. 1–26, pl. I–VI.

446a. Ditlevsen, H. 1919. Marine free-living nematodes from Danish waters. Vidensk. Medd. Dan. Naturhist. Foren. Kjöbenhavn, 70 : 147–214, pl. I–XVI.

447. Ditlevsen, H. 1926. Free-living nematodes. Dan. Ingolf-Exped. 4(6) : 1–42, pl. I–XV.

448. Djakonov, A.M. 1950. Morskie zvezdyi moreî SSSR. Opredel. Faune SSSR 34 : 1–203, fig. 1–212. Traduction anglaise : 'Sea Stars (Asteroids) of the USSR seas'. Israel Program for Scientific Translations, No. 1922, 192 p., 1968.

449. Djakonov, A.M. 1954. Ofiury (zmeekhvostki) moreî SSSR. Opredel. Faune SSSR 55 : 1–123, fig. 1–47. Traduction anglaise : 'Ophiuroids of the USSR seas'. Israel Program for Scientific Translations, No. 1880, 123 p. 1967.

450. Dodson, J.J., Dauvin, J.-C., Ingram, R.G., et d'Anglejan, B. 1989. Abundance of larval rainbow smelt (*Osmerus mordax*) in relation to the maximum turbidity zone and associated macroplanktonic fauna of the Middle St. Lawrence Estuary. Estuaries, 12(2) : 66–81, fig. 1–10.

452. Dollfus, R.Ph. 1953. Aperçu général sur l'histoire naturelle des parasites animaux de la Morue atlanto-arctique *Gadus callarias* L. (= *morhua* L.). Encyclopédie biologique, vol. 43, 428 p., fig. 1–257. Paul Lechevalier, Paris.

453. Doumenc, D., et Lévi, C. 1987. Anisochelae analysis and taxonomy of the genus *Mycale* Gray (Demospongiae). *Dans* Taxonomy of Porifera from the N.E. Atlantic and Mediterranean Sea. Proceedings of the NATO advanced research workshop on taxonomy of Porifera from the N.E. Atlantic and Mediterranean Sea held at Marseille, France, September 22–27, 1986. *Éditeurs* : J. Vacelet et N. Boury-Esnault. NATO ASI (Adv. Sci. Inst.), Ser. G : Ecol. Sci. 13 : 73–92, fig. 1–15.

453a. Drainville, G. 1968. Le fjord du Saguenay: I. Contribution à l'océanographie. Nat. can. (Qué.) 95(4) : 809–855, fig. 1–15.

454. Drainville, G. 1970. Le fjord du Saguenay II. La faune ichtyologique et les conditions écologiques. Nat. can. (Qué.), 97(6) : 623–666, fig. 1–2.

455. Drainville, G., Tiphane, M., et Brunel, P. 1963. Croisière océanographique dans le fjord du Saguenay, 14–22 juin 1962. Sta. Biol. mar. Grande-Rivière, Rapp. ann. 1962 : 133–144, fig. 1–2. (Réimpr. : Cah. Inf. 17) Minist. Chasse Pêch., Québec, QC.

456. Drainville, G., Lalancette, L.-M., et Brassard, L. 1978. Liste préliminaire d'Invertébrés marins du fjord du Saguenay recueillis de 1958 à 1970 par le Camp des Jeunes Explorateurs. Sta. Biol. mar. Grande-Rivière, Cah. Inf. 83 : 1–27, fig. 1.

457. Drouin, G., Himmelman, J.H., et Béland, P. 1985. Impact of tidal salinity fluctuations on echinoderm and mollusc populations. Can. J. Zool. 63(6) : 1377–1387, fig. 1–8.

458. Dudley, P.L., et Illg, P.L. 1991. Marine flora and fauna of the eastern United States. Copepoda, Cyclopoida: Archinotodelphyidae, Notodelphyidae and Ascidicolidae. NOAA (Natl. Ocean. Atmosph. Adm.) Tech. Rep. NMFS (Nat. Mar. Fish. Serv.) Circ. 96 : 1–40, fig. 1–47.

459. Dunbar, M.J. 1954. The amphipod Crustacea of Ungava Bay, Canadian Eastern Arctic. J. Fish. Res. Board Can. 11(6) : 709–798, fig. 1–42.

460. Dunbar, M.J. 1963. Amphipoda. Sub-order: Hyperiidea. Family: Hyperiidae. Fiches Identif. Zooplancton, 103 : 1–4, fig. 1–7.

461. Dunbar, M.J., MacLellan, D.C., Filion, A., et Moore, D. 1980. The biogeographic structure of the Gulf of St. Lawrence. McGill Univ., Mar. Sci. Centre, Man. Rep. 32 : 1–142, fig. 1–2.

462. Dunn, D.F., Chia, F.-S., et Levine, R. 1980. Nomenclature of *Aulactinia* (= *Bunodactis*), with description of *Aulactinia incubans* n. sp. (Coelenterata: Actiniaria), an internally brooding sea anemone from Puget Sound. Can. J. Zool. 58(11) : 2071–2080, fig. 1–7.

463. Dunnill, R.M., et Ellis, D.V. 1969. Recent species of the genus *Macoma* (Pelecypoda) in British Columbia. Natl. Mus. Can., Nat. Hist. Pap. 45 : 1–34, fig. 1–9.

463a. Dussart, B. 1967. Les Copépodes des eaux continentales d'Europe occidentale. Collection « Faunes et Flores actuelles », Tome I : Calanoïdes et Harpacticoïdes. Éditions N. Boubée & Cie, Paris. p. 1–500, fig. 1–210.

463b. Dussart, B. 1969. Les Copépodes des eaux continentales d'Europe occidentale. Collection « Faunes et Flores actuelles », Tome II : Cyclopoïdes et biologie. Éditions N. Boubée & Cie, Paris. p. 1–294, fig. 1–113.

464. Dussart, B.H. 1985. Le genre *Mesocyclops* (Crustacé, Copépode) en Amérique du Nord. Can. J. Zool. 63(4) : 961–964, fig. 1–18.

465. Eckelbarger, K.J. 1974. Population biology and larval development of the terebellid polychaete *Nicolea zostericola*. Mar. Biol. 27(2) : 101–113, fig. 1–6.

466. Eckelbarger, K.J., et Grassle, J.P. 1987. Interspecific variation in genital spine, sperm, and larval morphology in six sibling species of *Capitella*. *Dans* "This number is dedicated to Marian H. Pettibone, Zoologist Emeritus, Smithsonian Institution". *Éditeurs* : K. Fauchald et B.F. Kensley. Bull. Biol. Soc. Wash. 7 : 62–76, fig. 1–24.

467. Eibye-Jacobsen, D. 1987. *Eumida ockelmanni* sp.n. (Polychaeta: Phyllodocidae) from the northern part of the Øresund. Ophelia, 27(1) : 43–52, fig. 1–8.

468. Eibye-Jacobsen, D. 1991a. Observations on setal morphology in the Phyllodocidae (Polychaeta: Annelida), with some taxonomic considerations. *Dans* Third International Polychaete Conference held at California State University, Long Beach, California, August 6–11, 1989. *Éditeur* : D.J. Reish. Bull. Mar. Sci. 48(2) : 530–543, fig. 1–3.

469. Eibye-Jacobsen, D. 1991b. A revision of *Eumida* Malmgren, 1865 (Polychaeta: Phyllodocidae). Steenstrupia 17(3) : 81–140, fig. 1–11.

470. Eibye-Jacobsen, D. 1993. On the phylogeny of the Phyllodocidae (Polychaeta: Annelida): an alternative. Z. Zool. Syst. Evolutionsforsch. 31(3) : 174–197, fig. 1–6.

471. Eibye-Jacobsen, D., et Kristensen, R.M. 1994. A new genus and species of Dorvilleidae (Annelida, Polychaeta) from Bermuda, with a phylogenetic analysis of Dorvilleidae, Iphitimidae and Dinophilidae. Zool. Scr. 23(2) : 107–131, fig. 1–11.

472. Einarsson, H. 1945. Euphausiacea. I. Northern Atlantic species. Dana-Rep. Carlsberg Found. 5(27) : 1–191, fig. 1–83.

473. Ellis, B.F., et Messina, A.R. (*Éditeurs*). 1952–64. Catalogue of Ostracoda. Am. Mus. Nat. Hist., Spec. Publ. Vol. 1–20.

473a. El-Nahas, S.M. 1971. Distribution and abundance of pteropods in the Gulf of St. Lawrence from May to November, 1969. Mémoire M.Sc., Centre Sci. mar., Université McGill, Montréal, 99 p., fig. 1–16.

474. Elofson, O. 1941. 2e Zur Kenntnis der marinen Ostracoden Schwedens mit besonderer Berücksichtigung des Skageraks. Zool. Bidr. Uppsala 19 : 215–534, fig. 1–52. (Trad. angl. : Marine Ostracoda of Sweden, with special consideration of the Skagerrak. Israel Program for Scientific Translations. 286 p. 1969).

475. Elofson, R. 1961. The larvae of *Pasiphaea multidentata* (Esmark) and *Pasiphaea tarda* (Krøyer). Sarsia, 4 : 43–53, fig. 1–2.

476. Elouard B., Desrosiers, G., Brêthes, J.C., et Vigneault, Y. 1983. Étude de l'habitat du Poisson autour des ilots créés par des déblais de dragage; lagune de Grande-Entrée, Îles-de-la-Madeleine. Rapp. tech. can. Sci. halieut. aquat. 1209 : 1–69, fig. 1–12.

476a. El-Sabh, M.I., et Silverberg, N. (*Éditeurs*) 1990. Oceanography of a large-scale estuarine system: the St. Lawrence. Coastal Estuarine Stud. 39 : 1–434.

477. Emig, C.C. 1973. Notes sur l'écologie et la taxonomie de *Phoronis muelleri*. Nat. can. (Qué.), 100(4) : 421–426, fig. 1.

478. Emig, C.C. 1979. A synopsis of British and other phoronids. Synop. Br. Fauna, New Series 13 : 1–58, fig. 1–16.

479. Emschermann, P. 1972. *Loxokalypus socialis* gen. et sp. nov. (Kamptozoa, Loxokalypodidae fam. nov.), ein neuer Kamptozoentyp aus dem nördlichen Pazifischen Ozeans. Ein Vorschlag zur Neufassung der Kamptozoensystematik. Mar. Biol. 12(3) : 237–254, fig. 1–7.

480. Enequist, P. 1949. Studies on the soft-bottom amphipods of the Skagerak. Zool. Bidr. Uppsala 28 : 297–492, fig. 1–67.

481. Erséus, C. 1989. Four new West Atlantic species of *Tubificoides* (Oligochaeta, Tubificidae). Proc. Biol. Soc. Wash. 102(4) : 878–886, fig. 1–5.

481a. Evans, J. W. 1970. Marine borer activity in test boards operated in the Newfoundland area during 1967–68. J. Fish. Res. Board Can. 27(1) : 201–203, fig. 1.

482. Faber, D.J. 1966. Free-swimming copepod nauplii of Narragansett Bay with a key to their identification. J. Fish. Res. Board Can. 23(2) : 189–205, fig. 1–36.

482a. Fagerholm, H.P. 1989. Intra-specific variability of the morphology in a single population of the seal parasite *Contracaecum osculatum* (Rudolphi) (Nematoda: Ascaridoidea). Zool. Scr. 18(1) : 33–41, fig. 1–24.

483. Farran, G.P. 1948a. Copepoda. Sub-order: Calanoida. Family: Centropagidae. Genus: *Centropages*. Fiches Identif. Zooplancton 11 : 1–4, fig. 1–5.

484. Farran, G.P. 1948b. Copepoda. Sub-order: Calanoida. Family: Acartiidae. Genus: *Acartia*. Fiches Identif. Zooplancton 12 : 1–4, fig. 1–7.

485. Farran, G.P. 1948c. Copepoda. Sub-order: Calanoida. Family: Candaciidae. Genus: *Candacia*. Fiches Identif. Zooplancton 13 : 1–4, fig. 1–6.

486. Farran, G.P. 1948d. Copepoda. Sub-order: Calanoida. Family: Metridiidae. Genus: *Metridia*. Fiches Identif. Zooplancton 14 : 1–4, fig. 1–7.

487. Farran, G.P. 1948e. Copepoda. Sub-order: Calanoida. Family: Heterorhabdidae. Genus: *Heterorhabdus*. Fiches Identif. Zooplancton 16 : 1–4, fig. 1–7.

488. Farran, G.P. 1948f. Copepoda. Sub-order: Calanoida. Family: Metriidae. Genus: *Pleuromamma*. Fiches Identif. Zooplancton 17 : 1–4, fig. 1–5.

489. Farran, G.P., et Vervoort, W. 1951a. Copepoda. Sub-order: Calanoida. Family: Calanidae. Fiches Identif. Zooplancton 32 : 1–4, fig. 1–6.

490. Farran, G.P., et Vervoort, W. 1951b. Copepoda. Sub-order: Calanoida. Family: Pseudocalanidae. Genera: *Pseudocalanus*, *Microcalanus*. Fiches Identif. Zooplancton 37 : 1–4, fig. 1–4.

491. Farran, G.P., et Vervoort, W. 1951c. Copepoda. Sub-order: Calanoida. Family: Spinocalanidae. Genus: *Spinocalanus*. Fiches Identif. Zooplancton 39 : 1–4, fig. 1–4.

492. Faubel, A. 1983. The Polycladida, Turbellaria: Proposal and establishment of a new system. Part I. The Acotylea. Mitt. hamb. Zool. Mus. Inst. 80 : 17–121, fig. 1–39.

493. Faubel, A. 1984. The Polycladida, Turbellaria — Proposal and establishment of a new system. Part II. The Cotylea. Mitt. hamb. Zool. Mus. Inst. 81 : 189–259, fig. 40–54.

494. Fauchald, K. 1963. Nephtyidae (Polychaeta) from Norwegian waters. Sarsia 13 : 1–32, fig. 1–9.

495. Fauchald, K. 1970. Polychaetous annelids of the families Eunicidae, Lumbrineridae, Iphitimidae, Arabellidae, Lysaretidae and Dorvilleidae from western Mexico. Allan Hancock Monogr. Mar. Biol. 5 : 1–335, pl. 1–27.

496. Fauchald, K. 1974. Sphaerodoridae (Polychaeta: Errantia) from world-wide areas. J. Nat. Hist. 8(3) : 257–289, fig. 1–4.

497. Fauchald, K. 1977. The polychaete worms: definitions and keys to the orders, families and genera. Nat. Hist. Mus. Los Ang. Cty. Sci. Ser. 28 : 1–188 p., fig. 1–42.

498. Fauchald, K. 1982. Revision of *Onuphis*, *Nothria*, and *Paradiopatra* (Polychaeta: Onuphidae) based upon type material. Smithson. Contrib. Zool. 356 : 1–109, fig. 1–28.

499. Fauchald, K. 1992. A review of the genus *Eunice* (Polychaeta: Eunicidae). Smithson. Contrib. Zool. 523 : 1–422, fig. 1–117.

500. Fauvel, P. 1923. Polychètes errantes. Faune Fr. 5 : 1–488, fig. 1–181.

501. Fauvel, P. 1927. Polychètes sédentaires. Addenda aux Errantes, Archiannélides, Myzostomaires. Faune Fr. 16 : 1–494, fig. 1–152.

502. Fell, H.B. 1960. Synoptic keys to the genera of Ophiuroidea. Zool. Publ. Vic. Univ. Wellington 26 : 1–44, fig. 1–3.

503. Fenaux, R. 1967. Les Appendiculaires des mers d'Europe et du Bassin méditerranéen. Faune de l'Europe et du Bassin méditerranéen 2 : 1–116, fig. 1–57. Fédération des Sociétés de Sciences naturelles, Masson et Cie, Paris.

503a. Fewkes, J.W. 1885. On the larval forms of *Spirorbis borealis* Daudin. Am. Nat. 19(3) : 247–257, pl. XI–XII.

504a. Figueira, A.J.G. 1972. Occurrence of *Eukrohnia bathypelagica* Alvarino 1962 (Chaetognatha). J. Fish. Res. Board Can. 29(2) : 213–214.

505. Filipjev, I.N. 1925. Les nématodes libres des mers septentrionales appartenant à la famille des Enoplidae. Archiv für Naturgeschichte, 91A(6) : 1–216, fig. A, pl. 1–7.

506. Fincham, A.A., et Williamson, D.I. 1978. Crustacea, Decapoda: Larvae. VI. Caridea. Families: Palaemonidae and Processidae. Fiches Identif. Zooplancton 159/160 : 1–8, fig. 1–11.

507. Fischer-Piette, E. 1977. Révision des Cardiidae (Mollusques Lamellibranches). Mém. Mus. Natl. Hist. nat. Sér. A : Zool. 101 : 1–212, pl. I–XII.

508. Fischer-Piette, E., et Vukadinovic, D. 1977. Suite des révisions des Veneridae (Mollusques Lamellibranches). Mém. Mus. natl. Hist. nat. Sér. A : Zool. 106 : 1–186, pl. I–XXII.

509. Fiset, P.-E. 1934. Les crevettes de l'estuaire du Saint-Laurent. Nat. can. (Qué.), 61(4) : 111–119, fig. 1–2. (Aussi : Contrib. Sta. biol. St-Laur. 3).

511. Fitzhugh, K. 1987. Phylogenetic relationships within the Nereididae (Polychaeta): implications at the subfamily level. *Dans* "This number is dedicated to Marian H. Pettibone, Zoologist Emeritus, Smithsonian Institution". *Éditeurs* : K. Fauchald et B.F. Kensley. Bull. Biol. Soc. Wash. 7 : 174–183, fig. 1–2.

512. Fitzhugh, K. 1989. A systematic revision of the Sabellidae-Caobangiidae-Sabellongidae complex (Annelida: Polychaeta). Bull. Am. Mus. Nat. Hist. 192 : 1–104, fig. 1–35.

513. Fitzhugh, K. 1990. A revision of the genus *Fabricia* Blainville, 1828 (Polychaeta: Sabellidae: Fabriciinae). Sarsia 75(1) : 1–16, fig. 1–4.

513a. Fitzhugh, K. 1991. Further revisions of the Sabellidae subfamilies and cladistic relationships among the Fabriciinae (Annelida: Polychaeta). Zool. J. Linn. Soc. 102(4) : 305–332, fig. 1–13.

514. Fleming, L.C., et Burt, M.D.B. 1978a. Revision of the turbellarian genus *Ectocotyla* (Seriata, Monocelididae) associated with the crabs *Chionoecetes opilio* and *Hyas araneus*. J. Fish. Res. Board Can. 35(9) : 1223–1233, fig. 1–5.

515. Fleming, L.C., et Burt, M.D.B. 1978b. On the genus *Peraclistus* (Turbellaria, Proseriata), with redescription of *P. oofagus* (Friedman). Zool. Scr. 7(2) : 81–84, fig. 1–5.

515a. Fleming, L.C., et Gibson, R. 1981. A new genus and species of monostiliferous hoplonemerteans, ectohabitant in lobsters. J. Exp. Mar. Biol. Ecol. 22 : 79–93, fig. 1–18.

516. Fleming, L.C., Burt, M.D.B., et Bacon, G.B. 1981. On some commensal Turbellaria of the Canadian east coast. Hydrobiologia, 84 : 131–137, fig. 1–8.

517. Fleminger, A., et Hulsemann, K. 1977. Geographical range and taxonomic divergence in the North Atlantic *Calanus* (*C. helgolandicus*, *C. finmarchicus* and *C. glacialis*). Mar. Biol. 40(3) : 233–248, fig. 1–7.

517a. Flint, Jr. O.S. 1960. Taxonomy and biology of nearctic limnephilip larvae (Trichoptera), with special reference to species in the eastern United States. Entomol. Amer., New. Ser. 40 : 1–120, fig. 1–82.

518. Fontaine, P.-H., et LaSalle, R. 1992. Sous les eaux du St-Laurent. Les Éditions du Plongeur Inc., Vanier, Québec. 195 p., 132 photographies en couleurs.

519. Forneris, L. 1957. Phoronidea : Family Phoronidae, Actinotrocha larvae. Fiches Identif. Zooplancton 69 : 1–4, fig. 1–4.

520. Forsman, B. 1949. Weitere Studien über die Rassen von *Jaera albiforns* Leach. Zool. Bidr. Uppsala, 27 : 449–463, fig. 1–8.

521. Fournier, J.A., et Petersen, M.E. 1991. *Cossura longicirrata*: redescription and distribution, with notes on reproductive biology and a comparison of described species of *Cossura* (Polychaeta: Cossuridae). *Dans* Systematics, biology and morphology of world Polychaeta. Proceedings of the 2nd International Polychaete Conference, Copenhagen (18–23 August), 1986. *Éditeurs* : M.E. Petersen, J.B. Kirkegaard. Ophelia (Suppl. 5) : 63–80, fig. 1–2.

522. Fournier, J.A., et Pocklington, P. 1984. The sublittoral polychaete fauna of the Bras d'Or lakes, Nova Scotia, Canada. *Dans* Proceedings of the First International Polychaete Conference, Sydney (Australia, 4–9 July 1983). *Éditeur* : P. Hutchings. Linnean Soc. New South Wales, Australia. p. 254–278, fig. 1.

523. Fradette, P., et Bourget, E. 1980. Ecology of benthic epifauna of the Estuary and Gulf of St. Lawrence: factors influencing their distribution and abundance on buoys. Can. J. Fish. Aquat. Sci. 37(6) : 979–999, fig. 1–11.

524. Fradette, P., et Bourget, E. 1981. Groupement et ordination appliqués à l'étude de la répartition de l'épifaune benthique de l'estuaire maritime et du golfe du Saint-Laurent. J. Exp. Mar. Biol. Ecol. 50(2–3) : 133–152, fig. 1–3.

525. Frame, A.B. 1992. The lumbrinerids (Annelida: Polychaeta) collected in two northwestern Atlantic surveys with descriptions of a new genus and two new species. Proc. Biol. Soc. Wash. 105(2) : 185–218, fig. 1–10.

526. Frank, P.G. 1983. A checklist and bibliography of the Sipuncula from Canadian and adjacent waters. Syllogeus 46 : 1–47, fig. 1. Natl. Mus. Nat. Sci., Ottawa, Ont.

527. Franz, D.R. 1968. Taxonomy of the eolid nudibranch *Cratena pilata* (Gould). Chesapeake Sci. 9(4) : 264–266, fig. 1–6.

528. Franzen, A. 1973. Some Antarctic Entoprocta with notes on morphology and taxonomy in the Entoprocta in general. Zool. Scr. 2(5–6) : 183–195, fig. 1–13.

529. Fraser, C.M. 1918. Hydroids of eastern Canada. Contrib. Can. Biol., 1917–18(XVI) : 329–371, pl. I–II.

530. Fraser, C.M. 1921a. Key to the hydroids of eastern Canada. Contrib. Can. Biol. 1918–1920(XIV) : 137–180, fig. 1–109.

531. Fraser, C.M. 1921b. Hydroida. Can. Atl. Fauna, 3a : 1–46, fig. 1–109.

532. Fraser, C.M. 1926. Hydroids of the Miramichi Estuary collected in 1918. Trans. R. Soc. Can., Ser. III, 20(V) : 209–214.

533. Fraser, C.M. 1927. The hydroids of the Cheticamp Expedition of 1917. Contrib. Can. Biol. Fish. New Ser. 3(12) : 323–329, pl. 1.

534. Fraser, C.M. 1937. Hydroids of the Pacific Coast of Canada and the United States. 207 p., pl. I–XLIV. University of Toronto Press, Toronto, Ont.

535. Fraser, C.M. 1944. Hydroids of the Atlantic coast of North America. Publ. Natl. Res. Counc. Can. 1249 : 1–451, pl. 1–94, fig. 1–1126.

536. Fraser, J.H. 1947. Thaliacea — I. Family: Salpidae. Fiches Identif. Zooplancton 9 : 1–4, fig. 1–17.

537. Fraser, J.H. 1957. Chaetognatha. Fiches Identif. Zooplancton, 1 : 1–6, fig. 1–18.

538. Fraser, J.H. 1981. A synopsis of British pelagic tunicates. Synop. Br. Fauna, New Ser. 20 : 1–57, fig. 1–23.

540. Fréchet, A., Dodson, J.J., et Powles, H. 1983. Les parasites de l'Éperlan anadrome (*Osmerus mordax*) du Québec et leur utilité comme étiquettes biologiques. Can. J. Zool. 61(3) : 621–626, fig. 1–3.

541. Fréchette, J. 1974. Etude de la population de crevettes du chenal d'Anticosti. Québec, Minist. Indust. Comme., Dir. gén. Pêches marit., Serv. Rech., Rapp. ann. 1973 : 41–55, 5 fig.

542. Fréchette, J., et Lamy, J. 1973. Etude sur les crevettes côtières de la Baie-des-Chaleurs. Québec, Minist. Indust. Comme., Dir. gén. Pêches marit., Serv. Rech., Rapp. ann. 1972 : 27–30, fig. 1.

543. Fréchette, J., Dubois, A., et Anctil, J.-Y. 1973. Recherche sur la crevette de profondeur *Pandalus borealis* dans le golfe du Saint-Laurent. Québec, Minist. Indust. Comme., Dir. gén. Pêches marit., Serv. Rech., Rapp. ann. 1972 : 14–21, fig. 1–5.

544. Fréchette, J., Simard, Y., et Dubois, A. 1975. Recherche sur la population de crevettes (*Pandalus borealis*) du nord-ouest du golfe du Saint-Laurent (territoire de Sept-Iles). Québec, Minist. Indust. Comme., Dir. gén. Pêches marit., Serv. Rech., Rapp. ann. 1974 : 63–74, fig. 1–4.

545. Fretter, V., et Graham, A. 1976. The prosobranch molluscs of Britain and Denmark. Part 1: Pleurotomariacea, Fissurellacea and Patellacea. J. Molluscan Stud. Suppl. 1 : 1–37, fig. 1–25.

546. Fretter, V., et Graham, A. 1977. The prosobranch molluscs of Britain and Denmark. Part 2: Trochacea. J.Molluscan Stud. Suppl. 3 : 39–100, fig. 26–74.

547. Fretter, V., et Graham, A. 1978a. The prosobranch molluscs of Britain and Danemark. Part 3: Neritacea, Viviparacea, Valvatacea, terrestrial and freshwater Littorinacea and Rissoacea. J. Molluscan Stud. Suppl. 5 : 101–152, fig. 101–130.

548. Fretter, V., et Graham, A. 1978b. The prosobranch molluscs of Britain and Denmark. Part 4: Marine Rissoacea. J. Molluscan Stud. Suppl. 6 : 153–241, fig. 131–195.

549. Fretter, V., et Graham, A. 1980. The prosobranch molluscs of Britain and Denmark. Part 5: Marine Littorinacea. J. Molluscan Stud. Suppl. 7 : 243–284, fig. 196–214.

550. Fretter, V., et Graham, A. 1981. The prosobranch molluscs of Britain and Denmark. Part 6: Cerithacea, Strombacea, Hipponicacea, Calyptraeacea, Lamellariacea, Cypraeacea, Naticacea, Tonnacea, Heteropoda. J. Molluscan Stud. Suppl. 9 : 285–363, fig. 215–256.

551. Fretter, V., et Graham, A. 1982. The prosobranch molluscs of Britain and Denmark. Part 7: "Heterogastropoda" (Cerithiopsacea, Triforacea, Epitonacea, Eulimacea). J. Molluscan Stud. Suppl. 11 : 363–434, fig. 257–309.

552. Fretter, V., et Graham, A. 1986a. The prosobranch molluscs of Britain and Denmark. Part 8: Neogastropoda. J. Molluscan Stud. Suppl. 15 : 435–556, fig. 310–376.

553. Fretter, V., et Graham, A. 1986b. The prosobranch molluscs of Britain and Denmark. Part 9: Pyramidellacea. J. Molluscan Stud. Suppl. 16 : 557–649, fig. 377–451.

554. Fretter, V., et Pilkington, M.C. 1970. Prosobranchia. Veliger larvae of Taenioglossa and Stenoglossa. Fiches Identif. Zooplancton, 129–132 : 1–26, fig. 1–35c.

555. Frimeth, J.P. 1987. Potential use of certain parasites of brook charr (*Salvelinus fontinalis*) as biological indicators in the Tabusintac River, New Brunswick, Canada. Can. J. Zool. 65(8) : 1989–1995, fig. 1–2.

556. Frost, B.W. 1989. A taxonomy of the marine calanoid copepod genus *Pseudocalanus*. Can. J. Zool. 67(3) : 525–551, fig. 1–26.

556a. Frost, N. 1934. Notes on a giant squid (*Architeuthis sp.*) captured at Dildo, Newfoundland, in December, 1933. *Dans* Annual Report, Year 1933. Rep. Newfld. Fish. Res. Comm. 2(2) : 100–114, pl. I–III, fig. 1–5.

557. Frost, N. 1936. I. Amphipoda from Newfoundland waters, with a description of a new species. II. Decapod larvae from Newfoundland waters. Rep. Div. Fish. Res., Faunistic Ser. 1 : 1–24, 11 fig. Dep. Nat. Resources Newfoundland, St. John's, Terre-Neuve.

557a. Frost, N. 1938. Hydrographic and biological investigations. (1) Further plankton investigations. Ann. Rep. Fish. Res. Lab 1936–37 : 25–27. Newfld. Dept. Nat. Res., Div. Fish. Res., St. John's, Terre-Neuve.

558. Frost, N., Lindsay, S.T., et Thompson, H. 1933. Hydrographic and biological investigations. B. Plankton more abundant in 1932 than 1931. Rep. Newfld. Fish. Res. Comm. 2(1) : 58–74. fig. 17–27.

558a. Frost, N., Lindsay, S.T., et Thompson, H. 1934. Hydrographic and biological investigations. B. Plankton. *Dans* Annual Report, Year 1933. Rep. Newfld. Fish. Res. Comm. 2(2) : 47–59, fig. 6–11.

558b. Frost, N., et Thompson, H. 1932a. IV. Biological investigations. 2. The squids. *Dans* Annual Report, Year 1931. Rep. Newfld. Fish. Res. Comm. 1(4) : 25–34, fig. 10–14.

558c. Frost, N., et Thompson, H. 1932b. IV. Biological investigations. 9. Shrimps and prawns. *Dans* Annual Report, Year 1931. Rep. Newfld. Fish. Res. Comm. 1(4) : 64–67, fig. 21.

558d. Frost, N., et Thompson, H. 1932c. IV. Biological investigations. 10. Plankton. *Dans* Annual Report, Year 1931. Rep. Newfld Fish. Res. Comm. 1(4) : 67–71, fig. 22–24.

559. Gaevskaya, N.S. (*Éditeur*). 1948. Opredelitel fauny i flory severnykh morei SSSR (Guide d'identification de la faune et de la flore des mers du nord de l'URSS). 740 p., fig. 1–77, pl. I–CXXXVI. Gosudarstvennoe Izdatel'stvo 'Sovetskaya Nauka', Moskva (Éditions d'État 'La Science soviétique', Moscou). (Trad. angl. : Fish. Res. Board Can., Transl. Ser., 3865, 3880, 3889; 1976).

560. Gagné, R. 1975. Exploration des populations de Pétoncles d'Islande (*Chlamys islandica*) aux Iles-de-la-Madeleine en 1974. Québec, Minist. Indust. Comme., Dir. gén. Pêches marit., Serv. Rech., Rapp. ann. 1974 : 281–286, fig. 1–6. Minist. Indust. Commerce, Québec, QC.

561. Gagnon, J.-M. 1983. Cycle de développement, écologie et succès d'*Anonyx makarovi*, Amphipode gammmaridien nécrophage saisonnier dans le circalittoral de deux écosystèmes du golfe St-Laurent. Mémoire M.Sc., Dép. Sci. biol. Université de Montreal, 49 p., fig. 1–12.

563. Gagnon, J.-M., et Gilkinson, K.D. 1994. Discrimination and distribution of the sea urchins *Strongylocentrotus droebachiensis* (O.F. Müller) and *S. pallidus* (G.O. Sars), in the northwest Atlantic. Sarsia, 79(1) : 1–11, fig. 1–7.

564. Gagnon, M., et Lacroix, G. 1982. The effects of tidal advection and mixing on the statistical dispersion of zooplankton. J. Exp. Mar. Biol. Ecol. 56(1) : 9–22, fig. 1–9.

565. Ganong, W.F. 1889. On the economic Mollusca of Acadia. Bull. Nat. Hist. Soc. New Brunswick, 8 : 1–116, fig. 1–22

566. Ganong, W.F. 1898. Notes on the natural history and physiography of New Brunswick. 10. — The marine invertebrates of the western part of Bay Chaleur. Bull. Nat. Hist. Soc. New Brunswick 16 : 55–56.

567. Gee, J.M. 1988. Taxonomic studies on *Danielssenia* (Crustacea, Copepoda, Harpacticoida) with descriptions of two new species from Norway and Alaska. Zool. Scr. 17(1) : 39–53, fig. 1–11.

568. Geiger, S.R. 1964. Echinodermata: larvae. Classes: Ophiuroidea and Echinoidea (plutei). Fiches Identif. Zooplancton 105 : 1–5, pl. I (fig. 1–3), II (fig. 1–12), III (fig. 1–8).

569. George, J.D., et Hartmann-Schröder, G. 1985. Polychaetes: British Amphinomida, Spintherida and Eunicida. Synop. Br. Fauna, New Ser. 32 : 1–221, fig. 1–74.

570. George, J.D., et Petersen, M.E. 1991. The validity of the genus *Zeppelina* Vaillant (Polychaeta: Ctenodrilidae). *Dans* Systematics, biology and morphology of world Polychaeta. Proceedings of the 2nd International Polychaete Conference, Copenhagen, 1986. *Éditeur* : M.E. Petersen et J.B. Kirkegaard. Ophelia, Suppl. 5 : 89–100, fig. 1A–I.

571. Gerlach, S.A. 1951. Nematoden aus der Familie der Chromadoridae von den deutschen Küsten. Kiel. Meeresforsch. 8 : 106–132, pl. I–XIII.

572. Gerlach, S.A. 1952. Die Nematodenbesiedlung des Sandstrandes und des Küstengrundwassers an der italienischen Küste. I. Systematischer Teil. Arch. Zool. Ital. 38 : 517–640, fig. 1–60.

573. Gerlach, S.A., et Riemann, F. 1973. The Bremerhaven checklist of aquatic nematodes. Veröff. Inst. Meeresforch., Suppl. 4 (1) : 1–404.

574. Gerlach, S.A., et Riemann, F. 1974. The Bremerhaven checklist of aquatic nematodes. A catalogue of nematoda Adenophorea excluding the Dorylaimida.Veröff. Inst. Meeresforch., Suppl. 4(2) : 405–736.

575. Gerould, J.H. 1913. The sipunculids of the eastern coast of North America. Proc. U.S. Natl. Mus. 44(1959) : 373–437, pl. 58–62, fig. 1–16.

575a. Ghanimé, L., DesGranges, J.-L., Loranger, S., *et al.* 1990. Les régions biogéographiques du Saint-Laurent. Lavalin Environnement Inc., Rapport technique, 129 p., illus.

576. Gibbons, S.G., et Ogilvie, H.S. 1933. The development stages of *Oithona helgolandica* and *Oithona spinirostris*, with a note on the ocurrence of body spines in cyclopoid nauplii. J. Mar. Biol. Assoc. U.K. 18(2) : 529–550, pl. 1–3.

577. Gibbs, P.E. 1977. A synopsis of the British sipunculans. Synop. Br. Fauna, New Ser. 12 : 1–35, fig. 1–13.

578. Gibbs, P.E., et Cutler, E.B. 1987. A classification of the phylum Sipuncula. Bull. Br. Mus. (Nat. Hist.) Zool. 52(1) : 43–58, fig. 1.

578a. Gibson, D.I. 1973. The genus *Pseudanisakis* Laymen & Borovkova, 1926 (Nematoda: Ascaridida). J. Nat. Hist. 7(3) : 319–340, fig. 1–8.

578b. Gibson, D.I. 1983. The systematics of ascaridoid nematodes — a current assessment. *Dans* Concepts in nematode systematics (Papers given at a symposium held at Cambridge University, Cambridge, U.K., 2–4 September 1981). *Éditeurs* : A.R. Stone, H.M. Platt et L.F. Khalil. Syst. Assoc. Spec. Vol. No. 22 : 321–338, fig. 1–2.

578c. Gibson, D.I. 1996. Trematoda. *Dans* Guide to the parasites of fishes of Canada, Part IV. *Éditeurs* : L. Margolis et Z. Kabata. Can. Spec. Publ. Fish. Aquat. Sci. 124 : 1–373, fig. 1–133.

578d. Gibson, D.I., et Bray, R.A. 1982. A study and reorganization of *Plagioporus* Stafford, 1904 (Digenea : Opecoelidae) and related genera, with special reference to forms from European Atlantic waters. J. Nat. Hist. 16(4) : 529–559, fig. 1–14.

579. Gibson, D.I., et Bray, R.A. 1984. On *Anomalotrema* Zhukov, 1957, *Pellamyzon*, Montgomery, 1957, and *Opecoelina* Manter, 1934 (Digenea: Opecoelidae), with a description of *Anomalotrema koiae* sp. nov. from North Atlantic waters. J. Nat. Hist. 18(6) : 949–964, fig. 1–5.

579a. Gibson, D.I., et Bray, R.A. 1986. The Hemiuridae (Digenea) of fishes from the north-east Atlantic. Bull. Br. Mus. (Nat. Hist.) Zool. 51(1) : 1–125, fig. 1–27.

579b. Gibson, D.I., et Colin, J.A. 1982. The *Terranova* enigma. *Dans* Proceedings of the British Society for Parasitology. Joint Spring Meeting with the British Section of the Society of Protozoologists held at Porthsmouth Polytechnic, 5–7 April 1982, Session 7B : Parasite taxonomy and comparative morphology. Parasitology 85(2) : xxxvi–xxxvii (Abstract).

580. Gibson, R. 1994. Nemerteans. Synop. Br. Fauna, New Ser. 24 : 1–224, fig. 1–55.

581. Gibson, R. 1995. Nemertean genera and species of the world: an annotated checklist of original names and description citations, synonyms, current taxonomic status, habitats and recorded zoogeographic distribution. J. Nat. Hist. 29(2) : 271–562.

582. Gibson, R., et Crandall, F.B. 1989. The genus *Amphiporus* Ehrenberg (Nemertea, Enopla, Monostiliferoidea). Zool. Scr. 18(4) : 453–470.

583. Gibson, V.R., et Grice, G.D. 1977. The developmental stages of *Labidocera aestiva* Wheeler, 1900 (Copepoda, Calanoida). Crustaceana, 32(1) : 7–20, fig. 1–114.

584. Gidholm, L. 1966. A revision of Autolytinae (Syllidae, Polychaeta) with special reference to Scandinavian species, and with notes on external and internal morphology, reproduction and ecology. Ark. Zool. 19(7) : 157–213, fig. 1–31.

585. Giesbrecht, W., et Schmeil, O. 1898. Copepoda. I. Gymnoplea. Das Tierreich 6 : 1–169 p., fig. 1–31. Friedländer & Sohn, Berlin.

586. Giglioli, M.E.C. 1955. The egg masses of the Naticidae (Gastropoda). J. Fish. Res. Board Can. 12(2) : 287–327, fig. 1–14.

587. Giguère, M. et Lamoureux, P. 1978. Présence et abondance de certains mollusques, plus particulièrement *Mytilus edulis*, *Macoma balthica* et *Mesodesma arctatum*, sur les bancs de Myes au Québec. Dir. gén. Pêch. mar., Dir. Rech., Cah. Inf. 85 : 1–53, fig. 1–38. Minist. Indust. Commerce, Québec, QC.

588. Giguère, M., Nadeau, A., et Légaré, B. 1990. Distribution and biology of the Iceland Scallop *Chlamys islandica* of the northern coast of the Gulf of St. Lawrence, Atlantic Ocean. Can. Tech. Rep. Fish. Aquat. Sci. 1748 : 1–28, fig. 1–14.

588a. Gilbert, D., et Pettigrew, B. 1997. Interannual variability (1948–1994) of the CIL core temperature in the Gulf of St. Lawrence. *Dans* Selected proceedings of the symposium on the biology and ecology of Northwest Atlantic cod, St. John's, Newfoundland, 24–28 October 1994. *Éditeurs* : J. S. Campbell, P. Schwinghammer et E. K. Symons. Can. J. Fish. Aquat. Sci. 54, Suppl. 1 : 57–67, fig. 1–11.

589. Giltay, L. 1942. New records of Pycnogonida from the Canadian Atlantic coast. J. Fish. Res. Board Can. 5(5) : 459–460.

590. Gitay, A. 1969. A contribution to the revision of *Spiochaetopterus* (Chaetopteridae, Polychaeta). Sarsia, 37 : 9–20, fig. 1–3.

590a. Goldstein. R.J. 1967. The genus *Acanthobothrium* van Beneden, 1849 (Cestoda : Tetraphyllidea). J. Parasitol. 53(3) : 455–483, fig. 1–194.

590b. Golikov, A.N., et Kussakin, O.G. 1978. Rakovinnye brioukhonogie molliouski litorali moreî SSSR (Mollusques Gastropodes à coquille du littoral des mers de l'URSS). Opredel. Faune SSSR 116 : 256 p., 155 fig.

590c. Golikov, A.N., et Sirenko, B.I. 1988. The naticid gastropods in the boreal waters of the western Pacific and Arctic Oceans. Malacol. Rev. 21 : 1–41, fig. 1–67.

590d. Golvan, Y.J. 1959. Acanthocéphales du genre *Corynosoma* Lühe 1904, parasites des mammifères d'Alaska et de Midway. Ann. Parasitol. hum. comp. 34(3) : 288–321, fig. 1–8.

591. Gooding, R.U. 1963. External morphology and classification of marine poecilostome copepods belonging to the families Clausidiidae, Clausiidae, Nereicolidae, Eunicicolidae, Synaptiphilidae, Catiniidae, Anomopsyllidae, and Echiurophilidae. Thèse Ph.D., Université de Washington, Seattle, 247 p.

591a. Gooding, R.U., et Humes, A.G. 1963. External anatomy of the female *Haemobaphes cyclopterina*, a copepod parasite of marine fishes. J. Parasitol. 49(4) : 663–677, fig. 1–29.

591b. Gordon, D.P. 1984. The marine fauna of New Zealand : Bryozoa : Gymnolaemata from the Kermadec Ridge. N. Z. Oceanogr. Inst. Mem. No. 91, 198 p., 10 fig., 52 pl.

592. Gosner, K.L. 1971. Guide to identification of marine and estuarine invertebrates: Cape Hatteras to the Bay of Fundy. Wiley Interscience, New York, 693 p. 240 fig.

593. Gosner, K.L. 1979. A field guide to the Atlantic seashore. Peterson Field Guide Series, No. 24. 329 p., 72 fig., 64 pl. Houghton Mifflin, Boston.

594. Gotto, R.V. 1993. Commensal and parasitic copepods associated with marine invertebrates (and whales). Synop. Br. Fauna, New Ser. 46 : 1–246, fig. 1–56.

595. Gould, A.A., et Binney, W.G. 1870. Report on the Invertebrata of Massachusetts, published agreeably to an order of the legislature. 524 p., fig. 1–755, pl. XVI–XXVII. Wright & Potter, Boston.

596. Graff, L. 1913. Turbellaria II. Rhabdocoelida. Das Tierreich, 35 : 1–484, fig. 1–394. R. Friedlander & Sohn, Berlin.

597. Graham, A. 1988. Molluscs: prosobranch and pyramidellid Gastropoda. 2e éd. Synop. Br. Fauna, New Ser. 2 : 1–662, fig. 1–276.

598. Grainger, E.H. 1961. The copepods *Calanus glacialis* (Jaschnov) and *Calanus finmarchicus* (Gunnerus) in Canadian arctic-subarctic waters. J. Fish. Res. Board Can. 18(5) : 663–678, fig. 1–6.

599. Grainger, E.H. 1964. North American sea stars (Echinodermata: Asteroidea) from North Alaska to the Strait of Belle Isle. Serial Atlas of the Marine Environment, 5 : 1, fig. 1, pl. 1–5. Am. Geogr. Soc., New York.

600. Grainger, E.H. 1966. Sea stars (Echinodermata: Asteroidea) of arctic North America. Bull. Fish. Res. Board Can. 152 : 1–70, fig. 1–66.

601. Granger, D. 1970. Distribution bathymétrique benthique et migrations verticales journalières des Cumacés à l'entrée de la baie des Chaleurs en 1968 et 1969. Serv. Biol. Rapp. ann. 1969 : 53–64, fig. 1–2. Minist. Indust. Commerce, Québec, QC.

602. Granger, D. 1974. Biologie et écologie des Cumacés circalittoraux de l'entrée de la baie des Chaleurs. Mémoire M.Sc., Dép. Sci. biol., Université de Montréal, 67 p., fig. 1–16.

603. Green, J., et MacQuitty, M. 1987. Halacarid mites (Arachnida: Acari) Synop. Br. Fauna, New Ser. 36 : 1–178, fig. 1–69.

603a. Green, K.D. 1984. Review of the subfamily Maldaninae (Polychaeta : Maldanidae) and revision of *Maldane*-like species. Mémoire M.Sc., Calif. State Univ., Long Beach, Californie. 202 p., 38 fig. Aussi : University Microfilms International, Ann Arbor, MI.

604. Greve, W. 1975. Ctenophora. Fiches Identif. Zooplancton 146 : 1–6 p., fig. 1–5.

605. Grice, G.D. 1971. The developmental stages of *Eurytemora americana* Williams, 1906, and *Eurytemora herdmani* Thompson & Scott, 1897 (Copepoda, Calanoida).Crustaceana 20(2) : 145–158, fig. 1–153.

605a. Grondin, N. 1997. Des squatters au Biodôme. Québec Science, 35(8) : 5–6, 3 fig.

606. Gruvel, A. 1905. Monographie des Cirrhipèdes ou Thécostracés. Masson et Cie, Paris. 471 p., 427 fig. (Réimpr. A. Asher et Co, Amsterdam, 1965).

607. Grygier, M.J. 1986. *Dendrogaster* (Crustacea: Ascothoracida) parasitic in Alaskan and eastern Canadian *Leptasterias* (Asteroidea). Can. J. Zool. 64(6) : 1249–1253, fig. 1–3.

608. Grygier, M.J. 1993. Identity of *Thaumatoessa* (= *Thaumaleus*) *typica* Krøyer, the first described monstrilloid copepod. Sarsia 78(3–4) : 235–242, fig. 1–5.

609. Grygier, M.J. 1995. Annotated chronological bibliography of Monstrilloida (Crustacea: Copepoda). Galaxea 12 : 1–82.

610. Gurjanova, E.F. 1936. Neue Beiträge zur Fauna der Crustacea Malacostraca des arktischen Gebietes (Nouveaux travaux sur la faune des Crustacés Malacostracés des régions arctiques). Zool. Anz. 113(9/10) : 245–255, fig. 1–5.

612. Gurjanova, E.F. 1951. Bokoplavy morei SSSR i sopredel'nikh vod (Amphipoda – Gammaridea) (Amphipodes des mers de l'URSS et des eaux adjacentes). Opredel. Faune SSSR (Guides d'Identification de la Faune de l'URSS) 41 : 1–1031, fig. 1–705, Zool. Inst., Akad. Nauk SSSR, Moscou et Léningrad.

613. Gurjanova, E.F. 1962. Bokoplavy severnoi tchasti Tikhogo Okeana (Amphipoda–Gammaridea). Tchasty 1 (Amphipodes du nord de l'Océan Pacifique (Amphipoda–Gammaridea). (Partie 1). Opredel. Faune SSSR (Guides d'Identification de la Faune de l'URSS) 74 : 1–442, fig. 1–143. Zool. Inst., Akad. Nauk SSSR, Moscou et Léningrad. (Traduction anglaise, 1963, cf. E.L. Bousfield, Mus. Natl. Can., Ottawa).

614. Gurjanova, E.F. 1972. Novie vidy bokoplavov (Amphipoda, Gammaridea) iz severo-zapadnoï tchasti Tikhogo Okeana i vysokoï Arktiki (Some new species of amphipods (Amphipoda, Gammaridea) from the north-western part of Pacific and high Arctic). Tr. Zool. Inst. Akad. Nauk SSSR 52 : 129–200, fig. 1–43.

614a. Gurney, R. 1934. The development of certain parasitic Copepoda of the families Caligidae and Clavellidae. Proc. Zool. Soc. London, 1934(1) : 177–217, fig. 1–43.

615. Gutu, M. 1980. *Pseudosphyrapus* a new genus of a new family (Sphyrapidae) of Monokonophora (Crustacea, Tanaidacea). Trav. mus. hist. nat. 'Grigore Antipa' (Bucharest), 22(2) : 393–400.

616. Haase, P. 1915. Boreale und arktische Chloraemiden. Wiss. Meeres Abt. Kieluntersuch. 17 : 169–226, pl. I–II, fig. 1–10.

617. Hadfield, M.G. 1964. Opisthobranchia: The veliger larvae of the Nudibranchia. Fiches Identif. Zooplancton 106 : 1–3, fig. A–J.

618. Hajdu, E., de Weerdt, W.H., et van Soest, R.W.M. 1994. Affinities of the « mermaid glove » sponge *Isodictya palmata*, with a discussion on the synapomorphic value of chelae microscleres. *Dans* Sponges in time and space: biology, chemistry, paleontology. Proceedings of the 4th International Porifera Congress, Amsterdam, 19–23 April 1993. *Éditeurs* : R.W.M. van Soest, T.M.G. Van Kempen et J.-C. Braekman. p. 141–150, fig. 1–19.

619. Halkett, A. 1907. Report of the Canadian Fisheries Museum. Fortieth Ann. Rep. Dep. Mar. Fish., 1907, App. 14 : 321–349. King's Printer, Ottawa, Ont.

620. Hamel, J.-F., et Mercier, A. 1994. New distribution and host record for the starfish parasite *Dendrogaster* (Crustacea: Ascothoracida). J. Mar. Biol. Assoc. U.K. 74 : 419–425.

621. Hamond, R. 1967. Polychaeta. Family: Syllidae, Sub-family: Autolytinae. Fiches Identif. Zooplancton 113 : 1–4, fig. 1–5.

621a. Hamond, R. 1971. The Australian species of *Mesochra* (Crustacea: Harpacticoida), with a comprehensive key to the genus. Aust. J. Zool., Suppl. Ser., Suppl. 7 : 1–32, fig. 1–62.

622. Hampson, G.R. 1971. A species pair of the genus *Nucula* (Bivalvia) from the eastern coast of the United States. Proc. Malac. Soc. Lond. 39(5) : 333–342, fig. 1–3, pl. 1.

622a. Hanek, G., et Molnar, K. 1974. Parasites of freshwater and anadromous fishes from Matamek River system, Quebec. J. Fish. Res. Board Can. 31(6) : 1135–1139, fig. 1.

622b. Hanek, G., et Threlfall, W. 1969a. *Thersitina gasterostei* (Pagenstecher, 1861) (Copepoda: Ergasilidae) from *Gasterosteus wheatlandi* Putnam, 1867. Can. J. Zool. 47(4) : 627–629, fig. 1.

622c. Hanek, G., et Threlfall, W. 1969b. Monogenetic trematodes from Newfoundland, Canada. 1. New species of the genus *Gyrodactylus* Nordmann, 1832. Can. J. Zool. 47(5) : 951–955, fig. 1–5.

623. Hanley, J.R. 1989. Revision of the scaleworm genera *Arctonoe* Chamberlin and *Gastrolepidia* Schmarda (Polychaeta, Polynoidae) with the erection of a new subfamily Arctonoinae. Beagle, 6(1) : 1–34.

624. Hannerz, L. 1956. Larval development of the polychaete families Spionidae Sars, Disomidae Mesnil, and Poecilochaetidae n.fam. in the Gullmar Fjord (Sweden). Zool. Bidr. Uppsala, 31 : 1–204, fig. 1–57.

625. Hannerz, L. 1961. Polychaeta: larvae. Families Spionidae, Disomidae, Poecilochaetidae. Fiches Identif. Zooplancton, 91 : 1–12, pl. I–IV (31 fig.).

626. Hansen, B., et McKenzie, J.D. 1991. A taxonomic review of northern Atlantic species of Thyonidiinae and Semperiellinae (Echinodermata: Holothuroidea: Dendrochirotida). Zool. J. Linn. Soc. 103(2) : 101–127, fig. 1–40.

627. Hansen, H.J. 1887. Oversigt over det vestlige Grønlands Fauna af malakostrake Havkrebsdyr ("Malacostraca marina Groenlandiae occidentalis"). Vidensk. Medd. Naturhist. Foren. Kjøbenhavn, (4) 9 : 3–226, pl. II–VII.

628. Hansen, H.J. 1897. The Choniostomatidae: a family of Copepoda, parasites on Crustacea Malacostraca. Andr. Fred. Høst & Son, Copenhague, 206 p., pl. I–XIII.

629. Hansen, H.J. 1908. Crustacea Malacostraca. I. (The orders Decapoda, Euphausiacea, Mysidacea). Dan. Ingolf-Exped. 3(2) : 1–120, pl. I–V.

630. Hansen, H.J. 1913. Crustacea Malacostraca. II. (The order Tanaidacea). Dan. Ingolf-Exped. 3(3) : 1–145, pl. I–XII.

631. Hansen, H.J. 1915. The Crustacea Euphausiacea of the United States National Museum. Proc. U.S. Natl. Mus. 48(2065) : 59–114, pl. 1–4.

632. Hansen, H.J. 1916. Crustacea Malacostraca. III. The order Isopoda. Dan. Ingolf-Exped. 3(5) : 1–262, pl. I–XVI.

633. Hansen, H.J. 1920. Crustacea Malacostra ca. IV. (The orders Cumacea, Nebaliacea) Dan. Ingolf-Exped. 3(6) : 1–86, pl. I–IV.

634. Hansen, H.J. 1923. Crustacea Copepoda II. Copepoda parasita and hemiparasita. Dan. Ingolf-Exped. 3(7) : 1–92, pl. I–IV.

635. Harasewych, M.G., et Petit, R.E. 1986. Notes on the morphology of *Admete viridula* (Gastropoda: Cancellariidae). Nautilus, 100(3) : 85–91, fig. 1–11.

636. Harasewych, M.G., et Petit, R.E. 1987. The status of *Tritonium viridulum* Fabricius, 1780. Nautilus, 101(1) : 48–49.

636a. Harding, G.C., Vass, W.P., Hargrave, B.T., et Pearre, Jr. S. 1986. Diel vertical movements and feeding activity of zooplankton in St. Georges Bay, N.S., using net tows and a newly developed passive trap. Can. J. Fish. Aquat. Sci. 43(5) : 952–967, fig. 1–7.

636b. Hare, G.M., et Burt, M.D.B. 1976. Parasites as potential biological tags of Atlantic salmon (*Salmo salar*) smolts in the Miramichi River system, New Brunswick. J. Fish. Res. Board Can. 33(5) : 1139–1143, fig. 1.

636c. Harmelin, J.-G. 1976. Le sous-ordre des Tubuliporina (Bryozoaires Cyclostomes) en Méditerranée : écologie et systématique. Mém. Inst. océanogr. (Monaco) 10 : 1–326, fig. 1–50, pl. 1–38.

637. Harring, H.K. 1921. The Rotatoria of the Canadian Arctic Expedition, 1913–1918. Report of the Canadian Arctic Expedition, 1913–1918 VII, part E : 1–23, pl. I–IV.

637a. Hartley, J.C. 1961. A taxonomic account of the larvae of some British Syrphidae. Proc. Zool. Soc. London 136(4) : 505–573, fig. 1–117.

638. Hartley, J.P. 1981. The family Paraonidae (Polychaeta) in British waters: a new species and new records with a key to species. J. Mar. Biol. Assoc. U.K. 61(1) : 133–149, fig. 1–4.

639. Hartley, J.P. 1984. Cosmopolitan polychaete species: the status of *Aricidea belgicae* (Fauvel, 1936) and notes on the identity of *A. suecica* Eliason, 1920 (Polychaeta; Paraonidae). *Dans* Proceedings of the First International Polychaete Conference, Sydney. *Éditeur* : P.A. Hutchings. p. 7–20, fig. 1–7. Linn. Soc. New S. Wales, Milsons Pt., NSW, Australia.

640. Hartley, J.P. 1985. The re-establishment of *Amphicteis midas* (Gosse,1855) and redescription of the type material of *A. gunneri* (M. Sars, 1835) (Polychaeta: Ampharetidae). Sarsia, 70(4) : 309–315, fig. 1–4.

641. Hartman, O. 1942. A review of the types of polychaetous annelids at the Peabody Museum of Natural History, Yale University. Bull. Bingham Oceanogr. Coll. 8(1) : 1–98, fig. 1–161.

642. Hartman, O. 1944. New England Annelida. Part 2. Including the unpublished plates by Verrill with reconstructed captions. Bull. Am. Mus. Nat. Hist. 82(7) : 327–344, pl. 45–60.

643. Hartman, O. 1951. Literature of the polychaetous annelids. Vol. I. Bibliography. 290 p. Olga Hartman, Los Angeles.

644. Hartman, O. 1959. Catalogue of the polychaetous annelids of the world. Allan Hancock Found. Publ., Occas. Pap. 23(I) : 1–353; 23(II) : 355–628.

645. Hartman, O. 1965a. Deep-water benthic polychaetous annelids off New England to Bermuda and other North Atlantic areas. Allan Hancock Found. Publ., Occas. Pap. 28 : 1–378, pl. 1–363.

646. Hartman, O. 1965b. Catalogue of the polychaetous annelids of the world. Supplement 1960–1965 and index. Allan Hancock Found. Publ., Occas. Pap. 23 : 1–197.

647. Hartman, O. 1968. Atlas of the errantiate polychaetous annelids from California. Allan Hancock Foundation, University of Southern California, Los Angeles. 828 p., 339 fig.

648. Hartman, O., et Fauchald, K. 1971. Deep-water benthic polychaetous annelids off New England to Bermuda and other North Atlantic areas. Part II. Allan Hancock Monographs in Marine Biology 6 : 1–327, pl. 1–34.

649. Hartman, W.D. 1958. Natural history of the marine sponges of southern New England. Peabody Museum of Natural History Bull. 12 : 1–155, fig. 1–46, pl. 1–12. Yale University, New Haven, Connecticut.

650. Hartmann-Schröder, G. 1963. Revision der Gattung *Mystides* Théel (Phyllodocidae; Polychaeta Errantia) mit Bemerkungen zur Systematik der Gattungen *Eteonides* Hartmann-Schröder und *Protomystides* Czerniavsky und mit Beschreibungen zweier neuer Arten aus deb Mittelmeer und einer neuen Art aus Chile. Zool. Anz. 171(5–8) : 204–243, fig. 1–62.

651. Hartmann-Schröder, G. 1971. Annelida, Borstenwürmer, Polychaeta. Tierwelt Dtschl. 58 : 1–594, fig. 1–191.

651a. Hartmann-Schröder, G. 1983. Zur Kenntnis einiger Foraminiferengehäuse bewohnender Polychaeten aus dem Nordostatlantik. Mitt. hamb. Zool. Mus. Inst. 80 : 169–176, fig. 1–11.

652. Hartmeyer, R. 1923. Ascidiacea (Part I). Zugleich eine übersicht über die arktische und boreale Ascidien fauna auf Tiergeographischer Grundlage. Dan. Ingolf-Exped. 2(6) : 1–365, fig. 1–35, pl. I.

653. Hartmeyer, R. 1924. Ascidiacea (Part II). Zugleich eine übersicht über die arktische und boreale Ascidien fauna auf Tiergeographischer Grundlage. Dan. Ingolf-Exped. 2(7) : 1–275, fig. 1–45.

653a. Hartwich, G. 1974. Keys to genera of the Ascaridoidea. *Dans* CIH keys to the nematode parasites of vertebrates, No. 2. *Éditeurs* : R.C. Anderson, A.G. Chabaud et S. Willmott. Commonwealth Agricultural Bureaux, Farnham Royal, Angleterre. p. 1–15, fig. 2.1–2.46.

654. Hastings, A.B. 1944. Notes on Polyzoa (Bryozoa). I. *Umbonula verrucosa* auctt.: *U. ovicellata*, sp. n. and *U. littoralis*, sp. n. Ann. Mag. Nat. Hist. (11) 11(77) : 273–284, fig. 1–2.

655. Hastings, A.B. 1963. Notes on Polyzoa (Bryozoa). V. Some Cyclostomata considered by R.C. Osburn in 1933 and 1953. Ann. Mag. Nat. Hist. (13) 6(62) : 113–127, pl. III–IV.

656. Haynes, E. 1978. Description of larvae of a hippolytid shrimp, *Lebbeus groenlandicus*, reared *in situ* in Kachemak Bay, Alaska. Fish. Bull. 76(2) : 457–465, fig. 1–3.

657. Haynes, E. 1979. Description of larvae of the northern shrimp, *Pandalus borealis*, reared *in situ* in Kachemak Bay, Alaska. Fish. Bull. 77(1) : 157–173, fig. 1–7.

658. Haynes, E. 1981. Early zoeal stages of *Lebbeus polaris*, *Eualus suckleyi*, *E. fabricii*, *Spirontocaris arcuata*, *S. ochotensis*, and *Heptacarpus camtschaticus* (Crustacea, Decapoda, Caridea, Hippolytidae) and morphological characterization of zoeae of *Spirontocaris* and related genera. Fish. Bull. 79(3) : 421–440, fig. 1–8.

659. Haynes, E.B. 1985. Morphological development, identification, and biology of larvae of Pandalidae, Hippolytidae, and Crangonidae (Crustacea, Decapoda) of the northern North Pacific Ocean. Fish. Bull. 83(3) : 253–288, fig. 1–11.

659a. Hayward, P.J. 1978. Systematic and morphological studies on some European species of *Turbicellepora* (Bryozoa, Cheilostomata). J. Nat. Hist. 12(5) : 551–190, fig. 1–20.

660. Hayward, P.J. 1985. Ctenostome bryozoans. Synop. Br. Fauna, New Ser. 33: 1–169, fig. 1–53.

660a. Hayward, P.J., 1994. New species and new records of cheilostomatous Bryozoa from the Faroe Islands, collected by BIOFAR. Sarsia, 79(3) : 181–206, fig. 1–13.

661. Hayward, P.J., et Ryland., J.S. 1979. British ascophoran bryozoans. Synop. Br. Fauna, New Ser. 14 : 1–312, 129 fig.

662. Hayward, P.J., et Ryland, J.S. 1985. Cyclostome bryozoans. Synop. Br. Fauna, New Ser. 34 : 1–147, fig. 1–48.

663. Hayward, P.J., et Ryland, J.S. 1991a. The marine fauna of the British Isles and north-west Europe. 1. Introduction and protozoans to arthropods. Oxford University Press, Oxford, R.-U., p. 1–627, fig. 218.

664. Hayward, P.J., et Ryland, J.S. 1991b. The marine fauna of the British Isles and north-west Europe. 2. Molluscs to chordates. Oxford University Press, Oxford, R.-U. p. 628–996, 112 fig.

664a. Hayward, P.J., et Thorpe, J.P. 1995. Some British species of *Schizomavella* (Bryozoa: Cheilostomatida). J. Zool. 235(4) : 661–676, pl. I–VI.

665. Hazel, J.E. 1967. Classification and distribution of the recent Hemicytheridae and Trachyleberididae (Ostracoda) off northeastern North America. U.S. Geol. Surv. Prof. Pap. 564. : 1–49, fig. 1–2, pl. 1–11.

665b. Hazel, J.E., 1967b. Corrections : classification and distribution of the recent Hemicytheridae and Trachyleberididae (Ostracoda) off northeastern North-America. J. Paleontol. 41(5) : 1284–1285.

666. Hazel, J.E., et Valentine, P.C. 1969. Three new ostracodes from off northeast North America. J. Paleontol. 43(3) : 741–752, fig. 1–5, pl. 97–98.

666a. Heath, D.D., Rawson, P.D., et Hilbish, T.J. 1995. PCR-based nuclear markers identify alien blue mussel (*Mytilus* spp.) genotypes on the west coast of Canada. Can. J. Fish. Aquat. Sci. 52(12) : 2621–2627, fig. 1–2.

667. Heath, H. 1918. Solenogastres from the eastern coast of North America. Mem. Mus. Comp. Zool. Harvard 45(2) : 183–263, pl. 1–14.

668. Hedgpeth, J.W. 1948. The Pycnogonida of the western North Atlantic and the Caribbean. Proc. U.S. Natl. Mus. 97(3216) : 157–342, fig. 4–53.

669. Hedgpeth, J.W. 1963. Pycnogonida of the North American Arctic. J. Fish. Res. Board Can. 20(5) : 1315–1348, fig. 1–12.

670. Heding, S.G. 1935. Holothurioidea. Part I. Apoda-Molpadioidea-Gephyrothurioidea. Dan. Ingolf-Exped. 4(9) : 1–84, fig. I–XXI, pl. I–VIII.

671. Heding, S.G. 1942. Holothurioidea. Part II. Aspidochirota – Elasipoda –Dendrochirota. Dan. Ingolf-Exped 4(13) : 1–39, fig. 1–42, pl. I–II.

672. Heffernan, P., et Keegan, B.F. 1988. The larval development of *Pholoe minuta* (Polychaeta: Sigalionidae) in Galway Bay, Ireland. J. Mar. Biol. Assoc. U.K. 68(2) : 339–350, fig. 1–5.

673. Heip, C., Vincx, M., Smol, N., et Vranken, G. 1982. The systematics and ecology of free-living marine nematodes. Helminthol. Abstr. Ser. B, Plant nematol. 51(1) : 1–31.

674. Heller, A.F. 1949. Parasites of cod and other marine fish fron the Baie des Chaleurs region. Can. J. Res. (27)D(5) : 243–264, fig. 1–9.

674a. Heller, J. 1975. The taxonomy of some British *Littorina* species, with notes on their reproduction (Mollusca: Prosobranchia). Zool. J. Linn. Soc. 56(2) : 131–151, fig. 1–10, pl. 1–2.

675. Henderson, J.B. 1920. A monograph of the east American scaphopod mollusks. Bull. U.S. Natl. Mus. 111 : 1–177, pl. 1–20.

676. Henderson, P.A. 1990. Freshwater ostracods. Synop. Br. Fauna, New Ser. 42 : 1–228, fig. 1–95.

677. Hendrix, G.Y. 1975. A review of the genus *Phascolion* (Sipuncula) with the descriptions of two new species from the Western Atlantic. *Dans* Proceedings of the International Symposium on the Biology of the Sipuncula and Echiura, Kotor, June 18–25, 1970. *Éditeurs* : M.E. Rice et M. Todorovic. Inst. Biol. Res. "Sinisa Tankovic" Belgrade et Natl. Mus. Nat. Hist., Washington, D.C. Vol. I. p. 117–137, pl. 1–4.

678. Hendrix, S.S. 1994. Marine flora and fauna of the eastern United States. Platyhelminthes: Monogenea. NOAA (Natl. Ocean. Atmos. Admin.) Tech. Rep. NMFS (Natl. Mar. Fish. Serv.), Circ. 121 : 1–106, fig. 1–84.

680. Hébert, R., et Poulet, S.A. 1980. Effects of modification of particle size of emulsions of Venezuelan crude oil on feeding, survival and growth of marine zooplankton. Mar. Environ. Res. 4(2) : 121–134, fig. 1–6.

681. Herdman, W.A., Thompson, I.C., et Scott, A. 1898. On the plankton collected continuously during two traverses of the North Atlantic in the summer of 1897; with descriptions of new species of Copepoda and an appendix on dredging in Puget Sound. Proc. Trans. Liverpool Biol. Soc. 12 : 33–90, pl. V–VII.

682. Heron, G.A. 1977. Twenty-six species of Oncaeidae (Copepoda: Cyclopoida) from the southwest Pacific Antarctic area. Antarct. Res. Ser. 26 : 37–96, fig. 1–34.

683. Heron, G.A., et Damkaer, D.M. 1976. *Eurytemora richingsi*, a new species of deep water calanoid copepod from the Arctic Ocean. Proc. Biol. Soc. Wash. 89(8) : 127–136, fig. 1–17.

684. Heron, G.A., English, T.S., et Damkaer, D.M. 1984. Arctic Ocean Copepoda of the genera *Lubbockia*, *Oncaea*, and *Epicalymma* (Poecilostomatoida: Oncaeidae), with remarks on distributions. J. Crustacean Biol. 4(3) : 448–490, fig. 1–20.
685. Herpin, R. 1925. Remarques systématiques sur deux Térébelliens des côtes de France (*Nicolea zostericola* Oerst. sec. Grube et *Nicolea venustula* Montagu). Bull. Soc. zool. France, 50(4) : 311–317, fig. 1.
686. Herrick, F.H. 1895. The American lobster; a study of its habits and development. Bull. U.S. Fish. Comm. 15 : 1–252, pl. A–J, 1–54.
687. Hershler, R., et Davis, G.M. 1980. The morphology of *Hydrobia truncata* (Gastropoda: Hydrobiidae): relevance to systematics of *Hydrobia*. Biol. Bull. (Woods Hole), 158(2) : 195–219, fig. 1–10.
688. Herz, L.E. 1933. The morphology of the later stages of *Balanus crenatus* Bruguière. Biol. Bull. 64(3) : 432–442, pl. I–III.
689. Hessler, R.R. 1970. The Desmosomatidae (Isopoda, Asellota) of the Gay Head — Bermuda transect. Bull. Scripps Inst. Oceanogr. 15 : 1–185, fig. 1–79.
690. Hessler, R.R., et Sanders, H.L. 1965. Bathyal Leptostraca from the continental slope of the northeastern United States. Crustaceana, 9(1) : 71–74, fig. 1–2.
691. Hicks, G.R.F. 1986. Phylogenetic relationships within the harpacticoid copepod family Peltidiidae Sars, including the description of a new genus. Zool. J. Linn. Soc. 88(4) : 349–362, fig. 1–4.
692. Hicks, G.R.F. 1988. Systematics of the Donsiellinae Lang (Copepoda, Harpacticoida). J. Nat. Hist. 22(3) : 639–684, fig. 1–27.
693. Hicks, G.R.F. 1990. A new species of *Donsiella* (Copepoda: Harpacticoida) associated with the isopod *Limnoria stephenseni* Menzies from Macquarie Island. Mem. Mus. Vic. 50(2) : 451–456.
694. Higgins, R.P. 1965. The homalorhagid Kinorhyncha of northeastern U.S. coastal waters. Trans. Am. Microsc. Soc. 84(1) : 65–72, fig. 6–10.
694a. Higgins, R.P. 1977. Redescription of *Echinoderes dujardinii* (Kinorhyncha) with descriptions of closely related species. Smithson. Contrib. Zool. 248 : 1–26, fig. 1–31.
695. Higgins, R.P. 1982. Kinorhyncha. *Dans* Synopsis and classification of living organisms, Vol. 1. *Éditeur* : S.P. Parker. McGraw-Hill Book Co., NewYork, NY. p. 873–877, pl. 74–75, fig. 1–2.
696. Higgins, R.P. 1988. Kinorhyncha. *Dans* Introduction to the study of meiofauna. *Éditeurs* : R.P. Higgins et H. Thiel. Smithsonian Institute Press, Washington, DC. p. 328–331, fig. 28.1A–Q.
697. Higgins, R.P. 1990. Zelinkaderidae, a new family of cyclorhagid Kinorhyncha. Smithson. Contrib. Zool. 500 : 1–26, fig. 1–79.
698. Higgins, R.P., et Kristensen, R.M. 1988. Kinorhyncha from Disko Island, west Greenland. Smithson. Contrib. Zool. 458 : 1–56, fig. 1–167.
699. Higgins, R.P., Storch, V., et Shirley, T.C. 1993. Scanning and transmission electron microscopical observations on the larvae of *Priapulus caudatus* (Priapulida). Acta Zool. (Stockholm), 74(4) : 301–319, fig. 1–74.
699a. Higgins, R. P., et Thiel, H. (*Éditeurs*). 1988. Introduction to the study of meiofauna. 488 p. Smithsonian Institution Press, Washington, DC.
700. Hilbig, B., et Blake, J.A. 1991. Dorvilleidae (Annelida: Polychaeta) from the U.S. Atlantic slope and rise. Description of two new genera and 14 new species, with a generic revision of *Ophryotrocha*. Zool. Scr. 20(2) : 147–183, fig. 1–27.
700a. Hiltz, L.L., et Mack, G.E. (*Éditeurs*). 1977. The ocean clam (*Arctica islandica*) : a literature review. Can., Dept. Fish. Env., Fish. Mar. Serv., Tech. Rep. 720 : 1–161.
701. Himmelman, J.H. 1991. Diving observations of subtidal communities in the northern Gulf of St. Lawrence. *Dans* Le Golfe du Saint-Laurent : petit océan ou grand estuaire ? — The Gulf of St. Lawrence: small ocean or big estuary ? Compte-rendu d'un atelier/symposium tenu à l'Institut Maurice-Lamontagne (Mont-Joli), du 14 au 17 mars 1979 — Proceedings of a workshop/symposium held at the Maurice-Lamontagne Institute, Mont-Joli, 14–17 March 1989. *Éditeur* : J.C. Therriault. Can. Spec. Publ. Fish. Aquat. Sci. 113 : 319–332, fig. 1–7.
701a. Himmelman, J., Cardinal, A., et Bourget, E. 1983. Community development following removal of urchins, *Strongylocentrotus droebachiensis*, from the rocky subtidal zone of the St. Lawrence Estuary, Eastern Canada. Oecologia, 59 : 27–39, fig. 1–5.
702. Himmelman, J.H., et Dutil, C. 1991. Distribution, population structure and feeding of subtidal seastars in the northern gulf of St. Lawrence. Mar. Ecol. Prog. Ser. 76(1) : 61–72, fig. 1–8.
702a. Himmelman, J.H., et Lavergne, Y. 1985. Organization of rocky subtidal communities in the St. Lawrence Estuary. *Dans* Estuaire du Saint-Laurent : processus océanographiques et écologiques.

Sélection de travaux présentés au 2e Symposium sur l'océanographie de l'estuaire du Saint-Laurent (Québec, 14–17 mai 1984). *Éditeurs* : G. Lacroix, E. Bourget et J.-C. Therriault. Nat. Can. (Qué.), 112(1) : 143–154, fig. 1–2.

703. Hincks, T. 1888. The Polyzoa of the St. Lawrence: a study of arctic forms. Ann. Mag. Nat. Hist. (6)1(3) : 214–227, pl. XIV–XV.
704. Hincks, T. 1889. The Polyzoa of the St. Lawrence: a study of arctic forms. Ann. Mag. Nat. Hist. (6)3(17) : 424–433, pl. XXI.
705. Hincks, T. 1892. The Polyzoa of the St. Lawrence: a study of arctic forms. Ann. Mag. Nat. Hist. (6)9(50) : 149–157, pl. VIII.
706. Ho, J.-S. 1970. Revision of the genera of Chondracanthidae, a copepod family parasitic on marine fishes. Beaufortia, 17(229) : 105–218, text-fig. 1–4, fig. 1–296 (41 pl.).
707. Ho, J.-S. 1971. Parasitic copepods of the family Chondracanthidae from fishes of eastern North America. Smithson. Contrib. Zool. 87 : 1–39, fig. 1–26.
708. Ho, J.-S. 1977. Marine flora and fauna of the northeastern United States. Copepoda: Lernaeopodidae and Sphyriidae. NOAA (Natl. Ocean. Atmos. Admin.) Tech. Rep. NMFS (Natl. Mar. Fish. Serv.) Circ. 406 : 1–14, fig. 1–16.
709. Ho, J.-S. 1978. Marine flora and fauna of the northeastern United States. Copepoda: Cyclopoids parasitic on fishes. NOAA (Natl. Ocean. Atmos. Admin.) Tech. Rep. NMFS (Natl. Mar. Fish. Serv.) Circ. 409 : 1–12, fig. 1–17.
710. Ho, J.-S. 1984. New family of poecilostomatoid copepods (Spiophanicolidae) parasitic on polychaetes from southern California, with a phylogenetic analysis of nereicoliform families. J. Crustacean Biol. 4(1) : 134–146, fig. 1–5.
711. Ho, J.-S. 1994. Chondracanthid copepods (Poecilostomatoida) parasitic on Japanese deep-sea fishes, with a key to the genera of the Chondracanthidae. J. Nat. Hist. 28(3) : 505–517, fig. 1–5.
711a. Hoberg, E.P., Daoust, P.-Y., et McBurney, S. 1993. *Bolbosoma capitatum* and *Bolbosoma* sp. (Acanthocephala) from sperm whales (*Physeter macrocephalus*) stranded on Prince Edward Island, Canada. J. Helminthol. Soc. Wash. 60(2) : 205–210, fig. 1–3.
712. Hobson, K.D. 1971. Some polychaeta of the superfamily Eunicea from the North Pacific and North Atlantic oceans. Proc. Biol. Soc. Wash. 83 : 533–544, fig. 4–8.
713. Hobson, K.D., et Banse, K. 1981. Sedentariate and archiannnelid polychaetes of British Columbia and Washington. Can. Bull. Fish. Aquat. Sci. 209 : 1–144, fig. 1–29.
714. Høeg, J., et Lützen, J. 1985. Crustacea Rhizocephala. Mar. Invert. Scand. 6 : 1–92, fig. 1–35.
714a. Hoffer, S. A. 1971. Some aspects of the biology of Parathemisto (Amphipoda: Hyperiidea) from the Gulf of St. Lawrence. Mémoire M.Sc., Centre Sci. mar., Université McGill, Montréal, p. 1–84, fig. 1–18.
714b. Hogans, W.E. 1984. Helminths of striped bass (*Morone saxatilis*) from the Kouchibouguac River, New Brunswick. J. Wildl. Dis. 20(1) : 61–63.
714c. Hogans, W.E. 1985a. Northern range extension record for *Ergasilus labracis* (Copepoda, Ergasilidae) parasitic on striped bass (*Morone saxatilis*). Crustaceana, 49(1) : 97–98.
714d. Hogans, W.E. 1985b. Occurrence of *Caligus coryphaenae* (Copepoda, Caligidae) on the Atlantic bluefin tuna (*Thunnus thynnus* L.) from Prince Edward Island, Canada. Crustaceana, 49(3) : 313–314.
715. Hogans, W.E. 1991. Redescription of *Ergasilus labracis* (Krøyer, 1864) (Copepoda: Poecilostomatoida), a parasite of anadromous fishes from the east coast of North America. Can. J. Zool. 69(3) : 651–654. fig. 1–11.
716. Høisæter, T. 1986. An annotated check-list of marine molluscs of the Norwegian coast and adjacent waters. Sarsia, 71(2) : 73–145.
717. Holdich, D.M., et Jones, J.A. 1983. A synopsis of the tanaids. Synop. Br. Fauna, New Ser. 27 : 1–98, fig. 1–32.
718. Holmes, S.J. 1905. The Amphipoda of southern New England. Bull. U.S. Bur. Fish. 1904 24 : 457–529, pl. I–XIII, 67 fig.
719. Holmquist, C. 1958. On a new species of the genus *Mysis*, with some notes on *Mysis oculata* (O. Fabricius). Medd. Grønl. 159(4) : 1–17, fig. 1–6.
720. Holmquist, C. 1959. Problems on marine glacial relicts on account of investigations on the genus *Mysis*. Publications of the Danish Arctic Station, Disko Island 26 : 1–270, fig. 1–81.
722. Holmquist, C. 1965. The amphipod genus *Pseudalibrotus*. Z. Zool. Syst. Evolutionsforsch. 3(1/2) : 19–46, fig. 1–7.

723. Holmquist, C. 1970. The genus *Limnocalanus* (Crustacea, Copepoda). Z. Zool. Syst. Evolutionsforsch. 8(4) : 273–296, fig. 1–9.

724. Holthe, T. 1986. Polychaeta Terebellomorpha. Mar. Invert. Scand. 7 : 1–192, fig. 1–82.

725. Holthe, T. 1992. Identification of Annelida Polychaeta from northern European and adjacent arctic waters. Gunneria, 66 : 1–30.

726. Hooper, R. 1975. Bonne Bay marine resources. An ecological and biological assessment. Manuscript report to Parks Canada, Atlantic Regional Office, 295 p., fig. 1–5.

727. Hope, W.D., et Murphy, D.G. 1972. A taxonomic hierarchy and checklist of the genera and higher taxa of marine nematodes. Smithson. Contrib. Zool. 137 : 1–101.

728. Hopper, B.E. 1962. Free-living marine nematodes of the Rhode Island waters. Can. J. Zool. 40(1) : 41–52, fig. 1–24.

729. Hopper, B.E. 1968. Marine nematodes of Canada. I. Prince Edward Island. Can. J. Zool. 46(6) : 1103–1111, fig. 1–19.

730. Hopper, B.E. 1969. Marine nematodes of Canada. II. Marine nematodes from the Minas Basin — Scots Bay area of the Bay of Fundy, Nova Scotia. Can. J. Zool. 47(4) : 671–690, fig. 1–60.

731. Horne, D.J. 1983. On *Robertsonites tuberculatus* (Sars). Stereo-atlas Ostracod Shells 10, Part 1, Vol. 1, fiches 39–52. Br. Micropaleontol. Soc. et Robertson Res. Int. Ltd., Gwyneld, R.-U.

732. Hoshino, Z., et Nishikawa, T. 1985. Taxonomic studies of *Ciona intestinalis* (L.) and its allies. Publ. Seto Mar. Lab. 30(1/3) : 61–79, fig. 1–4.

733. Houbrick, R.S. 1993. Phylogenetic relationships and generic review of the Bittinae (Prosobranchia: Cerithioidea). Malacologia, 35 (2) : 261–313, fig. 1–26.

733a. Hove, H.A. ten 1974. Notes on *Hydroides elegans* (Haswell, 1883) and *Mercierella enigmatica* Fauvel, 1923, alien serpulid polychaetes introduced into the Netherlands. Bull. Zool. Mus. Univ. Amst. 4(6) : 45–51, fig. 1–9.

734. Hove, H.A. ten, et Jansen-Jacobs, M.J. 1984. A revision of the genus *Crucigera* (Polychaeta; Serpulidae); a proposed methodical approach to serpulids, with special reference to variation in *Serpula* and *Hydroides*. *Dans* Proceedings of the First International Polychaete Conference, Sydney (Australia, 4–9 July 1983). *Éditeur* : P.A. Hutchings. p. 143–180, fig. 1–12. Linn. Soc. N.S.W., Milsons Pt., NSW, Australie.

735. Huberdeau, L. 1980. Problèmes d'échantillonnage sur deux types de fonds et structures d'une communauté benthique infralittorale dans l'estuaire maritime du Saint-Laurent. Mémoire M.Sc., Dép. sci. biol., Université de Montréal, 145 p, 7 fig.

736. Huberdeau, L., et Brunel, P. 1982. Efficacité et sélectivité faunistique comparée de quatre appareils de prélèvements endo-, épi- et suprabenthiques sur deux types de fonds. Mar. Biol. 69(3) : 331–343, fig. 1–5.

737. Huberdeau, L., et Pilote, S. 1975. Exploration du crabe sur la Côte Nord en 1974. Dir. gén. Pêches marit., Dir. Rech., Rapp. ann. 1974 : 287–289, fig. 1–2. Minist. Indust. Commerce, Québec, Q.C.

738. Hughes, R.N., et Thomas, M.L.H. 1971a. The classification and ordination of shallow water benthic samples from Prince Edward Island, Canada. J. Exp. Mar. Biol. Ecol. 7(1) : 1–39, fig. 1–15.

739. Hughes, R.N., et Thomas, M.L.H. 1971b. Classification and ordination of benthic samples from Bedeque Bay, an estuary in Prince Edward Island, Canada. Mar. Biol. 10(3) : 227–235, fig. 1–3.

740. Hulings, N.C. 1966. Marine Ostracoda from Western North Atlantic Ocean off the Virginia coast. Chesapeake Sci. 7(1) : 40–56, fig. 1–8.

741. Hulings, N.C. 1967. Marine Ostracoda from the western North Atlantic Ocean: Labrador Sea, Gulf of St. Lawrence and off Nova Scotia. Crustaceana, 13(3) : 310–328, fig. 1–8, pl. IV.

742. Humcs, A.G. 1960. The harpacticoid copepod *Sacodiscus* (= *Unicalteutha*) *ovalis* (C.B. Wilson, 1944) and its copepodid stages. Crustaceana, 1(3) : 279–294, fig. 1–67.

743. Humes, A.G. 1986a. Copepodids and adults of *Leptinogaster major* (Williams, 1907), a poecilostomatoid copepod living in *Mya arenaria* L. and other marine bivalve mollusks. Fish. Bull. U.S. 84 (2) : 227–245, fig. 1–9.

744. Humes, A.G. 1986b. *Myicola metisiensis* (Copepoda: Poecilostomatoida), a parasite of the bivalve *Mya arenaria* in eastern Canada, redefinition of the Myicolidae, and diagnosis of the Anthessiidae n. fam. Can. J. Zool. 64(4) : 1021–1033, fig. 1–42.

745. Hummon, W.D. 1974. Some taxonomic revisions and nomenclatural notes concerning marine and brackish-water Gastrotricha. Trans. Am. Microsc. Soc. 93(2) : 194–205, fig. 1–3.

746. Hummon, W.D. 1982. Gastrotricha. *Dans* Synopsis and classification of living organisms, Vol. 1. *Éditeur* : S.P. Parker. McGraw-Hill Book Co., NewYork. p. 857–863, 2 pl.

746a. Huntsman, A.G. 1918. Report on affected salmon in the Miramichi River, New Brunswick. Contrib. Can. Biol. 1917–1918, Art. IX, p. 169–173. Aussi : Sessional Paper No. 38a (8 George V. A. 1918), Suppl. 7th Ann. Rep. Nav. Serv., Fish. Br., Ottawa.

747. Huntsman, A.G. 1919. Some quantitative and qualitative plankton studies of the eastern Canadian plankton. 3. A special study of the Canadian chaetognaths, their distribution etc., in waters of the eastern coast. *Dans* Can. Fish. Exped., 1914–15. *Éditeur* : J. Hjort. Dep. Nav. Serv. Ottawa. p. 421–485, fig. 1–12.

748. Huntsman, A.G. 1921. Eastern Canadian plankton. The distribution of the Tomopteridae obtained during the Canadian Fisheries Expedition, 1914–1915. Contrib. Can. Biol. 1918–20, Art. VII : 85–91, fig. 1–2. Fish. Branch, Dep. Mar. Fish., Ottawa.

748a. Huntsman, A.G., Bailey, W.B., et Hachey, H.B. 1954. The general oceanography of the Strait of Belle Isle. J. Fish. Res. Board Can. 11(3) : 198–260, fig. 1–35.

749. Hurst, A. 1967. The egg masses and veligers of thirty northeast Pacific opisthobranchs. Veliger, 9(3) : 255–288, fig. 1–31, pl. 26–38.

750. Hutchings, P.A., et Glasby, C.J. 1991. A cladistic analysis of the Polycirrinae (Polychaeta Terebellidae) and the genus *Polycirrus* (Terebellidae: Polycirrinae). *Dans* Third international polychaete conference held at California State University, Long Beach, California, August 6–11, 1989. *Éditeur* : D.J. Reish. Bull. Mar. Sci. 48(2) : 589.

751. Huys, R., et Boxshall, G.A. 1990. The rediscovery of *Cyclopicina longifurcata* (Scott) (Copepoda: Cyclopinidae) in deep water in the North Atlantic, with a key to genera of subfamily Cyclopininae. Sarsia 75(1) : 17–32, fig. 1–8.

752. Huys, R., et Coomans, A. 1989. *Echinoderes higginsi* sp.n. (Kinorhyncha, Cyclorhagida) from the southern North Sea with a key to the genus *Echinoderes* Claparède. Zool. Scr. 18(3) : 211–221.

752a. Huys, R., Gee, J.M., Moore, C.G., et Hamond, R. 1996. Marine and brackish water harpacticoid copepods. Part 1. Synop. Br. Fauna, New Ser. 51 : 1–352, fig. 1–130.

752b. Huys, R., et Gee, J.M. 1990. A revision of Thompsonulidae Lang, 1944 (Copepoda : Harpacticoida). Zool. J. Linn. Soc. 99(1) : 1–49, fig. 1–31.

752c. Huys, R., et Gee, J.M. 1993. A revision of *Danielssenia* Boeck and *Psammis* Sars with the establishment of two new genera *Archisenia* and *Bathypsammis* (Harpacticoida : Paranannopidae). Bull. Nat. Hist. Mus., Zool. Ser. 59(1) : 45–81, fig. 1–23.

753. Hyman, L.H. 1939. Some polyclads of the New England coast, especially of the Woods Hole region. Biol. Bull. 76(2) : 127–152, pl. I–V.

754. Hyman, L.H. 1941. The polyclad flatworms of the Atlantic coast of the United States and Canada. Proc. U.S. Natl. Mus. 89(3101) : 449–495, fig. 1–8.

755. Hyman, L.H. 1944. Marine Turbellaria from the Atlantic coast of North America. Am. Mus. Novit. 1266 : 1–15, fig. 1–16.

756. Hyman, L.H. 1951. The Invertebrates: Plathelminthes and Rhynchocoela, The acoelomate Bilateria, 2 : 1–572, fig. 1–208, McGraw-Hill Book. Co. Inc., NewYork.

756a. Hyman, L. H., 1964. North American Rhabdocoela and Alloeocoela 7. A new seriate alloeocoel, with corrective remarks on alloeocoels. Trans. Am. Microsc. Soc. 83(2) : 248–251, fig. 1–5.

757. Hyman, O.W. 1925. Studies on the larvae of crabs of the family Xanthidae. Proc. U.S. Natl. Mus. 67(2575) : 1–22, pl. 1–14.

758. Illg, P.L. 1958. North American copepods of the family Notodelphyidae. Proc. U.S. Natl. Mus. 107(3390) : 463–649, fig. 1–19.

759. Ingle, R.W. 1983. Shallow-water crabs. Synop. Br. Fauna, New Ser. 25 : 1–206, fig. 1–54.

760. Ingle, R.W. 1985. Northeastern Atlantic and Mediterranean hermit crabs (Crustacea: Anomura: Paguroidea). I. The genus *Pagurus* Fabricius, 1775. J. Nat. Hist. 19(4) : 745–769, fig. 1–77.

761. Ingle, R. 1991. Larval stages of northeastern Atlantic crabs: an illustrated key. Chapman et Hall, Londres. 363 p.

763. Isaac, M.J. 1974. Copepoda Monstrilloida from south-west Britain, including six new species. J. Mar. Biol. Assoc. U.K. 54 : 127–140, fig. 1–8.

764. Isaac, M.J. 1975. Copepoda. Sub-order: Monstrilloida. Fiches Identif. Zooplancton 144/145 : 1–10, fig. 1–39.

764a. Itô, T. 1969. Descriptions and records of marine harpacticoid copepods from Hokkaido, II. J. Fac. Sci. Hokkaido Univ., Ser. VI : Zool. 17(1) : 58–77.

764b. Itô, T. 1971. The biology of a harpacticoid copepod, *Harpacticus uniremis* Kröyer. J. Fac. Sci. Hokkaido Univ., Ser. VI : Zool. 18(1) : 235–255, fig. 1–14, pl. XI.

764c. Itô, T. 1974. Descriptions and records of marine harpacticoid copepods from Hokkaido, V. J. Fac. Sci. Hokkaido Univ., Ser. VI : Zool. 19(3) : 546–640, fig. 1–47.

764d. Itô, T. 1980. Three species of the genus *Zaus* (Copepoda : Harpacticoida) from Kodiak Island, Alaska. Publ. Seto Mar. Biol. Lab. 25(1/4) : 51–77, fig. 1–15, pl. I.

765. Ives, C. 1907. Some notes on the land, freshwater and marine Mollusca of Prince Edward Island. P.E.I. Agriculturist, March 1907. Summerside, Î.-P.-É.

766. Jacobs, L.J. 1987. A checklist of Monhysteridae (Nematoda, Monhysterida). Rand Afrikaans University, Johannesburg, 186 p.

767. Jalbert, P., Himmelman, J.H., Béland, P., et Thomas, B. 1989. Whelks (*Buccinum undatum*) and other subtidal invertebrates in the northern Gulf of St. Lawrence. Nat. Can. (Que.), 116 : 1–15, fig. 1–11.

768. Jarrett, N.E., et Bousfield, E.L. 1982. Studies on the amphipod family Lysianassidae in the northeastern Pacific region. *Hippomedon*: and related genera. Systematics and distributional ecology. *Dans* Studies on amphipod crustaceans of the northeastern Pacific region. I. Natl. Mus. Can., Natl. Mus. Natur. Sci., Publ. Biol. Oceanogr. 10 : 103–128, fig. 1–9.

769. Jazdzewski, K. 1990. A redescription of *Tiron antarcticus* K.H. Barnard, 1932 (Crustacea: Amphipoda: Synopiidae) with an updated key to the species of *Tiron* Liljeborg, 1865. Proc. Biol. Soc. Wash. 103(1) : 110–119.

770. Jean, Y. 1948. Notes sur un céphalopode, *Bathypolypus arcticus* (Prosch), capturé dans l'estuaire du St-Laurent. Nat. can. (Qué) 75(8–10) : 197–201, fig. 1.

771. Jean, Y. 1953. Recherches sur le Hareng *Clupea harengus*. *Dans* Rapport annuel de la Station de Biologie marine, 1952. Contrib. Dépt. Pêch., Québec. 43 : 19–46, fig. 1–3.

771a. Jensen, A.S. 1905a. Studier over nordiske Mollusker. III. *Tellina* (*Macoma*). Vidensk. Medd. Dan. Naturhist. Foren. 57 : 21–51, pl. I.

771b. Jensen, A.S. 1905b. On the Mollusca of East-Greenland. I. Lamellibranchiata. With an introduction on Greenland's fossil mollusc-fauna from the Quaternary time. Medd. Grønl. 29(IX) : 287–362, fig. 1–5.

772. Jensen, A.S. 1912. Lamellibranchiata (Part I.) Dan. Ingolf-Exped. 2A(5) : 1–119, pl. I–IV.

772a. Jensen, A.S. 1944. Remarks on the synonymy of the northern species of *Onchidiopsis*. *Dans* Thorson, G. 1944. The zoology of East Greenland: marine Gastropoda Prosobranchiata. Medd. Grønl. 121(13) : 64–66.

772b. Jensen, A.S. 1951. Remarks on the taxonomy of North Atlantic species of *Saxicava*. *Dans* Thorson, G. 1951. The Godthaab Expedition 1928 : Scaphopoda, Placophora, Solenogastres, Gastropoda Prosobranchiata, Lamellibranchiata. Medd. Grønl. 81(2) : 83–90, fig. 18.

773. Jensen, M. 1974. The Strongylocentrotidae (Echinoidea), a morphologic and systematic study. Sarsia, 57 : 113–148, fig. 1–7, pl. 1–24.

774. Jirkov, I.A. 1994. Dva novykh vida *Ampharete* (Polychaeta, Ampharetidae) iz severo-zapadnoî Patsifiki s obsujeniem znatchimosti opakhal kak taksonomitcheskogo priznaka Ampharetinae (Two new species of the genus *Ampharete* (Polychaeta, Ampharetidae) from the north-western pacific with discussion on the taxonomic signifiance of paleae in Ampharetinae). Zool. Zh. 73(4) : 28–32, fig. 1–2.

775. Jobin, L., et Poirier., L. 1975. Espèces associées capturées dans les casiers à homard aux Iles-de-la-Madeleine. Dir. gén. Pêches marit. Dir. Rech. Rapp. ann., 1974 : 47–53, fig. 1–3. Minist. Indust. Commerce, Québec, QC.

775a. Johansen, F. 1925. Natural history of the cunner (*Tautogolabrus adspersus* Walbaum). Contrib. Can. Biol. New. Ser. 2(17) : 423–467, fig. 1–10.

776. Johansen, F. 1926. Echinoderms from the Gulf of St. Lawrence and Newfoundland. Can. Field-Nat. 40(7) : 155.

777. Johansen, F. 1929. Echinoderms from the Gulf of St. Lawrence. Can. Field-Nat. 43(8) : 187.

778. Johansen, F. 1930. Marine Crustacea, Malacostraca and Pantopoda (Pycnogonida), collected in the Gulf of St. Lawrence, Newfoundland, and the Bay of Fundy in 1919, 1922, 1923, 1925, and 1926. Can. Field-Nat. 44 (4) : 91–94.

779. Johnson, C.W. 1930. Variations of *Aporrhais occidentalis* Beck. Nautilus 44(1) : 1–4, pl. 1.

780. Johnson, C.W. 1934. List of marine Mollusca of the Atlantic coast from Labrador to Texas. Proc. Boston Soc. Nat. Hist. 40(1) : 1–204.

781. Johnson, M.W. 1935. The life history of the copepod *Tortanus discaudatus* (Thompson & Scott) Biol. Bull. 67(1) : 182–200, pl. I–IV.

782. Johnson, M.W. 1966. The nauplius larvae of *Eurytemora herdmani* Thompson & Scott, 1897 (Copepoda, Calanoida). Crustaceana, 11(3) : 307–313, fig. 1–20.

783. Jones, A.M., et Baxter, J.M. 1987. Molluscs: Caudofoveata, Solenogastres, Polyplacophora and Scaphopoda. Synop. Br. Fauna, New Ser. 37 : 1–123, fig. 1–27.

784. Jones, L.W.G., et Crisp, D.J. 1954. The larval stages of the barnacle, *Balanus improvisus* Darwin. Proc. Zool. Soc. Lond. 123(4) : 765–780, fig. 1–6.

785. Jones, N.S. 1957. Cumacea. Fiches Identif. Zooplancton 71 : 1–3; 72 : 1–6, fig. 1–124; 73 : 1–3; 74 : 1–3; 75 : 1–3; 76 : 1–4.

786. Jones, N.S. 1969. The systematics and distribution of Cumacea from depths exceeding 200 meters. Galathea Report 10 : 99–180, fig. 1–35. Danish Science Press, Ltd., Copenhague, Danemark.

787. Jones, N.S. 1976. British cumaceans. Arthropoda: Crustacea. Synop. Br. Fauna, New Ser. 7 : 1–66, fig. 1–20.

788. Jones, W.G. 1924. Report on warm water survey of Chaleur bay. Fish. Res. Board Can., Man. Rep. Biol. Sta. 182 (Original Manuscript No. 392) : 1–20, pl. 1–7.

788a. Joyeux, C., et Baer, J. G. 1936. Cestodes. Faune Fr. 30 : 1–613, fig. 1–569.

789. Judkins, D.C., et Wright, R. 1974. New records of the mysids *Boreomysis nobilis* G.O. Sars and *Mysis litoralis* (Banner) in the Saguenay Fjord (St. Lawrence Estuary). Can. J. Zool. 52(8) : 1087–1090, fig. 1.

790. Jumars, P.A. 1974. A generic revision of the Dorvilleidae (Polychaeta), with six new species from the deep North Pacific. Zool. J. Linn. Soc. 54(2) : 101–135, fig. 1–14.

791. Jungersen, H.F.E. 1904. Pennatulida. Dan. Ingolf-Exped. 5(1) : 1–95, pl. I–III.

792. Just, H., et Edmunds, M. 1985. North Atlantic nudibranchs (Mollusca) seen by Henning Lemche, with additional species from the Mediterranean and the North East Pacific. Ophelia, Suppl. 2 : 1–170, pl. 1–69.

793. Just, J. 1970. Amphipoda from Jørgen Brønlund Fjord, North Greenland. Medd. Grønl. 184(6) : 1–39, fig. 1–20.

794. Just, J. 1976. On the marine genus *Menigratopsis* Dahl, 1945 from North Atlantic and Arctic waters (Crustacea, Amphipoda, Lysianassidae). Astarte, 9(1) : 1–12, fig. 1–9.

795. Just, J. 1978. Taxonomy, biology and evolution of the circumarctic genus *Acanthonotozoma* (Amphipoda), with notes on *Panoploeopsis*. Acta Arctica 20 : 1–140, fig. 1–69.

796. Just, J. 1980. Amphipoda (Crustacea) of the Thule area, northwest Greenland: faunistics and taxonomy. Medd. Grønl. Biosci. 2 : 1–61, fig. 1–58.

797. Kaas, P., et Van Belle, R.A. 1985a. Monograph of living chitons (Mollusca: Polyplacophora). Vol. 1: Order Neoloricata: Lepidopleurina. 120 p., fig. 1–95. E.J. Brill et W. Backhuys, Leiden.

798. Kaas, P., et Van Belle, R.A. 1985b. Monograph of living chitons. Vol. 2 : Suborder Ischnochitonidae : Schizoplacinae, Callochitoninae, Lepidochitoninae. 198 p., fig. 1–76. E.J. Brill et W. Backhuys, Leiden.

799. Kaas, P., et Van Belle, R.A. 1988. Monograph of living chitons (Mollusca: Polyplacophora). Vol. 3: Ischnochitonidae: Chaetopleurinae, Ischnochitoninae (pars). 302 p., fig. 1–117. E.J. Brill, Leiden.

800. Kaas, P., et Van Belle, R.A. 1990. Monograph of living chitons (Mollusca: Polyplacophora). Vol. 4: Suborder Ischnochitonina: Ischnochitonidae: Ischnochitoninae (continued); additions to vols. 1, 2 and 3. 298 p., fig. 1–116. E.J. Brill, Leiden.

801. Kaas, P., et Van Belle, R.A. 1994. Monograph of living chitons (Mollusca: Polyplacophora). Vol. 5: Ischnochitonidae: Ischnochitoninae (continued): Callistoplacinae. Mopaliidae. Additions to vols 1–4. 402 p., fig. 1–141. E.J. Brill, Leiden.

802. Kabat, A.R. 1991. The classification of the Naticidae (Mollusca: Gastropoda): review and analysis of the supraspecific taxa. Bull. Mus. Comp. Zool. Harvard 152(7) : 417–449.

803. Kabata, Z. 1964a. Redescription of *Lernaeopoda centroscyllii* Hansen, 1923 (Copepoda: Lernaeopodidae). J. Fish. Res. Board Can. 21 : 681–689, fig. 1–3.

804. Kabata, Z. 1964b. Revision of the genus *Charopinus* Krøyer, 1863 (Copepoda: Lernaeopodidae). Vidensk. Medd. Dan. Naturhist. Foren. 127 : 85–112, pl. I–XII.

805. Kabata, Z. 1979. Parasitic Copepoda of British fishes. Ray Soc. Publ. 152. 468 p., 199 pl.

806. Kabata, Z. 1988. Copepoda and Branchiura. *Dans* Guide to the parasites of fishes of Canada. Part II: Crustacea. *Éditeurs* : L. Margolis et Z. Kabata. Can. Spec. Publ. Fish. Aquat. Sci. 101 : 3–127, fig. 1–53.

807. Kabata, Z. 1992. Copepods parasitic on fishes. Synop. Br. Fauna, New Ser. 47 : 1–264, fig. 1–45.

808. Kanneworff, E. 1966. On some amphipod species of the genus *Haploops*, with special reference to *H. tubicola* Lilljeborg and *H. tenuis* sp. nov. from the Øresund. Ophelia, 3 : 183–207, fig. 1–8, pl. 7.

808a. Karling, T.G. 1974. Turbellarian fauna of the Baltic proper. Identification, ecology and biogeography. Fauna Fennica 27 : 1–101, fig. 1–208.

809. Katona, S.K. 1971. The developmental stages of *Eurytemora affinis* (Poppe, 1880) (Copepoda, Calanoida) raised in laboratory cultures, including a comparison with the larvae of *Eurytemora americana* Williams, 1906 and *Eurytemora herdmani* Thompson et Scott, 1897. Crustaceana, 21(1) : 5–20, fig. 1–93.

810. Katzmann, W., et Laubier, L. 1975. Paraonidae (Polychètes sédentaires) de l'Adriatique. Ann. Naturhist. Mus. Wien. 79 : 567–588, fig. 1–6.

811. Katzmann, W., Laubier, L., et Ramos, J. 1974. Pilargidae (Annélides Polychètes errantes) de Méditerranée. Bull. Inst. océanogr. 71(1428) : 1–40, fig. 1–12.

812. Keen, A.M., et Coan, E.V. 1963. Marine molluscan genera of western North America: an illustrated key. 2e éd. 208 p., illus. Stanford University Press, Stanford, Californie.

813. Kempf, E.K. 1986a. Index and bibliography of marine Ostracoda. Part 1: Index A. Geol. Inst. Univ. Köln, Sonderveroeffentlichungen 50 : 1–766.

814. Kempf, E.K. 1986b. Index and bibliography of marine Ostracoda. Part 2: Index B. Geol. Inst. Univ. Köln, Sonderveroeffentlichungen 51 : 1–712.

815. Kempf, E.K. 1987. Index and bibliography of marine Ostracoda. Part 3: Index C. Geol. Inst. Univ. Köln, Sonderveroeffentlichungen 52 : 1–774.

816. Kempf, E.K. 1988. Index and bibliography of marine Ostracoda. Part 4: Bibliography A. Geol. Inst. Univ. Köln, Sonderveroeffentlichungen 53 : 1–454.

816a. Kenchington, E., Landry, D., et Bird, C.J. 1995. Comparison of taxa of the mussel *Mytilus* (Bivalvia) by analysis of the nuclear small-subunit rRNA gene sequence. Can. J. Fish. Aquat. Sci. 52(12) : 2613–2620, fig. 1–3.

817. Keppner, E.J., et Tarjan, A.C. 1989. Illustrated key to the genera of free-living marine nematodes of the order Enoplida. NOAA (Natl. Ocean. Atmos. Admin.) Tech. Rep. NMFS (Natl. Mar. Fish. Serv.) Circ. 77 : 1–26, fig. 1–118.

818. Kerswill, C.J. 1940. The distribution of pteropods in the waters of eastern Canada and Newfoundland. J. Fish. Res. Board Can. 5(1) : 23–31, fig. 1–4.

819. Khalil, L.F., Jones, A., et Bray, R.A. 1994. Keys to the cestode parasites of vertebrates. CAB International, Wallingford. 751 p., 1739 fig.

819a. Khan, R.A. 1982. Biology of a leech ectocommensal on the spider crab, *Chionoecetes opilio*. *Dans* Proceedings of the International Symposium on the genus *Chionoecetes*, University of Alaska, Anchorage, Alaska, May 3–6, 1982 (Lowell Wakefield Fisheries Symposia Series). *Éditeurs* : Anonyme. Alaska Sea Grant Report, 82–10 : 681–694.

820. Khan, R.A. 1991. Trypanosome occurrence and prevalence in the marine leech, *Johanssonia arctica* and its host preferences in the northwestern Atlantic Ocean. Can. J. Zool. 69(9) : 2374–2380, fig. 1–10.

821. Khan, R.A., et Meyer, M.C. 1976. Taxonomy and biology of some Newfoundland marine leeches (Rhynchobdellae: Piscicolidae). J. Fish. Res. Board Can. 33(8) : 1699–1714, fig. 1–6.

822. Khan, R.A., et Tuck, C. 1995. Parasites as biological indicators of stocks of Atlantic cod (*Gadus morhua*) off Newfoundland, Canada. *Dans* Parasites of aquatic organisms: A Festschrift dedicated to Dr. Leo Margolis, O.C., Ph.D., F.R.S.C. *Éditeur* : J.R. Arthur. Can. J. Fish. Aquat. Sci. 52 (Suppl. 1) : 195–201, fig. 1.

823. Kiefer, F. 1929. Crustacea Copepoda 2. Cyclopoida Gnasthostoma. Das Tierreich. 53 : 1–102, fig. 1–42.

823a. Kim, K.C., Pratt, H.D., et Stojanovich, C.J. 1986. The sucking lice of North America: an illustrated manual for identification. Pensylvania State University Press, University Park, Pensylvanie. 242 p., pl. 1–76.

824. Kindle, E.M. 1918. Notes on the habits and distribution of *Teredo navalis* on the Atlantic coast of Canada. Contrib. Can. Biol., 1917–1918, Art. IV : 92–101, fig. 1–2.

824a. Kindle, E.M., et Whittaker, E.J. 1918. Bathymetric check-list of the marine invertebrates of Eastern Canada, with an index to Whiteaves' catalogue. Contrib. Can. Biol. 1917–1918(14) : 229–294.

825. King, P.E. 1985. British sea spiders. Arthropoda: Pycnogonida. Synop. Br. Fauna, New Ser. 5 : 1–68, fig. 1–28.

826. Kirkegaard, J.B. 1983. Bathyal benthic polychaetes from the N.E. Atlantic Ocean, S.W. of the British Isles. J. Mar. Biol. Assoc. U.K. 63(3) : 593–608, fig. 1–3.

827. Kirkpatrick, P.A., et Pugh, P.R. 1984. Siphonophores and velellids. Synop. Br. Fauna New Ser. 29 : 1–154, fig. 1–61.

828. Klassen, G.J., Beverley-Burton, M., et Locke, A. 1989. A revision of *Entobdella* Blainville (Monogenea: Capsalidae) with particular reference to *E. hippoglossi* and *E. squamula*: the use of ratios in taxonomy and key to species. Can. J. Zool. 67(8) : 1869–1876, fig. 1–6.

828a. Klemm, D.J. 1985. Freshwater leeches (Annelida: Hirudinea). *Dans* A guide to the freshwater Annelida (Polychaeta, naidid and tubificid Oligochaeta, and Hirudinea) of North America, chapitre 7, p. 70–173, fig. 7.1–7.106. *Éditeur* : D.J. Klemm. Kendall/Hunt Publishing Co., Dubuque, Iowa, É.-U.

829. Klie, W. 1949. Harpacticoida (Copepoda) aus dem Bereich von Helgoland und der Kieler Bucht. 1. Kiel. Meeresforsch. 6 : 90–128, fig. 1–49.

830. Kluge, G.A. 1962. Mchanki severnykh morei SSSR Opredel. Faune SSSR (Guides d'identification de la faune de l'URSS). 76 : 1–584, fig. 1–404. Zool. Inst., Akad. Nauk SSSR, Moscou et Léningrad. (Trad. angl. : Bryozoa of the northern seas of the USSR. 711 p. Amerind Publ., New Delhi, Indes, 1975).

831. Knight-Jones, E.W. 1962. The systematics of marine leeches. *Dans* Mann, K.H. (1962). Leeches (Hirudinea), their structure, physiology, ecology, and embryology. Int. Ser. Monogr. Pure Appl. Biol. Zool. 11(app.B) : 169–186. Pergamon Press, Oxford et N.Y.

832. Knight-Jones, P. 1978. Spirorbidae (Polychaeta: Sedentaria) from the east Pacific, Atlantic and southern oceans. Zool. J. Linn. Soc. 64(3) : 210–240, fig. 1–18.

833. Knight-Jones, P. 1983. Contributions to the taxonomy of Sabellidae (Polychaeta). Zool. J. Linn. Soc. 79(3) : 245–295, fig. 1–21.

834. Knight-Jones, P., et Fordy, M.R. 1979. Setal structure, functions and interrelationships in Spirorbidae (Polychaeta, Sedentaria). Zool. Scr. 8(2) : 119–138, fig. 1–108.

835. Knight-Jones, P., et Knight-Jones, E.W. 1977. Taxonomy and ecology of British Spirorbidae (Polychaeta). J. Mar. Biol. Assoc. U.K. 57(2) : 453–499, fig. 1–12.

836. Knight-Jones, P., Knight-Jones, E.W., et Dales, R.P. 1979. Spirorbidae (Polychaeta Sedentaria) from Alaska to Panama. J. Zool. 189(4) : 419–458, fig. 1–8.

837. Knight-Jones, P., Knight-Jones, E.W., et Buzhinskaya, G. 1991. Distribution and interrelationships of northern spirorbid genera. *Dans* Third International Polychaete Conference held at California State University, Long Beach, California, August 6–11, 1989. *Éditeur* : D.J. Reish. Bull. Mar. Sci. 48(2) : 189–197, fig. 1–4.

838. Koehler, R. 1914. A contribution to the study of ophiurans of the United States National Museum. Bull. U.S. Natl. Mus. 84 : 1–173, pl. 1–18.

838a. Koeller, P.A., et LeGresley, M. 1981. Abundance and distribution of finfish and squid from *E.E. Prince* trawl surveys in the southern Gulf of St. Lawrence, 1970–79. Can. Tech. Rep. Fish. Aquat. Sci. 1028 : 1–56, fig. 1–46.

838b. Køie, M. 1976. On the morphology and life-history of *Zoogonoides viviparus* (Olsson, 1868) Odhner, 1902 (Trematoda, Zoogonidae). Ophelia 15(1) : 1–14, fig. 1–4.

838c. Køie, M. 1977. Stereoscan studies of cercariae, metacercariae, and adults of *Cryptocotyle lingua* (Creplin, 1825) Fischoeder 1903 (Trematoda : Heterophyidae). J. Parasitol. 63(5) : 835–839, fig. 1–9.

838d. Køie, M. 1979a. On the morphology and life-history of *Derogenes varicus* (Müller, 1784) Looss, 1901. Z. Parasitenk. 59(1) : 67–78, fig. 1–17.

838e. Køie, M. 1979b. On the morphology and life-history of *Monascus* (=*Haplocladus*) *filiformis* (Rudolphi, 1819) Loos, 1907 and *Steringophorus furciger* (Olsson, 1868) Odhner, 1905 (Trematoda, Fellodistomidae). Ophelia 18(1) : 113–132, fig. 1–7.

838f. Køie, M. 1981. On the morphology and life-history of *Podocotyle reflexa* (Creplin, 1825) Odhner, 1905, and a comparison of its developmental stages with those of *P. atomon* (Rudolphi, 1802) Odhner, 1905 (Trematoda, Opecoelidae). Ophelia 20(1) : 17–43, fig. 1–13.

838g. Køie, M. 1985a. On the morphology and life-history of *Lepidapedon elongatum* (Lebour, 1908) Nicoll, 1910 (Trematoda, Lepocreadiidae). Ophelia 24(3) : 135–153, fig. 1–9.

838h. Køie, M. 1989. On the morphology and life history of *Lecithaster gibbosus* (Rudolphi, 1802) Lühe, 1901 (Digenea, Hemiuroidea). Parasitol. Res. 75 : 361–367, fig. 1–5.

838i. Køie, M. 1992. Life cycle and structure of the fish digenean *Brachycephallus crenatus* (Hemiuridae). J. Parasitol. 78(2) : 338–343, fig. 1–3.

838j. Køie, M. 1993a. Aspects of the life cycle and morphology of *Hysterothylacium aduncum* (Rudolphi, 1802) (Nematoda, Ascaridoidea, Anisakidae). Can. J. Zool. 71(7) : 1289–1296, fig. 1–21.

839. Køie, M. 1993b. Nematode parasites in teleosts from 0 to 1540 m depth off the Faroe Islands (The North Atlantic). Ophelia 38(3) : 217–243, fig. 1–6.

839a. Koltun, V. M. 1959. Kremnerogovye gubki severnykh i dal'nevostotchnykh moreî SSSR. Opredeliteli Faune SSSR, No. 76 : 1–235, fig. 11–?, pl. I–? Izdatel'stvo « Nauka », Moskva & Leningrad, SSSR. Traduction anglaise : Corneosiliceous sponges of the northern and far eastern seas of the USSR. Keys for the identification of the fauna of the USSR, No. 67, Fish. Res. Board Can., Transl. Ser., 1848, 442 p.

840. Koltun, V.M. 1966. Tchetyrekhlutchevye gubki severnykh i dal'nevostotchnykh moreî SSSR (Otryad Tetraxonida) (Éponges Tétraxones des mers septentrionales et extrême-orientales de l'URSS). Opredel. Faune SSSR 90 : 1–112, pl. I–XXXVIIII, fig. 1–80. Trad. angl. : Four rayed sponges of the northern and far eastern seas of the USSR. Fish. Res. Board Can., Transl. Ser. No. 1785, 1971.

840a. Komai, T. 1997. Revision of *Argis dentata* and related species (Decapoda: Caridea: Crangonidae), with description of a new species from the Okhotsk Sea. J. Crustacean Biol. 17(1) : 135–161, fig. 1–20.

841. Kool, S.P. 1993. Phylogenetic analysis of the Rapaninae (Neogastropoda: Muricidae). Malacologia, 35(2) : 155–259, fig. 1–30.

842. Koolwijk, T. van. 1982. Calcareous sponges of the Netherlands (Porifera, Calcarea). Bull. Zool. Mus. Univ. Amst. 8(12) : 89–98, fig. 1–5.

843. Kornicker, L.S. 1974. Ostracoda (Myodocopina) of Cape Cod Bay, Massachusetts. Smithson. Contrib. Zool. 173 : 1–20, fig. 1–11.

844. Kornicker, L.S. 1982. A restudy of the amphiatlantic ostracode *Philomedes brenda* (Baird, 1850) (Myodocopina). Smithson. Contrib. Zool. 358 : 1–28, fig. 1–9.

845. Kornicker, L.S. 1988. Myodocopid Ostracoda of the Beaufort Sea, Arctic Ocean. Smithson. Contrib. Zool. 456 : 1–40, fig. 1–19.

846. Kraeuter, J.N. 1971. A taxonomic and distributional study of the western north Atlantic Dentaliidae (Mollusca: Scaphopoda). Thèse Ph.D. Marine science, Université du Delaware, 256 p.

847. Kramp, P.L. 1919. Medusae. Part I. Leptomedusae. Dan. Ingolf-Exped. 5(8) : 1–111, pl. I–V, fig. 1–17.

848. Kramp, P.L. 1926. Medusae. Part II. Anthomedusae. Dan. Ingolf-Exped. 5(10) : 1–102, pl. I–II, fig. 1–40.

848a. Kramp, P.L. 1942. The Godthaab Expedidion 1928: Medusae. Medd. Grønl. 81(1) : 1–168, fig. 1–37.

849. Kramp, P.L. 1947. Medusae. Part III. Trachylina and Scyphozoa. Dan. Ingolf-Exped. 5(14) : 1–66, pl. I–VI, fig. 1–20.

850. Kramp, P.L. 1959. The Hydromedusae of the Atlantic Ocean and adjacent waters. Dana-Report 46 : 1–283, fig. 1–335. Andr. Fred. Høst & Søn, Copenhague.

851. Kramp, P.L. 1961. Synopsis of the medusae of the world. J. Mar. Biol. Assoc.U.K. 40 : 1–469.

851a. Kristensen, T.K. 1981. The genus *Gonatus* Gray, 1849 (Mollusca : Cephalopoda) in the North Atlantic. A revision of the North Atlantic species and description of *Gonatus steenstrupi* n. sp. Steenstrupia, 7(4) : 61–99, fig. 1–29.

852. Kudenov, J.D. 1987. Review of the primary species characters for the genus *Euphrosine* (Polychaeta: Euphrosinidae). *Dans* "This number is dedicated to Marian H. Pettibone, Zoologist Emeritus, Smithsonian Institution". *Éditeurs* : K. Fauchald et B.F. Kensley. Bull. Biol. Soc. Wash. 7 : 184–193, fig. 1–5.

853. Kudenov, J.D., et Blake, J.A. 1978. A review of the genera and species of the Scalibregmidae (Polychaeta) with descriptions of one new genus and three new species from Australia. J. Nat. Hist. 12 : 427–444, fig. 1–32.

853a. Kühnert, L. 1934. Beitrag zur Entwicklungsgeschichte von *Alcippe lampas* Hancock. Z. Morphol. Okol. Tiere 29(1) : 45–78, fig. 1–24.

853b. Kuitunen-Ekbaum, E. 1933. A study of the cestode genus *Eubothrium* of Nybelin in Canadian fishes. Contrib. Can. Biol. New Ser. 8(6)(Series A : General, Paper No. 33) : 89–98, fig. 1–3.

854. Kükenthal, W. 1915. Pennatularia. Das Tierreich 43 : 1–132, fig. 1–126.

854a. Kunz, H. 1981. Beitrag zur Systematik der Paramesochridae (Copepoda, Harpacticoida) mit Beschreibung einiger neuer Arten. Mitt. Zool. Mus. Univ. Kiel, 8(1) : 1–33.

854b. Kunz, H. 1984. Systematik der Familie Tetragonicipidae Lang (Crustacea, Harpacticoida). Mitt. Zool. Mus. Univ. Kiel, 2(2) : 33–48.

855. Kurata, H. 1963. Larvae of Decapoda Crustacea of Hokkaido. 2. Majidae (Pisinae). Bull. Hokkaido Reg. Fish. Res. Lab. 27 : 25–31, fig. 1–4. (en japonais avec résumé anglais).

856. Kussakin, O.G. 1963. Some data on the systematics of the family Limnoriidae (Isopoda) from northern and far-eastern seas of the U.S.S.R. Crustaceana 5(4) : 281–292, fig. 1–6.

857. Kussakin, O.G. 1979. Morskie i solonovatovednye ravnonogie Rakoobraznye (Isopoda) kholodnykh i umerennykh vod severnogo poluchariya. Podotryad Flabellifera (Crustacés Isopodes des eaux marines et saumâtres, froides et tempérées de l'hémisphère nord. Sous-ordre Flabellifera). Opredel. Faune SSSR (Guides d'Identification de la Faune d'URSS) 122 : 1–472, fig. 1–309. Zool. Inst. Akad. Nauk SSSR, Leningrad, URSS.

858. Kussakin, O.G. 1982. Morskie i solonovatovodnye ravnonogie Rakoobraznye (Isopoda) kholodnykh i umerennykh vod severnogo poluehariya. Tom 2 Podotryady Anthuridea, Microcerberidea, Valvifera, Tyloidea (Les Isopodes (Isopoda) marins et d'eaux saumâtres des eaux froides et tempérées de l'hémisphère nord. Sous-ordres Anthuridea, Microcerberidea, Valvifera, Tyloidea). Opredel. Faune SSSR (Guides d'Identification de la Faune d'URSS). 131 : 1–45 6, illus.

859. Kussakin, O.G. 1988. Morskie i solonovatovodnye ravnonoghie rakoobraznye (Isopoda) kholodnykh i umerennykh vod severnogo poluchariya. Tom 3 : Podotryady Asellota. Tchasti 1 : Janiridae, Santidae, Dendrotionidae, Munnidae, Paramunnidae, Haplomunnidae, Mesosignidae, Haploniscidae, Mictosomatidae, Iachnomesidae (Les isopodes (Isopoda) marins et d'eaux saumâtres des eaux froides et tempérées de l'hémisphère nord. Tom 3 : Sous-ordre Asellota. Partie 1 : Familles Janiridae, etc. Opredel. Faune SSSR (Guides d'Identification de la Faune d'URSS). 152 : 1–500.

860. Kuzirian, A.M. 1977. The rediscovery and biology of *Coryphella nobilis* Verrill, 1880 in New England (Gastropoda: Opisthobranchia). J. Molluscan Stud. 43(3) : 230–240, fig. 1–6.

861. Kuzirian, A.M. 1979. Taxonomy and biology of four New England coryphellid nudibranchs (Gastropoda: Opisthobranchia). J. Molluscan Stud. 45(3) : 239–261, fig. 1–6.

862. Lacalli, T.C. 1980. A guide to the marine flora and fauna of the Bay of Fundy: Polychaeta larvae from Passamaquoddy Bay. Can. Tech. Rep. Fish. Aquat. Sci. 940 : 1–27, fig. 1–89.

863. Lacalli, T.C. 1981. Annual spawning cycles and planktonic larvae of benthic invertebrates from Passamaquoddy Bay, New Brunswick. Can. J. Zool. 59(3) : 433–440, fig. 1–4.

864. Lachance, S. 1988. Comparaison des communautés de crevettes de l'estuaire maritime du Saint-Laurent et de la baie des Chaleurs. Univ. Montréal, Dép. Sci. biol., Rapport d'initiation à la recherche, Labor. P. Brunel. 33 p., 19 fig.

865. Lacroix, G. 1960a. Reproduction cyclique des Cladocères marins dans le golfe Saint-Laurent. Sta. Biol. mar. Grande-Rivière, Rapp. ann. 1959 : 17–23, fig. 1–4.

866. Lacroix, G. 1960b. Distribution horizontale et biologie des euphausides dans la baie des Chaleurs en 1959. Sta. Biol. mar. Grande-Rivière, Rapp. ann. 1959 : 24–26, fig. 1.

867. Lacroix, G. 1961a. Production de zooplancton dans la Baie-des-Chaleurs en 1960. Sta. Biol. mar. Grande-Rivière, Rapp. ann. 1960 : 11–28, fig. 1–6.

868. Lacroix, G. 1961b. Les migrations verticales journalières des euphausides à l'entrée de la baie des Chaleurs. Nat. can. (Qué.) 8(11) : 257–317, fig. 1–18 (Aussi : Contr. Dép. Pêch. Qué., 83).

869. Lacroix, G. 1963. Production de zooplancton dans la Baie-des-Chaleurs. Sta. Biol. mar. Grande-Rivière, Rapp. ann. 1962 : 39–52, fig. 1–5.

870. Lacroix, G. 1966. Recherches sur le zooplancton de la Baie-des-Chaleurs en 1965. Sta. Biol. mar. Grande-Rivière, Rapp. ann. 1965 : 45–53, fig. 1–3.

871. Lacroix, G. 1967. Recherches sur le zooplancton de la Baie-des-Chaleurs en 1966. Sta. Biol. mar. Grande-Rivière, Rapp. ann., 1966 : 37–46, fig. 1–3.

872. Lacroix, G. 1968a. Les fluctuations quantitatives du zooplancton de la Baie-des-Chaleurs (Golfe du Saint-Laurent). Thèse Ph.D., Dép. Biol. Université Laval, 360 p., pl. 1–21. Québec, QC.

873. Lacroix, G. 1968b. Recherches sur le zooplancton de la Baie-des-Chaleurs en 1967. Sta. Biol. mar. Grande-Rivière, Rapp. ann. 1967 : 45–53, fig. 1.

874. Lacroix, G. 1981. Guide d'identification du zooplancton : estuaire et golfe du Saint-Laurent. Dép. Biol., Univ. Laval. 47 p., 1 fig., 44 pl. Québec, QC.

875. Lacroix, G., et Bergeron, J. 1963. Liste préliminaire des Invertébrés du banc de Bradelle, 1962. Sta. Biol. Mar. Grande-Rivière, Rap. ann. 1962 : 59–67, fig. 1–2.

876. Lacroix, G., et Bourget, E. 1973. The forms *inermis* and *neglecta* of *Thysanoessa inermis* (Krøyer, 1849) (Euphausiacea) in the southwestern part of the Gulf of St. Lawrence, E. Canada. Crustaceana 24(3) : 298–302, fig. 1–2.

877. Lacroix, G., et Filteau, G. 1970. Les fluctuations quantitatives du zooplancton de la Baie-des-Chaleurs (golfe Saint-Laurent) II. Composition des Copépodes et fluctuations des Copépodes du genre *Calanus*. Nat. can. (Qué.) 97(6) : 711–748, fig. 1–13.

878. Lacroix, G., et Filteau, G. 1971. Les fluctuations quantitatives du zooplancton de la Baie-des-Chaleurs (golfe du Saint-Laurent). III. Fluctuations des copépodes autres que *Calanus*. Nat. can. (Qué.), 98 : 775–813.

879. Lacroix, G., et Legendre, L. 1964. Le zooplancton de l'estuaire de la rivière Restigouche (baie des Chaleurs) : quantités et composition en août 1962. Nat. can. (Qué.) 91(1) : 21–40, fig. 1–5.

879a. Lacroix, G., et Therriault, J.-C. 1973. Evaluation des salissures marines à Cap-Brûlé (estuaire moyen du Saint-Laurent). Groupe interuniversitaire de recherches océanographiques du Québec (GIROQ) et Dépt. Biol., Université Laval, Québec. Rapport manuscrit soumis à Hydro-Québec, via Centreau, Université Laval. 21 p., fig. 1–5.

880. Lagardère, J.-P. 1968. Les Crustacés de l'expédition française R.C.P. 42 au Spitsberg (été 1966). Bull. Cent. Etud. Rech. sci. Biarritz 7(2) : 155–205, pl. 1–11, fig. 1–3.

881. Lagardère, J.-P. 1978. Crustacea (adultes pélagiques). Ordre : Decapoda. Familles : Penaeidae et Sergestidae. Fiches Identif. Zooplancton 155, 156, 157 : 1–15, fig. 1–28.

882. Lagardère, J.-P., et Nouvel, H. 1980. Les Mysidacés du talus continental du golfe de Gascogne. II. Familles des Lophogastridae, Eucopiidae et Mysidae (Tribu des Erythropini exceptée) (Suite et fin). Bull. Mus. natl. Hist. nat. Paris, 4e sér., Sect. A : Zoologie, Biologie et Ecologie animales 2(3) : 845–887, fig. 17–125.

883. Lamarche, G. 1983. Cycle de développement, écologie et succès de l'Amphipode gammaridien *Hippomedon propinquus* dans deux écosystèmes du golfe et de l'estuaire maritime du Saint-Laurent. Mémoire M.Sc., Dép. Sci. biol., Université de Montréal, 37 p., 17 fig.

884. Lamarche, G., et Brunel, P. 1987. Cycle de développement, écologie et succès d'*Hippomedon propinquus* (Amphipoda, Gammaridea) dans deux écosystèmes du golfe du Saint-Laurent. Can. J. Zool. 65(12) : 3116–3132, fig. 1–8.

884a. Lambe, L.M. 1893. On some sponges from the Pacific coast of Canada and Bering Sea. Trans. R. Soc. Can. (1)10(IV) : 67–78, pl. 3–6.

884b. Lambe, L.M. 1894. Sponges from the Pacific coast of Canada. Trans. R. Soc. Can. (1)11(IV) : 25–43, pl. 2–4.

884c. Lambe, L.M. 1895. Sponges from the western coast of North America. Trans. R. Soc. Can. (1)12(IV) : 113–138, pl. 2–4.

885. Lambe, L.M. 1896. Sponges from the Atlantic coast of Canada. Trans. R. Soc. Can., (2)2(IV) : 181–211, pl. I–III.

886. Lambe, L.M. 1900a. Sponges from the coasts of northeastern Canada and Greenland. Trans. R. Soc. Can., (2)6(IV) : 19–38, pl. I–IV.

886a. Lambe, L.M. 1900b. Catalogue of the recent marine sponges of Canada and Alaska. Ottawa Nat. 14(9) : 153–172.

887. Lambert, T.C. 1980. Daily and seasonal variation in the size and distribution of zooplankton in St. Georges Bay, Nova Scotia. Can. Tech. Rep. Fish. Aquat. Sci. 980 : 1–73, fig. 1–31 + 24 fig.

888. Lamoureux, P. 1974. Inventaire des stocks commerciaux de Myes (*Mya arenaria* L.) au Québec : 1971–1973. Dir. gén. Pêch. mar. Dir. Rech., Cah. Inf. 62 : 1–24, fig. 1–13. Minist. Indust. Commerce, Quéebec, QC.

889. Lamoureux, P. 1975a. Inventaire des stocks commerciaux de Myes (*Mya arenaria* L.) sur la moyenne et la basse Côte-Nord du Québec en juin 1974. Dir. gén. Pêch. mar., Dir. Rech., Cah. Inf. 61 : 1–40, fig. 1–21. Minist. Indust. Commerce, Québec, QC.

890. Lamoureux, P. 1975b. Inventaire sommaire des bancs de myes (*Mya arenaria* L.) entre Baie Eternité et l'Anse Saint-Étienne sur la rivière Saguenay en avril 1975. Dir. gén. Pêch. mar., Dir. Rech., Cah. Inf. 66 : 1–9, fig. 1–4. Minist. Indust. Commerce, Québec, QC.

891. Lamoureux, P. 1975c. Observations sur les populations de Myes (*Mya arenaria* L.) dans la lagune de la Grande-Entrée aux Iles-de-la-Madeleine en septembre 1974. Dir. gén. Pêches marit., Dir. Rech. Rapp. ann. 1974 : 25–29, fig. 1. Minist. Indust. Commerce, Québec, QC.

892. Lamoureux, P. 1981. Evolution des rendements chez les bateaux exploitant le Crabe des neiges (*Chionoecetes opilio*) dans le sud-ouest du golfe du Saint-Laurent de 1974 à 1980. Dir. gén. Pêch. marit., Dir. Rech., Cah. Inf. 95 : 1–24, fig. 1–9. Minist. Indust. Commerce, Agricult. Pêch. Alim., Québec, QC.

892a. Landry, T., Boghen, A.D., et Hare, G.M. 1992. Les parasites de l'Alose d'été (*Alosa aestivalis*) et du Gaspareau (*Alosa pseudoharengus*) de la rivière Miramichi, Nouveau-Brunswick. Can. J. Zool. 70(8) : 1622–1624.

892b. Landry, T., et Hare, G.M. 1990. Abundance of sealworm (*Pseudoterranova decipiens*) in rainbow smelt (*Osmerus mordax*) from the southwestern Gulf of St. Lawrence. *Dans* Population biology of sealworm (*Pseudoterranova decipiens*) in relation to its intermediate and seal hosts (Papers from two workshops held in Halifax, Nova Scotia, in April 1987 and June 1988). *Éditeur* : W. Donald Bowen. Can. Bull. Fish. Aquat. Sci. 222 : 119–127, fig. 1–7.

893. Lang, K. 1948. Monographie der Harpacticiden. H. Ohlssons Boktryckeri, Lund, Suède (Réimp. O. Koeltz Sci. Publ., Koenigstein, Allemagne, 1975). 1682 p., 607 fig., 378 cartes.

894. Lang, K. 1949. On the morphology of the larva of *Priapulus caudatus* Lam. Ark. Zool. 41A(9) : 1–8, fig. 1–6, pl. I–II.

895. Lang, K. 1957. Tanaidacea from Canada and Alaska. Contrib. Dép. Pêch. Qué. 52 : 1–54, fig. A–Q.

896. Lang, K. 1965. Copepoda Harpacticoidea from the Californian Pacific coast. K. Svenska Vetenskapsakad. Handl. (4)10(2) : 1–566, fig. 1–303.

897. Lang, K. 1973. Taxonomische und phylogenetische Untersuchungen über die Tanaidaceen (Crustacea). 8. Die Gattungen *Leptochelia* Dana, *Paratanais* Dana, *Heterotanais* G.O. Sars und *Nototanais* Richardson. Zool. Scr. 2(4) : 197–229, fig. 1–20.

898. Lang, W.H. 1979. Larval development of shallow water barnacles of the Carolinas (Cirripedia: Thoracica) with keys to nauplii stages. NOAA (Natl. Ocean. Atmos. Admin.) Tech. Rep. NMFS (Natl. Mar. Fish. Serv.) Circ. 421 : 1–39, fig. 1–36.

899. Lang, W.H. 1980. Crustacea. Cirripedia: Balanomorph nauplii of the NW Atlantic shores. Fiches Identif. Zooplancton 163 : 1–6, fig. 1–7.

899a. Laprise, R., et Dodson, J.J. 1994. Environmental variability as a factor controlling spatial patterns in distribution and species diversity of zooplankton in the St. Lawrence Estuary. Mar. Ecol. Prog. Ser. 107(1–2) : 67–81, fig. 1–9.

900. La Rocque, A. 1953. Catalogue of the recent Mollusca of Canada. Bull. Natl. Mus. Can. 129 : 1–406.

901. Larson, R.J. 1976. Marine flora and fauna of the northeastern United States. Cnidaria : Scyphozoa. NOAA (Natl. Oceanic. Atmos. Admin.) Tech. Rep. NMFS (Natl. Mar. fish. serv.) Circ. 397 : 1–18, fig. 1–28.

902. LaSalle, R. 1996. Banque de photographies sous-marines documentées de la faune et de la flore du golfe et de l'estuaire du Saint-Laurent. Société des Explorateurs du St-Laurent, Inc., Montréal.

903. Lasserre, P. 1971. The marine Enchytraeidae (Annelida, Oligochaeta) of the eastern coast of North America with notes on their geographical distribution and habitat. Biol. Bull. 140(3) : 440–460, fig. 1–3.

904. Laubier, L. 1967. Sur quelques *Aricidea* (Polychètes, Paraonidae) de Banyuls-sur-mer. Vie et Milieu, Série A : Biologie Marine, 18(1A) : 99–132, fig. 1–9.

905. Laubier, L., et Ramos, J. 1974. Paraonidae (Polychètes sédentaires) de Méditerranée. Bull. Mus. natl. Hist. nat., 3e sér., N° 168, Zool. 113, p. 1097–1148, fig. 1–14.

906. Laubitz, D.R. 1972. The Caprellidae (Crustacea: Amphipoda) of Atlantic and Arctic Canada. Natl. Mus. Can. Publ. Biol. Oceanogr. 4 : 1–82, pl. 1–18.

907. Laubitz, D.R. 1977. A revision of the genera *Dulichia* Krøyer and *Paradulichia* Boeck (Amphipoda, Podoceridae). Can. J. Zool. 55(6) : 942–982, fig. 1–20.

908. Laubitz, D.R., et Mills., E.L. 1972. Deep-sea Amphipoda from the western North Atlantic Ocean. Caprellidea. Can. J. Zool. 50(4) : 371–383, fig. 1–5.

909. Laubitz, D.R. 1986. Synopsis speciorum. Crustacea : Euphausiacea et Mysidacea. Bibliogr. Invertebr. Aquat. Can. 6 : 1–28. Natl. Mus. Nat. Sci., Natl. Mus. Can., Ottawa, Canada.

909a. Lauzier, L.M., Trites, R.W., et Hachey, H. B. 1957. Some features of the surface layer of the Gulf of St. Lawrence. *Dans* Leim, A.H., *et al.* Report of the Atlantic Herring Investigation Committee. Fish. Res. Board Can. Bull. 111 : 195–212, fig. 1–10.

909b. Lauzier, L.M., et Trites, R.W. 1958. The deep waters in the Laurentian Channel. J. Fish. Res. Board Can. 15(6) : 1247–1257, fig. 1–8.

910. Lavergne, Y., et Himmelman, J.H. 1984. Localisation des stocks d'oursins de l'estuaire du Saint-Laurent et leur situation dans la communauté benthique. Dir. Pêch marit., Dir. Rech. sci. tech., Cah. Inf. 108 : 1–39, fig. 1–12. Minist. Agricult. Pêch. Alim., Québec, QC.

911. Lavoie, R. 1968a. Biologie de *Macoma balthica* L. dans l'estuaire du Saint-Laurent. Sta. Biol. mar., Grande-Rivière, Rapp. ann. 1967 : 63–65. Minist. Indust. Commerce, Québec, QC.

912. Lavoie, R. 1968b. Inventaire des Mollusques de la région de Tadoussac — été 1967. Sta. Biol. mar., Grande-Rivière, Rapp. ann. 1967 : 83–101, fig. 1, cartes 1–3. Minist. Indust. Commerce, Québec, QC.

913. Lavoie, R. 1969a. Inventaire des Mollusques de la région de Tadoussac, été 1967. Sta. Biol. mar. Grande-Rivière, Cah. Inf. 49 : 1–23, fig. 1. Minist. Indust. Commerce, Québec, QC.

914. Lavoie, R. 1969b. Inventaire des populations de Myes communes (*Mya arenaria* L.) de Grandes-Bergeronnes à Portneuf-sur-Mer, été 1968. Sta. Biol. mar. Grande-Rivière, Rapp. ann. 1968 : 103–118, cartes 1–5. Minist. Indust. Commerce, Québec, QC.

915. Lavoie, R. 1970. Inventaire des populations de coques (*Mya arenaria*) de Forestville — Papinachois, été 1969. Serv. Biol. Rapp. ann. 1969 : 107–125, cartes 1–3. Minist. Indust. Commerce, Québec, QC.

916. Lawson, T.J., et Grice, G.D. 1970. The developmental stages of *Centropages typicus* Krøyer (Copepoda, Calanoida). Crustaceana, 18(2) : 187–208, fig. 1–137.

917. Lebour, M.V. 1925. The Euphausiidae in the neighbourhood of Plymouth. II. *Nyctiphanes couchii* and *Meganyctiphanes norvegica*. J. Mar. Biol. Assoc. U.K. 13(4) : 810–844, pl. I–IX.

918. Lebour, M.V. 1926. The Euphausiidae in the neighbourhood of Plymouth. III. *Thysanoessa inermis*. J. Mar. Biol. Assoc. U.K. 14(1) : 1–20, pl. I–V.

919. Leche, W. 1883. Ofversigt öfver de af Vega-Expeditionen insamlade arktiska Hafsmollusker. I. Lamellibranchiata. Vega-Exp. Vetensk. Iakttagelser. 3 : 433–453.

920. Ledoyer, M. 1970. Additions à la liste des Invertébrés benthiques recueillis dans le golfe Saint-Laurent (Baie des Chaleurs). Dir. Pêch. Serv. Biol., Rapp. ann. 1969 : 37–43. Minist. Indust. Commerce, Québec, QC.

921. Ledoyer, M. 1971. Le peuplement des sables fins terrigènes dans la baie des Chaleurs (Golfe du Saint-Laurent) comparé à celui de la Méditerranée occidentale. Nat. can. (Qué.), 98(5) : 851–886, fig. 1–5.

922. Ledoyer, M. 1972. *Mancocuma altera* Zimmer, Cumacé peu connu du golfe du Saint-Laurent (Crustacea). Bull. Mus. natl. Hist. nat. (3)63(Zoologie 49) : 783–787, fig. 1–2.

923. Ledoyer, M. 1975a. Les peuplements benthiques circalittoraux de la baie des Chaleurs (golfe du Saint-Laurent). Trav. Pêch. Qué. 42 : 1–141, fig. 1–39.

924. Ledoyer, M. 1975b. Les peuplements benthiques des fonds de baie et les grands aspects bionomiques de la baie des Chaleurs. Trav. Pêch. Qué. 43 : 1–35, fig. 1–11.

925. Ledoyer, M. 1975c. Aperçu sur le peuplement benthique des vases profondes du détroit de Gaspé (golfe du Saint-Laurent). Trav. Pêch. Qué. 44 : 1–27, fig. 1–3.

926. Leim, A.H. 1921 A new species of *Spirontocaris* with notes on other species from the Atlantic coast. Trans. Roy. Can. Inst. 13(29) : 133–145, pl. II–VI.

927. Lemche, H. 1948. Northern and arctic tectibranch gastropods. I. The larval shells. II. A revision of the cephalaspid species. Dansk. Vidensk. Selsk. Biol. Skr. 5(3) : 1–136, fig. 1–80.

928. Lendenfeld, R. 1903. Tetraxonia (Porifera). Das Tierreich 19 : 1–168, fig. 1–44.

929. Leung, Y.-M. 1967. An illustrated key to the species of whale-lice (Amphipoda, Cyamidae), ectoparasites of Cetacea, with a guide to the literature. Crustaceana 12(3) : 279–291, fig. 1–5.

929a. Leung, Y.-M. 1970a. Taxonomic guides to arctic zooplankton (I): Key to the species of adult euphausiids of the Arctic Basin and its peripheral seas. University of Southern California, Dept. Biol. Sci., Tech. Rep. 2 : 328–345, pl. I–II.

929b. Leung, Y.-M. 1970b. Taxonomic guides to arctic zooplankton (II): Practical guide to the central Arctic Siphonophora. University of Southern California, Dept. Biol. Sci., Tech. Rep. 3 : 19–29, fig. 1–6, pl. 7–8.

929c. Leung, Y.-M. 1970c. Taxonomic guides to arctic zooplankton (II): Practical guide to the ctenophores of the central Arctic Basin. University of Southern California, Dept. Biol. Sci., Tech. Rep. 3 : 30–34, fig. 1–3, pl. 9–10.

929d. Leung, Y.-M. 1971. Taxonomic guides to arctic zooplankton (III): Pteropods of the central Arctic. University of Southern California, Dept. Biol. Sci., Tech. Rep. 4 : 22–28, fig. 1–3.

930. Lévi, C. 1956. Etude des *Halisarca* de Roscoff. Embryologie et systématique des Démosponges. Arch. Zool. exp. gén. 93(1) : 1–181, fig. 1–62.

931. Light, W.J. 1977. Spionidae (Annelida: Polychaeta) from San Francisco Bay, California: a revised list with nomenclatural changes, new records, and comments on related species from the northeastern Pacific Ocean. Proc. Biol. Soc. Wash. 90(1) : 66–88, fig. 1–5.

932. Light, W.J. 1978. Spionidae. Polychaeta, ANNELIDA. *Dans* Invertebrates of the San Francisco Bay Estuary System. *Éditeur* : W.L. Lee. 211 p., fig. 1–186, California Acad. Sci., San Francisco et Boxwood Press, Pacific Grove, CA.

933. Light, W.J.H. 1991. Systematic revision of the genera of the polychaete subfamily Maldaninae Arwidsson. *Dans* Systematics, biology and morphology of world Polychaeta. Proceedings of the 2nd International polychaete Conference, Copenhagen, 1986. *Éditeurs* : M.E. Petersen et J.B. Kirkegaard. Ophelia, Suppl. 5 : 133–146, fig. 1–2.

934. Lincoln, R.J. 1979. British marine Amphipoda: Gammaridea. Br. Mus. (Nat. Hist.) Publ. 818 : 1–658, fig. 1–280, pl. 1–3.

935. Lindberg, D.R. 1986. Name changes in the "Acmaeidae". Veliger, 29 (2) : 142–148.

936. Linton, E. 1910. On a new Rhabdocoele commensal with *Modiolus plicatulus*. J. Exp. Zool. 9(2) : 371–386, pl. 1–4, fig. 1–41.

937. Lobban, C.S., et Hanic, L.A. 1984. Rocky shore zonation at North Rustico and Prim Point, Prince Edward Island. Proc. N.S. Inst. Sci. 34(1) : 25–40, fig. 1–10.

938. Logie, R.R. 1953. DDT and the barnacle set. Fish. Res. Board Can, Rep. Atlant. Biol. Sta. for 1952. Appendix No. 12, p. 16.

939. Lomakina, N.B. 1958. Kumovye raki (Cumacea) morei SSSR (Cumacés des mers de l'URSS). Opredel. Faune SSSR (Guides d'Identification de la Faune de l'URSS) 66 : 1–302, fig. 1–201, 1 pl. Zool. Inst., Akad. Nauk SSSR, Moscou et Léningrad.

940. Lorenzen, S. 1977. Revision der Xyalidae (freilebende Nematoden) auf der Grundlage einer kristischen Analyse von 56 Arten aus Nord-und Ostsee. Veröff. Inst. Meeresforch. 16(3) : 197–261. fig. 1–18.

941. Lorenzen, S. 1981. Entwurf eines phylogenetischen Systems der freilebenden Nematoden. Veröff. Inst. Meeresforsch. Suppl. 7 : 1–472, illus.

942. Lovegrove, T. 1956. Copepod nauplii (II). Fiches Identif. Zooplancton 63 : 1–4, fig. A–F.

943. Lowry, J.K., et Stoddart, H.E. 1993. The *Onisimus* problem (Amphipoda, Lysianassoidea, Uristidae). Zool. Scr. 22(2) : 167–181, fig. 1–9.

944. Lubinsky, I. 1980. Marine bivalve molluscs of the Canadian central and eastern Arctic: faunal composition and zoogeography. Can. Bull. Fish. Aquat. Sci. 207 : 1–111, fig. 1–8, pl. I–XI.

945. Luczak, C., et Dewarumez, J.-M. 1992. Note on the identification of *Ensis directus* (Conrad, 1843). Cah. Biol. mar. 33(4) : 515–518, fig. 1–3.

946. Lundbeck, W. 1902. Porifera. Part I. Homorrhaphidae and Heterorrhaphidae. Dan. Ingolf-Exped. 6(1) : 1–108, pl. I–XIX.

947. Lundbeck, W. 1905. Porifera. Part II. Desmacidonidae (pars.). Dan. Ingolf-Exped. 6(2) : 1–219, pl. I–XX.

947a. Lundbeck, W. 1910. Porifera. (Part III). Desmacidonidae (pars). Dan. Ingolf-Exped. 6(3) : 1–124, pl. I–X1.

948. Lützen, J. 1964a. Parasitic copepods from marine polychaetes of eastern North America. Nat. can. (Qué.), 91(10) : 255–267.

949. Lützen, J. 1964b. A revision of the family Herpyllobiidae (parasitic copepods) with notes on hosts and distribution. Ophelia 1(2) : 241–274, fig. 1–31.

950. Lyell, C. 1841. Remarks on some fossil and recent shells, collected by Captain Bayfield, R.N., in Canada. Trans. Geol. Soc. London, (2)6(1) : 135–141, pl. 16.

950a. Lyster, L.L. 1940. Parasites of some Canadian sea mammals. Can. J. Res., Sect. D : Zool. Sci. 18(12) : 395–409, fig. 1–20.

951. MacDonald, R. 1928. The life history of *Thysanoessa raschii*. J. Mar. Biol. Assoc. U.K. 15(1) : 57–65, pl. I–VII.

952. MacFarland, F.M. 1966. Studies of apisthobranchiate mollusks of the Pacific coast of North America. Mem. Calif. Acad. Sci. 6 : 1–546, pl. 1–72.

953. MacGinitie, N. 1959. Marine Mollusca of Point Barrow, Alaska. Proc. U.S. Natl. Mus. 109(3412) : 59–208, pl. 1–27.

954. MacIntosh, R.A. 1979. Egg capsule and young of the Gastropoda *Beringius beringii* (Middendorff) (Neptuneidae). Veliger, 21(4) : 439–441, fig. 1–5.

956. Maciolek, N.J. 1984a. A new species of *Polydora* (Polychaeta : Spionidae) from deep water in the north-west Atlantic Ocean, and new records of other polydorid species. Sarsia, 69(2) : 123–131, fig. 1–2.

957. Maciolek, N.J. 1984b. New records and species of *Marenzelleria* Mesnil and *Scolecolepides* Ehlers, (Polychaeta; Spionidae) from northeastern North America. *Dans* Proceedings of the First International Polychaete Conference, Sydney (Australia, 4–9 July, 1983). *Éditeur* : P.A. Hutchings. p. 48–62, fig. 1–6.

958. Maciolek, N.J. 1985. A revision of the genus *Prionospio* Malmgren, with special emphasis on species from the Atlantic Ocean, and new records of species belonging to the genera *Apoprionospio* Foster and *Paraprionospio* Caullery (Polychaeta, Annelida, Spionidae). Zool. J. Linn. Soc. 84(4) : 325–383, fig. 1–18.

959. Maciolek, N.J. 1987. New species and records of *Scolelepis* (Polychaeta: Spionidae) from the east coast of North America, with a review of the subgenera. *Dans* "This number is dedicated to Marian H. Pettibone, Zoologist Emeritus, Smithsonian Institution". *Éditeurs* : K. Fauchald et B.F. Kensley. Bull. Biol. Soc. Wash. 7 : 16–40, fig. 1–10.

960. Maciolek, N.J. 1990. A redescription of some species belonging to the genera *Spio* and *Microspio* (Polychaeta: Annelida) and descriptions of three new species from the northwestern Atlantic Ocean. J. Nat. Hist. 24(5) : 1109–1141, fig. 1–11.

961. Mackie, A.S.Y. 1984. On the identity and zoogeography of *Prionospio cirrifera* Wirén 1883 and *Prionospio multibranchiata* Berkeley, 1927 (Polychaeta; Spionidae). *Dans* Proceedings of the First International Polychaete Conference, Sydney (Australia, 4–9 July 1983). *Éditeur* : P.A Hutchings, p. 35–47, fig. 1–4. Linn. Soc. New S. Wales, Milsons Pt. NSW, Australie.

962. Mackie, A.S.Y. 1987. A review of species currently assigned to the genus *Leitoscoloplos* Day, 1977 (Polychaeta: Orbiniidae) with descriptions of species newly referred to *Scoloplos* Blainville, 1828. Sarsia, 72(1) : 1–28, fig. 1–24.

963. Mackie, A.S.Y. 1991a. *Paradoneis eliasoni* sp.nov. (Polychaeta: Paraonidae) from northern European waters, with a redescription of *Paradoneis lyra* (Southern, 1914). *Dans* Systematics, biology and morphology of world Polychaeta. Proceedings of the 2nd International Polychaete Conference, Copenhagen (18–23 August), 1986. *Éditeurs* : M.E. Petersen and J.B. Kirkegaard. Ophelia, Suppl. 5 : 147–155, fig. 1–5.

964. Mackie, A.S.Y. 1991b. *Scalibregma celticum* new species (Polychaeta: Scalibregmatidae) from Europe, with a redescription of *Scalibregma inflatum* Rathke, 1843 and comments on the genus *Sclerobregma* Hartman, 1965. *Dans* Third International Polychaete Conference held at California State University, Long Beach, California, August 6–11, 1989. *Éditeur invité* : D.J. Reish. Bull. Mar. Sci. 48(2) : 268–276, fig. 1–29.

965. Mackie, A.S.Y., et Pleijel, F. 1995. A review of the *Melinna cristata* species group (Polychaeta: Ampharetidae) in the northeastern Atlantic. Mitt. hamb. Zool. Mus. Inst. 92(Ergbd.) : 103–124, fig. 1–5.

965a. MacLean, S.A., et Davies, A.J. 1990. Prevalence and development of intraleucocytic haemogregarines from Northwest and Northeast Atlantic mackerel, *Scomber scombrus* L. J. Fish. Dis. 13 : 59–68, fig. 1–9.

966. MacLellan, D.C., et Shih, C.T. 1974. Descriptions of copepodite stages of *Chiridius gracilis* Farran 1908 (Crustacea: Copepoda). J. Fish. Res. Board Can. 31(8) : 1337–1349, fig. 1–101.

967. Macpherson, E. 1971. The marine molluscs of arctic Canada: prosobranch gastropods, chitons and scaphopods. Natl. Mus. Can., Natl. Mus. Nat. Sci., Publ. Biol. Oceanogr. 3 : 1–149, pl. I–VII.

968. Madill, J. 1985. Synopsis speciorum: Annelida: Hirudinea. Bibliogr. Invert. Aquat. Can. 5 : 1–33. Natl. Mus. Natl. Sci., Nat. Mus. Can., Ottawa.

969. Madill, J. 1988. New Canadian records of leeches (Annelida, Hirudinea) parasitic on fish. Can. Field-Nat. 102(4) : 685–688.

970. Madsen, F.J. 1987. The *Henricia sanguinolenta* complex (Echinodermata, Asteroidea) of the Norwegian Sea and adjacent waters. A re-evaluation, with notes on related species. Streenstrupia, 13(5) : 201–268, fig. 1–50.

971. Madsen, F.J., et Hansen, B. 1994. Echinodermata, Holothuroidea. Mar. Invertebr. Scand. 9 : 1–143, fig. 1–93, cartes 1–38.

972. Makarov, R. 1968. On the larval development of the genus *Sclerocrangon* G.O. Sars (Caridea, Crangonidae). Crustaceana, Suppl. 2 : 27–37, fig. 1–3.

972a. Mallet, A.L., et Carver, C.E. 1995. Comparative growth and survival patterns of *Mytilus trossulus* and *Mytilus edulis* in Atlantic Canada. Can. J. Fish. Aquat. Sci. 52(9) : 1873–1880, fig. 1–6.

972b. Mallet, A.L., et Myrand, B. 1995. The culture of the blue mussel in Atlantic Canada. *Dans* Cold-water aquaculture in Atlantic Canada. *Éditeur* : A.D. Boghen. Can. Inst. Res. Reg. Dev. p. 255–296, fig. 1–13.

973. Malmberg, G. 1957. Om förekomsten av *Gyrodactylus* pa Svenska fiskar. Skr. Sod. Sver. Fisk. Arsskr. 1956, p. 19–76, fig. 1–26.

974. Malt, S.J. 1983. Copepoda: *Oncaea*. Fiches Identif. Zooplancton 169–171 : 1–11, fig. 1–17.

975. Malt, S.J., Lakkis, S., et Ziedane, R. 1989. The copepod genus *Oncaea* (Poecilostomatoidea) from the Lebanon : taxonomic and ecological observations. J. Plankton Res. 11(5) : 949–969, fig. 1–7.

976. Mangum, C.P. 1962. Studies on speciation in maldanid polychaetes of the North American Atlantic Coast. A taxonomic revision of three species of the subfamily Euclymeninae. Postilla, 65 : 1–12, fig. 1–2.

977. Mangum, C.P., et Rhodes, W.R. 1970. The taxonomic status of quill worms, genus *Hyalinoecia* (Polychaeta: Onuphidae), from the North American Atlantic continental slope. Postilla, 144 : 1–13, fig. 1–4.

977a. Mansfield, A.W., et Beck, B. 1977. The grey seal in eastern Canada. Can. Dept. Fish. Env., Fish. Mar. Serv., Tech. Rep. 704 : 1–81, fig. 1–12.

978. Manton, S.M. 1934. On the embryology of the crustacean *Nebalia bipes*. Phil. Trans. R. Soc. Lond. (B). 223(498) : 163–238, fig. 1–17, pl. 20–26.

979. Manuel, R.L. 1980. The Anthozoa of the British Isles — a colour guide. 69 p. Conservation Society, Manchester, R.-U.

980. Manuel, R.L. 1988. British Anthozoa. Synop. Br. Fauna, New Ser. 18 (revised) : 1–241, fig. 1–83.

980a. Marcogliese, D.J. 1995. Geographic and temporal variations in levels of anisakid nematode larvae among fishes in the Gulf of St. Lawrence, eastern Canada. Can. Tech. Rep. Fish. Aquat. Sci. 2029 : 1–16, fig. 1.

980b. Marcogliese, D.J. 1996. Larval parasitic nematodes infecting marine crustaceans in eastern Canada. 3. *Hysterothylacium aduncum*. J. Helminthol. Soc. Wash. 63(1) : 12–18, fig. 1.

981. Marcus, A. 1974. Contribution to the study of the genus *Amphiascus* Sars (part.), Copepoda, Harpacticoida, from the Black Sea. Trav. Mus. Hist. nat. 'Grigore Antipa' 15 : 111–122.

982. Marcus, E.D.-R. 1977. On the genus *Tornatina* and related forms. J. Molluscan Stud. Suppl. 2 : 1–35, fig. 1–88.

983. Marcus, E.D.-R. 1980. Review of western Atlantic Elysiidae (Opisthobranchia: Ascoglossa) with a description of a new *Elysia* species. Bull. Mar. Sci. 30(1) : 54–79, fig. 1–60.

984. Marcus, E.D.-R. 1982. Systematics of the genera of the order Ascoglossa (Gastropoda). J. Molluscan Stud., Suppl. 10 : 1–31, fig. 1–72.

984a. Margolis, L. 1955. *Corynosoma hadweni* Van Cleave, a probable synonym of *C. wegeneri* Heinze (Acanthocephala). J. Parasitol. 41(3) : 326–327.

985. Margolis, L. 1955. Notes on the morphology, taxonomy and synomy of several species of whale-lice (Cyamidae: Amphipoda). J. Fish. Res. Board Can. 12(1) : 121–133, fig. 1–23.

985a. Margolis, L., et Arai, H.P. 1989. Parasites of marine mammals. *Dans* Synopsis of the parasites of vertebrates of Canada. *Éditeur* : M.J. Kennedy. Animal Health Division, Alberta Agriculture, Edmonton, Alberta, Canada. p. 1–26.

985b. Margolis, L., et Arthur, J.R. 1979. Synopsis of the parasites of fishes of Canada. Bull. Fish. Res. Board Can. 199 : 1–270.

986. Margolis, L., et Berland, B. 1984. A nomenclatural note concerning *Binoculus salmoneus* (Müller, 1785) and *Lepeophtheirus salmonis* (Krøyer, 1837) (Copepoda: Caligidae). Sarsia 69(3–4) : 219.

986a. Marincovich, L., Jr. 1977. Caenozoic Naticidae (Mollusca : Gastropoda) of the Northeastern Pacific. Bull. Am. Paleontol. 70(294) : 167-494, pl. 1-42.

987. Marshall, S.M., et Orr, A.P. 1955. The biology of a marine copepod, *Calanus finmarchicus* (Gunnerus). 195 p., fig. 1–63. Oliver et Boyd, Edimbourg et Londres. (Réimpression par Springer-Verlag, New York, Heidelberg et Berlin, 1972).

987a. Martel, A. 1997. Larval shell morphology in two genera of byssate bivalves (*Dreissena* and *Mytilus*) : the connection with taxonomy and larval ecology. F.S. Chia's Retirement Larval

Biology Conference, Friday Harbor Laboratories, University of Washington, Friday Harbor, WA, Nov. 14–16, 1997, Communication orale.

989. Martens, J.M. 1979. Die pelagischen Ostracoden der Expedition MARCHILE 1 (Suedost-Pazifik) 2: Systematik und Vorkommen (Crustacea: Ostracoda: Myodocopa). Mitt. hamb. Zool. Mus. Inst. 76 : 303–366, fig. 1–28.

990. Martin, D. 1989. Revision de las species de wenidae (Annelida, Polychaeta) de la Peninsula Ibérica. Sci. Mar. 53(1) : 47–52, fig. 1–7.

990a. Martineau, D., Lagacé, A., Massé, R., Morin, M., et Béland, P. 1985. Transitional cell carcinoma of the urinary bladder in a beluga whale (*Delphinapterus leucas*). Can. Vet. J. 26 : 297–302, fig. 1–8.

991. Massad, R. 1975. Distribution et diversité endobenthiques des Polychètes dans l'estuaire maritime du Saint-Laurent. Mémoire M.Sc., Dép. Sci. biol., Université de Montréal. 101 p., fig. 1–49.

992. Massad, R., et Brunel, P. 1979. Associations par stations, densités et diversité des Polychètes du benthos circalittoral et bathyal de l'estuaire maritime du Saint-Laurent. *Dans* Recueil des communications présentées au symposium sur l'océanographie de l'estuaire du Saint-Laurent (Oceanography of the St. Lawrence Estuary), Université du Québec à Rimouski, Rimouski, Québec, Canada, 12–14 avril 1978. *Éditeurs* : M.I. El-Sabh, E. Bourget, M.J. Bewers et J.C. Dionne. Nat. can. (Qué.) 106(1) : 229–253, fig. 1–11.

993. Matthews, J.B.L. 1964. On the biology of some bottom living copepods (Aetideidae and Phannidae) from western Norway. Sarsia 16 : 1–46, fig. 1–13.

994. Matthews, J.B.L. 1967. *Calanus finmarchicus* s. l. in the North Atlantic. The relationship between *Calanus finmarchicus* s. str., *C. glacialis* and *C. helgolandicus*. Bull. Mar. Ecol. 6(6) : 159–179, fig. 1–5, pl. LXVII.

995. Mattson, S., et Warén, A. 1977. *Dacrydium ockelmanni* sp.n. (Bivalvia, Mytilidae) from western Norway. Sarsia 63(1) : 1–6, fig. 1–13.

996. Maturo, Jr., F.J.S., et Schopf., T.J.M. 1968. Ectoproct and entoproct type material: reexamination of species from New England and Bermuda named by A.E. Verril, J.W. Dawson and E. Desor. Postilla 120 : 1–95, fig. 1–16.

997. Mauchline, J., et Fisher, L. 1967. Distribution of the euphausiid crustacean *Meganyctiphanes norvegica* (M. Sars). Serial Atlas of the Marine Environment, 13 : 1–3, pl. 1–3. Am. Geogr. Soc., New York.

998. Mauchline, J. 1971a. Euphausiacea adults. Fiches Identif. Zooplancton 134 : 1–8, fig. 1–16.

999. Mauchline, J. 1971b. Euphausiacea : larvae. Fiches Identif. Zooplancton 135/137 : 1–16, pl. I–IV.

1000. Mauchline, J. 1980. The species of mysids and key to genera. *Dans* Mauchline, J., 1980. The biology of mysids. Adv. Mar. Biol. 18 : 6–38, fig. 1–10.

1001. Mauchline, J. 1984. Euphausiid, stomatopod and leptostracan crustaceans. Synop. Br. Fauna, New Ser. 30 : 1–91, fig. 1–30.

1002. Mauchline, J., et Murano, M. 1977. World list of the Mysidacea, Crustacea. J. Tokyo Univ. Fish. 64(1) : 39–88, fig. 1–3.

1003. Maxwell, P.A. 1988. Comments on: « A reclassification of the recent genera of the subclass Protobranchia (Mollusca: Bivalvia) » by J.A. Allen and F.J. Hannah (1986). J. Conchol. 33(2) : 85–96.

1003a. Mayer, A.G. 1910. Medusae of the world. Vol. I–II: The Hydromedusae, Vol. III: Scyphomedusae. Carnegie Inst. Wash. Publ. 109 : 1–735, fig. 1–428, pl. 1–76.

1004. Mayer, A.G. 1912. Ctenophores of the Atlantic coast of North America. Carnegie Inst. Wash. Publ. 162 : 1–58, fig. 1–12.

1004a. McAlpine, J.F., Peterson, B.V., Shewell, G.E., Teskey, H.J., Vockeroth, J.R., et Wood, D.M. 1981. Manual of Nearctic Diptera, Vol. 1. Agriculture Canada, Research Branch, Monograph : 1–674, illus.

1005. McCain, J.C. 1968. The Caprellidae (Crustacea: Amphipoda) of the western North Atlantic. Bull. U.S. Natl. Mus. Bull. 278 : 1–147, fig. 1–49. Smithsonian Institution, Washington, D.C.

1005a. McClelland, G, et Marcogliese, D.J. 1994. Larval anisakine nematodes as biological indicators of cod (*Gadus morhua*) populations in the southern Gulf of St. Lawrence and on the Breton Shelf, Canada. Bull. Scand. Soc. Parasitol. 4(2) : 97–116, fig. 1–5.

1005b. McClelland, G., Misra, R.K., et Marcogliese, D.S. 1983. Variations in abundance of larval anisakines, sealworm (*Phocanema decipiens*) and related species in cod and flatfish from the southern Gulf of St. Lawrence (4T) and the Breton shelf (4Vn). Can. Tech. Rep. Fish. Aquat. Sci. 1201 : 1–51, fig. 1–11.

1005c. McClelland, G., Misra, R.K., et Martell, D.J. 1985. Variations in abundance of larval anisakines, sealworm (*Pseudoterranova decipiens*) and related species in Canadian cod and flatfish. Can. Tech. Rep. Fish. Aquat. Sci. 1392 : 1–57, fig. 1–22.

1005d. McClelland, G., Misra, R.K., et Martell, D.J. 1987. Temporal and geographical variations in abundance of larval sealworm, *Pseudoterranova* (*Phocanema*) *decipiens,* in the fillets of American plaice (*Hippoglossoides platessoides*) in eastern Canada : 1985–86 surveys. Can. Tech. Rep. Fish. Aquat. Sci. 1513 : 1–15, fig. 1–5.

1005e. McClelland, G., et Ronald, K. 1974a. *In vitro* development of *Terranova decipiens* (Nematoda) (Krabbe, 1878). Can. J. Zool. 52(4) : 471–479, fig. 1–11.

1005f. McClelland, G., et Ronald, K. 1974b. In vitro development of the nematode *Contracaecum osculatum* Rudolphi 1802 (Nematoda : Anisakinae). Can. J. Zool. 52(7) : 847–855, fig. 1–7.

1006. McCloskey, L.R. 1973. Marine flora and fauna of the northeastern United States. Pycnogonids. NOAA (Natl. Ocean. Atmos. Admin.), Tech. Rep. NMFS (Natl. Mar. Fish. Serv.) Circ. 386 : 1–12, fig. 1–38.

1007. McDonald, G.R. 1983. A review of the nudibranchs of the California coast. Malacologia, 24(1–2) : 114–276, fig. 1–123.

1007a. McDonald, J.H., Seed, R., et Koehn, R.K. 1991. Allozymes and morphometric characters of three species of *Mytilus* in the northern and southern hemispheres. Mar. Biol. 111(3) : 323–333, fig. 1–6.

1008. McDonald, T.E., et Margolis, L. 1995. Synopsis of the parasites of the fishes of Canada: supplement (1978–1993). Can. Spec. Publ. Fish. Aquat. Sci. 122 : 1–265.

1008a. McGladdery, S.E. 1986. *Anisakis simplex* (Nematoda : Anisakidae) infection in the musculature and body cavity of Atlantic herring (*Clupea harengus harengus*). Can. J. Fish. Aquat. Sci. 43(7) : 1312–1317, fig. 1–7.

1009. McGladdery, S.E., et Burt, M.D.B. 1985. Potential of parasites for use as biological indicators of migration, feeding, and spawning behavior of northwestern Atlantic herring (*Clupea harengus*). Can. J. Fish. Aquat. Sci. 42(12) : 1957–1968, fig. 1–18.

1009a. McGladdery, S. E., Murphy, L., Hicks, B. D. et Wagner, S. K. 1990. The effects of *Stephanostomum tenue* (Digenea : Acanthocolpidae) on marine aquaculture of the rainbow trout, *Salmo gairdneri. Dans* Pathology in marine science. Proceedings of the Third International Colloquium on Pathology in Marine Aquaculture held in Gloucester Point, Virginia, October 2–6, 1988. *Éditeurs :* F. O. Perkins et T. C. Cheng. Academic Press, Inc., San Diego, CA, New York, NY, Londres. p. 305–315, fig. 1–7.

1010. McGonigle, R.H. 1925. Marine borers on the Atlantic coast of Canada. Natl. Res. Council Can., Rep. 15 : 1–67, fig. 1–18.

1011. McIntosh, W.C. 1867. Notes on *Pelonaia corrugata*. Ann. Mag. Nat. Hist. (3)9(115) : 414–418, pl. XII.

1012. McIntosh, W.C. 1869. On the early stages in the development of *Phyllodoce maculata* (Johnston). Ann. Mag. Nat. Hist. (4)4(20) : 104–108, pl. VI.

1013. McIntosh, W.C. 1874. On the Annelida of the Gulf of St. Lawrence, Canada. Family 1. Euphrosynidae, to Family 6. Sigalionidae. Ann. Mag. Nat. Hist. (4)13(76) : 261–270, pl. IX–X.

1014. McIntosh, W.C. 1898. Notes from the Gatty Marine Laboratory, St. Andrews. No. XIX. 1. On some larval stages of *Clione limacina*, Phips. Ann. Mag. Nat. Hist. (7)2(8) : 103–105, pl. II.

1015. McIntosh, W.C. 1900a. Notes from the Gatty Marine Laboratory, St. Andrews. No. XX. 4. On the Nephthydidae of the Gulf of St. Lawrence, Canada. Ann. Mag. Nat. Hist. (7)5(27) : 264–268, pl. VII–VIII.

1016. McIntosh, W.C. 1900b. A monograph of the British annelids. (Vol. 1), part II. Polychaeta. Amphinomidae to Sigalionidae. Ray Soc. Publ. p. 215–442, pl. XXIV–XLII, fig. 16–33.

1017. McIntosh, W.C. 1901. Notes from the Gatty Marine Laboratory, St. Andrews. No. XXI. 4. On Canadian Phyllodocidae collected by Mr. Whiteaves. Ann. Mag. Nat. Hist. (7)8(45) : 223–227, pl. I.

1018. McIntosh, W.C. 1902. Notes from the Gatty Marine Laboratory, St. Andrews. No. XXIII. 6. On Canadian Nereidae dredged by Dr. Whiteaves in the Gulf of St. Lawrence. Ann. Mag. Nat. Hist. (7)10(57) : 258–260, pl. VI.

1019. McIntosh, W.C. 1903. Notes from the Gatty Marine Laboratory, St. Andrews. No. XXV. 2. On Canadian Eunicidae dredged by Dr. Whiteaves, of the Canadian Geological Survey, in 1871–1873. Ann. Mag. Nat. Hist. (7)12(67) : 149–164, pl. XII–XIII.

1020. McIntosh, W.C. 1905. Notes from the Gatty Marine Laboratory, St. Andrews. No. XXVI. 4. On the same forms (Goniadidae, Glyceridae, Ariciidae) dredged by Dr. Whiteaves of Canada, in 1872 and 1873. Ann. Mag. Nat. Hist. (7)15(85) : 51–54, pl. IV.

1021. McIntosh, W.C. 1908a. Notes from the Gatty Marine Laboratory, St. Andrews. No. XXIX. 4. On the foregoing families (Opheliidae, Scalibregmidae, Telethusae) dredged by Dr. Whiteaves in the Gulf of St. Lawrence, Canada. Ann. Mag. Nat. Hist. (8)1(5) : 385–387, pl. 17.

1022. McIntosh, W.C. 1908b. Notes from the Gatty Marine Laboratory, St. Andrews No. XXX. 6. On the foregoing families (Sphaerodoridae, Chloraemidae, Chaetopteridae) dredged in the Gulf of St. Lawrence, Canada, by Dr. Whiteaves. Ann. Mag. Nat. Hist. (8)2(12) : 540–541, pl. XII.

1023. McIntosh, W.C. 1911. Notes from the Gatty Marine Laboratory, St. Andrews. No. XXXII. 2. On *Nevaya whiteavesi*, a form with certain relationships to *Sclerocheilus*, Grube, from Canada. 5. On the Cirratulidae dredged in the Gulf of St. Lawrence, Canada, by Dr. Whiteaves. Ann. Mag. Nat. Hist. (8)7(38) : 149–151 et 168–169, pl. V–VII.

1024. McIntosh, W.C. 1913a. Notes from the Gatty Marine Laboratory, St. Andrews. No. XXXIV. 4. On the Maldanidae dredged in the Gulf of St. Lawrence by Dr. Whiteaves. Ann. Mag. Nat. Hist. (8)11(61) : 119–128, pl. II–III.

1025. McIntosh, W.C. 1913b. Notes from the Gatty Marine Laboratory, St. Andrews. No. XXXV. 3. On *Myriochele heeri*, etc., dredged in the Gulf of St. Lawrence, Canada, by Dr. Whiteaves. Ann. Mag. Nat. Hist. (8)12(68) : 166–169.

1026. McIntosh, W.C. 1915. Notes from the Gatty Marine Laboratory, St. Andrews. No. XXXVII. 4. On the Chaetopteridae, Amphictenidae and Ampharetidae dredged in the Gulf of St. Lawrence, Canada, by Dr. Whiteaves in 1871–73. Ann. Mag. Nat. Hist. (8)15(85) : 47–53, pl. I–III.

1027. McIntosh, W.C. 1916. Notes from the Gatty Marine Laboratory, St. Andrews. No. XXXVIII. 3. On the Terebellidae and Sabellidae dredged in the Gulf of St. Lawrence, Canada, by Dr. Whiteaves in 1871–73. Ann. Mag. Nat. Hist. (8)17(97) : 59–63, pl. II–IV.

1028. McKenzie, J.D. 1991. The taxonomy and natural history of North European dendrochirote holothurians (Echinodermata). J. Nat. Hist. 25(1) : 123–171, fig. 1–11.

1029. McLean, R.A. 1941. The oysters of the Western Atlantic. Not. Nat. Phila. 67 : 1–14, pl. 1–4.

1030. McLelland, J.A., et Gaston, G.K. 1994. Two new species of *Cirrophorus* (Polychaeta: Paraonidae) from the northern Gulf of Mexico. Proc. Biol. Soc. Wash. 107(3) : 524–531, fig. 1–2.

1031. McMurrich, J.P. 1911. The Actiniaria of Passamaquoddy Bay, with a discussion of their synonymy. Proc. Trans. R. Soc. Can. (3)4(IV) : 59–83, pl. I–III.

1031a. McMurrich, J.P. 1917. Notes on some crustacean forms occurring in the plankton of Passamaquoddy Bay. Trans. R. Soc. Can. (3)11(IV) : 47–61, fig. 1–16.

1032. Mead, A.D. 1897. The early development of marine annelids. J. Morph. 13(2) : 227–326, fig. I–XXIII, pl. X–XIX.

1032a. Measures, L.N. 1988. Revision of the genus *Eustrongylides* Jägerskiöld, 1909 (Nematoda : Dioctophymatoidea) of piscivorous birds. Can. J. Zool. 66(4) : 885–895, fig. 1–20

1033. Measures, L.N. 1992. *Bolbosoma turbinella* (Acanthocephala) in a blue whale, *Balaenoptera musculus*, stranded in the St. Lawrence Estuary, Quebec. J. Helminthol. Soc. Wash. 59(2) : 206–211, fig. 1–7.

1033a. Measures, L.N., et Bossé, L. 1993. *Gammarus lawrencianus* (Amphipoda) as intermediate host of *Echinorhynchus salmonis* (Acanthocephala) in an estuarine environment. Can. J. Fish. Aquat. Sci. 50(10) : 2182–2184, fig. 1.

1034. Measures, L.N., Béland, P., Martineau, D., et De Guise, S. 1995. Helminths of an endangered population of belugas, *Delphinapterus leucas*, in the St. Lawrence Estuary, Canada. Can. J. Zool. 73(8) : 1402–1409.

1035. Medcof, J.C. 1946. The mud-blister worm, *Polydora*, in Canadian oysters. J. Fish. Res. Board Can. 6(7) : 498–505.

1036. Medcof, J.C. 1948. A snail commensal with the soft-shell clam. J. Fish. Res. Board Can. 7(5) : 219–220.

1037. Medcof, J.C. 1949. 1944 investigations: oysters and clams. Fish. Res. Board Can. Manuscr. Rep. Biol. Sta. 378 : 1–75, fig. 1–2.

1038. Medcof, J.C., et Morrison, E.I. 1949. Report on 1943 investigations. Fish. Res. Board Can. Manuscr. Rep. Biol. Sta. 370 : 1–65, fig. 1–4.

1038a. Meehean, O.L. 1940. A review of the parasitic Crustacea of the genus *Argulus* in the collections of the United States National Museum. Proc. U.S. Natl. Mus. 88(3087) : 459–522, fig. 21–47.

1039. Meinert, F. 1899. Pycnogonida. Dan. Ingolf-Exped. 3(1) : 1–71, pl. I–V., fig. 1–2.

1040. Meinkoth, N.A. 1981. National Audubon Society field guide to North American seashore creatures. Alfred A. Knopf Inc., New York, 814 p., fig. 1–690, 221 dessins.

1041. Melville, R.V., et Smith, J.D.D. (*Éditeurs*). 1987. Official lists and indexes of names and works in zoology. 366 p. International Trust for Zoological Nomenclature, British Museum (Natural History), Londres.

1042. Menzies, R.J. 1962. The isopods of abyssal depths in the Atlantic Ocean. *Dans* Abyssal Crustacea. *Éditeurs* : J.L. Barnard, R.J. Menzies et M.C. Bacescu. Vema Research Series : 79–206, fig. 1–74. Columbia University Press, New York.

1043. Menzies, R.J., et Miller, M.A. 1972. Systematics and zoogeography of the genus *Synidotea* (Crustacea: Isopoda) with an account of Californian species. Smithson. Contrib. Zool. 102 : 1–33, fig. 1–12.

1043a. Mercer, M.C. 1968. A synopsis of the recent Cephalopoda of Canada. *Dans* Proceedings of the symposium on Mollusca held at Cochin from January 12 to 16, 1968. *Éditeur* : R.W. Dexter. Marine Biological Association of India, Symposium Series 3(part 1) : 265–276, fig. 1.

1043b. Mercer, M.C. 1970. Sur la limite septentrionale du calmar *Loligo pealei* Lesueur. Nat. can. (Qué.) 97(6) : 823–824.

1044. Mercier, Y., Lamoureux, P., et Dubé, J. 1978. Nouvelle estimation des stocks commerciaux de Myes (*Mya arenaria* L.) de la région de Rivière Portneuf sur la côte nord du Saint-Laurent en 1977. Dir. gén. Pêches marit., Dir. Rech., Cah. Inf. 87 : 1–23, fig. 1–5. Minist. Indust. Commerce, Québec, QC.

1044a. Merritt, R.W., et Cummins, K.W. (*Éditeurs*). 1996. An introduction to the aquatic insects of North America. 3e éd., Kendall/Hunt Publishing Co., Dubuque, Iowa. 862 p., 3065 fig.

1045. Messier, D. 1974. Rythmes journaliers et succession démographique en 1971 et 1972 des Cumacés d'un fond circalittoral dans l'estuaire maritime du Saint-Laurent. Mémoire M.Sc., Dép. Sci. biol., Université de Montréal, 78 p., 43 fig.

1046. Messier, D. 1975. Les Invertébrés capturés durant la mission 'N/O CRYOS' du 2 au 30 août 1974. Dir. gén. Pêch. mar., Dir. Rech., Rapp. ann. 1974 : 319–322, fig. 1. Minist. Indust. Commerce, Québec, QC.

1046a. Messier D. 1975b. Les invertébrés capturés au chalut durant la mission « N/O Cryos » du 2 au 30 août 1974 dans le golfe du Saint-Laurent. Document manuscrit en préparation, 34 p., 1 fig. Labor. P. Brunel, Départ. Sci. biol., Univ. de Montréal.

1047. Messier, D. 1976. La pêche des pétoncles dans le golfe du Saint-Laurent — Bilan de l'inventaire des populations — Étude de l'efficacité des engins de pêche utilisés. Minist. Ind. Commer., Dir. gén. Pêch. mar., Dir. Rech., Cah. Inf. 72 : 1–48, fig. 1–10. Minist. Indust. Commerce, Québec, QC.

1048. Messing, C.G., et Dearborn, J.H. 1990. Marine flora and fauna of the northeastern United States. Echinodermata: Crinoidea. NOAA (Natl. Ocean. Atmos. Admin.) Tech. Rep. NMFS (Natl. Mar. Fish. Serv.) Circ. 91 : 1–30, fig. 1–18.

1048a. Méthot, G., Pinel-Alloul, B., et David, N. 1987. Étude préliminaire d'impact sur le projet de dragage de sable dans les secteurs de Sandy Hook et de l'île de l'Est aux îles de la Madeliene, Québec. Rapport préparé pour Silice Madeleine Inc. 102 p., fig. 1–22. Centre Rech. écol. Montréal (CREM), Univ. Montréal.

1049. Mielke, W. 1975. Systematik der Copepoda eines Sandstrandes der Nordseeinsel Sylt. Mikrofauna Meeresboden 52 : 1–134, fig. 1– ?.

1050. Mileîkovskiî, S.A. 1960. Prinadlezhnosti litsinki polikhety tipa Rostrariya iz planktona Norvejskogo i Barentseva Moreî k vidu *Euphrosyne borealis* Oersted, 1843 i vsogo dannogo tipa litsinok k semeîstvam Euphrosynidae i Amphinomidae (Polychaeta Errantia, Amphinomorpha). Doklady Akademii Nauk SSSR, 134(3) : 731–734, fig. 1–2.

1051. Mileîkovskiî, S.A. 1967a. Larval development of *Spiochaetopterus typicus* M.Sars (Polychaeta, Chaetopteridae) from the Barents Sea and taxonomy of the family Chaetopteridae and the order Spiomorpha. Dokl. Akad. Nauk SSSR, Biol. Sci. Sect. 174(1–6) : 403–405, fig. 1. Trad. angl. : Am. Inst. Biol. Sci., Arlington, VA.

1052. Mileîkovskiî, S.A. 1967b. Larval development of polychaetes of the family Sphaerodoridae and some considerations of its systematics. Dokl. Akad. Nauk SSSR, Biol. Sci. Sect. 177(1–6) : 851–854, fig. 1–2. Trad. angl. : Am. Inst. Biol. Sci., Arlington, VA.

1053. Millar, R.H. 1966. Tunicata : Ascidiacea. Mar. Invert. Scand. 1 : 1–123, fig. 1–86, 172 cartes.

1054. Millar, R.H. 1970. British ascidians. Tunicata: Ascidiacea. Synop. Br. Fauna, New Ser. 1 : 1–92, fig. 1–60.

1054a. Miller, M.A., et Burbanck, W.D. 1961. Systematics and distribution of an estuarine isopod crustacean, *Cyathura polita* (Stimpson, 1855), new comb., from the Gulf and Atlantic seaboard of the United States. Biol. Bull. 120(1) : 62–84, fig. 1–7.

1055. Miller, M.C., et Willan, R.C. 1991. Redescription of *Embletonia gracile* Risbec, 1928 (Nudibranchia: Embletoniidae): relocation to suborder Dendronotacea with taxonomic phylogenetic implications. J. Molluscan Stud. 58(1) : 1–11, fig. 1–8.

1056. Miller, R.J. 1975. Density of the commercial spider crab, *Chionoecetes opilio*, and calibration of effective area fished per trap using bottom photography. J. Fish. Res. Board Can. 32(6) : 761–768, fig. 1–2.

1057. Mills, E.L. 1963. A new species of *Ampelisca* (Crustacea: Amphipoda) from eastern North America, with notes on other species of the genus. Can. J. Zool. 41(6) : 971–989, fig. 1–5.

1058. Mills, E.L. 1964a. Noteworthy Amphipoda (Crustacea) in the collection of the Yale Peabody Museum. Postilla 79 : 1–41, fig. 1–6.

1059. Mills, E.L. 1964b. *Ampelisca abdita*, a new amphipod crustacean from eastern North America. Can. J. Zool. 42(4) : 559–575, fig. 1–5.

1060. Mills, E.L. 1967. A reexamination of some species of *Ampelisca* (Crustacea: Amphipoda) from the east coast of North America. Can. J. Zool. 45(5) : 635–652, fig. 1–4.

1061. Mills, E.L. 1971. Deep-sea Amphipoda from the western North Atlantic Ocean. The family Ampeliscidae. Limnol. Oceanogr. 16(2) : 357–386, fig. 1–13.

1062. Miner, R.W. 1950. Field book of seashore life. 888 p., pl. 1–251, I–XXIV. G.P. Putnam's Sons, New York.

1063. Miron, G.Y., et Desrosiers, G.L. 1990. Distributions and population structures of two intertidal estuarine polychaetes in the Lower St. Lawrence Estuary, with special reference to environmental factors. Mar. Biol. 105(2) : 297–306, fig. 1–6.

1064. Mizelle, J.D., et Kritsky, D.C. 1967. Studies on monogenetic Trematoda. XXXIII. New species of *Gyrodactylus* and a key to the North American species. Trans. Am. Microsc. Soc. 86(4) : 390–401, fig. 1–33.

1065. Monniot, C., et Monniot, F. 1972. Clé mondiale des genres d'ascidies. Arch. Zool. expér. gén. 113(3) : 311–367.

1067. Monod, T. 1926. Les Gnathiidae : essai monographique (morphologie, biologie, systématique). Mém. Soc. Sci. nat. Maroc, 13 : 1–668, fig. 1–277, 1 pl.

1067a. Montreuil, P.L.J. 1954. Parasitological investigations. Sta. Biol. mar., Rapp. ann. 1953, appendice V. Contrib. Dépt. Pêch. Qué. 50 : 69–74.

1067b. Montreuil, P.L.J. 1955. Acanthocephala of seals of the Magdalen Islands. Mémoire M.Sc., Institut de Parasitologie, Collège Macdonald, Université McGill, Montréal. 117 p., 4 fig., 15 pl.

1067c. Montreuil, P.L.J. 1958. *Corynosoma magdaleni* sp. nov. (Acanthocephala), a parasite of the gray seal in eastern Canada. Can. J. Zool. 36(2) : 205–215, fig. 1–21.

1068. Moore, C.G. 1976. The harpacticoid families Thalestridae and Ameiridae (Crustacea, Copepoda) from the Isle of Man. J. Nat. Hist. 10(1) : 29–56, fig. 1–13.

1070. Moore, J.P. 1905. A new species of sea-mouse (*Aphrodita hastata*) from eastern Massachusetts. Proc. Acad. Nat. Sci. Phila. 57 : 294–298, fig. 1–4.

1071. Moore, P.G. 1992. A study on amphipods from the superfamily Stegocephaloidea Dana 1852 from the northeastern Pacific region: systematics and distributional ecology. J. Nat. Hist. 26(5) : 905–936, fig. 1–9.

1072. Moore, P.G., et Rainbow, P.S. 1992. Aspects of the biology of iron, copper and other metals in relation to feeding in *Andaniexis abyssi*, with notes on *Andaniopsis nordlandica* and *Stegocephalus inflatus* (Amphipoda: Stegocephalidae), from Norwegian waters. Sarsia 76(4) : 215–225, fig. 1–11.

1073. Moran, J.D.W., Arthur, J.R, et Burt, M.D.B. 1995. A survey of the parasites of sharp-beaked redfishes (*Sebastes fasciatus* and *S. mentella*) from the Gulf of St. Lawrence, Canada. Can. J. Fish. Aquat. Sci. 53(8) : 1821–1826.

1073a. Moravec, F. 1981. The systematic status of *Filaria ephemeridarum* Linstow, 1872. Folia Parasitol. 28 : 377–379. Prague..

1074. Moravec, F. 1987. Revision of capillariid nematodes (subfamily Capillariinae) parasitic in fishes. Ceskosl. Akad. Ved. Stud. CSAV, 3 : 1–141, illus.

1075. Morris, P.A. 1951. A field guide to the shells of our Atlantic and Gulf coasts. Peterson Field Guide Series, 236 p., pl. 1–45. Houghton Mifflin Co., Boston.

1076. Morris, P.A. 1975. A field guide to shells of the Atlantic and Gulf coast and the West Indies. Peterson Field Guide Series. 330 p. pl. 1–76, 3e éd. *Éditeur* : W.J. Clench. Houghton Mifflin Co., Boston.
1077. Morris, P.A. 1980. The bryozoan family Hippothoidae (Cheilostomata-Ascophora) with emphasis on the genus *Hippothoa*. Allan Hancock Monographs in Marine Biology 10 : 1–115, fig. 1–49. Allan Hancock Foundation and Institute for Marine and Coastal Marine Studies, University of Southern California, Los Angeles.
1078. Morse, E.S. 1881. The gradual dispersion of certain mollusks in New England. Bull. Essex Inst. 12 : 171–176, 1 fig.
1079. Mortensen, T. 1901. Die Echinodermen-Larven. Nord. Plankton. 5(9) : 1–30, fig. 1–34.
1080. Mortensen, T. 1903. Echinoidea Part I. Dan. Ingolf-Exped. 4(1) : 1–195, pl. I–XXI.
1081. Mortensen, T. 1907. Echinoidea Part II. Dan. Ingolf-Exped. 4(2) : 1–200, pl. I–XIX.
1082. Mortensen, T. 1912. Ctenophora. Dan. Ingolf-Exped. 5(2) : 1–98, pl. I–IX, fig. 1–15.
1083. Mortensen, T. 1927. Handbook of the echinoderms of the British Isles. 471 p., fig. 1–276. (Réimpression W. Backhuys, Rotterdam, 1977).
1084. Mortensen, T. 1933. Ophiuroidea. Dan. Ingolf-Exped. 4(8) : 1–121, pl. I–III, fig. 1–52.
1085. Morton, J.E. 1957. Opisthobranchia. Order: Gymnosomata. Families: Clionidae. Fiches Identif. Zooplancton 80 : 1–4, fig. 1–7.
1085a. Mousseau, P., Beaumont, J.-P., Méthot, G., et Pinel-Alloul, B. 1978. Étude préliminaire du projet de réserve écologique de la rivière Malbaie, Comté de Gaspé-est, Québec. Rapport préparé pour le Service de l'aménagement des terres, Ministère des terres et forêts du Québec. 165 p., fig. 1–31. Centre Rech. écol. Montréal (par le CREM, Université de Montréal).
1086. Moyse, J. 1987. Larvae of lepadomorph barnacles. *Dans* Barnacle biology. *Éditeur* : A.J. Southward. Crustacean Issues 5 : 329–362, fig. 1–14.
1087. Muir, A.I. 1982. Generic characters in the Polynoinae (Annelida, Polychaeta), with notes on the higher classification of scale-worms (Aphroditacea). Bull. Br. Mus. (Nat. Hist.), Zool. 43(3) : 153–177, fig. 1–6.
1088. Müller, G.W. 1912. Ostracoda. Das Tierreich 31 : 1–434.
1089. Munro, J., et Gagnon., J.-M. (sous presse). Les communautés benthiques infralittorales des lagunes des Iles-de-la-Madeleine (Golfe du Saint-Laurent). Rapp. tech. can. Sci. halieut. aquat. p. 1–24, fig. 1–5.
1090. Murdoch, J. 1885. Marine invertebrates (exclusive of mollusks). *Dans* Report of the International Polar Expedition to Point barrow, Alaska. Part IV: Natural History. United States War Department, Arctic series of publications issued in connection with the Signal Service, U.S. Army 1 : 136–176, pl. 1–2. *Éditeur* : P.H. Ray. Government Printing Office, Washington, D.C.
1091. Murina, V.V. 1984. Novyî vid Bonellidae i novoe nakhojdenie predstavitelya Echiuridae ('A new species of the Bonellidae and a new finding of an echiurid') Zool. Zh. 63(4) : 617–620, 1 fig.
1092. Murphy, M. 1882. On the ravages of the *Teredo navalis*, and *Limnoria lignorum*, on piles and submerged timber in Nova Scotia, and the means being adopted in other countries to prevent their attacks. Proc. Trans. N.S. Inst. Nat. Sci., 5 : 357–376.
1093. Muus, B.J. 1953. Polychaeta (contd.). Families: Tomopteridae and Typhloscolecidae. Fiches Identif. Zooplancton 53 : 1–5, pl. I–III.
1094. Myers, A.A. 1976. Studies on the genus *Lembos* Bate. IV. *L. megacheir* (Sars), *L. borealis* sp.nov., *L. hirsutipes* Stebbing, *L. karamani* sp.nov., *L. setimerus* sp.nov. Boll. Mus. Civ. Stor. Nat. Verona 3 : 445–477, fig. 90–111.
1095. Myers, A.A. 1979. Studies on the genus *Lembos* Bate. IX. Atlantic species 6: *L. longipes* (Lilljeborg), *L. websteri* Bate, *L. longidigitans* (Bonner), *L.* (*Arctolembos* sub-gen. nov.) *arcticus* (Hansen). Boll. Mus. Civ. Stor. Nat. Verona 6 : 249–275, fig. 187–202.
1096. Myers, A.A., et McGrath, D. 1981. Taxonomic studies on British and Irish Amphipoda. The genus *Photis* with the re-etablishment of *P. pollex* (= *P. macrocoxa*). J. Mar. Biol. Assoc. U.K. 61(3) : 759–768, fig. 1–5.
1097. Myers, A.A., et McGrath, D. 1984. A revision of the north-east Atlantic species of *Ericthonius* (Crustacea: Amphipoda). J. Mar. Biol. Assoc. U.K. 64(2) : 379–400, fig. 1–14.
1098. Myers, B.J. 1959. Parasites from elasmobranch hosts from the Magdalen Island region of the Gulf of St. Lawrence. Can. J. Zool. 37(3) : 245–246.
1099. Myre, G. 1974. Prospection des bancs de pétoncles de la Côte-Nord en 1973. Rapp. ann. 1973 : 121–124. Minist. Indust. Commerce, Québerc, QC. Dir. gén. Pêches marit., Serv. Rech. Québec.

1100. Myre, G., et Beaulé, Y.-A. 1974. Exploration du crabe-araignée, *Chionoecetes opilio*, sur la Moyenne Côte-Nord en 1973. Dir. gén. Pêches marit., Serv. Rech. Rapp. ann. 1973 : 125–128, fig. 1–2. Minist. Indust. Commerce, Québec, QC.

1101. Naidu, K.S. 1970. Reproduction and breeding cycle of the giant scallop *Placopecten magellanicus* (Gmelin) in Port au Port Bay, Newfoundland. Can. J. Zool. 48(5) : 1003–1012, fig. 1–3.

1102. Naidu, K.S. 1971. A recent record of a rock-boring clam, *Zirfaea crispata* (Linnaeus) from Newfoundland. Veliger, 14(1) : 31–32, fig. 1.

1103. Naumov, D.V. 1960. Gidroidy i gidromeduzy morskikh, solonovatovodnykh i presnovodnykh basseînov SSSR Opredel. Faune SSSR 70 : 1–626, fig. 1–463, pl. 1–30. Trad. du russe par : Hydroids and Hydromedusae of the USSR. Keys to the fauna of the USSR, published by the Zoological Institute of the academy of sciences of the USSR. 70 : 1–660, pl. I–XX., fig. 1–463. Israel Program for Scientific Translations Ltd., Jérusalem, 1969.

1104. Naylor, E. 1972. British marine isopods. Synop. Br. Fauna, New Ser. 3 : 1–86, fig. 1–24.

1105. Neale, J.W. 1959. *Normacythere* gen. nov. (Pleistocene and recent) and the division of the ostracod family Trachyleberididae. Paleontology, 2(1) : 72–93, pl. I–II, fig. 1–5.

1107. Needler, A.B. 1941. Larval stages of *Crago septemspinosus* Say. Trans. Roy. Can. Inst. (23) 50(2) : 193–199, fig. 1–2.

1108. Needler, A.B. 1943. Pantopoda (Pycnogonida). Can. Atl. Fauna, 10n : 1–16, fig. 1–21. Fish. Res. Board Can., Ottawa.

1109. Nesis, K.N. 1987. Cephalopods of the world: squids, cuttlefishes, octopuses, and allies. T.F.H. Publications, Inc. Ltd., New Jersey. 351 p., fig. 1–88.

1110. Newell, G.E., et R.C. Newell. 1977. Marine plankton, a practical guide. 5e éd. Hutchinson Educational Ltd., Londres, 244 p., pl. 1–56, fig. 1–16.

1111. Newell, I.M. 1947. A systematic and ecological study of the Halacaridae of eastern North America. Bull. Bingham Oceanogr. Coll. 10(3) : 1–232, fig. 1–331.

1112. Newman, W.A., et Ross, A. 1976. Revision of the balanomorph barnacles, including a catalog of the species. San Diego Soc. Nat. Hist. Mem. 9 : 1–108, fig. 1–17.

1113. Nicholls, A.G. 1939a. Some new sand-dwelling copepods. J. Mar. Biol. Assoc. U.K. 23(2) : 327–341, fig. 1–7.

1114. Nicholls, A.G. 1939b. Marine harpacticoids and cyclopoids from the shores of the St. Lawrence. Nat. can. (Qué.), 66(11–12) : 241–315, fig. 1–28. (Réimpression : Fauna et Flora laurentianae 2, 1940. Station biol. Saint-Laurent, Université Laval, Québec, QC.

1115. Nicholls, A.G. 1941a. Littoral Copepoda from South Australia (1) Harpacticoida. Rec. S. Austral. Mus. 6(4) : 381–427, fig. 1–23.

1116. Nicholls, A.G. 1941b. A revision of the families Diosaccidae Sars, 1906 and Laophontidae T. Scott, 1905 (Copepoda, Harpacticoida). Rec. S. Austral. Mus. 7(1) : 65–110.

1117. Nicholls, A.G. 1942. A review of the genus *Zaus* Goodsir and a description of two species of *Laophonte* Philippi (Copepoda, Harpacticoida). Ann. Mag. Nat. Hist. (11)9(50) : 119–127, fig. 1–3.

1118. Nielsen, C. 1964. Studies on Danish Entoprocta. Ophelia, 1(1) : 1–76, fig. 1–48.

1119. Nielsen, C. 1966. Some Loxosomatidae (Entoprocta) from the Atlantic coast of the United States. Ophelia 3 : 249–275, fig. 1–13.

1120. Nielsen, C. 1989. Entroprocta. Synop. Br. Fauna, New Ser. 41 : 1–131, fig. 1–56.

1122. Nilsen, R., et Holthe, T. 1985. Arctic and Scandinavian Oweniidae (Polychaeta) with a description of *Myriochele fragilis* sp.n., and comments on the phylogeny of the family. Sarsia 70(1) : 17–32, fig. 1–13.

1123. Nilsson-Cantell, C.-A. 1978. Cirripedia Thoracica and Acrothoracica. Mar. Invert. Scand. 5 : 1–136, fig. 1–66.

1123a. Nordgaard, O. 1905. Bottom-life. *Dans* Hydrographical and biological investigations in Norwegian fjords. *Éditeur* : O. Nordgaard. Bergens Museum, Bergen, Norvège. p. 164–174, pl. 3–5.

1124. Nordheim, H. von. 1989. Six new species of *Protodrilus* (Annelida, Polychaeta) from Europe and New Zealand, with a concise presentation of the genus. Zool. Scr. 18(2) : 245–268, fig. 1–7.

1128a. Norman, A.M. 1894. A month on the Trondhjem Fiord (Continued from Vol. xii, p. 452). Ann. Mag. Nat. Hist. (6) 13(1) : 112–133, pl. VI–VII.

1128b. Norman, A.M. 1903a. Notes on the natural history of East Finmark. Ann. Mag. Nat. Hist. (7) 11(66) : 567–598, pl. XIII.

1128c. Norman, A.M. 1903b. Notes on the natural history of East Finmark. Ann. Mag. Nat. Hist. (7) 12(67) : 87–128, pl. VIII–IX.

1128d. Norman, A.M. 1905. Notes on the natural history of East Finmark. Ann. Mag. Nat. Hist. (7) 15(88) : 348–360, 1 fig.

1129. Nouvel, H. 1942. Diagnoses préliminaires de Mysidacés nouveaux provenant des campagnes du Prince Albert 1er de Monaco. Bull. Inst. océanogr. 39(831) : 1–11, fig. 1–23.

1130. Nouvel, H. 1950. Mysidacea. Fiches Identif. Zooplancton 18–27 : 1–40, fig. 1–369.

1131. Nouvel, H., et Lagardère, J.-P. 1977. Les Mysidacés du talus continental du golfe de Gascogne. I. Tribu des Erythropini (genre *Erythrops* excepté). Bull. Mus. natl. Hist. nat. Paris, 3e ser., 414 (Zool. 291) : 1243–1324, fig. 1–225.

1132. Noyes, G.S. 1980. The biology of *Aglaophamus neotenus* (Polychaeta: Nephthyidae), a new species from Maine and Canada. Biol. Bull. 158(1) : 103–117, fig. 1–3.

1133. Oberg, M. 1906. Die Metamorphose der Plankton-Copepoden der Kieler Bucht. Wiss. Meeresunters. N.F., Abt. Kiel. 9 : 39–103, pl. I–VII.

1134. Ockelmann, K.W. 1954. On the interrelationship and the zoogeography of northern species of *Yoldia* Möller, s.str. (Mollusca, fam. Ledidae), with a new subspecies. Medd. Grønl. 107(7) : 1–32, 1 fig., pl. 1–2.

1135. Ockelmann, K.W. 1959. The Zoology of East Greenland. Marine Lamellibranchiata. Medd. Grønl. 122(4) : 1–256, fig. 1–29, pl. 1–3.

1136. Ockelmann, K.W. 1983. Descriptions of mytilid species and definition of the Dacrydiinae n. subfam. (Mytilacea – Bivalvia). Ophelia, 22(1–2) : 81–123, fig. 1–57.

1137. O'Connor, B.D.S. 1987. The Glyceridae (Polychaeta) of the North Atlantic and Mediterranean, with descriptions of two new species. J. Nat. Hist. 21(1) : 167–189, fig. 1–16.

1138. Odhner, N.H. 1907. Northern and arctic invertebrates in the collection of the Swedish State Museum (Riksmuseum). III. Opisthobranchia and Pteropoda. K. Svenska Vetenskapsakad. Handl. (3) 41(4) : 1–118, fig. 1–4, pl. I–III.

1139. Odhner, N.H. 1912. Northern and arctic invertebrates in the collection of the Swedish State Museum (Riksmuseum). V. Prosobranchia. 1. Diotocardia. K. Svenska Vetenskapsakad. Handl. (3) 48(1) : 1–93, pl. I–VII.

1140. Odhner, N.H. 1913. Northern and arctic invertebrates in the collection of the Swedish State Museum (Riksmuseum). VI. Prosobranchia. 2. Semiproboscidifera. K. Svenska Vetenskapsakad. Handl. (3) 50(5) : 1–89, pl. 1–5, fig. 1–5.

1141. Odhner, N.H. 1922. Norwegian opistobranchiate Mollusca in the collections of the Zoological Museum of Kristiania. Nyt Mag. Naturvidensk. 60 : 1–47, fig. 1–15.

1142. Odhner, N.H. 1939. Opisthobranchiate Mollusca from the western and northern coasts of Norway. K. Norske Vidensk. Selsk. Skr. 1 : 1–93, fig. 1–59.

1143. Odhner, T. 1905. Die Trematoden des arktischen Gebietes. Fauna Arctica 4 : 289–372, pl. II–IV.

1144. Ogilvie, H.S. 1953. Copepod nauplii (I). Fiches Identif. Zooplancton 50 : 1–4, fig. 1–8.

1145. Ohwada T. 1985. Prostomium morphology as a criterion for the identification of nephtyid polychaetes (Annelida: Phyllodocida) with reference to the taxonomic status of *Aglaophamus neotenus*. Publ. Seto Mar. Biol. Lab. 30(1/3) : 55–60, fig. 1.

1146. Old, M.C. 1941. The taxonomy and distribution of the boring sponges (Clionidae) along the Atlantic coast of North America. State of Maryland, Board Nat. Res., Publ. Dep. Res. Educ. 44 : 1–30, pl. I–XIII.

1147. Oleröd, R. 1975. The mouthparts in some North Atlantic species of the genus *Orchomene* Boeck (Crustacea, Amphipoda). Zool. Scr. 4(5–6) : 205–216, fig. 1–63.

1148. Oleröd, R. 1980. A taxonomic study of the lysianassid genus *Centromedon* G.O. Sars (Crustacea, Amphipoda). Zool. Scr. 9(1) : 35–52, fig. 1–124.

1149. Oleröd, R. 1987. *Tmetonyx norbiensis* sp.n. and *Tryphosella abyssalis* (Stephensen, 1925), two deep-sea lysianassids from the Norwegian Sea (Crustacea, Amphipoda). Sarsia 72(2) : 143–158, fig. 1–63.

1150. Oliver, G., et Allen, J.A. 1980. The functional and adaptive morphology of the deep-sea species of the Arcacea (Mollusca: Bivalvia) from the Atlantic. Phil. Trans. R. Soc. Lond. B : Biol. Sci. 291(1045) : 45–76, fig. 1–29.

1151. O'Reilly, M.G. 1995. A new genus of copepod (Copepoda: Poecilostomatoida) commensal with the maldanid polychaete *Rhodine gracilior*, with a review of the family Clausiidae. J. Nat. Hist. 29(1) : 47–64, fig. 1–4.

1152. Orrhage, L., et Sundberg, P. 1990. Multivariate analysis of morphometric differentiation within the *Laonice cirrata*-group (Polychaeta, Spionidae). Zool. Scr. 19(2) : 173–178, fig. 1–5.

1153. Osburn, R.C. 1912. The Bryozoa of the Woods Hole region. Bull. U.S. Bur. Fish. 30(1910) : 203–266, pl. XVIII–XXXI.

1153a. Osburn, R. C. 1912a. Bryozoa from Labrador, Newfoundland and Nova Scotia, collected by Dr. Owen Bryant. Proc. U.S. Natl. Mus. 43(1933) : 275–289, pl. 1–34.

1153b. Osburn, R. C., 1932. Biological and oceanographic conditions in Hudson Bay. 6. Bryozoa from Hudson Bay and Strait. Contrib. Can. Biol. Fish. 7(29) : 361–376, pl. 1.

1154. Osburn, R.C. 1933. Bryozoa of the Mount Desert region. *Dans* Biological survey of the Mount Desert region. p. 1–96, pl. 1–15. *Éditeur* : W. Procter. Wistar Inst. Anat. Biol., Philadelphie.

1154a. Osburn, R. C. 1950. Bryozoa of the Pacific coast of America, Part 1, Cheilostomata — Anasca. Allan Hancock Pacific Exped. 14(1) : 1–269, pl. 1–29.

1154b. Osburn, R. C. 1952. Bryozoa of the Pacific coast of America. Part II, Cheilostomata — Ascophora. Allan Hancock Pacific Exped. 14(2) : 271–611, pl. 30–64.

1154c. Osburn, R. C. 1953. Bryozoa of the Pacific coast of America. Part III, Cheilostomata — Ctenostomata, Entoprocta, and Addenda. Allan Hancock Pacific Exped. 14(3) : 613–841, pl. 65–82.

1155. Oug, E. 1978. New and lesser known Dorvilleidae (Annelida, Polychaeta) from Scandinavian and northeast American waters. Sarsia, 63(4) : 285–303, fig. 1–7.

1156. Ouellet, G. 1982. Étude de l'interaction des animaux benthiques avec les sédiments du Chenal laurentien. Mémoire M.Sc., Dép. Océanogr., Université du Québec à Rimouski, 187 p., 19 fig.

1157. Ouellet-Larose, D. 1973. Influence des marées sur les fluctuations à court terme des biomasses planctoniques dans l'estuaire du Saint-Laurent. Mémoire M.Sc., Départ. Biol., Université Laval, 266 p., fig. 1–40. Québec, QC.

1158. Packard, Jr., A.S. 1863. A list of animals dredged near Caribou Island, southern Labrador, during July and August, 1860. Can. Nat. Geol. 8(6) : 401–429, pl. I–II. (Pp. 421–429: A list of the Invertebrata collected at Anticosti and Mingan Islands, by Messrs. A.E. Verrill, A. Hyatt, and N.S. Shaler, in 1861).

1159. Packard, Jr., A.S. 1867. Observations on the glacial phenomena of Labrador and Maine, with a view of the recent invertebrate fauna of Labrador. Mem. Boston Soc. Nat. Hist. 1 : 210–303, pl. 7–8.

1160. Packard, Jr., A.S. 1885. Life and nature in southern Labrador. Am. Nat. 19(3) : 269–275; 19(4) : 365–372.

1161. Packard, Jr., A.S. 1891. The Labrador coast: a journal of two summer cruises to that region. With notes on its early discovery, on the Eskimo, on its physical geography, geology and natural history. N.D.C. Hodges, New York, N.Y. et Kegan Paul, Trench, Trübner et Co., Londres. 513 p., 2 cartes.

1161a. Palmer, C.P. 1974. A supraspecific classification of the scaphopod Mollusca. Veliger 17(2) : 115–123, fig. 1–4.

1161b. Palsson, J. 1986. Quantitative studies on the helminth fauna of capelin (*Mallotus villosus* (Müller)) in the Northwest Atlantic for the purpose of stock discrimination. Can. Tech. Rep. Fish. Aquat. Sci. 1499 : 1– 21, fig. 1–5.

1162. Palsson, J., et Beverley-Burton, M. 1983. *Laminiscus* n.g. (Monogenea: Gyrodactylidae) from capelin, *Mallotus villosus* (Müller), (Pisces-Osmeridae) in the northwest Atlantic with redescriptions of *L. gusseri* n. comb., *Gyrodactyloides petruschewskii*, and *G. andriaschewi*. Can. J. Zool. 61(2) : 298–306, fig. 1–12.

1162a. Palsson, J., et Beverley-Burton, M. 1984. Helminth parasites of capelin, *Mallotus villosus* (Pisces : Osmeridae) of the North Atlantic. Proc. Helminthol. Soc. Wash. 51(2) : 248–254.

1163. Parker, R.R. 1969. Validity of the binomen *Caligus elongatus* for a common parasitic copepod formerly misidentified with *Caligus rapax*. J. Fish. Res. Board Can. 26(4) : 1013–1035, fig. 1–22.

1163a. Parker, R.R., Kabata, Z., Margolis, L., et Dean, M.D. 1968. A review and description of *Caligus curtus* Müller, 1785 (Caligidae: Copepoda), type species of its genus. J. Fish. Res. Board Can. 25(9) : 1923–1969, fig. 1–108.

1164. Paterson, G.L.J. 1985. The deep-sea Ophiuroidea of the North Atlantic Ocean. Bull. Br. Mus. (Nat. Hist.) Zool. 49(1) : 1–162, fig. 1–59.

1165. Paterson, G.L.J., Tyler, P.A., et Gage, J.D. 1982. The taxonomy and zoogeography of the genus *Ophiocten* (Echinodermata: Ophiuroidea) in the North Atlantic Ocean. Bull. Br. Mus. (Nat. Hist.) Zool. 43(3) : 109–128, fig. 1–7.

1166. Pawson, D.L. 1977a. Marine flora and fauna of the northeastern United States. Echinodermata: Holothuroidea. NOAA (Natl. Ocean. Atmos. Admin.) Tech. Rep. NMFS (Natl. Mar. Fish. Serv.), Circ. 405 : 1–15, 28 fig.

1167. Pawson, D.L. 1977b. Molpadiid sea cucumbers (Echinodermata: Holothuroidea) of the southern Atlantic, Pacific, and Indian Oceans. *Dans* Biology of the Antarctic Seas VI, Paper 3. Antarct. Res. Ser. 26(3) : 97–123, fig. 1–8.

1168. Paxton, H. 1986. Generic revision and relationships of the family Onuphidae (Annelida: Polychaeta). Rec. Aust. Mus. 38(1) : 1–74, fig. 1–37.

1169. Payne, C.M., et Allen, J.A. 1991. The morphology of deep-sea Thyasiridae (Mollusca: Bivalvia) from the Atlantic Ocean. Phil. Trans. R. Soc. Lond. B. Biol. Sci. 334(1272) : 481–562, fig. 1–116.

1170. Pearse, A.S. 1938. Polyclads of the east coast of North America. Proc. U.S. Natl. Mus. 86(3044) : 67–98, fig. 1–13.

1171. Pearse, A.S., et Walker, A.M. 1939a. Littoral polyclads from New England, Prince Edward Island and Newfoundland. Bull. Mount Desert Island Biol. Lab. 1938 : 15–22, 1 fig.

1172. Pearse, A.S., et Walker, H.A. 1939b. Two new parasitic isopods from the eastern coast of North America. Proc. U.S. Natl. Mus. 87(3067) : 19–23, fig. 12–13.

1172a. Peckarsky, B.L., Fraissinet, P.R., Penton, M.A., et Conlklin, D.J., Jr. 1990. Freshwater macroinvertebrates of northeastern North America. Comstock Publishing Associates, Cornell University Press, Ithaca, New York et Londres. 442 p., illus.

1173. Peer, D.L. 1963. A preliminary study of the composition of benthic communities in the Gulf of St. Lawrence. Fish. Res. Board Can. Manuscr. Rep. (Oceanographic and Limnological) 145 : 1–24, fig. 1–7.

1174. Peer, D.L. 1964a. Benthic fauna studies. Fish. Res. Board Can., Atlantic Oceanogr. Group, Ann. Rep. Invest. Summaries, 1964. *Dans* Bedford Inst. Oceanogr., Third Ann. Rep. 1964, Spec. Suppl. : 79, 100–102, fig. 18–20. (Aussi : Rep. B.I.O. 64–18)

1175. Peer, D.L. 1964b. Benthic fauna at groundfish fishing stations. Fish. Res. Board Can., Atlantic Oceanogr. Group, Ann. Rep. Invest. Summaries, 1964. *Dans* Bedford Inst. Oceanogr., Third Ann. Rep. 1964, Spec. Suppl. : 80, 103, fig. 21. (Aussi : Rep. B.I.O. 64–18)

1176. Peer, D.L. 1972. Effect of kraft mill effluent on a marine benthic community. Water, Air, and Soil Pollution 1 : 359–364, fig. 1, Reidel Publishing Co., Dordrecht, Pays-bas.

1176a. Pennak, R.W. 1989. Fresh-water invertebrates of the United States: Protozoa to Mollusca. 3e éd. Wiley-Interscience, John Wiley & Sons, Inc., New York, 628 p., 437 fig.

1177. Pennell, W.M. 1973. Studies on a member of pleuston, *Anomalocera opalus* n.s p. (Crustacea, Copepoda) in the Gulf of St. Lawrence. Thèse Ph.D., Centre Sci. mar., Université McGill, Montréal. 233 p., fig. 1–28.

1178. Pennell, W.M. 1976. Description of a new species of pontellid copepod, *Anomalocera opalus*, from the Gulf of St. Lawrence and shelf waters of the northwest Atlantic Ocean. Can. J. Zool. 54(10) : 1664–1668, fig. 1–6.

1179. Perkins, T.H. 1979. Lumbrineridae, Arabellidae, and Dorvilleidae (Polychaeta) principally from Florida, with descriptions of six new species. Proc. Biol. Soc. Wash. 92(3) : 415–465, fig. 1–20.

1180. Perkins, T.H., et Knight-Jones, P. 1991. Toward a revision of the genera *Sabella* and *Bispira* (Sabellidae) *Dans* Systematics, biology and morphology of world Polychaeta. Proceedings of the 2nd International Polychaete Conference, Copenhagen (18–23 August), 1986. *Éditeurs* : M.E. Petersen et J.B. Kirkegaard. Ophelia, Suppl. 5, p. 698 (Abstract).

1181. Petersen, K.W. 1990. Evolution and taxonomy in capitate hydroids and medusae. Zool. J. Linn. Soc. London 100(2) : 101–231, fig. 1–49.

1182. Petersen, M.E. 1991. A review of asexual reproduction in the Cirratulidae (Annelida: Polychaeta), with redescription of *Cirratulus gayheadius* (Hartman, 1965), new combination, and emendation or reinstatement of some cirratulid genera. *Dans* Third International Polychaete Conference held at California State University, Long Beach, California, August 6–11, 1989. *Éditeur* : D.J. Reish. Bull. Mar. Sci. 48(2) : 592 (Abstract).

1183. Petrochenko, V.I. 1956. Akantotsefaly (skrebni) domashnikh i dikikh zhivotnykh. Tom I. Vsesoyuznoe Obshchestvo Gel'mintologov, Akad. Nauk SSSR, Moskva & Leningrad. 440 p., fig. 1–182. Trad. angl. : "Acanthocephala of domestic and wild animals. Vol. 1. All-Union Society of Helminthologists Academy of Sciences of the USSR, Moscow & Leningrad. " Israel Program for Scientific Translations, Jerusalem, 1971. 465 p. fig. 1–182.

1183a. Petrochenko, V.I. 1958. Akantotsefaly (skrebni) domashnikh i dikikh zhivotnykh. Tom II. Vsesoyuznoe Obschestvo Gel'mintologov, Akad. Nauk SSSR, Moskva i Leningrad, ??? p.,

fig. 1–178. Trad. angl. : "Acanthocephala of domestic and wild animals. Vol. 2. All-Union Society of Helminthologists, Academy of Sciences of the USSR, Moscow and Leningrad." Israel Program for Scientific Translations, Jerusalem, 1971. 478 p., fig. 1–178.

1184. Pettibone, M.H. 1954. Marine polychaete worms from Point Barrow, Alaska, with additional records from the North Atlantic and North Pacific. Proc. U.S. Natl. Mus. 103(3324) : 203–356, fig. 26–39.

1185. Pettibone, M.H. 1954. Check-list and key to the Polychaeta of the New England region. 55 p., fig. 1–194. Document polycopié inédit, Dépt. Zool., Université du New Hampshire, Durham, N.H.

1186. Pettibone, M.H. 1955. New species of polychaete worms of the family Polynoidae from the east coast of North America. J. Wash. Acad. Sci. 45(4) : 118–126, fig. 1–5.

1187. Pettibone, M.H. 1956a. Marine polychaete worms from Labrador. Proc. U.S. Natl. Mus. 105(3361) : 531–584, fig. 1.

1188. Pettibone, M.H. 1956b. Some polychaete worms of the families Hesionidae, Syllidae and Nereidae from the east coast of North America, West Indies, and Gulf of Mexico. J. Wash. Acad. Sci. 46(9) : 281–294, fig. 1–8.

1189. Pettibone, M.H. 1957a. North American genera of the family Orbiniidae (Annelida: Polychaeta), with descriptions of new species. J. Wash. Acad. Sci. 47(5) : 159–167, fig. 1–4.

1190. Pettibone, M.H. 1957b. A new polychaetous annelid of the family Paraonidae from the North Atlantic. J. Wash. Acad. Sci. 47(10) : 354–356, fig. 1.

1191. Pettibone, M.H. 1961. New species of polychaete worms form the Atlantic Ocean, with a revision of the Dorvilleidae. Proc. Biol. Soc. Wash. 74 : 167–186, fig. 1–6.

1192. Pettibone, M.H. 1963a. Marine polychaete worms of the New England region. I. Aphroditidae through Trochochaetidae. Bull. U.S. Natl. Mus. 227(1) : 1–356, fig. 1–83.

1193. Pettibone, M.H. 1963b. Revision of some genera of polychaete worms of the family Spionidae, including the description of a new species of *Scolelepis*. Proc. Biol. Soc. Wash. 76(2) : 89–103, fig. 1–2.

1194. Pettibone, M.H. 1966. Revision of the Pilargidae (Annelida: Polychaeta) including descriptions of new species, and redescription of the pelagic *Podarmus ploa* Chamberlin (Polynoidae). Proc. U.S. Natl. Mus. 118(3525) : 155–207, fig. 1–26.

1195. Pettibone, M.H. 1970. Two new genera of Sigalionidae (Polychaeta). Proc. Biol. Soc. Wash. 83(34) : 365–386, fig. 1–12.

1196. Pettibone, M.H. 1976. Contribution to the polychaete family Trochochaetidae Pettibone. Smithson. Contrib. Zool. 230 : 1–21, fig. 1–10.

1197. Pettibone, M.H. 1983. *Minusculisquama hughesi*, a new genus and species of scale worm (Polychaeta: Polynoidae) from eastern Canada. Proc. Biol. Soc. Wash. 96(3) : 400–406, fig. 1–3.

1198. Pettibone, M.H. 1992. Contribution to the polychaete family Pholoidae Kinberg. Smithson. Contrib. Zool. 532 : 1–24, fig. 1–12.

1198a. Pettibone, M.H. 1993. Scaled polychaetes (Polynoidae) associated with ophiuroids and other invertebrates and review of species referred to *Malmgrenia* McIntosh and replaced by *Malmgreniella* Hartman, with descriptions of new taxa. Smithson. Contrib. Zool. 538 : 1–92, fig. 1–55.

1199. Pettibone, M.H. 1993. Revision of some species referred to *Antinoe*, *Antinoella*, *Antinoana*, *Bylgides*, and *Harmothoe* (Polychaeta: Polynoidae: Harmothoinae). Smithson. Contrib. Zool. 545 : 1–41, fig. 1–23.

1200. Pfannenstiel, H.-D., Grothe, C., et Kegel, B. 1982. Studies on *Ophryotrocha geryonicola* (Polychaeta: Dorvilleidae). Helgol. Meeresunters. 35(1) : 119–125, fig. 1–2.

1201. Picton, B.E., et Morrow, C.C. 1994. A field guide to the nudibranchs of the British Isles. Immel Publishing Ltd., London. 143 p., 9 fig., 120 photos.

1202. Pierrot-Bults, A.C., et Chidgey, K.C. 1988. Chaetognatha. Synop. Br. Fauna, New Ser. 39 : 1–66, fig. 1–23.

1203. Piersig, R., et Lohmann, H. 1901. Hydrachnidae und Halacaridae. Das Tierreich 13 : 1–336, fig. 1–87.

1203a. Pigeon, J., et Vallée, A. 1937. Contribution à l'étude du contenu du tube digestif de trois espèces de Poissons du St-Laurent. Nat. can. (Qué.), 64(2) : 33–40, fig. 1–2. Aussi : Contrib. Sta. biol. St-Laur. Trois-Pistoles, No 9.

1204. Pike, R.B., et Williamson., D.I. 1959. Crustacea Decapoda: larvae. XI. Paguridea, Coenobitidea, Dromiidea, and Homolidea. Fiche Identif. Zooplancton 81 : 1–9, fig. 1–68.

1205. Pike, R.B., et Williamson., D.I. 1961. The larvae of *Spirontocaris* and related genera (Decapoda, Hippolytidae). Crustaceana 2(3) : 187–208, fig. 1–4.

1206. Pike, R.B., et Williamson, D.I. 1964. The larvae of some species of Pandalidae (Decapoda). Crustaceana 6(4) : 265–284, fig. 1–4.

1207. Pillai, T.G. 1972. A review and revision of the systematics of the genera *Hydroides* and *Eupomatus* together with an account of their phylogeny and zoogeography. Ceylon Journal of Science, Series Biological Sciences, New Series 10(1) : 7–31, fig. 1–6.

1208. Pilsbry, H.A. 1907. The barnacles (Cirripedia) contained in the collections of the United States National Museum. Bull. U.S. Natl. Mus. 60 : 1–122, fig. 1–36, pl. 1–11.

1209. Pilsbry, H.A. 1916. The sessile barnacles (Cirripedia) contained in the collection of the United States National Museum, including a monograph of the American species. Bull. U.S. Natl. Mus. 93 : 1–366, fig. 1–99, pl. 1–76.

1209a. Pinel-Alloul, B., et Méthot, G. 1986. Benthos intertidal de la baie de Penouille, Gaspé (Québec) : relation entre la structure des peuplements et les facteurs du milieu. Nat. can. (Qué.), 113(4) : 389–404, fig. 1–4.

1210. Pinhey, K.F. 1926. Entomostraca of the Belle Isle Strait Expedition, 1923, with notes on other planktonic species. Part. I. Contrib. Can. Biol. Fish., New Ser. 3(6) : 181–233, fig. 1–8, cartes 1–6.

1211. Pinhey, K.F. 1927. Entomostraca of the Belle Isle Strait Expedition, 1923, with notes on other planktonic species. Part II and a record of other collections in the region. Contrib. Can. Biol. Fish. New Ser. 3(13) : 331–346, 1 carte.

1212. Pinkster, S., et Stock, J.H. 1970. Western European species of the presumed Baikal-genus *Eulimnogammarus* (Crustacea–Amphipoda), with description of a new species from Spain. Bull. Zool. Mus., Univ. Amst. 1(14) : 205–219, fig. 1–8.

1212a. Pippy, J.H.C. 1969. Preliminary report on parasites as biological tags in Atlantic salmon (*Salmo salar*). 1. Investigations 1966 to 1968. Fish. Res. Board Can. Tech. Rep. 134 : 1–60, fig. 1–5.

1213. Plate, S., et Husemann, E. 1994. Identification guide to the planktonic polychaete larvae around the island of Helgoland (German Bight). Helgol. Meeresunters. 48(1) : 1–58, fig. 1–81.

1214. Platt, H.M. 1982. Revision of the Ethmolaimidae (Nematoda: Chromadorida). Bull. Br. Mus. (Nat. Hist.) Zool. 43 (4) : 185–252, fig. 1–37.

1215. Platt, H.M., et Warwick, R.M. 1983. Free-living marine nematodes. Part I. British enoplids. Synop. Br. Fauna, New Ser. 28 : 1–307, fig. 1–137.

1216. Platt, H.M., et Warwick, R.M. 1989. Free living marine nematodes. Part II. British chromadorids. Synop. Br. Fauna, New Ser. 38 : 1–502, fig. 1–230.

1217. Pleijel, F. 1988. *Phyllodoce* (Polychaeta, Phyllodocidae) from northern Europe. Zool. Scr. 17(2) : 141–153, fig. 1–9.

1218. Pleijel, F. 1991. Phylogeny and classification of the Phyllodocidae (Polychaeta). Zool. Scr. 20(3) : 225–261, fig. 1–23.

1219. Pleijel, F. 1993. Polychaeta Phyllodocidae. Mar. Invert. Scand. 8 : 1–159, fig. 1–104.

1220. Pleijel, F., et Dales, R.P. 1991. Polychaetes: British phyllodocoideans, typhloscolecoideans and tomopteroideans. Synop. Br. Fauna, New Ser. 45 : 1–202, fig. 1–63.

1221. Plough, H.H. 1978. Sea squirts of the Atlantic continental shelf from Maine to Texas. 118 p., 55 fig., pl. I–XVI. Johns Hopkins University Press, Baltimore, MD.

1222. Pocklington, P. 1982. Polychaetes of eastern Canada. An illustrated key to polychaetes of eastern Canada including the eastern Arctic. Dep. Fish. Oceans, Mont-Joli. Rapport inédit. p. 1–274, pl. I–XXXIII.

1223. Pocklington, P. 1991. Variations in the shape and distribution of acicular setae of species of *Chaetozone* from eastern Canada. *Dans* Third International Polychaete Conference held at California State University, Long Beach, California, August 6–11, 1989. *Éditeur* : D.J. Reish. Bull. Mar. Sci. 48(2) : 1–593 (Abstract).

1224. Pocklington, P., et Fournier, J.A. 1987. *Axiokebuita millsi*, new genus, new species, (Polychaeta: Scalibregmatidae) from eastern Canada. *Dans* "This number is dedicated to Marian H. Pettibone, Zoologist Emeritus, Smithsonian Institution". *Éditeurs* : K. Fauchald et B.F. Kensley. Bull. Biol. Soc. Wash. 7 : 108–113, fig. 1–3.

1224a. Pocklington, P., Scott, D.B. et Schafer, C. T. 1994. Polychaete response to different aquaculture activities. *Dans* Actes de la 4ème Conférence internationale des Polychètes, (27 juillet – 1er août 1992, Centre de Congrès), Angers, France. *Éditeurs* : J.-C. Dauvin, L. Laubier et D.J. Reish. Mém. Mus. natl. Hist. nat., Ser. A : Zool. 162 : 511–520, fig. 1–4.

1225. Pohle, G.W. 1987. Guide to deep-sea decapod crustaceans: penaeidean shrimps (families Penaeidae, Sergestidae), caridean shrimps (Pandalidae, Pasiphaeidae, Oplophoridae, Nematocarcinidae, Crangonidae), lobsterettes (Polychelidae), and squat lobsters (Galatheidae) — known from, or likely to be encountered in the Canadian Atlantic. Huntsman Marine Science Centre, Atlantic Reference Centre, ARC Species ID Leaflet 87-01-INV : 1–25, 66 fig.

1226. Pohle, G.W. 1988. A guide to the deep-sea shrimp and shrimp-like decapod Crustacea of Atlantic Canada. Can. Tech. Rep. Fish. Aquat. Sci. 1657 : 1–29, 83 fig.

1227. Pohle, G.W. 1990. A guide to decapod Crustacea from the Canadian Atlantic: Anomura and Brachyura. Can. Tech. Rep. Fish. Aquat. Sci. 1771 : 1–30, 34 fig.

1228. Pohle, G.W. 1991. Larval development of Canadian atlantic oregoniid crabs (Brachyura: Majidae), with emphasis on *Hyas coarctatus alutaceus* Brandt, 1851, and a comparison with Atlantic and Pacific conspecifics. Can. J. Zool. 69(11) : 2717–2737, fig. 1–6.

1228a. Poinar, G.O. Jr. 197?. CIH key to the groups and genera of nematode parasites of invertebrates. 43 p. Commonw. Inst. Helminthol. (CIH), The White House, St. Albans, Herts, Angleterre.

1229. Poirier, L. 1969. Distribution horizontale et verticale des Mysidacés à l'entrée de la baie des Chaleurs en 1968. Sta. Biol. mar. Grande-Rivière, Rapp. ann. 1968 : 67–76, fig. 1–2.

1230. Poirier, L. 1971. Biologie et écologie des Mysidacées circalittorales de l'entrée de la baie des Chaleurs (golfe du Saint-Laurent). Mémoire M.Sc., Dép. Sci. biol. Université de Montréal, 112 p., fig. 1–24.

1231. Poirier, L. 1972. Biologie des Mysidacés circalittorales de l'entrée de la Baie-des-Chaleurs. Dir. gén. Pêches marit., Serv. Rech., Rapp. ann. 1970 : 42–49. Minist. Indust. Commerce, Québec, QC.

1232. Poirier, L. 1973. Des huîtres, *Crassostrea virginica* (Gmelin), établies dans le Bassin-aux-Huîtres, aux Iles-de-la-Madeleine. Rapp. ann. 1972 : 50–54, fig. 1–2. Minist. Indust. Commerce, Québec, QC.

1233. Poirier, L. 1976. Les stocks de Pétoncle d'Islande, *Chlamys islandica* Müller, du détroit de Jacques-Cartier (golfe du Saint-Laurent). Dir. gén. Pêch. mar., Dir. Rech., Cah. Inf. 71 : 1–23, fig. 1–6. Minist. Indust. Commerce, Québec, QC.

1234. Poirier, L. 1977. Etat du stock de Pétoncle géant, *Placopecten magellanicus* Gmelin, aux Iles-de-la-Madeleine (golfe du Saint-Laurent). Dir. gén. Pêch. mar., Dir. Rech., Cah. Inf. 80 : 1–38, fig. 1–11. Minist. Indust. Commerce, Québec, QC.

1235. Polak, R. 1979. Calanoid copepods of the Gulf of St. Lawrence. Mémoire M.Sc., Centre Sci. mar., Université McGill, Montréal. 103 p., fig. 1–46.

1236. Pollock, L.W. 1976. Marine flora and fauna of the northeastern United States: Tardigrada. NOAA (Natl. Ocean. Atmos. Admin.) Tech. Rep. NMFS (Natl. Mar. Fish. Serv.) Circ. 394 : 1–25, 47 fig.

1237. Ponder, W.F. 1985. A review of the genera of the Rissoidae (Mollusca: Mesogastropoda: Rissoacea). Rec. Aust. Mus. Suppl. 4 : 1–221, fig. 1–153.

1238. Poore, G.C.B., et Lew Ton, H.M. 1993. Idoteidae of Australia and New Zealand (Crustacea: Isopoda: Valvifera). Invertebr. Taxon. 7(1) : 197–278, illus.

1239. Por, F.D. 1968. Level bottom Harpacticoida (Crustacea, Copepoda) from Elat (Red Sea), Part 1. Isr. J. Zool. 16(3) : 101–165, pl. I–XXXVII.

1239a. Poulin, R., et Fitzgerald, G.J. 1987. The potential of parasitism in the structuring of a salt marsh stickleback community. Can. J. Zool. 65(11) : 2793–2798, fig. 1–4.

1240. Poulin, R., et Fitzgerald, G.J. 1989. Risk of parasitism and microhabitat selection in juvenile sticklebacks. Can. J. Zool. 67(1) : 14–18, fig. 1–3.

1241. Poulsen, E.M. 1969a. Ostracoda I — Myodocopa. Sub-order: Cypridiniformes. Families: Cypridinidae, Rutidermatidae, Sarsiellidae, Asteropidae. Fiches Identif. Zooplancton 115 : 1–5, fig. 1–5.

1242. Poulsen, E.M. 1969b. Ostracoda II — Myodocopa. Sub-order: Halocypriformes. Families: Thaumatocypridae, Halocypridae. Fiches Identif. Zooplancton, 116 : 1–7, fig. A–B.

1243. Poulsen, E.M. 1973. Ostracoda-Myodocopa. Part 3B. Halocypriformes – Halocypridae, Conchoecinae. Dana, Rep. 84 : 1–224, fig. 1–113.

1244. Powell, N.A. 1968a. Bryozoa (Polyzoa) of arctic Canada. J. Fish. Res. Board Can. 25(11) : 2269–2320, fig. 1–11, pl. I–XIV.

1245. Powell, N.A. 1968b. Studies on Bryozoa (Polyzoa) of the Bay of Fundy region. II. Bryozoa from fifty fathoms, Bay of Fundy. Cah. Biol. mar. 9(3) : 247–259, pl. 1–5.

1246. Powell, N.A., et Crowell, G.D. 1967. Studies on Bryozoa (Polyzoa) of the Bay of Fundy region. 1. Bryozoa from the intertidal zone of Minas Basin and Bay of Fundy. Cah. Biol. mar. 8(4) : 331–347, fig. 1–2, pl. 1–3.

1247. Préfontaine, G. 1932. Notes préliminaires sur la faune de l'estuaire du Saint-Laurent dans la région de Trois-Pistoles. Sta. biol. Saint-Laurent à Trois-Pistoles, Premier Rapp., 1931 : 76–81. Réimpr : Nat. can. (Qué.) 59(11) : 213–219. Aussi : Trans. R. Soc. Can. (3)26(V) : 205–209 (avec modifications mineures).
1248. Préfontaine, G. 1933. Additions à la liste des espèces animales de l'estuaire du Saint-Laurent. Trans. R. Soc. Can. (3)27(V) : 253–258. (Aussi : Contrib. Sta. biol. St-Laurent, 3B).
1249. Préfontaine, G. 1936. Nouvelles espèces, nouveaux hôtes, nouvelles localités de Copépodes parasites. *Dans* ACFAS, 3e Congrès, Montréal, 20–22 oct. 1935, Résumés des communications. Ann. ACFAS, 2 : 76.
1250. Préfontaine, G., et Brunel, P. 1962. Liste d'Invertébrés marins recueillis dans l'estuaire du Saint-Laurent de 1929 à 1934. Nat. can. (Que.) 89(8–9) : 237–263, fig. 1.
1251. Prenant, M., et Bobin, G. 1956. Bryozoaires. Première partie : Entoproctes, Phylactolèmes, Cténostomes. Faune Fr. 60 : 1–398, fig. 1–151.
1252. Prenant, M., et Bobin, G. 1966. Bryozoaires. (2e partie) Chilostomes Anasca. Faune Fr. 68 : 1–647, fig. 1–210.
1253. Prieto, M. 1994. Migrations verticales journalières d'une communauté suprabenthique d'Amphipodes gammaridiens de la station HP5, à 200 mètres de profondeur dans les eaux gaspésiennes du golfe du St-Laurent. Université de Montréal, Dép. Sci. biol., Laboratoire P. Brunel. Rapport d'initiation à la recherche, p. 1–45, fig. 1–10.
1254. Provancher, L. 1890a. Les Mollusques de la province de Québec. Nat. can. (Que.), 19(9) : 184–187; 19(10) : 203–205.
1255. Provancher, L. 1890b. Un naturaliste aux îles de la Madeleine. Nat. can. (Que.),19(12) : 238–248.
1256. Provancher, L. 1891. Les Mollusques de la Province de Québec. Première partie : Les Céphalopodes, Ptéropodes et Gastropodes. Faune canadienne, p. 1–154, pl. I–VI, fig. 1–16 .
1257. Prudhoe, S. 1982. A synopsis of British polyclad turbellarians (Turbellaria: Polycladida). Synop. Br. Fauna, New Ser. 26 : 1–77, fig. 1–25.
1258. Prudhoe, S. 1985.A monograph on the polyclad Turbellaria. British Museum (Natural History), Londres et Oxford University Press, Oxford, Londres et New York. 259 p., fig. 1–140.
1259. Pruvot-Fol, A. 1954. Mollusques Opisthobranches. Faune Fr. 58 : 1–460, fig. 1–173, pl. I.
1260. Puri, H.S., Bonaduce, G., et Malloy, J. 1965. Ecology of the Gulf of Naples. Pubblicazioni della Stazione Zoologica di Napoli 33(suppl.) : 87–199, fig. 1–67.
1261. Pyefinch, K.A. 1948a. Methods of identification of the larvae of *Balanus balanoides* (L.), *B. crenatus* Brug. and *Verruca stroemia* O.F. Müller. J. Mar. Biol. Assoc. U.K. 27(2) : 451–463, fig. 1–6.
1262. Pyefinch, K.A. 1949. The larval stages of *Balanus crenatus* Bruguière. Proc. Zool. Soc. London 118(4) : 916–923, fig. 1–3.
1263. Qian, P.-Y., et Chia, F.-S. 1989. Larval development of *Autolytus alexandri* Malmgren 1867 (Polychaeta, Syllidae). Invertebr. Reprod. Develop. 15 : 49–56, illus.
1264. Quiévreux, C. 1962. Morphologie et anatomie des larves de *Spirorbis vitreus* (Fabricius) et *S. malardi* Caullery et Mesnil (Annélides Polychètes). Cah. Biol. mar. 3(1) : 1–12, fig. 1–6.
1265. Radwin G.E. 1978. The family Columbellidae in the western Atlantic. IIb. The Pyreninae (continued). Veliger, 20 (4) : 328–344, fig. 1–48.
1266. Rafi, F. 1985. Synopsis speciorum. Crustacea: Isopoda et Tanaidacea. Bibliogr. Invertebr. Aquat. Can., 4 : 1–50. Natl. Mus. Nat. Sci., Natl. Mus. Can., Ottawa, Canada.
1267. Rafi, F. 1986. Synopsis speciorum. Crustacea: Cumacea. Bibliogr. Invertebr. Aquat. Can. 6 : 29–49, Natl. Mus. Nat. Sci., Natl. Mus. Can., Ottawa, Canada.
1268. Rafi, F. 1988. Isopoda. *Dans* Guide to the parasites of fishes of Canada. Part II: Crustacea. *Éditeurs* : L. Margolis et Z. Kabata. Can. Spec. Publ. Fish. Aquat. Sci. 101 : 129–148, fig. 1–12.
1269. Rafi, F., et Laubitz, D.R. 1991. The Idoteidae (Crustacea: Isopoda: Valvifera) of the shallow waters of the northeastern North Pacific Ocean. Can. J. Zool. 68(12) : 2649–2687, fig. 1–26.
1270. Rainer, S.F. 1990. The genus *Nephtys* (Polychaeta: Phyllodocida) in northern Europe: redescription of *N. hystricis* and *N. incisa.* J. Nat. Hist. 24(2) : 361–372, fig. 1–2.
1271. Rainer, S.F. 1991. The genus *Nephtys* (Polychaeta : Phyllodocida) of northern Europe: a review of species, including the description of *N. pulchra* sp. n. and a key to the Nephtyidae. Helgol. Meeresunters, 45(1–2) : 65–96, fig. 1–3.
1272. Rainville, L. 1979. Etude comparative de la distribution verticale et de la composition des populations de zooplancton du fjord du Saguenay et de l'estuaire maritime du Saint-Laurent. Mémoire M.Sc., Dép. Biol., Université Laval, Québec. 175 p., 30 fig.

1273. Rainville, L. 1988. First study of the zooplankton community of the Laurentian Trough (Lower St. Lawrence Estuary): composition, vertical structure and ecology. Document inédit, 187 p., fig. 1–21. (Copies Labor. P. Brunel, Univ. Montréal et Inst. Maurice-Lamontagne, Mont-Joli, QC)

1274. Rainville, L., et Marcotte, B.M. 1985. Abundance, energy, and diversity of zooplankton in the three water layers over slope depths in the lower St. Lawrence Estuary. Nat. can. (Qué.), 112(1) : 97–103, fig. 1–4.

1274a. Rasmussen, E. 1951. Faunistic and biological notes on marine invertebrates II: The eggs and larvae of some Danish marine gastropods. Vidensk. Medd. Dan. Naturhist. Foren. 113 : 201–249, fig. 1–29.

1275. Rasmussen, E. 1956. Faunistic and biological notes on marine invertebrates. III. The reproduction and larval development of some polychaetes from the Isefjord, with some faunistic notes. Biol. Medd. K. Dan. Vidensk. Selsk. 23(1) : 1–84, fig. 1–24.

1276. Rasmussen, E. 1973. Systematics and ecology of the Isefjord marine fauna (Denmark), with a survey of the eelgrass (*Zostera*) vegetation and its communities. Ophelia 11(1–2) : 1–495, fig. 1–119.

1276a. Rathbun, M.J. 1929. Decapoda. Can. Atl. Fauna, 10. Arthropoda, 10m : 1–38, fig. 1–53. Biol. Board Can., St. Andrews, N.B.

1277. Rathbun, M.J. 1930 The cancroid crabs of America of the families Euryalidae, Portunidae, Atelecyclidae, Cancridae and Xanthidae. Bull. U.S. Natl. Mus. 152 : 1–609, fig. 1–85, pl. 1–230.

1277a. Ray, S. McLeese, D.W., Metcalfe, C.D., Burridge, L.E., et Waiwood, B.A. 1980. Distribution of cadmium in marine biota in the vicinity of Belledune. *Dans* Cadmium pollution of Belledune harbour, New Brunswick, Canada. *Éditeurs* : J.F. Uthe et V. Zitko. Can. Tech. Rep. Fish. Aquat. Sci. 963 : 11–34, fig. 1–22.

1278. Razouls, C. 1982. Répertoire mondial taxinomique et bibliographique provisoire des Copépodes planctoniques marins et des eaux saumâtres. Divers systèmes de classification. Tome I : 1–394, fig. I–VIII; tome 2 : 395–875, fig. I–X. Laboratoire Arago, Université Pierre-et-Marie-Curie, Banyuls-sur-mer, France.

1279. Razouls, C. 1991. Bilan taxinomique actuel des Copépodes planctoniques marins et des eaux saumâtres : corrections et compléments. 240 p. Laboratoire Arago, Université Pierre-et-Marie-Curie, Banyuls-sur-mer, France.

1280. Rees, C.B. 1950. The identificaton and classification of lamellibranch larvae. Hull Bull. Mar. Ecol. 3(19) : 73–104, fig. 1–4, pl. I–V.

1281. Rehder, H.A., et Carmichael, Jr., J. 1981. The Audubon Society field guide to North American sea shells. 894 p., 705 fig. Alfred A. Knopf, New York.

1282. Rehder, H.A. 1990. Clarification of the identity of the snail *Margarites groenlandicus* (Gmelin, 1791) (Gastropoda: Trochidae). Nautilus, 103(4) : 117–123, fig. 1–13.

1283. Reinhard, E.G. 1942. *Stereobalanus canadensis* (Spengel), a little known enteropneustan from the coast of Maine. J. Wash. Acad. Sci. 32(10) : 309–311, fig. 1–3.

1284. Reynolds, J.W., et Cook, D.G. 1976. Nomenclatura Oligochaetologica: a catalogue of names, descriptions and type specimens of the Oligochaeta. 217 p. Book Store, University of New Brunswick, Fredericton, N.-B.

1285. Reynolds, J.W., et Cook, D.G. 1981. Nomenclatura Oligochaetologica: Supplementum primum. A catalogue of names, descriptions and type specimens of the Oligochaeta. 39 p. Book Store, University of New Brunswick, Fredericton, N.-B.

1286. Reynolds, J.W., et Cook, D.G. 1989. Nomenclatura Oligochaetologica: Supplementum secundum. A catalogue of names, descriptions and type specimens of the Oligochaeta. New Brunswick Museum, Monographic Series (Natural Science), 8 : 1–37.

1287. Reynolds, J.W., et Cook, D.G. 1993. Nomenclatura Oligochaetologica: Supplementum tertium. A catalogue of names, descriptions and type specimens of the Oligochaeta. New Brunswick Museum, Monographic Series (Natural Science), 9 : 1–33.

1288. Rice, A.L. 1967. Crustacea (pelagic adults). Order: Decapoda. V. Caridea. Families: Pasiphaeidae, Oplophoridae, Hippolytidae and Pandalidae. Fiches Identif. Zooplancton 112 : 1–7, fig. 1–21.

1289. Richards, H.G. 1942. *Xylophaga atlantica*, new species. Nautilus 56(2) : 68, pl. 6.

1290. Richardson, H. 1905. A monograph of the isopods of North America. Bull. U.S. Natl. Mus. 54 : 1–727, fig. 1–740.

1291. Riemann-Zürneck, K. 1986. On some abyssal sea anemones of the North Atlantic (Actiniaria: Hormathiidae). Mitt. hamb. Zool. Mus. Inst. 83 : 7–29, fig. 1–2.

1292. Riemann-Zürneck, K. 1994. Taxonomy and ecological aspects of the subarctic sea anemones *Hormathia digitata*, *Hormathia nodosa* and *Allantactis parasitica* (Coelenterata, Actiniaria). Ophelia 39(3) : 197–224, fig. 1–11.

1292a. Riser, N.W. 1955. Studies on cestode parasites of sharks and skates. J. Tenn. Acad. Sci. 30(4) : 265–311, pl. 1–9.

1293. Riser, N.W. 1987. Observations on the genus *Ophelia* (Polychaeta: Opheliidae) with the description of a new species. Ophelia 28(1) : 11–29, fig. 1–13.

1294. Riser, N.W. 1991. An evaluation of taxonomic characters in the genus *Sphaerosyllis* (Polychaeta : Syllidae). *Dans* Systematics, biology and morphology of world Polychaeta. Proceedings of the 2nd International Polychaete Conference, Copenhagen (18–23 August), 1986. *Éditeurs* : M.E. Petersen et J.B. Kirkegaard. Ophelia, Suppl. 5 : p. 209–217, fig. 1–9.

1295. Riser, N.W. 1993. Observations on the morphology of some North American nemertines with consequent taxonomic changes and a reassessment of the architectonics of the phylum. *Dans* Advances in nemertean biology. Proceedings of the third International Meeting on nemertean biology, y Coleg Normal, Bangor, North Wales, August 10–15, 1991. *Éditeurs* : R. Gibson, J. Moore et P. Sundberg. Hydrobiologia 266(1–3) : 141–157, fig. 1–13.

1296. Riser, N.W. 1994. The morphology and generic relationships of some fissiparous heteronemertines. Proc. Biol. Soc. Wash. 107(3) : 548–556, fig. 1–11.

1297. Ritter-Zahony, R. 1911. Chaetognathi. Das Tierreich 29 : 1–35, fig. 1–15.

1299. Robert, G. 1974. The sublittoral Mollusca of the St. Lawrence Estuary, east coast of Canada. Thèse Ph.D., Inst. Océanogr., Université Dalhousie, Nouvelle-Écosse. 174 p., 14 fig.

1300. Robert, G. 1979. Benthic molluscan fauna of the St. Lawrence Estuary and its ecology as assessed by numerical methods. Nat. can. (Qué.) 106 (1) : 211–227, fig. 1–5.

1300a. Robert, G., et Jamieson, S. 1983. Assesssment of Northumberland Strait scallop stocks and review, 1978 to 1981. Can. Tech. Rep. Fish. Aquat. Sci. 1150 : 1–37, fig. 1–8.

1300b. Roberts, A. 1984. The Cumacea of the St. Lawrence Estuary. Université de Montréal, Dép. Sci. biol., Laboratoire de P. Brunel. 26 p., 22 fig., manuscrit inédit.

1301. Roberts, L.S. 1970. *Ergasilus* (Copepoda: Cyclopoida): Revision and key to species in North America. Trans. Am. Microsc. Soc. 89(1) : 134–161, fig. 1–33.

1302. Roberts, Jr., M.H. 1973. Larval development of *Pagurus acadianus* Benedict, 1901, reared in the laboratory (Decapoda, Anomura). Crustaceana, 24(3) : 303–317, fig. 1–5.

1303. Robilliard, G.A. 1970. The systematics and some aspects of the ecology of the genus *Dendronotus* (Gastropoda: Nudibranchia). Veliger, 12 (4), p. 433–479, fig. 1–28.

1304. Robson, G.C. 1932. A monograph of the recent Cephalopoda based on the collections in the British Museum of Natural History. Part 2. The Octopoda (exluding the Octopodinae). 359 p., fig. 1–79, pl. I–IV. Br. Mus. Nat. Hist., Londres.

1305. Robson, G.C. 1933. On *Architeuthis clarkei*, a new species of giant squid, with observations on the genus. Proc. Zool. Soc. Part 3, Paper 36 : 681–697, fig. 1–8, pl. I.

1306. Rodger, A. 1895. Preliminary account of natural history collections made on a voyage to the Gulf of St. Lawrence and Davis Straits. Proc. R. Soc. Edinb. 20(2) : 154–163.

1307. Roff, J.C. 1978. A guide to the marine flora and fauna of the Bay of Fundy: Copepoda: Calanoida. Fish. Mar. Serv. Tech. Rep. 823 : 1–29, fig. A1–A2, 1–120. Dep. Fish. Envir. Can., St. Andrews, N.B.

1308. Roff, J.C., Davidson, K.G., Pohle, G., et Dadswell, M.J. 1984. A guide to the marine flora and fauna of the Bay of Fundy and Scotian Shelf: larval Decapoda: Brachyura. Can. Tech. Rep. Fish. Aquat. Sci. 1322 : 1–57, fig. 1–161.

1308a. Rogick, M.D. 1955. Genus *Emballotheca* Levinsen 1909. Trans. Am. Microsc. Soc. 74(2) : 103–112, fig. 1–2.

1309. Rogick, M.D., et Croasdale, H. 1949. Studies on marine Bryozoa. III. Woods Hole region Bryozoa associated with algae. Biol. Bull. 96(1) : 32–69, pl. I–X.

1310. Ronald, K. 1957a. The metazoan parasites of the Heterosomata of the Gulf of St. Lawrence. I. *Echinorhynchus laurentianus* sp. nov. (Acanthocephala: Echinorhynchidae). Can. J. Zool. 35 : 437–439, fig. 1 (Aussi : Contrib. Dép. Pêch. Qué. 57).

1311. Ronald, K. 1957b. The metazoan parasites of the Heterosomata of the Gulf of St. Lawrence. II. *Entobdella curvunca* sp. nov. (Trematoda: Capsalidae). Can. J. Zool. 35 : 747–750, fig. 1 (Aussi : Contrib. Dép. Pêch. Qué. 58).

1312. Ronald, K. 1958a. The metazoan parasites of the Heterosomata of the Gulf of St. Lawrence. III. Copepoda Parasitica. Can. J. Zool. 36 (1) : 1–6, fig. 1 (Aussi : Contrib. Dép. Pêch. Qué. 63).

1312a. Ronald, K. 1958b. The metazoan parasites of the Heterosomata of the Gulf of St. Lawrence. IV. Cestoda. Can. J. Zool. 36(3) : 429–434, fig. 1. (Aussi : Contrib. Dép. Pêch. Qué. 66).

1313. Ronald, K. 1960a. The metazoan parasites of the Heterosomata of the Gulf of St. Lawrence. V. Monogenea. Can. J. Zool. 38 : 243–247. (Aussi : Contrib. Dép. Pêch. Qué. 71).

1313a. Ronald, K. 1960b. The metazoan parasites of the Heterosomata of the Gulf of St. Lawrence. VI. Digenea. Can. J. Zool. 38(5) : 923–937, fig. 1. (Aussi : Contrib. Dép. Pêch. Qué. 75).

1313b. Ronald, K. 1963. The metazoan parasites of the Heterosomata of the Gulf of St. Lawrence. VII. Nematoda and Acanthocephala. Can. J. Zool. 41(1) : 15–21. (Aussi : Contrib. Dép. Pêch. Qué. 77).

1313c. Ronald, K. Johnson, E., Foster, M., et Vander Pol, D. 1970. The harp seal, *Pagophilus groenlandicus* (Erxleben, 1777). I. Methods of handling, molt, and diseases in captivity. Can. J. Zool. 48(5) : 1035–1040, pl. I–III.

1314. Roper, C.F.E., et Boss, J. 1982. The giant squid. Sci. Am. 246(4) : 96–105, 8 fig., 1 carte.

1315. Roper, C.F.E, Lu, C.C., et Mangold, K. 1969. A new species of *Illex* from the Western Atlantic and distributional aspects of other *Illex* species (Cephalopoda: Oegopsida). Proc. Biol. Soc. Wash. 82 : 295–321, pl. 1–10.

1315a. Roper, C.F.E., et Lu, C.C. 1978. Rhynchoteuthion larvae of ommastrephid squids of the western North Atlantic, with the first description of larvae and juveniles of *Illex illecebrosus*. *Dans* Proceedings of the workshop on the squid *Illex illecebrosus*. Dalhousie University, Halifax, Nova Scotia, May 1978; and a bibliography on the genus *Illex*. *Éditeurs* : N. Balch, T. Amaratunga et R.K. O'Dor. Can. Fish. Mar. Serv., Tech. Rep. 833 : 14.1–14.26, fig. 1–9. Dept. Fish. Env., Canada.

1316. Roper, C.F.E., Sweeney, M.J., et Nauen, C.E. 1984. FAO species catalogue. Vol. 3. Cephalopoda of the world: an annotated and illutrated catalogue of the species of interest to fisheries. FAO Fish. Synop. 125 : 1–277, fig. 1–78.

1317. Rubec, L.A. 1988. *Neobrachiella rostrata* (Copepoda: Lernaeopodidae) on the gills of the Greenland halibut, *Reinhardtius hippoglossoides* from the Gulf of St. Lawrence. Can. J. Zool. 66(2) : 504–507, fig. 1–11.

1318. Rubec, L.A. 1991a. Redescription of *Diclidophoroides maccallumi* (Monogenea: Diclidophoridae) from the gills of longfin hake, *Phycis chesteri*, from the Gulf of St. Lawrence. Can. J. Zool. 69(1) : 146–150, fig. 1–7.

1319. Rubec, L.A. 1991b. Redescription of *Diclidophora nezumiae* (Monogenea: Diclidophoridae) from *Nezumia bairdi* (Macrouridae) from the Gulf of St. Lawrence. Can. J. Zool. 69(9) : 2334–2337, fig. 1–10.

1320. Rubec, L.A., et Dronen, N.O. 1994. Revision of the genus *Diclidophora* Kröyer, 1838 (Monogenea: Diclidophoridae), with the proposal of *Macrouridophora* n. g. Systematic Parasitol. 28(3) : 159–185, fig. 1–35.

1321. Rubec, L.A., et Hogans, W.E. 1987. Redescription of *Clavellisa cordata* Wilson, 1915 (Copepoda: Lernaeopodidae) from anadromous clupeids in eastern Canada. Can. J. Zool. 65(6) : 1559–1563, fig. 1–9.

1321a. Rubec, L.A., et Hogans, W.E. 1988. *Albionella fabricii* n. sp. (Copepoda : Lernaeopodidae) from the gills of *Centroscyllium fabricii* from the northwest Atlantic. Syst. Parasitol. 11(3) : 219–225, fig. 1–17.

1322. Ruff, R.E., et Brown, B. 1989. A new species of *Euchone* (Polychaeta: Sabellidae) from the northwest Atlantic with comments on the ontogenetic variability. Proc. Biol. Soc. Wash. 102(3) : 753–760, fig. 1–4.

1323. Ruggieri, G. 1977. Nuovi ostracodi nordici nel Pleistocene della Sicilia. Boll. Soc. Paleontol. Ital. 16(1) : 81–85, fig. 1–2.

1324. Runge, J.A., et Simard, Y. 1990. Zooplankton of the St. Lawrence Estuary: the imprint of physical processes on its composition and distribution. *Dans* Oceanography of a large-scale estuarine system: the St. Lawrence. *Éditeurs* : M.I. El-Sabh et N. Silverberg. Coastal Estuarine Stud. 39 : 296–320, fig. 1–7.

1325. Runnström, S. 1929. Eine neue Spatangidlarve von der Westküste Norwegens (Une nouvelle larve de Spatangue de la côte occidentale de Norvège). Bergens Museum Arbok, Naturvidenskapelig rekke, 1929(9) : 1–7, fig. 1–3, pl. 1. Bergen Museum, Bergen, Norvège.

1326. Ruppert, E.E. 1988. Gastrotricha. *Dans* Introduction to the study of meiofauna. *Éditeurs* : R.P. Higgins et H. Thiel. Smithsonian Institution Press, Washington, D.C. p. 302–311, fig. 24.1–24.3.

1327. Russell, F.S. 1939. Hydromedusae. Family: Tubulariidae. Fiches Identif. Zooplancton 2 : 1–4, fig. 1–6.
1328. Russell, F.S. 1950. Hydromedusae. Family: Corynidae. Fiches Identif. Zooplancton 29 : 1–4, fig. 1–6.
1329. Russell, F.S. 1953a. Hydromedusae. Order: Anthomedusae. Families: Rathkeidae and Bougainvilliidae. Fiches Identif. Zooplancton 51 : 1–4, fig. 1–11.
1330. Russell, F.S. 1953b. The medusae of the British Isles; Anthomedusae, Leptomedusae, Limnomedusae, Trachymedusae and Narcomedusae. 530 p., fig. 1–319. Cambridge University Press, Londres.
1331. Russell, F.S. 1955. Hydromedusae. Families: Pandeidae and Tiarannidae. Fiches Identif. Zooplancton 54 : 1–6, fig. 1–16.
1332. Russell, F.S. 1963a. Hydromedusae. Families: Dipleurosomatidae, Melicertidae, Laodiceidae. Fiches Identif. Zooplancton 99 : 1–4, fig. 1–8.
1333. Russell, F.S. 1963b. Hydromedusae. Family: Mitrocomidae. Fiches Identif. Zooplancton 100 : 1–4, fig. 1–8.
1334. Russell, F.S. 1963c. Hydromedusae. Families: Campanulariidae, Lovenellidae, Phialellidae. Fiches Identif. Zooplancton 101 : 1–4, fig. 1–7a.
1335. Russell, F.S. 1970a. Hydromedusae. Family: Aequoreidae. Fiche Identif. Zooplancton 128 : 1–4, fig. 1–6.
1335a. Russell, F.S. 1970b. The medusae of the British Isles. Vol. 2: Pelagic Scyphozoa, with a supplement to the first volume on Hydromedusae. 284 p., fig. 1–108, pl. 1–15 + 1s. Cambridge University Press, Cambridge, Angleterre et New York, N.Y.
1336. Russell, F.S. 1976. Scyphomedusae of the North Atlantic. Order: Coronatae. Families: Atollidae, Nausithoidae, Paraphyllinidae, Periphyllidae. Fiches Identif. Zooplancton 152 : 1–4, fig. 1–7.
1337. Russell, F.S. 1977a. Hydromedusae. Families Zancleidae, Cladonemidae and Eleutheriidae; Clavidae and Hydractiniidae; Addenda to Hydromedusae. Fiches Identif. Zooplancton 153 : 1–4, fig. 1–3; 154 : 1–4, fig. 1–5; 161 : 1–4, fig. 1–5.
1338. Russell, F.S. 1978b. Scyphomedusae of the North Atlantic (2). Families: Pelagiidae, Cyaneidae, Ulmaridae, Rhizostomatidae. Fiches Identif. Zooplancton 158 : 1–4, fig. 1–6.
1339. Russell, F.S. 1980. Trachymedusae. Families: Geryonidae, Ptychogastriidae, Halicreatidae. Fiches Identif. Zooplancton 164 : 1–4, fig. 1–6.
1340. Russell, F.S. 1981a. Trachymedusae. Family: Rhopalonematidae. Fiches Identif. Zooplancton 165 : 1–4, fig. 1–8.
1341. Russell, F.S. 1981b. Narcomedusae. Families: Aeginidae, Solmaridae, Cuninidae. Fiches Identif. Zooplancton 166 : 1–5, fig. 1–7.
1342. Ryland, J.S. 1962. Biology and identification of intertidal Polyzoa. Field Stud. 1(4) : 1–19, fig. 1–15.
1343. Ryland, J.S. 1963. Systematic and biological studies on Polyzoa (Bryozoa) from western Norway. Sarsia 14 : 1–59, fig. 1–14.
1344. Ryland, J.S. 1965. Polyzoa (Bryozoa). Order Cheilostomata, Cyphonautes larvae. Fiches Identif. Zooplancton 107 : 1–6, pl. I–II.
1344a. Ryland, J.S. 1967. Crisiidae (Polyzoa) from western Norway. Sarsia 29 : 269–282, fig. 1–5.
1344b. Ryland, J.S. 1969. A nomenclatural index to 'A history of the British marine Polyzoa' by T. Hincks (1880). Bull. Br. Mus. (Nat. Hist.) Zool. 17(6) : 205–260, fig. 1–4.
1345. Ryland, J.S. 1979. *Celleporella carolinensis* sp. nov. (Bryozoa Cheilostomata) from the Atlantic coast of America. *Dans* Advances in bryozoology (Procedings of the fourth conference of the International Bryozoology Association held at the Marine Biological Laboratory, Woods Hole, U.S.A., 7–17 September 1977). *Éditeurs* : G.P. Larwood et M.B. Abbott. Systematics Association, Spec. Vol. 13 : 611–619, fig. 1.
1346. Ryland, J.S., et Hayward, P.J. 1977. British anascan bryozoans. Cheilostomata: Anasca. Synop. Br. Fauna, New. Ser. 10 : 1–188, fig. 1–85.
1347. Ryland, J.S., et Hayward, P.J. 1991. Marine flora and fauna of the northeastern United States: erect Bryozoa. NOAA (Natl. Ocean. Atmos. Admin.) Tech. Rep. NMFS (Natl. Mar. Fish. Serv.) Circ. 99 : 1–48, fig. 1–69.
1348. Rzhavsky, A.V. 1991. Obsuzhdenie sostava roda *Bushiella* (Polychaeta, Spirorbidae) i rasprostraneniya ego predstaviteleĭ v moryakh SSSR s opisaniem novogo vida (Composition of the genus *Bushiella* (Polychaeta, Spirorbidae) and distribution of its representatives in the seas of the USSR; description of a new species). Zool. Zh. 70(3) : 5–11, fig. 1–2.

1349. Rzhavsky, A.V. 1993. *Bushiella (Jugaria) beatlesi* sp.n. (Polychaeta: Spirorbidae) from the Kurile Islands with remarks on taxonomy, morphology and distribution of some other *Bushiella* species. Ophelia 38(2) : 89–96, fig. 1–4.

1350. Rzhavsky, A.V. 1994. On the morphoecology of spirorbid tubes (Polychaeta: Spirorbidae). Ophelia 39(3) : 177–182, fig. 1–6.

1351. Sabatini, M.E. 1990. The developmental stages (copepodids I to VI) of *Acartia tonsa* (Dana, 1849) (Copepoda, Calanoida). Crustaceana 59(1) : 53–61, fig. 1–48.

1352. Sainte-Marie, B. 1978. Distributions géographique et bathymétrique des Échinodermes des estuaires moyen et maritime du Saint-Laurent. Université de Montréal, Dép. Sci. biol., Rapport d'initiation à la recherche, Laboratoire P. Brunel, 65 p., fig. 1–42 (document manuscrit).

1353. Sainte-Marie, B. 1986. Feeding and swimming of lysianassid amphipods in a shallow cold-water bay. Mar. Biol. 91(2) : 219–229, fig. 1.

1354. Sainte-Marie, B., et Brunel, P. 1983. Differences in life history and success between suprabenthic shelf populations of *Arrhis phyllonyx* (Amphipoda Gammaridea) in two ecosystems of the Gulf of St. Lawrence. J. Crustacean Biol. 3(1) : 45–69, fig. 1–9.

1355. Sainte-Marie, B., et Brunel, P. 1985. Suprabenthic gradients of swimming activity by cold-water gammaridean amphipod Crustacea over a muddy shelf in the Gulf of Saint Lawrence. Mar. Ecol. Prog. Ser. 23(1) : 57–69, fig. 1.

1356. Salvini-Plawen, L. von 1975. Mollusca Caudofoveata. Mar. Invertebr. Scand. 4 : 1–56, fig. 1–59.

1357. Salvini-Plawen, L. von 1978. The species-problem in Caudofoveata (Mollusca). Zool. Anz. 200(1/2) : 18–26, fig. 1–10.

1357a. Sandeman, I.M., et Pippy, J.H.C. 1967. Parasites of freshwater fishes (Salmonidae and Coregonidae) of insular Newfoundland. J. Fish. Res. Board Can. 24(9) : 1911–1943, fig. 1–23.

1358. Santhakumaran, L.N. 1980. Two new species of *Xylophaga* from Trondheimsfjorden, western Norway (Mollusca, Pelecypoda). Sarsia 65(3–4) : 269–272, fig. 1–4.

1359. Sara, M., et Burlando, B. 1994. Phylogenetic reconstruction and evolutionary hypotheses in the family Tethyidae (Demospongiae). *Dans* Sponges in time and space: biology, chemistry, paleontology. Proceedings of the 4th International Porifera Congress, Amsterdam, Netherlands, 19–23 April 1993. *Éditeurs* : R.W.M. van Soest, T.M.G. Van Kempen et J.-C. Braekman. p. 111–115, fig. 1–4.

1360. Sars, G.O. 1870. Carcinologiske Bidrag til Norges Fauna. I. Monographi over de ved Norges Kyster forekommende Mysider, Heft 1. 64 p., pl. I–V. Christiania.

1361. Sars, G.O. 1871. Beskrivelse af de paa Fregatten Josephines Expedition fundne Cumaceer. Kongl. Svenska Vetenskapsakad. Handl. 9(13) : 1–57, pl. I–XX.

1362. Sars, G.O. 1872. Carcinologiske Bidrag til Norges Fauna. I. Monographi over de ved Norges Kyster forekommende Mysider, Heft 2. 34 p., pl. I–III. Christiania.

1363. Sars, G.O. 1873. Om Cumaceer fra de store Dybder i Nordishafvet. Kongl. Svenska Vetenskapsakad. Handl. (4)11(6) : 1–12, pl. I–IV.

1364. Sars, G.O. 1878. Mollusca regionis arcticae norvegiae. Oversigt over de i Norges arktiske Region Forekommende Bløddyr. 466 p., pl. 1–34, I–XVIII. A.W. Brøgger, Christiania.

1365. Sars, G.O. 1879. Carcinologiske Bidrag til Norges Fauna. I : Monographi over de ved Norges Kyster forekommende Mysider, Heft 3. 131 p., pl. 1–34.

1366. Sars, G.O. 1885. Crustacea. I. Description of new or imperfectly known species. Norske Nordhavs-Exped. 1876–1878 (The Norwegian North-Atlantic Expedition 1876–1878), Zoology 6 : 1–280, pl. I–XXI. Grønland & Søn, Christiania.

1367. Sars, G.O. 1890–1895. Amphipoda. An Account of the Crustacea of Norway, with short descriptions and figures of all the species 1 : 3–711, pl. 1–240, suppl. pl. I–VIII. Alb. Cammermeyers Forlag, Christiania et Copenhague. (Rêimpr. Universitetsforlaget, Bergenet Oslo, 1966).

1368. Sars, G.O. 1891. Pycnogonidea. Norske Nordhavs-Exped. 1876–78 (The Norwegian North-Atlantic Expedition 1876–1878) 6 : 1–163, pl. I–XV. Grønland & Søn, Christiania.

1369. Sars, G.O. 1896–1899. Isopoda. An Account of the Crustacea of Norway, with short descriptions and figures of all the species 2 : 1–270, pl. 1–100, suppl. pl. I–IV. Musée de Bergen, Bergen, Norvège.

1370. Sars, G.O. 1900. Cumacea. An Account of the Crustacea of Norway, with short descriptions and figures of all the species 3 : 1–115, pl. I–LXXII. Musée de Bergen, Bergen, Norvège.

1371. Sars, G.O. 1901–03. Copepoda Calanoida. An account of the Crustacea of Norway, with short descriptions and figures of all the species 4 : 1–171, pl. I–CII, suppl. pl. I–VI. Musée de Bergen, Bergen, Norvège.

1372. Sars, G.O. 1903–11. Copepoda Harpacticoida. An Account of the Crustacea of Norway, with short descriptions and figures of all the species 5 : 1–449, pl. I–CCXXX, suppl. pl. 1–54. Musée de Bergen, Bergen, Norvège.

1373. Sars, G.O. 1913–18. Copepoda Cyclopoida. An Account of the Crustacea of Norway, with short descriptions and figures of all the species 6 : 1–225, pl. I–CXVIII. Musée de Bergen, Bergen, Norvège.

1374. Sars, G.O. 1919–21. Copepoda, Supplement (Calanoida, Harpacticoida, Cyclopoida: Siphonostoma, Poecilostoma). An Account of the Crustacea of Norway, with short descriptions and figures of all the species 7 : 1–121, pl. I–LXXVI. Musée de Bergen, Bergen, Norvège.

1375. Sars, G.O. 1921. Copepoda Monstrilloida and Notodelphyoida. An Account of the Crustacea of Norway, with short descriptions and figures of all the species 8 : 1–91, pl. I–XXXVII. Musée de Bergen, Bergen, Norvège.

1376. Sars, G.O. 1922–28. Ostracoda. An Account of the Crustacea of Norway, with short descriptions and figures of all the species 9 : 1–277, pl. I–CXIX. Musée de Bergen, Bergen, Norvège.

1377. Sastry, A.N. 1977a. The larval development of the rock crab, *Cancer irroratus* Say, 1817, under laboratory conditions (Decapoda Brachyura). Crustaceana, 32(2) : 155–168, fig. 1–6.

1378. Sastry, A.N. 1977b. The larval development of the Jonah crab, *Cancer borealis* (Stimpson, 1859), under laboratory conditions (Decapoda, Brachyura). Crustaceana, 32(3) : 290–303, fig. 1–6.

1378a. Sawyer, R.T. 1972. North American freshwater leeches, exclusive of Piscicolidae, with a key to all species. Illinois Biol. Monogr. 46 : 1–154, fig. 1–37.

1379. Sawyer, R.T. 1986a. Ecology of marine leeches. *Dans* Leech biology and behaviour. Vol. 2: Feeding biology, ecology and systematics. *Éditeur* : R.T. Sawyer. Clarendon Press, Oxford University Press, Oxford, R.-U. et New York. p. 591–630, fig. 15.1–15.20.

1380. Sawyer, R.T. 1986b. Zoogeography. *Dans* Leech biology and behaviour. Vol. 2: Feeding biology, ecology and systematics. *Éditeur* : R.T Sawyer. Clarendon Press, Oxford University Press, Oxford, R.-U. et New York. p. 707–793, fig. 18.1–18.14.

1381. Sawyer, R.T., Lawler, A.R., et Overstreet, R.M. 1975. Marine leeches of the eastern United States and the Gulf of Mexico with a key to the species. J. Nat. Hist. 9(6) : 633–667, fig. 1–9.

1382. Scarratt, D.J., et Lowe, R. 1972. Biology of the rock crab (*Cancer irroratus*) in Northumberland Strait. J. Fish. Res. Board Can. 29(2) : 161–166, fig. 1–3.

1383. Schafer, C.T., et Wagner, F.J.E. 1978. Foraminifera-mollusc associations in eastern Chaleur Bay. Can. J. Earth Sci. 15(6) : 889–901, fig. 1–4.

1384. Schell, S.C. 1970. How to know the trematodes. Pictured Key Nature Series. Wm. C. Brown, Dubuque, Iowa. 355 p., 685 fig.

1385. Schell, S.C. 1985. Handbook of trematodes of North America north of Mexico. University Press of Idaho, Moscow, Idaho. 263 p., 768 fig.

1386. Scheltema, A.H. 1973. Heart, pericardium, coelomoduct openings, and juvenile gonad in *Chaetoderma nitidulum* and *Falcidens caudatus* (Mollusca, Aplacophora). Z. Morphol. Tiere 76 : 97–107, fig. 1–3.

1386a. Schiøtte, T., et Warén, A. 1992. An annotated and illustrated list of the types of Mollusca described by H.P.C. Møller from West Greenland. Medd. Grønl. Biosci. 35 : 1–34, fig. 1–119.

1387. Schmidt, G.D. 1970. How to know the tapeworms. Pictured Key Nature Series. Wm. C. Brown, Dubuque, Iowa. 266 p., fig. 1–391.

1387a. Schmidt, G.D. 1986. CRC handbook of tapeworm identification. 2e éd., CRC Press, Boca Raton, Floride. 675 p., fig. 1–513.

1388. Schneppenheim, R., et Weigmann-Haass, R. 1986. Morphological and electrophoretic studies of the genus *Themisto* (Amphipoda: Hyperiidea) from the South and North Atlantic. Polar Biol. 6(4) : 215–225, fig. 1–6.

1389. Schoener, A. 1969. Atlantic ophiuroids: some post-larval forms. Deep-Sea Res. 16(2) : 127–140, fig. 1–8.

1390. Schram, T.A. 1972. Record of larva of *Peltogaster paguri* Rathke (Crustacea, Rhizocephala) from the Oslofjord. Norw. J. Zool. 20(3) : 227–232, fig. 1–4.

1391. Schram, T.A. 1980. The parasitic copepods *Clavella adunca* (Strøm), *Haemobaphes cyclopterina* (Fabricius), and *Sphyrion lumpi* (Krøyer) on polar cod, *Boreogadus saida* (Lepechin) from Spitsbergen. Sarsia, 65(3–4) : 273–286, fig. 1–8.

1392. Schram, T.A., et Haaland, B. 1984. Larval development and metamorphosis of *Nereimyra punctata* (O.F. Müller) (Hesionidae, Polychaeta). Sarsia 69(3–4) : 169–181, fig. 1–14.

1393. Schultz, G.A. 1969. How to know the marine isopod crustaceans. Pictured Key Nature Series. Wm. C. Brown, Dubuque, Iowa. 359 p., fig. 1–572.

1394. Schweinitz, E.H. de, et Lutz, R.A. 1976. Larval development of the northern horse mussel, *Modiolus modiolus* (L.), including a comparison with the larvae of *Mytilus edulis* L. as an aid in planktonic identification. Biol. Bull. 150(3) : 348–360, fig. 1–5.

1394a. Scott, D.M., et Fisher, H.D. 1958. Incidence of the ascarid *Porrocaecum decipiens* in the stomachs of three species of seals along the southern Canadian Atlantic mainland. J. Fish. Res. Board Can. 15(4) : 495–516, fig. 1

1394b. Scott, D.M., et Martin, W.R. 1957. Variation in the incidence of larval nematodes in Atlantic cod fillets along the southern Canadian mainland. J. Fish. Res. Board Can. 14(6) : 975–996, fig. 1–7.

1394c. Scott, D.M., et Martin, W.R. 1959. The incidence of nematodes in the fillets of small cod from Lockeport, Nova Scotia, and the southwestern Gulf of St. Lawrence. J. Fish. Res Board Can. 16(2) : 213–221, fig. 1–2.

1394d. Scott, J.S. 1975a. Geographic variation in incidence of trematode parasites of American plaice (*Hippoglossoides platessoides*) in the Northwest Atlantic. J. Fish. Res. Board Can. 32(4) : 547–550, fig. 1–2.

1394e. Scott, J.S. 1975b. Intestinal trematode parasites (Trematoda : Digenea) and food of yellowtail flounder (*Limanda ferruginea* (Storer 1839)) from the Scotian Shelf and Gulf of St. Lawrence. Fish. Mar. Serv., Tech. Rep. 584 : 1–12, fig. 1–2. Dep. Envir. Canada.

1394f. Scott, J.S. 1975c. Digenetic trematode parasites and food of witch flounder (*Glyptocephalus cynoglossus* L.) from the Scotian Shelf and Gulf of St. Lawrence. Fish. Mar. Serv., Tech. Rep. 593 : 1–9, fig. 1. Dep. Envir. Canada.

1394g. Scott, J.S. 1976. Digenetic trematode parasites and food of winter flounder(*Pseudopleuronectes americanus* (Walbaum, 1792)) from the Scotian Shelf and Gulf of St. Lawrence. Fish. Mar. Serv., Tech. Rep. 618 : 1–9, fig. 1. Dep. Envir. Canada.

1394h. Scott, J.S. 1982. Digenean parasite communities in flatfishes of the Scotian Shelf and southern Gulf of St. Lawrence. Can. J. Zool. 60(11) : 2804–2811, fig. 1–3.

1395. Scott, T. 1907. On some Entomostraca from the Gulf of St. Lawrence. Trans. Nat. Hist. Soc. Glasgow, N.S. 7(1) : 46–52, pl. II.

1396. Scourfield, D.J. 1947. A short-spined *Daphnia* presumably belonging to the "*longispina*" group — *D. ambigua* sp. n. J. Quekett Micr. Club (4) 2(3) : 127–131, illus.

1396a. Scudder, G.G.E. 1976. Water-boatmen of saline waters (Hemiptera: Corixidae). *Dans* Marine insects. *Éditeur* : L. Cheng. North-Holland Publishing Co., Amsterdam et New York. p. 263–289, fig. 10.1–10.10.

1397. Sebens, K.P. sous presse. Marine flora and fauna of the eastern United States.Anthozoa: Actiniaria, Zoanthidea, Corallimorpharia and Ceriantharia. NOAA (Natl. Ocean. Atmos. Admin.), NMFS (Natl. Mar. Fish. Serv.) Circ. ? : 1–87, fig. 1–63.

1398. Seed, R. 1992. Systematics, evolution and distribution of mussels belonging to the genus *Mytilus* : an overview. Am. Malacol. Bull. 9(2) : 123–137, fig. 1–9.

1398a. Sekhar, S.C., et Threlfall, W. 1970a. Helminth parasites of the cunner, *Tautogolabrus adspersus* (Walbaum) in Newfoundland. J. Helminthol. 44(2) : 169–188, fig. 1–4.

1398b. Sekhar, S.C., et Threlfall, W. 1970b. Infection of the cunner, *Tautogolabrus adspersus* (Walbaum), with metacercariae of *Cryptocotyle lingua* (Creplin, 1825). J. Helminthol. 44(2) : 189–198, fig. 1.

1398c. Sekiguchi, H., et Yamaguchi, Y. 1983. Scavenging gammaridean amphipods from the deep-sea floor. Bull. Fac. Fish. Mie Univ. 10 : 1–14, fig. 1–6.

1399. Sentz-Braconnot, E. 1964. Sur le développement des Serpulidae *Hydroides norvegica* (Gunnerus) et *Serpula concharum* Langerhans. Cah. Biol. mar. 5(4) : 385–389, fig. 1–3.

1400. Sephton, T.W., et Bryan, C.F. 1989. Changes in the abundance and distribution of the American oyster population of the Dunk River Public Fishing Area of Bedeque Bay, Prince Edward Island. Can. Tech. Rep. Fish. Aquat. Sci. 1677 : 1–21, fig. 1–9.

1401. Serafy, D.K., et Fell, F.J. 1985. Marine flora and fauna of the northeastern United States. Echinodermata: Echinoidea. NOAA (Natl. Ocean. Atmos. Admin.) Tech. Rep. NMFS (Natl. Mar. Fish. Serv. Circ. 33 : 1–27, fig. 1–42.

1402. Sharpe, R.W. 1908. A further report on the Ostracoda of the United States National Museum. Proc. U.S. Natl. Mus. 35(1651) : 399–430, pl. L–LXV.

1403. Shaw, D.P. 1988. Redescription of *Bouvieriella carcinophila* (Chevreux, 1889) (Eusiroidea: Calliopiidae) from northern British Columbia and its proposed synonymy with *Leptamphopus paripes* Stephensen, 1931. Can. J. Zool. 66(4) : 939–943, fig. 1–2.

1404. Sheader, M., et Evans, F. 1975. The taxonomic relationship of *Parathemisto gaudichaudi* (Guérin) and *P. gracilipes* (Norman), with a key to the genus *Parathemisto*. J. Mar. Biol. Assoc. U.K. 54(4) : 915–924, fig. 1–10.

1405. Shih, C.T. 1977. Guide des méduses des eaux canadiennes de l'Atlantique. Musée national des Sciences naturelles, Collection d'Histoire naturelle 5 : 1–90, fig. 1–9, pl. 1–14. Ottawa.

1406. Shih, C.T., et Dunbar, M.J. 1963. Amphipoda. Sub-order: Hyperiidea. Family: Phronimidae. Fiches Identif. Zooplancton 104 : 1–6, fig. 1–9.

1407. Shih, C.T., 1971. Atlantic zooplankton. *Dans* A synopsis of Canadian marine zooplankton, Part I. *Éditeurs* : C.T Shih, A.J.G. Figueira et E.H. Grainger. Fish. Res. Board Can. Bull. 176(I) : 2–110.

1408. Shih, C.T., Rainville, L., et MacLellan, D.C. 1981. Copepodids of *Bradyidius similis* (Sars, 1902) (Crustacea: Copepoda) and their distribution in the Saguenay fjord and the St. Lawrence estuary. Can. J. Zool. 59 : 1079–1093, fig. 1–108.

1408a. Shirley, W.D., et Leung, Y.-M. 1970. Taxonomic guides to arctic zooplankton (II): Practical guide to the medusae of the central Arctic Basin. University of Southern California, Dept. Biol. Sci., Tech. Rep. 3 : 3–18, fig. 1–16, pl. 1–6.

1409. Shoemaker, C.R. 1930a. The Amphipoda of the Cheticamp Expedition of 1917. Contrib. Can. Biol. Fish., New. Ser. 5(10) : 219–359, fig. 1–54.

1410. Shoemaker, C.R. 1930b. The lysianassid amphipod crustaceans of Newfoundland, Nova Scotia, and New Brunswick in the United States National Museum. Proc. U.S. Natl. Mus. 77(2827) : 1–19, fig. 1–10.

1411. Shoemaker, C.R. 1931. The stegocephalid and ampeliscid amphipod crustaceans of Newfoundland, Nova Scotia, and New Brunswick in the United States National Museum. Proc. U.S. Natl. Mus. 79(2888) : 1–18, fig. 1–16.

1412. Shoemaker, C.R. 1945a. The amphipod genus *Unciola* on the east coast of America. Am. Midl. Nat. 34(2) : 446–465, fig. 1–9.

1413. Shoemaker, C.R. 1945b. The amphipod genus *Photis* on the east coast of North America. Charleston Mus. Leafl. 22 : 1–17, fig. 1–5.

1414. Shoemaker, C.R. 1947. Further notes on the amphipod genus *Corophium* from the east coast of America. J. Wash. Acad. Sci. 37(2) : 47–63, fig. 1–12.

1415. Shoemaker, C.R. 1949. Three new species and one new variety of amphipods from the Bay of Fundy. J. Wash. Acad. Sci. 39(12) : 389–398, fig. 1–5.

1416. Shoemaker, C.R. 1955. Amphipoda collected at the Arctic Laboratory, Office of Naval Research, Point Barrow, Alaska, by G.E. MacGinitie. Smithson. Misc. Coll. 128(1) : 1–78, fig. 1–120.

1417. Sieg, J. 1976. Crustacea Tanaidacea, gesammett von Professor Dr. W. Noodt an den Küster El Salvadors und Perus. Stud. Neotrop. Fauna Environ. 11(1–2) : 65–85, fig. 1–12.

1418. Sieg, J. 1977. Taxonomische Monographie der Familie Pseudotanaidae (Crustacea, Tanaidacea). Mitt. Zool. Mus. Berl. 53(1) : 3–109, illus.

1419. Sieg, J. 1980. Taxonomische Monographie der Tanaidae Dana 1849 (Crustacea: Tanaidacea). Abh. Senckenb. Naturforsch. Ges. 537 : 1–267, fig. 1–70.

1421. Sieg, J. 1983a. Anmerkungen zur Gattung *Tanaissus* Norman & Scott 1906 (Crustacea: Tanaidacea: Nototanaidae). Senckenb. Biol. 63 (1/2) : 113–135, fig. 1–14, carte 1.

1422. Sieg, J. 1983b. Tanaidacea. Crustaceorum Catalogus (Editus H.E. Gruner and L.B. Holthuis), Pars. 6. Kluwer Academic Publishers Group, Dordrecht, Pays-Bas. 552 p.

1423. Sieg, J. 1986. Tanaidacea (Crustacea) von der Antarktis und Subantarktis. II. Tanaidacea gesammelt von Dr. J.W. Wägele während der Deutschen Antarktis Expedition 1983. Mitt. Zool. Mus. Univ. Kiel. 2(4) : 1–80, illus.

1424. Sieg, J., et Winn, R.N. 1978. Keys to suborders and families of Tanaidacea (Crustacea). Proc. Biol. Soc. Wash. 91(4) : 840–846, fig. 1–3.

1424a. Sieg, J., et Winn, R.N. 1981. The Tanaidae (Crustacea: Tanaidacea) of California, with a key to world genera. Proc. Biol. Soc. Wash. 94(2) : 315–343, fig. 1–17.

1425. Sigvaldadottir, E., et Mackie, A.S.Y. 1993. *Prionospio streenstrupi*, *P. fallax* and *P. dubia* (Polychaeta, Spionidae): re-evaluation of identity and status. Sarsia 78(3–4) : 203–219, fig. 1–8.

1425a. Silverberg, N., Gagnon, J.-M., et Lee, K. 1995. A benthic mesocosm facility for maintaining soft-bottom sediments. Neth. J. Sea Res. 34(4) : 289–392, fig. 1–5.

1426. Simon, J.L. 1967. Reproduction and larval development of *Spio setosa* (Spionidae: Polychaeta). Bull. Mar. Sci. 17(2) : 398–431, fig. 1–18.

1427. Simon, J.L. 1968. Occurrence of pelagic larvae in *Spio setosa* Verrill, 1873 (Polychaeta: Spionidae). Biol. Bull. 134(3) : 503–515, fig. 1–8.

1427a. Simpson, K.W. 1976. Shore flies and brine flies (Diptera : Ephydridae). *Dans* Marine insects. *Éditeur* : L. Cheng. New-Holland Publishing Co., Amsterdam et New York. p. 465–494, fig. 17.1–17.48.

1428. Simpson, T.L. 1968. The structure and function of sponge cells: new criteria for the taxonomy of poecilosclerid sponges (Desmospongiae). Bull. Peabody Mus. Nat. Hist. 25 : 1–141, illus. Yale University, New Haven, CT.

1428a. Sindermann, C.J. 1961. Parasitological tags for redfish of the western North Atlantic. *Dans* ICES/ICNAF Redfish Symposium, Charlottenlund Slot, Copenhagen, Denmark, 12–16 October 1959. *Éditeur* : G.C. Trout. Int. Comm. Northw. Atlant. Fish. (ICNAF), Spec. Publ. 3 : 111–117, fig. 1–3. Aussi : Cons. Int. Explor. Mer, Rapp. Procès-verb. Réunions, Vol. 150.

1428b. Skarlato, O.A. 1981. Dvustvortchatye molliuski umerennykh tchipot zapadnoîtchasti Tikhogo Okeana (Mollusques Bivalves des latitudes tempérées de la partie occidentale de l'Océan Pacifique). Opredel. Faune SSSR 126 : 1–480, fig. 1–208, photos. 1–487.

1429. Skrjabin, K.I. 1964. Keys to the trematodes of animals and man. University of Illinois Press, Urbana, Ill. 351 p., 919 fig.

1430. Skrjabin, K.I. *et al.* 1949. Spiruryaty i Filaryaty. *Dans* Opredeliteli paraziticheskikh nematod. Tom 1. *Éditeur* : K.I. Skrjabin. Izdatel'stvo Akademii Nauk SSSR, Moscou, URSS. Traductions anglaises : (1) Spirurata and Filariata. *Dans* Key to parasitic nematodes (K.I. Skrjabin, éd.). Vol. I. Israel Program for Scientific Translations, Jerusalem, 1969. 497 p., 207 fig. (2) Spirurata and Filariata. E.J. Brill, Leiden, Pays-Bas et Amerind Publishing Co. Pvt. New Delhi, Inde, 1991. 497 p., 207 fig.

1430a. Skrjabin, K.I., Shikhobalova, N.P., et Mozgovoî, A.A. 1951. Oxyuryaty i Ascaridyaty. Opredeliteli paraziticheskikh nematod. Tom II. *Éditeur* : K.I. Skrjabin. 631 p., 243 fig. Izdatel'stvo Akademii Nauk SSSR, Moscou, URSS. Trad. angl. : Key to parasitic nematodes. II. Oxyurata and Ascariata. E.J. Brill, Leiden, Pays-Bas et Amerind Publishing Co. Pvt. Ltd., New Delhi, Inde, 1991. 703 p., 243 fig.

1430b. Skrjabin, K.I., Shikhobalova, N.P., Schulz, R.S., Popova, T.I., Boev, S.N. et Delyamure, S.L. 1952. Strongylyaty. Opredeliteli paraziticheskikh nematod. Tom III. *Éditeur* : K.I. Skrjabin. 882 p., 367 fig. Izdatel'stvo Akademii Nauk SSSR, Moscou, URSS. Traductions anglaise : (1) Key to parasitic nematodes (K.I. Skrjabin, éd.). III. Strongylata. Israel Program for Scientific Translations, Jerusalem, 1961. 890 p., 367 fig. (2) Key to parasitic nematodes. III Strongylata. E.J. Brill, Leiden, Pays-Bas et Amerind Publishing Co. Pvt. Ltd., New Delhi, Inde, 1992. 912 p., 377 fig.

1430c. Skrjabin, K.I. 195? (Titre russe inconnu) *Dans* Opredeliteli paraziticheskikh nematod. Tom IV. *Éditeur* : K.I. Skrjabin. Izdatel'stvo Akademii Nauk SSSR, Moscou, URSS. Traduction anglaise : Key to parasitic nematodes. IV : Camallanata, Rhabditata, Tylenchata, Trichocephalata, Dioctophymata, and distribution of parasitic nematodes in different hosts. E.J. Brill, Leiden, Pays-Bas et Amerind Publishing Co. Pvt. Ltd., New Delhi, Inde, 1992. 1097 p., 163 fig.

1431. Sluys, R., 1989. A monograph of the marine triclads. 463 p., fig. 1–322, pl. 1–12. A.A. Balkema, Rotterdam et Brookfield, VT.

1432. Smith, D.L. 1977. A guide to marine coastal plankton and marine invertebrate larvae. 2e éd. Kendall/Hunt Publ. Co., Dubuque, Iowa. 161 p., fig. 1–598 (pl. 1–86).

1433. Smith, G.F.M. 1940. Factors limiting distribution and size in the starfish. J. Fish. Res. Board Can. 5(1) : 84–103, fig. 1–7.

1433a. Smith, J.W. et Wootten, R. 1984a. *Pseudoterranova* larvae (« codworm ») (Nematoda) in fish — Parasitose des poissons par les larves du Nématode *Pseudoterranova*. Fiches Identif. Mal. Parasites Poissons Crustacés Mollusques 7: 1–5, fig. 1–3.

1434. Smith, J.W., et Wootten, R. 1984b. *Anisakis* larvae ('herringworm') (Nematoda) in fish — Parasitose des poissons par les larves du Nématode *Anisakis*. Fiches Identif. Mal. Parasites Poissons Crustacés Mollusques 8 : 1–5, fig. 1–3.

1435. Smith, J.W., et Wootten, R. 1984c. *Phocascoris / Contracaecum* larvae (Nematoda) in fish — Parasitose des poissons par les larves des Nématodes *Phocascaris/Contracaecum*. Fiches Identif. Mal. Parasites Poissons Crustacés Mollusques 9 : 1–5, fig. 1–3.

1436. Smith, R.I. 1964. Keys to marine invertebrates of the Woods Hole region. Mar. Biol. Lab., Syst.-Ecol. Progr., Contrib. 11 : 1–208, pl. 1–28.

1437. Smith, S.I. 1873. Crustacea. *Dans* A.E. Verrill, S.I. Smith et O. Harger (cf. réf. 1599). Catalogue of the marine invertebrate animals of the southern coast of New England, and adjacent waters. p. 545–567, 573–580, pl. I–IV, VII.

1438. Smith, S.I. 1874. Notes on some of the species enumerated. *Dans* S.I. Smith et O. Harger. Report on the dredgings in the region of St. George's Bank, in 1872. Trans. Conn. Acad. Arts Sci. 3(1) : 27–57, pl. I–VIII.

1439. Smith, S.I. 1883a. List of the Crustacea dredged on the coast of Labrador by the expedition under the direction of W.A. Stearns, in 1882. Proc. U.S. Natl. Mus. 6(374) : 218–222.

1440. Smith, S.M. 1974. Key to the British marine gastropods. R. Scott. Mus. (Nat. Hist.), Inf. Ser. 2 : 1–44, fig. 1–4.

1441. Smith, S.M. 1982. A review of the genus *Littorina* in British and Atlantic waters (Gastropoda: Prosobranchiata). Malacologia 22 (1–2) : 535–539.

1442. Smitt, F.A. 1868. Kritisk förteckning öfver Skandinaviens Hafs-Bryozoer. IV. Ofv. Kongl. Vetenskaps-Akad. Förhandl. 25 : 3–230, pl. XXIV–XXVIII.

1442a. Smitt, F.A. 1872. Floridan Bryozoa, collected by Count L. F. de Pourtales. Part I. K. Svenska Vetenskaps-Akad. Handl. N. F. 10(11) : 1–20, pl. I–V.

1443. Solignac, M. 1982. Isolating mechanisms and modalities of speciation in the *Jaera albifrons* species complex (Crustacea, Isopoda). Syst. Zool. 30(4) : 387–405, fig. 1–7.

1444. Solignac, M., Cariou, M.-L., et Wimitzky, M. 1990. Variability, specifity and evolution of growth gradients in the species complex *Jaera albifrons* (Isopoda, Asellota). Crustaceana 59(2) : 121–145, fig. 1–12.

1445. Sømme, J.D. 1934. Animal plankton of the Norwegian coast waters and the open sea. I.Production of *Calanus finmarchicus* (Gunner) and *Calanus hyperboreus* (Krøyer) in the Lofoten area. Rep. Norw. Fish. Mar. Invest., Rep. Technol. Res. 4(9) : 1–163, fig. 1–45.

1446. Soos, A. 1965. Identification key to the leech (Hirudinoidea) genera of the world, with a catalogue of species. I. Family: Psicicolidae. Acta Zool. Hung. 11 : 417–463.

1447. Soot-Ryen, T. 1932. Pelecypoda, with a discussion of possible migrations of arctic pelecypods in Tertiary times. Norw. N. Polar Exp. Maud, 1918–25, Sci. Res. 5(12) : 1–36, pl. I–II.

1448. Soot-Ryen, T. 1966. Revision of the pelecypods from the Michael Sars North Atlantic Deep-Sea Expedition 1910, with notes on the family Verticordiidae and other interesting species. Sarsia 24 : 1–31, pl. 1–3.

1449. Sordino, P. 1991. Some evidence for reevaluation of the genera *Protodorvillea* and *Meiodorvillea* (Polychaeta, Dorvilleidae). *Dans* Third International Polychaete Conference held at California State University, Long Beach, California, August 6–11, 1989. *Éditeur* : D.J. Reish. Bull. Mar. Sci. 48(2) : 595 (Abstract).

1450. Southward, E.C. 1977. A new species of *Hyalinoecia* (Polychaeta: Eunicidae) from deep water in the Bay of Biscay. *Dans* Essays on polychaetous annelids in memory of Dr. Olga Hartman. *Éditeurs* : D.J. Reish et K. Fauchald. Allan Hancock Found., Spec. Publ. p. 173–187, pl. 1–2.

1451. Southward, A.J., et Crisp, D.J. 1963. Les Cirripèdes des mers européennes. Catalogue des principales Salissures marines (rencontrées sur les coques de navires dans les eaux européennes), Vol. 1 : Balanes. p. 1–46, fig. 1–25. Publications de l'Organisation de Coopération et de Développement économique, Paris, France.

1452. Spooner, G.M. 1951. On *Gammarus zaddachi oceanicus* Segerstrale. J. Mar. Biol. Assoc. U.K. 30(1) : 129–147, fig. 1–3.

1453. Sproston, N.G. 1946. A synopsis of the monogenetic trematodes. Trans. Zool. Soc. Lond. 25(4) : 185–600, fig. 1–118.

1454. Squires, H.J. 1957. Decapod Crustacea of the Calanus expeditions in Ungava Bay, 1947 to 1950. Can. J. Zool. 35(3) : 463–494, fig. 1–5.

1455. Squires, H.J. 1961. Shrimp survey in the Newfoundland fishing area, 1957 and 1958. Bull. Fish. Res. Board Can. 129 : 1–29, fig. 1–14.

1456. Squires, H.J. 1962. Giant scallops in Newfoundland coastal waters. Bull. Fish. Res. Board Can. 135 : 1–29, fig. 1–10.

1457. Squires, H.J. 1964. *Pagurus pubescens* and a proposed new name for a closely related species in the northwest Atlantic (Decapoda: Anomura). J. Fish. Res. Board Can. 21(2) : 355–365, fig. 1–6.

1458. Squires, H.J. 1965a. A new species of *Calocaris* (Crustacea: Decapoda, Thalassinidea) from the northwest Atlantic. J. Fish. Res. Board Can. 22(1) : 1–11, fig. 1–6.

1459. Squires, H.J. 1965b. Decapod crustaceans of Newfoundland, Labrador and the Canadian eastern Arctic. Fish. Res. Board Can. Manuscr. Rep. Ser. (Biol.) 810 : 1–212, fig. 1–49.

1460. Squires, H.J. 1965c. Larvae and megalopa of *Argis dentata* (Crustacea: Decapoda) from Ungava Bay. J. Fish. Res. Board Can. 22(1) : 69–82, fig. 1–7.

1461. Squires, H.J. 1966. Distribution of decapod Crustacea in the northwest Atlantic. Serial Atlas of the Marine Environment 12 : 1–4, fig. 1–4, pl. 1–4. Am. Geogr. Soc., New York.

1462. Squires, H.J. 1970. Lobster (*Homarus americanus*) fishery and ecology in Port au Port Bay, Newfoundland, 1960–65. 1969 Proc. Natl. Shellfish Assoc. 60: 22–39, fig. 1–16.

1463. Squires, H.J. 1990. Decapod Crustacea of the Atlantic Coast of Canada. Can. Bull. Fish. Aquat. Sci. 221 : 1–532, fig. 1–220.

1464. Squires, H.J. 1993. Decapod crustacean larvae from Ungava Bay. J. Northwest Atl. Fish. Sci. 15(special issue) : 1–157, fig. 1–70.

1465. Squires, H.J. 1996. Larvae of the hermit crab, *Pagurus arcuatus*, from the plankton (Crustacea, Decapoda). J. Northwest Atl. Fish. Sci. 18 : 43–56, fig. 1–5.

1466. Stafford, J. 1912a. On the fauna of the Atlantic coast of Canada. Second report. — Malpèque, 1903–1904. Contrib. Can. Biol. 1906–1910 (IV) : 37–44.

1467. Stafford, J. 1912b. On the fauna of the Atlantic coast. Third report. — Gaspé, 1905–1906. Contrib. Can. Biol. 1906–1910 (V) : 45–67.

1468. Stafford, J. 1912c. On the fauna of the Atlantic coast of Canada. Fourth report. Contrib. Can. Biol. 1906–1910 (VI) : 69–78.

1469. Stafford, J. 1912d. On the recognition of bivalve molluscan larvae in plankton collections. Contrib. Can. Biol. 1906–1910 (XIV) : 221–242, pl. XII–XIV.

1470. Stappers, L. 1911. Crustacés Malacostracés. Duc d'Orléans, Campagne arctique de 1907, p. 1–152 pl. I–VII. Imprimerie scientifique, Charles Bulens, Bruxelles.

1471. Stebbing, T.R.R. 1894. The Amphipoda collected during the voyages of the Willem Barents in the arctic seas in the years 1880–1884. Bijdr. Dierk 17–18 : 1–48, pl. I–VII.

1472. Stebbing, T.R.R. 1906. Amphipoda. I. Gammaridea. Das Tierreich 21 : 1–806, fig. 1–127.

1473. Stebbing, T.R.R. 1913. Cumacea (Sympoda). Das Tierreich 39 : 1–210, fig. 1–137.

1473a. Steele, D.H. 1957. The redfish (*Sebastes marinus* L.) in the western Gulf of St. Lawrence. J. Fish. Res. Board Can. 14(6) : 899–924, fig. 1–11.

1474. Steele, D.H. 1961. Studies in the marine Amphipoda of eastern and northeastern Canada. Thèse Ph.D., Centre Sci. mar., Université McGill, Montréal. 350 p., 52 fig.

1475. Steele, D.H. 1967. The life cycle of the marine amphipod *Stegocephalus inflatus* Krøyer in the northwest Atlantic. Can. J. Zool. 45(5) : 623–628, fig. 1–4.

1476. Steele, D.H. 1969. Additional comments on the genus *Anonyx* (Crustacea: Amphipoda) of the Atlantic and arctic coasts of North America. J. Fish. Res. Board Can. 26(3) : 683–686.

1477. Steele, D.H. 1972. Some aspects of the biology of *Gammarellus homari* (Crustacea, Amphipoda) in the northwestern Atlantic. J. Fish. Res. Board Can. 29(9) : 1340–1343, fig. 1.

1478. Steele, D.H. 1979a. A new species of *Psammonyx* (Crustacea, Amphipoda, Lysianassidae) from the northwestern Atlantic. Can. J. Zool. 57(6) : 1215–1221, fig. 1–5.

1479. Steele, D.H. 1979b. Clinal variation in the morphology of *Anonyx nugax* (Phipps) (Crustacea, Amphipoda). *Dans* Symposium on the composition and evolution of crustaceans in the cold and temperate waters of the world ocean. U.S.–U.S.S.R. Cooperative Program, Beaufort, North Carolina, U.S.A., October 20–22, 1978. *Éditeur* : A.B. Williams. Bull. Biol. Soc. Wash. 3 : 41–46, fig. 1–5.

1480. Steele, D.H. 1982. The genus *Anonyx* (Crustacea, Amphipoda) in the North Pacific and Arctic oceans : *Anonyx nugax* group. Can. J. Zool. 60(7) : 1754–1775, fig. 1–33.

1481. Steele, D.H. 1986. The genus *Anonyx* (Crustacea, Amphipoda) in the North Pacific and Arctic oceans : *Anonyx laticoxae* group. Can. J. Zool. 64(11) : 2603–2623, fig. 1–33.

1482. Steele, D.H. 1989. The genus *Anonyx* (Crustacea, Amphipoda) in the North Pacific and Arctic oceans : *Anonyx compactus* group. Can. J. Zool. 67(8) : 1945–1954, fig. 1–9.

1483. Steele, D.H., et Brunel, P. 1968a. Amphipoda of the Atlantic and arctic coasts of North America : *Anonyx* (Lysianassidae). J. Fish. Res. Board Can. 25(5) : 943–1060, fig. 1–52.

1484. Steele, D.H., et Brunel, P. 1968b. Collections of amphipods of the genus *Anonyx*, mainly from the Atlantic and Arctic coasts of North America. Fish. Res. Board Can. Tech. Rep. 47 : 1–73.

1485. Steele, D.H., et Steele, V.J. 1972. The biology of *Gammarus* (Crustacea, Amphipoda) in the northwestern Atlantic. VI. *Gammarus tigrinus* Sexton. Can. J. Zool. 50(8) : 1063–1068, fig. 1–5.

1486. Steele, D.H., et Steele, V.J. 1975a. The biology of *Gammarus* (Crustacea, Amphipoda) in the northwestern Atlantic. IX. *Gammarus wilkitzkii* Birula, *Gammarus stoerensis* Reid, and *Gammarus mucronatus* Say. Can. J. Zool. 53(8) : 1105–1109, fig. 1–3.
1487. Steele, D.H., et Steele, V.J. 1976. Some aspects of the biology of *Gammaracanthus loricatus* (Sabine) (Crustacea, Amphipoda). Astarte, 8(2) : 69–72, fig. 1–2.
1488. Steele, D.H., et Steele, V.J. 1978. Some aspects of the biology of *Pontoporeia femorata* and *Pontoporeia affinis* (Crustacea, Amphipoda) in the northwestern Atlantic. Astarte, 11(2) : 61–66, fig. 1–4.
1489. Steele, D.H., et Steele, V.J. 1991. The structure and organization of the gills of gammaridean Amphipoda. J. Nat. Hist. 25(5) : 1247–1258, fig. 1–10.
1490. Steele, D.H., Hooper, R.G., et Keats, K. 1986. Two corophioid amphipods commensal on spider crabs in Newfoundland. J. Crustacean Biol. 6(1) : 119–124, fig. 1–3.
1491. Steenstrup, E., et Tendal, O.S. 1982. The genus *Thenea* (Porifera, Demospongia, Choristida) in the Norwegian Sea and adjacent waters; an annotated key. Sarsia, 67(4) : 259–268, fig. 1–4.
1491a. Steiner, G. 1916. Freilebende Nematoden aus der Barentsee. Zool. Jahrb., Abt. Syst. Geogr. Biol. Tiere 39(5–6) : 511–676, fig. 16–36.
1492. Steiner, G. 1958. *Monhystera cameroni* n.sp. — a nematode commensal of various crustaceans of the Magdalen Islands and Bay of Chaleurs (Gulf of St. Lawrence). Can. J. Zool. 36(3) : 269–278, fig. 1–14.
1493. Stephen, A.C., et Edmonds, S.J. 1972. The phyla Sipuncula and Echiura. Br. Mus. (Nat. Hist.) Publ. 717 : 1–528, fig. 1–60.
1494. Stephen, S.J., et Laubitz, D.R. 1988. Synopsis speciorum. Mollusca: Cephalopoda. Biblogr. Invertebr. Aquat. Can. 8 : 1–61. Natl. Mus. Nat. Sci., Natl. Mus. Can., Ottawa.
1495. Stephensen, K. 1923. Crustacea Malacostraca. V. (Amphipoda. I.). Dan. Ingolf-Exped. 3C(8) : 1–100, fig. 1–22.
1496. Stephensen, K. 1925. Crustacea Malacostraca. VI. (Amphipoda. II). Dan. Ingolf-Exped. 3C(9) : 101–178, fig. 23–53.
1497. Stephensen, K. 1931. Crustacea Malacostraca. VII. (Amphipoda. III.). Dan. Ingolf-Exped. 3C(11) : 179–290, fig. 54–81.
1498. Stephensen, K. 1935–42. The Amphipoda of N. Norway and Spitsbergen with adjacent waters. Tromsø Mus. Skr. 3(I)(1935); 3(II)(1938); 3(III)(1940b); 3(IV)(1942) : 1–526, fig. 1–78.
1499. Stephensen, K. 1940a. Marine Amphipoda. Zool. Iceland 3(26) : 1–111, fig. 1–13.
1500. Stephensen, K. 1944. Crustacea Malacostraca VIII (Amphipoda IV). Dan. Ingolf-Exped. 3C(13) : 1–51, fig. 1–38.
1501. Stephensen, K., et Thorson, G. 1936. On the amphipod *Metopa groenlandica* H.J. Hansen found in the mantle cavity of the lamellibranchiate *Pandora glacialis* Leach in East Greenland. Medd. Grønl. 118(4) : 1–7, fig. 1–2.
1501a. Stimpson, K.S., Klemm, D.J., et Hiltunen, J.K. 1985. Freshwater Tubificidae (Annelida: Oligochaeta). *Dans* A guide to the freshwater Annelida (Polychaeta, naidid and tubificid Oligochaeta, and Hirudinea) of North America. *Éditeur* : D.J. Klemm. Kendall/Hunt Publishing Co., Dubuque, Iowa, É.-U. p. 44–69, fig. 6.1–6.64.
1502. Stimpson, W. 1853. Synopsis of the marine Invertebrata of Grand Manan, or the region round the Bay of Fundy, New Brunswick. Smithson. Contrib. Knowledge 6(5) : 1–67, pl. I–III.
1503. Stimpson, W. 1865. Review of the northern *Buccinums*, and remarks on some other northern marine molluscs. Part I. Can. Nat. Geol. New. Ser. 2(5) : 364–389.
1504. Stock, J.H. 1969. Members of Baikal amphipod genera in European waters with description of a new species, *Eulimnogammarus macrocarpus*, from Spain. K. Ned. Akad. Wetenschappen. Proc., Ser. C/. 72(1) : 66–75, fig. 1–3. Amsterdam.
1505. Stokesbury, K.D.E., et Himmelman, J.H. 1993. Spatial distribution of the giant scallop *Placopecten magellanicus* in unharvested beds in the Baie des Chaleurs, Québec. Mar. Ecol. Prog. Ser. 96(2) : 159–168, fig. 1–4.
1506. Støp-Bowitz, C. 1941. Les Glycériens de Norvège. Nytt Mag. Naturvidensk. 82 : 181–250, fig. 1–14.
1507. Støp-Bowitz, C. 1945a. Les Ophéliens norvégiens. Nytt Mag. Naturvidensk. 85 : 21–26, fig. 1–5. Aussi : Medd. Zool. Mus. Oslo 52.
1508. Støp-Bowitz, C. 1945b. Les Scalibregmiens de Norvège. Nytt Mag. Naturvidensk. 85 : 63–87, fig. 1–6. Aussi : Medd. Zool. Mus. Oslo 55.

1509. Støp-Bowitz, C. 1948a. Les Flabelligériens Norvégiens. Bergens Museums Arbok 1946 og 1947, Naturvitensk. rekke 2 : 1–59, fig. 1–13. John Griegs Boktrykkeri, Bergen, Norvège.

1510. Støp-Bowitz, C. 1948b. Polychaeta from the « Michael Sars » North Atlantic Deep-Sea Expedition 1910. Report on the Scientific Results of the « Michael Sars » North Atlantic Deep-Sea Expedition 1910 5(8) : 1–96, fig. 1–51. John Griegs Boktrykkeri, Bergen, Norvège.

1511. Strelzov, V.E. 1973. Mnogoshchetinkovye chervi sem. Paraonidae. Ordena Lenira Kol'skii Filial, Akademiya Nauk SSSR, Leningrad (Nauka, éditeur d'état). Trad. angl. : "Polychaeta worms of the family Paraonidae Cerruti, 1909 (Polychaeta, Sedentaria)". Amerind Publishing, New Delhi, Inde. 170 p., fig. 1–68, pl. I–IX. 1979.

1512. Sullivan, C.M. 1948. Bivalve larvae of Malpeque Bay, P.E.I. Bull. Fish. Res. Board Can. 77 : 1–36, pl. I–XXII, fig. 1–3.

1513. Svavarsson, J. 1987. Eurycopidae (Isopoda, Asellota) from bathyal and abyssal depths in the Norwegian, Greenland, and North Polar seas. Sarsia 72(3–4) : 183–196, fig. 1–6.

1514. Svavarsson, J. 1988a. Desmosomatidae (Isopoda, Asellota) from bathyal and abyssal depths in the Norwegian, Greenland, and North Polar seas. Sarsia 73(1) : 1–32, fig. 1–22.

1515. Svavarsson, J. 1988b. Bathyal and abyssal Asellota (Crustacea, Isopoda) from the Norwegian, Greenland, and North Polar seas. Sarsia 73(2) : 83–106, fig. 1–17.

1516. Sveshnikov, V.A. 1960. Pelagitcheskie litchinki nekotorykh polykhet Belogo Morya (Pelagic larvae of some Polychaeta in the White Sea). Zool. Zh. 39(3) : 343–355, fig. 1–4.

1517. Swan, E.F. 1962. Evidence suggesting the existence of two species of *Strongylocentrotus* (Echinoidea) in the northwest Atlantic. Can. J. Zool. 40(7) : 1211–1222, fig. 1–3. (Aussi : Contrib. Minist. Chasse Pêch. Qué. 89).

1518. Sweeney, M.J., Roper, C.F.E., Mangold, K.M., Clarke, M.R., et von Boletzky, S. 1992. Larval and juvenile cephalopods: a manual for their identification. Smithson. Contrib. Zool. 513 : 1–282, fig. 1–277.

1519. Swennen, C., et Dekker, R. 1995. *Corambe batava* Kerbert, 1886 (Gastropoda: Opisthobranchia), an immigrant in the Netherlands, with a revision of the family Corambidae. J. Molluscan Stud. 61(1) : 97–107, fig. 1–3.

1520. Sylvester-Bradley, P. 1950. The identity of the ostracod *Philomedes brenda* (Baird). Ann. Mag. Nat. Hist. (12)3 : 777–778.

1521. Tarjan, A.C., et Khuong, N.B. 1988. A compendium of the family Axonolaimidae (Nematoda). Cah. Biol. mar. 29 : 375–393, fig. 1–15.

1522. Tattersall, O.S. 1955. Shallow-water Mysidacea from the St. Lawrence Estuary, eastern Canada. Can. Field-Nat. 68(4) : 143–154, fig. A–W.

1523. Tattersall, W.M. 1939. The Mysidacea of eastern Canadian waters. J. Fish. Res. Board Can. 4(4) : 281–286.

1524. Tattersall, W.M. 1951. A review of the Mysidacea of the United States National Museum. Bull. U.S. Natl. Mus. 201 : 1–292, fig. 1–103.

1525. Tattersall, W.M., et Tattersall, O.S. 1951. The British Mysidacea. Ray Soc. Publ. 136 : 1–460, fig. 1–118. Londres.

1526. Tebble, N. 1966. British bivalve seashells. A handbook for identification. Br. Mus. (Nat. Hist.) Publ. 647 : 1–212, fig. 1–110, pl. 1–12. (Réimpr. Roy. Scot. Mus., Edimbourg, 1976).

1527. Tebble, N., et Chambers, S. 1982. Polychaetes from Scottish waters: a guide to identification. Part 1: Family Polynoidae. R. Scot. Mus. Stud., Edimbourg. 73 p., fig. 1–58.

1528. Templeman, W. 1934. Record of *Ovalipes ocellatus* (Herbst) from Gulf of St. Lawrence. Can. Field-Nat. 48(9) : 144.

1528a. Templeman, W. 1939. Investigations into the life history of the lobster (*Homarus americanus*) on the west coast of Newfoundland, 1938. Dep. Nat. Resources, Res. Bull. (Fish.) 7 : 1–52, fig. 1–10. Newfoundland Government, St. John's, Terre-Neuve.

1528b. Templeman, W. 1948. The life history of the Caplin (*Mallotus villosus* O.F. Müller) in Newfoundland waters. Newfld Gov. Lab., Fish. Res. Bull. 17 : 1–151, fig. 1–36.

1528c. Templeman, W. 1990. Historical background to the sealworm problem in eastern Canadian waters. *Dans* Population biology of sealworm (*Pseudoterranova decipiens*) in relation to its intermediate and seal hosts (Papers from two workshops held in Halifax, Nova Scotia, in April 1987 and June 1988). *Éditeur* : W.D. Bowen. Can. Bull. Fish. Aquat. Sci. 222 : 1–16, fig. 1.

1528d. Templeman, W., Squires, H.J., et Fleming, A.M. 1957. Nematodes in the fillets of cod and other fishes in Newfoundland and neighbouring areas. J. Fish. Res. Board Can. 14(6) : 831–897, fig. 1–23.

1529. Templeman, W., et Squires, H.J. 1960. Incidence and distribution of infestation by *Sphyrion lumpi* (Krøyer) on the redfish, *Sebastes marinus* (L.), of the western North Atlantic. J. Fish. Res. Board Can. 17(1) : 9–31, fig. 1–13.

1530. Templeman, W., Hodder, V.M., et Fleming, A.M. 1976. Infection of lumpfish (*Cyclopterus lumpus*) with larvae and of Atlantic cod (*Gadus morhua*) with adults of the copepod, *Lernaeocera branchialis*, in and adjacent to the Newfoundland area, and inferences there from on inshore–offshore migrations of cod. J. Fish. Res. Board Can. 33(4) Part I : 711–731, fig. 1–7.

1530a. Templeman, W., et Tibbo, S.N. 1945. Lobster investigations in Newfoundland 1938 to 1941. Dep. Nat. Resources, Res. Bull. (Fish.) 16 : 1–98, fig. 1–20. Government Laboratory, Department of Natural Resources, St. John's, Terre-Neuve.

1530b. Tencati, J.R. 1970. Taxonomic guides to arctic zooplankton (I): Artificial key to the pelagic and under-ice amphipods of the Central Arctic Basin. University of Southern California, Dept. Biol. Sci., Tech. Rep. 2 : 3–37, pl. 1–10.

1531. Tesch, J.J. 1913. Pteropoda. Das Tierreich 36 : 1–154, fig. 1–108.

1532. Thane-Fenchel, A. 1968. A simple key to the genera of marine and brackish-water rotifers. Ophelia, 5(2) : 299–311, fig. I–VI.

1533. Théel, H. 1879. Les Annélides Polychètes des mers de la Nouvelle-Zemble. K. Svenska Vetenskaps-Akad Handl. Ny Följd 16(3) : 1–75, pl. I–IV.

1534. Théel. H. 1906. Northern and arctic invertebrates in the collection of the Swedish State Museum. II. Priapulids, echiurids, etc. K. Svenska Vetenskaps-Akad. Handl. 40(4) : 1–28, pl. I–II.

1534a. Therriault, J.-C. (*Éditeur*) 1991. Le golfe du Saint-Laurent : petit océan ou grand estuaire? Compte-rendus d'un atelier/symposium tenu à l'Institut Maurice-Lamontagne (Mont-Joli) du 14 au 17 mars 1989. Can. Spec. Publ. Fish Aquat. Sci. 113 : 1–359.

1535. Thiele, J. 1913. Solenogastres. Das Tierreich. 38 : 1–57, fig. 1–28.

1536. Thistle, D. 1980. A revision of *Ilyarachna* (Crustacea, Isopoda) in the Atlantic with four new species. J. Nat. Hist. 14(1) : 111–143, fig. 1–15.

1536a. Thistle, D., et Coull, B.C. 1979. A revised key to *Stenhelia* (*Stenhelia*) (Copepoda: Harpacticoida) including two new species from the Pacific. Zool. J. Linn. Soc. 66(1) : 63–72, fig. 1–4.

1537. Thomas, M.L.H. 1967. *Thracia conradi* in Malpeque bay, Prince Edward Island. Nautilus, 80(3) : 84–87.

1537a. Thomas, M.L.H. 1969. Zonation of shore biota in Bideford River, Prince Edward Island. Fish. Res. Board Can., Tech. Rep. 155 : 1–59, fig. 1–5.

1538. Thomas, M.L.H. 1970. Fouling organisms and their periodicity of settlement at Bideford, Prince Edward Island. Fish. Res. Board Can., Tech. Rep. 158 : 1–49, fig. 1–6.

1538a. Thomas, M.L.H., et Jelley, E. 1972. Benthos trapped leaving the bottom in the Bideford River, Prince Edward Island. J. Fish. Res. Board Can. 29(8) : 1234–1237, fig. 1.

1538b. Thomas, M.L.H., et Parks, M. J. 1967. A biotic survey of Oozy Creek, a small arm of Bideford River, Prince Edward Island. Fish. Res. Board Can., Tech. Rep. 3 : 1–15, fig. 1–3.

1538c. Thompson, P.-A., et Threlfall, W. 1978. The metazoan parasites of two species of fish from the Port-Cartier – Sept-Iles Park, Quebec. Nat. can. (Qué.), 105(5) : 429–431.

1539. Thompson, T.E. 1976. Biology of opisthobranch molluscs, Vol. I. Ray Soc. Publ. 151 : 1–207, fig. 1–106, pl. 1–21.

1540. Thompson, T.E. 1988. Molluscs: Benthic opisthobranchs (Mollusca: Gastropoda). Synop. Br. Fauna, New Ser. 8 : 1–356, fig. 1–146.

1541. Thompson, T.E., et Brown, G.H. 1976. British opisthobranch molluscs. Mollusca: Gastropoda. Synop. Br. Fauna, New. Ser. 8 : 1–203, fig. 1–105.

1542. Thompson, T.E., et Brown, G.H. 1984. Biology of opisthobranch molluscs, Vol. II. Ray Soc. Publ. 156 : 1–229, fig. 1–41.

1542a. Thorp, J.H., et Covich, A.P. (*Éditeurs*) 1991. Ecology and classification of North American freshwater invertebrates. Academic Press, San Diego. 911 p., illus.

1543. Thorpe, J.P., et Winston, J.E. 1984. On the identity of *Alcyonidium gelatinosum* (Linnaeus, 1761) (Bryozoa: Ctenostomata). J. Nat. Hist. 18(6) : 853–860.

1544. Thorson, G. 1934. On the reproduction and larval stages of the brittle-stars *Ophiocten sericeum* (Forbes) and *Ophiura robusta* Ayres in East Greenland. Medd. Grønl. 100(4) : 1–21, fig. 1–11, pl. 1–3.

1544a. Thorson, G. 1935. Studies on the egg-capsules and development of arctic marine prosobranchs. *Dans* Treaarsexpeditionen til Christian den X's Land 1931–34 under Ledelse af Lauge Koch. Medd. Grønl. 100(5) : 1–71, fig. 1–75.

1544b. Thorson, G. 1936. The larval development, growth and metabolism of Arctic marine bottom invertebrates compared with those of other seas. Medd. Grønl. 100(6) : 1–155, fig. 1–32.

1544c. Thorson, G. 1944. The zoology of East Greenland : Marine Gastropoda Prosobranchiata. Medd. Grønl. 121(13) : 1–181, fig. 1–28.

1545. Thorson G. 1946. Reproduction and larval development of Danish marine bottom invertebrates, with special reference to the planktonic larvae in the Sound (Øresund). Meddelelser fra Kommissionen for Danmarks Fiskeri-og Havundersøgelser, Serie Plankton. 4(1) : 1–523, fig. 1–199.

1545a. Thorson, G. 1951. The Godthaab Expedition 1928 : Scaphopoda, Placophora, Solenogastres, Gastropoda Prosobranchiata, Lamellibranchiata. Medd. Grønl., 81(2) : 1–117, fig. 1–19.

1545b. Timm, R.W. 1954. A survey of the marine nematodes of Chesapeake Bay, Maryland. Catholic University of America, Biological Studies 23 : 1–70, pl. I–XIII.

1545c. Tita, G., Desrosiers, G., et Vincx, M. soumis. Meiofauna of the Saguenay Fjord (Canada): a case study with a new type of hand held corer for meiofaunal sampling and vertical zonation study. p. 1–18, fig. 1–5.

1545c. Tita, G., Desrosiers, G., et Vincx, M. soumis. Meiofauna of the Saguenay Fjord (Canada): composition, biomass, feeding structure and vertical zonation of nematode communities. p. 1–24, fig. 1–7.

1546. Tixier-Durivault, A. 1961. Les Octocoralliaires du golfe de Guinée et des iles du Cap-Vert (Alcyonacea, Pennatulacea). *Dans* Résultats scientifiques des campagnes de la Calypso. Fascicule V, Chapître XVII : Campagne 1956 dans le golfe de Guinée et aux îles Principe, Säo Tomé et Annabon (suite), Art. 14. Ann. Inst. océanogr., Nouv. Sér. 39 : 237–262, fig. 1–21.

1547. Tixier-Durivault, A., et d'Hondt, M-J. 1974. Les octocoralliaires de la campagne Biaçores. Bull. Mus. national Hist. nat., 3e sér. 252 (Zoologie 174) : 1361–1433, fig. 1–32.

1548. Todd, C.D., Laverack, M.S., et Boxshall, G.A. 1991. Coastal marine zooplankton: a practical manual for students. 106 p., fig. 1–50. Cambridge University Press, Cambridge et New York .

1549. Tomkiewicz, W., et Ball, I.R. 1973. *Uteriporus vulgaris* Bergendal, 1890, a marine triclad new to North America. J. Fish. Res. Board Can. 30(3) : 464–466, fig. 1.

1549a. Tomlinson, J.T. 1969. The burrowing barnacles (Cirripedia : Order Acrothoracica). Bull. U.S. Natl. Mus. 296 : 1–162, fig. 1–45.

1550. Tomlinson, J.T. 1987. The burrowing barnacles (Acrothoracica). *Dans* Barnacle biology. *Éditeur* : A.J. Southward. Crustacean Issues 5 : 63–71, fig. 1–4.

1551. Topsent, E. 1913. Spongiaires provenant des campagnes scientifiques de la Princesse-Alice dans les mers du Nord (1898–1899 – 1906–1907). Rés. Camp. sci. Monaco 45 : 1–67, pl. I–V.

1552. Totton, A.K. 1965. A synopsis of the Siphonophora. 230 p., pl. I–XL, fig. 1–153. British Museum (Natural History), Londres.

1553. Totton, A.K., et Fraser, J.H. 1955. Siphonophora. Sub-orders : Calycophorae, Physonectae. Fiches Identif. Zooplancton 55–62, 32 p., 57 fig.

1554. Treadwell, A.L. 1937. Polychaetous annelids collected by Captain Robert A. Bartlett in Greenland, Fox Basin, and Labrador. J. Wash. Acad. Sci. 27(1) : 23–36, fig. 1–16.

1555. Treadwell, A.L. 1948. Annelida, Polychaeta. Can. Atl. Fauna 9b : 1–69, fig. 1–49. Fish. Res. Board Can., University of Toronto Press, Toronto.

1556. Tremblay, C., Portelance, B., et Fréchette, J. 1983. Inventaire au chalut de fond des espèces de Poissons et Crustacés dans l'estuaire maritime du Saint-Laurent. Dir. gén. Pêch. marit., Dir. rech. sci. tech., Cah. Inf. 103 : 1–96, fig. 1–21. Minist. Agricult. Pêch. Alim., Québec, QC.

1558. Tremblay, J.-L. 1943. Rapport général sur les activités de la Station biologique du Saint-Laurent pendant les années 1936–1942. Rap. Sta. biol. Saint-Laurent 4 : 1–100, fig. 1–34. Univ. Laval, Québec.

1559. Tremblay, J.-L., et Lapointe, C. 1938. Quelques Copépodes parasites des poissons de l'estuaire du St-Laurent. Ann. Assoc. Can.-fr. Av. Sci. (ACFAS) 4 : 100.

1560. Tremblay, M.J., et Anderson, J.T. 1984. Annotated species list of marine planktonic copepods occurring on the shelf and upper slope of the northwest Atlantic (Gulf of Maine to Ungava Bay). Can. Spec. Publ. Fish. Aquat. Sci. 69 : 1–12.

1560a. Trites, R.W. 1972. The Gulf of St. Lawrence from a pollution viewpoint. *Dans* Marine pollution and sea life. *Éditeur* : Mario Ruivo. FAO et Fishing News (Books) Ltd., Londres, Angleterre. p. 59–72, fig. 1–6.

1561. Turgeon, D.D., Bogan, A.E., Coan, E.V., Emerson, W.K., Lyons, W.G., Pratt, W.L., Roper, C.F.E., Scheltema, A., Thompson, F.G., et Williams, J.D. 1988. Common and scientific names of aquatic invertebrates from the United States and Canada: mollusks. Am. Fish. Soc. Spec. Publ. 16 : 1–277, 34 fig.

1561a. Turgeon, D. D., Quinn, Jr., J. F., Bogan, A. E., Coan, E. V., Hochberg, F. G, Lyons, W. G., Mikkelsen, P. M., Roper, C. F. E., Rosenberg, G., Roth, B., Scheltema, A., Sweeney, M. J., Thompson, F. G., Vecchione, M. et Williams, J. D. Sous presse. Common and scientific names of aquatic invertebrates from the United States and Canada : Mollusks. 2e éd. Am. Fish. Soc., Spec. Publ. 26 : 1–501.

1562. Turner, R.D. 1954. The family Pholadidae in the western Atlantic and the eastern Pacific. Part I — Pholadinae. Johnsonia 3(33) : 1–64, pl. 1–34.

1562a. Turner, R.D. 1955. The family Pholadidae in the western Atlantic and the eastern Pacific. Part II — Martesiinae, Jouannetiinae and Xylophaginae. Johnsonia 3(34) : 65–160, pl. 35–93.

1563. Turner, R.D. 1966. A survey and illustrated catalogue of the Teredinidae (Mollusca: Bivalvia), 265 p., fig. 1–25. Museum of Comparative Zoology, Harvard Univ., Cambridge, Mass.

1564. Turner, R.D. 1971. Identification of marine wood-boring molluscs. *Dans* Marine borers, fungi and fouling organisms of wood. *Éditeurs* : E.B.G. Jones et S.K. Eltringham. Organisation pour la Coopération et le Développement économiques (OCDE), Paris. p. 17–64, fig. 1–74.

1565. Tynen, M.J. 1975. A checklist and bibliography of the North American Enchytraeidae (Annelida : Oligochaeta). Syllogeus 9 : 1–14. Natl. Mus. Nat. Sci., Natl. Mus. Can., Ottawa.

1566. Tynen, M.J., et Nurminen, M. 1969. A key to European littoral Enchytraeidae (Oligochaeta). Ann. Zool. Fenn. 6 : 150–155, fig. 1–4.

1567. Udvardy, M.D.F. 1954. Distribution of appendicularians in relation to the Strait of Belle Isle. J. Fish. Res. Board Can. 11(4) : 431–453, fig. 1–15.

1568. Ushakov, P.V. 1955. Mnogochtchetinkovye tchervi dal'nevostochnykh morei SSSR. Opred. Faune SSSR 56 : 1–445, fig. 1–164. Trad. angl. : Polychaetes of the far-eastern seas of the USSR. Israel Prog. Sci. Transl. 1965. Cat. 1259 : 1–419, fig. 1–164, 1965.)

1569. Ushakov, P.V. 1972. Mnogochtchetinkovye tchervi podotryada Phyllodociformia Polyarnogo basseîna i severo-zapadnoî tchasti Tikhogo Okeana (semeîstva Phyllodocidae, Alciopidae, Tomopteridae, Typhloscolecidae i Lacydoniidae) (« Polychaetes of the suborder Phyllodociformia of the Polar Basin and the north-western part of the Pacific (families Phyllodocidae, etc. »). Fauna SSSR, Nov. Ser. 102 (Mnogochtchetinkovye tchervi, Tom I) (« Fauna of the USSR, New Ser. 102 (Polychaetes, Vol. I) ») : 1–272, fig. 1–22, pl. I–XXIV. Leningrad, URSS.

1569a. Ushakov, P.V. 1982. Mnogochtchetinkovye tchervi podotryada Aphroditiformia severnogo Ledovitogo Okeana i severo-zapadnoî tchasti Tikhogo Okeana : semeîstva Aphroditidae i Polynoidae (« Polychaetes of the suborder Aphroditiformia of the Arctic Ocean and thc northwestern part of the Pacific : families Aphroditidae and Polynoidae »). Fauna SSSR, Nov. Ser. 126 (Mnogochtchetinkovye tchervi, Tom II, vyp. 1) (« Fauna of the USSR, New Ser. 126 (Polychaetes, Vol. II, Part 1) ») : 1–272, fig. 1–16, pl. I–LXIX. Leningrad, URSS.

1569b. Uspenskaya, A.V. 1960. Parasitofaune des Crustacés benthiques de la mer de Barents. Ann. Parasitol. hum. comp. 35(3) : 221–242, fig. 1–44.

1569c. Uspenskaya, A.V. 1963. Parazitofauna bentitcheskikh rakoobraznyikh Barentseva Morya (La faune parasite des Crustacés benthiques de la mer de Barents). Izdatel'stvo Akademii Nauk SSSR, Moscou et Leningrad, URSS. 128 p., fig. 1–57, pl. 1–13.

1570. Utinomi, H. 1961. A revision of the nomenclature of the family Nephtheidae (Octocorallia, Alcyonacea) II. The boreal genera *Gersemia*, *Duva*, *Drifa* and *Pseudodrifa* (n.g.). Pub. Seto Mar. Biol. Lab. 9(1) : 229–246, fig. 1–6, pl. XI.

1570a. Uzmann, J.R. 1952. *Cercaria myae* sp.nov., a fork-tailed larva from the marine bivalve, *Mya arenaria*. J. Parasit. 38(2) : 161–164, fig. 1.

1571. Vacelet, J., et Donadey, C. 1987. A new species of *Halisarca* (Porifera, Demospongiae) from the Caribbean, with remarks on the cytology and affinities of the genus. *Dans* European contributions to the taxonomy of sponges (Outcome of the « Sponge Workshop » held at the Sherkin Island Marine Station from 10–17th September 1983). *Éditeur* : W.C. Jones. Publications of the Sherkin Island Marine Station 1 : 5–12, fig. 1–16.

1572. Vader, W.J. 1969. Notes on a collection of Amphipoda from the Trondheimsfjord area. K. Nor. Vidensk. Selsk. Skr. 1969(3) : 1–20, fig. 1–6.

1573. Vader, W.J., et Johannessen, P.J. 1978. Notes on Norwegian marine Amphipoda. 6.*Menigratopsis svennilssoni* (Lysianassidae), an amphipod new to the Norwegian fauna. Sarsia 63(4) : 335–336, fig. 1–2.

1574. Vader, W.J., et Krapp-Schickel, G. 1996. Redescription and biology of *Stenothoe brevicornis* Sars (Amphipoda: Crustacea), an obligate associate of the sea anemone *Actinostola callosa* (Verrill). J. Nat. Hist. 30(1) : 51–66, fig. 1–8.

1575. Vaguine, V.L. 1950. O novykh parazititcheskikh rakoobraznikh iz semeistva Dendrogasteridae (Otryad Ascothoracida). (Nouveaux crustacés parasites appartenant à la famille des Dendrogasteridae (Ordre Ascothoracida)). Tr. Leningr. O-Va. Estestvoispyt. (Trav. Soc. Nat. Leningrad) 70(4) : 3–89, fig. 1–39, pl. I–III.

1575a. Van Cleave, H.J. 1953a. A preliminary analysis of the acanthocephalan genus *Corynosoma* in mammals of North America. J. Parasit. 39(1) : 1–13, pl. I–II.

1575b. Van Cleave, H.J. 1953b. Acanthocephala of North American mammals. Illinois Biol. Monogr. 23(1–2) : 1–179, fig. 1–129, pl. 1–13.

1576. Van der Land, J. 1970. Systematics, zoogeography, and ecology of the Priapulida. Zool. Verh., 112 : 1–118, pl. 1–2, fig. 1–89.

1577. Van der Spoel, S. 1972. Pteropoda Thecosomata. Fiches Identif. Zooplancton 140–142 : 1–12, 57 fig.

1578. Van der Spoel, S. 1976. Pseudothecosomata, Gymnosomata and Heteropoda (Gastropoda). Bohn, Scheltema et Holkema, Medical and Scientific Publishers, Utrecht, Pays-Bas. p. 1–480, illus.

1578a. Van Mörkhoven, F.P.C.M. 1963. Post-Paleozoic Ostracoda : their morphology, taxonomy and economic use. Vol. I : General, 204 p., 79 fig. Vol. II : Generic descriptions, 478 p., 763 fig. Elsevier Publishing Co., Amsterdam, Pays-Bas et New York, NY.

1579. Van Name, W.G. 1910. Compound ascidians of the coast of New England and the neighbouring British provinces. Proc. Boston Soc. Nat. Hist. 34(11) : 339–424, fig. 1–25, pl. 34–39.

1580. Van Name, W.G. 1912. Simple ascidians of the coasts of New England and neighbouring British provinces. Proc. Boston Soc. Nat. Hist. 34(13) : 439–619, fig. 1–43, pl. 43–73.

1581. Van Name, W.G. 1945. The North and South American ascidians. Bull. Am. Mus. Nat. Hist. 84 : 1–476, fig. 1–327, pl. 1–31.

1582. Vasseur, E. 1951. *Strongylocentrotus pallidus* (G.O. Sars) and *S. droebachiensis* (O.F. Müller) distinguished by means of sperm-agglutination with egg-water and ordinary morphological characters. Acta Borealia, A. Scientia 2 : 1–16, fig. 1–3.

1583. Vecchione, M., Roper, C.F.E. et Sweeney, M.J. 1989. Marine flora and fauna of the eastern United States. Mollusca: Cephalopoda. NOAA (Natl. Ocean. Atmos. Admin.) Tech. Rep. NMFS (Natl. Mar. Fish. Serv.) Circ. 73 : 1–22, fig. 1–29.

1584. Veillet, A. 1943. Existence d'un "flotteur" chez la larve nauplius de certains Rhizocéphales. Bull. Inst. océanogr. (Monaco) 845 : 1–4, fig. 1–5.

1584a. Verrill, A.E. 1875. Results of dredging expeditions off the New England coast in 1874. Brief contributions to zoology from the Museum of Yale College, No. XXXIII. Am. J. Sci. Arts (3) 10(55) : 36–43, pl. III–IV.

1585. Verrill, A.E. 1879a. Preliminary check-list of the marine Invertebrata of the Atlantic coast, from Cape Cod to the Gulf of St. Lawrence. 32 p. Tuttle, Moorehouse and Taylor, Printers, New Haven, CT.

1586. Verrill, A.E. 1879b. Notice of recent additions to the marine fauna of the eastern coast of North America, No. 4. Brief Contrib. Zool. Mus. Yale College No. XLI. Am. J. Sci. Arts, (3) 17(100) : 309–315.

1587. Verrill, A.E. 1879c. Notice of recent additions to the marine fauna of the eastern coast of North America, No. 5. Brief Contrib. Zool. Mus. Yale College No. XLII. Am. J. Sci. Arts, (3) 17(102) : 472–474.

1588. Verrill, A.E. 1879e. Notice of recent additions to the marine Invertebrata of the northeastern coast of America, with descriptions of new genera and species and critical remarks on others. Part I. — Annelida, Gephyrea, Nemertina, Nematoda, Polyzoa, Tunicata, Mollusca, Anthozoa, Echinodermata, Porifera. Proc. U.S. Natl. Mus. Wash. 2(76) : 165–205.

1588a. Verrill, A.E. 1880. The cephalopods of the north-eastern coast of America. Part I. The gigantic squids (*Architeuthis*) and their allies; with observations on similar large species from foreign localities. Trans. Conn. Acad. Sci. 5 : 177–257, pl. XIII–XXV.

1589. Verrill, A.E. 1880–81. The cephalopods of the north-eastern coast of America. Part II. The smaller cephalopods, including the 'squids' and the octopi, with other allied forms. Trans. Conn. Acad. Sci. 5 : 259–446, pl. XXVI–LVI.

1590. Verrill, A.E. 1881. Notice of recent additions to the marine Invertebrata of the northeastern coast of America, with descriptions of new genera and species and critical remarks on others. Part II. — Mollusca, with notes on Annelida, Echinodermata, etc., collected by the United States Fish Commission. Proc. U.S. Natl. Mus. 3(168) : 356–405.

1590a. Verrill, A.E. 1882. Catalogue of marine Mollusca added to the fauna of the New England region, during the past ten years. Trans. Conn. Acad. Arts Sci. 5(2) : 447–587, pl. XLII–XLIV, LVII–LVIII, fig. 1–10.

1591. Verrill, A.E. 1883. Reports on the results of dredging, under the supervision of Alexander Agassiz, on the east coast of the United States, during the summer of 1880, by the U.S. Coast Survey steamer "Blake", commander J.R. Bartlett, U.S.N., commanding. XXI. Report on the Anthozoa, and on some additional species dredged by the "Blake" in 1877–1879, and by the U.S. Fish Commission steamer "Fish Hawk" in 1880–82. Bull. Mus. Comp. Zool. Harvard 11(1) : 1–72, pl. I–VIII.

1591a. Verrill, A.E. 1884. Second catalogue of Mollusca recently added to the fauna of the New England coast and the adjacent parts of the Atlantic, consisting mostly of deep-sea species, with notes on others previously recorded. Trans. Conn. Acad. Arts Sci. 6(1) : 139–294, pl. XXVIII–XXXII.

1591b. Verrill, A.E. 1885. Results of the explorations made by the steamer « Albatross », off the northern coast of the United States, in 1883. U.S. Comm. Fish Fisher., 11th Report of the Commissioner for 1883. App. D, Art. XVI, p. 503–699, pl. I–XLIV.

1592. Verrill, A.E. 1893. Marine planarians of New England. Trans. Conn. Acad. Arts Sci. 8(1) : 79–140, pl. XL–XLIV.

1593. Verrill, A.E. 1895. Distribution of the echinoderms of northeastern America (Brief Contrib. Zool. Mus. Yale College No. LIX) Am. J. Sci. (3) 49(291) : 199–212.

1594. Verrill, A.E. 1899. North American Ophiuroidea. I. Revision of certain families and genera of West Indian ophiurans. II. A faunal catalogue of the known species of West Indian ophiurians. Trans. Conn. Acad. Arts Sci. 10(2) : 301–386, pl. XLII–XLIII.

1595. Verrill, A.E. 1922a. The Alcyonaria of the Canadian Arctic Expedition, 1913–1918, with a revision of some other Canadian genera and species. Rep. Can. Arct. Exp. 1913–18 8(G) : 3–8, pl. I (fig. 1–1f), II (fig. 1–4a, 6), XVIIA (fig. 2).

1596. Verrill, A.E. 1922b. Revision of additional Canadian Alcyonaria, with descriptions of two new genera and some new species. Rep. Can. Arct. Exp. 1913–18 8(G) : 9–87, fig. 1–13, pl. I–XVIII.

1597. Verrill, A.E. 1922c. The Actiniaria of the Canadian Arctic Expeditions, with notes on interesting species from Hudson Bay and other Canadian localities. Rep. Can. Arct. Exp. 1913–18 8(G) : 89–165, fig. 14–22, pl. XIX–XXXI.

1598. Verrill, A.E., et Bush, K.J. 1898. Revision of the deep-water Mollusca of the Atlantic coast of North America, with descriptions of new genera and species. Part I. Bivalvia. Proc. U.S. Natl. Mus. 20(1139) : 775–901, pl. LXXI–XCVII.

1599. Verrill, A.E., Smith, S.I., et Harger, O. 1873. Catalogue of the marine invertebrate animals of the southern coast of New England, and adjacent waters. *Dans* Report upon the invertebrate animals of Vineyard Sound and the adjacent waters, with an account of the physical characters of the region. *Éditeur* : A.E. Verrill. U.S. Comm. Fish Fisher., Rep. Commiss. 1871–72 (XVIIID) : 537–778, pl. I–XXXVIII. Washington, D.C.

1600. Vervoort, W. 1952. Copepoda. Sub-order: Calanoida. Family: Aetideidae. Fiches Identif. Zooplancton 41–49 : 1–39, 46 fig.

1601. Vervoort, W. 1965. Notes on the biogeography and ecology of free-living marine Copepoda. Monogr. Biol. 15 : 381–400, fig. 1–6.

1602. Veuille, M. 1976. Biogeography of the *Jaera albifrons* superspecies (Isopoda, Asellota) on the Atlantic coast of Canada. Can. J. Zool. 54(8) : 1235–1241, fig. 1–5.

1602a. Vidal, J. 1971. Taxonomic guides to arctic zooplankton (IV): Key to the calanoid copepods of the central Arctic. University of Southern California, Dep. Sci. Biol., Tech. Rep. 5 : 1–128, fig. 1–193.

1603. Villemure, L., et Lamoureux, P. 1975. Inventaire et biologie des populations de buccins (*Buccinum undatum* L.) sur la rive sud de l'estuaire maritime du Saint-Laurent en 1974. Dir. Pêch. marit., Dir. Rech., Cah. Inf. 69 : 1–41, fig. 1–12. Minist. Indust. Commerce, Québec, QC.

1603a. Vincent, B. 1979. Etude du benthos d'eau douce dans le haut-estuaire du Saint-Laurent (Québec). Can. J. Zool. 57(11) : 2171–2182, fig. 1-5.

1603b. Vincent, B. 1990. The macrobenthic fauna of the St. Lawrence Estuary. Coastal Estuarine Stud. 39 : 344–357.

1603c. Vincent, B., et Vaillancourt, G. 1980. Les sangsues (Annelida : Hirudinea) benthiques du Saint-Laurent (Québec). Nat. can. (Qué.) 107(1) : 21–33, fig. 1–2.

1604. Vinogradov, M.E., Volkov, A.F., et Semenova, T.N. 1982. Amfipody-Giperiidy (Anphipoda, Hyperiidea) mirovogo okeana (Les Amphipodes Hypéridiens des océans du monde). Opredel. Faune SSSR 132 : 1–493, fig. 1–256.

1604a. Vladykov, V.D. 1944. Études sur les Mammifères aquatiques. III. Chasse, biologie et valeur économique du Marsouin blanc ou Béluga (*Delphinapterus leucas*) du fleuve et du golfe Saint-Laurent. Contrib. Dép. Pêch. Qué. 14 : 1–194, fig. 1–57. Aussi : Contribution de l'Institut de Biologie de l'Université de Montréal, No 15.

1605. Vokes, H.E. 1980. Genera of the Bivalvia: a systematic and bibliographic catalogue (revised and updated). 307 p.. Paleontological Research Institution, Ithaca, NY.

1605a. Vos, A.P.C. de, 1945. Contributions to the copepod fauna of the Netherlands. I. Harpacticoida collected on oysters in the eastern Scheldt. Arch. néerl. Zool. 7(1–2) : 52–90, fig. 1–99.

1605b. DeVos, A.P.C. 1957. Liste annotée des Ostracodes marins des environs de Roscoff. Arch. Zool. exp. gén. 95(1) : 1–74, pl. I–XXIX.

1606. Wägele, J.W. 1981. Zur Phylogenie der Anthuridea (Crustacea: Isopoda) mit Beitragen zur Lebensweise, Morphologie, Anatomie und Taxonomie. Zoologica 132 : 1–127, illus.

1607. Wagner, F.J.E. 1975. Mollusca of the Strait of Canso area. Geol. Surv. Can. 75–23 : 1–29, fig. 1–9, pl. I–VI.

1608. Wagner, F.J.E. 1976. Mollusc distributions, Miramichi Estuary, New Brunswick. *Dans* Geol. Surv. Can. Rep. Activ., Part C. Geol. Surv. Can. Pap. 76-1C : 45. Dep. Energy Mines Nat. Res., Ottawa.

1609. Wagner, F.J.E. 1977. Mollusc distribution, Chaleur Bay, New Brunswick -Quebec. *Dans* Geol. Surv. Can., Rep. Activ., Part C. Geol. Surv. Can. 77-1C : 57–60, fig. 11.1–11.3.

1610. Wagner, F.J.E. 1984. Illustrated catalogue of the Mollusca (Gastropoda and Bivalvia) in the Atlantic Geoscience Center Index Collection. Geological Survey of Canada, Ottawa. 76 p., 175 fig.

1611. Wainwright, S.C., et Perkins, T.H., 1982. *Gymnodorvillea floridana*, a new genus and species of Dorvilleidae (Polychaeta) from southeastern Florida. Proc. Biol. Soc. Wash. 95(4) : 694–701, fig. 1–4.

1612. Wallace, N.A. 1919. The Isopoda of the Bay of Fundy. Univ. Toronto Stud., Biol. Ser. 18 : 1–42, fig. 1–12.

1613. Warburton, F.E. 1953a. The effects of boring sponges on oysters. Fish. Res. Board Can., Rep. Atl. Biol. Sta. 1952, App. 14 : 18–20.

1614. Warburton, F.E. 1953b. Ecology of the boring sponge, *Cliona celata*. Fish. Res. Board Can., Rep. Atl. Biol. Sta. 1952, App. 15: 20–21.

1615. Warburton, F.E. 1953c. Search for control measures for *Cliona celata*. Fish. Res. Board Can., Rep. Atl. Biol. Sta. 1952, App. 16 : 21–22.

1616. Warburton, F.E. 1953d. Marine sponges of the maritimes provinces. Fish. Res. Board Can., Rep. Atl. Biol. Sta. 1952, App. 17: 22.

1617. Warburton, F.E. 1958a. Boring sponges, *Cliona* species, of eastern Canada, with a note on the validity of *C. lobata*. Can. J. Zool. 36(2) : 123–125.

1618. Warburton, F.E. 1958b. Outline of boring sponge investigations in Malpeque Bay, P.E.I., 1952–1956. Fish. Res. Board Can. Manuscr. Rep. (Biol.) 655 : 1–21, fig. 1–5.

1619. Ward, G., et Fitzgerald, G.J. 1983. Macrobenthic abundance and distribution in tidal pools of a Quebec salt marsh. Can. J. Zool. 61(5) : 1071–1085, fig. 1–9.

1620. Wardle, R.A. 1933. The Cestoda of Canadian fishes III. Additions to the Pacific coastal fauna. Contrib. Can. Biol. Fish. 8(5) : 79–87, fig. 1–2.

1620a. Wardle, R.A., et McLeod, J.A., 1952. The zoology of tapeworms. University of Minnesota Press, Minneapolis, Minnesota. 780 p., fig.1–149. (Réimpr. : Hafner Publishing Co., New York et Londres, 1968).

1620b. Wardle, R.A., McLeod, J.A., et Radinovsky, S. 1974. Advances in the zoology of tapeworms, 1950–1970. University of Minnesota Press, Minneapolis, Minnesota, É.-U. 274 p., fig. 1–135.

1621. Warén, A. 1972. *Cingula globuloides* sp.n. (Gastropoda, Prosobranchiata) from northern Atlantic. Zool. Scr. 1(2) : 191–192, fig. 1.

1622. Warén, A. 1973. Revision of the Rissoidae from the Norwegian North Atlantic Expedition 1876–78. Sarsia 53 : 1–13, fig. 1–26.

1623. Warén, A. 1974. Revision of the Arctic-Atlantic Rissoidae (Gastropoda, Prosobranchia). Zool. Scr. 3(3) : 121–135, fig. 1–61.

1624. Warén, A. 1978. The taxonomy of some North Atlantic species referred to *Ledella* and *Yoldiella* (Bivalvia). Sarsia, 63(4) : 213–219, fig. 1–9.

1624a. Warén, A. 1980. The systematic position of *Couthouyella* (Gastropoda, Epitoniidae). Nautilus 94(3) : 105–107, fig. 1–8.

1625. Warén, A. 1989. Taxonomic comments on some protobranch bivalves from the northeastern Atlantic. Sarsia 74(4) : 223–259, fig. 1–19.

1626. Warén, A. 1991. New and little known Mollusca from Iceland and Scandinavia. Sarsia, 76(1–2) : 53–124, fig. 1–41.

1627. Warén, A. 1993. New and little know Mollusca from Iceland and Scandinavia: part 2. Sarsia 78(3–4) : 159–201, fig. 1–35.

1628. Warren, L.M. 1991. Problems in capitellid taxonomy. The genera *Capitella*, *Capitomastus* and *Capitellides* (Polychaeta). *Dans* Systematics, biology and morphology of world Polychaeta. Proceedings of the 2nd International Polychaete Conference, Copenhagen, 1986. *Éditeurs* : M.E. Petersen et J.B. Kirkegaard. Ophelia, suppl. 5 : 275–282, fig. 1.

1629. Warwick, R.M. 1971. The Cyatholaimidae (Nematoda Chromadoroidea) off the coast of Northumberland. Cah. Biol. mar. 12(1) : 95–110, fig. 1–8.

1630. Watling, L. 1977. Two new genera and a new subfamily of Bodotriidae (Crustacea: Cumacea) from eastern North America. Proc. Biol. Soc. Wash. 89(52) : 593–598, fig. 1–13.

1631. Watling, L. 1979. Marine flora and fauna of the northeastern United States. Crustacea: Cumacea. NOAA (Natl. Ocean. Atmos. Admin.) Tech. Rep. NMFS (Natl. Mar. Fish. Serv.) Circ. 423 : 1–22, fig. 1–35.

1632. Watling, L. 1991. Revision of the cumacean family Leuconidae. J. Crustacean Biol. 11(4) : 569–582, fig. 1–3.

1633. Watson, J. 1970. Tag recaptures and movements of adult male snow crabs, *Chionoecetes opilio* (O. Fabricius), in the Gaspé region of the Gulf of St. Lawrence. Fish. Res. Board Can., Tech. Rep. 204 : 1–11, fig. 1–5.

1633a. Webster, W.A., Neufeld, J.L., et MacNeil, A.C. 1973. *Halocercus monoceris* sp.n. (Nematoda: Metastrongyloidea) from the narwhal, *Monodon monoceros*. Proc. Helminthol. Soc. Wash. 40(2) : 255–258, fig. 1–8.

1634. Weerdt, W.H. de. 1986. A systematic revision of the north-eastern Atlantic shallow-water Haplosclerida (Porifera, Demospongiae, Part II: Chalinidae). Beaufortia, 36(6) : 81–165, fig. 1–23, pl. I–X.

1635. Weerdt, W.H. de. 1987. The marine shallow-water Chalinidae (Haplosclerida, Porifera) of the British Isles. *Dans* European contributions to the taxonomy of sponges (Outcome of the « Sponge Workshop » held at the Sherkin Island Marine Station from 10–17th September, 1983). *Éditeur* : W.C. Jones. Publications of the Sherkin Island Marine Station 1 : 74–108, fig. 1–13, pl. I–VII.

1636. Weerdt, W.H. de, et van Soest, R.M.W. 1987. A review of north-eastern Atlantic *Hemigellius* (Niphatidae, Haplosclerida). *Dans* Taxonomy of Porifera from the N.E. Atlantic and Mediterranean Sea. Proceedings of the NATO Advanced Research Workshop on Taxonomy of Porifera from the N.E. Atlantic and Mediterranean Sea held at Marseille, France, September 22–27, 1986. *Éditeurs* : J. Vacelet et N. Boury-Esnault. NATO Adv. Sci. Inst., Ser. G : Ecol. Sci. 13 : 309–321, pl. I.

1636a. Weinstein, M. 1972. Studies on the relationship between *Sagitta elegans* Verrill and its endoparasites in the southwestern Gulf of St. Lawrence. Thèse Ph.D., Centre Sci. mar., Université McGill, Montréal, Qué. 202 p., fig. 1–35.

1637. Wells, G.P. 1957. Variations in *Arenicola marina* (L.) and the status of *Arenicola glacialis* Murdoch (Polychaeta). Proc. Zool. Soc. London 129(3) : 397–419.

1638. Wells, J.B.J. 1963. Copepoda from the littoral region of the estuary of the river Exe (Devon, England). Crustaceana 5(1) : 10–26, fig. 1–4.

1638a. Wells, J.B.J. 1967. The littoral Copepoda (Crustacea) of Inhaca Island, Mozambique. Trans. R. Soc. Edinb. 67(7) : 189–358, fig. 1–78.

1639. Wells, J.B.J. 1970. Copepoda — I. Sub-order: Harpacticoida. Fiches Identif. Zooplancton 133 : 1–7, fig. 1–11.
1640. Wen-Tien, C. 1976. Reproduction and speciation in *Halisarca. Dans* Aspects of sponge biology, « developed from a symposium held in Albany, New York, in May 1975, sponsored by the Society for Developmental Biology and the Department of Anatomy, Albany Medical College ». *Éditeurs* : F.W. Harrison et R.R. Cowden, Academic Press, Londres et New York. p. 113–139, fig. 1A–B, pl. 1–3.
1641. Wesenberg-Lund, E. 1930. Priapulidae and Sipunculidae. Dan. Ingolf-Exped. 4(7) : 1–44, pl. I–VI.
1642. Wesenberg-Lund, E. 1934. Gephyreans and annelids. *Dans* The Scoresby Sound Committe's 2nd East Greenland Expedition in 1932 to King Christian IX's Land. Leader: Ejnar Mikkelsen. Medd. Grønl. 104(14) : 1–38, fig. 1–9.
1643. Wesenberg-Lund, E. 1936. Tomopteridae and Typhloscolecidae. Dan. Ingolf-Exped. 4(11) : 1–17, pl. 1.
1644. Wesenberg-Lund, E. 1941. Brachiopoda. Dan. Ingolf-Exped. 4(12) : 1–17, fig. 1–13.
1645. Wesenberg-Lund, E. 1947. Syllidae (Polychaeta) from Greenland waters. Medd. Grønl., 134(6) : 1–38, fig. 1–15.
1646. Wesenberg-Lund, E. 1948. Maldanidae (Polychaeta) from West Greenland waters. Medd. Grønl. 134(9) : 1–58, fig. 1–29.
1647. Wesenberg-Lund, E. 1950. Polychaeta. Dan. Ingolf-Exped. 4(14) : 1–92, pl. I–X, 1 fig.
1648. Westheide, W. 1967. Monographie der Gattungen *Hesionides* Friedrich und *Microphthalmus* Mecznikow (Polychaeta, Hesionidae). Ein Beitrag zur Organisation und Biologie psammobionter Polychaeten. Z. Morphol. Tiere 61(1) : 1–159, fig. 1–78.
1649. Westheide, W. 1977. Phylogenetic systematics of the genus *Microphthalmus* (Hesionidae) together with a description of *M. hartmanae* nov. sp. *Dans* Essays on polychaetous annelids in memory of Dr. Olga Hartman. *Éditeurs* : D.J. Reish et K. Fauchald. Allan Hancock Found., Spec. Publ. p. 103–113, fig. 1–2.
1650. Westheide, W. 1990. Polychaetes: interstitial families. Synop. Br. Fauna, New Ser. 44 : 1–152, fig. 1–50.
1651. Wetzer, R., Delaney, P.M., et Brusca, R.C. 1987. *Politolana wickstenae* new species, a new cirolanid isopod from the Gulf of Mexico, and a review of the "*Conilera* genus-group" of Bruce (1986). Contrib. Sci. (Los Ang.) 392 : 1–10.
1651a. Wheeler, T.A., et Beverley-Burton, M. 1987. *Nasicola hogansi* n. sp. (Monogenea : Capsalidae) from bluefin tuna, *Thunnus thynnus* (Osteichthyes : Scombridae), in the northwest Atlantic. Can. J. Zool. 65(8) : 1947–1950, fig. 1–2.
1651b. White, H.C. 1942. Life history of *Lepeophtheirus salmonis*. J. Fish. Res. Board Can. 6(1) : 24–29, fig. 1–2.
1652. Whiteaves, J.F. 1869a. On the marine Mollusca of eastern Canada. Can. Nat. Quart. J. Sci. New Ser. 4(1) : 48–57.
1653. Whiteaves, J.F. 1869b. On some results obtained by dredging in Gaspé, and off Murray Bay. Can. Nat. Quart J. Sci. New.Ser. 4(3) : 270–273.
1654. Whiteaves, J.F. 1870. Lower Canadian marine Mollusca. Can. Nat. Quart. J. Sci. New Ser. 5(1) : 104.
1654a. Whiteaves, J. F. 1871. Deep-sea dredging in the Gulf of St. Lawrence. Nature 5 : 8–9. (réimpr. : Can. Nat. Quart. J. Sci. 6(3) : 351–354, 1872).
1655. Whiteaves, J.F. 1872a. Report on a deep sea dredging expedition to the Gulf of St. Lawrence. *Dans* Ann. Rep. Dep. Mar. Fish. year end. 30th June, 1871, App. Fish. Br., App. K. Sessional Papers, Fifth Session of the First Parliament of the Dominion of Canada, Vol. IV, No. 5, p. 90–101. Ottawa.
1656. Whiteaves, J.F. 1872b. Notes on a deep-sea dredging expedition round the island of Anticosti, in the Gulf of St. Lawrence. Ann. Mag. Nat. Hist. 4 (10)49 : 341–354.
1657. Whiteaves, J.F. 1873. Report on a second deep-sea dredging expedition to the Gulf of St. Lawrence, with some remarks on the marine fisheries of the Province of Quebec. *Dans* Ann. Rep. Dep. Mar. Fish. year end. 30th June, 1872, App. Fish. Br., App. K. Sessional Papers, First Session of the Second Parliament, Vol. ?, No. 8, p. 113–132. Ottawa.
1658. Whiteaves, J.F. 1874a. Report on further deep-sea dredging operations in the Gulf of St. Lawrence, with notes on the present condition of the marine fisheries and oyster beds of part of that region. *Dans* Sixth Ann. Rep. Dep. Mar. Fish. year end. 30th June, 1873, App. Fish. Br.,

App. U. Sessional Papers, First Session of the Third Parliament of the Dominion of Canada, Vol. VII, No. 4, p. 178–204. Ottawa. (Réimpr. : Can. Nat. Quart. J. Sci., New Ser. 7(4) : 336–349).

1659. Whiteaves, J.F. 1874b. On recent deep-sea dredging operations in the Gulf of St. Lawrence. Am. J. Sci. Arts (3)7(39) : 210–219.

1659a. Whiteaves, J.F. 1886. Catalogue of Canadian Pinnepedia, Cetacea, fishes and marine Invertebrata exhibited by the Department of Fisheries of the Dominion Government. Colonial and Indian Exhibition, p. 1–42. King's Printer, Ottawa, Ont.

1660. Whiteaves, J.F. 1875. Notes on a deep-sea dredging expedition round the island of Anticosti, in the Gulf of St. Lawrence. Can. Nat. Quart. J. Sci., New. Ser. 7(2) : 86–100.

1661. Whiteaves, J.F. 1901. Catalogue of the marine Invertebrata of eastern Canada. Geol. Surv. Can. Publ. 722 : 1–272, fig. 1. Ottawa.

1662. Whittaker, J.E. 1973. On *Hemicytherura cellulosa* (Norman). Stereo-atlas Ostracod Shells 1(14) : 77–84. Department of Geology, University of Leicester, Leicester, England.

1663. Widersten, B. 1976. Ceriantharia, Zoanthidea, Corallimorpharia and Actiniaria from the continental shelf and slope off the eastern coast of the United States. Fish. Bull. 74 (4) : 857–878, fig. 1–9.

1663a. Wiederholm, T. (*Éditeur*). 1983. Chironomidae of the Holarctic region: keys and diagnoses. Part 1. Larvae. Entomol. Scand. Suppl. 19 : 1–457.

1664. Wieser, W. 1954. Reports of the Lund University Chile Expedition 1948–1949. 26. Free-living marine nematodes. III. Axonolaimoidea and Monhysteroidea. Lunds Universitets Arsskrift, N.F.2., Avd. 2. 52(13) : 1–115, fig. 181–253.

1665. Wieser, W. 1959. Free-Living nematodes and other small invertebrates of Puget Sound beaches. Univ. Wash. Publ. Biol. 19 : 1–179, pl. I–XLVI.

1666. Wieser, W., et Hopper, B.E. 1967. Marine nematodes of the east coast of North America. I. Florida. Bull. Mus. Comp. Zool. Harvard 135 (5) : 239–344, fig. 1–4, pl. I–XXXVII.

1666a. Wiggins, G.B. 1996. Larvae of the North American caddisfly genera (Trichoptera). University of Toronto Press, Toronto, Ontario. 457 p., 6 fig., 145 pl.

1667. Willey, A. 1919. Report on the Copepoda obtained in the Gulf of St. Lawrence and adjacent waters, 1915. Can. Fish. Exped. 1914–15 : Investigations in the Gulf of St. Lawrence and Atlantic waters of Canada. p. 173–220, fig. 1–28. Dep. Naval Service, Ottawa.

1668. Willey, A. 1923. Notes on the distribution of free-living Copepoda in Canadian Waters. Contrib. Can. Biol. New. Ser. 1(16) : 303–334, fig. 1–30.

1668a. Willey, A. 1929. Notes on the distribution of free-living Copepoda in Canadian waters. Part II. Some intertidal harpacticoids from St. Andrews, New Brunswick. Contrib. Can. Biol. Fish., New Ser., 4(33) : 527–539, 30 fig.

1669. Willey, A. 1932. Preliminary report on copepod plankton collected by the Station biologique du Saint-Laurent à Trois-Pistoles, in July 1931. Sta. biol. Saint-Laurent à Trois-Pistoles, Rapp. 1 : 82–84. Univ. Laval, Québec, Qué.

1670. Williams, A.B. 1974. Marine flora and fauna of the northeastern United States. Crustacea: Decapoda. NOAA (Natl. Ocean. Atmos. Admin.) Tech. Rep. NMFS (Natl. Mar. Fish. Serv.) Circ. 389 : 1–50, fig. 1–111.

1671. Williams, A.B. 1984. Shrimps, lobsters and crabs of the Atlantic coast of the eastern United States, Maine to Florida. 550 p., 380 fig. Smithsonian Institution Press, Washington, D.C.

1671a. Williams, A.B., Abele, L.G., Felder, D.L., Hobbs, Jr. H.H., Manning, R.B., McLaughlin, P.A., et Farfante, I.P. 1989. Common and scientific names of aquatic invertebrates from the United States and Canada: decapod crustaceans. Am. Fish. Soc. Spec. Publ. 17 : 1–77, 12 photos.

1672. Williams, A.B., et Wigley, R.L. 1977. Distribution of decapod Crustacea off northeastern United States based on specimens at the Northeast Fisheries Center, Woods Hole, Massachusetts. NOAA (Natl. Ocean. Atmos. Admin.) Tech. Rep. NMFS (Natl. Mar. Fish. Serv.) Circ. 407 : 1–44, fig. 1–2, 57 cartes.

1673. Williams, A.B., Bowman, T.E., et Damkaer, D.M. 1974. Distribution, variation, and supplemental description of the opossum shrimp, *Neomysis americana* (Crustacea: Mysidacea). Fish. Bull. 72(3) : 835–842, fig. 1–5.

1673a. William, D.D., et Williams, N.E. 1976. Aspects of the ecology of the faunas of some brackish-water pools on the St. Lawrence North Shore. Can. Field-Nat. 90(4) : 410–415, fig. 1–2.

1674. Williams, G.C. 1995. Living genera of sea pens (Coelenterata: Octocorallia: Pennatulacea): illustrated key and synopses. Zool. J. Linn. Soc. 113(2) : 93–140., fig. 1–10.

1674a. Williams, H.H. 1968. The taxonomy, ecology and host-specificity of some Phyllobothriidae (Cestoda : Tetraphyllidea), a critical revision of *Phyllobothrium* Beneden, 1849 and comments on some allied genera. Philos. Trans. R. Soc. Lond. B Biol. Sci. 253(786) : 231-307, fig. 1–71, pl. 13–17.

1675. Williams, R.B. 1966. Recent marine podocopid Ostracoda of Narragansett Bay, Rhode Island. Paleontol. Contr. Univ. Kansas, Papers, No. 11, p. 1–36, fig. 1–27.

1675a. Williams, R.B. 1981. A sea anemone, *Edwarsia meridionalis* sp. nov., from Antarctica and a preliminary revision of the genus *Edwardsia* De Quatrefages, 1841 (Coelenterata : Actiniaria). Rec. Austr. Mus. 33(6) : 325–360, fig. 1–10.

1676. Williams. S.J. 1984. The status of *Terebellides stroemi* (Polychaeta; Trichobranchidae) as a cosmopolitan species based on a worldwide morphological survey including descriptions of new species. *Dans* Proceedings of the First International Polychaete Conference, Sydney (Australia, 4–9 July 1983). *Éditeur* : P.A.Hutchings. p. 118–142, fig. 1–13. Linn. Soc. New South Wales, Milsons Pt., NSW, Australie.

1677. Williamson, D.I. 1957a. Crustacea, Decapoda: larvae. I. General. Fiches Identif. Zooplancton 67 : 1–7, fig. 1–32.

1678. Williamson, D.I. 1957b. Crustacea, Decapoda: larvae. V. Caridea, family Hippolytidae. Fiches Identif. Zooplancton 68 : 1–5, fig. 1–33.

1679. Williamson, D.I. 1960. Crustacea, Decapoda: larvae. VII. Caridea, family Crangonidae. Stenopodidea. Fiches Identif. Zooplancton 90 : 1–5, fig. 1–23.

1680. Williamson, D.I. 1962. Crustacea Decapoda: larvae. III. Caridea, families Oplophoridae, Nematocarcinidae and Pasiphaeidae. Fiches Identif. Zooplancton 92 : 1–5, fig. 1–12.

1681. Williamson, D.I. 1967. Crustacea Decapoda: larvae. IV. Caridea. Families: Pandalidae and Alpheidae. Fiches Identif. Zooplancton 109 : 1–5, fig. 1–10.

1682. Willis, J.R. 1863. On the occurrence of *Littorina littorea* on the coast of Nova Scotia. Proc. Trans. N.S. Inst. Nat. Sci. 1 : 88–90.

1682a. Willmott, S. 1974. Glossary. *Dans* CIH keys to the nematode parasites of vertebrates, No. 1. *Éditeurs* : R.C. Anderson, A.G. Chabaud et S. Willmott. Commonwealth Agricultural Bureaux, Farnham Royal, Angleterre. p. 1–5, fig. i–xiv.

1682b. Wilson, C.B. 1902. North American parasitic copepods of the family Argulidae, with a bibliography of the group and a systematic review of all known species. Proc. U.S. Natl. Mus. 25(1302) : 635–742, fig. 1–23, pl. VIII–XXVII.

1683. Wilson, C.B. 1911. North American parasitic copepods belonging to the family Ergasilidae. Proc. U.S. Natl. Mus. 39(1788) : 263–400, pl. 41–60.

1683a. Wilson, C.B. 1920. Argulidae from the Shubenacadie river, Nova Scotia. Can. Field-Nat. 34(8) : 149–151, fig. 1–7.

1683b. Wilson, C.B. 1924. New North American parasitic copepods, new hosts, and notes on copepod nomenclature. Proc. U.S. Natl. Mus. 64(2507) : 1–22, pl. 1–3.

1684. Wilson, C.B. 1932. The copepods of the Woods Hole region, Massachusetts, Bull. U.S. Natl. Mus. 158 : 1–635, pl. 1–41, fig. 1–316.

1685. Wilson, C.B. 1936. *Argulus canadensis* from Cape Breton Island. J. Biol. Board Can. 2(4) : 355–358, fig. 1–9.

1685a. Wilson, C.B. 1944. Parasitic copepods in the United States National Museum. Proc. U.S. Natl. Mus. 94(3177) : 529–582, pl. 20–34 (fig. 1–227).

1686. Wilson, D.P. 1932. The development of *Nereis pelagica* Linnaeus. J. Mar. Biol. Assoc. U.K. 18(1) : 203–217, fig. 1–12.

1687. Wilson, G.D.F. 1982. Two new natatory asellote isopods (Crustacea) from the San Juan Archipelago, *Baeonectes improvisus* n.gen., n.sp. and *Acanthamunnopsis milleri* n.sp., with a revised description of *A. hystrix* Schultz. Can. J. Zool. 60(12) : 3332–3343, fig. 1–5.

1688. Wilson., G.D.F., et Hessler, R.R. 1980. Taxonomic characters in the morphology of the genus *Eurycope* (Isopoda Asellota), with a redescription of *Eurycope cornuta* G.O. Sars, 1864. Cah. Biol. mar. 21(3) : 241–263, fig. 1–14.

1689. Wilson, G.D.F., et Wägele, J.W. 1994. Review of the family Janiridae (Crustacea: Isopoda: Asellota). Invertebrate Taxonomy 8(3) : 683–747, illus.

1690. Wilson, R.S. 1988. A review of *Eteone* Savigny, 1820, *Mysta* Malmgren, 1865 and *Hypereteone* Bergström, 1914 (Polychaeta: Phyllodocidae). Mem. Mus. Vic. 49(2) : 385–431, fig. 1–14, pl. 1–3.

1691. Winckworth, R. 1932. The British marine Mollusca. J. Conchol. 19(7) : 211–252, 3 fig.

1692. Winkley, H.W. 1888. Molluscs found in the oyster beds of Cocagne, N. B., Bedeque and Summerside, P.E.I., Bull. Nat. Hist. Soc. N.B. 7 : 69–71. Barnes & Co., Saint John, N.B.

1693. Winsnes, I.M. 1985. The use of methyl green as an aid in species discrimination in Onuphidae (Annelida, Polychaeta). Zool. Scr. 14(1) : 19–23, fig. 1–4.

1694. Winsnes, I.M. 1989. Eunicid polychaetes (Annelida) from Scandinavian and adjacent waters. Family Eunicidae. Zool. Scr. 18(4) : 483–500, fig. 1–10.

1694a. Wirth, W.W., Ratanaworabhan, N.C., et Blanton, F.S. 1974. Synopsis of the genera of Ceratopogonidae (Diptera). Ann. Parasit. hum. comp. 49(5) : 595–613.

1695. Wisely, B. 1958. The development and settling of a serpulid worm, *Hydroides norvegica* Gunnerus (Polychaeta). Aust. J. Mar. Freshwater Res. 9(3) : 351–361, fig. 1–18.

1696. With, C. 1915. Copepoda I. Calanoida Amphascandria. Dan. Ingolf-Exped. 3(4) : 1–260, fig. 1–79, pl. I–VIII.

1697. Wolf, P.S. 1986. Three new species of Dorvilleidae (Annelida: Polychaeta) from Puerto Rico and Florida and a new genus for dorvilleids from Scandinavia and North America. Proc. Biol. Soc. Wash. 99(4) : 627–638, fig. 1–5.

1698. Wolff, T. 1962. The systematics and biology of bathyal and abyssal Isopoda Asellota. Galathea Rep. 6 : 1–320, fig. 1–184, pl. 1–19.

1699. Wolfgang, R.W. 1954. Studies of the trematode *Stephanostomum baccatum* (Nicoll, 1907). I. The distribution of the metacercaria in eastern Canadian flounders. J. Fish. Res. Board Can. 11(6) : 954–962, fig. 1–3.

1699a. Wolfgang, R.W. 1955a. Studies of the trematode *Stephanostomum baccatum* (Nicoll, 1907). III. Its life cycle. Can. J. Zool. 33(3) : 113–128, fig. 1–20.

1699b. Wolfgang, R.W. 1955b. Studies of the trematode *Stephanostomum baccatum* (Nicoll, 1907). IV. The variation of the adult morphology and the taxonomy of the genus. Can. J. Zool. 33(3) : 129–142.

1700. Wright, R.A. 1972. Occurrence and distribution of the Mysidacea of the Gulf of St. Lawrence. Thèse M.Sc., Centre Sci. mar., Université McGill, Montreal, Canada. 162 p., fig. 1–47.

1701. Wright, R.R. 1885. On a parasitic copepod of the clam. Am. Nat. 19(2) : 118–124, pl. III.

1701a. Wright, R.R. 1907. The plankton of eastern Nova Scotia waters, an account of certain floating organisms upon which young food-fishes mainly subsist. *Dans* Further Contributions to Canadian Biology, being studies from the Marine Biological Station of Canada, 1902–1905 : 1–20, pl. I–VII. *Dans* 39th Ann. Rep. Dep. Mar. Fish. year end. 30th June, 1906, App. Fish. Br. Sessional Papers, Third Session of the Tenth Parliament of the Dominion of Canada, Vol. IX, No. 22. Ottawa.

1702. Yakovleva, A.M. 1952. Pantsyrnye mollyuski moreî SSSR (Loricata). Opredel. Faune SSSR 45 : 1–107, fig. 1–53, pl. I–XI. Zool. Inst. Akad. Nauk SSSR, Moscou et Leningrad. Trad. angl. : Shell-bearing mollusks (Loricata) of the seas of the U.S.S.R. Keys to the Fauna of the USSR 45 : 1–127, fig. 1–53, pl. I–XI. Israel Program for Scientific Translations, Jerusalem, 1965.

1702a. Yamaguti, S. 1958. Systema helminthum. Vol. I : The digenetic trematodes of vertebrates, parts I and II. Interscience Publishers Inc., John Wiley & Sons, New York et Londres. 1575 p., pl. 1–106.

1702b. Yamaguti, S. 1959. Systema helminthum. Vol. II : The cestodes of vertebrates. Interscience Publishers Inc., John Wiley & Sons, New York et Londres. 860 p., pl. 1–70.

1702c. Yamaguti, S. 1961. Systema helminthum. Vol. III : The nematodes of vertebrates, parts I and II. Interscience Publishers Inc., John Wiley & Sons, New York et Londres. 1261 p., pl. 1–102.

1703. Yamaguti, S. 1963. Parasitic Copepoda and Branchiura of fishes. Interscience Publishers, New York, London et Sidney. 1104 p., pl. 1–333.

1703a. Yamaguti, S. 1963a. Systema helminthum. Vol. IV : Monogenea and Aspidocotylea. Interscience Publishers Inc., John Wiley & Sons, New York et Londres. 699 p., pl. 1–134.

1703b. Yamaguti, S. 1963b. Systema helminthum. Vol. V: Acanthocephala. Interscience Publishers Inc., John Wiley & Sons, New York et Londres. 423 p, pl. 1–85.

1704. Yashnov, V.A. 1948. Klass Crustacea: (1) Otryad Leptrostaca; (2) Mysidacea; (3) Cumacea; (4) Isopoda; (5) Amphipoda. *Dans* Opredeliteli fauny i flory severnykh moreî SSSR. *Éditeur :* N.S. Gaevskaya. (1) p. 223, fig. 27; (2) p. 224–229, fig. 28; (3) p. 229–237, fig. 29 ; (4) p. 241–253, fig. 32. Sovetskaya Nauka, Moskva. Traduction anglaise : « Leptostraca, Mysidacea, Cumacea, Isopoda, Amphipoda ». *Dans* Keys to the flora and fauna of the northern seas of the USSR. *Éditeur* : N.S. Gaevskaya. Transl. Ser. Can. Fish. Mar. Serv. 3880 : 67 p., 1976.

1705. Yonge, C.M. 1971. On functional morphology and adaptive radiation in the bivalve superfamily Saxicavacea (*Hiatella* (= *Saxicava*), *Saxicavella, Panomya, Panope, Cyrtodaria*). Malacologia 11(1) : 1–44, fig. 1–35.
1706. Zachs, I. 1923. Sur un nouveau Ammocharidae (*Myriochele oculata* n.sp.) provenant de l'expédition du Prof. Jerjuguine dans la mer Blanche en 1922. Travaux de la Société des Naturalistes de Petrograd, Section 1 : Comptes Rendus 53 : 171–174, fig. 1-3.
1707. Zaddach, E.G. 1855. Holopedium gibberum, ein neues Crustaceum aus der Families der Branchiopoden. Archiv Für Naturgeschichte. XXI : 159–188.
1708. Zelinka, Karl. 1928. Monographie der Echinodera. 396 p., fig. 1–73, pl. 1–27. W. Engelmann, Leipzig, Allemagne.
1709. Zibrowius, H. 1969. Review of some little known genera of Serpulidae (Annelida: Polychaeta). Smithson. Contrib. Zool. 42 : 1–22, fig. 1–7.
1710. Zibrowius, H. 1974. Révision du genre *Javania* et considérations générales sur les Flabellidae (Scléractiniaires). Bull. Inst. océanogr. (Monaco) 71(1429) : 1–48, pl. 1-5.
1711. Zibrowius, H.E. 1980. Les Scléractiniaires de la Méditerranée et de l'Atlantique nord-oriental. Mém. Inst. Océanogr. (Monaco) 11 : 1–227 (1er tome), pl. 1–107.
1712. Zim, H.S., et Ingle, L. 1955. Seashores. A guide to animals and plants along the beaches. Golden Nature Guide. 160 p., 475 fig. Simon et Schuster, New York.
1713. Zimmer, C. 1926. Northern and arctic invertebrates in the collection of the Swedish State Museum. X. Cumaceen. K. Svenska Vetenskapsakad. Handl. (3)3(2) : 1–88, fig. 1–97, pl. 1–4.
1714. Zimmer, C. 1930. Untersuchungen an Diastyliden (Ordnung Cumacea). Mitt. Zool. Mus. Berl. 16 : 583–658, fig. 1–47.
1715. Zimmer, C. 1943. Uber neue und weniger bekannte Cumaceen. Zool. Anz., 141(7/8) : 148–167, fig. 1.
1716. Zimmer, C. 1980. Cumaceans of the American Atlantic boreal coast region (Crustacea : Peracarida). Smithson. Contrib. Zool. 302 : 1–29, fig. 1–78.
1717. Zullo, V.A. 1979. Marine flora and fauna of the northeastern United States. Arthropoda : Cirripedia. NOAA (Natl. Ocean. Atmos. Admin.) Tech. Rep. NMFS (Natl. Mar. Fish. Serv.) Circ. 425 : 1–27, fig. 1–39.

A

B

C

D

E

F

G

H

I

J

K

L

M

N

O

P

Q

R

S

T

U

V

W

X

Y

Z